Edizioni PensareDiverso
Collana Cenacolo Jung Pauli.

CENACOLO
JUNG PAULI

Hinduismus und Quantentheorie.

Auf dem Cover: Am Eingang zum Europäischen Labor für Teilchenphysik (CERN in Genf) steht eine Statue von Shiva Nataraja, dem tanzenden Gott des Hinduismus. Diese Statue stellt den ewigen Kreislauf von Schöpfung, Erhaltung und Zerstörung dar, ein zentrales Konzept der indischen Kosmologie.

Bruno Del Medico.

Hinduismus und Quantentheorie.

All die Analogien zwischen Quantenprinzipien und den Konzepten der Hindu-Philosophie: Brahma, Atman, Karma, Moksha, Dharma.

Edizioni PensareDiverso
edizioni@delmedico.it
www.giardinoquantico.it

Zusammenfassung.

Einführung.

Der Vergleich östlicher Philosophien mit der Quantenphysik offenbart faszinierende Analogien, die uns dazu einladen, unser Verständnis der Realität zu überdenken.

Ziel des Buches ist es, die überraschende Verbindung zwischen den alten philosophischen Traditionen des Hinduismus und den Prinzipien der Quantenphysik zu erforschen. Ein erster Teil erklärt auf absolut verständliche Weise die grundlegenden Prinzipien der Quantenphysik und die mit dieser neuen Wissenschaft verbundene Philosophie. Im Folgenden führt eine eindrucksvolle Reise den Leser dazu, zu entdecken, wie diese beiden scheinbar weit voneinander entfernten Realitäten interagieren und sich gegenseitig beeinflussen können.

Der Hinduismus mit seinen tiefgründigen metaphysischen Prinzipien bietet einen Rahmen, der die Entdeckungen der Quantenphysik in vielerlei Hinsicht vorwegzunehmen scheint. Das Buch vergleicht einige der Hauptthemen des Hinduismus mit ihren entsprechenden Quantenkonzepten.

Brahman stellt die ultimative Realität dar, ein zusammenhängendes Ganzes, das alles durchdringt. Dies steht im Einklang mit dem Konzept der Quantenverschränkung, bei der Teilchen ungeachtet der Entfernung, die sie trennt, verbunden bleiben können, und lässt darauf schließen, dass Trennung auf der fundamentalen Ebene möglicherweise nur eine Illusion ist. In einer der Upanishaden heißt es: „All dies ist Brahman", was die universelle Verbundenheit hervorhebt und an das Higgs-Feld erinnert, das Teilchen Masse und Wellennatur verleiht.

Atman, die individuelle Seele, die eine Manifestation von Brahman ist, kann durch die Linse der Quantensuperposition betrachtet werden, bei der ein Teilchen gleichzeitig in mehreren Zuständen existiert. Dies spiegelt die Idee wider, dass das wahre Wesen des Selbst auf mehreren Ebenen der Realität existiert.

Das Konzept des Karma basiert auf dem Gesetz von Ursache und Wirkung, parallel zur Heisenbergschen Unsicherheit, bei der die Genauigkeit einer Messung die einer anderen beeinflusst. Handlungen in der Gegenwart können daher zukünftige Ergebnisse auf eine Weise beeinflussen, die nicht immer vorhersehbar ist.

Moksha, die Befreiung aus dem Kreislauf von Tod und Wiedergeburt, findet eine Parallele in der Quantendekohärenz, dem Prozess, bei dem ein Quantensystem seine Quanteneigenschaften verliert. Diese Passage stellt die Transformation des Bewusstseins von einem Zustand in einen anderen dar, ähnlich der Suche nach spiritueller Befreiung.

Dharma, also die ethische Pflicht eines Menschen, spiegelt sich in den Wechselwirkungen zwischen Teilchen wider, wo Wechselwirkungen das Verhalten eines komplexen Systems beeinflussen. Jede im Einklang mit dem Dharma durchgeführte Handlung kann langfristige Auswirkungen haben. In ähnlicher Weise formen Quantenbeziehungen unser Universum.

Es ist zu beachten, dass sich dieses Buch mit der Hindu-Philosophie und nicht mit der Hindu-Religion befasst.

Im Kontext der Quantenphysik ist diese Unterscheidung von besonderer Bedeutung. Während es in der Hindu-Religion um Hingabe und die von Gottheiten geschaffene kosmische Ordnung geht, bietet die Hindu-Philosophie einen Rahmen zum Verständnis einer komplexen, vernetzten und sich ständig verändernden Realität. So weist etwa die Idee der Maya – der illusorischen Wahrnehmung der materiellen Welt – eine Parallele zum Unschärfeprinzip der Quantenphysik auf, das besagt, dass wir Position und Geschwindigkeit eines Teilchens nicht gleichzeitig genau kennen können.

Schließlich ist Religion ein kollektiver und ritueller Weg, während Philosophie ein eher individueller und kontemplativer Weg ist. Beide bereichern den Hinduismus, allerdings mit unterschiedlichen Perspektiven und Zielen. In der Religion sucht man die Vereinigung mit dem Göttlichen. In der Philosophie versucht man, das Sein zu verstehen. Die beiden Dimensionen existieren daher nebeneinander, bieten jedoch unterschiedliche Werkzeuge zur Erforschung derselben Realität. Wie Swami Vivekananda 1893 vor dem Weltparlament der Religionen sagte:

> *„Der Hinduismus ist keine Religion, sondern ein unendliches Erbe menschlicher Erfahrungen."*

Ein Satz, der diesen Reichtum und diese Komplexität perfekt zusammenfasst.

Prämisse.

Hinduistische Philosophie und Hinduistische Religion. Die Unterschiede.

Beim Thema Hinduismus kommt es leicht zu einer Verwechslung von Philosophie und Religion, auch weil die Grenzen häufig fließend und ineinander übergehen. Um jedoch die Zusammenhänge zwischen der Hindu-Philosophie und Bereichen wie der Quantenphysik zu verstehen, ist es wichtig, zwischen diesen beiden Bereichen zu unterscheiden.

Die Hindu-Religion ist die praktische und religiöse Dimension des Hinduismus. Es umfasst Rituale, Zeremonien, Volksglauben und die Verehrung einer Vielzahl von Gottheiten. Diese religiöse Form, auch Sanatana Dharma („das ewige Gesetz") genannt, kommt in Tempeln, beim Rezitieren von Mantras, bei der Feier von Festen wie Diwali oder Holi und in der Anbetung von Gottheiten wie Vishnu, Shiva, Durga oder Krishna zum Ausdruck. Die Hindu-Religion ist mit Gemeinschaft, Tradition und täglichen Praktiken verbunden. Berühmt in diesem Zusammenhang ist der Jagannath-Tempel in Puri, eines der wichtigsten religiösen Ziele in Indien.

Die Hindu-Philosophie hingegen stellt eine abstraktere und spekulativere Forschung dar. Im Mittelpunkt stehen grundlegende Fragen: Wer sind wir wirklich? Was ist Realität? Was ist der Sinn der Existenz? Diese Forschung basiert auf den Texten der Veden, der Upanishaden und der sechs wichtigsten philosophischen Schulen, darunter Samkhya, Yoga und Vedanta. Philosophie hat oft einen universellen Ton, überschreitet die Grenzen der Religion und öffnet die Tür zur individuellen Reflexion. Beispielsweise ist der Brahman-Begriff in den Upanishaden metaphysischer Natur und nicht an die Anbetung eines bestimmten Gottes gebunden. Es wird als das Absolute beschrieben, die fundamentale Essenz von allem, was existiert.

Ein praktisches Beispiel für dieses Doppelgesicht ist das „Om". In religiöser Hinsicht verwenden Hindus dieses Symbol in Ritualen, um das Heilige anzurufen. Philosophisch stellt Om die Urschwingung des

Universums dar, eine Idee, die dem modernen Verständnis von Wellen und Frequenzen in Quantengesetzen nahe steht.

Eine der wichtigsten Episoden zum Verständnis des Unterschieds zwischen hinduistischer Religion und Philosophie findet sich in der Bhagavad Gita. Dieser alte Text ist Teil des Epos Mahabharata und wird als Dialog zwischen Krishna und Arjuna auf dem Schlachtfeld von Kurukshetra dargestellt. In religiöser Hinsicht ist es ein heiliger Text, der in hinduistischen Tempeln und Häusern rezitiert wird. Philosophisch gesehen bietet es jedoch tiefgründige Überlegungen zur Natur des Handelns, der Pflicht (Dharma) und der ultimativen Realität (Moksha). Krishna erklärt, dass jeder Einzelne ohne Bindung an Ergebnisse handeln sollte, eine Lehre, die an die Theorie der Ego-Verleugnung erinnert.

Der deutsche Philosoph Arthur Schopenhauer war fasziniert von den Upanishaden, die er als „die edelste Lektüre der Welt" bezeichnete. Diese Begeisterung zeigt, dass die Hindu-Philosophie als Weg universeller Forschung auch außerhalb ihrer religiösen Matrix Anklang finden kann.

Ein weiteres Schlüsselkonzept, das Religion und Philosophie trennt, ist das des Karma. In der Religion wird Karma oft als Moralkodex verstanden: Jede Handlung hat Konsequenzen, sei es Segen oder Strafe. Philosophisch gesehen ist Karma jedoch das Gesetz von Ursache und Wirkung, das das Universum regiert, ein rationales und unpersönliches Prinzip. In diesem Licht geht Karma über jeden religiösen Kontext hinaus und nähert sich modernen physikalischen Theorien über die Zusammenhänge zwischen Ereignissen an.

Neben den thematischen Unterschieden ist der Zweifel ein zentrales Element der Hindu-Philosophie. Texte wie die Upanishaden-Dialoge regen häufig zur kritischen Reflexion und zur Überwindung dogmatischer Glaubenssätze an. Beispielsweise dreht es sich im Dialog zwischen dem jungen Nachiketa und dem Todesgott Yama in der Katha Upanishad um Fragen zur Natur der Seele und was nach dem Tod geschieht. Im Gegensatz dazu neigt die Religion dazu, eindeutige Antworten und kodifizierte Rituale zu liefern.

Im Kontext der Quantenphysik sind diese Unterscheidungen von besonderer Bedeutung. Während es in der Hindu-Religion um Hingabe und die von Gottheiten geschaffene kosmische Ordnung geht, bietet die Hindu-Philosophie einen Rahmen zum Verständnis einer komplexen, vernetzten und sich ständig verändernden Realität.

So weist etwa die Idee der Maya – der illusorischen Wahrnehmung der materiellen Welt – eine Parallele zum Unschärfeprinzip der Quantenphysik auf, das besagt, dass wir Position und Geschwindigkeit eines Teilchens nicht gleichzeitig genau kennen können.

Schließlich ist Religion ein kollektiver und ritueller Weg, während Philosophie ein eher individueller und kontemplativer Weg ist. Beide bereichern den Hinduismus, allerdings mit unterschiedlichen Perspektiven und Zielen. In der Religion sucht man die Vereinigung mit dem Göttlichen. In der Philosophie versucht man, das Sein zu verstehen. Die beiden Dimensionen existieren daher nebeneinander, bieten jedoch unterschiedliche Werkzeuge zur Erforschung derselben Realität. Wie Swami Vivekananda 1893 vor dem Weltparlament der Religionen sagte:

> *„Der Hinduismus ist keine Religion, sondern ein unendliches Erbe menschlicher Erfahrungen."*

Dieser Satz fasst diesen Reichtum und diese Komplexität perfekt zusammen. Dieses Buch bezieht sich auf die hinduistische Philosophie.

Die Hindu-Lehre.

Im Hinduismus gibt es keine einheitliche Standardlehre, da es sich um eine äußerst komplexe und vielfältige religiöse und philosophische Tradition handelt. Der Hinduismus ist kein zentralisiertes theologisches System wie einige andere Religionen, sondern vielmehr eine Reihe von Traditionen, Texten, Ritualen, Glaubensvorstellungen und Praktiken, die sich über Tausende von Jahren entwickelt haben.

Die Lehren des Hinduismus basieren im Wesentlichen auf einer großen Sammlung heiliger und philosophischer Texte, die in zwei große Kategorien unterteilt werden können:

„Shruti" (das, was „gehört" wird) umfasst die Veden und Upanishaden, die die offenbarten Schriften darstellen und Konzepte wie Brahman (das Absolute) und Atman (das Selbst) erforschen.

„Smriti" (das, was „erinnert" wird) umfasst Texte wie die Puranas, das Mahabharata (zu dem auch die Bhagavad Gita gehört), das Ramayana und die Sutras. Diese Texte bieten zugänglichere Lehren, mythologische Geschichten und moralische Richtlinien.

Die Lehren basieren auf zentralen spirituellen Konzepten wie Dharma (Pflicht), Karma (Handlung und ihre Folgen), Moksha (spirituelle Befreiung) und Meditation auf Brahman, die universelle Essenz.

Die Lehren des Hinduismus werden oft von spirituellen Lehrern, sogenannten Gurus, weitergegeben, die die Heiligen Schriften auf ihre ganz persönliche Weise interpretieren und lehren, basierend sowohl auf der Tradition als auch auf ihrer eigenen inneren Erkenntnis. Jeder Meister kann einer bestimmten Denkschule oder Tradition (Sampradāya) angehören und einem bestimmten spirituellen Weg wie Yoga, Bhakti, Jnana oder Tantra folgen.

Die Lehren eines Meisters können sich von denen eines anderen unterscheiden, je nachdem, zu welcher Schule oder Linie er gehört und welchen spirituellen Weg er vertritt. Zum Beispiel:

Advaita Vedanta (Nichtdualismus), vertreten durch Meister wie Adi Shankaracharya, konzentriert sich auf die Einheit zwischen Atman und Brahman.

Bhakti (Hingabe), die von Persönlichkeiten wie Ramanuja oder Chaitanya gefördert wird, betont die Anbetung einer persönlichen Gottheit wie Vishnu oder Krishna.

Yoga und Meditation, wie sie von Patanjali oder modernen Meistern wie Swami Vivekananda gelehrt werden, betonen die spirituelle Disziplin von Körper und Geist.

In diesem Buch versuche ich, ein allgemeines und umfassendes Verständnis zu vermitteln, das auf akademischen und historischen Kenntnissen des Hinduismus basiert. Ich orientiere mich dabei nicht an einem bestimmten Meister, sondern lasse mich vielmehr von den grundlegenden Texten des Hinduismus (wie etwa den Veden, den Upanishaden, der Bhagavad Gita und den Puranas) inspirieren. Ich kann mich auch auf die Philosophie großer Lehrer wie Adi Shankaracharya, Ramanuja und Swami Vivekananda beziehen oder auf einige moderne Ansätze, die den Hinduismus mit der Wissenschaft oder universeller Spiritualität verbinden. In diesem Sinne sind meine Hinweise zum Hinduismus immer indikativ und niemals ausschließlich.

Kapitel I. Quantenphysik, ein neues Paradigma.

Vom Sanskrit zur Wissenschaft: Eine Physik, die die Sprache des Hinduismus spricht.

Angesichts des Rätsels der Realität treffen zwei scheinbar weit entfernte Welten aufeinander: die Quantenphysik und die alte Hindu-Philosophie. Zusammen erzählen sie eine Vision des Kosmos, in dem alles miteinander verbunden ist, in dem der Beobachter Einfluss darauf hat, was er beobachtet, und die Realität selbst, wie Advaita Vedanta andeutet, illusorisch sein kann. Aber das ist nicht nur ein poetischer Vorschlag. Es handelt sich um eine tiefgreifende Verflechtung von Wissenschaft und alter Weisheit.

Maya und der Schleier dessen, was „scheint".

In den Upanishaden, den Weisheitstexten des Hinduismus, wird die materielle Welt als Maya beschrieben, eine illusorische Realität, ein Schleier, der die ultimative Wahrheit verbirgt. Laut Advaita Vedanta ist diese ultimative Wahrheit Brahman, das universelle, unteilbare, allgegenwärtige Prinzip. Dieses Konzept findet ein bemerkenswertes Echo in der modernen Quantenphysik, wo das Observable lediglich eine teilweise Manifestation einer tieferen, zugrunde liegenden Einheit zu sein scheint.

Das Beispiel des Welle-Teilchen-Dualitätsbegriffs ist hierfür ein Sinnbild. Das Elektron, das sich manchmal wie ein Teilchen und manchmal wie eine Welle verhält, stellt ein Paradoxon dar, das jeder traditionellen Intuition widerspricht. Das Elektron scheint, wie der in den Upanishaden beschriebene Kosmos, ohne Interaktion mit einem Beobachter keine eigentliche Existenz zu haben. Es ist unser Akt der Beobachtung, der Möglichkeiten „kollabieren" lässt und Potenzial in Realität verwandelt.

In der Chandogya Upanishad steht:

„ Tat tvam asi." *(Das bist du).*

Diese Lehre fordert uns auf, zu erkennen, dass das individuelle Selbst (Atman) nicht vom Kosmos (Brahman) getrennt ist. Ebenso geht die Quantenphysik davon aus, dass das, was wir „Objekte" nennen, nicht wirklich voneinander getrennt sind, sondern aus einem einheitlichen Quantenfeld hervorgehen, das allem zugrunde liegt.

Die Rolle des Beobachters.

Eines der faszinierendsten Prinzipien der Quantenphysik ist die Rolle des Beobachters. Das Doppelspaltexperiment veranschaulicht dies deutlich. Wenn ein Elektron beobachtet wird, verhält es sich wie ein Teilchen. Wenn dasselbe Elektron jedoch nicht beobachtet wird, verhält es sich wie eine Welle. Die Anwesenheit des Beobachters verändert das Verhalten der Materie auf unerklärliche Weise.

Hier können wir eine Parallele zu einem zentralen Konzept des Advaita Vedanta ziehen. Diese Denkschule betont, dass die wahrgenommene Realität das Ergebnis einer Beschränkung des menschlichen Geistes ist. Die Welt, wie wir sie sehen, ist ein Produkt unserer „Beobachtung“, gefiltert durch die Sinne und den Verstand. Ohne diesen Filter bleibt alles Brahman, die nichtduale Realität. Dieses philosophische Echo erweist sich als metaphysische Erklärung für die Merkwürdigkeiten des Quantenparadigmas, bei dem sich die Grenze zwischen Beobachter und Observablem auflöst.

Das Quantenfeld ist eines der grundlegenden Konzepte der modernen Physik. Es ist ein Zustand reiner potentieller Energie, ein unsichtbares Meer, aus dem alle Teilchen und Kräfte hervorgehen. Der Physiker David Bohm beschrieb sie als die „implizite Ordnung“ der Wirklichkeit, aus der die sichtbare „explizite Ordnung“ hervorgeht.

In ähnlicher Weise beschreibt Advaita Vedanta Brahman als die ultimative, ungeteilte Realität, die Quelle von allem, was existiert. Die phänomenale Welt, Jagat genannt, entsteht und löst sich in Brahman auf, so wie Teilchen im Quantenfeld entstehen und vorübergehend existieren.

Diese Parallele ist nicht bloß ein merkwürdiger Zufall. Es zeigt, dass sowohl die hinduistische Wissenschaft als auch die Philosophie, jede mit ihrer eigenen Sprache, versuchen, die unsichtbare Einheit zu verstehen, aus der das sichtbare Universum entsteht.

Das Erstaunen von Feynman und den Rishis.

Richard Feynman, einer der Väter der Quantenphysik, erklärte:
„Niemand versteht die Quantenphysik wirklich.“

Um die Merkwürdigkeiten des Teilchenverhaltens zu beschreiben, griff Feynman oft auf poetische Metaphern zurück, um die Lücke zu füllen, die die Logik hinterlassen hatte. Das Quantenmysterium war für ihn eine Quelle tiefen Erstaunens.

Dieses Staunen erinnert an das Wunder vieler indischer Weiser (Rishis), die vor über dreitausend Jahren in den Wäldern des alten Indiens über die Natur des Universums meditierten. Wie Feynman erkannten die Rishis, dass die Realität komplexer und geheimnisvoller war, als die menschlichen Sinne erfassen konnten. Ihre Antwort bestand jedoch nicht aus Experimenten, sondern aus Selbstbeobachtung, einem tiefen Eintauchen in das Bewusstsein, um universelle Wahrheiten zu entdecken.

Ein Beispiel aus der Brhadaranyaka Upanishad ist aufschlussreich:

„Was unendlich klein ist, ist auch unendlich groß.“

Dieses scheinbar mystische Prinzip findet eine bemerkenswerte Resonanz in der Quantenwelt, wo die Gesetze, die die subatomaren Teilchen beherrschen, den Makrokosmos zu beeinflussen scheinen.

Eine Brücke zwischen Kulturen.

Die Begegnung zwischen Quantenphysik und Hindu-Philosophie ist nicht nur eine merkwürdige Parallele. Es handelt sich um eine kulturelle und intellektuelle Brücke, die uns dazu einlädt, unsere Sicht auf die Welt zu überdenken. Wissenschaft und Spiritualität sind keine Antagonisten, sondern sich ergänzende Perspektiven, die dasselbe Geheimnis erforschen: Was liegt hinter dem Schein?

Advaita Vedanta fordert uns auf, unsere Einheit mit dem Kosmos zu erkennen. Die Quantenphysik zeigt uns, dass die Welt grundsätzlich miteinander verbunden ist und dass unsere Rolle als Beobachter untrennbar mit der Realität verbunden ist, die uns umgibt. Wie zwei Spiegel, die sich gegenseitig reflektieren, bieten diese beiden Disziplinen eine Symphonie von Ideen, die, obwohl sie in unterschiedlichen Formen zum Ausdruck kommen, dieselbe Sprache sprechen.

Paradoxe und Philosophien der Quantenmechanik.

Die Quantenmechanik stellt einen der größten konzeptionellen Sprünge in der Geschichte der Wissenschaft dar. Sie entstand in den ersten Jahrzehnten des 20. Jahrhunderts, revolutionierte das

Verständnis der physikalischen Realität und enthüllte ein überraschendes Universum an der Grenze zwischen Wissenschaft, Philosophie und – für manche – Metaphysik.

„Schrödingers Katze“: Die Physik des scheinbaren Widerspruchs.

Im Jahr 1935 formulierte Erwin Schrödinger, ein österreichischer
Im Jahr 1935 formulierte Erwin Schrödinger, ein österreichischer
Physiker, der für seine Arbeiten zur Quantentheorie bekannt ist, ein Gedankenexperiment, das in die Geschichte der Wissenschaft eingegangen ist. Er stellte sich eine Katze vor, die in einer Kiste eingesperrt war, zusammen mit einem Mechanismus, der eine radioaktive Substanz und ein Fläschchen mit Gift enthielt. Wenn die radioaktive Substanz ein Partikel abgegeben hätte, hätte ein Mechanismus das Ereignis erkannt, das Fläschchen zerschmettert und die Katze getötet. Gemäß der Quantenmechanik würde sich die Katze in einem Zustand der Quantensuperposition befinden, bis ein Beobachter die Schachtel öffnet: lebendig und tot zugleich.

Dieses Paradox war nicht nur eine Provokation. Schrödinger wollte eine dem Quantenformalismus innewohnende Merkwürdigkeit hervorheben, die durch die Zustandsgleichung zum Ausdruck kam, deren Mitschöpfer er war. Nach dieser Theorie kann ein Teilchen gleichzeitig in mehreren Zuständen (z. B. „emittiert“ und „nicht emittiert“) existieren, bis eine Beobachtung erfolgt. Die Katze war daher an diesem Phänomen beteiligt und verkörperte metaphorisch das Problem der Wechselwirkung zwischen der Quantenwelt und der makroskopischen Welt.

Everett und die Parallelwelten.

Zwanzig Jahre später schlug Hugh Everett die „Viele-Welten-Interpretation“ (1957) vor, die eine radikale Lösung für das „Schrödingers Katze“-Paradoxon bot. Laut Everett spaltet sich das Universum jedes Mal, wenn ein Quantenereignis eintritt, etwa die Messung des Zustands eines Teilchens. In einem Universum ist die Katze lebendig. In einem anderen Universum ist er tot. Es handelt sich dabei nicht um eine Überschneidung in derselben Wirklichkeit, sondern um die Entstehung paralleler Verästelungen.

Everett, ein junger Forscher aus Princeton, wurde von der akademischen Gemeinschaft zunächst ignoriert. Dennoch gewannen seine Arbeiten in den folgenden Jahrzehnten zunehmend an Interesse, insbesondere dank der Popularisierung der Theorie durch den Physiker Bryce DeWitt. Die Idee paralleler Welten bot nicht nur einen direkteren Zugang zu den Paradoxien der Quantenmechanik, sondern eröffnete auch neue Perspektiven in der Philosophie und Populärkultur und befeuerte moderne Belletristik, Filme und Diskussionen über das Multiversum.

Der Beobachter und die Natur der Realität.

Die Paradoxien der Quantenmechanik machen nicht vor Katzen oder mehreren Welten halt. Der eigentliche Kern der Sache liegt aus philosophischer Sicht in der Rolle des Beobachters. Max Planck, der als Vater der Quantentheorie gilt, stellte fest:

> *„Ohne Bezugnahme auf das menschliche Bewusstsein können wir keine Erkenntnisse über die objektive Natur der Welt gewinnen."*

Diese Perspektive, die später von Wissenschaftlern wie Niels Bohr und Werner Heisenberg weiterentwickelt wurde, wirft eine grundlegende Frage auf: Existiert die Realität unabhängig von dem Subjekt, das sie beobachtet?

Bohr vertrat das Prinzip der Komplementarität, wonach Beobachtungen zwangsläufig das Beobachtete verändern. Heisenberg zeigte mit seiner berühmten Unschärferelation, dass es nicht möglich ist, gleichzeitig die Position und den Impuls eines Teilchens mit absoluter Genauigkeit zu kennen. Die Anwesenheit des Beobachters ist daher ein integraler Bestandteil des gemessenen Phänomens, ein Thema, das in einigen östlichen philosophischen Traditionen Anklang findet.

In diesem Zusammenhang sind die Beziehungen zwischen der Quantenmechanik und östlichen Philosophien, etwa dem Hinduismus, kein Zufall. Ein Eckpfeiler der vedantischen Philosophie ist die Idee, dass die wahrgenommene Realität Maya ist, eine Illusion, die durch die Interaktion zwischen Subjekt und Objekt entsteht. Ähnliche Konzepte finden sich in der Quantenmechanik, wo die mikroskopische Welt ohne Wechselwirkung nicht in irgendeiner bestimmten Weise „existiert". Die Analogie erstreckt sich sogar auf das Konzept des Brahman, der ultimativen undifferenzierten Realität, die an das „einheitliche Quantenfeld" erinnert, das in einigen spekulativeren Interpretationen angenommen wird.

Historische Orte und Anekdoten helfen dabei, diese Ideen in einen Kontext zu setzen. Das Kopenhagener Labor, Ort der Gespräche zwischen Bohr und Heisenberg in den 1920er Jahren, ist eine Art „Wiege“ der Quantenmechanik. Gleichzeitig versuchten Wissenschaftler wie David Bohm, die moderne Physik mit östlichen philosophischen Konzepten zu verbinden und so einen Dialog zwischen den beiden Traditionen zu fördern.

Die Paradoxien der Quantenmechanik sind nicht einfach nur abstrakte Kuriositäten. Sie stellen die Grundlagen des menschlichen Denkens in Frage und zwingen uns, Konzepte wie Realität, Beobachtung und Bewusstsein zu überdenken.

Geschichte und Entwicklung der Quantenphysik.

Eine Zeitleiste der Ideen und Entdeckungen.

Die Menschheit hat schon immer versucht, das Universum zu verstehen, angefangen bei den großen Himmelskörpern bis hinabsteigend zu den unendlich kleinen. Es war dieser zweite Weg, der zu Beginn des 20. Jahrhunderts die Türen zu einer unsichtbaren und überraschenden Welt öffnete: der Quantenphysik. Seine Ursprünge gehen auf eine Zeit zurück, als die von Newton begründeten Gesetze der klassischen Physik ausreichende Antworten auf alle beobachtbaren Phänomene zu bieten schienen. Doch etwas veränderte sich, und der Aufruhr begann mit einem ganz bestimmten Namen: Max Planck.

Die Idee eines Universums, in dem vorhersehbare, mechanische Gesetze herrschen, dominiert die Physik seit dem 17. Jahrhundert, und zwar dank Isaac Newton. In den Augen der klassischen Physiker war die natürliche Realität eine perfekte Maschine. Jedes Phänomen folgte einer deterministischen Ordnung. Zu Beginn des 20. Jahrhunderts stieß diese Vision jedoch auf ein unerwartetes Hindernis: das Verhalten subatomarer Teilchen. Das unendlich Kleine schien jede bekannte Regel zu verletzen. So entstand die Quantenphysik, ein neues Paradigma, das nicht nur die Wissenschaft verändern sollte, sondern auch die Art und Weise, wie die Menschheit die Realität wahrnimmt.

Der Wendepunkt kam im Jahr 1900, als der deutsche Physiker Max Planck eine revolutionäre Idee zur Erklärung eines scheinbar technischen Problems vorschlug. Das Rätsel betraf die Schwarzkörperstrahlung, also die Art und Weise, wie Objekte Energie in Form von Licht aussenden. Planck war mit einer Anomalie konfrontiert: Die klassische Physik konnte die abgegebene Energie nicht genau erklären.

Planck stellte eine kühne Hypothese auf. Er ging davon aus, dass Energie nicht kontinuierlich abgegeben wird, wie es sich die klassische Physik vorstellt, sondern in diskreten Paketen, die er „Quanten“ nannte. Rückblickend bekannte Planck, dass er eine rein technische Lösung gefunden hatte, ohne sich vorzustellen, dass diese den Grundstein für eine philosophische und wissenschaftliche Revolution legen würde.

Einige Jahre später erweiterte Albert Einstein den Begriff der „Quanten“ auf das Licht selbst. Im Jahr 1905 stellte Einstein in einer Reihe berühmter Arbeiten, die die Wissenschaft für immer veränderten, die Theorie auf, dass Licht aus einzelnen Teilchen, sogenannten Photonen, bestehe. Dies erklärt den photoelektrischen Effekt, ein Phänomen, bei dem einige Metalle Elektronen freisetzen, wenn sie mit Licht bestrahlt werden.

Für seine Erkenntnisse zum photoelektrischen Effekt erhielt Einstein 1921 den Nobelpreis. Überraschend ist jedoch, dass selbst Einstein die tieferen Implikationen der Quantenphysik nicht völlig akzeptierte. Sein berühmter Satz lautet: „Gott würfelt nicht mit dem Universum“, ein Ausdruck seines Unbehagens angesichts der Unbestimmtheit, die die neue Physik mit sich bringt.

In den folgenden Jahren revolutionierten die Auswirkungen der Quantentheorie auch unser Verständnis von Atomen. 1913 schlug der dänische Physiker Niels Bohr ein neues Atommodell vor. Er stellte sich Elektronen vor, die sich auf bestimmten Umlaufbahnen um den Atomkern bewegen, so wie Planeten um die Sonne. Im Gegensatz zu einer klassischen Umlaufbahn könnten Elektronen jedoch durch Abgabe oder Aufnahme von Energie von einer Ebene zur anderen „springen“.

Bohr integrierte Plancks Quantentheorie in sein Modell, um die Emission und Absorption von Licht durch Atome zu erklären. Seine Arbeiten legten den Grundstein für weitere Entwicklungen und machten ihn zu einem der Protagonisten der neuen Physik.

Das Jahr 1925 markierte dank Werner Heisenberg, einem brillanten jungen deutschen Physiker, einen weiteren Wendepunkt. Heisenberg führte das Unschärfeprinzip ein, das unsere Fähigkeit, die subatomare Welt zu verstehen, grundsätzlich einschränkt. Es besagt, dass Position und Geschwindigkeit eines Teilchens nicht gleichzeitig genau bekannt sein können.

Diese Entdeckung ist nicht nur technischer, sondern auch philosophischer Natur. Das Unschärfeprinzip stellt die Vorstellung eines vollständig erkennbaren Universums in Frage. Laut Heisenberg führt die Beobachtung eines Systems zwangsläufig zu einer Veränderung des Systems selbst. Die subatomare Realität schien sich der Kontrolle des klassischen Determinismus zu entziehen.

1926 führte der österreichische Physiker Erwin Schrödinger die Wellengleichung ein, eine weitere Säule der Quantenphysik. Diese Gleichung beschreibt das Verhalten subatomarer Teilchen hinsichtlich der Wahrscheinlichkeiten. Die rätselhaften Implikationen führten Schrödinger jedoch dazu, ein berühmtes Gedankenexperiment zu entwickeln: „Schrödingers Katze“.

In dieser hypothetischen Situation kann eine in einer Kiste eingesperrte Katze je nach Beobachtung gleichzeitig lebendig und tot sein. Das Experiment verdeutlicht das Paradox der Quantensuperposition, einen Zustand, in dem sich ein Teilchen gleichzeitig in mehreren Zuständen befinden kann, bis es beobachtet wird.

Der kulturelle Kontext: ein Paradigmenwechsel.

Die Quantenphysik hatte nicht nur wissenschaftliche Auswirkungen. Es hat auch die Philosophie, die Kunst und sogar die Spiritualität tiefgreifend beeinflusst. Diese Disziplin stellt die Konzepte der objektiven Realität und Kausalität in Frage und eröffnet Dialoge mit alten philosophischen Traditionen, etwa den östlichen, die seit Jahrhunderten über die illusorische Natur der Welt und die Verbindung zwischen Subjekt und Objekt nachdenken.

Im Laufe des 20. Jahrhunderts erforschten Persönlichkeiten wie J. Robert Oppenheimer und Fritjof Capra die Verbindungen zwischen Quantenphysik und östlichem Gedankengut. Oppenheimer etwa stellte Analogien zwischen der Quantenphysik und Versen aus der Bhagavad Gita fest, während Capra in seinem berühmten Buch „Das Tao der Physik“ Parallelen zwischen der Quantentheorie und der östlichen Philosophie zog.

Die Quantenphysik stellt eine der größten Errungenschaften der Menschheit dar. Es beschreibt nicht einfach die subatomare Welt, sondern definiert unsere Beziehung zur Realität neu. Seine Geschichte, die von revolutionären Entdeckungen und außergewöhnlichen Persönlichkeiten geprägt ist, wirft auch weiterhin tiefgreifende Fragen sowohl hinsichtlich der Wissenschaft als auch hinsichtlich der Natur der Existenz auf. Es ist eine Entdeckungsreise, die uns wie die Denker des alten Indiens dazu einlädt, über das Unsichtbare und das Unendliche nachzudenken.

Max Planck und die Geburt des „Quanten".

Im Jahr 1900 stellte der deutsche Physiker Max Planck eine Frage, die sich als revolutionär erwies. Er versuchte, ein spezielles Problem im Zusammenhang mit elektromagnetischer Strahlung zu erklären: das sogenannte „Schwarzkörperproblem". Die Experimente zeigten, dass die von einem schwarzen Körper – einem idealen Objekt, das Energie perfekt absorbieren und abstrahlen kann – emittierte Strahlung nicht durch die damals bekannten Gesetze der Physik erklärt werden konnte.

Planck stellte eine kühne Hypothese auf: Energie wird nicht kontinuierlich übertragen, wie bisher angenommen, sondern in kleinen, diskreten Paketen, die er „Quanten" nannte. Dies hat alles geändert. Planck selbst betrachtete seine Idee zunächst als mathematisches Hilfsmittel und nicht als eine neue Vision der Wirklichkeit. Dennoch legte seine Arbeit den Grundstein für eine wissenschaftliche Revolution. 1918 erhielt er für diese Intuition den Nobelpreis. Bis heute betrachten viele das Jahr 1900 als das wahre Geburtsjahr der Quantenphysik.

Im Dezember 1900 stellte Max Planck seine Idee in Berlin vor. Anlass war eine Tagung der renommierten Deutschen Physikalischen Gesellschaft. Das Problem, mit dem Planck konfrontiert war, war als „Ultraviolett-Katastrophe" bekannt, ein scheinbar unlösbares Rätsel im Zusammenhang mit der Erforschung des sogenannten schwarzen Körpers.

Ein schwarzer Körper ist in der theoretischen Physik ein ideales Objekt, das Energie perfekt absorbiert und abstrahlt. Im 19. Jahrhundert durchgeführte Experimente hatten gezeigt, dass bei der Analyse des Emissionsspektrums eines schwarzen Körpers die auf den traditionellen Gesetzen der klassischen Physik beruhenden Vorhersagen einfach nicht stimmten. Vereinfacht ausgedrückt ging man davon aus, dass mit der zunehmenden Frequenz der emittierten Strahlung die Energie unbegrenzt ansteigen würde. Die experimentellen Daten zeigten jedoch etwas ganz anderes: Bei hohen Frequenzen sank die Energie dramatisch. Diese Diskrepanz war damals eines der größten Rätsel der Physik und niemand schien in der Lage zu sein, es zu lösen.

Max Planck machte sich an die Arbeit und schlug eine Lösung vor, die er als revolutionär bezeichnete: Um die von einem schwarzen Körper abgegebene Energie zu beschreiben, müsse man sich vorstellen, dass die Energie selbst nicht kontinuierlich, sondern in „Quanten“ aufgeteilt sei. Planck stellte die Hypothese auf, dass sich Energie in diskreten Einheiten bewegt, von denen jede proportional zur Frequenz der Strahlung ist, und zwar gemäß einer Konstanten, die heute als „Planck-Konstante“ bekannt ist und durch das Symbol (h) gekennzeichnet ist.

"Meine Idee entstand nicht aus einer philosophischen Überzeugung heraus. Sie war eine technische Notwendigkeit",

Planck sagte dies einige Jahre später und gab zu, dass ihm das Konzept der Quanten zunächst kaum mehr als ein mathematischer Trick erschienen sei. Doch dieser „Trick“ erwies sich als der erste Riss in der festen, aber mittlerweile veralteten Struktur der klassischen Physik. Der Rest ist, wie man so schön sagt, Geschichte.

Berlin, 1900: das Epizentrum einer Revolution.

Stellen wir uns für einen Moment das Berlin des beginnenden 20. Jahrhunderts vor. Die Stadt, die wissenschaftliche und wirtschaftliche Hauptstadt Deutschlands, war ein lebendiges intellektuelles Zentrum. An Universitäten und Akademien wimmelte es von brillanten Köpfen, die die Grenzen des Wissens ausloteten. Max Planck, der sich durch seine Brillanz in den theoretischen Wissenschaften auszeichnete, lehrte an der Universität Berlin. Offiziell war er Thermodynamiker und studierte unter anderem die grundlegenden Prinzipien der Energieübertragung.

Seine Hingabe an die Wissenschaft war fast religiös. Tatsächlich war Planck ein Mensch, der einer Vision des Universums tief verbunden war, in der Ordnung und Harmonie grundlegende Elemente waren.

Es dauerte mehrere Jahre und zahlreiche nachfolgende theoretische Entwicklungen, bis die Bedeutung von Plancks Ideen vollständig verstanden wurde. Um 1913 fand Plancks Quantentheorie auch wichtige Anwendung im Atommodell von Niels Bohr, einem anderen Giganten der Physik, der „Quanten“ verwendete, um zu erklären, wie Elektronen durch die Emission oder Absorption von Licht zwischen diskreten Umlaufbahnen springen. Der von Planck gepflanzte Samen wuchs und die gesamte wissenschaftliche Gemeinschaft begann zu erkennen, dass sie vor einer neuen Ära des Wissens stand.

1918 erhielt Max Planck den Nobelpreis für Physik „für seine Verdienste um die Weiterentwicklung der Physik durch die

Entdeckung der Quanten.“ Während der Zeremonie wiederholte Planck eine seiner berühmtesten Maximen:

„Ein neues wissenschaftliches Prinzip triumphiert nicht, weil es seine Gegner überzeugt. Es triumphiert vielmehr, weil neue Generationen es akzeptieren.“

Ein prophetischer Satz, der die Schwierigkeiten und Widerstände zusammenfasst, denen jede große kulturelle und wissenschaftliche Revolution begegnet.

Der wissenschaftliche Skandal des „Wie viel“.

Als Planck im Jahr 1900 den Quantenbegriff einführte, wurde die Welt der klassischen Physik, die bis dahin mit seinen Gesetzen dominiert hatte, tief erschüttert. In der Vision eines Universums, das von kontinuierlichen und vorhersehbaren Linien beherrscht wird, hatte die Idee einer diskreten Energie keinen Platz. Sogar Planck, der für seine intellektuelle Vorsicht bekannt ist, schien zögerlich. Anschließend entwickelte eine neue Generation von Physikern, darunter Albert Einstein, das Quantenkonzept weiter.

Tatsächlich baute Einstein eine seiner berühmtesten Entdeckungen auf der Arbeit von Planck auf: den photoelektrischen Effekt. Es war das Jahr 1905, als der junge Wissenschaftler erklärte, dass sich Licht, genau wie die Energie schwarzer Körper, in Form von „Lichtquanten“, also Photonen, bewegt. Einsteins Theorie lieferte nicht nur eine praktische Bestätigung von Plancks Modell, sondern öffnete auch die Türen zur modernen Physik.

Max Planck war nicht nur ein Physiker. Er war ein kultivierter Mann, fasziniert von Philosophie und Spiritualität. Es ist daher nicht überraschend, dass viele Überlegungen zu „Quanten“ später im philosophischen Denken und sogar in den spirituellen Traditionen des Ostens Anklang fanden. Planck suchte beharrlich nach einer zugrunde liegenden Ordnung, einer „verborgenen Wahrheit“. Und genau diese für die Quantenphysik so typische Spannung zwischen scheinbarem Chaos und tiefer Ordnung stellt eine der subtilen Verbindungen dar, die die westliche Welt den alten östlichen Philosophien, etwa dem Hinduismus, näherbringt.

Dies ist jedoch eine Geschichte, die wir in den nächsten Kapiteln erzählen werden.

Max Plancks erster Schritt.

In der scheinbaren Ruhe des 14. Dezember 1900 äußerte ein schüchterner Mann, von Beruf Mathematiker und von Beruf Physiker, einen Satz, der die Wissenschaft des 20. Jahrhunderts in Aufruhr versetzen sollte. Max Planck, ein Professor in Berlin, stellte der Deutschen Physikalischen Gesellschaft eine radikale Idee vor. Planck sprach leise und stellte die Theorie auf, dass Energie nicht wie ein kontinuierlicher Fluss fließt, sondern sich wie einzelne Tropfen verhält. Diese Tropfen wurden „Quanten“ genannt. Niemand, nicht einmal Planck selbst, ahnte, dass diese einfache Intuition den Grundstein für die Quantenphysik legen würde, ein Paradigma, das Jahrhunderte alten wissenschaftlichen Denkens auf den Kopf stellen sollte.

Die Physiker des 19. Jahrhunderts standen vor einem scheinbar einfachen Rätsel: Wie ließe sich die von einem heißen Objekt, einem sogenannten „schwarzen Körper“, ausgesandte Strahlung genau beschreiben? Experimente zeigten, dass heiße Objekte Lichtwellen aussendeten, deren Intensität je nach Wellenlänge variierte. Aber gemäß den Gesetzen des klassischen Elektromagnetismus und der Thermodynamik müsste die Lichtintensität bei kurzen Wellenlängen unendlich werden. Es war ein Unding, bekannt als „Ultraviolett-Katastrophe“. Diese Dissonanz stellte die gesamte theoretische Struktur der Physik des 19. Jahrhunderts in Frage.

Planck näherte sich diesem Problem mit der ihm am besten vertrauten Methode: der reinen Mathematik. Er widmete sich dieser Herausforderung jahrelang, konnte jedoch keine Lösung finden. Am Ende war er, wie er später selbst zugab, gezwungen, äußersten Pragmatismus zu beweisen. Er ging davon aus, dass Energie nicht kontinuierlich fließt, sondern nur in diskreten Paketen proportional zur Frequenz der Lichtwelle.

Planck maß dieser Theorie zunächst keine physikalische Bedeutung bei. Er nannte es einen „mathematischen Trick“. Planck war ein Konservativer der klassischen Physik und hätte sich nicht vorstellen können, dass diese Intuition die Grundlagen der Physik, die er so verehrte, zerstören würde.

Die anfängliche Akzeptanz von Plancks Arbeit war eher lauwarm als enthusiastisch. Seine Ideen erschienen sogar seinen Kollegen bizarr. Doch schon nach kurzer Zeit bestätigten experimentelle Daten die Gültigkeit seines Modells.

Plancks Arbeit war nicht nur eine wissenschaftliche Entdeckung. Es war ein Paradigmenwechsel, der die Sicht der Menschen auf das Universum veränderte. Quantisierungen zerstörten die Illusion der Kontinuität und enthüllten ein Universum von Diskontinuitäten und Wahrscheinlichkeiten. Dieses Prinzip stellte nicht nur die klassische Physik, sondern auch viele philosophische Intuitionen des Westens in Frage.

Interessanterweise fand das Konzept der Diskontinuität auch in einigen östlichen philosophischen Traditionen Anklang, etwa im Hinduismus. In der Vedanta-Philosophie wird das Universum als diskontinuierliche Manifestation von Brahman, dem universellen Prinzip, betrachtet. Diese Parallele zwischen Wissenschaft und Spiritualität wurde Jahrzehnte später erforscht, als die Quantenphysik auf östliches Denken traf.

Max Planck war ein Mann von großer Bescheidenheit. Es ging ihm weder um Ruhm noch um Revolutionen. Dennoch ging aus seinen Händen eine neue Wissenschaft hervor. Die Quantenphysik mit ihrer rätselhaften Sprache enthüllte ein Universum, das sich grundlegend von dem unterschied, was die Wissenschaftler bis dahin kannten.

Albert Einstein und der photoelektrische Effekt.

Im Jahr 1905 war Albert Einstein 26 Jahre alt, lebte in Bern und arbeitete als Angestellter dritter Klasse beim Patentamt. In diesem außergewöhnlichen Jahr, das später „Annus Mirabilis“ genannt wurde, veröffentlichte der junge Wissenschaftler vier Arbeiten, die die Physik für immer verändern sollten. Darunter ragte eine kurze, aber intensive Veröffentlichung heraus: die Studie zum photoelektrischen Effekt, eine Arbeit, die den Grundstein für die Quantenphysik, wie wir sie heute kennen, legen sollte.

Bis zum Beginn des 20. Jahrhunderts betrachtete man Licht im Wesentlichen als Welle. Die Arbeiten von James Clerk Maxwell hatten gezeigt, dass sich elektromagnetische Wellen nach klar definierten mathematischen Gesetzen durch den Raum ausbreiten. Einige beobachtete Phänomene folgten jedoch nicht diesen Mustern. Einer davon war tatsächlich der photoelektrische Effekt: Wenn Licht einer bestimmten Frequenz auf die Oberfläche eines Metalls trifft, sendet das Metall Elektronen aus. Zu diesem Effekt durchgeführte Experimente gaben den Physikern keine Antworten. Warum reichte die Lichtintensität nicht aus, um den Prozess zu erklären? Warum reichte es nicht aus, bei größerer Helligkeit einfach die Energie des Lichts zu erhöhen, um Elektronen zu erzeugen? Der Schlüssel schien die Frequenz des Lichts zu sein, aber niemand konnte erklären, warum.

Einstein näherte sich dem Problem aus einer anderen Perspektive, inspiriert von der Arbeit von Max Planck. Im Jahr 1900 führte Planck bei seinem Versuch, die Schwarzkörperstrahlung zu erklären, eine revolutionäre Idee ein: Energie wird in „diskreten Quanten" abgegeben, nicht kontinuierlich. Diese Erkenntnis, die zunächst als einfache mathematische Kunstfertigkeit aufgefasst wurde, eröffnete einen unerwarteten Weg. Einstein widersprach der vorherrschenden Ansicht und schlug vor, dass Licht selbst aus Teilchen besteht, die später als Photonen bezeichnet wurden. Jedes Photon trägt eine Energie, die seiner Frequenz proportional ist.

Einstein erklärte den photoelektrischen Effekt mit entwaffnender Einfachheit. Wenn ein Photon auf ein Elektron in einem Metallatom trifft, kann es seine gesamte Energie auf das Elektron übertragen. Wenn die Energie des Photons ausreicht, um die Bindungsenergie des Elektrons (Austrittsarbeit oder Extraktionspotential genannt) zu überwinden, wird das Elektron aus der Metalloberfläche herausgeschleudert. Je höher die Frequenz des Lichts, desto höher die Energie des Photons und damit desto größer die Wahrscheinlichkeit, dass das Elektron emittiert wird. Dabei kam es nicht auf die Intensität des Lichts an, sondern auf die Qualität des Lichts selbst, also seine Frequenz.

Einsteins Theorie hatte enorme Auswirkungen. Es erklärte nicht nur den photoelektrischen Effekt, sondern stellte auch das traditionelle Konzept von Licht auf den Kopf. Bis dahin waren viele Wissenschaftler davon überzeugt, dass Licht eine Welle sei. Mit Einsteins Arbeit wurde nun nachgewiesen, dass Licht auch ein korpuskulares Verhalten aufweist, und das Konzept der „Welle-Teilchen-Dualität" eingeführt. Es war der Beginn einer Revolution, die unser Verständnis von der Natur der Realität neu definieren würde.

Im März 1905 veröffentlichte Einstein seine Arbeit über den photoelektrischen Effekt in einer relativ unbekannten Zeitschrift, den „Annalen der Physik". Trotz ihrer Bedeutung wurde die Idee der Photonen zunächst mit Skepsis aufgenommen. Selbst bedeutende Physiker der damaligen Zeit, wie etwa Max Planck und Niels Bohr, hielten das Konzept der Lichtteilchen für eine zu radikale Idee, um es ohne weiteres zu akzeptieren.

Planck selbst, der unwissentlich als Pionier die Quantenidee entwickelt hatte, zögerte, Einsteins Vision anzunehmen. Planck soll privat gesagt haben:

„So kann es keine Strahlung geben. Das ist eine zu gewagte Interpretation."

In den folgenden Jahren durchgeführte Experimente bestätigten jedoch Einsteins Vision. Der amerikanische Physiker Robert Millikan hatte zunächst versucht, Einsteins Theorie zu widerlegen, konnte diese aber schließlich experimentell bestätigen und erhielt dafür im Jahr 1923 selbst einen Nobelpreis.

Einstein selbst erhielt 1921 den Nobelpreis, allerdings nicht für die spezielle Relativitätstheorie, wie oft angenommen, sondern für seine Arbeiten zum photoelektrischen Effekt. Das Nobelkomitee entschied sich dafür, einen quantifizierbaren Beitrag zur experimentellen Physik auszuzeichnen und nicht eine nach wie vor umstrittene Theorie wie die Relativitätstheorie.

Die Geschichte des photoelektrischen Effekts verkörpert die Spannung zwischen wissenschaftlicher Intuition und etablierten Überzeugungen. Einsteins Arbeit betrat nicht nur Neuland, sondern warf auch größere Fragen über die Grundlagen der klassischen Physik auf.

Wie kann Licht gleichzeitig eine Welle und ein Teilchen sein? Dieses Mysterium verfolgte Einstein für den Rest seines Lebens, insbesondere nach der Entwicklung der Quantenmechanik. Obwohl Einstein zu den Begründern des neuen Paradigmas gehörte, blieb er gegenüber einigen seiner extremeren Implikationen kritisch eingestellt.

Einsteins Vision des photoelektrischen Effekts bietet auch eine wichtige kulturelle Verbindung. Die Wissenschaft entwickelt sich, ebenso wie die Kunst oder die Philosophie, nie im luftleeren Raum. Die erste Hälfte des 20. Jahrhunderts war eine Ära radikaler Veränderungen in allen Wissensbereichen. Künstlerische Bewegungen wie der Kubismus und der Futurismus definierten Raum und Zeit neu, während in der Philosophie Denker wie Henri Bergson das Konzept der linearen Zeit in Frage stellten. Einsteins wissenschaftliche Ideen spiegelten den Geist einer Zeit wider, die keine Angst hatte, mit der Vergangenheit zu brechen.

Der photoelektrische Effekt war in seiner scheinbaren Einfachheit einer der ersten Schritte hin zu einer neuen Denkweise. Es zeigte sich, dass die Natur nicht unseren Intuitionen entspricht, sondern von uns verlangt, unser Denken der Realität anzupassen, so paradox dies auch erscheinen mag.

Ein Lichtfunke verändert die Geschichte.

Im Jahr 1905 revolutionierte Albert Einstein die Physik mit einer kühnen und doch einfachen Erkenntnis: Licht verhält sich nicht einfach wie eine Welle, sondern verhält sich unter bestimmten Umständen so, als bestünde es aus winzigen, diskreten Energiepaketen, den sogenannten Photonen. Dieses Konzept hätte die Grundlagen der klassischen Physik erschüttert und die Tür zum Zeitalter der Quantenphysik geöffnet.

Bis dahin glaubten viele Wissenschaftler, Licht sei bloß eine Welle, und folgten damit den Theorien von James Clerk Maxwell, der im 19. Jahrhundert Licht als elektromagnetische Welle beschrieben hatte. Einstein schlug jedoch, basierend auf der Intuition von Max Planck, der zu Beginn des 20. Jahrhunderts die Idee der quantisierten Energie zur Erklärung der Schwarzkörperstrahlung eingeführt hatte, etwas Radikales vor. Ausgehend von der Beobachtung, dass Licht Elektronen aus einem Material wie Metall „herausreißen“ kann (der sogenannte photoelektrische Effekt), zeigte Einstein, dass dieses Phänomen nur erklärt werden kann, wenn man Licht als aus Teilchen – den zukünftigen Photonen – bestehend betrachtet.

Um die Bedeutung dieses Ergebnisses zu verstehen, muss man den wissenschaftlichen Kontext der damaligen Zeit berücksichtigen. Die Wellentheorie des Lichts schien durch viele Experimente wie Interferenz und Beugung bestätigt zu werden. Einstein war sich jedoch darüber im Klaren, dass diese Beobachtungen nicht ausreichten, um alle Eigenschaften des Lichts zu erklären. In seiner wegweisenden Arbeit vom Juni 1905 übernahm Einstein Plancks Idee der Energiequantisierung und wandte sie auf einer neuen Ebene an. Er schrieb:

> *„Die Energie eines Lichtstrahls ist räumlich nicht kontinuierlich, sondern in kleinen Energiepaketen verteilt.“*

Es war der Beginn einer revolutionären Idee: Licht hatte eine doppelte Erscheinungsform, es war Welle und Teilchen zugleich.

Diese Intuition fand in den Labors eine außergewöhnliche praktische Bestätigung. Wenn Metalle Licht einer bestimmten Frequenz ausgesetzt werden, geben sie Elektronen frei, allerdings nur, wenn die Energiequanten – die Photonen – über genügend Energie verfügen, um die Barriere zu überwinden, die die Elektronen an das Metall band. Dabei spielte es keine Rolle, wie intensiv das Licht war: Wenn die Photonen nicht genügend Energie hatten (also ihre Frequenz zu niedrig war), trat der photoelektrische Effekt schlicht nicht auf.

Die Bedeutung dieser Entdeckung war enorm. Für seine Arbeiten zum photoelektrischen Effekt erhielt Einstein 1921 den Nobelpreis für Physik. Interessanterweise wurde er mit dem Preis nicht für seine Relativitätstheorie ausgezeichnet, die damals wahrscheinlich weniger verstanden und akzeptiert war, sondern für eine Erkenntnis, die unmittelbare praktische Auswirkungen auf die aufkommenden Technologien des 20. Jahrhunderts hatte. Heute ist der photoelektrische Effekt die Grundlage für grundlegende Geräte, von solarbetriebenen Geräten bis hin zu Kameras.

Eine interessante Anekdote betrifft Einsteins Beziehung zum Konzept der Quantisierung. Obwohl Einstein diese Idee zur Erklärung des photoelektrischen Effekts verwendete, war er später selbst nicht bereit, einige der extremeren Implikationen der Quantenmechanik wie Unsicherheit und Wahrscheinlichkeit zu akzeptieren.

Seine Arbeiten zum photoelektrischen Effekt bleiben jedoch für das Quantendenken von zentraler Bedeutung und stellen eine bemerkenswerte Brücke zwischen der klassischen und der neuen Welt der Physik dar. Jedes Mal, wenn wir eine Photovoltaikzelle zum Einfangen von Sonnenlicht oder einen Bildsensor in einer Kamera verwenden, wenden wir das grundlegende Prinzip an, das Einstein 1905 entdeckte.

Niels Bohr und das Atommodell (1913).

In der Zwischenzeit begann man, die innere Struktur des Atoms, dieser mysteriösen kleinen Welt, mit neuer Klarheit zu erforschen.

Im Jahr 1913 veränderte ein junger dänischer Physiker namens Niels Bohr für immer unsere Sicht auf das Universum. Als Sohn eines Physiologieprofessors in Kopenhagen wuchs Bohr in einem Umfeld auf, das von philosophischen und wissenschaftlichen Fragen durchdrungen war. Es war eine Brücke zwischen zwei Welten: der klassischen Newton-Tradition und den neuen Erkenntnissen über das mysteriöse Reich der Quanten, das man gerade zu erforschen begann. Mit seinem revolutionären Atommodell zeigte Bohr, dass die verborgene Ordnung im Universum viel seltsamer ist, als wir uns vorstellen können.

Bohr ging von einem offenen Problem aus. Ernest Rutherford hatte 1911 die Theorie aufgestellt, das Atom sei wie ein kleines Sonnensystem: ein positiver Kern im Zentrum und Elektronen, die ihn umkreisen. Das Modell hatte jedoch einen fatalen Fehler. Die klassischen Gesetze des Elektromagnetismus, Maxwells Gesetze, besagen, dass ein sich bewegendes Elektron Energie in Form von Strahlung abgibt. Ergebnis? Innerhalb kurzer Zeit würde das Elektron in Richtung Kern fallen, was zu einem Zusammenbruch des gesamten Atoms in einer Explosion der Instabilität führen würde. In der Form, in der Rutherford es sich vorgestellt hatte, konnte das Atom nicht existieren.

Bohr war von dem Problem fasziniert. Während seines Studiums in England bei Rutherford machte er einen mutigen Vorschlag. Bohr griff auf das von Max Planck im Jahr 1900 eingeführte und in den darauffolgenden Jahren von Albert Einstein weiter erforschte Konzept der „Quanten" zurück und beschloss, Quantenideen direkt auf das Atom anzuwenden. 1913 veröffentlichte er einen Artikel in der wissenschaftlichen Zeitschrift „Philosophical Magazine", in dem er sein Modell darlegte.

In Bohrs Modell umkreisten Elektronen den Kern auf definierten Energieniveaus, den sogenannten „quantisierten Umlaufbahnen". Diese Ebenen waren nicht kontinuierlich, wie es sich die klassische Physik vorstellte, sondern diskret. Elektronen könnten nur bestimmte Umlaufbahnen einnehmen, ähnlich den Linien eines Notensystems, auf denen nur bestimmte Noten platziert werden können.

Hier ist die Neuerung, die die Wissenschaftswelt schockierte: Bohr hatte die Theorie aufgestellt, dass ein Elektron von einer Umlaufbahn in eine andere „springen" könne, ohne den Zwischenraum zu durchqueren. Wenn ein Elektron auf ein niedrigeres Energieniveau fällt, gibt es ein Energiequant in Form von Licht ab. Dieses „Quant" war ein Photon. Dies bestätigte das Quantenwunder, das Einstein einige Jahre zuvor zur Erklärung des photoelektrischen Effekts entdeckt hatte.

Bohrs Modell fand sofort eine konkrete Anwendung im Fall des Wasserstoffspektrums. Wissenschaftlern ist seit langem bekannt, dass

Wasserstoffatome, wenn sie einer elektrischen Entladung ausgesetzt werden, Licht bei bestimmten Wellenlängen aussenden. Bis dahin hatte niemand eine Erklärung dafür finden können. Bohrs neues Modell stimmte perfekt mit diesen Spektrallinien überein, als hätte das Universum endlich eines seiner tiefsten Geheimnisse preisgegeben.

Die Reaktionen auf Bohrs Arbeit waren unterschiedlich. Viele waren begeistert, andere eher skeptisch. Rutherford selbst war von der Kühnheit dieses Modells beeindruckt. Doch Einzelheiten, etwa Hinweise auf das Konzept des „Quantensprungs", ließen Zweifel aufkommen. Ein enger Mitarbeiter von Bohr, der deutsche Physiker Arnold Sommerfeld, verbesserte das Modell, indem er die Idee elliptischer Umlaufbahnen einführte. Sommerfeld stellte fest, dass Elektronen in bestimmten Fällen nicht auf Kreisbahnen beschränkt waren, die Entwicklung dieser Erweiterungen jedoch dennoch zu einer komplexeren und präziseren Sicht führte.

Bohrs Arbeit war jedoch nur der Anfang. In den folgenden Jahren betraten neue Wissenschaftler die Bühne. Der Deutsche Werner Heisenberg sollte einer seiner wichtigsten Erben und Freunde werden. Heisenberg wird dann sagen:

> *„Bohr lehrte uns, nicht nur das Atom zu betrachten, sondern die Realität selbst als einen Prozess von Beziehungen, der mysteriöser ist, als wir es uns je vorgestellt hatten."*

Das Atommodell von 1913 ist nicht perfekt. Dieses Hindernis wurde in den 1920er Jahren mit der Einführung von Schrödingers Quantenmechanik und Heisenbergs Unschärferelation überwunden. Bohrs Intuition war jedoch grundlegend.

Seine Erkenntnis war grundlegend, nicht nur weil sie konkrete Phänomene wie das Spektrum des Wasserstoffs erklärt, sondern weil sie die Tür zu einer neuen Denkweise öffnet: Das Universum ist keine vorhersehbare Maschine, sondern ein quantisiertes Mysterium aus Sprüngen, Diskrepanzen und Dualitäten.

Niels Bohr wurde in seiner wissenschaftlichen Herangehensweise auch von philosophischen Ideen beeinflusst. Er studierte östliches Gedankengut und zitierte gern ein altes chinesisches Sprichwort:

> *„Worte öffnen die Tür, doch es ist Schweigen, das hindurchgeht."*

Es ist kein Zufall, dass sich seine Intuitionen mit philosophischen Themen verflechten, die in gewisser Weise an das Brahman des

Hinduismus erinnern, jenes Absolute, das sich einem linearen Verständnis entzieht. Bohr erklärte weiter:

„Die Wahrheit wird durch sich ergänzende Gegensätze gelernt.“

Schon im Atommodell waren diese Gegensätze sichtbar: Stabilität und Instabilität, Ordnung und Quantensprung. Sein Werk spiegelte nicht nur eine wissenschaftliche Revolution wider, sondern auch einen tiefgreifenden kulturellen Wandel. Bohr führte mit seinem Atom die Wissenschaft zu einem neuen Paradigma. Eine Welt, in der nichts mehr konstant und vorhersehbar war, sondern jedes Phänomen – selbst das kleinste – die Möglichkeit eines größeren Mysteriums in sich trug.

Niels Bohr und das Atom, das nicht explodiert.

Im Jahr 1913 veröffentlichte ein junger dänischer Physiker namens Niels Bohr eine revolutionäre Theorie, die unsere Sicht auf Materie für immer verändern sollte. Bohr wurde in Kopenhagen, einer Stadt an der Ostsee, geboren und wuchs dort auf. Schon als Junge zeigte er eine brillante Intelligenz. Seine Mutter stammte aus einer Intellektuellenfamilie jüdischer Herkunft, sein Vater war ein renommierter Physiologe und der Haushalt der Bohrs war ein fruchtbarer Boden für innovative Ideen. Es ist nicht überraschend, dass Niels selbst einer der Protagonisten der aufkommenden Quantenphysik wurde.

Zu Beginn des 20. Jahrhunderts befand sich die Physik in einer Krise. Die klassischen Modelle von Newton und Maxwell waren zwar leistungsstark, konnten Phänomene auf atomarer Ebene jedoch nicht erklären. Warum kollabieren Atome, diese winzigen Grundbausteine der Materie, nicht in sich selbst? Warum verloren die Elektronen, die den positiven Kern umkreisten, nicht Energie und fielen in den Kern, wie es die klassische Theorie erwartet hätte?

Die Antwort kam mit Bohr und seinem Atommodell der quantisierten Bahnen. Basierend auf den Hypothesen von Max Planck und der Arbeit von Einstein führte Bohr ein bemerkenswertes Konzept ein: Elektronen können den Kern nur auf bestimmten oder quantisierten Bahnen umkreisen. In diesen definierten Zuständen verlieren Elektronen keine Energie.

Diese Erkenntnis erklärte nicht nur die Stabilität der Materie, sondern löste auch ein weiteres Rätsel: das Emissionsspektrum des

Wasserstoffatoms. Wenn das Atom angeregt wird, springen die Elektronen von einer höheren Umlaufbahn auf eine niedrigere und senden Licht mit einer genauen Frequenz aus. Die experimentellen Beobachtungen stimmten perfekt mit Bohrs Theorie überein.

Ein Atom, das nicht explodiert und die Verbindung zur östlichen Philosophie.

Bohrs Modell hatte außergewöhnliche Implikationen. Es zeigte eine atomare Welt, in der Gesetze regiert werden, die keiner intuitiven Logik folgen, sondern eine Dualität zwischen Kontinuität und Diskontinuität auferlegen. In gewissem Sinne schien die Materie nach einer Regel zu tanzen, die an die Konzepte einiger östlicher Philosophien, etwa des Hinduismus, erinnerte.

In indischen philosophischen Texten wie den Upanishaden wird die materielle Welt als „Maya" (Illusion) beschrieben, wobei sich hinter der Erscheinung eine tiefe und unbeschreibliche Realität verbirgt. In ähnlicher Weise ist Materie im modernen Sinne der Quantenmechanik nicht völlig „fest"; Elektronen verhalten sich sowohl wie Teilchen als auch wie Wellen und ihre Position ist „verschwommen", bis sie beobachtet wird. Diese Paradoxonität verbindet, zumindest auf konzeptioneller Ebene, Bohrs wissenschaftliche Intuitionen mit der alten östlichen Weisheit.

Heute können Besucher Kopenhagens „Haus der Ehre" besichtigen, ein Zentrum, das dem Andenken an einen der größten Wissenschaftler des 20. Jahrhunderts gewidmet ist. Dies ist ein Ort, der die Geschichte von Bohrs Leben und Denken erzählt, von seinen frühen Studien bis zur Anwendung seiner Vision auf die aufkommende Quantentheorie.

Aber es gibt noch einen weiteren Aspekt, der Bohr einzigartig macht: seine Wissenschaftsphilosophie. Er war stets bestrebt, „Wahrheit und Klarheit" zu verbinden. Dieses Engagement war nicht nur ein methodischer Ansatz. Es handelte sich um eine ethische Idee, die auf der Überzeugung basierte, dass die Wissenschaft uns dem Verständnis der Wirklichkeit näher bringen sollte, ohne dabei Einfachheit und Transparenz einzubüßen.

Bohr war nicht nur Physiker, sondern auch ein philosophischer Denker. Er sagte oft:

> *„Wir können die Welt der Physik nicht von der Art und Weise trennen, wie wir sie beobachten."*

Diese Aussage nimmt viele moderne Überlegungen zur Natur der Realität und der Rolle des Bewusstseins vorweg, Themen, die sowohl der Quantenmechanik als auch den östlichen Philosophien am Herzen liegen.

Rückblickend können wir eine Verbindung zwischen der Quantenrevolution und alter Weisheit erkennen. Bohr zeigte mit seinem Atommodell, dass Materie weder starr noch absolut ist, sondern dynamisch, relational und von Gesetzen bestimmt, die das normale Verständnis übersteigen. Dieses so kontraintuitive Konzept findet eine überraschende Resonanz in der indischen Philosophie, die uns einlädt, über die phänomenale Welt hinauszublicken, um die ultimative Realität, Brahman, zu entdecken.

Werner Heisenberg und das Unschärfeprinzip.

In den 1920er Jahren nahm die Quantenphysik dank einer Welle von Entdeckungen brillanter junger Köpfe, darunter Werner Heisenberg und Erwin Schrödinger, Gestalt an. Im Jahr 1927 formulierte Heisenberg das Unschärfeprinzip, eine der Säulen der Quantenmechanik. Dieses Prinzip besagt, dass es nicht möglich ist, zwei komplementäre Größen, wie etwa die Position und die Geschwindigkeit eines Teilchens, gleichzeitig mit absoluter Genauigkeit zu kennen.

Dieses Konzept stellte die Vorstellung auf den Kopf, dass wissenschaftliche Experimente neutral seien. Wie die Physiker entdeckten, ist die mikroskopische Realität eng mit dem Experimentator verknüpft.

In den 1920er Jahren erlebte die Physik eine Revolution. Die klaren und vorhersehbaren Konzepte der klassischen Wissenschaft, die von Galileo Galilei bis zu Newton die Szene beherrscht hatten, gerieten ins Wanken. Die subatomare Welt, die durch die Quantenmechanik enthüllt wurde, wies beunruhigende und scheinbar dem gesunden Menschenverstand widersprechende Eigenschaften auf. Vor diesem Hintergrund formulierte der junge deutsche Physiker Werner Heisenberg im Jahr 1927, im Alter von gerade einmal 26 Jahren, eines der schockierendsten Prinzipien der modernen Wissenschaft: das Unschärfeprinzip.

Nach diesem Prinzip ist es nicht möglich, zwei komplementäre Größen, wie etwa die Position und die Geschwindigkeit (oder den Impuls) eines Teilchens, gleichzeitig genau zu kennen. Je genauer das eine gemessen wird, desto ungenauer kann man das andere kennen. Dabei handelte es sich nicht um eine instrumentelle Einschränkung, sondern um eine inhärente Eigenschaft der Natur. Die klassische Wissenschaft, die das Universum als eine von deterministischen Gesetzen gesteuerte Maschine beschrieb, musste sich mit einer anderen Realität auseinandersetzen: der der Ungewissheit.

Die Idee des Unschärfeprinzips entstand in einem der fruchtbarsten Sommer in Heisenbergs Leben. Im Jahr 1925 suchte Heisenberg vor seinem Heuschnupfen Zuflucht auf der Nordseeinsel Helgoland, um sich in Ruhe auf die Dilemmata der Quantenmechanik zu konzentrieren. Die Schwierigkeiten beim Verständnis der Elektronenbahnen in Atomen bereiteten ihm große Sorgen und er beschloss, auf die räumliche Darstellung von Teilchen zu verzichten. Diese Erkenntnis führte ihn zur Entwicklung einer grundlegenden Formulierung der Quantenmechanik, die wiederum die Grundlage für das Prinzip bildete, das er zwei Jahre später verkündete.

Im Jahr 1927 formalisierte Heisenberg diese Idee während einer Konferenz in Kopenhagen. Das Unschärfeprinzip hatte einen tiefgreifenden Einfluss auf die Wissenschaftsphilosophie. Es war ein Paradigmenwechsel. Nicht nur reichte die klassische Physik nicht mehr aus, sondern der Beobachter selbst wurde nun zu einem integralen Bestandteil des beobachteten Systems. Heisenberg erläuterte diesen Punkt mit einem mittlerweile berühmten Zitat:

„Was wir beobachten, ist nicht die Natur an sich, sondern die Natur, wie sie unserer Untersuchungsmethode ausgesetzt ist.“

Heisenbergs Prinzip hat nicht nur die Wissenschaft verändert, es hatte auch einen kulturellen Einfluss, der weit über die Grenzen der Physik hinausging. Das Konzept der Ungewissheit inspirierte Philosophen, Künstler und sogar Schriftsteller. In Deutschland dachte Thomas Mann in seinem Werk „Doktor Faustus“ über die Quantenmechanik nach. Martin Heidegger, ein Zeitgenosse Heisenbergs, setzte sich mit der Idee einer Wirklichkeit auseinander, die sich der objektiven Gewissheit entzieht.

Heisenbergs Formulierung führte zu einer hitzigen Debatte mit Albert Einstein. Einstein vertrat die Ansicht, das Universum sei deterministischen Gesetzen unterworfen, lehnte jedoch die Vorstellung ab, die Natur könne von Zufall und Unbestimmtheit bestimmt werden. Einsteins Satz ist nach wie vor berühmt:

„Gott würfelt nicht.“

Als Antwort darauf erwiderte Niels Bohr, Heisenbergs Kollege und Mentor:

„Sag Gott nicht, was er mit seinen Würfeln machen soll.“

Werner Heisenberg war mehr als ein brillanter Physiker. Zu seiner außergewöhnlichen Intelligenz gesellte sich ein starkes Interesse an Philosophie. Heisenberg bewunderte Platon und stellte oft die theoretischen Grundlagen des Wissens in Frage. Vielleicht war es diese philosophische Einstellung, die es ihm ermöglichte, Unsicherheit als grundlegenden Bestandteil der natürlichen Welt zu akzeptieren.

Die Wechselwirkung zwischen Wissenschaft und Humanismus spiegelte sich auch in seinen persönlichen Bindungen wider. Werner Heisenberg freundete sich mit dem Dichter Rainer Maria Rilke an und pflegte den Dialog zwischen Kunst und Wissenschaft. In seinem berühmten Buch „Physik und Philosophie“ aus dem Jahr 1958 betonte Heisenberg, dass die Quantenmechanik nicht nur die Physik neu definiert, sondern auch eine neue Sicht der Welt bietet, die mit der Subjektivität des Menschen verknüpft ist.

Fast ein Jahrhundert nach seiner Formulierung ist das Heisenberg-Prinzip noch immer ein Eckpfeiler der modernen Physik. Es bildet die Grundlage für Technologien wie Elektronenmikroskope und findet Anwendung in vielen Bereichen, vom Quantencomputing bis zur Kryptografie. Aber sein Wert ist nicht nur technischer Natur. Das Unschärfeprinzip erinnert uns an die Grenzen des menschlichen Wissens und die Komplexität der natürlichen Welt. Wie der Hinduismus und östliche Philosophien seit Jahrtausenden besagen, ist Wissen keine reine Beschreibung der Wirklichkeit, sondern eine Interaktion zwischen Subjekt und Objekt, zwischen Beobachter und Beobachtetem.

Heisenberg hat mit seinem brillanten Verstand und dem Mut, Konventionen in Frage zu stellen, unsere Wahrnehmung der Welt für immer verändert. Und damit hinterließ er eine ewige Botschaft: Das Universum muss nicht nur erklärt, sondern auch – und vor allem – betrachtet werden.

Werner Heisenberg und die geheimnisvolle Seite der Natur.

1927 revolutionierte Werner Heisenberg unser Verständnis der physikalischen Welt. Heisenberg, ein talentierter junger deutscher

Physiker, arbeitete am „Institut für Theoretische Physik“ in Leipzig, einem lebendigen Umfeld, in dem die brillantesten Köpfe der Zeit die Grundlagen der modernen Wissenschaft neu gestalteten. Dort formulierte er das berühmte Unschärfeprinzip und eröffnete damit eine neue Perspektive auf die Funktionsweise der Natur.

Das Prinzip basiert auf einer einfachen, aber zugleich entwaffnenden Idee: Es ist unmöglich, sowohl die Position als auch die Geschwindigkeit eines subatomaren Teilchens mit absoluter Genauigkeit zu kennen. Je mehr man versucht, einen dieser Aspekte präzise zu messen, umso mehr entgeht einem der andere. Heisenberg erklärte es zunächst mit einer mathematischen Formel, doch die philosophische Bedeutung des Prinzips war sofort klar. Diese Entdeckung öffnete für Wissenschaftler und Denker die Tür zu tiefgreifenden Fragen über die Realität selbst.

In den 1920er Jahren war das Leipziger Institut ein Zentrum der wissenschaftlichen Avantgarde. Damals stellten Physiker wie Niels Bohr und Max Born die Essenz der mikroskopischen Welt in Frage. Heisenberg, damals gerade über dreißig Jahre alt und ein Schüler Bohrs, nahm diese Herausforderungen mit großer Kühnheit an. Seine Idee entstand nicht nur aus einer theoretischen Studie, sondern auch aus langen Überlegungen zur Art und Weise, wie Beobachtungen im Bereich der Quantenphysik gemacht werden.

Einer berühmten Anekdote zufolge fand Heisenberg, von diesem Problem gequält, bei einem Spaziergang durch die Wiesen der deutschen Provinz die Inspiration. Es heißt, die Unermesslichkeit der Natur mit ihrer unsichtbaren, aber wahrnehmbaren Bewegung habe ihm bewusst gemacht, wie schwer subatomare Teilchen seien. Diese Erkenntnis ermöglichte es ihm, die Idee zu formalisieren, dass die „Beobachtung“ selbst das beobachtete Objekt veränderte.

Die Metapher von Licht und Mikroskop.

Um das Prinzip zu erklären, verwendete Heisenberg oft das Beispiel eines Mikroskops. Stellen Sie sich vor, wir möchten ein Elektron mithilfe eines Lichtstrahls beobachten. Das Licht, das erforderlich ist, um das Elektron zu sehen, stößt es an und verändert seine Position oder Geschwindigkeit. Dies bedeutet, dass der einfache Akt der Beobachtung die mikroskopische Realität verändert.

Es handelt sich dabei um eine technische, aber auch um eine zutiefst philosophische Frage. Die Idee der Messung selbst wird mehrdeutig. Was bedeutet es, ein Objekt zu kennen, wenn unser „Blick“ es letztlich verändert?

Das Unschärfeprinzip blieb nicht auf Physiklabore beschränkt. Die Bedeutung dieser Entdeckung veränderte die Wissenschaftsphilosophie und fand Widerhall in der Literatur, den Künsten und sogar den Religionen. Denker wie Albert Einstein waren zunächst skeptisch und fragten sich, ob das Universum wirklich so schwer zu fassen sein könnte.

Die Meinungsverschiedenheiten zwischen zwei Giganten der Physik, wie Bohr und Einstein, zeigen, wie sehr das Unschärfeprinzip den Kern der großen Mysterien der Existenz berührt hat. Für Einstein musste das Universum geordnet und vorhersehbar sein. Für Heisenberg und Bohr hingegen war Unbestimmtheit ein grundlegendes Merkmal der Wirklichkeit.

In der westlichen Welt wurde das Unsicherheitsprinzip mit einer Mischung aus Erstaunen und Besorgnis aufgenommen. Es stellte die traditionelle Sicht der Welt als einer „vollkommen vorhersehbaren Maschine“ auf den Kopf, ein Paradigma, das auf Newton zurückgeht. Das Universum war keine geordnete Uhr mehr, sondern ein Gebilde, in dem Zufall, Ungewissheit und Mysterium eine zentrale Rolle spielten.

Interessanterweise vertraten östliche Philosophien wie der Hinduismus und der Buddhismus schon lange eine ähnliche Ansicht. Im vedischen Denken wird die materielle Welt als Maya betrachtet, eine schwer fassbare und vergängliche Illusion. In ähnlicher Weise legte die Quantenmechanik die Vorstellung einer tiefen, verborgenen Realität nahe, die nur durch Intuition, nicht aber durch Messung zugänglich ist.

In den Upanishaden, alten Hindu-Texten, lesen wir:

“Was der Geist sieht, können die Augen nicht erfassen, weil es formlos ist.“

Diese Worte scheinen die Herausforderung vorwegzunehmen, der sich Heisenberg selbst gegenübersah: das Unsichtbare zu beschreiben und dies mit der Sprache der Mathematik zu tun. Es überrascht nicht, dass derselbe Physiker Jahre später erklärte, er fühle eine besondere Affinität zum östlichen Gedankengut.

Ein Erbe, das über die Wissenschaft hinausgeht.

Bei der Unschärferelation geht es nicht nur um Teilchen. Es lädt uns ein, über die Beziehung zwischen Wissen und Realität nachzudenken. Wie viel können wir wirklich über die Welt um uns herum wissen? Und an welchem Punkt wird unsere Beobachtung zur Interaktion und verändert das, was wir verstehen wollen?

Bis heute bilden Heisenbergs Erkenntnisse einen Eckpfeiler der modernen Physik und beeinflussen Disziplinen von der Quanteninformatik bis zur Kosmologie. Doch ihre wahre Wirkung geht über die Grenzen der Wissenschaft hinaus und berührt den Kern der menschlichen Existenz: den Wunsch zu wissen, vermischt mit dem Geheimnis des Unbekannten.

Im Jahr 1927 konnte Heisenberg noch nicht vorhersehen, wie sehr seine Arbeit unser Weltbild für immer verändern würde. Doch mit seiner Unschärferelation ermöglichte er uns einen flüchtigen Blick auf die Kluft zwischen dem, was wir messen können, und dem, was wir uns nur vorstellen können. Dieses Mysterium inspiriert noch heute Wissenschaftler und Philosophen und erinnert uns daran, dass Wissen, wie Teilchen, ständig in Bewegung ist.

Erwin Schrödinger und die Katze.

Im Jahr 1935 warf Erwin Schrödinger, bekannt für seine grundlegenden Beiträge zur Quantenphysik, eine der berühmtesten und am meisten diskutierten Fragen dieses neuen wissenschaftlichen Grenzgebiets auf. Der 1887 in Wien geborene österreichische Physiker ist bekannt für die Wellengleichung, die seinen Namen trägt. Diese Gleichung stellt auch heute noch ein zentrales Werkzeug zur Beschreibung des Wahrscheinlichkeitsverhaltens von Teilchen auf der subatomaren Skala dar. Doch Schrödinger war auch ein kritischer Mensch, der in der Lage war, die Auswirkungen der Theorien, an deren Entwicklung er selbst mitgewirkt hatte, zu hinterfragen.

Das Paradoxon von Schrödingers Katze ist aus dieser intellektuellen Ader geboren. Es war eine provokante Art, die Grenzen der Kopenhagener Deutung auszuloten, die von Niels Bohr und Werner Heisenberg formuliert wurde. Gemäß der Kopenhagener Deutung bleibt der Zustand eines Quantenteilchens, beispielsweise seine Position oder Geschwindigkeit, undefiniert, bis er beobachtet wird. Schrödinger beschloss, den paradoxen Aspekt dieser Idee anhand eines (Gedanken-)Experiments mit einer Katze deutlich zu machen.

Er stellte sich ein geschlossenes System vor: eine Kiste mit einer Katze, einer Flasche Gift, einem Geigerzähler und einer radioaktiven Quelle. Die Quelle hat eine 50-prozentige Chance, innerhalb einer bestimmten Zeitspanne ein Partikel auszusenden. Wird dieses Teilchen vom Geigerzähler erkannt, wird ein Mechanismus aktiviert, der die Flasche zerbricht und das Gift freisetzt, das die Katze tötet. Bis jemand die Schachtel öffnet, um das System zu beobachten, befände sich die Katze in einem „hybriden" Quantenzustand, das heißt, sie wäre gleichzeitig lebendig und tot.

Warum hat Schrödinger dieses Experiment vorgeschlagen? Er war sicherlich kein Anhänger der „Zombie"-Katze. Sein Ziel bestand darin, zu zeigen, wie merkwürdig und kontraintuitiv die Implikationen der Quantenphysik bei Anwendung auf die makroskopische Realität waren. Für Schrödinger, einen klassisch ausgebildeten Physiker, war es schwer zu akzeptieren, dass die Realität in einem Zustand der Unbestimmtheit existieren könnte. In einem Brief an seinen Freund Albert Einstein schrieb er:

> *„Mir gefällt diese vage und schwer fassbare Interpretation der physischen Realität nicht."*

Das Katzenexperiment hatte enorme Auswirkungen auf die Wissenschaftskultur. Während Niels Bohr argumentierte, dass die Kopenhagener Deutung die beste Beschreibung des Quantenverhaltens sei, blieben viele andere, darunter Einstein und Schrödinger selbst, skeptisch. Einstein, ein bekannter Kritiker des Quantendeterminismus, begegnete Schrödingers Paradoxon mit Interesse.

Der historische Kontext von Schrödingers Vorschlag ist ebenso bedeutsam. In den 1930er Jahren war Europa ein Schmelztiegel wissenschaftlicher Köpfe, die trotz wachsender geopolitischer Spannungen weiterhin zusammenarbeiteten und die Grenzen des Wissens erweiterten. Schrödinger definierte zusammen mit Persönlichkeiten wie Bohr, Heisenberg, Dirac und Born die Grundlagen der Physik neu, während er sich mit philosophischen Fragen auseinandersetzte, die unlösbar schienen.

Interessanterweise hat Schrödinger die Katze nicht willkürlich als Beispiel gewählt. Er liebte Tiere und sein Gedankenexperiment sollte nicht grausam, sondern eher ironisch und provokativ sein. Im Laufe der Jahre ist dieses Bild der „toten und lebendigen Katze" nicht nur zu einem Symbol der Quantenphysik geworden, sondern auch der modernen philosophischen Reflexion darüber, was es bedeutet, die Realität zu beobachten und zu verstehen.

Das kulturelle Echo des Schrödinger-Paradoxons hat sich weit über seinen ursprünglichen wissenschaftlichen Kontext hinaus ausgebreitet. Es hat Romane, Comics, Filme und sogar populäre Ausdrücke inspiriert. Im literarischen Bereich nahm beispielsweise der britische Schriftsteller Douglas Adams in seinem Werk „Per Anhalter durch die Galaxis“ ironisch auf die Katze Bezug. In der Popkultur wird die Phrase „wie Schrödingers Katze“ oft verwendet, um Situationen der Unsicherheit oder Mehrdeutigkeit anzuzeigen.

Mit diesem Paradoxon hinterließ Schrödinger ein Erbe, das weit über die wissenschaftliche Welt hinausgeht. In gewissem Sinne verkörpert die berühmte „Katze“ unser Dasein zwischen zwei Welten: der des klassischen Determinismus, der die Vorquantenphysik geprägt hat, und der des Indeterminismus, der die moderne Quantenvision definiert. Dies ist ein weiteres Beispiel dafür, dass es in der Wissenschaft nie nur um technische Analysen oder Experimente geht, sondern dass es sich auch um tiefgründige philosophische Erkundungen handelt. Und dabei bleibt der Physiker und Denker Schrödinger eine zentrale Figur, die Fragen anzuregen vermag, die auch heute noch nachhallen.

Wellen, Gleichungen und Paradoxien der Natur

In den 1920er Jahren konnten klassische Theorien das Verhalten atomarer und subatomarer Teilchen nicht mehr beschreiben. Daher suchten Wissenschaftler nach neuen Paradigmen, um die tiefere Natur der Materie zu verstehen. In diesem Zusammenhang hat Erwin Schrödinger, ein österreichischer Physiker mit ausgeprägtem philosophischen Feingefühl, dazu beigetragen, unsere Beobachtung des Universums neu zu schreiben.

Im Jahr 1926 formulierte Schrödinger in den schneebedeckten Bergen von Arosa, einem Schweizer Tal weit weg vom Chaos der Großstädte, eine der berühmtesten Gleichungen der Wissenschaftsgeschichte: die Wellengleichung. Aus gesundheitlichen Gründen musste Schrödinger umziehen und befand sich in einer Zeit der kreativen Isolation. In der Stille der Berge fand er die ideale Umgebung, um über die Fragen nachzudenken, die ihn quälten. Das

Licht fiel klar durch die Alpenlandschaft und diese Klarheit schien sich in seiner Arbeit widerzuspiegeln.

Die Schrödinger-Wellengleichung beschreibt die Wahrscheinlichkeitsnatur von Teilchen auf Quantenebene. Kein punktförmiges Korpuskel mehr, sondern eine nuancierte Einheit, die durch eine Wellenfunktion im Raum verteilt ist. Die Idee schockierte viele Physiker der damaligen Zeit. Schrödinger schlug vor, dass diese Funktion nicht nur die Wahrscheinlichkeit berechnet, ein Teilchen an einer bestimmten Position zu finden, sondern auch die inhärente Dualität zwischen Teilchen und Welle offenlegt.

Die Wellenfunktion.

Die Wellenfunktion ist ein grundlegendes Konzept der Quantenmechanik. Es handelt sich um eine mathematische Funktion, die den Quantenzustand eines Teilchens oder Teilchensystems beschreibt.

Die Besonderheit der Wellenfunktion besteht darin, dass sie keine direkte physikalische Bedeutung hat, sondern die Wahrscheinlichkeitsdichte darstellt, ein Teilchen an einem bestimmten Ort und zu einem bestimmten Zeitpunkt anzutreffen. Dies ergibt sich aus der probabilistischen Interpretation der Quantenmechanik von Max Born.

Einige wichtige Punkte der Wellenfunktion:

Es handelt sich um eine komplexe Funktion (das heißt, sie kann sowohl Real- als auch Imaginärteile haben).

Es muss die Schrödinger-Gleichung erfüllen, die die zeitliche Entwicklung des Systems bestimmt.

Es enthält alle zugänglichen Informationen über das untersuchte Quantensystem.

Einfach ausgedrückt ist die Wellenfunktion ein mathematisches Werkzeug, das es uns ermöglicht, Vorhersagen über die möglichen Messungen (Position, Impuls, Energie usw.) zu treffen, die mit einem Teilchen in einem gegebenen Quantensystem verbunden sind.

Schrödingers Vision wurde sowohl von der Wissenschaft als auch von der Philosophie inspiriert. Wie viele österreichische Intellektuelle seiner Zeit studierte Schrödinger die Werke Arthur Schopenhauers, der von östlichen Philosophien fasziniert war. Die tiefe Verbindung zwischen Beobachter und Realität, die im Mittelpunkt der Quantenmechanik steht, erinnerte an die Prinzipien des Advaita

Vedānta, einer hinduistischen philosophischen Schule, die er selbst studierte. Letzterer argumentierte, dass die phänomenale Welt das Ergebnis eines einzigen, alles durchdringenden Bewusstseins sei. Schrödinger war kein praktizierender Religiöser, erkannte jedoch die philosophische Intuition der fundamentalen Einheit der Existenz.

Die Genialität seiner Arbeit ging jedoch mit einer provokativen und skeptischen Ader einher. Um die Kopenhagener Deutung der Quantenphysik in Frage zu stellen – die besagt, die Wirklichkeit sei „unbestimmt“, bis sie beobachtet werde – entwickelte Schrödinger 1935 eines der berühmtesten Gedankenexperimente aller Zeiten: Schrödingers Katze.

Obwohl er ein Kritiker war, wusste Schrödinger, dass sein Werk eine Revolution darstellte. Weit entfernt von den deterministischen Erklärungen der Newtonschen Physik enthüllte die Quantenmechanik ein kontraintuitives Universum, in dem Gewissheiten durch Wahrscheinlichkeiten und Potenziale ersetzt wurden. Um die „Katze“ zu verstehen, musste man sich mit einem Dualismus auseinandersetzen, der der Logik zu widersprechen schien, jedoch nicht nur in der westlichen, sondern auch in der östlichen Philosophie tiefe Widersprüche fand.

Die Figur Schrödingers kann nicht vom kulturellen und philosophischen Kontext seiner Zeit getrennt werden. Er verkehrte in intellektuellen und literarischen Kreisen und war für sein Interesse an Themen bekannt, die über die Grenzen der Physik hinausgingen. Er zitierte gern Dichter, Denker und mystische Traditionen.

„Was wir als Körper, Geist und Welt wahrnehmen, sind Manifestationen einer Sache“,

schrieb er und offenbarte damit die einheitliche Vision, die ihn inspirierte.

Der Aufenthalt in Arosa steht symbolisch für den Geist des Physikers. Wie ein Weiser, der sich zum Meditieren auf einen Berg zurückzog, nutzte Schrödinger die Einsamkeit, um die Welt aus einer neuen Perspektive zu betrachten. Die Stille der Alpen ermöglichte es ihm, Konzepte zu formulieren, die Jahrzehnte später nicht nur die Physik, sondern auch die Technik, die Philosophie und sogar poetischere Denkbereiche beeinflussen sollten.

Die Wellengleichung und Schrödingers Katze verkörpern perfekt das Herz der Quantenmechanik: eine Welt, die zwischen Wahrscheinlichkeitswellen und Beobachtungen schwebt, die die Realität selbst verändern. Schrödinger gab uns mit seiner Synthese aus Wissenschaft, Philosophie und Vorstellungskraft eine Linse, durch die wir das Universum betrachten können. Nicht nur, indem wir unseren Blick auf den Mikrokosmos der Atome richten, sondern auch, indem wir den Platz des menschlichen Geistes in diesem kosmischen Mysterium hinterfragen.

Kopenhagen 1927. Die Konferenz, die das Schicksal der Physik veränderte.

In der Landschaft der modernen Wissenschaft hatten nur wenige Ereignisse eine vergleichbare Wirkung wie die Solvay-Konferenz von 1927 in Kopenhagen.

Die Solvay-Kongresse (auch Solvay-Konferenzen genannt), gegründet vom belgischen Industriellen Ernest Solvay, sind eine Reihe wissenschaftlicher Konferenzen, die sich wichtigen offenen Problemen in Physik und Chemie widmen und seit 1911 alle drei Jahre in Brüssel an den „Internationalen Solvay-Instituten für Physik und Chemie“ stattfinden.

Das Treffen von 1927, auch als Fünfte Solvay-Konferenz bekannt, stellt einen Wendepunkt in der Geschichte der Physik und des menschlichen Denkens dar. Bei dieser Gelegenheit kamen die größten Wissenschaftler des 20. Jahrhunderts zusammen, um ein Thema zu diskutieren, das unser Verständnis der Welt neu definieren würde: die Natur der Quantenrealität. Unter ihnen waren Menschen von außerordentlichem Ansehen, Namen, die noch heute die Tiefe und Komplexität wissenschaftlichen Denkens versinnbildlichen: Max Planck, Albert Einstein, Niels Bohr, Werner Heisenberg und Erwin Schrödinger.

Zu Beginn des 20. Jahrhunderts dominierte die klassische Physik, basierend auf Newtons Gesetzen, jeden Aspekt des wissenschaftlichen Verständnisses. In den ersten Jahrzehnten des 20. Jahrhunderts traten jedoch Phänomene auf, die sich mit klassischen Gesetzen nicht erklären ließen. Die Natur des Lichts, das Verhalten der Atome und die Beziehung zwischen Energie und Materie ebneten den Weg für neue Theorien. Im Jahr 1900 formulierte Max Planck die Quantentheorie – eine Revolution, die den Grundstein für eine neue Physik legte. Anschließend erklärte Albert Einstein im Jahr 1905 den photoelektrischen Effekt mithilfe der Idee, dass Licht aus Teilchen, also Photonen, besteht, und stärkte damit das Quantenparadigma weiter.

In den 1920er Jahren gaben Theorien wie Heisenbergs Unschärferelation und Schrödingers Wellengleichung der Welt des unendlich Kleinen, in der das unvorhersehbare Verhalten subatomarer Teilchen herrscht, eine mathematische Struktur. Diese Entdeckungen markierten den Übergang von einer deterministischen Sicht der klassischen Physik zu einer probabilistischen und inhärent unsicheren Interpretation der Realität.

In diesem Zusammenhang war das Jahr 1927 das entscheidende Jahr für den Vergleich dieser Visionen und für die Lösung eines der faszinierendsten Dilemmas der Wissenschaft: Gibt es eine objektive Realität, die vom Beobachter unabhängig ist?

Die Konferenz wurde von der „Solvay Foundation" organisiert und widmete sich dem Thema „Elektronen und Photonen", die Debatte verlagerte sich jedoch bald auf tiefere philosophische Fragen. An der Veranstaltung nahmen 29 der brillantesten Physiker der damaligen Zeit teil und fast alle von ihnen hatten maßgeblich zur Geburt der Quantenphysik beigetragen.

Albert Einstein war bereits für seine Relativitätstheorie und seine Beiträge zum Quantenparadigma berühmt. Allerdings war Einstein zutiefst besorgt über die Interpretation, die sich aus den neuen Wahrscheinlichkeitsmodellen ergab. Er war ein entschiedener Gegner der Vorstellung, dass die Wirklichkeit im Wesentlichen vom Zufall bestimmt sei. Einsteins Vision stieß bei Niels Bohr, dem dänischen Physiker, der als einer der Begründer der Quantenmechanik gilt, auf Widerstand. Bohr entwickelte die Kopenhagener Deutung, wonach das Verhalten von Teilchen nicht unabhängig vom Beobachter beschrieben werden kann.

Zu den weiteren Teilnehmern zählten Werner Heisenberg, der 1927 die Unschärferelation vorgeschlagen hatte, und Erwin Schrödinger, der hingegen glaubte, dass Wellen eine grundlegendere Realität darstellen könnten. Den Vorsitz der Versammlung führte Max Planck, der Begründer der Quantentheorie, der in der Gestalt des weisen Patriarchen fungierte.

Die Einstein-Bohr-Debatte.

Einer der berühmtesten Momente der Konferenz war der philosophische Zusammenstoß zwischen Einstein und Bohr. Einstein glaubte, dass die Quantenmechanik aufgrund ihrer Wahrscheinlichkeitsnatur unvollständig sei. Sein bekanntestes Zitat zu diesem Thema war: „Gott würfelt nicht." Einstein bestritt nicht die Erfolge der Quantentheorie bei der Beschreibung von Phänomenen auf subatomarer Ebene, argumentierte jedoch, dass es eine tiefere, noch nicht verstandene Erklärung gebe, die die Quantenwelt mit den Prinzipien des Determinismus in Einklang bringen würde.

Bohr hingegen beharrte darauf, dass die Realität selbst ihrem Wesen nach probabilistisch sei. Sein Ansatz basierte auf der Komplementarität, also dem Prinzip, dass sich Teilchen wie etwa Elektronen je nach dem Kontext, in dem sie beobachtet werden, entweder wie Wellen oder wie Teilchen verhalten können. Bohrs Position war klar: Die Realität kann nicht von der Interaktion zwischen dem Beobachter und dem beobachteten Objekt getrennt werden. Während eines hitzigen Wortwechsels antwortete Bohr Einstein mit einer Beobachtung, die die Essenz der modernen Physik zusammenfasst:

> *„Das Universum muss für den Menschen nicht verständlich sein."*

Eine denkwürdige Anekdote.

Unter den vielen faszinierenden Seiten der Wissenschaftsgeschichte ist die Seite, die auf den Solvay-Kongressen geschrieben wurde, zweifellos eine der bedeutendsten. Hier kam es zu einem außergewöhnlichen intellektuellen Zusammenprall zwischen zwei Giganten der Physik, Albert Einstein und Niels Bohr, über ein Thema, das das Schicksal der Wissenschaft des 20. Jahrhunderts prägen sollte: Werner Heisenbergs Unschärferelation. Die Geschichte ist nicht nur aufgrund der Tiefe der vorgebrachten Argumente so bedeutsam, sondern auch wegen der menschlichen und kulturellen Verflechtung, die das Treffen kennzeichnete.

Wir befinden uns am Ende der 1920er Jahre, einer außerordentlich fruchtbaren Zeit für die theoretische Physik. Quantentheorien, die ab dem frühen 20. Jahrhundert von Max Planck entwickelt und durch Beiträge von beispielsweise Einstein, Bohr, Heisenberg und Schrödinger verfeinert wurden, eröffneten neue Perspektiven auf die mikroskopische Welt. Diese neuen Entdeckungen brachten jedoch tiefgreifende Fragen über die Natur der Realität, den Determinismus und die Grenzen des menschlichen Wissens mit sich. Albert Einstein, Gewinner des Nobelpreises für Physik 1921 für seine Erklärung des photoelektrischen Effekts und Vater der Relativitätstheorie, war einer der lautstärksten Kritiker der neuen Quantenmechanik. Er akzeptierte nicht die Vorstellung, dass in der Physik eine fundamentale Unbestimmtheit herrschte. Sein berühmtes Zitat lautete: „Gott würfelt nicht."

Niels Bohr, ein dänischer Physiker und einer der Begründer der Quantenmechanik, verteidigte dagegen vehement die Unbestimmtheit, die die neuen Theorien mit sich brachten. Für Bohr war diese Eigenschaft kein Fehler in der Theorie, sondern eine wesentliche Beschreibung der tiefen Natur der Welt. Ihre philosophischen Unterschiede waren offensichtlich: Einstein hielt an einer deterministischen Auffassung der Wirklichkeit fest, während Bohr die Idee vertrat, dass Naturphänomene nur mit Wahrscheinlichkeitsbegriffen beschrieben werden könnten.

Der Solvay-Kongress war Schauplatz einer hitzigen Konfrontation zwischen diesen beiden Giganten der Physik. Einstein machte die Versammlung auf ein Gedankenexperiment aufmerksam, das Heisenbergs Unschärferelation kritisieren sollte.

Um Bohr herauszufordern, schlug Einstein das folgende Experiment vor: Er stellte sich eine Schachtel mit einer kleinen Öffnung vor, die durch eine Uhr gesteuert wurde. Die Box enthielt Licht oder elektromagnetische Energie und ließ ein einzelnes Photon innerhalb eines genau definierten Zeitintervalls durch die Öffnung passieren. Dank der Uhr war es theoretisch möglich, den genauen Zeitpunkt des Austritts des Photons aufzuzeichnen. In ähnlicher Weise ließ sich durch Messen der Massenänderung der Box vor und nach dem Austritt des Photons (gemäß Einsteins Beziehung (E = mc^2)) auch die Energie des Photons genau berechnen. Dies widersprach Einstein zufolge der Unschärferelation, die es ermöglicht, Zeit und Energie gleichzeitig mit absoluter Präzision zu kennen.

Angesichts von Einsteins Argumentation erkannte Niels Bohr sofort das Ausmaß der Herausforderung, doch die Lösung war alles andere als einfach. In dieser Nacht zog sich Bohr zurück, um intensiv nachzudenken. Es scheint, als hätte er kein Auge zugetan und war nachdenklich und in die Einzelheiten des Problems vertieft. Am nächsten Tag reagierte Bohr auf Einsteins Provokation mit einem intellektuellen Coup, der das Unschärfeprinzip nicht nur aufrechterhielt, sondern mithilfe von Einsteins eigener allgemeiner Relativitätstheorie noch verstärkte.

Bohr wies darauf hin, dass die Schachtel auf einer Waage aufgehängt werden müsse, um die Massenänderung zu bestimmen (die zur Berechnung der Energie des Photons notwendig ist). Allerdings setzt jede Massenmessung voraus, dass die Kiste dem Einfluss der Schwerkraft unterliegt. An dieser Stelle hob Bohr einen entscheidenden Punkt hervor: Gemäß der allgemeinen Relativitätstheorie beeinflusst das Gravitationsfeld den Fluss der Zeit. Die Position der Box im Gravitationsfeld verursachte aufgrund der Beziehung zwischen Schwerkraft und Uhren eine leichte, aber unvermeidbare Unsicherheit in der Zeit, die das Photon benötigte, um die Box zu verlassen. Diese Unsicherheit lag in der gleichen Größenordnung wie die Energie-Zeit-Unsicherheit, die durch das Heisenberg-Prinzip vorhergesagt wurde. Mit anderen Worten: Einsteins Versuch, das Unschärfeprinzip zu umgehen, schlug fehl, weil das Phänomen selbst eine mit der Quantenmechanik vereinbare Unschärfe einführte.

Bei diesem denkwürdigen Zusammenstoß ging es nicht nur um Formeln oder physikalische Gesetze, sondern es ging um die Frage nach dem tiefsten Sinn der Wirklichkeit. Bohr stellte in seiner Auseinandersetzung mit Einstein fest:

> *„Wir können Quantenphänomene nicht von Messgeräten trennen. Jede Beschreibung der Realität muss sowohl das beobachtete Verhalten als auch den Kontext, in dem es beobachtet wird, berücksichtigen.“*

Diese als Kopenhagener Deutung bekannte Vorstellung soll die philosophische Grundlage der Quantenmechanik gebildet haben.

Trotz Bohrs Widerlegung gab Einstein seine Ansicht nie auf, dass die Quantenmechanik keine endgültige Theorie sei. Für den Rest seines Lebens suchte er weiter nach einer tieferen, einheitlicheren Theorie, die die Wirklichkeit ohne Unbestimmtheiten erklären könnte. Dennoch war diese besondere Konfrontation eine der seltenen Gelegenheiten, bei der Einstein in einer Debatte öffentlich besiegt wurde.

Es heißt, Einstein habe am Ende des Solvay-Kongresses die Genialität von Bohrs Argumenten widerstrebend anerkannt, auch wenn er nie völlig überzeugt war. Diese Auseinandersetzung entwickelte sich zu einer wahren Legende in der Welt der Wissenschaft und ist ein Symbol dafür, wie hitzige, aber intellektuell ehrliche Debatten den Fortschritt des Wissens vorantreiben.

Im weiteren Sinne ist die Bohr-Einstein-Debatte zum Paradigma einer anhaltenden Spannung in der Wissenschaft geworden: jener zwischen dem Wunsch nach Gewissheit und der Erkenntnis, dass dem menschlichen Wissen innewohnende Grenzen gesetzt sind. Dieser Solvay-Kongress stellt nicht nur einen Moment glorreicher wissenschaftlicher Konfrontation dar, sondern auch eine Illustration des tiefgreifenden Dialogs zwischen Philosophie und moderner Wissenschaft.

Trotz der Unterschiede zwischen den beiden Denkgrößen gab es auf der Kopenhagener Konferenz keinen Sieger. Die in diesem Raum vorgebrachten Diskussionen und Kritikpunkte hatten auch in den folgenden Jahrzehnten großen Einfluss auf Wissenschaft und Philosophie. Die Quantenmechanik entwickelte sich rasch zu einem mächtigen Werkzeug zur Beschreibung und Vorhersage natürlicher Phänomene, und ein Großteil der wissenschaftlichen Gemeinschaft akzeptierte Bohrs Wahrscheinlichkeitsinterpretation. Einsteins Zweifel waren jedoch nicht vergessen. Seine Kritik führte zu einer ganzen Forschungslinie, die Jahre später in Bells Theoremen und Experimenten zur Quantenverschränkung gipfelte.

Die Solvay-Konferenz von 1927 war nicht nur ein wissenschaftliches Ereignis, sondern auch ein Symbol für die Konfrontation radikal gegensätzlicher Weltanschauungen. Einerseits die Idee eines geordneten Universums, in dem deterministische Gesetze herrschen; auf der anderen Seite ein schwer fassbares Universum, das sich jedem menschlichen Versuch widersetzt, es in absolute Kategorien einzuordnen. Diese Spannung zwischen Gewissheit und Ungewissheit, zwischen Realität und Beobachtung wirkt nicht nur in der Wissenschaft, sondern auch in der Philosophie und Spiritualität fort.

Richard Feynman und der amerikanische Beitrag (1940er–1960er Jahre).

In den folgenden Jahren entwickelte sich die Quantenphysik weiter und fand technologische und theoretische Anwendung. Zu den großen Protagonisten des 20. Jahrhunderts zählte Richard Feynman, ein amerikanischer Physiker, der für sein Talent bekannt war, komplizierte Konzepte verständlich zu machen. Feynman entwickelte die bahnbrechende Theorie der Quantenelektrodynamik (QED), die beschreibt, wie Licht und Materie interagieren. Seine berühmten

„Feynman-Diagramme“ boten eine visuelle Möglichkeit, subatomare Wechselwirkungen darzustellen und machten das Chaos der Quantenrealität verständlicher.

Feynman machte die Wissenschaft gern zum Vergnügen, versäumte es jedoch nie, ihre Komplexität zu betonen.

Feynman wurde 1918 in Far Rockaway, einem Vorort von New York, geboren. Schon in jungen Jahren zeigte er einen brillanten und kreativen Geist. Es heißt, er habe als Junge Radios auseinandergenommen, um zu verstehen, wie sie funktionieren. Diese Neugier blieb während seiner gesamten Karriere lebendig. Während des Zweiten Weltkriegs war Feynman am Manhattan-Projekt beteiligt, das zur Entwicklung der Atombombe führte. Diese Erfahrung markierte seinen Eintritt in die amerikanische Wissenschaftselite.

Nach dem Krieg wandte sich Feynman einem der komplexesten Probleme der modernen Physik zu: der Erforschung der Wechselwirkung zwischen Licht und Materie. Theoretisch betraf das Problem die Quantenelektrodynamik oder QED. Zusammen mit Julian Schwinger und Shin'ichirō Tomonaga war Feynman einer der großen Architekten dieser revolutionären Theorie. Für diese Arbeit erhielt er 1965, gemeinsam mit zwei anderen Wissenschaftlern, den Nobelpreis.

Feynmans Beitrag beschränkte sich nicht auf die theoretische Mathematik. Er erfand eine neue visuelle Sprache zur Darstellung subatomarer Prozesse: Feynman-Diagramme. Diese scheinbar einfachen Diagramme besaßen eine außergewöhnliche Aussagekraft. Sie zeigten, wie Teilchen auf präzise berechenbare Weise Photonen austauschten oder mit anderen Teilchen interagierten. Für Millionen von Studenten wurden diese Diagramme zum Sprungbrett zum Verständnis der Quantenmechanik.

Feynmans Genie lag in seiner Fähigkeit, zu vereinfachen, ohne jemals zu trivialisieren. Während seiner Vorlesungen am California Institute of Technology (Caltech) konnte er selbst die abstraktesten Konzepte anhand praktischer Beispiele und Anekdoten erklären. 1964 hielt er eine berühmte Vorlesungsreihe an der Cornell University, die in der BBC-Fernsehserie „The Character of Physical Law“ dokumentiert wurde. In einer dieser Unterrichtsstunden äußerte er einen Satz, der berühmt geworden ist:

„Ich glaube, ich kann mit Sicherheit sagen, dass niemand die Quantenmechanik wirklich versteht.“

Feynman selbst gab zu, dass er die Quantenphysik verwirrend fand, obwohl er einer ihrer Begründer war.

Eine oft in Erinnerung gebliebene Episode über Feynman ist seine Beteiligung an der Aufklärung der Challenger-Katastrophe im Jahr 1986. Obwohl es sich dabei nicht um ein direkt mit der Quantenphysik verbundenes Thema handelte, demonstrierte er einmal mehr seine frische und direkte Herangehensweise an das Problem: Indem er eine einfache Dichtung in kaltes Wasser tauchte, bewies er, dass das Material seine Flexibilität verlor, was dazu beitrug, die Ursache der Katastrophe zu ermitteln.

In den 1960er Jahren begannen sich die praktischen Auswirkungen der Quantenphysik zu zeigen. Die Theorien von Feynman und anderen gingen weit über akademische Labore hinaus. Sie wurden beim Entwurf von Transistoren und Halbleitern angewendet, den Grundpfeilern der modernen Elektronik. Viele Jahre später fanden die Prinzipien der Quantenphysik auch Anwendung in der Quanteninformatik und der Quantenkryptographie.

Aber Feynman war nicht nur ein Wissenschaftler. Er war auch ein Kulturbeobachter. Er war fasziniert von alternativen Wegen des menschlichen Denkens, etwa den Sprachen der einheimischen Bevölkerungen oder östlichen Philosophien. Dieses Interesse entstand während seiner Reisen nach Brasilien, wo er das Bongo-Spiel lernte, und nach Japan, wo er mit Interesse verschiedene Sitten und Bräuche beobachtete.

Richard Feynman starb 1988 und hinterließ ein immenses Erbe. Seine Arbeiten zur Quantenphysik und insbesondere zur QED haben unsere Sicht auf die Natur der Realität verändert. Seine größte Lektion liegt jedoch vielleicht in den Worten, die er seinen Schülern gegenüber oft wiederholte:

> *„Haben Sie nie Angst, dass Sie nicht alles verstehen. Das Wichtigste ist, Fragen zu stellen."*

Die Chaosdiagramme.

In den 40er und 50er Jahren erlebte die Quantenphysik eine Revolution. Es war eine Zeit großer wissenschaftlicher Unruhe, in der die klassischen Gesetze angesichts eines zunehmend komplexen und geheimnisvollen Universums an Bedeutung zu verlieren schienen. Die Natur von Licht und Materie, die Wechselwirkung zwischen subatomaren Teilchen und Wahrscheinlichkeit statt Gewissheit: Diese Themen dominierten die wissenschaftliche Debatte. In diesem chaotischen Szenario tauchte ein junger amerikanischer Physiker auf, voller Vorstellungskraft und mit einem unkonventionellen Ansatz, der dazu bestimmt war, das Verständnis des Universums für immer zu verändern. Sein Name war Richard Feynman.

Richard Feynman glänzte bereits während seiner Studienzeit. Nach seinem Abschluss am MIT zog er nach Princeton, wo er begann, an Problemen zu arbeiten, die seine Karriere prägen sollten. In dieser Zeit begann er, sich auf die Theorie der Quantenelektrodynamik (QED) zu konzentrieren. Ziel dieser Theorie war es, die Wechselwirkung zwischen Licht und Materie zu beschreiben, ein Bereich, in dem die klassischen Gesetze keine adäquaten Antworten mehr liefern konnten.

QED war damals ein echtes Rätsel. Mathematische Berechnungen führten oft zu unendlichen, widersprüchlichen und völlig nutzlosen Ergebnissen. Es war, als würde man versuchen, Ordnung in ein unlösbares Chaos zu bringen. Hier kam Feynmans Genie ins Spiel. Seine Intuition war nicht nur mathematisch, sondern auch visuell. Er beschloss, die Komplexität subatomarer Wechselwirkungen in etwas „Menschlicheres" zu verwandeln, das selbst seinen skeptischsten Kollegen zugänglich war.

Zwischen 1948 und 1950 entwickelte Feynman seine berühmten Diagramme und präsentierte sie während eines Seminars an der Princeton University, was seine Kollegen in Erstaunen versetzte. Diese scheinbar einfachen Zeichnungen stellten tatsächlich eine revolutionäre Sprache zur Beschreibung der Wechselwirkungen zwischen Elementarteilchen dar. Gerade und Wellenlinien, Schnittpunkte und Winkel: Die Diagramme übersetzten jahrelange komplexe Berechnungen in verständliche Symbole, die die Geschichten subatomarer Prozesse erzählen konnten.

Ein klassisches Beispiel ist der Inhalt eines typischen Diagramms, das den Austausch eines Photons (Lichtteilchens) zwischen zwei Elektronen veranschaulicht. Die geraden Linien stellen Elektronen dar; das Wellenförmige, das Photon. Jeder kann sofort erkennen, was früher möglicherweise Seiten mit komplexen Formeln erfordert hätte. Es war nicht nur ein mathematisches Werkzeug: Es war eine visuelle Linse, um das verborgene Chaos des Universums zu sehen.

Diese Diagramme vereinfachten nicht nur die Berechnungen, sie veränderten auch die Art und Weise, wie Physiker über die Realität selbst dachten. Der Nobelpreis für Physik, den Feynman 1965 gemeinsam mit Julian Schwinger und Sin-Itiro Tomonaga erhielt, unterstrich die Bedeutung seines Beitrags zur QED.

Ein Genie, das über den Tellerrand hinausblickt.

Richard Feynman war nicht nur ein außergewöhnlicher Denker, sondern auch eine exzentrische und faszinierende Persönlichkeit. Sein forschender Geist und seine Fähigkeit, komplexe Konzepte mit einfachen Metaphern zu erklären, machten ihn nicht nur auf dem Universitätsgelände, sondern auch in der Popkultur zu einer Kultfigur. Am Caltech (California Institute of Technology), wo er einen Großteil seiner Karriere verbrachte, war er für seine hervorragenden Kurse und seine bescheidene, direkte Herangehensweise an die Wissenschaft bekannt. Er sagte oft:

„Was ich nicht bauen kann, verstehe ich nicht."

Dieser Satz spiegelte seine intellektuelle Herangehensweise wider: Alles, was er lernte, musste auf konkretem Verständnis basieren und klar und greifbar gemacht werden.

Einer ikonischen Anekdote zufolge war er der Protagonist am MIT. Feynman, von seinen Studenten als „das Genie mit den Bongos" bezeichnet, spielte gern improvisierte Musikinstrumente und diskutierte auf höchst ungezwungene Weise über wissenschaftliche Themen. Seine Leidenschaft für die Popularisierung brachte ihn auch dazu, Bücher zu schreiben, die heute als Meilensteine gelten, wie etwa „Six Easy Pieces".

Was Feynmans Arbeit so faszinierend macht, ist nicht nur die Präzision seiner Wissenschaft, sondern auch die Art und Weise, wie sie in eine philosophische Weltanschauung eingebunden ist. Für Feynman war das Chaos nichts, wovor man Angst haben musste, sondern vielmehr eine Gelegenheit, neue verborgene Regeln zu entdecken. In gewissem Sinne zeigte sich sein Genie gerade in seiner Fähigkeit, Ordnung in der Unordnung zu finden. Diese Vision spiegelt zum Teil das östliche Denken und die Idee wider, dass Chaos und Harmonie koexistieren können.

In einer späteren Vorlesung sagte er, als er über die Bedeutung wissenschaftlicher Forschung nachdachte:

„Es ist nicht wichtig, die Antworten zu kennen. Es ist wichtig, die Freude am Fragenstellen zu erleben."

Diese grenzenlose Neugier, kombiniert mit einem natürlichen Talent für Einfachheit, machte Feynman nicht nur zu einem der größten Physiker des zwanzigsten Jahrhunderts, sondern auch zu einer Brücke zwischen dem Mathematiker und dem Philosophen, zwischen dem Wissenschaftler und dem Künstler.

Heute sind Feynman-Diagramme eine grundlegende Säule der modernen Physik. Sie werden nicht nur in der QED verwendet, sondern auch in fortgeschritteneren Bereichen wie der Stringtheorie und Theorien von allem. Dennoch waren sie nie bloß ein Werkzeug. Sie sind ein Symbol für seinen mutigen Ansatz, seine Ablehnung von Komplexität um ihrer selbst willen und seine außergewöhnliche Fähigkeit, Schönheit im Chaos zu sehen.

Feynman hat Spuren hinterlassen, die über Gleichungen und wissenschaftliche Auszeichnungen hinausgehen. Er zeigte, dass hinter den komplexesten Entdeckungen oft ein Hauch von angeborener Einfachheit steckt. Und dass sich letztlich sogar das Chaos durch eine Wellenlinie und eine gerade Linie, die sich kreuzen, erklären lässt.

Ein neues Verständnis der Wirklichkeit.

Zu Beginn des 20. Jahrhunderts erlebte die Physik ein goldenes Zeitalter. Wissenschaftler glaubten, sie wüssten nahezu alles, was es über das physikalische Universum zu wissen gibt. Sir Isaac Newton hatte die Gesetze der Bewegung und der universellen Gravitation geliefert. James Clerk Maxwell hatte elektromagnetische Phänomene elegant beschrieben. Es schien, als fehlten nur noch wenige Details, um die gewaltige Wissensmaschine zu perfektionieren.

Doch im Jahr 1900 unternahm der deutsche Physiker Max Planck einen ungewollt revolutionären Schritt. Als er das Problem der Schwarzkörperstrahlung untersuchte, entdeckte er etwas Überraschendes. Elektromagnetische Strahlung fließt, wie Licht, nicht kontinuierlich, wie erwartet, sondern verhält sich, als bestünde sie aus diskreten Energiepaketen. Planck nannte diese mysteriösen Pakete „Quanten“. Die Idee war zunächst eine mathematische Spielerei, mehr nicht. Doch es sollte sich als der Beginn eines Erdbebens in unserem Verständnis der Realität erweisen.

Im Laufe der nächsten Jahre begannen sich diese Merkwürdigkeiten zu vermehren. Im Jahr 1905 verwendete Albert Einstein Planck-Quanten zur Erklärung des photoelektrischen Effekts und zeigte damit, dass sich Licht selbst wie ein Teilchen verhalten kann. Für diese Entdeckung erhielt Einstein den Nobelpreis, doch schon bald kam eine noch schockierendere Wahrheit ans Licht: Auch Materie zeigte offenbar ein duales Verhalten. Experimente von Wissenschaftlern wie Louis de Broglie und Davisson-Germer bewiesen, dass sich Teilchen, etwa Elektronen, je nach Betrachtungsweise manchmal wie Wellen und manchmal wie Korpuskeln verhalten.

Diese Mehrdeutigkeit war nicht nur ein unerhebliches Detail. Dies implizierte eine völlig neue Sicht der Realität: In der Quantenwelt ist es unmöglich, sowohl die Position als auch die Geschwindigkeit eines Teilchens mit Sicherheit zu kennen. Werner Heisenberg formalisierte diese Idee 1927 mit seiner Unschärferelation. Die Quantenphysik beschreibt kein deterministisches Universum mehr wie das von Newton, sondern ein Universum, das von Wahrscheinlichkeiten bestimmt wird.

Niels Bohr, ein weiterer Pionier der Quantenphysik, drückte diese Tatsache klar aus:

> *„Wenn es Sie nicht verwirrt, verstehen Sie die Quantenphysik nicht wirklich.“*

Laut Bohr unterliegen die mikroskopischen Regeln bizarren Regeln. Teilchen können gleichzeitig hier und dort sein und über enorme Entfernungen hinweg augenblicklich miteinander interagieren; ein Phänomen, das Einstein selbst als „spukhafte Fernwirkung“ bezeichnete und das heute unter dem Begriff Quantenverschränkung bekannt ist.

Diese neue Physik war nicht das Produkt eines einzelnen Geistes, sondern das Ergebnis einer außergewöhnlichen Ära der Zusammenarbeit und Divergenz zwischen einigen der größten Köpfe der Geschichte. Zunächst einmal ist da Einstein, der trotz seines enormen Beitrags zur Entstehung der Quantenphysik dieser gegenüber lange Zeit skeptisch blieb.

Die technologische Revolution der Quantenphysik.

Die Quantenphysik ist eine der außergewöhnlichsten intellektuellen Errungenschaften des 20. Jahrhunderts. Sie entstand zu Beginn des 20. Jahrhunderts als theoretische Gegenbewegung mit dem Ziel, die klassische Weltsicht umzuwerfen. Heute ist dieser Wissenschaftszweig nicht nur Ausgangspunkt philosophischer

Überlegungen, sondern eine konkrete Kraft, die unser tägliches Leben verändert hat. Von Kommunikationsmitteln bis hin zu medizinischen Geräten ist die Quantenphysik zur unsichtbaren Säule unserer technologischen Realität geworden.

Aber wie konnte das alles passieren? Wie kamen wir von den Gleichungen von Max Planck und Albert Einstein zu Lasern und Computern?

Im Jahr 1900 stellte der deutsche Physiker Max Planck die radikale Idee vor, dass Energie nicht kontinuierlich sei, sondern in diskreten Paketen, sogenannten „Quanten", vorkomme. In diesem Moment wurde die Quantenmechanik geboren. Albert Einstein griff das Konzept einige Jahre später erneut auf, um den photoelektrischen Effekt zu erklären, ein für das Verständnis von Licht und Materie grundlegendes Phänomen. Einstein zeigte, dass Licht selbst aus Quanten oder Photonen besteht.

Seine Ideen haben nicht nur die Physik verändert, sondern auch den Grundstein für Werkzeuge gelegt, die heute unverzichtbar sind. Der Laser beispielsweise ist ein direkter Abkömmling dieser Erkenntnisse über die Quantennatur des Lichts. Als in den 1960er Jahren der erste Laser gebaut wurde, wurde klar, dass diese Erfindung die Kommunikation und die Industrie revolutionieren würde. Von der Chirurgie bis zum Barcode-Scannen in Supermärkten ist der Laser heute allgegenwärtig, aber nur wenige erinnern sich an seine Quantensprünge.

Ein weiterer revolutionärer Sprung war die Anwendung der Quantenmechanik auf Festkörper. In den 1940er Jahren entdeckten Physiker, dass sich das Verhalten von Elektronen in Materialien mit Quantenprinzipien erklären lässt. Diese Entdeckung führte zur Entwicklung von Halbleitern und damit zu einer der wichtigsten Erfindungen des 20. Jahrhunderts: dem Transistor.

Der Transistor, der 1947 von John Bardeen, Walter Brattain und William Shockley bei Bell Labs erfunden wurde, ist das schlagende Herz der modernen Elektronik. Jeder Computer, jedes Smartphone und jedes elektronische Gerät verdankt seine Existenz diesem kleinen technologischen Wunder.

Insbesondere William Shockley war nicht nur ein brillanter theoretischer Physiker, sondern auch ein umstrittener Innovator. Dank seiner Arbeit an Halbleitern entstand Silicon Valley, das weltweite Technologiezentrum. Tatsächlich gründete Shockley in den 1950er Jahren mitten im Santa Clara Valley in Kalifornien ein kleines

Halbleiterunternehmen. Viele seiner Mitarbeiter gründeten später Unternehmen, die wir heute gut kennen, wie zum Beispiel Intel. Von da an wurde Plancks theoretische Wissenschaft untrennbar mit der industriellen Welt verbunden.

Heute erleben wir, was viele als die „zweite Quantenrevolution" bezeichnen. Wenn Laser und Halbleiter das erste technologische Zeitalter der Quantenphysik darstellen, dann sind Quantencomputer ihre Zukunft.

Aber was macht einen Quantencomputer so besonders? Während herkömmliche Computer Bits verwenden, die nur 0 oder 1 sein können, verwenden Quantencomputer Qubits, die dank des Superpositionsprinzips 0, 1 oder beides gleichzeitig sein können. Dies macht sie für bestimmte Arten von Berechnungen, wie etwa Kryptographie oder die Simulation komplexer Moleküle, unglaublich leistungsfähig.

Auch die Ideen hinter Quantencomputern gehen auf theoretische Arbeiten zu Quantenphänomenen zurück. Der Physiker Richard Feynman war in den 1980er Jahren einer der Ersten, der sich vorstellte, dass es möglich wäre, die Quantenmechanik zu nutzen, um unglaublich neue Maschinen zu bauen. Heute machen Unternehmen wie IBM, Google und Microsoft diese Vision Wirklichkeit.

Diese wissenschaftliche und technologische Revolution hatte auch Auswirkungen auf kultureller und philosophischer Ebene. Die Vorstellung, dass das Verhalten von Materie von kontraintuitiven Prinzipien wie Unsicherheit und Superposition bestimmt wird, ist faszinierend und beunruhigend zugleich. Viele haben versucht, in der Quantenphysik eine Resonanz zu östlichen Philosophien wie dem Hinduismus oder Buddhismus zu finden, die das lineare Verständnis der Wirklichkeit in Frage stellen.

Interessanterweise waren einige der Pioniere der Quantenphysik, etwa Niels Bohr und Erwin Schrödinger, selbst von östlichen Ideen fasziniert. Bohr beispielsweise platzierte das chinesische Symbol Taijitu (das berühmte „Yin und Yang") in seinem Wappen, während Schrödinger auf seiner Suche nach einem einheitlichen Verständnis der Natur von alten vedantischen Texten inspiriert wurde.

Grundlegende Prinzipien der Quantenphysik.

Die Quantenphysik entstand im frühen 20. Jahrhundert und hat unser Verständnis des Universums revolutioniert. Seine grundlegenden Prinzipien haben die Gewissheiten der klassischen Physik in Frage gestellt und uns in eine Welt der Ungewissheit, Vernetzung und Mehrdeutigkeit eingeführt. Konzepte wie die Unschärferelation, der Welle-Teilchen-Dualismus und das Phänomen der Verschränkung haben nicht nur die Wissenschaft verändert, sondern auch neue Möglichkeiten für den Dialog mit östlichen Philosophien, insbesondere dem Hinduismus, eröffnet.

Das Unsicherheitsprinzip: Die Revolution der Unsicherheit.

Werner Heisenberg, ein deutscher Physiker und einer der Väter der Quantenmechanik, formulierte 1927 das Unschärfeprinzip. Dieses Prinzip besagt, dass es unmöglich ist, sowohl die Position als auch die Geschwindigkeit eines subatomaren Teilchens gleichzeitig mit absoluter Genauigkeit zu kennen. Je genauer wir eine Größe messen, desto weniger können wir über die andere wissen.

Unsicherheit ist keine technologische Einschränkung, sondern eine grundlegende Eigenschaft der Natur. In der Quantenwelt existieren Teilchen nicht in einem bestimmten Zustand, bis sie beobachtet werden. Es ist, als ob sich ein Teilchen in einer „Aufhebung der Möglichkeit" befände. Dieses Konzept scheint ein Echo in der alten Hindu-Philosophie zu finden, insbesondere im Advaita Vedanta, wo die phänomenale Welt als eine momentane Manifestation einer einzigen zugrunde liegenden Realität betrachtet wird: Brahman. In diesem Zusammenhang ist das, was fest und definiert erscheint (das Universum), in Wirklichkeit ein kontinuierlicher Fluss von Möglichkeiten.

Welle-Teilchen-Dualität: Die ambivalente Natur der Realität.

Eine weitere rätselhafte Idee der Quantenphysik ist die Welle-Teilchen-Dualität. Photonen, Elektronen und andere subatomare

Teilchen verhalten sich unter manchen Umständen wie Wellen und unter anderen wie Teilchen. Das legendäre Doppelspaltexperiment, das erstmals im Jahr 1801 von Thomas Young durchgeführt und im 20. Jahrhundert im Quantenkontext wiederholt wurde, zeigte, dass ein unbeobachtetes Lichtteilchen wellenartige Interferenzen erzeugt. Doch sobald ein Wissenschaftler zu beobachten versucht, durch welchen Spalt es hindurchgeht, nimmt das Teilchen korpuskulares Verhalten an.

Dieses Phänomen wirft radikale Fragen darüber auf, was „Realität" ist. Richard Feynman, berühmter Physiker, sagte:

> *„Das Verhalten von Licht lässt sich nicht in normaler Sprache erklären. Dies ist der Kern des Mysteriums."*

Die Dualität findet eine faszinierende Parallele im Hinduismus. Die Advaita-Philosophie geht davon aus, dass das Universum Maya (Illusion) ist, ein Tanz von Erscheinungen, die je nach Wahrnehmung unterschiedlich sind. Ein gängiges Beispiel sind Raum und Zeit, die zwar getrennt erscheinen, aber dennoch miteinander verbunden sind. So wie Teilchen gleichzeitig Wellen und Teilchen sind, entspringen auch die physische und die spirituelle Welt derselben Essenz und koexistieren auf scheinbar widersprüchliche Weise.

Verschränkung: die sofortige Verbindung.

Einstein nannte das Phänomen der Verschränkung „spukhafte Fernwirkung". Wenn sich zwei Teilchen miteinander verschränken, sind ihre Schicksale eng miteinander verknüpft, unabhängig von der Entfernung, die sie trennt. Ändert eines der Teilchen seinen Zustand, tut das andere sofort dasselbe, als wären sie durch einen unsichtbaren Faden eng miteinander verbunden. Dieses Phänomen, das 1982 vom Physiker Alain Aspect experimentell nachgewiesen wurde, erschüttert das klassische Konzept der Trennung zwischen Objekten.

Die Verschränkung hat viele Physiker zu der Frage veranlasst, ob das Universum intrinsisch verbunden ist. Ein bemerkenswert ähnliches Konzept findet sich in der Hindu-Philosophie. In der Bhagavad Gita und den vedischen Texten heißt es, dass alles durch Brahman, die ultimative Realität, miteinander verbunden ist. Der Heilige Yajnavalkya beschreibt in der Brihadaranyaka Upanishad das Universum als ein unendliches Netz, in dem jeder Punkt die anderen widerspiegelt, ähnlich dem Konzept des „Indra-Netzes" im Buddhismus.

Die Verschränkung scheint eine uralte spirituelle Intuition zu bestätigen: Die Grenze zwischen dem Selbst und dem Universum ist eine Illusion und alle Dinge existieren in Beziehung zueinander.

Die Quantenphysik bietet eine Reise in eine geheimnisvolle Welt, in der die normalen Gesetze des gesunden Menschenverstands nicht gelten. Seine grundlegenden Konzepte – Unbestimmtheit, Dualität und Verstrickung – scheinen Ideen widerzuspiegeln, die ihre Wurzeln in der Hindu-Philosophie haben. Obwohl Wissenschaft und Spiritualität sehr unterschiedliche Methoden verfolgen, lädt uns ihr Dialog dazu ein, die Wirklichkeit auf neue Weise zu betrachten und die jahrtausendealte Vergangenheit der Menschheit mit den Grenzen des modernen Wissens zu verbinden.

Quantenphysik und Hindu-Philosophie: eine Begegnung zwischen Wissenschaft und Spiritualität.

Die Vorstellung, dass ein Dialog zwischen Wissenschaft und Spiritualität möglich ist, mag paradox erscheinen. Einerseits basiert die Wissenschaft auf empirischen Beobachtungen und mathematischen Berechnungen. Spiritualität hingegen entsteht aus subjektiver Erfahrung und Selbstbeobachtung. Mit der Geburt der Quantenphysik im 20. Jahrhundert entdeckten diese beiden scheinbar weit voneinander entfernten Dimensionen jedoch überraschende Ähnlichkeiten. Die Quantenphysik mit ihren revolutionären Prinzipien hat eine neue Art des Denkens über die Wirklichkeit ermöglicht, die in mancher Hinsicht an die alten Intuitionen östlicher Philosophien erinnert, insbesondere an den Hinduismus und Advaita Vedanta.

Als Werner Heisenberg 1927 die Unschärferelation formulierte, erlebte die Mainstream-Physik eine erkenntnistheoretische Krise. Dieses Prinzip besagt, dass es nicht möglich ist, die Position und Geschwindigkeit eines subatomaren Teilchens gleichzeitig mit absoluter Präzision zu kennen. Angesichts dieser Unsicherheit wurde der Determinismus der klassischen Physik durch die Wahrscheinlichkeitstheorie ersetzt, die Konzepte einführte, die das lineare Denken des Westens in Frage stellten.

Stellen Sie sich nun vor, wie sehr dieses Konzept mit den heiligen Texten des Hinduismus, beispielsweise den Upanishaden, in Einklang steht. In ihren Versen wird oft eine ähnliche Idee untersucht: dass die ultimative Realität oder Brahman allein mit den Sinnen oder rationalen Mitteln nicht ergründbar ist. Brahman ist kein Objekt empirischer Gewissheit, sondern eine Wahrheit, die nur durch eine Erweiterung des Bewusstseins erahnt werden kann. Heisenberg selbst versäumte es in einigen Gesprächen mit dem Dichter Rabindranath Tagore nicht, zu betonen, dass das östliche Denken in der Lage zu sein schien, die von der Quantenphysik offenbarten Paradoxe auf natürliche Weise zu akzeptieren.

Die duale Natur von Licht und Realität.

Einer der zentralen Begriffe der Quantenphysik ist der Welle-Teilchen-Dualitätsbegriff. Licht verhält sich je nach durchgeführtem Experiment mal wie eine Welle, mal wie ein Teilchen. Dieses seit den Studien von Max Planck und Albert Einstein zu beobachtende Verhalten stellt die starren Kategorien der klassischen Wissenschaft in Frage. Aber steht dies nicht im Einklang mit der alten Weisheit der Hindu-Philosophie?

Im Hinduismus wird die Wirklichkeit als eine aus scheinbar entgegengesetzten Dualitäten bestehende Wirklichkeit beschrieben, die jedoch komplementäre Erscheinungsformen einer größeren Einheit sind. Im Advaita Vedanta wird diese Einheit Brahman genannt, das höchste und unteilbare Prinzip. Dualitäten wie Prakriti (Materie) und Purusha (Bewusstsein) finden Harmonie in einer zugrunde liegenden Realität. Dieser Ruf nach einer Einheit jenseits aller Trennungen ist nicht weit entfernt vom Quantenbild eines Universums, in dem Wellen und Teilchen nur Manifestationen einer tieferen und stärker miteinander verbundenen Natur sind.

Verschränkung: Die universelle Verbindung.

Ein weiteres grundlegendes Prinzip der Quantenphysik ist das Phänomen der Quantenverschränkung. Zwei räumlich getrennte Teilchen können so miteinander verbunden bleiben, dass der Zustand des einen Teilchens unabhängig von der Entfernung augenblicklich den Zustand des anderen beeinflusst. Dieses Phänomen, das in den Experimenten von Alain Aspect in den 1980er Jahren beschrieben wurde, stellt die gängige Vorstellung von räumlicher Trennung in Frage.

Das Thema Verschränkung findet in den hinduistischen Lehren zum Konzept der universellen Verbundenheit ein interessantes Echo.

Gemäß der vedantischen Philosophie sind alle Wesen im Universum durch ein unsichtbares Gewebe miteinander verbunden. In diesem Zusammenhang existiert das Individuum nicht wirklich als separate Einheit, sondern ist eine Widerspiegelung der kosmischen Gesamtheit. Vereinfacht ausgedrückt wird dieses Verständnis im berühmten Mantra der Upanishaden ausgedrückt: „Tat Tvam Asi" („Du bist das"). Das individuelle Selbst (Atman) und das universelle Selbst (Brahman) sind eins. Diese Idee scheint auch mit dem Konzept der Vernetzung übereinzustimmen, das auf Verschränkung beruht.

Die Begegnung zwischen Ost und West.

In den 1920er und 1930er Jahren, als die Quantenphysik gerade aufkam, waren viele Wissenschaftler von den Ähnlichkeiten zwischen ihren Entdeckungen und dem östlichen Gedankengut beeindruckt. Niels Bohr, einer der Begründer der Quantentheorie, fühlte sich von der taoistischen Philosophie und der Idee des Gleichgewichts zwischen Gegensätzen angezogen. Sogar Erwin Schrödinger, bekannt für seine berühmte „Katze", war tief vom Advaita Vedanta inspiriert. Schrödinger äußerte ohne Vorbehalte, dass seiner Ansicht nach die indische Vision einer spirituellen Einheit des Universums mit dem aufkommenden wissenschaftlichen Verständnis eines unteilbaren Universums übereinstimme.

Dieser Dialog zwischen Wissenschaft und Spiritualität zeigt, dass der menschliche Fortschritt niemals auf einen engen Bereich beschränkt bleibt. Die Quantenphysik hat mit ihren radikalen Erkenntnissen keine Türen verschlossen, sondern andere zu alternativen Wegen der Erkenntnis der Wirklichkeit geöffnet. Der Hinduismus mit seiner gewissenhaften Erforschung des Unendlichen und des menschlichen Geistes bietet weiterhin konzeptionelle Werkzeuge zur Beantwortung der grundlegenden Fragen, die die Wissenschaft selbst aufwirft.

Der Dialog zwischen Quantenphysik und Hindu-Philosophie stellt eine Begegnung zwischen zwei verschiedenen Sprachen dar, die beide dieselbe tiefe Neugier ansprechen. Was ist die Grundlage von allem? Angesichts des Mysteriums des Universums begegnen sich die moderne westliche Wissenschaft und die alte östliche Weisheit wie zwei Reisende, die auf unterschiedlichen Wegen zum selben Beobachtungspunkt gelangen. Dies ist nur der Anfang einer möglicherweise unendlichen Konversation zwischen Logik und Intuition, zwischen Maß und Mysterium.

Das Unschärfeprinzip: Die Unberechenbarkeit der Quantenwelt.

Im Jahr 1927 erschütterte Werner Heisenberg, einer der Väter der Quantenphysik, die Grundfesten der klassischen Wissenschaft mit einer verblüffenden Enthüllung: dem Unschärfeprinzip. Diese Entdeckung, die Heisenberg machte, als er unter der Leitung von Niels Bohr in Kopenhagen, dem neuralgischen Zentrum der europäischen theoretischen Physik, arbeitete, veränderte nicht nur die Wissenschaft. Es eröffnete eine neue Möglichkeit, die Wirklichkeit wahrzunehmen.

Das Unschärfeprinzip besagt, dass es unmöglich ist, zwei fundamentale Größen, die in Beziehung zueinander stehen, wie etwa die Position und den Impuls eines Teilchens, gleichzeitig mit absoluter Genauigkeit zu kennen. Diese Einschränkung ist nicht auf einen Mangel an Werkzeugen oder Technologien zurückzuführen. Im Gegenteil, es ist in der Natur des Universums verankert. Je genauer man beispielsweise den Ort eines Elektrons zu messen versucht, desto unschärfer werden die Angaben über seine Geschwindigkeit. Dabei handelt es sich nicht um ein technisches Problem, sondern um ein tiefgreifendes physikalisches Gesetz, das Heisenberg als universelles Prinzip zusammenfasste.

Vor Heisenberg war die Physik vom Newtonschen Determinismus geprägt. Isaac Newton hatte im 17. Jahrhundert ein Universum definiert, in dem präzise und vorhersehbare Gesetze herrschen. Im klassischen Paradigma kann man die Zukunft eines Systems berechnen, wenn man seine Anfangsbedingungen kennt. Mit der Quantenphysik verschwindet dieser Traum der totalen Kontrolle jedoch.

Die Quantenwelt schwebt im Bereich der Wahrscheinlichkeit. Wir können nicht sagen, was ein Teilchen tun wird, sondern nur, wie hoch die Wahrscheinlichkeit ist, dass es eine bestimmte Sache tut. Dieses Konzept betrachtet Unsicherheit als einen wesentlichen Bestandteil der Natur.

Die konzeptionelle Revolution, die durch die Quantenphysik eingeleitet wurde, findet in hinduistischen philosophischen Texten eine faszinierende Resonanz. Laut den Veden, einer der ältesten Weisheitssammlungen der Menschheit (die mindestens bis ins 2.

Jahrtausend v. Chr. zurückreichen), ist die Realität, die wir mit unseren Sinnen wahrnehmen, nur eine Illusion. Die Weisen der vedischen Tradition nannten diese Illusion Maya.

Allerdings ist Maya keine Illusion im banalen Sinne des Wortes. Es handelt sich dabei nicht um eine Täuschung oder etwas Falsches, sondern um einen Vorhang, der eine tiefere und schwer fassbare Wahrheit verbirgt. Auch im Zusammenhang mit den Quantengesetzen stößt unser Versuch, die subatomare Welt zu messen und zu verstehen, auf eine grundsätzliche Unmöglichkeit: Jede Messung verändert das System, das wir beobachten. Was bleibt, ist eine Art unsichtbarer Tanz, veränderlich und undefinierbar, genau wie die verschleierte Realität, die in der Hindu-Philosophie beschrieben wird.

Die Verbindung zwischen Maya und Unbestimmtheit ist kein einfaches Spiel mit Symbolen. Es handelt sich um eine tiefgreifende Parallele, die westliche Physiker und Philosophen fasziniert. Fritjof Capra, ein bekannter Physiker und Autor des berühmten „Tao der Physik“, hat diesen Zusammenhang untersucht. Er stellte fest, dass der kontemplative Ansatz der indischen Tradition, der das Mysterium der Realität akzeptiert, überraschend gut mit der Quantenphysik harmoniert. Beide Perspektiven gehen von Unsicherheit aus und legen nahe, dass das menschliche Wissen inhärente Grenzen hat.

Um die Auswirkungen der Quantenunsicherheit auf die reale Welt zu veranschaulichen, haben Physiker oft Gedankenexperimente verwendet. Eine der berühmtesten ist die von Schrödingers Katze, die 1935 von Erwin Schrödinger, einem weiteren Giganten der Quantenphysik, vorgeschlagen wurde. Bei diesem Experiment wird eine Katze in eine Kiste gesperrt und verfügt über einen Mechanismus, der sie töten oder am Leben lassen kann. Die Frage ist: Ist die Katze tot oder am Leben, bis wir die Kiste öffnen?

Gemäß der Quanteninterpretation befindet sich die Katze bis zur Beobachtung in einer Art Überlagerung von Zuständen: lebendig und tot zugleich. Dieses Paradoxon veranschaulicht, dass das Quantenuniversum nicht unserem gesunden Menschenverstand entspricht. Unsicherheit und Wahrscheinlichkeit sind auf eine Weise miteinander verknüpft, die unserer Intuition widerspricht.

Die Realität verbirgt sich im Unsichtbaren.

Heisenbergs Unbestimmtheit und das vedische Konzept der Maya kommen zu einer ähnlichen Schlussfolgerung. Das Universum ist nicht so, wie es auf den ersten Blick erscheint. Auf der makroskopischen Ebene erscheint die Realität solide und deterministisch. Doch je tiefer wir ins Mikroskopische vordringen, desto mehr löst sich alles in einem Strudel aus Wahrscheinlichkeiten, Ungewissheiten und merkwürdigen Zusammenhängen auf.

Der britische Physiker Sir James Jeans stellte in den 1930er Jahren verwundert fest:

> *„Das Universum beginnt, eher wie ein großer Gedanke als wie eine große Maschine auszusehen."*

Die Quantenphysik lädt uns daher ein, unsere Vorstellung von der Realität zu überprüfen, genauso wie die Hindu-Philosophie uns einlädt, hinter die Oberfläche der Erscheinungen zu blicken. Vielleicht hätten die vedischen Weisen gesagt: Das, was wir ignorieren, ist nicht weniger real als das, was wir wahrnehmen.

Vom Schleier der Maya zum Unschärfeprinzip: Wie die Realität unserer Kontrolle entgleitet.

Quantenphysik und östliche Philosophie treffen auf überraschende Gemeinsamkeiten: das schwer fassbare Geheimnis der Realität. Diese Wissenschaft des 20. Jahrhunderts, die unser Verständnis der Welt grundlegend verändert hat, scheint mit uralten Ideen übereinzustimmen, die in den heiligen Texten des Hinduismus zu finden sind. Insbesondere Werner Heisenbergs Unschärferelation (1927) und das Konzept der „Maya" aus den vedischen Traditionen offenbaren eine konzeptionelle Affinität, die undenkbar erscheinen mag, die jedoch darauf hinweist, wie sehr die Menschen zu allen Zeiten versucht haben, den Schleier zu lüften, der die endgültige Wahrheit von der Sinneswahrnehmung trennt.

1927 formulierte der deutsche Physiker Werner Heisenberg eines der Grundprinzipien der Quantenphysik: die berühmte Unschärferelation. Dieses Prinzip besagt, dass es nicht möglich ist, zwei Eigenschaften eines Teilchens, etwa seine Position und seinen Impuls, gleichzeitig mit absoluter Genauigkeit zu kennen. Je genauer wir eine dieser beiden Variablen messen, desto weniger können wir über die andere wissen.

Heisenberg entdeckte, dass das Verhalten von Materie auf subatomarer Ebene nie vollständig bestimmbar ist. Elektronen bewegen sich beispielsweise nicht auf vorhersehbaren Bahnen wie Planeten um die Sonne. Stattdessen scheinen sie als diffuse

Wahrscheinlichkeit zu „existieren“, als vage Wolke, die nur bei direkter Beobachtung Gestalt annimmt. Dies wurde durch grundlegende Experimente bestätigt, etwa im Zusammenhang mit dem berühmten „Welle-Teilchen-Dualismus“, bei dem sich Licht und Elektronen je nach Beobachtungsmodus sowohl wie Wellen als auch wie Teilchen verhalten.

Diese revolutionäre Vision destabilisierte das Paradigma der klassischen Physik, das auf einem mechanistischen Universum basierte, in dem alles bestimmbar war. Die Wirklichkeit, wie sie die Wissenschaft erkannte, erschien nun schwer fassbar, unvorhersehbar und in gewissem Sinne illusorisch. Aber diese Idee war nicht für alle neu. Schon Jahrhunderte zuvor hatten die Weisen der Upanishaden in Indien die Welt der Erscheinungen als etwas Ähnliches beschrieben: als eine Illusion, einen Schleier, der die ultimative Wahrheit verbirgt.

Der Hinduismus mit seiner reichen philosophischen und spirituellen Tradition hat das Konzept „Maya“ entwickelt, um die illusorische oder trügerische Natur der wahrnehmbaren Realität zu bezeichnen. In den Veden, den ältesten heiligen Texten der indischen Kultur, und in den Upanishaden, den philosophischen Kommentaren, die ihren Inhalt untersuchen, wird betont, dass die Welt, die unseren Sinnen erscheint, nicht die ultimative Realität ist, sondern eine teilweise und illusorische Darstellung von Brahman, dem absoluten und unbeschreiblichen Prinzip, das die Grundlage von allem ist, was existiert.

Im Rigveda findet sich eine bedeutsame Passage, in der es heißt:

> *„Wer diese Wahrheit erkennt, die sich hinter dem Schleier der Erscheinung verbirgt, ist erleuchtet.“*

Der „Schleier“ spielt hier auf Maya an, das, was unsere empirische Welt von der wesentlichen Realität trennt. Maya bedeutet nicht nur Illusion im Sinne von Täuschung, sondern auch die Wahrnehmung einer Welt, die real erscheint, in deren Inneren sich jedoch etwas Tieferes befindet, das an sich schwer zu fassen ist.

Ein interessantes Beispiel ist die Figur des Weisen Yajnavalkya, dem Protagonisten zahlreicher Dialoge in den Upanishaden. Als Yajnavalkya gebeten wurde, Brahman zu beschreiben, antwortete er mit der berühmten Lehre:

> *„Neti, neti“ („Nicht dies, nicht das“).*

Dieser Ausdruck weist darauf hin, dass die ultimative Realität nicht definiert oder kategorisiert werden kann, ebenso wenig wie die schwer fassbare Natur subatomarer Teilchen, die von der modernen Physik beobachtet wurde.

Die Analogie zwischen dem Unschärfeprinzip und Maya sollte nicht als direkte Überlagerung interpretiert werden; es handelt sich vielmehr um eine Resonanz. Beide Konzepte erinnern uns daran, dass die Wirklichkeit komplexer ist, als wir mit unserem Verstand oder unseren Werkzeugen erfassen können. Einerseits zeigt uns Heisenberg ein mikrokosmisches Universum, in dem der Akt der Beobachtung selbst das verändert, was wir beobachten. Andererseits fordert uns die hinduistische Philosophie dazu auf, die Grenzen unserer Sinne zu erkennen und uns einer tieferen Intuition zuzuwenden.

Faszinierend an diesem Vergleich ist auch die Art und Weise, wie beide Perspektiven die Rolle des Beobachters anerkennen. In der Quantenphysik beeinflusst die direkte Beobachtung eines Teilchens dessen Zustand. In der Hindu-Philosophie wird die phänomenale Realität durch das menschliche Bewusstsein geprägt, die endgültige Wahrheit entsteht jedoch erst dann, wenn die Sinneserscheinung transzendiert wird.

Eine berühmte intellektuelle Begegnung zwischen der östlichen Tradition und der Quantenphysik ereignete sich gerade bei den Pionieren dieser Disziplin. Heisenberg selbst hatte während einer Indienreise in den 1930er Jahren die Gelegenheit, den indischen Philosophen Rabindranath Tagore kennenzulernen. Bei dieser Gelegenheit soll Tagore die indische Auffassung erläutert haben, wonach die Welt und das Bewusstsein in einer voneinander abhängigen Beziehung stehen, eine Idee, die zumindest intuitiv die Rolle des Beobachters in der Quantenmechanik widerspiegelt.

Der Vergleich zwischen Quantenphysik und Hindu-Philosophie ist eine Aufforderung, unsere Gewissheiten über die Realität zu überprüfen. Das Universum, sowohl in seinen subatomaren als auch in seinen phänomenalen Dimensionen, scheint in ein Mysterium gehüllt, das außerhalb unserer Kontrolle liegt. Die Physiker des 20. Jahrhunderts und die vedischen Weisen haben uns, wenn auch auf unterschiedlichen Wegen, dieselbe Erkenntnis vermittelt: Was fest und unveränderlich erscheint, ist in Wirklichkeit nur eine Widerspiegelung, eine Illusion oder vielleicht, wie ein indischer Weiser vor Tausenden von Jahren sagte, ein Traum, den wir gemeinsam träumen.

Welle-Teilchen-Dualität: die schwer fassbare Natur der Materie.

Ein weiteres Schlüsselprinzip der Quantenphysik ist der Welle-Teilchen-Dualismus, der 1801 vom englischen Physiker Thomas Young und 1924 von Louis de Broglie theoretisiert und anschließend durch Experimente wie die moderne Version des Doppelspaltexperiments bestätigt wurde. Dieses Phänomen zeigt, dass sich ein Teilchen, beispielsweise ein Elektron, wie eine Welle verhalten kann, wenn es nicht beobachtet wird, während es bei Messung korpuskulare Eigenschaften aufweist (ein echtes „Teilchen"). Dieses paradoxe Verhalten ist der Kern der berühmten Schrödinger-Gleichung, die den Quantenzustand als eine Überlagerung von Möglichkeiten beschreibt.

Im hinduistischen Kontext erinnert die Welle-Teilchen-Dualität an den dualen Aspekt von Brahman, dem Absoluten, das sich sowohl als immanente (Materie) als auch als transzendente (Bewusstsein oder Geist) Realität manifestiert. So wie das Teilchen sowohl Welle als auch Korpuskel ist, so kann Brahman sowohl die sichtbare Substanz des Universums als auch das sein, was es transzendiert.

Im Jahr 1801 zeigte der englische Physiker Thomas Young mit dem berühmten Doppelspaltexperiment, dass sich Licht wie eine Welle verhält. Dieses Ergebnis schien eine seit Jahrhunderten bestehende Frage zu klären, die in der westlichen Wissenschaft debattiert wurde: Besteht Licht aus Teilchen oder breitet es sich als Welle aus? Young gab eine klare Antwort, aber der Fall war noch lange nicht abgeschlossen. Mit dem Beginn des 20. Jahrhunderts ergab sich eine revolutionäre Tatsache: Materie und Energie verhalten sich nicht nur wie Wellen, sondern können sich auch als Teilchen manifestieren.

Den ersten Schritt zu dieser überraschenden Entdeckung unternahm Max Planck im Jahr 1900, als er das Konzept der Energiequanten einführte, theoretisch unteilbarer „Pakete" von Energie. Dann kam Albert Einstein, der im Jahr 1905 zeigte, dass sich Licht wie Photonen verhalten kann, was den photoelektrischen Effekt erklärte und die Tür zu einer neuen Sichtweise auf die physikalische Welt öffnete. Aber erst im Jahr 1924 legte Louis de Broglie den Grundstein für eine noch tiefere Auffassung der Wirklichkeit. De Broglie schlug vor, dass nicht nur Licht, sondern alle Materie ein duales Verhalten aufweisen könne: das eines Teilchens und das einer Welle. Seine Theorie wurde einige Jahre später durch Experimente wie das von Davisson und Germer im Jahr 1927 bestätigt, bei dem das Phänomen der Elektronenbeugung entdeckt wurde.

Das Doppelspaltexperiment.

Dieses Experiment bleibt auf jeden Fall das emblematischste Beispiel. Stellen Sie sich ein einzelnes Teilchen vor, etwa ein Elektron, das auf eine Barriere mit zwei dünnen Schlitzen geschossen wird. Wenn niemand eingreift, um zu „beobachten", wird das Ergebnis überraschend sein: Das Elektron wird auf dem empfindlichen Fotoschirm hinter der Barriere ein für Wellen typisches Streifenmuster bilden, als ob es beide Schlitze gleichzeitig passiert hätte. Stellt man jedoch eine Apparatur auf, mit der man messen kann, durch welchen Spalt das Elektron hindurchgeht, so verschwindet das Wellenmuster und es bleibt ein einfacher Punkt zurück, wie man es von einem Teilchen erwarten würde. Das Verhalten des Elektrons ändert sich je nach Wechselwirkung mit dem Beobachter, das heißt, je nachdem, ob der Beobachter einen Durchgangsmesser aufstellt oder nicht. Doch wo liegt die Krux? Solange keine Messung durchgeführt wird, ist das Elektron weder ein Teilchen noch eine Welle: Es ist beides und befindet sich in einem Zustand der Quantenüberlagerung.

Dieses paradoxe Verhalten wurde 1926 von Erwin Schrödinger mit seiner berühmten Gleichung formalisiert, die den Quantenzustand von Teilchen als „Summe" von Möglichkeiten beschreibt. Bis eine Messung durchgeführt wird, ist die Realität offen und mehrdeutig. Das Quantenuniversum stellt somit unser menschliches Bedürfnis nach Klarheit, nach klaren Abgrenzungen, nach einer Welt aus sichtbaren, messbaren, greifbaren Dingen in Frage.

Die Parallele zum Hinduismus.

Dieses Konzept scheint im modernen wissenschaftlichen Denken verwurzelt und der antiken Philosophie fremd zu sein. Dennoch kommt jedem, der mit dem Hinduismus vertraut ist, die Parallele überraschend bekannt vor. Die Welle-Teilchen-Dualität findet ein metaphorisches Echo im Konzept von Brahman. In der vedischen Tradition ist Brahman die ultimative Realität, gleichzeitig immanent und transzendent. Es ist das, was die materielle Welt ausmacht, aber auch das, was sie radikal transzendiert und als reines Bewusstsein herrscht.

Die Veden, die grundlegenden heiligen Texte des Hinduismus, beschreiben Brahman mit kryptischen, aber kraftvollen Aussagen, wie zum Beispiel dem berühmten Vers:

„Ekam sat, vipra bahudha vadanti"

(„Die Wahrheit ist eine, weise Männer geben ihr verschiedene Namen.")

Dieser Auffassung zufolge kann die gleiche Realität für das menschliche Auge vielfältig und dualistisch erscheinen, dabei aber dennoch eine grundlegende Einheit bleiben. So wie ein Elektron sowohl eine Welle als auch ein Teilchen ist und gleichzeitig keines von beiden.

Die Brihadaranyaka Upanishad, einer der ältesten und grundlegendsten Texte des Hinduismus, beschreibt das Konzept des latenten Zustands, in dem Brahman gleichzeitig alles und nichts ist und in einem Zustand „unendlicher Potentialität" ruht. Diese Beschreibung scheint an den Quantenzustand der Superposition zu erinnern. Brahman kann sich, genau wie Materie im Quantenbereich, je nach Perspektive oder Wissen des Beobachters auf unterschiedliche Weise manifestieren.

Wissenschaft und Spiritualität: Eine mögliche Brücke?

Niels Bohr, einer der Väter der Quantenmechanik, war für sein Interesse an östlichen Philosophien bekannt. Der dänische Physiker übernahm sogar das taoistische Symbol Yin und Yang in sein Wappen, da er darin ein Bild des komplementären Dualismus sah, der die Quantenrealität kennzeichnet. Doch auch im Hinduismus finden wir Verbindungen, wenn auch weniger unmittelbar. Das Konzept der Komplementarität in der Quantenphysik, wonach scheinbar entgegengesetzte Eigenschaften wie Wellen und Teilchen keine Widersprüche, sondern vielmehr einander ergänzende Aspekte derselben Realität darstellen, scheint mit der vedischen Vision der Einheit in der Vielfalt übereinzustimmen.

Der Zusammenhang zwischen Wissenschaft und Spiritualität wird noch deutlicher, wenn wir die Rolle des Beobachters im Doppelspaltexperiment betrachten. Im Reich der Maya, dem im Hinduismus beschriebenen „Schleier der Illusion", wird die materielle Realität als getrennt von der universellen Essenz Brahmans wahrgenommen. Diese Trennung ist allerdings der Überlieferung zufolge gerade auf die eingeschränkte Sichtweise des menschlichen Beobachters zurückzuführen. Ebenso ist in der Quantenphysik der Beobachter kein neutrales oder passives Wesen. Seine Interaktion mit dem System verändert die beobachtete Realität.

Der Welle-Teilchen-Dualismus ist nicht nur eines der Grundprinzipien der Quantenphysik. Darüber hinaus stellt es eine tiefgreifende Herausforderung für unser Verständnis der eigentlichen Natur der Wirklichkeit dar. Obwohl Wissenschaft und Spiritualität in scheinbar weit auseinanderliegenden Zusammenhängen und mit unterschiedlichen Zielen entstanden sind, scheinen sie in der Entdeckung einer universellen Mehrdeutigkeit zusammenzulaufen, einer vielschichtigen Realität, in der Materie, Energie und Bewusstsein untrennbar scheinen.

Schließlich schrieb Rabindranath Tagore, der große indische Dichter und Philosoph:

> *„Die Welt besteht nicht aus Dingen, sondern aus einer Aura von Möglichkeiten.“*

Eine poetische Beschreibung vielleicht, aber nicht so weit entfernt von Schrödingers Quantenvision. Und nicht einmal aus dem philosophischen Herzen des Hinduismus.

Welle oder Teilchen? Die Dualität und das kosmische Spiel von Shiva und Shakti.

Zu den faszinierendsten Konzepten der Quantenphysik gehört der Welle-Teilchen-Dualismus, ein Phänomen, das unsere Sicht der Welt revolutioniert hat und das überraschenderweise in den alten indischen Philosophien ein tiefes Echo findet. Das Zusammenspiel zwischen den Konzepten von Shiva und Shakti, Unveränderlichkeit und Bewegung, Bewusstsein und Schöpfung scheint dieselbe Komplementarität widerzuspiegeln, die das Verhalten subatomarer Materie dominiert.

Im Jahr 1801 führte Thomas Young ein berühmtes Experiment durch, das als „Doppelspaltexperiment“ bekannt wurde. Young beleuchtete einen Bildschirm mit einer Lichtquelle und ließ diese durch zwei dünne Schlitze hindurchtreten. Das Ergebnis war überraschend: Statt zwei einfacher Lichtstrahlen, die auf die gegenüberliegende Leinwand projiziert wurden, entstand ein Interferenzmuster, das dem von Wellen auf dem Wasser ähnelte. Dies bewies, dass Licht nicht nur aus Teilchen besteht, sondern auch eine Wellennatur hat.

Bis zu diesem Punkt schien alles relativ einfach. Das wahre Rätsel trat jedoch ein Jahrhundert später ans Licht, als Wissenschaftler versuchten, das Experiment mit einzelnen Elektronen zu wiederholen. Sogar diese Partikel erzeugten, obwohl sie einzeln gesendet wurden, das gleiche Interferenzmuster, was darauf schließen lässt, dass sie sich wie Wellen verhielten. Bei der Beobachtung jedoch – mit Instrumenten, die speziell dafür entwickelt wurden, herauszufinden, durch welchen Spalt sie gingen – verhielten sich die Elektronen wie Teilchen und hoben das Interferenzmuster auf.

Dieses jeder Intuition widersprechende Phänomen ist eine der Grundlagen der Quantenmechanik. Auf subatomarer Ebene ist Materie weder eine Welle noch ein Teilchen, bis sie beobachtet wird. Der Akt der Beobachtung scheint die Wellenfunktion irgendwie in eine spezifische Realität „kollabieren" zu lassen. Aber was bedeutet das alles? Wissenschaftler haben mehr Fragen als Antworten gefunden.

Shiva und Shakti: der kosmische Tanz des Dynamischen und des Unveränderlichen.

Die Namenswahl ist kein Zufall: In der hinduistischen Kultur stellen Shiva und Shakti den Gegensatz der beiden Grundprinzipien des Universums dar. Der erste ist der Geist, der mit der männlichen Figur verbunden ist, während der zweite die Energie der Welt darstellt und stattdessen mit der weiblichen Figur verbunden ist.

In der Welt der Hindu-Philosophie wird das Universum oft als Ergebnis der Wechselwirkung zwischen diesen beiden höchsten Prinzipien beschrieben. Shiva repräsentiert das reine Bewusstsein, den unbeweglichen und unveränderlichen Zeugen der Realität. Shakti hingegen ist die kreative und dynamische Energie, die dem materiellen Universum Form gibt. Getrennt kann keines von beiden existieren. Durch ihr Zusammenspiel entstehen Leben, Zeit und Wandel. Wie in den Shivagamas und Tantras beschrieben, ist Shiva ohne Shakti reines Potenzial, aber ohne Ausdruck. Shakti ohne Shiva ist richtungslose Energie.

Diese Komplementarität erinnert an die Welle-Teilchen-Dualität. Unbeobachtet verhält sich Materie wie eine Welle: Sie ist reines Potenzial, ein Feld von Möglichkeiten. Doch sobald eine

Beobachtung stattfindet, zerfallen diese Möglichkeiten zu einer konkreten Realität, wie Shiva, ein unbeweglicher Zeuge, der der Dynamik von Shakti Bedeutung verleiht. Ohne Beobachtung gibt es keine Form; ohne Bewusstsein gibt es keine Schöpfung.

Die Welle-Teilchen-Dualität wirft eine tiefgreifende Frage auf: die Rolle des Bewusstseins bei der Konstruktion der Realität. Namhafte Physiker wie Eugene Wigner und John Wheeler haben diese Idee untersucht. Insbesondere Wigner postulierte, dass das Bewusstsein des Beobachters für die Bestimmung des subatomaren Verhaltens von grundlegender Bedeutung sein könnte. Diese Hypothese bleibt zwar umstritten, fügt aber eine weitere Ebene faszinierender Resonanz mit der indischen Philosophie hinzu.

Im Kontext des Hinduismus ist die Idee, dass die Realität durch das Bewusstsein bestimmt wird, nicht neu. Die vedischen Texte und die Upanishaden besagen, dass die äußere Realität in gewissem Sinne eine Projektion des höchsten Bewusstseins, des Brahman, ist. Letzterer ist sowohl Zeuge (Shiva) als auch aktiver Schöpfer (Shakti) aller Dinge. So wie die Beobachtung im Quantenbereich bestimmt, ob wir eine Welle oder ein Teilchen sehen, so schafft und formt das Bewusstsein im Hinduismus die wahrgenommene Realität.

Ein weiteres Schlüsselkonzept des Hinduismus, das mit der Quantenphysik verknüpft ist, ist Lila, das „kosmische Spiel“. Dieser Auffassung zufolge ist das Universum ein spielerischer Tanz aus Schöpfung, Erhaltung und Zerstörung, orchestriert von Shiva und Shakti. Nichts ist statisch, nichts ist unveränderlich: Alles manifestiert sich dynamisch durch das Spiel der Dualität.

Ebenso ist das Quantenuniversum ein dynamischer Bereich der Möglichkeiten. Materie existiert nicht in einem festen Zustand; Es schwankt zwischen verschiedenen Zuständen, so wie Shakti in ständiger Bewegung schwankt und die Realität durch die Anwesenheit von Shiva manifestiert. Das Elektron, das sich abwechselnd wie eine Welle und wie ein Teilchen verhält, ist ein perfektes Beispiel für diese Fluidität: ein „Spiel“, das die vernetzte Natur der Realität offenbart.

Eine Brücke zwischen Ost und West.

Die Quantenphysik entstand im Westen als Reaktion auf die Beschränkungen der klassischen Physik. Sie lädt uns dazu ein, die Rolle der Realität und der Beobachtung auf eine Weise neu zu bewerten, die überraschende Parallelen zu alten östlichen Visionen aufweist. In den Schreinen von Varanasi entlang des Ganges singen Gläubige Mantras zu Ehren von Shiva und Shakti. Gleichzeitig beobachtet ein Wissenschaftler in einem modernen Labor erstaunt, wie ein Elektron als Reaktion auf die Beobachtung seinen Zustand „entscheidet".

Vielleicht ist es kein Zufall. Vielleicht ist es kein Zufall, dass der Westen durch seine wissenschaftlichen Instrumente Wahrheiten entdeckt, über die der Osten seit Jahrtausenden durch Meditation und Philosophie nachdenkt. Der Physiker und Nobelpreisträger Erwin Schrödinger argumentierte:

> *„Die Wahrheit manifestiert sich auf verschiedene Weise, aber am Ende ist es nur eine."*

Mit anderen Worten: Das Universum ist eine Brücke. Der Tanz von Shiva und Shakti und das Verhalten der Elektronen erinnern uns daran, dass über kulturelle Unterschiede hinaus eine tiefe Einheit in der Suche nach dem Ewigen und dem Dynamischen, dem, was Welle und dem, was Teilchen ist, besteht.

Verschränkung: die Verbindung jenseits von Zeit und Raum.

Zu den faszinierendsten Konzepten der Quantenphysik gehört die „Verschränkung". Wenn zwei Teilchen interagieren und „verschränkt" werden, kann ihr Quantenzustand nicht mehr unabhängig beschrieben werden. Auch wenn die Teilchen große Entfernungen voneinander entfernt sind, bleiben sie auf mysteriöse Weise miteinander verbunden: Eine Änderung des Zustands des einen wirkt sich unmittelbar auf das andere aus. Albert Einstein nannte dieses Phänomen „spukhafte Fernwirkung" und hielt es für eines der größten Rätsel der modernen Physik.

Albert Einstein erkannte zwar die experimentelle Richtigkeit dieses Phänomens an, schien aber skeptisch zu sein. Für Einstein und viele seiner Zeitgenossen widersprach die Vorstellung einer instantanen Einflussnahme zwischen Teilchen über die Grenzen von Raum und Zeit hinweg den Grundprinzipien der klassischen Physik. Seit den grundlegenden Experimenten von Alain Aspect in den 1980er Jahren wurde die Realität der Verschränkung jedoch im Labor bestätigt.

Die Faszination der Verschränkung geht über die Wissenschaft hinaus. Es scheint an alte philosophische Erkenntnisse über die Zusammenhänge im Kosmos zu erinnern. Unter diesen sticht der hinduistische Brahman-Gedanke hervor, der oft als das riesige und unsichtbare Netzwerk beschrieben wird, das alles vereint. Gemäß den Veden und Upanishaden ist die wahrgenommene Vielfalt des Universums eine Illusion (Maya), da in Wirklichkeit alles als Teil einer einzigen unteilbaren Einheit existiert.

Ein eindrucksvolles Bild dieser Verbundenheit liefert „Indras Netz“, eine alte vedische Metapher. Stellen Sie sich ein unendliches, im Raum schwebendes Netzwerk vor, in dem sich an jedem Knoten ein perfekt geschliffener Edelstein befindet. Jedes Juwel spiegelt das gesamte Netzwerk wider und in jeder Reflexion befinden sich Bilder aller anderen Knoten. Jeder Teil enthält das Ganze, so wie die Verschränkung zeigt, dass zwei Teilchen, obwohl physisch getrennt, als Teil einer einzigen gemeinsamen Realität existieren.

Wissenschaft trifft Metaphysik.

Der Physiker David Bohm, ein Schüler des großen Robert Oppenheimer und Mitarbeiter von Albert Einstein, schlug ein Modell des Universums vor, das in einem tiefen Dialog mit den Konzepten des Hinduismus zu stehen scheint. Laut Bohm kann die Wirklichkeit nicht durch eine fragmentarische Analyse vollständig verstanden werden, sondern muss als Ganzes betrachtet werden. Bohm schlug die Idee einer „impliziten Ordnung“ vor, einer verborgenen zugrunde liegenden Struktur, die alles enthält und verbindet. In diesem Zusammenhang ist Verschränkung kein isolierter Sonderfall, sondern ein konkretes Beispiel dafür, wie die Welt grundsätzlich vernetzt ist.

Ein anderer Wissenschaftler, Erwin Schrödinger, bekannt für das berühmte Katzenparadoxon, war einer der ersten, der die philosophische Bedeutung der Verschränkung erkannte. Es überrascht nicht, dass Schrödinger über fundierte Kenntnisse der vedischen Philosophie verfügte, aus der er Inspiration schöpfte. Er schrieb, dass in der Quantenmechanik

> *„Die Welt entsteht als ein Netzwerk voneinander abhängiger Ereignisse.“*

Worte, die einem mit der indischen Philosophie vertrauten Publikum fast wie ein Echo alter heiliger Texte erscheinen.

Heute findet die Verschränkung konkrete Anwendung im Bereich der Quanteninformatik, bei der Entwicklung von Computern und Kryptographiesystemen, die diese mysteriöse Verbindungseigenschaft ausnutzen. Einige der fortschrittlichsten

Experimente zur Verschränkung wurden in den Laboratorien der CERN in Genf und in China durchgeführt. Dort konnten Wissenschaftler Verschränkungen in nie zuvor erreichten Größenordnungen nachweisen, beispielsweise in Satelliten, die die Erde umkreisen.

Doch so innovativ diese Experimente auch sind, sie laufen immer wieder auf eine große zugrunde liegende Frage zurück: Was ist Realität? Der Hinduismus und die Quantenphysik laden uns auf unterschiedliche Weise dazu ein, über das Erscheinende hinauszublicken. Die Wissenschaft zeigt uns, dass Trennung letztlich eine Illusion ist. Die östlichen Philosophien erzählen uns seit Jahrtausenden genau dasselbe.

In einer Welt, in der scheinbar alles geteilt ist – Menschen, Kulturen, Materieteilchen – wird die Verschränkung zu einer Art schwindelerregender Brücke zwischen antiker Mystik und modernster Wissenschaft. Dies ist ein Beweis dafür, dass im Zentrum der Komplexität des Kosmos möglicherweise eine ebenso einfache wie tiefgreifende Wahrheit liegt: Nichts ist wirklich getrennt.

Quantenverschränkung und das vedische Konzept der kosmischen Einheit.

Im Laufe des 20. Jahrhunderts hat die Quantenphysik unser Verständnis von der Natur der Realität radikal verändert. Zu den faszinierendsten und umstrittensten Prinzipien zählt das Phänomen der Quantenverschränkung. Zwei Teilchen können sich augenblicklich gegenseitig beeinflussen, selbst wenn sie Lichtjahre voneinander entfernt sind: eine Tatsache, die so überraschend war, dass Albert Einstein diese Wechselwirkung als „spukhaft" bezeichnete.

Dieses Konzept – das den gesunden Menschenverstand und die klassische Idee der Kausalität in Frage stellt – wurde später in den 1980er Jahren durch die Experimente von Alain Aspect bestätigt. Die Erkenntnis, dass das Universum ein zusammenhängendes Ganzes ist, ist jedoch nicht neu. Viele Jahrtausende zuvor beschrieben die vedischen Texte des Hinduismus den Kosmos als ein unteilbares Netzwerk, dessen pulsierendes Herz Brahman ist.

Die Quantenverschränkung geht auf die Grundlagen der Quantenmechanik zurück, einer Theorie, die in den ersten Jahrzehnten des 20. Jahrhunderts von Pionieren wie Werner

Heisenberg, Erwin Schrödinger und Niels Bohr entwickelt wurde. Vereinfacht ausgedrückt kommt es zur Verschränkung, wenn zwei Teilchen durch die Wechselwirkung so miteinander verbunden werden, dass der Zustand des einen Teilchens augenblicklich vom Zustand des anderen abhängt, unabhängig von der Entfernung, die sie trennt. Normalerweise bezeichnet man zwei Teilchen, die aus demselben Ereignis, etwa einem doppelten Quantensprung, entstanden sind, als „korreliert“. Wenn Sie den Spin eines verschränkten Elektrons messen würden, könnten Sie sofort den Spin seines Partners bestimmen, selbst wenn sich dieser am anderen Ende des Universums befände.

Obwohl Einstein der Vater der Relativitätstheorie war, konnte er dieses Konzept nur schwer akzeptieren. Seine Sicht des Universums basierte auf der lokalen Kausalität, also der Überzeugung, dass ein Ereignis an einem Punkt im Raum ohne einen physikalischen Vermittler keinen direkten Einfluss auf einen anderen, weit entfernten Punkt haben kann. Aus diesem Grund bezeichnete er die Verschränkung als „spukhafte Fernwirkung“. Doch 1964 schlug der irische Physiker John Bell ein konkretes Experiment zum Test der Verschränkung vor. Seine Experimente – die Jahrzehnte später mit immer ausgefeilteren Instrumenten verifiziert wurden – bewiesen, dass Einstein Unrecht hatte. Verschränkung ist keine Illusion, sie ist real.

Schon lange vor der Entstehung der modernen Wissenschaft entwickelten die vedischen Philosophen der Antike Visionen, die einige der Erkenntnisse vorwegzunehmen scheinen, die die Quantenphysik heute zutage fördert. Im Zentrum dieser Philosophie steht das Konzept des Brahman. Aus vedischer Sicht ist Brahman die ultimative Realität, ewig, unendlich und unteilbar. Es wird als kosmische Quelle beschrieben, aus der alles hervorgeht und zu der alles zurückkehrt, aber auch als geheime Verschwörung, die alles im Universum verbindet.

Die von Bell vorgeschlagenen Experimente markierten einen Wendepunkt in der modernen Physik und zeigten, dass unser Universum nicht einfach von sichtbaren Kräften oder lokalen Wechselwirkungen bestimmt wird. Aber was können uns diese Entdeckungen über unsere Beziehung zum Kosmos sagen? Hier beginnt ein eindrucksvoller Dialog zwischen Physik und östlicher Philosophie. Vedische Texte erinnern uns daran, dass die Verbundenheit aller Dinge nicht bloß eine wissenschaftliche

Kuriosität ist. Es handelt sich um eine tiefe Intuition, die sich über Jahrtausende menschlicher Reflexion erstreckt.

So heißt es beispielsweise in der Chandogya Upanishad, einem der grundlegenden Texte des Hinduismus:

> *„Alles, was existiert, ist Brahman" (Sarvam khalvidam Brahman).*

Diese Aussage fordert uns auf, die Einheit aller Aspekte der Realität anzuerkennen. Einheit nicht als Metapher, sondern als wesentliche Natur des Kosmos. Dieselbe Einheit, die sich in der Quantenverschränkung widerspiegelt, legt nahe, dass es keine wirkliche Trennung zwischen dem gibt, was wir sind (dem Mikrokosmos unseres Geistes und Körpers), und dem riesigen Universum, das wir bewohnen (dem Makrokosmos).

Es ist faszinierend zu sehen, wie die Erkenntnisse der Quantenphysik, die in den Labors westlicher Wissenschaftler mit hochmodernen Instrumenten entwickelt wurden, das Gemurmel vedischer Weiser widerspiegeln, die vor Tausenden von Jahren in den Wäldern des alten Indien meditierten. Dies bedeutet nicht, dass die Quantenphysik die vedische Philosophie bestätigt oder umgekehrt. Es legt jedoch nahe, dass beide, aus unterschiedlichen Perspektiven, versuchen, die gleiche Frage zu beantworten: Was ist die tiefere Natur der Realität?

Vedische Texte zwingen den Leser häufig dazu, sich mit Wahrheiten auseinanderzusetzen, die die Dualität des rationalen Verstandes in Frage stellen. Beide Welten, das Quantenlabor und der „philosophische Ashram", laden uns ein, das größte aller Geheimnisse zu erforschen: Wir sind alle miteinander verbunden.

Bei diesen Erkundungen kommt nicht nur die Faszination für die technischen Mysterien der Physik oder die mystische Beredsamkeit der Upanishaden zum Vorschein. Es ist die Möglichkeit, den Menschen als Brücke zwischen dem unendlich Kleinen und dem unendlich Großen zu sehen. Zwischen verschränkten Teilchen und Brahman offenbart sich eine ewige Wahrheit: Was fern ist, ist letztendlich immer nah.

Der Kollaps der Wellenfunktion und die Rolle des Beobachters.

Die Quantenphysik hat uns mit einer überraschenden Realität konfrontiert: Die subatomare Welt ist nicht statisch und determiniert, sondern fließend und probabilistisch. Eines seiner faszinierendsten

Konzepte ist der „Kollaps der Wellenfunktion“. Dieses Phänomen postuliert, dass ein subatomares Teilchen, bis es „beobachtet“ wird, in einem unbestimmten Zustand existiert, einer Überlagerung von Möglichkeiten. Durch Eingreifen des Beobachters, sei es mit einem Messgerät oder mit den eigenen Augen, verschwindet diese Überlagerung und das Teilchen nimmt einen definierten Zustand ein. Was ist dann die Macht des Beobachters? Und vor allem: Was bedeutet „beobachten“?

Die Frage ist nicht nur wissenschaftlich. Seit Jahrhunderten denken indische Philosophen und Yogis über die grundlegende Rolle des Geistes bei der Gestaltung der Wirklichkeit nach. Die Parallele zu den Prinzipien der hinduistischen Meditation, insbesondere des Raja-Yoga und der Lehren Patanjalis, ist überzeugend. Beide legen auf ihre Weise nahe, dass das Bewusstsein das wichtigste Instrument ist, um zu beeinflussen, was wir als real wahrnehmen.

Erwin Schrödinger, einer der Väter der Quantenphysik, beschrieb das Phänomen des Kollapses der Wellenfunktion mit dem berühmten Beispiel von „Schrödingers Katze“. Stellen Sie sich eine Katze vor, die in einer Kiste eingesperrt ist, zusammen mit einem Mechanismus, der je nach Zustand eines subatomaren Teilchens Gift freisetzen kann. Das Teilchen kann zwei Zustände gleichzeitig annehmen und die Katze in einen theoretischen Zustand versetzen, in dem sie sowohl lebendig als auch tot ist. Erst wenn ein Beobachter die Kiste öffnet, „entscheidet“ das System, welcher Zustand eintritt (die lebende oder die tote Katze). Je mehr Wissenschaftler versuchten, diese Metapher zu beantworten, desto mehr stellte sich die Frage: Ist es der menschliche Beobachter mit seinem Akt der Beobachtung, der diese Realität bestimmt?

Dieses Phänomen ist als „Beobachtereffekt“ bekannt. Sogar in akademischen Kreisen haben Philosophen wie Eugene Wigner spekuliert, dass der Geist selbst eine grundlegende Rolle in der Evolution der subatomaren Welt spielt. Diese Prämisse führt uns unweigerlich zurück zu einem Dialog mit alten spirituellen Traditionen.

Yoga, Patanjali und innere Beobachtung.

Raja Yoga, wie es in Patanjalis „Yoga Sutras“ beschrieben wird, basiert auf Selbstbeobachtung und Beobachtung des Geistes selbst.

Patanjali erklärt die Schritte des Yoga in einem berühmten Aphorismus:

„Yoga Chitta Vritti Nirodhah"

(Yoga ist das Aufhören der Schwankungen des Geistes).

Der Begriff „Chitta" bezieht sich hier auf das geistige Bewusstsein, das Instrument, durch das wir die Welt wahrnehmen.

Für Patanjali sind Gedanken wie Wellen auf der Oberfläche eines Sees. Wenn sich diese Wellen beruhigen, wird der Geist zu einem klaren Spiegel, der die Realität ohne Verzerrung widerspiegelt. Dieser Zustand wird durch konzentrierte Meditation und Atemkontrolle erreicht. Das Subjekt (das innere Selbst) wird so zum distanzierten Beobachter, der in der Lage ist, seine eigene Wahrnehmung der Welt zu beeinflussen.

Yogis und Weise argumentieren seit langem, dass die Welt, die wir sehen, das Ergebnis von Eindrücken ist, die unser Geist erzeugt. Diese Idee ist eng mit dem Konzept der „Maya" im Hinduismus verwandt: der Illusion der materiellen Realität. Mit anderen Worten: Was fest, konkret und unabhängig erscheint, ist in Wirklichkeit der „Zusammenbruch" unserer Wahrnehmungen auf das fließende Feld des Möglichen. Das Bewusstsein formt die Realität durch einen Prozess bewusster Beobachtung, ähnlich dem, was beim Kollaps der Wellenfunktion geschieht.

Betrachten wir ein weiteres historisches Beispiel. Im Jahr 1973 machte sich der indische Physiker Jagadish Chandra Bose, ein Pionier auf dem Gebiet der Erforschung elektromagnetischer Wellen, daran, die Übereinstimmungen zwischen wissenschaftlichen Entdeckungen und vedischen Prinzipien zu erforschen. Inspiriert durch indische Schriften betrachtete Bose das Universum als ein zusammenhängendes Ganzes, eine Art „Quantenfeld", das synchron mit dem Beobachter schwingt. Viele zeitgenössische Yogis sind seiner Vision gefolgt und meinen, dass tiefe Meditation nicht nur unser Bewusstsein moduliert, sondern auch auf subtilen Ebenen mit dem Gefüge der Realität interagiert.

Auch der für seine Theorie der impliziten Ordnung bekannte Physiker David Bohm äußerte Ideen, die sich mit den spirituellen Erkenntnissen des Hinduismus überschneiden. Bohm argumentierte, dass alles in einem impliziten Zustand der Potentialität existiert, bis die Wechselwirkung es explizit macht, so wie es beispielsweise beim Kollaps der Wellenfunktion der Fall ist.

Im Lichte dieser Überlegungen erhält die Parallele zwischen dem Beobachter in der Quantenphysik und dem introspektiven Beobachter im Yoga eine neue Tiefe. Beide werden mit einer entscheidenden Wahrheit konfrontiert: Was beobachtet wird, hängt davon ab, wer beobachtet.

Die Quantenphysik erhebt keinen Anspruch darauf, das Bewusstsein zu erklären, ebenso wenig wie der vedische Yoga den Anspruch erhebt, eine Wissenschaft im modernen Sinne zu sein. Doch zusammen bieten sie uns eine faszinierende Erkenntnis: Das Universum ist kein „Außen", das von unserem „Innen" getrennt ist. Meditationspraktiken wie Raja Yoga schulen uns in achtsamer Beobachtung, ebenso wie uns die Quantenphysik daran erinnert, dass der Beobachter ein integraler Bestandteil dessen ist, was er beobachtet.

Letztlich stellen uns beide Traditionen vor eine grundlegende Frage: Sind wir wirklich bloß Zuschauer der Wirklichkeit oder werden wir durch ihre Beobachtung auch zu ihren Schöpfern?

Quantenprobabilismus und Karma: Unsicherheit als kosmisches Gesetz.

Die Quantenphysik ist nicht nur eine wissenschaftliche Revolution. Es handelt sich um einen konzeptionellen Bruch, der ein Umdenken in den Grundlagen der Wirklichkeit erfordert. Der Kern der Quantenmechanik ist ihr rätselhaftestes Merkmal: die Unsicherheit.

Über Jahrhunderte hinweg schienen die Gesetze der klassischen Physik fest und unveränderlich. Laut Newton erzeugt eine Ursache zwangsläufig mit mathematischer Präzision eine Wirkung. Doch im 20. Jahrhundert hat die Physik diese Gewissheit zerstört. Mit dem Aufkommen der Quantenmechanik zeigten Männer wie Werner Heisenberg und Niels Bohr, dass in der subatomaren Welt die Regeln von der Wahrscheinlichkeit und nicht von der Gewissheit bestimmt werden.

Ein zentrales Konzept der Quantenphysik ist Heisenbergs Unschärferelation, die er 1927 formulierte. Dieses Prinzip besagt, dass wir weder die Position noch den Impuls eines Teilchens mit absoluter Genauigkeit kennen können. Auf der mikroskopischen Ebene scheint das Universum nach den Regeln des Zufalls zu spielen und eine Art dynamisches Kaleidoskop zu schaffen, in dem nichts völlig vorhersehbar ist.

Eine ihrer elegantesten Formulierungen fand diese „Quantenunsicherheit“ in der von Bohr vertretenen Kopenhagener Deutung. Nach dieser Auffassung ist das Verhalten subatomarer Teilchen erst definiert, wenn sie beobachtet werden. Vor der Messung existieren sie als Überlagerung von Wahrscheinlichkeiten. Einstein selbst war skeptisch. Doch auch Jahrzehnte später ist das Wahrscheinlichkeitsmodell der Quantenmechanik noch gültig und erklärt Phänomene, die sich die klassische Physik nicht einmal vorstellen konnte.

Karma: Ein probabilistisches System der Realität.

Das Konzept des Karma erscheint in den heiligen Texten des Hinduismus, beispielsweise den Upanishaden und der Bhagavad Gita. Im allgemeinen Glauben ist Karma eine Art kosmische Bank der Taten: Jede gute Tat erzeugt Verdienste, während jede schlechte Tat negative Folgen hat. Aber Karma ist nicht nur ein Gesetz von „Ursache und Wirkung“.

Im hinduistischen Denken beinhaltet Karma keine unmittelbare, mechanische Reaktion. Es wirkt als komplexes Netzwerk von Konsequenzen, die von mehreren Faktoren abhängen.

Gemäß den Upanishaden manifestiert sich Karma als eine kollektive Summe von Möglichkeiten. Es besteht nie absolute Gewissheit darüber, wie oder wann sich die Auswirkungen einer Entscheidung zeigen werden. Für einen zeitgenössischen Leser erinnert diese Vorstellung von Karma auffallend an den Quantenprobabilismus. So wie der Zustand eines Teilchens von seiner Wechselwirkung mit seinem Beobachter abhängt, hängen die Folgen des Karma vom Kontext und einer Reihe von Variablen ab, die sich einer vollständigen Vorhersagbarkeit entziehen. Deshalb ist auch in der hinduistischen Welt Unsicherheit ein Motor des Werdens.

Ein eindrucksvolles Bild aus dem Hinduismus, das diese Analogie verdeutlichen kann, ist die Symbolik von Shiva Nataraja, dem „Herrn des Tanzes“. Ihr kosmischer Tanz stellt den fortwährenden Kreislauf von Schöpfung, Zerstörung und Erneuerung des Universums dar. Es ist ein Tanz der Bewegung und Transformation, bei dem Unsicherheit für den Fluss der Existenz wesentlich ist.

So wie Shivas Tanz keinem linearen und vorgegebenen Weg folgt, sondern auf einen kosmischen Rhythmus aus Variationen und

Anpassungen reagiert, so führt der Quantenprobabilismus eine dynamische Interpretation der Realität ein.

Sogar der Physiker Fritjof Capra hob in seinem berühmten Buch „Das Tao der Physik" (1975) die Parallelität zwischen den „fluktuierenden" Bewegungen subatomarer Teilchen und der Zyklizität des östlichen Denkens hervor. Es ist kein Zufall, dass Capra den tanzenden Shiva als Symbol der Verbindung zwischen Wissenschaft und Spiritualität verwendete.

Eine weitere wichtige Parallele betrifft die individuelle Verantwortung des Beobachters. In der Quantenphysik beeinflusst der Akt der Beobachtung direkt das beobachtete System. Das berühmte Gedankenexperiment von „Schrödingers Katze" aus dem Jahr 1935 veranschaulicht, wie der Zustand eines Teilchens (und damit die Realität selbst) erst dann bestimmt wird, wenn jemand es beobachtet.

Ebenso betont das Hindu Karma, dass individuelle Handlungen das Gefüge der Existenz beeinflussen. Nicht auf fatalistische oder vorherbestimmte Weise, sondern mit einem Mechanismus, der Raum für den freien Willen und die gemeinsame Gestaltung der Wirklichkeit lässt. So wie subatomare Teilchen auf Wechselwirkungen reagieren, fordert uns Karma dazu auf, jede Entscheidung als Teil eines größeren, unvorhersehbaren Systems zu betrachten.

Obwohl sie von scheinbar entgegengesetzten Perspektiven ausgehen, bieten die Quantenphysik und das philosophische Denken des Hinduismus eine faszinierende Vision der Ungewissheit als schöpferische Kraft. Im Westen wird Unsicherheit oft als Mangel erlebt, fast als ein Fehler, der korrigiert werden muss. Stattdessen wird es in der östlichen Sicht zu einem wesentlichen Element des kosmischen Prozesses.

Es gibt eine überraschende Überschneidung zwischen der Quantenphysik mit ihrer eleganten Mathematik und Abstraktion und dem Karma-Konzept mit seinen jahrhundertealten Wurzeln in der hinduistischen Spiritualität. Beide laden uns ein, das Leben als ein Netz von Möglichkeiten und nicht als einen starren und festgelegten Weg zu betrachten.

Dekohärenz Quanten.

Quantendekohärenz ist ein grundlegendes Phänomen der Quantenmechanik, das erklärt, wie und warum ein Quantensystem unter dem Einfluss der äußeren Umgebung seine Quanteneigenschaften wie Superposition und Verschränkung verliert. Dieser Prozess spielt eine entscheidende Rolle beim Übergang vom Quantenverhalten (das mikroskopische Systeme beherrscht) zum klassischen Verhalten (das wir in makroskopischen Systemen des Alltags beobachten).

In der Quantenmechanik kann ein System in einer Überlagerung von Zuständen existieren, also in einer linearen Kombination verschiedener Möglichkeiten (mathematisch beschrieben durch eine Wellenfunktion). Wenn ein Quantensystem jedoch mit einer externen Umgebung interagiert, „vermischt" sich seine Wellenfunktion mit der der Umgebung. Dies führt zum Verlust der Interferenz zwischen den Quantenzuständen des Systems und macht es somit unmöglich, bestimmte Quanteneffekte wie etwa die Superposition zu beobachten oder auszunutzen.

Dieser Verlust an Kohärenz (daher der Begriff „Dekohärenz") führt zur Entstehung eines klassischen Verhaltens: Das System beginnt so auszusehen, als befände es sich in einem „definierten" Zustand und nicht in einer Überlagerung von Zuständen.

Dekohärenz tritt auf, wenn ein Quantensystem mit seiner äußeren Umgebung interagiert, die aus Molekülen, thermischen Schwingungen, elektromagnetischen Feldern usw. bestehen kann.

Die Phasen der Dekohärenz können wie folgt zusammengefasst werden:

Anfängliche Quantenüberlagerung.

Zunächst kann sich das Quantensystem in einer Überlagerung von Zuständen befinden (beispielsweise ein Elektron in zwei Orbitalen gleichzeitig oder eine „tote und lebendige" Katze wie in Schrödingers Gedankenexperiment).

Interaktion mit der Umwelt.

Wenn das System mit seiner Umgebung interagiert, „lecken" einige Informationen über seinen Quantenzustand nach außen. Die Umgebung fungiert als unfreiwilliger „Beobachter".

Verlust der Kohärenz.

Durch die Wechselwirkung mit sehr vielen Freiheitsgraden der Umgebung werden die relativen Phasen zwischen den

Quantenzuständen zerstört. Dadurch werden Interferenzeffekte aufgehoben, die das Kennzeichen der Quantenmechanik sind.

Entstehung der „klassischen Realität".
Das System verhält sich nicht mehr quantenhaft, sondern beginnt, den Anschein zu erwecken, als befände es sich in einem bestimmten klassischen Zustand.

Dekohärenz ist eng mit dem Problem der Quantenmessung verbunden. Wenn wir ein Quantensystem beobachten, zwingen wir es, in einen definierten Zustand zu „kollabieren". Dekohärenz ist nicht genau der Kollaps der Wellenfunktion, aber sie erklärt, warum wir auf der makroskopischen Ebene die Welt so sehen, als bestünde sie aus Objekten, die in bestimmten Zuständen und nicht in Überlagerungen existieren.

Somit erklärt die Dekohärenz, wie und warum Quantensysteme klassisch erscheinen, wenn wir sie direkt beobachten oder wenn sie mit ihrer Umgebung interagieren.

Beim Quantencomputing ist die Dekohärenz ein kritisches Problem. Quanteninformationen können sehr schnell ihre Kohärenz verlieren und so Berechnungen zerstören. Eine der größten Herausforderungen der Quantentechnologie besteht darin, Systeme zu schaffen, die resistent gegen Dekohärenz sind.

Durch die Dekohärenz lässt sich das Problem des „Kollaps der Wellenfunktion" noch nicht vollständig lösen, aber sie verdeutlicht, wie klassische Eigenschaften aus Quantensystemen entstehen.

Kurz gesagt ist Dekohärenz der Prozess, bei dem ein Quantensystem aufgrund der Wechselwirkung mit seiner Umgebung sein Quantenverhalten verliert, was zur Entstehung einer klassischen Welt führt.

Dekohärenz und Maya: Die Illusion der Konkretheit in Zeit und Raum.

Quanten führen Unsicherheit und Überlagerung ein. Unser Alltag erscheint jedoch stabil und konkret. Dieses Phänomen, das erklärt, wie die scheinbare „Konkretheit" aus einer zugrunde liegenden Quantennatur entsteht, wird Dekohärenz genannt. Überraschenderweise findet diese Idee eine faszinierende Parallele im hinduistischen Konzept der Maya, der Illusion.

Dekohärenz ist ein Schlüssel zum Verständnis, wie wir vom Geheimnisvollen zum Sichtbaren gelangen. Im Quantenmikrokosmos existieren Teilchen in Überlagerungszuständen: Sie können sich beispielsweise an zwei Orten gleichzeitig aufhalten. Wenn sie jedoch mit ihrer Umgebung (etwa Licht, Luftmolekülen oder sogar einem Messgerät) interagieren, verlieren sie diese Überlagerung. Sie „kollabieren“ in einen beobachtbaren Zustand: ein definiertes Objekt. Dieser als Dekohärenz bezeichnete Prozess erweckt den Eindruck, wir würden in einer klassischen, stabilen Welt leben. Doch das ist nur ein Eindruck.

In der Hindu-Philosophie wird die wahrgenommene Realität Maya genannt. Die Upanishaden, alte Schriften aus dem ersten Jahrtausend vor Christus, beschreiben die physische Welt als eine vergängliche Illusion. Diesen Texten zufolge ist das, was die Sinne wahrnehmen, nicht die ultimative Realität, sondern eine Maske, die die ewige Wahrheit von Brahman, der unendlichen und unsterblichen Substanz des Universums, verbirgt. Diese Illusion verschwindet, genau wie die Dekohärenz, wenn das Individuum sein volles Bewusstsein erlangt.

Warum ist Dekohärenz wichtig? Dekohärenz erklärt, warum unsere Welt trotz des zugrunde liegenden Chaos geordnet erscheint. Durch die Dekohärenz wird die Superposition allerdings nicht zerstört, sondern unsichtbar gemacht. Dies bedeutet, dass der Quantenbereich niemals verschwindet: Er bleibt als Substrat unendlicher Möglichkeiten verborgen. Auch in der Hindu-Philosophie wird der Kreislauf der Maya nie vollständig zerstört. Dic illusorische Realität löst sich auf und erschafft sich neu in einem ewigen kosmischen Spiel von Aufbau und Auflösung. Dies erinnert an das in den Veden und Puranas dargelegte Konzept der zyklischen Zeit, wonach der Kosmos in unendlichen Perioden, den sogenannten Kalpas, geboren wird und stirbt.

Den hinduistischen Schriften zufolge kehrt am Ende eines Zyklus alles zum ursprünglichen Chaos namens Prakriti zurück. Von diesem Zustand aus wird der Zyklus fortgesetzt. In der modernen Physik könnte das Universum ähnlichen Mustern folgen. Einige theoretische Physiker wie Roger Penrose vermuten die Möglichkeit kosmischer Zyklen, bei denen der Urknall nur einen von vielen Anfängen darstellt.

Ein zentrales Konzept der Quantenphysik ist das berühmte Schrödingers Katzenparadoxon. Stellen wir uns eine Katze in einer geschlossenen Kiste vor. Bis jemand die Kiste öffnet, ist die Katze lebendig und tot zugleich, das heißt, sie befindet sich in einem Zustand der Superposition. Durch Beobachtung erhalten Sie eine Antwort: Die Katze lebt oder ist tot. Dekohärenz erklärt, warum wir in der normalen Realität niemals Katzen beobachten, die „gleichzeitig lebendig und tot“ sind. Diese subjektive Erfahrung entspricht dem, was Maya in der Hindu-Philosophie darstellt: die Illusion der Stabilität, während in Wirklichkeit unendlich viele mögliche Zustände existieren.

Ebenso faszinierend ist die Verbindung mit dem hinduistischen Konzept von Lila, dem kosmischen Spiel. Dem Hinduismus zufolge ist das Universum ein göttliches Spiel, ein unendlicher Tanz von Schöpfung und Zerstörung, angetrieben von einer höheren Energie. In ähnlicher Weise scheinen Teilchen in der Quantenwelt an den Rändern der Existenz zu „spielen“, zu verschwinden und wieder aufzutauchen, in unsere Messinstrumente einzutreten und sie wieder zu verlassen.

Dekohärenz erinnert uns daran, dass nichts für immer stabil ist. Sogar das, was wir als konkret wahrnehmen, wie die Grenzen unseres Körpers oder der feste Boden unter unseren Füßen, ist das Ergebnis einer komplexen Interaktion, die sich mit der Zeit auflöst. Diese Ansicht spiegelt die hinduistische Kosmologie wider, in der die Welt vorübergehend erschaffen wird und sich dann in Brahman auflöst. In der Svetasvatara Upanishad heißt es:

> *„Wie einer Flamme Tausende von Funken entspringen, so entstehen und verschwinden unzählige Welten aus der Ewigkeit.“*

Ebenso geht die Quantenphysik davon aus, dass das Universum auf Arten entstehen und zerfallen könnte, die sich noch immer unserem völligen Verständnis entziehen. Doch sowohl für Physiker als auch für indische Weise bleibt die Lektion klar: Was wir sehen, ist nur eine teilweise Darstellung der Realität. Unsere Aufgabe besteht weiterhin darin, die verborgene Bedeutung hinter der scheinbaren Festigkeit zu erforschen.

Dekohärenz und Maya zeigen, wie Wissenschaft und Philosophie bei universellen Fragen zusammenkommen können. Ob die Realität eine Illusion ist, wie es die alten Schriften nahelegen, oder ein emergentes Konstrukt, wie es die Quantenphysik zeigt, die Botschaft ist dieselbe. Nicht alles, was solide und konkret erscheint, ist es auch tatsächlich. Das Geheimnis liegt sowohl im Herzen der Materie als auch in den Tiefen des Geistes. Ein Mysterium, das uns zum Erkunden einlädt und uns über den Schein hinaus zu einer größeren, ewigen und schwer fassbaren Wahrheit führt.

Brahman und das Quantenvakuum: Alles entsteht aus dem Nichts.

Die Menschheit hat schon immer versucht, eine grundlegende Frage zu beantworten: Woher kommt die Welt? Diese Forschung folgte im Westen zwei Hauptwegen, einem philosophischen und einem wissenschaftlichen. Im Osten allerdings haben sich diese Wege nie wirklich getrennt. Dabei handelt es sich um Wege, die seit Jahrtausenden in den Werken von Weisen und Mystikern, insbesondere in der hinduistischen Tradition, miteinander verflochten sind. Und heute werden ähnliche Fragen dank der Quantenphysik erneut in ein neues Licht gerückt und erinnern uns daran, dass Wissenschaft und Metaphysik zwei verschiedene Sprachen sein können, um dieselbe Realität zu veranschaulichen.

Im Zentrum der Quantenphysik liegt ein Konzept, das ebenso mächtige wie rätselhaft ist: das Quantenvakuum. Auf den ersten Blick könnte man meinen, dass „Leere" das Nichts darstellt. Doch der Quantenfeldtheorie zufolge ist das Nichts alles andere als leer. Das Quantenvakuum ist ein Zustand unbegrenzten Potenzials, eine Art unsichtbares, allgegenwärtiges Meer aus Energie. Aus diesem Meer werden subatomare Teilchen geboren, die in einem fluktuierenden kosmischen Spiel erscheinen und verschwinden. Der englische Physiker Paul Dirac beschrieb dieses Phänomen 1928 mit seiner „Vakuumtheorie". Er stellte fest, dass das Quantenvakuum nicht wirklich „leer" ist, sondern eine lebendige, fruchtbare Matrix, die in der Lage ist, Teilchen aus dem Nichts zu erschaffen und sie dann anderswo verschwinden zu lassen.

Diese im Vergleich zur allgemeinen Intuition so seltsame „Leere" erinnert an die Überlegungen des Hinduismus zu Brahman, dem universellen kosmischen Prinzip, das alles durchdringt. In den Upanishaden ist Brahman weder Existenz noch Nichtexistenz, sondern eine Realität jenseits dieser Kategorien. Es ist das Prinzip, aus dem alles entsteht, das, was unsichtbar und undefinierbar bleibt, das jedoch die Matrix jeder Form und jedes Phänomens ist.

Alte Hindu-Weise beschrieben Brahman als den metaphysischen Schoß von allem, was existiert. Das eindrucksvolle Bild der Upanishaden ist das eines im Nichts schwebenden Spinnennetzes. Aus Brahman, wie aus diesem unsichtbaren Netz, entfalten sich unendliche Universen, die geboren werden, die Existenz berühren und sich wieder auflösen. Eine der bekanntesten Passagen der Upanishaden lautet:

> *„Wie Funken aus dem Feuer entstehen, so entstehen aus Brahman die Welten und alles kehrt dorthin zurück."*

Die Parallele zu Quantenfluktuationen – Teilchen, die aus dem Vakuum auftauchen, nur um zu verschwinden und in seinen Schoß zurückzukehren – ist nahezu unvermeidlich.

Für Quantenphysiker erklärt das Quantenvakuum das Verhalten von Teilchen und darüber hinaus die Struktur des gesamten Universums. Für die Meister des Hinduismus erklärt Brahman nicht nur die Materie, sondern auch das Bewusstsein des Menschen und seine Beziehung zum Unendlichen. Es ist außergewöhnlich zu sehen, wie sich moderne wissenschaftliche Horizonte und antike Philosophien bei der Beschreibung einer Realität überschneiden, in der alles und nichts zusammenfällt.

Die Arbeiten von Paul Dirac sowie von Pionieren wie Werner Heisenberg und Erwin Schrödinger trugen in den 1930er Jahren dazu bei, unser Verständnis der Realität neu zu definieren. Besonders Schrödinger war fasziniert von den östlichen Philosophien, mit denen er sich während seines Studiums beschäftigt hatte. In einem Brief von 1925 schrieb er:

> *„Einige der tiefgründigsten Konzepte der modernen Physik scheinen im Vedanta ein bemerkenswertes Echo zu finden."*

Und das ist kein Zufall. Schrödinger fand in den Upanishaden die Idee, dass die Welt, die wir wahrnehmen, eine illusorische Erscheinung ist, ein Spiel von Erscheinungen, hinter dem sich eine einzige, tiefe und unteilbare Realität verbirgt: nämlich Brahman.

Selbst in der Quantenphysik ist die makroskopische Welt, die wir sehen, das Ergebnis einer komplexen Verflechtung von Wahrscheinlichkeiten und Quantenwellen. Was auf der menschlichen Ebene fest erscheint, ist nichts weiter als ein unsichtbarer Tanz von Partikeln und Feldern. Dirac entdeckte bei der Untersuchung von Teilchen im Vakuum, dass es „Antiteilchen" mit gleicher Masse, aber entgegengesetzter Ladung gibt. Eine fundamentale Entdeckung, für die er 1933 den Nobelpreis für Physik erhielt. Doch abgesehen vom Preis öffneten seine Untersuchungen auch eine philosophische Tür: Im Vakuum können Teilchenpaare entstehen, die sich in einem ewigen Kreislauf von Entstehung und Vernichtung gegenseitig aufheben.

Indien mit seinen Tempeln und heiligen Texten hat den Kosmos immer als das Ergebnis eines empfindlichen Gleichgewichts zwischen Ordnung und Chaos, Manifestation und Auflösung betrachtet. Dies findet überraschende Unterstützung in der Quantenphysik. Grundlage des modernen wissenschaftlichen Denkens ist die Idee der Unsicherheit: Kein physikalisches Phänomen auf subatomarer Ebene ist jemals vollständig vorhersehbar. Partikel verhalten sich probabilistisch, nicht deterministisch. Dies ist, was Niels Bohr, ein weiterer Vater der Quantenphysik, das „Prinzip der Komplementarität" nannte. Interessanterweise finden wir in der hinduistischen Tradition etwas Ähnliches. Brahman drückt sich in der Welt durch eine duale Realität aus: die schöpferische Energie (Shakti) und das reine Bewusstsein. Es ist eine Komplementarität, die die Existenz des Kosmos ermöglicht.

Heute leben wir in einer Welt, in der Wissenschaft und Spiritualität oft im Widerspruch zueinander stehen. Aber vielleicht muss es nicht so sein. Das Quantenvakuum und Brahman zeigen uns, dass zwei Betrachtungsweisen der Wirklichkeit – eine empirische und eine intuitive und philosophische – nicht unbedingt im Widerspruch zueinander stehen. Vielmehr ergänzen sie sich gegenseitig. Die Upanishaden mit ihren poetischen und mysteriösen Versen nehmen einige Fragen vorweg, die theoretische Physiker auch heute noch vor Herausforderungen stellen. Ist es möglich, dass das Quantenvakuum nicht wirklich leer ist und wie Brahman die Erinnerung an ein unendliches Potenzial in sich trägt?

Eine Statue von Shiva Nataraja am CERN.

In einer der modernsten Forschungsstätten der modernen Wissenschaft, dem CERN in Genf, fällt den Besuchern oft ein Detail auf. Am Eingang des Europäischen Labors für Teilchenphysik, neben den komplexen Beschleunigern, die die Tiefenstruktur der Materie erforschen, steht eine Statue von Shiva Nataraja, dem tanzenden Gott des Hinduismus. Diese Statue stellt den fortwährenden Kreislauf von Schöpfung, Erhaltung und Zerstörung dar, ein zentrales Konzept der indischen Kosmologie. Überraschend ist nicht nur die symbolische Schönheit des Werkes, sondern auch seine Bezüge zu Konzepten der Quantenphysik, die unser Verständnis des Universums revolutionieren.

Shiva Nataraja wird tanzend in einem Flammenkreis dargestellt. Ihr Körper bewegt sich anmutig, während ihr rechter Fuß einen Dämon zerquetscht, ein Symbol der Unwissenheit. Eine Hand hält eine Flamme, die andere ein kleines Schlaginstrument, das den Rhythmus der Schöpfung vorgibt. Gemäß der indischen Philosophie symbolisiert dieser Tanz die Dynamik des Universums: Es gibt keine Statik, sondern nur einen kontinuierlichen Fluss.

Bis zum 20. Jahrhundert schien diese Vision weit entfernt von den Ideen der klassischen Physik, die das Universum als eine Art vorhersehbare und starre Maschine betrachtete, die von unveränderlichen Gesetzen gesteuert wird. Mit dem Aufkommen der Quantenphysik ändert sich jedoch alles. Physiker entdecken einen Mikrokosmos, in dem sich Teilchen nicht wie stabile Objekte verhalten, sondern auf unvorhersehbare Weise entstehen und verschwinden. Diese Beschreibung scheint unglaublicherweise die Symbolik von Natarajas Tanz widerzuspiegeln: eine unaufhörliche und kreative Bewegung, die Chaos und Ordnung umfasst.

Quantenenergie und virtuelle Teilchen.

Eines der zentralen Phänomene der Quantenmechanik ist das Konzept der Vakuumenergie. Im Quantenvakuum ist das „Nichts“ nicht wirklich leer, sondern ein Meer unsichtbarer Aktivität. Als „virtuelle“ Teilchen bezeichnet, tauchen kurz aus dem Nichts auf und verschwinden dann in einem scheinbar flüchtigen Tanz aus Schöpfung und Zerstörung. Dieser Prozess, der durch Experimente wie den Casimir-Effekt bestätigt wurde, weist überraschende Ähnlichkeiten mit dem kosmischen Zyklus auf, der in der hinduistischen Mythologie beschrieben wird.

Wissenschaftler am CERN erforschen genau diesen für menschliche Sinne unzugänglichen Bereich mithilfe von Teilchenbeschleunigern wie dem Large Hadron Collider (LHC). Als Indien 2004 die Shiva-Statue dem Labor schenkte, nannte der Physiker Fritjof Capra diese Statue:

> *„ein perfektes Symbol für die Synergie zwischen Wissenschaft und Spiritualität.“*

Fritjof Capra, der seine Karriere der Erforschung der Parallelen zwischen östlichem Denken und moderner Physik gewidmet hat, argumentiert, dass Shivas Tanz eine bemerkenswerte Darstellung der

Quantenenergie ist: Es handelt sich um eine unaufhörliche, dynamische und kreative Energie.

Ein weiterer Aspekt der Quantenphysik, der an die indische Philosophie erinnert, ist das Prinzip der Nichtlokalität. Dieses durch die Quantenverschränkung verdeutlichte Prinzip beschreibt, wie zwei Teilchen auch dann unmittelbar verbunden bleiben können, wenn sie durch enorme Entfernungen getrennt sind. Diese „Fernwirkung“ widerspricht dem gesunden Menschenverstand und der Intuition der klassischen Physik.

Auch hier ist die Verbindung zum östlichen Gedankengut faszinierend. In der indischen Philosophie durchdringt das Konzept der universellen Verbundenheit („Alles ist Eins“) alte Texte wie die Upanishaden. Diesen Schriften zufolge gibt es keine wirkliche Trennung zwischen den Elementen des Universums, sondern nur ein unsichtbares Netzwerk, das alles miteinander verbindet. Die Quantenphysik mit ihren Experimenten zum Nachweis der Quantenverschränkung macht heute ein Prinzip wissenschaftlich konkret, das der Hinduismus bereits seit Jahrtausenden erahnen kann.

Die Statue von Shiva Nataraja am CERN ist daher nicht nur ein Schmuckstück oder eine kulturelle Hommage, sondern ein kraftvolles Symbol. Es verkörpert die Idee, dass die Realität sowohl in der Wissenschaft als auch in der Spiritualität von komplexen und miteinander verbundenen Rhythmen bewegt wird. Während Physiker subatomare Teilchen und Wahrscheinlichkeitswellen untersuchen, entdecken sie das Geheimnis des Universums als fließenden, unvorhersehbaren Tanz neu.

Zusammenfassend lässt sich sagen, dass die Anwesenheit von Shiva Nataraja am Eingang des CERN uns daran erinnert, dass Wissenschaft und Kultur keine getrennten Welten sind. Das oberste Ziel beider besteht letztlich darin, das Geheimnis des Kosmos zu lüften, nach seinem Ursprung zu fragen und jene Dynamik zu erfassen, die in der antiken Hindu-Symbolik bereits in den Schritten eines tanzenden Gottes enthalten war. Wie in einem Tanz verflechten sich wissenschaftliche Entdeckungen und philosophische Überlegungen und vereinen Vergangenheit und Zukunft in einem unendlichen Kreis.

„Parallelwelten" in der Quantenphysik und der Hindu-Kosmologie.

In einem berühmten Artikel aus dem Jahr 1957 stellte Hugh Everett eine Idee vor, die die moderne Physik revolutionieren sollte: die „Viele-Welten-Interpretation". Dieser Theorie zufolge führt jede Quantenmessung zu einer Aufspaltung der Realität und erzeugt eine potenziell unendliche Zahl paralleler Universen.

Immer wenn ein Quantenphänomen beobachtet wird, „spaltet" sich das Universum und es entstehen separate Realitäten, von denen jede ein anderes Ergebnis des beobachteten Ereignisses aufweist. Für die Wissenschaft des 20. Jahrhunderts war diese Ansicht höchst spekulativ. Doch bei genauerem Hinsehen ist die Idee einer Vielzahl von Universen nicht neu.

In der antiken hinduistischen Kosmologie wurde Tausende von Jahren vor Everett die Existenz paralleler kosmischer Dimensionen, unzähliger Welten und unendlicher Zeitzyklen angenommen. Diese faszinierende Übereinstimmung zwischen der Quantenphysik und indischen religiösen Texten ist kein bloßer Zufall. Vielmehr ist es ein Zeichen dafür, wie der menschliche Geist in unterschiedlichen Kulturen und Kontexten versucht hat, die Geheimnisse der Wirklichkeit zu ergründen und dabei Intuitionen formuliert hat, die heute aktueller sind denn je.

Das Multiversum der Quantenphysik.

Die Quantenphysik hat das traditionelle Paradigma des klassischen Determinismus erschüttert. Im Bereich des unendlich Kleinen, der subatomaren Teilchen, verlieren die Gesetze der gewöhnlichen Realität ihre Gültigkeit. Elektronen verhalten sich sowohl wie Teilchen als auch wie Wellen. Photonen können gemäß einem als „Quantensuperposition" bekannten Prinzip in mehreren Zuständen gleichzeitig existieren.

In der traditionellen Interpretation der Quantenphysik, der sogenannten „Kopenhagener Deutung", kollabiert ein Teilchen in einem „probabilistischen" Zustand in einen bestimmten Zustand, wenn sein Verhalten beobachtet wird. Everett schlug jedoch eine alternative Erklärung vor: Das Teilchen wählt nicht nur einen Zustand. Alle möglichen Zustände des Teilchens treten gleichzeitig auf, jedoch in unterschiedlichen Universen. Dies impliziert, dass die Realität nicht einzeln, sondern vielfältig ist. Jede Entscheidung, jedes

Quantenereignis führt zu einem neuen Universum, das parallel zu den anderen weiter existiert.

Im hinduistischen Denken wird die Realität als komplexes, vielschichtiges und unendliches System aufgefasst. Den Puranas zufolge, den heiligen Texten, die die Kosmologie und Mythen des Universums erzählen, gibt es unzählige Welten oder „Lokas“. Diese Welten können in drei Hauptkategorien unterteilt werden: die oberen Welten (svarga loka), die mittleren Welten (martya loka) und die unteren Welten (patala loka). Jeder Loka ist eine eigene Existenzebene, die von unterschiedlichen Wesen bewohnt wird und über eigene physikalische und zeitliche Gesetze verfügt.

Das Vishnu Purana, einer der grundlegenden Texte, beschreibt, wie zyklisch und unendlich vielfältig das Universum ist. Jedes Universum wird geboren, lebt und stirbt in einem ewigen Prozess der Schöpfung und Zerstörung, der als Zyklus der „Kalpas“ bekannt ist. Vishnu, der Erhaltergott, schläft auf dem kosmischen Ozean, und aus seinem Atem entstehen unendliche Universen, wie Blasen, die sich im Wasser bilden und auflösen. Dieses Konzept erinnert auffallend an das moderne Bild des Quantenmultiversums, in dem Universen als mehrere Realitätsblasen koexistieren, von denen jede ihren eigenen Gesetzen unterliegt.

Auch im Bhagavata Purana wird diese Ansicht näher erläutert. In einer der berühmtesten Passagen soll Krishna, die göttliche Manifestation, seinem Anhänger Arjuna ein kosmisches Bild unendlicher Realitäten offenbart haben, von denen jede ein anderes Universum darstellte. Krishna sagt, dass die Existenz aus „unzähligen Welten innerhalb von Welten“ besteht. Dieser Ausdruck erinnert an die moderne Vorstellung des Multiversums.

Parallelen zwischen moderner Wissenschaft und antiker Kosmologie.

Sowohl Everetts Interpretation der Quantenphysik als auch die hinduistische Kosmologie stellen unsere Intuition einer einzigen objektiven Realität in Frage. Beide Systeme erkennen an, dass das Universum möglicherweise nicht einzigartig, sondern eines unter vielen ist.

Interessanterweise ist in der hinduistischen Vorstellung jeder Ort nicht nur physisch getrennt, sondern kann auch einer völlig anderen Zeit als der unseren folgen. In manchen Welten vergeht die Zeit schneller, in anderen langsamer. Dieses Konzept kann mit den

„Eigenzeiten" verglichen werden, die in Einsteins allgemeiner Relativitätstheorie beobachtet wurden, einem weiteren Bereich, der Einblicke in die Diskussion über das Multiversum geliefert hat.

Ein besonders eindrucksvolles Beispiel ist die antike Stadt Dvaraka, Krishnas Königreich auf Erden. Laut Mahabharata und Bhagavata Purana war Dvaraka ein irdisches Reich, jedoch mit direkter Verbindung zu höheren Dimensionen. Nach Krishnas Abreise versank die Stadt im Ozean und war für Menschen unerreichbar und unsichtbar. Heute glauben einige Archäologen, vor der Küste Indiens (in Gujarat) versunkene Überreste entdeckt zu haben. Die Legende von Dvaraka beschwört jedoch weiterhin die Möglichkeit einer „Parallelwelt", eines Zwischenraums zwischen dem Menschlichen und dem Göttlichen.

Die Ähnlichkeit zwischen hinduistischen Vorstellungen und der Multiversum-Hypothese legt nahe, dass es sich bei den alten kosmologischen Erkenntnissen nicht nur um bloße Mythen handelt, sondern um kraftvolle Metaphern zur Beschreibung der Komplexität der Existenz. Joseph Campbell, ein berühmter Mythologieforscher, schrieb:

„Religionen sind Codes der Mysterienlehre."

Vielleicht ist die Lehre, die die heiligen Texte vermitteln wollten, nichts anderes als die heutigen Entdeckungen der Quantenphysik.

In beiden Fällen – in Everetts Theorie der multiplen Universen oder in Vishnus unendlichen kosmischen Blasen – entsteht ein Konzept der Unendlichkeit. Die Wirklichkeit ist nicht determiniert; es ist eher ein Spiel der Möglichkeiten, ein endloser kreativer Raum. Wie es in der Bhagavad Gita geschrieben steht,

„Im Traum der Schöpfung erscheint und verschwindet das gesamte Universum wie eine Spiegelung im Wasser."

Obwohl die Quantenphysik und die hinduistische Kosmologie in weit auseinanderliegenden historischen und kulturellen Kontexten entstanden sind, scheinen sie sich in einem grundlegenden Punkt einig zu sein: Die Wirklichkeit ist umfassender, geheimnisvoller und vielschichtiger als das, was wir mit unseren Sinnen wahrnehmen. Everetts Worte finden ein Echo in den alten hinduistischen Schriften und erinnern uns daran, dass das menschliche Denken, sei es durch die Wissenschaft oder die Spiritualität, schon immer versucht hat, das Unendliche zu verstehen. Die Faszination des Multiversums treibt uns dazu, diese Welten zu erforschen, ob real oder imaginär, denn, wie der Dichter Rumi sagte,

„Wenn sich ein Universum schließt, öffnet sich ein größeres."

Quantenbewusstsein und Atman: Wer beobachtet den Beobachter?

Es gibt einen Moment in der Geschichte des menschlichen Denkens, in dem Wissenschaft und Philosophie miteinander verflochten zu sein scheinen, wie Fäden in einer größeren Handlung, die das Universum und unseren Platz darin zu erklären versucht. Auf der einen Seite die Quantenphysik mit ihren ans Unglaubliche grenzenden Implikationen, auf der anderen Seite die alten Weisheitstraditionen des Ostens, insbesondere des Hinduismus. Überraschend ist nicht so sehr die Tatsache, dass eine so moderne Wissenschaft und eine so alte Philosophie in einen Dialog treten können, sondern die Art und Weise, wie sie dies tun. Der Dialog entwickelt sich aus ähnlichen Fragen, die einer tiefen gemeinsamen Intuition zu entspringen scheinen. Eine dieser Fragen, vielleicht die faszinierendste, lautet: Wer beobachtet den Beobachter?

Das Messproblem in der Quantenphysik.

Die Quantenphysik entstand Anfang des 20. Jahrhunderts als Reaktion auf die Beschränkungen der klassischen Physik. Giganten wie Max Planck und Erwin Schrödinger öffneten die Türen zu einem seltsamen und kontraintuitiven Universum, in dem die Regeln des gesunden Menschenverstands zerbröckeln. Eines der Schlüsselkonzepte, das Wissenschaftlern Rätsel aufgibt, ist das Messproblem.

Was bedeutet das? In der Quantenwelt existieren Teilchen wie Elektronen oder Photonen nicht an definierten Positionen. Stattdessen leben sie in einem Überlagerungszustand, wie Wahrscheinlichkeitswellen. Erst wenn ein „Beobachter" (jemand oder etwas, das Messungen durchführt) eingreift, zerfallen diese Wellen zu einer konkreten Realität. Dieses als „Kollaps der Wellenfunktion" bekannte Prinzip ist einer der Schlüsselbegriffe der Quantenphysik. Ungeklärt bleibt jedoch: Wer oder was verursacht den Einsturz?

Hier kommt das Problem des Bewusstseins ins Spiel. Viele Physiker und Philosophen haben sich gefragt, ob der menschliche

Geist selbst bei der Beobachtung der Welt eine Rolle bei der Schaffung der Realität spielt. Der britische Physiker und Mathematiker Roger Penrose stellte zusammen mit dem Anästhesisten Stuart Hameroff die Theorie auf, dass Bewusstsein durch Quantenprozesse in den Mikrotubuli der Gehirnzellen entstehen könnte. Wenn dies der Fall wäre, könnte die Realität, die wir kennen, aus einer tiefen, unsichtbaren Verbindung zwischen Geist und Materie entstanden sein.

Atman und „das beobachtende Selbst“: eine alte hinduistische Erkenntnis.

Während die Wissenschaft die Rolle des Beobachters in der Physik untersucht, wurde in den alten hinduistischen Schriften, insbesondere in den Upanishaden, bereits eine ähnliche Frage behandelt, allerdings aus spiritueller Sicht. Im Hinduismus repräsentiert der Begriff Atman das höchste, unveränderliche Selbst, den tiefsten Kern jedes Wesens. Atman ist nicht einfach das individuelle Bewusstsein, sondern das universelle Bewusstsein, das gemäß der Hindu-Philosophie die phänomenale Welt beobachtet und erhält.

In den Upanishaden wird diese Idee durch einen berühmten Dialog veranschaulicht.

Dies ist das Gespräch zwischen dem jungen Śvetaketu und seinem Vater Uddālaka. Dieser Dialog aus der Chāndogya Upaniṣhad (VI.12.3) führt die Metapher des Samens des Nyagrodha-Baums (Feigenbaum) ein. Uddālaka bittet seinen Sohn, einen Samen zu zerbrechen und zu beobachten, was darin ist. Als Śvetaketu antwortet, dass er im Inneren des Samens „nichts“ sehe, offenbart ihm der Vater:

> *„In dieser subtilen, unsichtbaren Essenz liegt das Prinzip, das den großen Baum trägt. Dasselbe Prinzip „Tat tvam asi“ steckt auch in dir.“*
>
> *„Tat tvam asi“ kann als „Du bist das“ übersetzt werden.*

Dieser Satz, einer der berühmtesten im Hinduismus, impliziert, dass der ultimative Beobachter, das tiefe Selbst, eins mit der ultimativen Realität ist. Es besteht eine stille Verbindung zwischen dem individuellen Bewusstsein und der kosmischen Intelligenz, die das Universum regiert. Diese Idee ist nicht weit entfernt von der Quantenfrage nach der Rolle des Beobachters bei der „Erschaffung“ der Realität.

Es ist nicht überraschend, dass einige der größten Physiker der Welt diese Parallelen faszinierend fanden. Erwin Schrödinger, Vater der Schrödinger-Gleichung und Pionier der Quantentheorie, war stark von östlichen Philosophien beeinflusst. Schrödinger war sich des hinduistischen Konzepts des Atman durchaus bewusst. tatsächlich schrieb er:

„Das Bewusstsein ist einzigartig, Pluralismus ist eine Illusion. Dies ist die alte indische Denkweise.“

Kürzlich untersuchte der Physiker und Wissenschaftskommunikator Fritjof Capra in seinem Buch „Das Tao der Physik“ die Affinitäten zwischen moderner Physik und östlichen mystischen Traditionen. Capra stellt fest, dass die Prinzipien der Quantenphysik mit ihren Wechselwirkungen und der fehlenden Trennung zwischen Beobachter und Beobachtungsobjekt eine „universelle Vision“ widerspiegeln, die jenen der antiken östlichen Philosophien ähnelt.

Wir können uns dann fragen: Ist das menschliche Bewusstsein bloß ein Epiphänomen des Gehirns, wie eine materialistische Sichtweise nahelegt, oder ist es Teil eines größeren Plans? Trotz ihrer technologischen Erfolge ist es der Quantenphysik bisher nicht gelungen, dieses Dilemma zu lösen. Die Hindu-Philosophie hingegen geht davon aus, dass das Bewusstsein – das Atman – die Wurzel allen Seins ist.

Diese beiden Ansätze haben jedoch etwas gemeinsam: Demut angesichts des Mysteriums. Ein Mysterium, das uns einlädt, nicht nur die Tiefen der Materie, sondern auch die des Geistes und der Seele zu erforschen. Vielleicht, wie der alte indische Philosoph Nagarjuna vorschlägt,

„Es gibt keine Kluft zwischen dem Wissenden und dem Gewussten. Beide drücken dieselbe intime Realität aus.“

Was wäre, wenn der Beobachter nicht nur ein neugieriger Geist wäre, sondern auch ein Funke des Universums selbst, der danach lechzt, etwas zu erfahren?

Dialog zwischen Wissenschaft und Philosophie.

Die Quantenphysik hat mit ihren revolutionären Theorien den Begriff der Realität neu definiert. Es handelt sich um eine Wissenschaft, die ihrem Wesen nach tiefgründige Fragen über die Grundlagen der Existenz stellt. Hier beginnt ein faszinierender Dialog zwischen moderner Physik und östlichen Philosophien, insbesondere dem Hinduismus.

Wir müssen uns jedoch im Klaren sein. Zwischen diesen beiden Dimensionen besteht weder eine Gleichwertigkeit noch eine Überschneidung. Wissenschaft und Philosophie operieren auf unterschiedlichen Ebenen. Die Quantenphysik erstellt Modelle auf der Grundlage mathematischer Berechnungen und experimenteller Überprüfung. Der Hinduismus hingegen reflektiert die Natur der Realität durch Meditation und Intuition. Doch was diese Disziplinen gemeinsam haben, ist eine bemerkenswerte Erkenntnis: Was wir als „real" wahrnehmen, ist bloß die Oberfläche von etwas viel Tieferem.

Vor dem 20. Jahrhundert beschrieb die klassische Physik ein stabiles, vorhersehbares Universum, in dem strenge Gesetze herrschen. Isaac Newton hatte mit der universellen Gravitation die Grundlagen einer mechanischen, deterministischen Welt gelegt: Jedes Ereignis hatte eine präzise und nachvollziehbare Ursache. Aber mit dem Aufkommen der Quantentheorie änderte sich alles.

An diesem Punkt werden die Verbindungen zum Hinduismus außergewöhnlich. Die vedischen Weisen, Autoren der Upanishaden, hatten bereits über die Vergänglichkeit der wahrnehmbaren Welt nachgedacht. Gemäß der hinduistischen Philosophie ist das, was wir sehen und berühren, Maya, eine Illusion, ein Schatten der wahren Realität darunter. Das greifbare Universum, der Makrokosmos und der Mikrokosmos, verbergen eine ultimative Essenz, Brahman, das Absolute, Ewige und Unteilbare.

Eine Parallele ergibt sich in der Quantenphysik. Auch hier verbirgt die betrachtete Welt tiefere Ebenen, in denen sich materielle Objekte in ein Geflecht aus Wahrscheinlichkeiten, Beziehungen und Zusammenhängen auflösen. Das Phänomen der Quantenverschränkung etwa führte zu Vergleichen mit der zentralen Idee der vedischen Philosophie, nämlich einem untrennbar miteinander verbundenen Universum.

Es muss jedoch betont werden, dass Physik keine Philosophie ist. Wissenschaftler nutzen mathematische Werkzeuge und technologische Tests, um die physikalische Welt zu erforschen. Die Weisen des Hinduismus hingegen suchten Antworten durch Selbstbeobachtung. Doch die allgemeine Intuition ist faszinierend: Die gewöhnliche Welt, die wir wahrnehmen, ist möglicherweise nur eine oberflächliche Manifestation von etwas Tieferem und Unteilbarem.

Große Denker zwischen Wissenschaft und Philosophie.

Einige Protagonisten der Quantenrevolution suchten im Dialog mit östlichen Traditionen nach Sinn. Robert Oppenheimer, ein berühmter Atomphysiker, wurde tief durch die Lektüre der Bhagavad Gita beeinflusst, einem der grundlegenden Werke des Hinduismus. Während des ersten Atombombentests, der am 16. Juli 1945 in der Wüste von New Mexico stattfand, äußerte Oppenheimer einen Satz aus der Gita:

„Jetzt bin ich der Tod geworden, der Zerstörer der Welten."

Bei diesem Verweis handelte es sich nicht einfach um ein Zitat, sondern um eine Reflexion über die verheerenden Auswirkungen von Wissen, das auf die reale Welt angewandt wird.

Ein weiteres Beispiel ist Fritjof Capra, ein österreichischer Physiker und Schriftsteller, der in seinem Buch „Das Tao der Physik" die Parallelen zwischen dem modernen wissenschaftlichen Denken und der östlichen Spiritualität untersuchte und meinte, dass beide ein zutiefst einheitliches und miteinander verbundenes Weltbild teilen. Capra betonte jedoch, dass es ihm nicht darum gehe, die unterschiedlichen Fachgebiete miteinander zu vermischen, sondern dass er sich vielmehr von den jeweiligen Sprachen des jeweils anderen inspirieren lassen wolle.

Ein gemeinsamer Reflexionspunkt zwischen Quantenphysik und Hinduismus ist die inhärente Grenze der menschlichen Wahrnehmung. Der Physiker Niels Bohr, einer der Väter der Quantentheorie, behauptete, dass physikalische Modelle niemals die Realität darstellen, sondern lediglich die Art und Weise, wie wir sie beobachten. In ähnlicher Weise geht die Hindu-Philosophie davon aus, dass der gewöhnliche Mensch, gefangen im Reich der Maya, nicht in der Lage ist, das Absolute zu erkennen, bis er Erleuchtung erlangt.

Während Physiker die Natur mit immer ausgefeilteren Instrumenten erforschen, lehrten hinduistische Weise, dass Bewusstsein das wichtigste Werkzeug ist, um zur ultimativen Wahrheit zu gelangen. Es handelt sich also um zwei unterschiedliche Wege, doch beide erinnern uns daran, wie begrenzt unser Wissen ist und wie groß das Geheimnis des Universums ist.

Die Quantenphysik und der Hinduismus bieten Visionen der Welt, die zwar von unterschiedlichen Annahmen ausgehen, in ihren Fragen jedoch eine merkwürdige Affinität aufweisen. Dabei handelt es sich weder um die Bestätigung der Religion durch die Wissenschaft noch um die Vorwegnahme moderner Modelle durch alte Weisheit. Der Dialog zwischen diesen Disziplinen stellt für Wissenschaftler und Philosophen eine Gelegenheit zur gegenseitigen Inspiration dar. Vielleicht können wir, wie der große amerikanische Astrophysiker Carl Sagan meinte, durch die Erforschung des Universums mit einem Blick auf die Sterne oder in unser tiefstes Innerstes Folgendes verstehen:

„Wir sind die Art und Weise, wie der Kosmos sich selbst erkennt."

Die Quantenphysik lädt uns dazu ein, unser Verständnis der Wirklichkeit zu überdenken und die starren Kategorien von Raum, Zeit und Kausalität aufzulösen. Die Hindu-Philosophie mit ihrer uralten Weisheit war auf ganz anderen Wegen bereits zu einer ähnlichen Schlussfolgerung gelangt. Anstatt eine einzige, absolute Wahrheit zu identifizieren, laden uns Wissenschaftler und Philosophen ein, über das innere Mysterium des Universums nachzudenken. Vielleicht ist es gerade das Mysterium, das uns alle im tiefsten Inneren vereint, in der Wissenschaft wie in der Spiritualität.

Kapitel II. Hinduismus, Philosophie und Spiritualität.

Ursprünge und historische Entwicklung des Hinduismus.

Der Hinduismus ist eine der ältesten spirituellen und philosophischen Traditionen der Welt. Mit Wurzeln, die über 4.000 Jahre zurückreichen, ist der Hinduismus viel mehr als nur eine Religion.

Es handelt sich um ein komplexes System aus Glaubensvorstellungen, Bräuchen, Geschichten und Mythen, das sich im Laufe der Jahrtausende fortschreitend weiterentwickelt hat. Spuren seiner Ursprünge finden sich in den heiligen Texten, den Veden, wahren Meilensteinen der indischen Spiritualität. Diese Texte gewähren nicht nur einen Einblick in frühe rituelle Praktiken, sondern vermitteln auch eine Vision des Kosmos, die den Menschen von heute noch anspricht.

Die Veden: Die Ursprünge der hinduistischen Spiritualität.

Die Veden sind der Schlüssel zum Verständnis des historischen Kontexts des frühen Hinduismus. Die Veden wurden etwa 1500 Jahre vor Christus in Sanskrit verfasst.

Diese Texte stellen eines der ältesten literarischen Zeugnisse der Menschheit dar. Der Begriff „Veda“ bedeutet „Wissen“ oder „Erkenntnis“. Diese Texte wurden mittels komplexer Mnemotechnik mündlich vom Meister an den Schüler weitergegeben, und man geht davon aus, dass sie jahrhundertelang unverändert blieben, bevor sie niedergeschrieben wurden.

Der Rigveda ist der älteste der vier Veden. Es handelt sich um eine Sammlung von Hymnen, die Naturgottheiten wie Agni (dem Gott des Feuers) und Indra (dem Gott des Regens und des Krieges) gewidmet sind. Die Hymnen zeugen von der starken Verbundenheit des vedischen Volkes mit der Natur und den kosmischen Kräften. Eine interessante Intuition lässt sich bereits in diesen Texten finden: Das Universum wird als harmonisches Ganzes wahrgenommen. Dieses Konzept, das in den folgenden Jahrhunderten weiterentwickelt wird, schlägt eine spirituelle Brücke zwischen der alten vedischen

Vorstellung und modernen wissenschaftlichen Überlegungen, etwa zur Quantenphysik.

Die Upanishaden: der Übergang vom Ritual zur Philosophie.

Etwa im 6. Jahrhundert v. Chr. kam es zu einem bedeutenden Wandel, der die spirituelle Landschaft Indiens neu definierte. Während die Veden Rituale als Mittel zur Aufrechterhaltung der kosmischen Ordnung betonten, führten die Upanishaden, eine spätere Textreihe, eine eher philosophische und kontemplative Dimension ein. In diesen Texten verschiebt sich der Fokus vom Äußeren (den Riten, den Opfern) nach innen: Die Selbsterkenntnis wird zum Mittelpunkt der spirituellen Forschung.

Die Upanishaden sind auch als Vedānta bekannt, was „Ende der Veden" bedeutet. Es überrascht nicht, dass sie den Höhepunkt vedischen Denkens darstellen. Zu den Schlüsselkonzepten der Upanishaden zählen Brahman und Atman. Brahman ist das universelle Prinzip, die ultimative Realität, aus der alles hervorgeht und zu der alles zurückkehrt. Der Ātman hingegen ist das innere Selbst, der göttliche Funke, der in jedem Menschen vorhanden ist. Die berühmte Aussage „Tat Tvam Asi" (Du bist das) aus der Chandogya Upanishad bringt diese Vision auf den Punkt: Das Individuum und der Kosmos sind nicht getrennt, sondern zutiefst vereint.

Historische Wendungen und große Essays.

Im Gegensatz zu anderen religiösen Traditionen ist der Hinduismus nicht das Produkt eines einzelnen Gründers. Es ist das Ergebnis einer kulturellen und spirituellen Entwicklung, an der im Laufe der Jahrhunderte viele Zivilisationen und Persönlichkeiten beteiligt waren. Ein entscheidender Aspekt dieser Tradition ist das inklusive Kriterium, mit dem sie äußere Einflüsse aufgenommen hat, ohne dabei ihre eigene Identität zu verlieren.

Zu den großen Weisen, die das hinduistische Gedankengut interpretierten und förderten, zählt Yajnavalkya. Er war eine zentrale Figur bei der Entwicklung der in den Upanishaden enthaltenen Ideen. Einer berühmten Anekdote aus der Brihadaranyaka Upanishad zufolge war Yajnavalkya in einen philosophischen Disput verwickelt, in dem er die Vision des Atman als etwas zum Ausdruck brachte, das den Tod überlebt und gleichzeitig alle Dualität transzendiert. Dieser

Ansatz war revolutionär, da er den Schwerpunkt von externen Praktiken auf tiefe Reflexion verlagerte.

Die Verbindung mit der heutigen Welt.

Die Ursprünge und die Entwicklung der Hindu-Philosophie sind nicht nur eine Frage der Vergangenheit; Sie bieten auch interessante Einblicke in die Gegenwart. In einer Zeit, in der uns die Quantenphysik dazu einlädt, die Realität als ein vernetztes Mosaik aus Energie und Potenzial zu begreifen, erscheint die außergewöhnliche hinduistische Einsicht in die Verbindung zwischen Mikrokosmos und Makrokosmos außerordentlich zeitgemäß. Inwieweit uns die Ideen von Brahman und Atman an Konzepte wie Verschränkung und die fundamentale Einheit von Teilchen erinnern, ist immer noch Gegenstand von Untersuchungen und Diskussionen.

Orte wie Benares (heute Varanasi), die als „ewige Stadt der Götter“ gilt, halten die Erinnerung an die Ursprünge des Hinduismus lebendig. An den Ufern des Ganges, eines im Hinduismus heiligen Flusses, liegt die perfekte Synthese zwischen Antike und Moderne. An diesen Orten findet die Philosophie der heiligen Texte eine konkrete Dimension in der täglichen Spiritualität von Millionen Gläubigen.

Zusammenfassend lässt sich sagen, dass das Eintauchen in die historischen Ursprünge des Hinduismus bedeutet, mit einem der faszinierendsten Schlüssel zum Verständnis der Realität in Berührung zu kommen. Von den Veden bis zu den Upanishaden ist die alte indische Weisheit auch heute noch gültig – nicht als Relikt der Vergangenheit, sondern als wirkungsvolle Linse zum Verständnis unserer Zeit und vielleicht auch unseres Platzes im Universum.

Hinduismus: eine Weisheit, die Jahrtausende überdauert.

Wenn wir über Hinduismus sprechen, betreten wir ein uraltes und komplexes Universum. Es ist die älteste lebende Religion der Welt. Seine Wurzeln reichen über dreitausend Jahre zurück und sind eng mit der Geschichte des Industals und der arischen Zivilisationen verknüpft. Diese lange Reise hat eine vielschichtige Tradition hervorgebracht, die sich nicht auf die Religion beschränkt, sondern sich auf Philosophie, Kunst und das tägliche Leben von Millionen Menschen erstreckt.

Der Hinduismus hat weder einen bestimmten Gründer noch einen klar definierten Geburtszeitpunkt. Sein Wesen formte sich nach und nach heraus, im Laufe der Jahrhunderte sammelten sich mehrere Bedeutungsschichten und heilige Texte an. Diese Dynamik macht es einzigartig. Es handelt sich nicht um eine monolithische Religion, sondern vielmehr um eine kontinuierliche Verflechtung von Praktiken, Glaubensrichtungen und Weltanschauungen. Seine Stärke liegt gerade in seiner Fähigkeit, sich weiterzuentwickeln und Ideen aufzunehmen, ohne den Kern zu verlieren.

Die philosophischen Wurzeln des Hinduismus liegen in den Veden, den ältesten bekannten Texten der hinduistischen Tradition.

Die Veden wurden während der vedischen Periode (ca. 1500–500 v. Chr.) verfasst und bestehen aus vier Sammlungen von Hymnen und heiligen Formeln: Rigveda, Yajurveda, Samaveda und Atharvaveda. Die Veden gelten als göttlich inspiriert und bilden die Grundlage aller vedischen Traditionen. Sie enthalten Hymnen an die Götter, feierliche Rituale und Anweisungen zur Aufrechterhaltung der Harmonie zwischen der menschlichen und der kosmischen Welt.

Ein besonders faszinierendes Beispiel findet sich im Rigveda, wo auch der berühmte „Hymnus der Schöpfung“ (Nasadiya Sukta) enthalten ist. Darin finden wir eine schöne und mehrdeutige Reflexion über den Ursprung des Universums:

> *„Woher kommt diese Schöpfung? Weiß der Gott da oben es? Oder nicht?“*

Eine tiefgründige Frage, die mit modernen Fragen der Quantenphysik in Einklang zu stehen scheint.

Am Ursprung des Ewigen: Die Geburt der Veden und die Morgendämmerung der indischen Philosophie.

Der Hinduismus gilt als die älteste Religion der Welt. Doch der Begriff „Hinduismus“ selbst ist eine moderne Bezeichnung, die ein komplexes Geflecht von Glaubensvorstellungen, Praktiken, heiligen Texten und philosophischen Traditionen umfasst, die sich im Laufe der Jahrtausende entwickelt haben. Um die Wurzeln dieses immensen spirituellen Erbes zu verstehen, müssen wir in der Zeit zwischen 1500 und 500 v. Chr. zurückgehen, in das vedische Indien, ein mythisches und außergewöhnliches Zeitalter, in dem wir die Entstehung der Veden erleben, die Grundlagen des Hinduismus und eines der ersten schriftlichen Zeugnisse menschlichen Denkens.

Die vedische Zivilisation blühte in der Region des indischen Subkontinents, an den Ufern des Sarasvati und des Ganges. Bei dieser Bevölkerung handelte es sich um eine nomadische Hirtengesellschaft, die an die Zyklen der Natur gebunden war. Ihr Volk, die Arya (ein Begriff, der „edel“ bedeutet), hinterließ als Erbe eine Sammlung heiliger Texte, die als die Veden bekannt sind. Dieses Wort leitet sich vom Sanskrit-Wort „vid“ ab, was „Wissen“ bedeutet. Die Veden sind nicht einfach nur religiöse Dokumente: Sie sind Poesie, Kosmologie, Ethik, Philosophie und praktische Anleitung für das Leben. In Liedern und Hymnen besingen sie die Beziehung des menschlichen Mikrokosmos zum Makrokosmos des Universums.

Unter den vier Veden – Rigveda, Samaveda, Yajurveda und Atharvaveda – nimmt der Rigveda als ältester und wichtigster Veden einen ehrenvollen Platz ein. Der Rigveda stammt aus der Zeit zwischen 1500 und 1200 v. Chr. und enthält über tausend Hymnen, die in einer strengen, von Symbolik durchdrungenen Sprache verfasst sind und himmlische Gottheiten wie Agni (den Gott des Feuers) und Indra (den Gott des Krieges und des Regens) preisen. Diese Hymnen öffnen sich der vedischen Welt und sind geprägt von einem tiefen Sinn für das Heilige, der jeden Aspekt des Lebens durchdringt.

„Rta“ bedeutet Ordnung, Harmonie.

Der Kern der vedischen Philosophie liegt im Konzept von „Rta“, einem Wort, das „Ordnung“, „Wahrheit“ oder „Harmonie“ bedeutet. Ṛta stellt das universelle Prinzip dar, das sowohl den Kosmos als auch das menschliche Handeln regelt. Dieser Ansicht zufolge geht die Sonne jeden Tag auf, ändern sich die Jahreszeiten und fließen die Wasser dank der heiligen Ordnung von Rta. Aber Rta ist nicht nur das Gesetz des Universums: Es ist eine ethische Dimension. Um in Harmonie zu leben, müssen Menschen dieses Gesetz durch Respekt vor Dharma (moralische Pflicht) und heilige Rituale befolgen..

Dieses Ordnungsgefühl wird nicht von einer kapriziösen Gottheit auferlegt, sondern ist in die Struktur der Realität selbst eingewoben. Es handelt sich um eine Vision, die in vielerlei Hinsicht die Prinzipien der Verbundenheit aller Dinge vorwegnimmt, die einige moderne Interpretationen der Quantenphysik charakterisieren.

„Rṣi“: die von der Natur inspirierten Seher.

Wer waren die Autoren der Veden? Sie waren keine einfachen Dichter oder Priester. Die Veden wurden von als Rṣis bekannten Gestalten verfasst, Weisen, die als „Seher“ galten und in der Lage waren, die im gesamten Kosmos offenbarten ewigen Wahrheiten wahrzunehmen und zu hören (śruti). Ihre Visionen waren von der Natur inspiriert: der unendliche Horizont des Himmels, das Knistern des Feuers, das Fließen der Flüsse. Metaphorisch ausgedrückt glaubte man, diese Weisen hätten nichts erfunden, sondern die Veden direkt von göttlichen Kräften empfangen.

Viele Geschichten in der vedischen Tradition erzählen von erleuchteten Weisen, die in tiefer Meditation in den Wäldern lebten, an Orten, die als heilig galten und mit spiritueller Energie erfüllt waren. Einer dieser Rṣis, der legendäre Vasistha, ist mit dem Konzept des heiligen Feuers (yajña) und der Meditation verbunden und wird für seine Hingabe an Rta gefeiert.

„Yajña“: das heilige Feuer als Verbindung zwischen Mensch und Universum,

Das grundlegende Ritual der vedischen Zivilisation ist das „Yajña“, ein komplexes Feueropfer mit einer präzisen spirituellen und sozialen Bedeutung. In der vedischen Vorstellung ist Feuer nicht nur ein natürliches Element, sondern auch ein Vermittler zwischen Erde und Himmel, zwischen Menschen und Gottheiten. Während des Yajna wurden den Flammen Milch, geklärte Butter (Ghee), Getreide und andere Gaben dargeboten, während man vedische Hymnen rezitierte, im Wissen, dass man damit den Gottheiten eine himmlische Botschaft schickte.

Das Yajna war keine individuelle, sondern eine kollektive Tat. Es brachte die gesamte Gemeinschaft in einem gemeinsamen Geist der Zusammenarbeit zusammen, geprägt von dem Glauben, dass Opfer durch die Kraft von Rta die Harmonie des Kosmos aufrechterhalten. Es war eine Zeit, in der sich der Einzelne als integrierter Teil eines größeren universellen Plans wahrnahm.

Die Hymne der Schöpfung: Das Geheimnis der Entstehung des Universums.

Eine der berühmtesten Passagen des Rigveda ist der Hymnus der Schöpfung (Nasadiya Sukta), eine rätselhafte Komposition, die mit unglaublicher philosophischer Tiefe den Ursprung des Universums hinterfragt. Die Hymne lautet:

> *„Gab es Sein oder Nichtsein? Nur Er weiß es, oder vielleicht nicht einmal Er."*

Diese außergewöhnliche Frage, die sich nicht auf Gewissheit, sondern auf ein Mysterium bezieht, fasziniert Philosophen seit Jahrhunderten. Die Idee, dass das Universum entweder aus allem oder aus dem Nichts entstanden sein könnte, erinnert an einige Schlüsselkonzepte der modernen Quantenphysik, etwa an das Quantenvakuum, das nie wirklich „leer" ist, sondern voller Möglichkeiten steckt.

Das vedische Indien war die Wiege eines Gedankens, der das Heilige nicht vom alltäglichen Leben trennt: Die Natur ist göttlich, die kosmische Ordnung ist ethisch und der Mensch ist Teil eines großen Ganzen. Die Veden und insbesondere der Rigveda sind nicht nur ein Ausgangspunkt des Hinduismus: Sie sind ein universelles Zeugnis dafür, wie die Menschheit über die grundlegenden Fragen der Existenz nachgedacht hat.

Dieses uralte Wissen, das jahrhundertelang mündlich weitergegeben wurde, bevor es niedergeschrieben wurde, ist noch immer eine Inspirationsquelle. Die Betrachtung der Veden bedeutet, nicht nur in die indische Geschichte einzutauchen, sondern auch in ein kulturelles und philosophisches Erbe, das die Entwicklung vieler östlicher spiritueller Traditionen beeinflusst hat. Und selbst heute, inmitten der Mysterien subatomarer Teilchen und Fragen zur Natur des Kosmos, scheinen die vedischen Verse noch immer geheimnisvoll und modern zu flüstern: „Er allein weiß es, oder vielleicht nicht einmal Er."

Die Upanishaden, die tiefsten spirituellen und philosophischen Dimensionen.

Im Laufe der Zeit verlagerte sich die religiöse Reflexion von gemeinschaftlichen Ritualen hin zu einer eher introspektiven und philosophischen Perspektive. So entstanden die Upanishaden, die zwischen 700 und 300 v. Chr. verfassten Texte, die einen außergewöhnlichen Wendepunkt im Hinduismus markieren. Die Upanishaden geben den rituellen Aspekt der Veden zunehmend auf, um die tieferen spirituellen und philosophischen Dimensionen zu erforschen.

In einer der berühmtesten Upanishaden, der Chandogya Upanishad, finden wir den Satz: „Tat Tvam Asi“ (Du bist das). Dieser Ausdruck fasst die Idee zusammen, dass die individuelle Seele (Atman) nichts anderes als eine Manifestation der universellen Realität (Brahman) ist. Ein Prinzip, das auf symbolische Weise die Konzepte der Verbundenheit und Einzigartigkeit vorwegzunehmen scheint, die in der modernen Physik aufkommen.

Parallel zu den Veden und den Upanishaden entstanden zwei gigantische epische Gedichte: das Mahabharata und das Ramayana. Diese Texte wurden zwischen dem 4. Jahrhundert v. Chr. verfasst. und das 3. Jahrhundert n. Chr. Diese Texte vermischen Mythologie, Philosophie und ethische Lehren. Das Mahabharata ist mit über 100.000 Versen das längste epische Gedicht der menschlichen Literatur. Darin finden wir die Bhagavad Gita, einen der am meisten verehrten Texte des Hinduismus.

Die Gita ist ein Gespräch zwischen Prinz Arjuna und dem Gott Krishna, in dem spirituelle, moralische und philosophische Fragen angesprochen werden. Krishna lehrt, dass die Pflicht (Dharma) ohne Bindung an die Ergebnisse erfüllt werden sollte. Eine Lektion, die auch heute noch nicht nur Anhänger, sondern auch moderne Denker und Führer wie Mohandas Gandhi inspiriert, der die Bhagavad Gita definierte:

„mein Leuchtturm in dunklen Zeiten.“

Chronologie und Orte des Hinduismus.

Geografisch und historisch hat der Hinduismus auf dem Gebiet des heutigen indischen Subkontinents Wurzeln geschlagen. Heilige Orte wie Varanasi (die Stadt an den Ufern des Ganges, die als spirituelles Zentrum des Universums gilt) sind für Anhänger des Hinduismus noch immer von Bedeutung. Einer alten Überlieferung zufolge wurde Varanasi vom Gott Shiva gegründet, einem der Hauptgötter der Hindu-Tradition. Hier beten die Menschen nicht nur, sondern denken auch über die Vergänglichkeit des Lebens nach, indem sie Feuerbestattungen am Ufer des Ganges beobachten.

Die Gupta-Zeit (ca. 320–550 n. Chr.) spielte auch eine entscheidende Rolle in der Entwicklung des Hinduismus als vollständiges Kultursystem. In dieser Zeit wurden viele Tempel gebaut, die die Verbindung zwischen Glauben, Kunst und Architektur stärkten. Der später erbaute Khajuraho-Tempel (9.-10. Jahrhundert n. Chr.) veranschaulicht mit seinen Skulpturen ein einzigartiges Verständnis von Spiritualität, bei dem das Göttliche in einem symbolischen und raffinierten Spiel mit dem irdischen Leben verflochten wird.

Der Hinduismus ist nicht nur eine Religion, sondern ein Spiegel, der die Geschichte und Kultur einer alten Zivilisation widerspiegelt. Seine Fähigkeit, Rituale, Philosophie und eine spirituelle Vision des Universums zu verbinden, hat es zu einem Leuchtturm für viele Gelehrte, Reisende und Denker gemacht. In einer Welt, in der Moderne oft mit der Vergangenheit kollidiert, zeigt der Hinduismus, dass es möglich ist, Tradition und Innovation zu verbinden.

Die Wiederentdeckung seiner Ursprünge ist nicht nur eine Reise durch die Geschichte, sondern auch eine Gelegenheit, über die großen Fragen nachzudenken, die die Menschheit noch immer faszinieren: Wer sind wir? Was ist Realität? Können wir die Gesetze, die das Universum regieren, wirklich verstehen? Diese Fragen, die aus den Veden stammen und in den Upanishaden eingehend untersucht wurden, sind dieselben, die heute eine neue Ära des Dialogs zwischen östlicher Philosophie und Wissenschaft antreiben.

Brahmanismus und die Suche nach dem Absoluten.

In der Entwicklung des Hinduismus markiert der Übergang von der vedischen rituellen Religiosität zum philosophischen Denken des Brahmanismus einen der bedeutendsten Wendepunkte der indischen Spiritualität. Dieser Prozess, der sich zwischen den Texten der Brahmanen und der Aranyakas (8.-6. Jahrhundert v. Chr.) entwickelte, sah eine fortschreitende Überwindung des rituellen Materialismus zugunsten einer tieferen Reflexion über die Bedeutung der Realität und die Existenz des Menschen. Der zentrale Begriff dieses Wendepunkts ist Brahman, das absolute und unteilbare Prinzip, das sich als Kern der indischen metaphysischen Spekulation behauptet.

In der vedischen Phase war die Religiosität in einem komplexen System von Ritualen (yajña) verankert, deren Ziel die Bewahrung der kosmischen Ordnung (Rta) und die Sicherung des Wohlstands des Clans war. Priester (Brahmanen) führten aufwendige Opfer durch, weil sie glaubten, dass diese Praktiken die Macht hätten, das Universum zu beeinflussen. Doch mit der Zeit begannen die Grenzen dieser rituellen Religion zu zeigen. Die Bemühungen verlagerten sich dann von der Form auf die Bedeutung: Die Frage war nicht mehr, wie das Ritual durchgeführt werden sollte, sondern warum das Ritual funktionieren kann.

Dieser Wandel spiegelt sich in den Texten der Brahmanen wider. Hier beginnen Priester, nach inneren Verbindungen zwischen Mensch, Universum und Ritualen zu suchen. Der Ritus hat eine symbolische Bedeutung: Er stellt einen Mikrokosmos der Realität dar. Die tiefgründigsten Spekulationen finden sich jedoch in den Waldtexten (Aranyakas), wo die Suche persönlicher und mystischer wird. In diesen Texten werden asketische Praktiken und die Isolation in der Stille der Natur zum Mittel, um Zugang zu einer höheren Dimension des Wissens zu erhalten.

Der Begriff Brahman entstand als Antwort auf die grundlegenden Fragen, die in der vedischen Gesellschaft aufkamen: Was ist die ultimative Realität? Was ist das Prinzip, das alles Existierende vereint? Bei den Brahmanen ist Brahman noch immer an das Ritual gebunden, an die unsichtbare Kraft, die es wirksam macht. Doch in den Aranyakas und den frühen Upanishaden emanzipiert sich Brahman aus diesem Kontext und wird zu einer absoluten, unendlichen und unteilbaren Realität.

Der Mystiker Yājñavalkya, einer der zentralen Philosophen der Brihadaranyaka Upanishad (datiert um 700 v. Chr.), bietet ein aufschlussreiches Beispiel. Yājñavalkya diskutiert mit seinen Schülern und seiner eigenen Frau Maitreyi und erforscht die Bedeutung von Brahman. In einem denkwürdigen Dialog erklärt er:

„Alles, was wertvoll ist, ist nicht für sich selbst wertvoll, sondern für den Atman."

Hier führt Yājñavalkya eine entscheidende Verbindung zwischen Atman (dem tiefen Selbst des Individuums) und Brahman ein. Dieser Zusammenhang offenbart eine universelle Wahrheit: Die menschliche Seele ist nicht vom Absoluten getrennt, sondern selbst ein Teil davon.

Der Wald als Ort der Transformation.

Ein zentrales symbolisches Element für den Aufstieg des Brahmanismus wird durch Aranya, den Wald, repräsentiert. In einem zunehmend geschichteten und urbanisierten Indien wird der Wald zum Ort der inneren Suche. Die Waldriten der Aranyakas markieren eine Loslösung von der materiellen Welt, vom sozialen Chaos und ritueller Starrheit. Einsamkeit fördert die Selbstbeobachtung und Stille führt zu einem besseren Verständnis von Brahman.

Die Askese, die bereits in der vedischen Zeit ihre Wurzeln hatte, erhält in dieser Phase eine neue Dimension. Die Weisen (Rishis) beginnen, Meditations- und Atemkontrolltechniken zu praktizieren, um Zustände höheren Bewusstseins zu erreichen. Dieser intuitive und mystische Ansatz verschmilzt mit frühen philosophischen Überlegungen und beginnt einen fruchtbaren Dialog zwischen Meditation und spekulativer Logik.

Ein bedeutendes Beispiel ist der Ehrwürdige Uddālaka Aruni, ein weiterer Meister der Upanishaden. Im berühmten Dialog mit seinem Sohn Śvetaketu erklärt Uddālaka das Konzept von Brahman mit einem poetischen Bild:

> *„Wie man beim Betrachten des Feigensamens den Feigenbaum nicht sehen kann, so entsteht aus dem (scheinbar leeren) Ganzen das einzigartige und allgegenwärtige Wesen."*

Diese Lehre betont den unbeschreiblichen Charakter Brahmans.

Die Erkenntnisse der Brahmanen und Aranyakas blieben nicht auf eine ferne Vergangenheit beschränkt, sondern legten den Grundstein für einen Großteil der indischen Philosophie und Spiritualität. Die im Laufe der Zeit verfeinerten und erweiterten Konzepte von Brahman und Atman beeinflussten weiterhin Denkschulen wie Advaita Vedanta, das die absolute Identität des Selbst und des Absoluten verkündet.

Auch heute noch durchdringt der Brahman-Gedanke die indische Spiritualität. Die Idee, dass es eine einheitliche Realität gibt, die für das Auge unsichtbar, aber für Geist und Herz wahrnehmbar ist, inspiriert weiterhin nicht nur Mystiker und Philosophen, sondern auch Wissenschaftler und Denker, die nach Verbindungen zwischen dem sichtbaren und dem unsichtbaren Universum suchen.

Der Brahmanismus stellt einen entscheidenden Moment in der Geschichte des Hinduismus dar. Es war der Übergang von rituellen Handlungen zur philosophischen und mystischen Meditation. Dieser

Wandel prägte nicht nur die indische Spiritualität, sondern hinterließ auch ein bleibendes Erbe, das noch heute von jenen erforscht wird, die das Mysterium der Existenz verstehen wollen. Wie Yājñavalkya sagte:

„Wer Brahman erkennt, wird zum Brahman selbst.“

Dies ist eine fortlaufende Forschung zwischen Mythos und Philosophie.

Die Upanishaden, der Höhepunkt des vedischen Denkens.

Die Upanishaden, der Kern der vedischen und hinduistischen Philosophie, stellen einen der Eckpfeiler des spirituellen Denkens der Menschheit dar. Ihr Name, der wörtlich „nebeneinander sitzen“ bedeutet, ruft das Bild eines Schülers neben seinem Meister hervor, der bereit ist, tiefgründige und aufschlussreiche Lehren zu empfangen. Diese Texte wurden zwischen dem 8. und 4. Jahrhundert v. Chr., in einer Zeit großer spiritueller Veränderungen in Indien, verfasst und markieren den entscheidenden Übergang von einer rituellen Religion, die auf vedischen Opfern beruht, zu einer Philosophie der Introspektion und universellen Forschung.

Eine der eindrucksvollsten Anekdoten der Upanishaden stammt aus der Chandogya Upanishad, in der ein Meister, Uddalaka Aruni, seinem Sohn Svetaketu die Bedeutung der Identität zwischen Atman und Brahman lehrt. Uddalaka fordert seinen Sohn auf, etwas Salz in einem Gefäß mit Wasser aufzulösen und es dann zu trinken. Svetaketu kann das Salz nicht sehen, aber er kann es deutlich schmecken. Der Meister erklärt dann:

„Ebenso durchdringt Brahman alles, was existiert. Auch wenn er unsichtbar ist, ist seine Präsenz überall spürbar.“

Dieses einfache und doch tiefgründige Beispiel hat die Jahrtausende überdauert und Generationen von Denkern und Geistlichen geleitet.

Die Upanishaden sind mehr als nur religiöse Texte: Sie sind philosophische Abhandlungen, die sich mit universellen Themen befassen. Die Herangehensweise der Upanishaden an den Kosmos, die Natur und die menschliche Verfassung macht sie unglaublich modern. Sie bieten keine Dogmen, sondern laden zum Nachdenken und Experimentieren ein. „Wer bin ich?“ ist die zentrale Frage, die sich durch alle ihre Seiten zieht, eine Frage, die sich Philosophen aller Zeiten gestellt haben.

In der Isha Upanishad finden wir die paradoxe Aussage, dass Brahman „kleiner als das Kleinste und größer als das Größte" sei. Dieses Konzept treibt den Menschen dazu an, seine geistigen Grenzen zu überschreiten, um die unendliche Realität zu erfassen. Das Oszillieren zwischen der immanenten Sicht (dem Göttlichen in der Welt) und der transzendenten Sicht (dem Göttlichen jenseits der Welt) macht diese Texte besonders ideenreich.

Die Upanishaden haben die indische und weltweite Kultur und Spiritualität tiefgreifend beeinflusst. Sie inspirierten philosophische Systeme wie Vedanta, das direkt auf ihren Überlegungen und internen Dialogen mit anderen religiösen Traditionen basiert. Als der deutsche Philosoph Arthur Schopenhauer im 19. Jahrhundert die Upanishaden entdeckte, nannte er sie „den Trost meines Lebens" und betrachtete sie als einen der Höhepunkte des menschlichen Denkens.

Die Upanishaden legen nicht nur die Grundlagen der hinduistischen Spiritualität, sondern befassen sich auch weiterhin mit zeitgenössischen Themen. Ihre Überlegungen zur Natur des Universums und der Beziehung zwischen dem Individuum und dem Kosmos wurden mit Theorien der modernen Physik, etwa der Quantenmechanik, verknüpft. Die Idee, dass die Wirklichkeit miteinander verbunden und scheinbar widersprüchlich ist – beispielsweise die scheinbare Dualität von Welle und Teilchen – erinnert stark an die in diesen alten Texten dargelegten Konzepte.

In einer Zeit wie der unseren, in der viele den Sinn der Existenz hinterfragen, laden uns die Upanishaden ein, in uns selbst zu blicken, und erinnern uns daran, dass „Du das bist". Die Erkenntnisse dieser vor Jahrtausenden entstandenen Texte sind nach wie vor lebendig und relevant und zeigen, dass echte Weisheit weder Zeit noch Grenzen kennt.

Von Riten zu Mantras: Wie sich die Spiritualität in den Upanishaden entwickelt.

In der intellektuellen und spirituellen Revolution, die die Upanishaden darstellen, weichen Gebete und Rituale der Meditation und der direkten Erkenntnis des Selbst (ātman). Dieser Absatz zeigt, wie diese „geheimen Schriften" die vedische religiöse Erfahrung neu formulierten und große Themen wie Samsara (Kreislauf der Wiedergeburt), Karma (Gesetz der Handlung) und Moksha (Befreiung) einführten.

Der Hinduismus hat seine Wurzeln in den Veden, den ältesten heiligen Texten. In dieser vedischen Phase (ca. 1500–800 v. Chr.) basierte die Religion auf vedischen Ritualen. Durch komplexe Opfer versuchten die Brahmanen, die kosmische Ordnung (Ṛta) aufrechtzuerhalten und göttliche Gunst zu erlangen. Später (um 800 v. Chr.) veränderte jedoch eine spirituelle und intellektuelle Revolution das religiöse Erlebnis grundlegend. Die Upanishaden, die „geheimen Schriften", leiteten eine neue Phase ein: Die innere Suche ersetzte die zentrale Bedeutung äußerer Riten.

Die Upanishaden verlagerten den Schwerpunkt vom Gebet und Opfer hin zur Meditation und Selbstbeobachtung. Im Zentrum dieser Veränderung steht der Ātman, das individuelle Selbst. Durch die direkte Kenntnis dieses inneren Prinzips entdeckt man eine grundlegende Wahrheit: Das Atman ist nicht vom Universum getrennt, sondern identisch mit Brahman, dem Absoluten.

Die großen Fragen der Existenz werden in den Upanishaden beantwortet. Das Konzept von Samsara, dem endlosen Kreislauf von Geburt, Tod und Wiedergeburt, wird vorgestellt. Dieser Kreislauf wird vom Karma bestimmt, dem Gesetz, nach dem jede Handlung eine moralische Konsequenz hat, die das Schicksal der Seele in zukünftigen Leben bestimmt. Das ultimative Ziel des Lebens besteht jedoch nicht darin, im Samsara gefangen zu bleiben, sondern Moksha, die Befreiung, zu erlangen. Dieser Zustand transzendiert Leiden und Illusion und führt zur vollständigen Vereinigung mit Brahman.

Vor den Upanishaden war die Religion von komplexen Riten und Opfern geprägt, die der Aufsicht der Brahmanen bedurften. Allerdings markieren diese Texte eine fortschreitende Abkehr vom vedischen Ritualismus. Die Bedeutung verlagerte sich auf Mantras, heilige Worte oder Klänge, die die Konzentration während der Meditation fördern. Eines der bekanntesten ist das Mantra „Om", das als die Urschwingung gilt, aus der das Universum entstand.

Die Reflexion über Samsara fand auch ein Echo in anderen religiösen Strömungen wie dem Jainismus und Buddhismus, die sich in dieser Zeit zu verbreiten begannen. Der Hinduismus hingegen hielt an einer kraftvollen Synthese zwischen Ritualismus und Philosophie fest und schuf so eine offene und flexible Tradition.

Der Ganges, der heilige Fluss schlechthin, ist mehr als nur ein einfacher Wasserweg. Der Hinduismus betrachtet es als ein göttliches Geschenk, das Shiva der Erde gebracht hat. Jedes Jahr kommen unzählige Pilger, um in seinem Wasser einzutauchen, von dem man glaubt, dass es die Kraft hat, die Seele von Sünden zu reinigen und den Zugang zu Moksha zu ermöglichen. Die Figur des Ganges wird in Texten und Zeremonien gefeiert. Es wird gesagt, dass die Göttin Ganga, die Personifizierung des Flusses, auf Shivas Wunsch vom Himmel herabstieg, der ihren Fall mit seinem Haar abfederte, um die Welt zu beschützen.

Varanasi, an den Ufern des Flusses gelegen, ist der Konvergenzpunkt zwischen der irdischen und der spirituellen Dimension. Jedes Jahr versammeln sich Millionen Gläubiger an den „Ghats“ (den Stufen oberhalb des Ganges), um religiöse Feste wie Diwali oder Kumbh Mela zu feiern.

Dieser Zeitraum (6. Jahrhundert v. Chr.) war ein entscheidender Moment in der Geschichte des Hinduismus. Das Wachstum der Städte und die Entwicklung des philosophischen Denkens führten zur Geburt einer tieferen und komplexeren Spiritualität. Orte wie Varanasi und Konzepte wie Karma, Dharma und Moksha ermöglichten es, die rituelle Tradition der Veden mit einem neuen Sinn für Selbstbeobachtung zu verbinden. Dieses Gleichgewicht zwischen Religiosität und persönlicher Reflexion machte den Hinduismus zu einem der reichsten und beständigsten philosophischen Systeme der Welt. Die Verbindung zum „heiligen Territorium“ und der Respekt vor Flüssen wie dem Ganges inspirieren noch heute Millionen von Menschen und vereinen Gegenwart und Vergangenheit in einer zeitlosen Tradition.

Spiritualität im Wandel: Heilige Geographie und die Ursprünge des Hinduismus.

Der Hinduismus, eine der ältesten spirituellen Traditionen der Welt, hat seine Wurzeln an den Orten, an denen Erde, Wasser und Himmel aufeinandertrafen, um Generationen von Weisen, Dichtern und Anhängern zu inspirieren. Die Geographie ist für die Geschichte des Hinduismus nicht nur ein Hintergrund, sondern ein lebendiges, heiliges Element voller Symbolik. Die Gangesebenen und Wälder Nordindiens sind seit jeher Wiegen der Besinnung, des Gebets und der Philosophie. An diesen Orten ist die Spiritualität eng mit der Natur verflochten, wodurch eine einzigartige Vision der Welt und des Göttlichen entstand.

Die fruchtbaren und majestätischen Ebenen des Ganges waren der Hauptschauplatz, auf dem sich die vedischen Traditionen etablierten.

Dieser Fluss, der majestätisch durch Nordindien fließt, ist viel mehr als nur ein Wasserweg. Für Gläubige ist der Ganges (Ganga) eine Mutter, eine lebende Göttin, die reinigt und regeneriert. Heiligen Texten zufolge fließt sein Wasser direkt aus dem Himmel, und wer in seine Strömungen eintaucht, kann seine Sünden fortwaschen.

In diesen Ebenen entwickelten sich die ersten spirituellen und kulturellen Zentren. Heilige Städte wie Kashi, heute bekannt als Varanasi, wurden zu Zentren des Wissens, der Rituale und der Meditation. Kashi, die ewige Stadt genannt, gilt als einer der ältesten durchgehend bewohnten Orte der Menschheitsgeschichte. Hier trafen sich die „Rishis" (Weise), um die Veden zu studieren, Mantras zu rezitieren und die Beziehung zwischen Atman (der individuellen Essenz) und Brahman (der universellen Realität) zu lehren.

Anekdoten bereichern diese heilige Geographie. Einer der vedischen Texte erzählt, dass der heute ausgetrocknete Fluss Sarasvati an einem heiligen Ort namens Prayaga (dem heutigen Allahabad) in den Ganges und die Yamuna mündete. Dieser Zusammenfluss oder „Triveni Sangam" wird noch immer als Symbol für die Vereinigung göttlicher Kräfte und die Suche nach spiritueller Erleuchtung verehrt.

Wo das hektische Treiben der Ebenen endet, entsteht die Stille der Wälder. Die dichten Wälder Nordindiens mit ihren hoch aufragenden Bäumen und abgelegenen Orten waren ideale Zufluchtsorte für Asketen und Mystiker, die durch Meditation und Selbstbeobachtung nach dem Göttlichen suchten. In diesen isolierten Räumen, weit weg von der Zivilisation, nahmen die Lehren der Upanishaden Gestalt an, jener philosophischen Texte, die eine neue Sicht auf die Beziehung zwischen Mensch und Kosmos entwickelten.

Eine emblematische Figur dieser kontemplativen Spiritualität ist Yajnavalkya, ein vedischer Philosoph, der durch diese Wälder wanderte und die Natur des Universums und des Selbst hinterfragte. Der Wald wurde so nicht nur zu einem physischen Zufluchtsort, sondern zu einer Metapher für die innere Suche, die Reise zu Brahman, der absoluten Wahrheit.

Der Fluss Sarasvati: Der verlorene Strom des Wissens.

Ein grundlegendes Kapitel der hinduistischen Heiligen Geographie betrifft den Fluss Sarasvati, einen ebenso realen wie mythologischen Wasserweg. Im Rigveda als „mächtiger, schneller und leuchtender

Fluss“ erwähnt, war die Sarasvati ein Symbol für den kreativen Fluss von Wissen und Reinheit. Dieser Fluss, der einst parallel zum Indus floss, ist aufgrund klimatischer und geologischer Veränderungen nach und nach verschwunden. Sein Schicksal gab Anlass zu Debatten und archäologischen Forschungen, doch seine spirituelle Präsenz blieb unangetastet.

Der Fluss Sarasvati ist in den Herzen der Hindus nie „gestorben“. Sein Mythos hat ihn unsterblich gemacht, ein Archetyp, der die Verbindung zwischen Natur und Kultur feiert. Dieser Fluss wird oft mit anderen großen Flüssen der Antike verglichen, wie etwa dem Nil in Ägypten oder dem Tigris in Mesopotamien. So wie der Ganges, der Indus oder der Nil Zivilisationen nährten, galt auch die Sarasvati als göttlicher Schoß, in dem sich nicht nur Städte, sondern auch religiöse und soziale Ideen entwickelten.

Die Verbindung zwischen Flüssen und Spiritualität ist kein Phänomen, das nur in Indien vorkommt. Die ersten großen Zivilisationen der Menschheit entstanden entlang heiliger Flüsse. Die Ägypter verehrten den Nil als Quelle des Lebens und der kosmischen Ordnung. Für die Entwicklung seiner Kultur und seines religiösen Glaubens war Mesopotamien auf die fruchtbaren Ufer des Tigris und des Euphrat angewiesen. In ähnlicher Weise begünstigten die Ebenen des Ganges und der heute verlorene Lauf der Sarasvati nicht nur die materielle, sondern auch die metaphysische Entwicklung.

Was den Hinduismus einzigartig macht, ist die symbolische Intensität, die diesen Orten zugeschrieben wird. Während Flüsse für andere Zivilisationen die Quelle physischen Lebens waren, fanden indische Weise in ihnen auch spirituelle Metaphern. Wasser wurde nicht nur zum Symbol der physischen Wiedergeburt, sondern auch der karmischen Reinigung und des Übergangs in eine höhere Realität.

Die Gangesebenen und Wälder Nordindiens sind nicht bloß Landschaften: Sie sind offene Bücher zur Geschichte des Hinduismus. Jeder Fluss, jeder Baum und jede Stadt hat eine Geschichte zu erzählen. Diese Geografien haben Generationen von Denkern, Ritualen und Glaubensrichtungen geprägt. Der Ganges und der Sarasvati fließen noch immer, der eine mit seinem heiligen Wasser, der andere als Erinnerung, doch beide sind für die Millionen, die sie anbeten, ewig.

Die Geographie ist im Hinduismus nie statisch. Es ist eine Reise. Eine Einladung, das Göttliche, das sich in der natürlichen Welt manifestiert, zu erforschen, zu reflektieren und zu entdecken.

Letztlich ist es ein Beweis für die tiefe Verbindung zwischen Mensch, Natur und der Unendlichkeit.

Religion und Philosophie

Diese Entwicklungen machten den Hinduismus nicht nur zu einer Religion, sondern auch zu einer ausgeprägten Philosophie. Zu seinen Besonderheiten gehört das Fehlen eines einzelnen Gründers und seine Entwicklung als offene Tradition. Ein Schlüsselkonzept ist Pluralität: Gott ist einer, manifestiert sich jedoch in vielen. Gottheiten wie Vishnu, Shiva und Devi sind unterschiedliche Ausdrücke desselben Absoluten.

Kurz gesagt stellt der Übergang von vedischen Ritualen zum meditativen Denken der Upanishaden den Kern der Transformation des Hinduismus dar. Seine Geschichte ist nicht nur eine Lektion über die Vergangenheit, sondern auch eine Einladung, die Tiefen der Spiritualität und Philosophie zu erforschen. In einer Welt, die heute eine Verbindung zwischen Wissenschaft und Spiritualität sucht, bietet der Hinduismus Beispiele für Erkenntnisse, die moderne Konzepte vorwegzunehmen scheinen, etwa die Verbundenheit des Universums und die Suche nach dem, was jenseits des Offensichtlichen liegt.

Das Herz des Hinduismus liegt in den Veden, den ältesten Texten dieser Tradition. Die Veden sind Gedichte und Hymnen. Sie feiern die Kräfte der Natur, wie das Feuer (Agni) und die Sonne (Surya), die durch rituelle Opfer heraufbeschworen werden. Während dieser Zeit wurde die Beziehung zum Göttlichen durch Priester (die Brahmanen) vermittelt, die komplexe Zeremonien durchführten, um die kosmische Harmonie aufrechtzuerhalten.

Mit der Zeit begannen sich jedoch viele zu fragen: Was ist die Bedeutung dieser Rituale? Diese Fragen führten zur Entstehung der Upanishaden. Die Upanishaden legen keinen Wert mehr auf Opfer und vertiefen sich in das Mysterium des Seins. Sie führen revolutionäre Konzepte ein, wie etwa Brahman, das absolute Prinzip, das dem Universum zugrunde liegt, und Atman, die individuelle Essenz, die mit allem übereinstimmt.

Während im Westen Glaube und philosophisches Denken oft gegensätzlich sind, integriert der Hinduismus sie in eine einheitliche Suche nach dem Sinn des Lebens. Die zentrale Bedeutung von Meditation und Selbstbeobachtung ist offensichtlich. Ein bedeutendes Beispiel ist das Singen des Mantras „Om“, das als der Urklang des

Universums gilt. Die Bhagavad Gita, einer der bedeutendsten Texte dieser Tradition, verbindet ethische, philosophische und spirituelle Lehren in epischer Form und erzählt den Dialog zwischen Prinz Arjuna und Krishna, einer Inkarnation des Göttlichen.

Die hinduistische Philosophie zeichnet sich durch ihre Offenheit aus. Es gibt weder einen einzigen Weg zum Göttlichen noch ein einziges Dogma. Der Hinduismus erkennt die Pluralität spiritueller Wege an, die in der Aussage zusammengefasst werden kann: „Gott ist einer, doch manifestiert er sich in vielen.“ Die Hauptgottheiten – Vishnu, Shiva und Devi – sind keine getrennten Wesen, sondern unterschiedliche Ausdrücke desselben Brahman. Vishnu repräsentiert den Bewahrer des Universums, Shiva den Verwandler und Devi verkörpert die schöpferische Energie, die oft mit der Figur der göttlichen Mutter in Verbindung gebracht wird.

Der Übergang von vedischen Ritualen zur Meditation und zum philosophischen Denken der Upanishaden hatte tiefgreifende kulturelle Folgen. Dieser Prozess spiegelt auch die gesellschaftlichen Veränderungen im alten Indien wider, die durch die Entstehung komplexer Städte und Königreiche gekennzeichnet waren. Philosophen und Lehrer wie Yajnavalkya, eine Persönlichkeit aus der vedischen Ära, stellten die Konventionen des Brahmanismus in Frage und behaupteten, wahre Weisheit liege nicht in Ritualen, sondern in der Selbsterkenntnis.

Der Hinduismus vermischte sich auch mit anderen kulturellen Traditionen. Einige Wissenschaftler gehen davon aus, dass zwischen dem vedischen Denken und den Kulturen des Indus-Tals, einer Zivilisation, die entlang der Flüsse Indus und Sarasvati florierte, eine gegenseitige Beeinflussung bestand. In diesem Gebiet wurden bei archäologischen Ausgrabungen Siegel und Statuen freigelegt, die Figuren in Meditationshaltungen und Symbole zeigen, die Gottheiten wie Shiva in seiner Erscheinungsform als Herr der Meditation (Pashupati) zugeschrieben werden.

Die Lehren dieser Tradition sind nicht nur ein Erbe aus der Vergangenheit, sondern eine Einladung, die Gegenwart zu erkunden. Die hinduistische Vorstellung von der Verbundenheit zwischen der Menschheit und dem Universum weist faszinierende Parallelen in der modernen Physik auf. Das Konzept eines allgegenwärtigen Brahman erinnert an die wissenschaftliche Idee, dass das Universum ein vernetztes System ist, das auf Energie und Schwingungen basiert. Persönlichkeiten wie der Physiker Erwin Schrödinger, einer der

Architekten der Quantenmechanik, behaupteten, vom Hinduismus beeinflusst worden zu sein. Schrödinger erwähnte in seinen Schriften oft die Idee des Atman.

Der Hinduismus bleibt mit seiner Offenheit und Pluralität ein Leuchtturm für diejenigen, die Antworten auf die großen Fragen der Existenz suchen. Es ist nicht nur eine Religion, die die Erinnerung an ihre Mythen und Rituale lebendig hält; Es handelt sich um eine offene Philosophie, die im ständigen Dialog mit dem zeitgenössischen Denken steht. In einer fragmentierten Welt spricht die hinduistische Idee der Einheit – zwischen einem selbst, anderen und dem Kosmos – weiterhin mit einer alten, aber dennoch außerordentlich aktuellen Stimme.

Der Atman und der Brahman: der ewige Dialog über die Natur des Selbst.

In den Upanishaden sticht ein zentrales Thema hervor: die Beziehung zwischen Atman, der individuellen Seele, und Brahman, der universellen Realität. Diese Beziehung wird durch symbolische Dialoge zwischen Meistern und Schülern erforscht, wodurch eine zeitlose Reflexion über die Natur des Selbst entsteht.

Die bekannteste Lehre der Upanishaden wird in der Sanskrit-Phrase „Tat Tvam Asi“ zusammengefasst, was „Du bist Das“ bedeutet. Diese Maxime stammt aus der Chandogya Upanishad, in der der Meister Uddalaka Aruni seinen Sohn Svetaketu durch eine Reihe erhellender Dialoge führt. Uddalaka erklärt, dass das tiefe Selbst (ātman) des Individuums nicht von Brahman getrennt, sondern mit diesem identisch ist, der ultimativen Quelle, die das gesamte Universum durchdringt. „Tat Tvam Asi“ ist nicht nur eine Theorie, sondern eine Offenbarung: Jedes Individuum ist Teil einer größeren, einheitlicheren Realität.

Ein weiteres berühmtes Beispiel findet sich in der Geschichte von Nachiketa in der Katha Upanishad. Dieser junge Mann stellt im Jenseits dem Todesgott Yama tiefgründige Fragen, um herauszufinden, was nach dem Tod geschieht. Yama lehrt, dass der Atman unsterblich ist und über Körper und Geist hinausgeht. Dieses Verständnis beseitigt die Angst vor dem Tod und führt zur Erkenntnis der wahren ewigen Natur des Seins.

Mit der Zeit begannen sich jedoch viele zu fragen: Was ist die Bedeutung dieser Rituale? Diese Fragen führten zur Entstehung der Upanishaden. Die Upanishaden legen keinen Wert mehr auf Opfer und vertiefen sich in das Mysterium des Seins. Sie führen revolutionäre Konzepte ein, wie etwa Brahman, das absolute Prinzip, das dem Universum zugrunde liegt, und Atman, die individuelle Essenz, die mit allem übereinstimmt.

Während im Westen Glaube und philosophisches Denken oft gegensätzlich sind, integriert der Hinduismus sie in eine einheitliche Suche nach dem Sinn des Lebens. Die zentrale Bedeutung von Meditation und Selbstbeobachtung ist offensichtlich. Ein bedeutendes Beispiel ist das Singen des Mantras „Om", das als der Urklang des Universums gilt. Die Bhagavad Gita, einer der bedeutendsten Texte dieser Tradition, verbindet ethische, philosophische und spirituelle Lehren in epischer Form und erzählt den Dialog zwischen Prinz Arjuna und Krishna, einer Inkarnation des Göttlichen.

Die hinduistische Philosophie zeichnet sich durch ihre Offenheit aus. Es gibt weder einen einzigen Weg zum Göttlichen noch ein einziges Dogma. Der Hinduismus erkennt die Pluralität spiritueller Wege an, die in der Aussage zusammengefasst werden kann: „Gott ist einer, doch manifestiert er sich in vielen." Die Hauptgottheiten – Vishnu, Shiva und Devi – sind keine getrennten Wesen, sondern unterschiedliche Ausdrücke desselben Brahman. Vishnu repräsentiert den Bewahrer des Universums, Shiva den Verwandler und Devi verkörpert die schöpferische Energie, die oft mit der Figur der göttlichen Mutter in Verbindung gebracht wird.

Der Übergang von vedischen Ritualen zur Meditation und zum philosophischen Denken der Upanishaden hatte tiefgreifende kulturelle Folgen. Dieser Prozess spiegelt auch die gesellschaftlichen Veränderungen im alten Indien wider, die durch die Entstehung komplexer Städte und Königreiche gekennzeichnet waren. Philosophen und Lehrer wie Yajnavalkya, eine Persönlichkeit aus der vedischen Ära, stellten die Konventionen des Brahmanismus in Frage und behaupteten, wahre Weisheit liege nicht in Ritualen, sondern in der Selbsterkenntnis.

Der Hinduismus vermischte sich auch mit anderen kulturellen Traditionen. Einige Wissenschaftler gehen davon aus, dass zwischen dem vedischen Denken und den Kulturen des Indus-Tals, einer Zivilisation, die entlang der Flüsse Indus und Sarasvati florierte, eine gegenseitige Beeinflussung bestand. In diesem Gebiet wurden bei archäologischen Ausgrabungen Siegel und Statuen freigelegt, die Figuren in Meditationshaltungen und Symbole zeigen, die Gottheiten wie Shiva in seiner Erscheinungsform als Herr der Meditation (Pashupati) zugeschrieben werden.

Die Lehren dieser Tradition sind nicht nur ein Erbe aus der Vergangenheit, sondern eine Einladung, die Gegenwart zu erkunden. Die hinduistische Vorstellung von der Verbundenheit zwischen der Menschheit und dem Universum weist faszinierende Parallelen in der modernen Physik auf. Das Konzept eines allgegenwärtigen Brahman erinnert an die wissenschaftliche Idee, dass das Universum ein vernetztes System ist, das auf Energie und Schwingungen basiert. Persönlichkeiten wie der Physiker Erwin Schrödinger, einer der Architekten der Quantenmechanik, behaupteten, vom Hinduismus beeinflusst worden zu sein. Schrödinger erwähnte in seinen Schriften oft die Idee des Atman.

Der Hinduismus bleibt mit seiner Offenheit und Pluralität ein Leuchtturm für diejenigen, die Antworten auf die großen Fragen der Existenz suchen. Es ist nicht nur eine Religion, die die Erinnerung an ihre Mythen und Rituale lebendig hält; Es handelt sich um eine offene Philosophie, die im ständigen Dialog mit dem zeitgenössischen Denken steht. In einer fragmentierten Welt spricht die hinduistische Idee der Einheit – zwischen einem selbst, anderen und dem Kosmos – weiterhin mit einer alten, aber dennoch außerordentlich aktuellen Stimme.

Der Atman und der Brahman: der ewige Dialog über die Natur des Selbst.

In den Upanishaden sticht ein zentrales Thema hervor: die Beziehung zwischen Atman, der individuellen Seele, und Brahman, der universellen Realität. Diese Beziehung wird durch symbolische Dialoge zwischen Meistern und Schülern erforscht, wodurch eine zeitlose Reflexion über die Natur des Selbst entsteht.

Die bekannteste Lehre der Upanishaden wird in der Sanskrit-Phrase „Tat Tvam Asi“ zusammengefasst, was „Du bist Das“ bedeutet. Diese Maxime stammt aus der Chandogya Upanishad, in der der Meister Uddalaka Aruni seinen Sohn Svetaketu durch eine Reihe erhellender Dialoge führt. Uddalaka erklärt, dass das tiefe Selbst (ātman) des Individuums nicht von Brahman getrennt, sondern mit diesem identisch ist, der ultimativen Quelle, die das gesamte

Universum durchdringt. „Tat Tvam Asi“ ist nicht nur eine Theorie, sondern eine Offenbarung: Jedes Individuum ist Teil einer größeren, einheitlicheren Realität.

Ein weiteres berühmtes Beispiel findet sich in der Geschichte von Nachiketa in der Katha Upanishad. Dieser junge Mann stellt im Jenseits dem Todesgott Yama tiefgründige Fragen, um herauszufinden, was nach dem Tod geschieht. Yama lehrt, dass der Atman unsterblich ist und über Körper und Geist hinausgeht. Dieses Verständnis beseitigt die Angst vor dem Tod und führt zur Erkenntnis der wahren ewigen Natur des Seins..

Die großen Meister verwendeten Bilder und Metaphern, um schwierige Konzepte zu erklären. In der Brihadaranyaka Upanishad verwendet der Weise Yajnavalkya das Beispiel von in Wasser aufgelöstem Salz, um zu erklären, dass Atman untrennbar mit Brahman verbunden ist, so wie Salz nicht mehr von Wasser zu unterscheiden ist. Mit anderen Worten: Auch wenn sich das Individuum als abgetrennt wahrnimmt, ist es in Wirklichkeit eins mit dem Universum.

Bei den Dialogen handelte es sich nicht um einen einfachen Gedankenaustausch, sondern um echte pädagogische Wege. Der Schüler begann mit Fragen, die oft unsicher waren oder sich auf eine materialistische Sicht beschränkten, und der Meister antwortete geduldig und führte ihn allmählich dazu, eine umfassendere und transzendentere Vision zu erahnen.

Die philosophische Bedeutung der Beziehung zwischen Atman und Brahman hat geografische Grenzen überschritten. Die Schriften der Upanishaden gelangten im 19. Jahrhundert in den Westen, angezogen durch das Interesse von Denkern wie Arthur Schopenhauer. Der deutsche Philosoph beschrieb die Upanishaden als „den Trost meines Lebens“ und fand in ihnen eine spekulative Vision, die seinen metaphysischen Pessimismus stärkte. Auch Ralph Waldo Emerson, ein amerikanischer Dichter und Essayist, bewunderte diese Texte und ließ sich von ihrer Betonung der Verbundenheit zwischen Mensch und Universum inspirieren.

Im Osten jedoch hatte der Dialog über Atman und Brahman großen Einfluss auf nachfolgende philosophische Schulen, wie zum Beispiel das Advaita Vedanta von Adi Shankara. Shankara, ein Philosoph des 9. Jahrhunderts, festigte die Identität von Atman und Brahman als Grundlage des vedantischen Monismus. Ihm zufolge ist die wahrgenommene Welt Maya (Illusion), während die ultimative Realität Brahman ist.

Die Upanishaden lehren, dass Selbsterkenntnis der erste Schritt zur Freiheit ist. Sich der Identität zwischen Atman und Brahman bewusst zu werden, bedeutet, das Gefühl der Trennung zu überwinden, das Ego aufzubrechen und mit einer tiefen Verbindung zur universellen Realität zu leben. Diese Botschaft ist nach wie vor unglaublich modern, bietet Antworten auf existenzielle Fragen und bringt die persönliche Suche mit der kosmischen Interdependenz in Einklang.

Heilige Orte wie Varanasi oder die Gletscher des Himalaya sind seit Jahrhunderten Zufluchtsorte für Weise und Suchende, die sich mit der Entdeckung des Atman beschäftigen. Der Charme dieser Landschaften, kombiniert mit der symbolischen Kraft der vedischen Dialoge, zieht weiterhin Pilger aus aller Welt an. Der Hinduismus bietet keine vorgefertigten Antworten, sondern eine endlose Reise zum Bewusstsein.

Zusammenfassend lässt sich sagen, dass der Dialog zwischen Atman und Brahman in den Upanishaden mehr ist als eine philosophische Erkundung. Es ist eine Einladung an den Menschen, seine Einzigartigkeit und seine Einheit mit allem zu erkennen. Und diese Einladung bleibt bestehen und steht weiterhin im Dialog mit unserer Zeit.

Kapitel III. Eine Parallele zwischen Hinduismus und Physik.

Die hinduistische Sicht des Universums.

Der Hinduismus, eine der ältesten und tiefgreifendsten spirituellen Traditionen der Welt, vertrat schon immer die Ansicht, das Universum sei eine einzige, miteinander verbundene Einheit. Diese Auffassung findet sich in den rund 3.000 Jahre alten Gründungstexten, den Veden und Upanishaden. In poetischer und symbolischer Sprache beschreiben diese Texte das Universum als eine große „kosmische Einheit", in der alles miteinander verflochten, verschmolzen und ineinander reflektiert ist. Für den Hinduismus ist das Universum keine einfache Ansammlung materieller Objekte. Es ist vielmehr ein dynamischer Ozean aus Energie, Bewusstsein und Verbindung. Diese Idee nimmt überraschenderweise einige Erkenntnisse der modernen Quantenphysik vorweg.

Das Konzept von Brahman und Atman: der Kern der universellen Verbundenheit.

Im Zentrum der hinduistischen Vision finden wir das Konzept von Brahman, dem höchsten kosmischen Prinzip. Brahman wird als die ursprüngliche Quelle allen Seins beschrieben. Es ist ewig, unendlich und transzendiert Zeit und Raum. Den Upanishaden zufolge entsteht alles im Universum aus Brahman und kehrt zu ihm zurück – in einem kontinuierlichen Kreislauf von Schöpfung, Erhaltung und Auflösung.

Neben Brahman steht Atman, die individuelle Seele. Die Hindu-Philosophie lehrt, dass Atman und Brahman in ihrer Essenz eins sind. Dieser Gedanke wird in dem berühmten Satz der Upanishaden zusammengefasst: „Tat Tvam Asi" (Du bist das). In diesem Satz bezieht sich „Das" auf Brahman, die ultimative Realität.

Das Individuum ist nicht vom Universum getrennt, sondern ein wesentlicher und grundlegender Teil davon. Dasselbe Prinzip der Einheit findet sich in der Quantenphysik, wo jedes Teilchen durch Gesetze und Phänomene, die über die gewöhnliche Wahrnehmung hinausgehen, mit allen anderen Teilchen verbunden ist.

Die im 20. Jahrhundert entwickelte Quantenphysik führte zu einer Sicht des Universums, die sich von der klassischen Physik unterscheidet. Quantenphänomene wie die Verschränkung zeigen, wie zwei Teilchen, selbst wenn sie durch enorme Entfernungen getrennt sind, sofort miteinander verbunden bleiben können. Dieses Verhalten hat viele Wissenschaftler dazu veranlasst, die tiefe Natur der Realität und ihre verborgenen Zusammenhänge in Frage zu stellen.

In der Hindu-Philosophie findet sich eine interessante Parallele im Konzept des „Indra-Netzes“, einer alten Metapher, die in buddhistischen und hinduistischen Texten beschrieben wird. Man stellt sich das Universum als ein unendliches Netzwerk vor, in dem an jeder Kreuzung Perlen liegen. Jede Perle spiegelt alle anderen wider, in einem unendlichen Spiel von Bezügen und gegenseitigen Abhängigkeiten. Das Bild dieses Netzwerks erinnert an die Vorstellung des Quantenuniversums als unteilbares Geflecht von Beziehungen.

Niels Bohrs Komplementaritätsprinzip, eine Säule der Quantenphysik, findet auch im hinduistischen Denken ein Echo. Die Komplementarität besagt, dass Teilchen wie Elektronen oder Photonen je nach Beobachtungskontext sowohl wellenartige als auch teilchenartige Eigenschaften aufweisen. Dieser Dualismus weist eine auffallende Ähnlichkeit mit der dualen Natur Brahmans auf, die zugleich ungreifbar (nirguna Brahman) und offenbar (saguna Brahman) ist.

Der Hinduismus integriert seine kosmische Vision nicht nur durch die Philosophie, sondern auch durch heilige Geographie und Rituale. Orte wie Varanasi an den Ufern des Ganges gelten als physische Spiegelbilder kosmischer Harmonie. Hindutempel mit ihrer einzigartigen architektonischen Struktur stellen das Universum im Miniaturformat dar, wobei die Kuppel den Himmel und die Basis die Erde symbolisiert. Diese Orte fungieren als Brücken zwischen dem Materiellen und dem Spirituellen und verkörpern die Idee einer universellen Verbundenheit.

Das Mahabharata, eines der großen Hindu-Epen, bietet ein weiteres Beispiel. Darin offenbart Krishna Arjuna seine kosmische Form in der Bhagavad Gita und zeigt ein Bild des Universums als lebendiges, pulsierendes Ganzes, in dem das Göttliche in jedem einzelnen Teilchen gegenwärtig ist. Diese Sichtweise spiegelt auch die zentrale Idee der Quantenphysik wider: Das Universum ist mehr als die Summe seiner Teile.

Wissenschaftler und Philosophen: Ein Dialog zwischen Ost und West.

Zahlreiche Philosophen und Wissenschaftler haben die Affinitäten zwischen Hinduismus und Quantenphysik hervorgehoben. Fritjof Capra, ein österreichischer Physiker und Autor von „Das Tao der Physik“, hat diese Parallele eingehend untersucht. In seinem Buch argumentiert Capra, dass die in östlichen philosophischen Traditionen wie dem Hinduismus anzutreffenden Konzepte der Verbundenheit und Einheit mit den Erkenntnissen der modernen Physik übereinstimmen. Ein weiteres Beispiel stammt von Erwin Schrödinger, einem der Väter der Quantenmechanik, der behauptete, von der vedantischen Philosophie inspiriert worden zu sein. Schrödinger, fasziniert von der Idee der Einheit zwischen Beobachter und Beobachtetem, gelangte zu dieser Intuition gerade dank der Lektüre der Upanishaden.

Der Hinduismus mit seiner allumfassenden Vision des Universums ist nicht darauf beschränkt, eine Religion oder Philosophie zu sein. Es ist ein Denkmodell, das uns einlädt, die Welt als lebendigen Organismus wahrzunehmen. In einer Zeit, in der die Wissenschaft immer noch die subtilen Verbindungen zwischen den Teilchen entschlüsselt, erscheint die hinduistische Sicht des Kosmos unglaublich aktuell.

Die Quantenphysik und der Hinduismus erinnern uns, jeder auf seine Weise, daran, dass wir alle Teil eines einzigen „kosmischen Gefüges“ sind. Ob in den mathematischen Formeln eines Physikers oder den heiligen Gesängen eines Mystikers, die Botschaft ist immer dieselbe: Das Universum ist nicht geteilt, sondern zutiefst vereint. Auf diese Weise bieten uns die spirituelle Tradition und die moderne Wissenschaft zwei Sprachen zur Erforschung einer universellen Wahrheit, die sowohl das Sichtbare als auch das Unsichtbare umfasst.

Brahman: das unteilbare Absolute.

Im Mittelpunkt der hinduistischen Vision steht das Konzept von Brahman, der ultimativen und absoluten Realität. Brahman ist keine persönliche Gottheit, sondern eine kosmische Kraft, unendlich und allgegenwärtig. Den Upanishaden-Texten zufolge ist alles, was existiert, eine Manifestation dieses einen Prinzips. Eine symbolträchtige Passage aus der Chandogya Upanishad lautet:

„Alles, was existiert, ist im Wesentlichen Brahman.“

Diese Aussage unterstreicht die Idee, dass jedes Atom im Universum, jedes Individuum und jedes Ereignis Teil eines größeren Ganzen ist.

Parallel dazu hat die Quantenphysik gezeigt, dass die subatomare Welt nicht aus isolierten Einheiten, sondern aus miteinander verflochtenen Energiefeldern besteht. Das in den 1930er Jahren entdeckte Phänomen der Quantenverschränkung zeigt, dass zwei Teilchen auch dann noch verbunden bleiben können, wenn sie durch enorme Entfernungen getrennt sind. Dieses Prinzip ähnelt stark der hinduistischen Vorstellung einer universellen Verbundenheit. Wenn alles Brahman ist, wird die Idee der Trennung zur Illusion.

Der Hinduismus beschreibt durch Brahman das Universum als unteilbare Einheit. Nach dieser Auffassung ist die Unterscheidung zwischen Objekten, Lebewesen und Ereignissen nur scheinbar. Die menschlichen Sinne nehmen eine Trennung wahr, doch die Upanishaden sagen, dass es sich dabei um Maya, eine Illusion, handelt. Hinter allem verbirgt sich eine einzige Essenz, transzendent und immanent zugleich. Brahman ist nicht nur „außen", im sichtbaren Universum, sondern auch „innen", als Atman, das innere Selbst.

Eine traditionelle Metapher zur Erklärung dieser Wahrheit ist die von Ton und Vasen: Vasen mögen unterschiedliche Formen haben, aber sie sind alle aus demselben Material hergestellt. Ebenso hat jedes Element des sichtbaren Universums eine bestimmte Form, doch die ursprüngliche Substanz bleibt eine: Brahman.

Die im 20. Jahrhundert entwickelte Quantenphysik hat den gesunden Menschenverstand und die klassischen wissenschaftlichen Intuitionen in Frage gestellt. Auf der Suche nach dem unendlich Kleinen haben Physiker entdeckt, dass das Universum nicht aus isolierten Teilchen besteht. Alles Existierende besteht aus komplexen, miteinander verflochtenen Energiefeldern. Die Partikel sind wie „Wellen" desselben Meeres, ein Bild, das stark an die in den Upanishaden zum Ausdruck gebrachten Konzepte erinnert.

Eines der auffälligsten Beispiele ist die Quantenverschränkung. Die Verschränkung wurde erstmals 1935 von Albert Einstein, Boris Podolsky und Nathan Rosen vorgeschlagen und später durch Experimente wie die von Alain Aspect in den 1980er Jahren bestätigt. Sie zeigt, dass zwei Teilchen augenblicklich verbunden bleiben können, selbst wenn sie Tausende von Kilometern voneinander entfernt sind. Ändert ein Teilchen seinen Zustand, tut sein „Zwilling" gleichzeitig dasselbe. Dieses Phänomen stellt die klassische Idee der räumlichen Trennung in Frage und weist auf eine zugrunde liegende Realität hin, die miteinander verbunden ist, ähnlich der im Hinduismus angedeuteten.

Indische Meister sind der Ansicht, dass das Gefühl der Trennung, das den menschlichen Geist beherrscht, durch spirituelle Praktiken wie Dhyana (Meditation) und Jnana (Wissen) überwunden werden kann. Der Prozess ermöglicht es, die universelle Verbundenheit zu erkennen und die Einheit mit Brahman wiederzuentdecken.

Ein berühmter Dialog zwischen Vater Aruni und seinem Sohn Svetaketu in der Chandogya Upanishad bietet eine symbolische Lehre: Aruni verwendet die Milch einer Kuh, um seinem Sohn zu erklären, dass sich die Formen zwar ändern mögen, die Grundsubstanz jedoch dieselbe bleibt.

Aruni möchte ihrem Sohn eine wertvolle Lektion erteilen und beschließt, ein sehr einfaches Beispiel aus dem alltäglichen Leben zu verwenden. Er nimmt etwas Milch aus einem Krug und beginnt, sie nacheinander in verschiedene Behälter zu gießen. Zuerst gießt er es in ein hohes, schmales Glas, dann in eine weite, flache Schüssel und schließlich in eine Flasche mit dünnem Hals. Bitten Sie Ihren Sohn nach jedem Einschenken, zu beobachten, wie sich die Form der Milch verändert.

Der Sohn ist fasziniert und bemerkt, wie die Milch die Form des Gefäßes annimmt, in das sie gegossen wird. An dieser Stelle erklärt ihm Aruni:

> *„Sehen Sie, Milch verändert ihre Form, weil sie sich dem Behälter anpasst, aber an sich bleibt sie immer Milch. Das Wesen der Milch verändert sich nicht."*

Mit diesem einfachen Experiment möchte Aruni ihrem Sohn einen tiefgründigen Grundsatz vermitteln: Im Leben können sich viele Dinge in ihrer äußeren Form verändern, doch ihr Wesen, das, was sie wirklich sind, bleibt konstant. Er lehrt dies nicht nur in Bezug auf Gegenstände, sondern auch auf das Leben im Allgemeinen, auf Menschen und Situationen. Es ist eine Lektion in Sachen Stabilität, Identität und dem Verständnis dessen, was jenseits des Scheins wichtig ist.

Diese Lehre gilt nicht nur für das sichtbare Universum, sondern auch für das unsichtbare.

Trotz ihrer westlichen Wurzeln gelangt die Quantenphysik zu Schlussfolgerungen, die an die spirituelle Intuition des Hinduismus zu erinnern scheinen. Theoretische Physiker berichten oft, dass die subatomare Realität nicht beobachtet werden kann, ohne dass sie durch den Beobachtungsprozess beeinflusst wird. Mit anderen Worten: Der Beobachter und das beobachtete Phänomen sind Teil eines einzigen Systems. In ähnlicher Weise wird in den Upanishaden erklärt, dass das menschliche Selbst (Atman) nicht von dem getrennt ist, was es beobachtet, sondern ein Fragment des Ganzen ist.

Zeitgenössische Charaktere und Reflexionen.

Denker wie Erwin Schrödinger, einer der Väter der Quantenphysik, waren von östlichen Philosophien fasziniert. Schrödinger, der die Upanishaden intensiv gelesen hat, schrieb oft darüber, wie sich der Gedanke der Unteilbarkeit in der wissenschaftlichen Forschung in der Idee des Brahman widerspiegelt. Er argumentierte, dass die alte indische Weisheit Werkzeuge zum Verständnis komplexer Phänomene wie Verschränkung bieten könne.

Ein weiterer von der hinduistischen Sichtweise inspirierter Wissenschaftler war der Physiker David Bohm, der die Idee einer „impliziten Ordnung“ entwickelte. Bohm schlug vor, dass das beobachtbare Universum eine Widerspiegelung einer zugrunde liegenden, unteilbaren Ordnung sei. Diese Perspektive steht der indischen Vorstellung von Brahman und Maya nahe, wo das materielle Universum nur eine Oberfläche einer tieferen Realität ist.

Die hinduistische Sicht des Universums, in deren Mittelpunkt das Konzept des Brahman steht, bietet ein revolutionäres Verständnis der Realität. Auch die Quantenphysik offenbart, obwohl auf wissenschaftlichen Methoden beruhend, einen universellen Zusammenhang zwischen den Elementen der Existenz. Diese beiden scheinbar so weit voneinander entfernten Bereiche scheinen sich auf denselben Punkt zu einigen: die Idee, dass Trennung eine Illusion ist und das Universum eine einzige unteilbare Realität darstellt.

In einer Zeit, in der Wissenschaft und Spiritualität nach einer gemeinsamen Sprache suchen, zeigen Brahman und die Quantenphysik, dass man sich nicht zwischen Intuition und Rationalität entscheiden muss: Beide können dazu beitragen, das Mysterium der Existenz darzustellen.

Im Hinduismus wird das Universum als unteilbare Einheit wahrgenommen, als riesiges Netzwerk, in dem jeder Teil eng mit dem Ganzen verbunden ist. Diese kosmische Vision dreht sich um das Konzept von Brahman, dem absoluten Wesen, das die ultimative

Realität und das Grundprinzip von allem, was existiert, darstellt. Brahman ist nicht lediglich „das Göttliche" im westlichen theologischen Sinne; Brahman ist das Alles. Es ist die einzigartige und undefinierbare Essenz, die dem gesamten Kosmos zugrunde liegt und ihn durchdringt.

Gemäß den Upanishaden, den tiefgründigsten philosophischen Texten der Hindu-Tradition, ist Brahman ewig, unendlich und unteilbar. Es hat keine Form, aber alles, was eine Form hat, fließt aus ihm heraus. Der Ausdruck „Tat Tvam Asi" deutet an, dass Atman, das individuelle Selbst, und Brahman, die höchste Realität, tatsächlich eins sind. Das Individuum ist nicht vom Kosmos getrennt, sondern stellt dessen vollständige Manifestation dar.

Diese hinduistische Perspektive steht in überraschender Übereinstimmung mit einigen Ideen der modernen Quantenphysik. Das als Quantenverschränkung bekannte Phänomen zeigt beispielsweise, dass zwei Teilchen selbst über enorme Entfernungen hinweg ständig miteinander verbunden bleiben. Jede Änderung des Zustands eines Teilchens wirkt sich sofort auf das andere aus, als wären beide Teil einer einzigen, miteinander verbundenen Einheit. Auch im Hinduismus gibt es nichts wirklich Getrenntes. In einem ziemlich symbolträchtigen Satz aus den Upanishaden heißt es:

„Wer in allem das Ganze und alles im Ganzen sieht, kennt weder Angst noch Spaltung."

Für moderne Quantenphysiker wie David Bohm erinnert diese Verbundenheit an die Idee einer „impliziten Ordnung", einer fundamentalen Realität, in der alles auf einer tiefen Ebene miteinander verbunden ist, auch wenn es unserer Wahrnehmung fragmentiert erscheint. Dieses Konzept unterscheidet sich nicht wesentlich von der Brahman-Ansicht, die indische Weise vor Tausenden von Jahren entwickelten.

Adi Shankara und die Philosophie des Advaita Vedānta.

Im 8. Jahrhundert entwickelte Adi Shankara, einer der größten Denker Indiens, die Philosophie des Advaita Vedānta. Advaita bedeutet „Nicht-Dualität" und stellt den Kern des hinduistischen Denkens über die kosmische Einheit dar. Laut Shankara ist die Trennung zwischen dem Individuum und dem Universum, zwischen Geist und Materie, eine dem Geist entstammende Illusion. Diese

Illusion wird Maya genannt. Nur durch Wissen und Bewusstsein kann man die ultimative Wahrheit erkennen: Alles ist Brahman.

Einer Anekdote zufolge antwortete Shankara auf einer Indienreise einem seiner Schüler, der ihn nach der Bedeutung der Realität fragte:

> *„Wenn Sie über den Ozean meditieren, denken Sie daran, dass jede Welle, auch die kleinste, immer noch ein Ozean ist. Dies zu vergessen ist Ignoranz."*

Diese ebenso einfache wie tiefgründige Metapher erinnert an die moderne Idee einer grundlegenden Realität, die alles vereint, auch das scheinbar Getrennte.

Ein greifbares Symbol dieser einheitlichen Vision findet sich in Varanasi, auch bekannt als Kashi, eine der heiligsten Städte des Hinduismus. Varanasi liegt an den Ufern des Ganges und ist nicht nur ein heiliger Ort, sondern auch ein Mikrokosmos des Universums. Der hinduistischen Tradition zufolge existiert Varanasi gleichzeitig auf einer physischen und einer spirituellen Ebene und stellt symbolisch den Punkt dar, an dem sich Brahman durch die Entstehung der phänomenalen Welt manifestiert. Die Stadt wird oft als „Brücke" zwischen dem Sichtbaren und dem Unsichtbaren, zwischen Vielfalt und Einheit beschrieben.

Jeden Morgen nehmen Tausende Gläubige in Varanasi ein Bad im Ganges und suchen die spirituelle Einheit mit dem Universum. Dieser Akt ist nicht nur ein Ritual, sondern eine symbolische Anerkennung ihrer Verbindung mit Brahman, dem Absoluten. In den Texten heißt es: „Wer in Kashi stirbt, wird von der Illusion der Trennung befreit" und findet seine Identität mit dem Ganzen.

Hinduismus und das ganzheitliche Universum.

Die hinduistische Vorstellung des Universums als unteilbares Ganzes lädt uns ein, darüber nachzudenken, was uns jenseits des Anscheins von Unterschieden und Trennungen verbindet. Der ganzheitliche Ansatz der indischen Philosophie ermutigt uns zu der Annahme, dass jeder Aspekt des Kosmos – vom kleinsten Teilchen bis zu den majestätischsten Galaxien – als Teil eines universellen und unendlichen Netzwerks eine innere Bedeutung hat.

Die Quantenphysik mit ihren jüngsten Entdeckungen zeichnet ein überraschend ähnliches Bild der Welt. Trotz der enormen zeitlichen und kulturellen Distanz zwischen der hinduistischen Tradition und der modernen Wissenschaft führen uns beide zu derselben Intuition: Das

Universum ist kein zerstückeltes Puzzle, sondern ein Ganzes, das im Einklang atmet.

In dieser Vision erscheint die Verbindung zwischen Physik und Philosophie nicht länger als eine Utopie, sondern als ein notwendiger Dialog, um die Substanz der Existenz zu verstehen. Ein im Westen noch immer unbekannter indischer Philosoph drückte es folgendermaßen aus:

„Wer Brahman kennt, weiß alles."

Der kosmische Tanz Shivas und die Dynamik des Universums.

Im Zentrum der Hindu-Philosophie erscheint Shiva als universelle Figur, als Brücke zwischen Spiritualität und Wissenschaft. Unter seinen vielen Darstellungen ist die von Nataraja, dem Herrn des Tanzes, vielleicht die faszinierendste. Ihr kosmischer Tanz hat nicht nur eine tiefe spirituelle Bedeutung, sondern scheint auch einige der Dynamiken vorwegzunehmen, die heute in der modernen Kosmologie untersucht werden.

Der Nataraja stellt Shiva dar, der auf dem Körper eines Dämons, Apasmara, dem Symbol der Unwissenheit, tanzt. Seine Pose ist von einem Feuerring umgeben, der den fortwährenden Kreislauf von Schöpfung, Erhaltung und Zerstörung darstellt. Mit einer Hand hält er die Trommel (Damaru), Symbol des Urklangs (Nada) und der Schöpfung. Eine andere Hand hält die Flamme, Symbol der Zerstörung. Die Geste der rechten Hand (Abhaya Mudra) lädt zur Ruhe ein und zeigt an, dass der kosmische Kreislauf, so schrecklich er auch sein mag, nicht gefürchtet werden muss.

Der hinduistischen Philosophie zufolge enden diese kosmischen Rhythmen nie. Im Tanz Shivas manifestiert sich die Essenz des Universums: ein ewiger Wechsel von Geburt, Tod und Wiedergeburt. Dieses Konzept, das seine Wurzeln in heiligen Texten wie dem Shiva Purana hat, findet ein Echo im modernen Verständnis des Kosmos, das ein expandierendes und kontrahierendes Universum beschreibt, vergleichbar mit dem „Atem" eines unendlichen Wesens.

Die zeitgenössische Kosmologie beschreibt das Universum als eine dynamische Realität. Die Urknalltheorie stellt den Anfang von allem dar, eine Urexplosion, die an Shivas Trommel und den ersten lebendigen Klang der Schöpfung erinnert. Doch das Universum dehnt sich nicht einfach aus: Einigen Theorien zufolge, etwa dem „Big

Crunch“, könnte es sogar zu einer finalen Kontraktion kommen. Dieser letztendliche Zusammenbruch würde an das zerstörerische Feuer in der Hand des Nataraja erinnern. Auf diese Zerstörung kann eine neue kosmische Geburt folgen, in einer Zyklizität, die tief im Einklang mit der hinduistischen Sicht der Zeit steht, die eher als unendlicher Zyklus denn als gerade Linie verstanden wird.

Der berühmte Astrophysiker Carl Sagan hat diesen Punkt betont. Als er über den Tanz Shivas sprach, sagte er:

> *„... stellt den kontinuierlichen Fluss von Materie und Energie im Universum dar, der sich ständig verändert, um die kosmische Harmonie aufrechtzuerhalten.“*

Sagan war fasziniert von der Intuition indischer Texte, die bereits die Dynamik der Existenz sowohl auf makrokosmischer als auch auf mikrokosmischer Ebene erfassten.

Die Vision von Shivas kosmischem Tanz hat nicht nur in der Philosophie, sondern auch in Kunst und Architektur Ausdruck gefunden. Ein außergewöhnliches Beispiel ist der Chidambaram-Tempel in Tamil Nadu, eine der wichtigsten heiligen Stätten, die Nataraja gewidmet sind. Dieser im 10. Jahrhundert erbaute Ort verkörpert buchstäblich das kosmische Bewusstsein.

Im Inneren des Tempels symbolisiert die Goldene Tanzhalle (Kanaka Sabha) das Herz des Universums, ein heiliger Ort, an dem Materie und Geist aufeinandertreffen. Hier wird die ewige Bewegung der Realität zelebriert. Die Architektur selbst mit ihren geometrischen Proportionen und Details ist vom kosmischen Konzept von Ordnung und Rhythmus inspiriert. Dieser kulturelle Einfluss beschränkt sich nicht auf Indien: Heute steht auch vor dem CERN, der Europäischen Organisation für Kernforschung in Genf, eine Statue von Nataraja als Symbol des anhaltenden Dialogs zwischen Wissenschaft und Spiritualität.

Die Bedeutung des Shiva-Tanzes liegt in seiner Fähigkeit, alte philosophische Erkenntnisse und moderne wissenschaftliche Entdeckungen zu vereinen. Für die indischen Rishis, die Weisen, die die Upanishaden und Puranas verfassten, war Materie weder statisch noch vom Bewusstsein getrennt. In auffallend ähnlicher Weise zeigt die Quantenphysik, dass Materie niemals zur Ruhe kommt: Subatomare Teilchen vibrieren in komplexen Mustern und schwingen wie im kosmischen Tanz der Nataraja.

Die Parallele zwischen Hinduismus und Physik ist kein einfacher Zufall. Es ist das Ergebnis tiefgründiger Reflexionen über den

Kosmos, die die Gedanken alter spiritueller Weiser und moderner wissenschaftlicher Forscher vereinen. Die Botschaft von Shivas Tanz ist heute wie in der Vergangenheit kraftvoll: Das Universum ist ein lebendiges Wesen, in ständiger Bewegung und im ständigen Wandel.

Dieser Dialog zwischen Tradition und Wissenschaft lädt uns ein, über den äußeren Schein hinauszublicken und grundlegende Fragen über den Ursprung und das Schicksal des Universums zu stellen. Wie Shiva in seinem endlosen Tanz suchen auch wir, neugierige Beobachter der Schöpfung, weiterhin nach der Harmonie, die im scheinbaren Chaos verborgen ist.

Der Urklang des Universums. Die Resonanz von Om.

In der alten hinduistischen Vorstellung ist das Universum keine einfache Ansammlung materieller Objekte, sondern ein komplexes Gefüge aus Energie und Schwingungen, das sich ständig verändert. Diese Vision findet ihr kraftvollstes und universellstes Symbol in Om (oder Aum), dem Urklang, der ersten Schwingung, aus der alles entspringt. Die Upanishaden, die zentralen philosophischen Texte des vedischen Corpus, beschreiben Om als das ewige Murmeln, das die Existenz durchdringt, die Matrix, auf der sich der Kosmos manifestiert. Heute tritt dieses Konzept überraschenderweise in Dialog mit der Quantenphysik, die das Universum als ein Netzwerk aus Wellen, Schwingungen und Frequenzen erforscht.

Laut der Mandukya Upanishad, einem der tiefgründigsten Texte der Hindu-Tradition, ist Om viel mehr als nur ein Klang. Es ist die symbolische und klangliche Darstellung der gesamten Wirklichkeit. In seiner Dreifachstruktur (A-U-M) fasst Om die drei Zustände des menschlichen Bewusstseins zusammen: Wachen (Jagrat), Traum (Svapna) und Tiefschlaf (Sushupti). Der letzte Zustand, also die Stille, die auf die Wiederholung von Om folgt, repräsentiert Turiya, reines Bewusstsein, das, was jenseits von Zeit und Raum liegt.

Die Schwingung von Om wird in den Upanishaden als „ewiger Klang“ (Shabda-Brahman) beschrieben, eine Welle, die jedes Element des Universums verbindet. Interessanterweise haben moderne Physiker und Kosmologen Parallelen zu dieser Idee in Theorien gefunden, die den Kosmos als ein Netzwerk von Schwingungen betrachten. Die Stringtheorie beispielsweise besagt, dass jedes subatomare Teilchen nichts anderes ist als die Schwingung einer Elementarsaite. Für die hinduistische Denkweise ist dies gleichbedeutend mit der Aussage, dass alles im Kosmos, vom Makro bis zum Mikro, Ausdruck der ursprünglichen Resonanz ist.

Die Wissenschaft der Schwingung.

Viele hinduistische Praktiken wie Meditation und Mantra-Singen haben diese Schwingungsperspektive verinnerlicht. Indische Weise (Rishis) glaubten, dass das Singen von Om nicht nur eine spirituelle Aktivität sei, sondern auch eine Möglichkeit, mit dem Universum selbst in Einklang zu kommen. Heute beginnen Neurowissenschaftler und Physiker, die Wirkung von Schallschwingungen auf den menschlichen Körper zu verstehen. Studien zur akustischen Resonanz haben gezeigt, dass wiederholtes Singen von Om das Nervensystem stabilisieren und die Gehirnwellen beeinflussen kann, was zu Zuständen der Entspannung und Wachheit führt.

Eine weitere interessante Parallele in der Physik ist das Phänomen des Urknalls, der Theorie, nach der das Universum vor etwa 13,8 Milliarden Jahren entstand. Den Beginn des Kosmos beschreiben Wissenschaftler als eine anfängliche Expansionsphase, die von Energieschwankungen begleitet war. Poetisch gesehen haben einige Theologen und Kosmologen diese „schöpferische Explosion“ mit dem Anfangston von Om verglichen, der als der Schwingungsursprung von allem verstanden wird.

Die Bedeutung von Om war nie auf philosophische Spekulationen beschränkt. Dieser Klang ist seit Tausenden von Jahren fester Bestandteil der spirituellen Praktiken der Indianer. Es wird als Einleitung und Abschluss von Gebeten, Ritualen und Yoga rezitiert. Historische Persönlichkeiten wie Patanjali, der große Kodifizierer des Yoga, haben betont, dass Om ein heiliges Symbol ist, das hilft, sich mit dem Absoluten (Brahman) zu verbinden.

In indischen Tempeln, wie zum Beispiel in der prachtvollen Anlage von Rishikesh am Ufer des Ganges, kann man oft den gemeinsamen Gesang von Om hören, der wie eine kontinuierliche Energiewelle widerhallt und die Geister der Gläubigen in einer gemeinsamen Erfahrung der Transzendenz zu vereinen vermag.

Auch im Bereich der modernen Meditation spielt Om eine zentrale Rolle. Berühmtheiten wie der spirituelle Meister Paramhansa Yogananda haben das Singen des Om-Gebets im Westen weithin populär gemacht und dessen positive Wirkung auf die geistige Ruhe und das spirituelle Wachstum hervorgehoben. In modernen

Achtsamkeits- und Yogasitzungen wird dieser uralte Klang häufig aufgegriffen, um den Praktizierenden zu helfen, ihr inneres Gleichgewicht zu erreichen.

Die Konvergenz alter Erkenntnisse und moderner Entdeckungen.

Die hinduistische Philosophie fordert uns dazu auf, das Universum nicht als eine Vielzahl einzelner Objekte zu betrachten, sondern als eine einzige, durch universelle Schwingungen erzeugte Einheit. Die Quantenphysik wiederum betont, dass jedes Teilchen sowohl Materie als auch Welle ist. Der Welle-Teilchen-Dualismus, eines der bekanntesten Konzepte der Quantenmechanik, scheint somit die Metapher des Om widerzuspiegeln: eine Schwingung, die allen Dingen ihre Form gibt, die selbst jedoch auch unsichtbar und immateriell ist.

Diese Parallele zwischen alten Traditionen und zeitgenössischer Wissenschaft wird durch moderne Physiker und Denker wie David Bohm weiter untermauert. Bohm vertrat die Theorie, dass das Universum selbst ein einheitliches Energiefeld sei, in dem Materie aus einer Art impliziter Schwingungsordnung entstehe. Es ist nicht weit entfernt von der Idee alter Hindu-Texte, in denen Om das verborgene Gewebe der Realität ist.

„Om“ ist viel mehr als ein Laut oder ein Mantra. Es ist ein Symbol, das Jahrtausende der Geschichte umspannt und die Essenz der hinduistischen Vision des Universums darstellt. Seine Beschreibung als „Urklang“ findet sich heute in den fortschrittlichsten Modellen der Quantenphysik wieder und zeigt, wie die philosophischen Erkenntnisse der Upanishaden auch heute noch mit dem zeitgenössischen wissenschaftlichen Denken in Dialog treten können. In gewissem Sinne lädt uns Om dazu ein, das Universum als eine unendliche Symphonie von Schwingungen zu betrachten, in der jedes Element, einschließlich uns selbst, an der großen Resonanz des Ganzen teilhat.

Maya: die Illusion der Trennung.

Dem Hinduismus zufolge ist die Realität, die wir täglich wahrnehmen, nur eine Erscheinung, eine Erscheinung, die unsere Sinne täuschen soll. Diese Täuschung ist kein Zufall: Es ist Maya, die Illusion. Maya vertritt in der Hindu-Philosophie nicht die Ansicht, dass die Welt nicht existent oder falsch sei. Im Gegenteil, er argumentiert, dass die Wahrnehmung der Trennung zwischen Objekten, Raum und Zeit ein Schleier sei, der die zugrunde liegende Einheit der Realität verberge. Materie erscheint uns verschieden – ein Baum, ein Berg, ein Fluss – aber alles ist ein Ausdruck von Brahman, dem einen, unendlichen Prinzip, das alles durchdringt.

Ein klares Beispiel für dieses Konzept ist die Analogie zwischen Seil und Schlange. In den vedischen Texten wird uns geraten, uns eine Person vorzustellen, die im Dunkeln etwas sieht, was sie für eine Schlange hält. Er bekommt Angst, er spürt die Gefahr. Erst als er das Licht anschaltete, stellte er fest, dass da kein Reptil war: Es war ein aufgerolltes Seil. Die Schlange war eine Illusion, ebenso wie die Fragmentierung der Welt, die wir wahrnehmen. Wenn Sie das Licht anschalten (das Licht der Weisheit oder Selbstverwirklichung), verstehen Sie die wahre Natur des Universums: ein einheitliches Netzwerk, in dem alles miteinander verbunden ist.

Dieses Weltbild, das seine Wurzeln in den Veden und Upanishaden hat, weist interessante Parallelen in der heutigen modernen Physik auf. Insbesondere die Quantenmechanik offenbart, dass das, was wir als fest, greifbar und materiell wahrnehmen, lediglich eine Maya-ähnliche Illusion ist. Teilchen gelten als die „Bausteine" der Wirklichkeit, sind jedoch nie wirklich stabil. Experimente zeigen, dass es sich um Wahrscheinlichkeitswellen handelt: Sie haben keine feste Position oder bestimmte Form, bis sie beobachtet werden.

Nehmen Sie das Beispiel des Atoms, der Grundlage aller Materie. Über Jahrhunderte hinweg haben sich Wissenschaftler Atome als kleine, feste Objekte vorgestellt, ähnlich winzigen Murmeln. Doch heute weiß man, dass das Atom nahezu völlig leer ist: Der Atomkern ist von einer „Hülle" aus Elektronen umgeben, die im leeren Raum schweben. Was „fest" erscheint, wie ein Stein oder ein Stück Holz, ist in Wirklichkeit ein unglaublich schneller Energietanz. Dieses Bewusstsein spiegelt die von den Rishis, den Hindu-Weisen, zum Ausdruck gebrachten Grundsätze wider: Die wahrgenommene Realität ist nicht das, was sie zu sein scheint, und nur tieferes Wissen kann die zugrunde liegende Wahrheit enthüllen.

Obwohl Albert Einstein einigen Implikationen der Quantenmechanik skeptisch gegenüberstand, erkannte er selbst die Existenz eines universellen Substrats. Im Jahr 1935 entwickelte er gemeinsam mit Boris Podolsky und Nathan Rosen das berühmte EPR-Paradoxon, das demonstrierte, wie sich zwei räumlich getrennte

Teilchen augenblicklich miteinander verbinden können – eine Eigenschaft, die als Quantenverschränkung bekannt ist. Dies deutet darauf hin, dass die physische Trennung zwischen Objekten tatsächlich eine Illusion ist. Obwohl sie nicht direkt vom Hinduismus beeinflusst sind, scheinen Quantentheorien alte hinduistische Konzepte in einer zeitgenössischen wissenschaftlichen Sprache neu zu interpretieren.

Hinduistische Texte beschreiben nicht nur Maya. Sie bieten auch Werkzeuge zur Überwindung dieser Probleme an. Meditation, das Studium heiliger Texte und tiefe Selbstbeobachtung ermöglichen es uns, über die Illusion hinauszublicken. Swami Vivekananda, einer der einflussreichsten Philosophen des modernen Hinduismus, beschrieb Maya als einen Traum, aus dem der Mensch erwachen muss. Er schrieb das

> *„... dieses gesamte Universum ist nur Wahrnehmung, aber in ihm liegt Brahman, das Wirkliche."*

Vivekananda brachte diese Vision auch in den Westen und brachte die vedische Philosophie in Dialog mit dem wissenschaftlichen Materialismus des Europas des 19. Jahrhunderts.

Ebenso scheinen Wissenschaftler, die sich mit Quantenforschung beschäftigen, einer Form der „Erleuchtung" nachzujagen. Es ist kein Zufall, dass einige Physiker Inspiration aus der östlichen Philosophie bezogen. Werner Heisenberg, einer der Väter der Quantenmechanik, gestand, dass er nach der Lektüre der vedischen Texte „zutiefst fasziniert" war von deren Fähigkeit, einige Wahrheiten intuitiv zu erfassen, die die Wissenschaft gerade erst zu entdecken begonnen hatte.

Maya als universelles Prinzip.

Im Hinduismus ist Maya kein Feind, den es zu bekämpfen gilt, sondern ein Hindernis, das es zu verstehen gilt. Maya ist eine symbolische Erklärung der Funktionsweise des Geistes und der Sinne. Es trennt, analysiert und fragmentiert die Welt, um die Realität verständlich zu machen. Für den Hinduismus erfordert der Weg zur Erleuchtung jedoch die Überwindung dieser Beschränkungen und die Anerkennung der grundlegenden Einheit der Existenz.

Maya hilft uns, über unser modernes Weltbild nachzudenken. Wenn wir auf einen Bildschirm starren oder eine Stadt betrachten, sehen wir eine konkrete Realität, vergessen jedoch, dass sie aus

Milliarden von Atomen besteht, die sich ständig bewegen. Dasselbe gilt für unser Ego, den Teil von uns, den wir als von anderen verschieden wahrnehmen. Heute wissen wir, dass wir Teil eines einzigen globalen Ökosystems sind und dass die Illusion der Trennung dazu führen kann, dass wir die Umwelt und uns selbst zerstören.

Die moderne Physik und die alte Weisheit des Hinduismus laden uns ein, hinter den Schleier zu blicken und die Einheit wiederzuentdecken, die wir möglicherweise verloren haben.

Die stark von den Upanishaden beeinflusste Vedanta-Philosophie definiert Maya als den Schleier, der die wahre Natur der Realität verdeckt. Diesen Schriften zufolge ist das, was wir mit unseren Sinnen sehen, unbeständig, der Zeit und dem Wandel unterworfen, eine vergängliche Manifestation von etwas Tieferem und Unveränderlichem. Adi Shankaracharya, ein Philosoph des 8. Jahrhunderts, wies darauf hin, dass Maya die Illusion der Trennung zwischen dem Individuum und Brahman schafft. Die empirische Welt ist seiner Ansicht nach wie ein Traum: real, solange sie andauert, aber es fehlt ihr die absolute Authentizität.

Ein berühmtes Beispiel sind die Worte von Swami Vivekananda, der in seinen Reden im Westen die materielle Welt als einen „Schatten", eine Widerspiegelung Brahmans beschrieb. So wie die Oberflächenwellen nicht die gesamte Tiefe des Ozeans darstellen, verbirgt die Sinneswelt die Tiefe der Existenz.

In ähnlicher Weise stellt die Quantenmechanik die wahre Natur der Realität in Frage. Ein ikonisches Experiment, das des Doppelspaltes, bietet eine faszinierende Parallele. In diesem Experiment verhalten sich subatomare Teilchen (wie etwa Elektronen) mal wie Wellen, mal wie Teilchen – je nachdem, ob sie beobachtet werden oder nicht. Schon der Akt der Beobachtung verändert das Verhalten der Teilchen und lässt darauf schließen, dass Beobachter und Beobachtetes eng miteinander verbunden sind.

Dieses Phänomen erinnert an das vedantische Konzept des Bewusstseins als zentralen Faktor bei der Wahrnehmung der Realität. In der hinduistischen Philosophie existiert die Welt in Relation zum Bewusstsein, das sie wahrnimmt. In ähnlicher Weise scheint auch in der Quantenphysik die Funktion des Beobachters den Ausgang physikalischer Ereignisse zu beeinflussen. Es besteht eine tiefe Verbindung zwischen der phänomenalen Welt und dem Geist, der sie interpretiert.

Die sich daraus ergebende Frage ist entscheidend: Gibt es eine objektive Realität, die unabhängig von der Beobachtung ist, oder hängt alles, was wir sehen, vom beobachtenden Bewusstsein ab? Vedanta antwortet mit dem Konzept des Advaita: Es gibt keinen Dualismus, sondern alles ist „nicht-dual". Brahman ist die einzige Wahrheit, während Maya das mentale Konstrukt ist, das eine multiple Realität entstehen lässt. In der Welt der modernen Physik ließ sich der Physiker Erwin Schrödinger, der die hinduistischen Philosophien eingehend studierte, bei seinen Überlegungen zur Natur des Bewusstseins von diesen Konzepten inspirieren.

Aus einem anderen kulturellen Hintergrund stellte der Wissenschaftler John Wheeler eine Theorie mit dem Titel „partizipatorisches Universum" vor. Wheeler schlug vor, dass das Universum nicht in einer bestimmten Weise existiert, bis es beobachtet wird. Diese Aussage erinnert an die Dynamik des Doppelspalts und scheint eine Hommage an die Prinzipien des Advaita Vedānta zu sein.

Die Verbindungen zwischen Maya und den Beobachtungen der Quantenphysik reichen auch bis zu der Idee, dass die wahrgenommene Realität in gewissem Sinne eine „kollektive Konstruktion" sei. Traditionelle Lehren beschreiben Maya nicht nur als ein individuelles Phänomen, sondern als eine Illusion, die von allen geteilt wird, die in der phänomenalen Welt leben. In der modernen Wissenschaft könnten allgemein akzeptierte Referenzparadigmen wie Zeit und Raum als mentale Konstrukte interpretiert werden. Schon Einsteins Relativitätstheorie untergrub die Idee der absoluten Zeit und verlieh dem Maya-Konzept noch mehr Relevanz.

Die Parallelen zwischen Maya und der Quantenrealität lassen nicht darauf schließen, dass der Hinduismus im modernen Sinne „wissenschaftlich" sei. Sie zeigen vielmehr, dass in beiden Bereichen ein ähnliches Bewusstsein herrscht: Was real erscheint, muss nicht unbedingt real sein. Dieses Bewusstsein lädt uns ein, eine tiefere Realität zu erforschen. Und genau hier begegnen sich Wissenschaft und Philosophie: in Demut vor dem Geheimnis des Universums.

Obwohl sie aus völlig unterschiedlichen Richtungen kommen, scheinen Hinduismus und moderne Physik zu einer wesentlichen Wahrheit zu gelangen. Die Realität, die wir wahrnehmen, ist, wie Vedānta sagt, eine vorübergehende Illusion. Aber Illusion kann ein Mittel zum Verständnis des Unendlichen sein.

Das Higgs-Boson

Stellen Sie sich ein hochmodernes Labor wie das CERN vor, eingebettet in die Schweizer Landschaft, wo einige der weltbesten Wissenschaftler daran arbeiten, eine tiefgründige und scheinbar einfache Frage zu beantworten: Woraus besteht die Realität? Aus diesem Bestreben heraus wurde 2012 das Higgs-Boson entdeckt, das in der breiten Öffentlichkeit besser als „Gottesteilchen" bekannt ist.

Dieser eindrucksvolle, aber auch umstrittene Name hat nicht nur die Aufmerksamkeit auf die moderne Physik, sondern auch auf die alten Mysterien der Philosophie gelenkt. Unter diesen sticht der Hinduismus aufgrund seiner überraschenden Affinität zu einigen der fortschrittlichsten Theorien der Quantenphysik hervor.

Aber was ist das Besondere am Higgs-Boson? Die erste Theorie zu diesem Elementarteilchen wurde 1964 vom Physiker Peter Higgs und anderen Forschern aufgestellt. Seine Existenz erklärt, wie Elementarteilchen durch ein unsichtbares Feld, das als „Higgs-Feld" bekannt ist, an Masse gewinnen. Das Experiment, das seine Existenz bestätigte, wurde am CERN dank leistungsstarker Teilchenbeschleuniger wie dem Large Hadron Collider (LHC) durchgeführt. Vereinfacht ausgedrückt ist das Higgs-Boson eine Art „kosmischer Klebstoff", ein grundlegender Baustein, der hilft zu erklären, wie das Universum funktioniert.

Machen wir nun einen Sprung zurück in Zeit und Raum, ins alte Indien, wo die heiligen Texte des Hinduismus ein ebenso faszinierendes Konzept feiern: Brahman. Indische Weise beschreiben es als die ultimative Realität, die universelle Essenz, die alles durchdringt. In den Veden und Upanishaden wird oft darauf hingewiesen, dass alles Existierende – vom unendlich Kleinen bis zum immens Großen – die Manifestation einer einzigen Energie ist. Klingt das nicht überraschend ähnlich zur Idee des Higgs-Feldes?

Der Physiker und Popularisierer Fritjof Capra, Autor des Buches „Das Tao der Physik", war einer der ersten Wissenschaftler, der den Zusammenhang zwischen diesen beiden Weltanschauungen erforschte. Capra stellt beispielsweise fest, dass die Quantenphysik unsere Vorstellung von Materie auf den Kopf gestellt hat. Auf subatomarer Ebene ist das, was wir als „fest" wahrnehmen, tatsächlich ein Wirbel aus Teilchen, die ständig erscheinen und verschwinden.

Die vedischen Weisen waren zu einer ähnlichen Schlussfolgerung gelangt und erklärten, dass die materielle Realität eine „Illusion" (Maya) sei, ein Schleier, der die wahre göttliche Essenz aller Dinge verberge.

Eine merkwürdige Anekdote führt uns zurück zum CERN, wo unter Wissenschaftlern ein Witz mit unerwartetem philosophischen Echo weit verbreitet ist. Man sagt, wenn jemand wirklich die Elementarteilchen des Universums „sehen" wollte, wäre dies so, als würde er versuchen, die Wellen des Meeres ohne die Anwesenheit von Wasser zu betrachten. Um die Metapher zu verstehen, müssen wir uns vorstellen, dass Teilchen wie Elektronen oder Quarks nicht für sich allein existieren, sondern sich dank der sie umgebenden Energiefelder manifestieren. Ebenso existiert im Hinduismus die Realität nicht getrennt vom alles erhaltenden Brahman.

Eine weitere zum Nachdenken anregende Parallele findet sich in den Theorien der Zeit. Die Quantenphysik bietet uns ein Modell, in dem Vergangenheit, Gegenwart und Zukunft auf einer grundlegenden Ebene untrennbar miteinander verbunden sein könnten. Diese Idee ist zwar komplex, erinnert aber an das vedische Konzept des Kalachakra, „das Rad der Zeit". In dieser Vision ist die Zeit nicht linear, sondern zyklisch, ein kosmischer Tanz, in dem sich Schöpfung, Zerstörung und Wiedergeburt ständig wiederholen.

Was also treibt die Menschheit dazu, sowohl durch die moderne Wissenschaft als auch durch philosophische Selbstbetrachtung nach Antworten über den Ursprung der Existenz zu suchen? Vielleicht ist es gerade der Wunsch zu verstehen, der alle Wirklichkeitsebenen vereint. Werner Heisenberg, einer der Väter der Quantenmechanik, sagte:

> *„Die ersten Schlucke aus dem Glas der Naturwissenschaft werden Sie zum Atheisten machen, doch auf dem Boden des Glases werden Sie Gott finden, der auf Sie wartet."*

Es ist faszinierend, dass wir von den hypertechnologischen Hallen des CERN bis hin zu den Meditationen indischer Weiser unter den tausendjährigen Banyan-Bäumen zu so ähnlichen Intuitionen gelangen. Der einzige Klebstoff scheint das Wunder der Entdeckung zu sein: dasselbe Prinzip, das Elementarteilchen vibrieren lässt und die neugierigsten Köpfe heute ebenso inspiriert wie vor Tausenden von Jahren.

Atman und die Erfahrung der Verbundenheit.

Der Hinduismus ist eine der tiefsten und ältesten spirituellen Traditionen der Welt. Im Mittelpunkt seiner Philosophie stehen die Konzepte von Atman und Brahman. Während Brahman das Absolute, das universelle kosmische Prinzip darstellt, ist Atman stattdessen das individuelle Prinzip, die spirituelle Essenz eines jeden Menschen. Eine der zentralen Erkenntnisse der Upanishaden, der über 2.500 Jahre alten hinduistischen philosophischen Texte, besteht jedoch darin, dass es keine Trennung zwischen Atman und Brahman gibt. Der berühmte Satz „Tat Tvam Asi" besagt, dass jedes Individuum von Natur aus Teil des universellen Ganzen ist.

Diese Vision suggeriert, dass die gesamte Realität vereint ist. Es gibt keine grundsätzlichen Trennungen zwischen dem Individuum und dem Kosmos, zwischen dem Innen und dem Außen, zwischen dem Beobachter und dem Beobachteten. Die Erfahrung des Atman, die durch tiefe Meditation oder philosophische Kontemplation erlebt wird, führt zur Erkenntnis dieses Zusammenhangs.

Ein bedeutendes Beispiel ist die Praxis des Yoga, einer alten Disziplin, deren Ziel die Vereinigung von Körper, Geist und Seele ist. Yoga kommt vom Sanskrit-Wort „yuj", was Vereinigung bedeutet. Diese Verbindung besteht nicht nur zwischen den verschiedenen Bestandteilen des Menschen, sondern auch zwischen dem Menschen und dem Kosmos.

Die moderne Quantenphysik geht in überraschend ähnlicher Weise davon aus, dass das Universum eng miteinander verbunden ist.

So zeigte etwa das Prinzip der Quanten-Nichtlokalität, das Alain Aspect in seinen berühmten Experimenten in den 1980er-Jahren demonstrierte, dass sich zwei einmal verschränkte Teilchen auch dann noch gegenseitig beeinflussen können, wenn sie durch enorme Entfernungen voneinander getrennt sind. Dieses Phänomen, das die klassischen Intuitionen der Physik in Frage stellt, erinnert an die hinduistische Vorstellung, in der alles Existierende Teil eines universellen Netzwerks von Verbindungen ist.

In der klassischen Physik wurde klar zwischen dem Beobachter und dem beobachteten Element unterschieden. Die Quantenphysik legt jedoch nahe, dass beide untrennbar sind. Der dänische Physiker Niels Bohr erklärte über die Ergebnisse der Quantentheorie:

> *„Das Universum besteht nicht aus einzelnen Objekten, sondern aus einem Netzwerk untrennbarer Beziehungen."*

Ebenso kann man sich im Hinduismus den Atman nicht getrennt vom Kosmos vorstellen; Jeder Mensch ist immer ein integraler Teil des Ganzen. Der Hinduismus betont, dass Verbundenheit nicht nur ein abstraktes philosophisches Konzept ist. Es ist eine direkte und erlebbare Erfahrung. In der meditativen Praxis löst sich die Grenze zwischen dem Selbst und dem Anderen auf. Das Gefühl, von der Welt getrennt zu sein, verschwindet und der Meditierende gelangt zu einer tiefen Erkenntnis: Atman und Brahman sind eins.

Während die Meditation dem Einzelnen diese einheitliche Wirklichkeit offenbart, sind es im Bereich der Wissenschaft die Mathematik und das Experiment, die die gleiche Botschaft vermitteln. Die hinduistische Vorstellung von der Einheit von Mensch und Kosmos passt überraschend gut zu den Erkenntnissen der modernen Wissenschaft. Beide Disziplinen gehen davon aus, dass Trennung letztlich eine illusorische Konstruktion des menschlichen Geistes ist.

Der Kreislauf der Zeit und das pulsierende Universum.

Im Hinduismus ist das Universum weder unbeweglich noch linear. Es ist ein lebender Organismus, der endlose Zyklen von Schöpfung, Zerstörung und Wiedergeburt durchläuft. Diese in den Puranas beschriebene Vorstellung führt die Idee des Kalpa ein, eines kosmischen Zyklus, der Milliarden von Erdenjahren umfasst. Jedes Kalpa repräsentiert den Atem von Brahma, dem Schöpfer: Wenn er ausatmet, dehnt sich das Universum aus; wenn Sie einatmen, zieht sich das Universum zusammen. Dies weist eine bemerkenswerte Ähnlichkeit mit der modernen Theorie des Urknalls und des Big Crunch auf.

Der Hinduismus nimmt diese Idee eines zyklischen Kosmos nicht nur vorweg, sondern geht darüber hinaus. Es beschreibt das Universum als ein lebendiges Wesen, dessen Herzschlag der ewige Rhythmus der Galaxien ist und dessen Leben mit göttlicher Energie pulsiert.

Diese Verbindung zwischen Wissenschaft und Spiritualität ist kein Zufall. Die in hinduistischen Texten vorgeschlagene Idee eines zyklischen Universums übt noch immer eine besondere Faszination auf zeitgenössische Wissenschaftler und Denker aus. Ein typisches Beispiel hierfür ist der Physiker Robert Oppenheimer, der für seine Rolle bei der Entwicklung der Atombombe berühmt ist. Oppenheimer war stark von der indischen Philosophie beeinflusst und zitierte eine

Passage aus der Bhagavad Gita, als er 1945 den ersten Atomtest beobachtete:

„Jetzt bin ich der Tod geworden, der Zerstörer der Welten."

Oppenheimer interpretierte das Konzept der Zerstörung nicht nur als Tragödie, sondern als natürlichen Teil eines größeren kosmischen Kreislaufs.

Diese zyklische Idee zieht sich durch die gesamte Hindu-Philosophie. Nicht nur die Zeit, sondern das Universum selbst wird als lebender Organismus konzipiert. Seine Existenz vibriert im Rhythmus der Galaxien, während subatomare Teilchen ihren Takt vorgeben. Jedes Atom trägt zum harmonischen Tanz dessen bei, was die Texte Sanatana Dharma, die ewige Ordnung, nennen.

Der Atem von Brahma und kosmische Energie.

In den Puranas ist die Dauer eines einzelnen Atemzugs von Brahma beeindruckend. Ein Brahma-Tag entspricht ungefähr 4,32 Milliarden Erdenjahren. Wenn sein „Tag" endet, löst sich das Universum in „Pralaya" auf, den Zustand kosmischer Ruhe. Hier herrscht keine Leere, sondern eine schlummernde Energie, die darauf wartet, erwacht zu werden. Der Kosmos hat daher keinen definitiven Anfang und kein definitives Ende. Es handelt sich um einen kontinuierlichen Zyklus, der durch das Prinzip der universellen Vernetzung unterstützt wird.

Dieser Atem Brahmas findet eine überraschende Analogie in der modernen Physik, dank der Idee eines pulsierenden Universums. Manche Wissenschaftler stellen sich vor, das Universum könnte endlos schwingen und zwischen Expansion und Kollaps wechseln, ähnlich dem Herzschlag eines Lebewesens. Der indische Astrophysiker Jayant Narlikar untersuchte ähnliche Theorien und schlug ein oszillierendes Modell vor, das den Kosmos als ein zyklisches System betrachtet, in dem die Zeit selbst zu einer unendlichen Variable wird.

Physik, Philosophie und Poesie.

er Hinduismus beschreibt das zyklische Universum jedoch nicht einfach in kosmologischen Begriffen. Es umgibt ihn mit Poesie und Spiritualität. Jeder Zyklus stellt ein göttliches Werk dar, eine Ausstrahlung der kreativen Energie namens Shakti. In der Bhagavad

Gita spricht Krishna zu Arjuna über die Ewigkeit Brahmans (des Absoluten) und beschreibt es als das, was jenseits von Schöpfung und Zerstörung existiert:

> *„Nie geboren, ewig, unveränderlich, unsterblich. Auch wenn der Körper stirbt, überlebt der Geist."*

Diese Ewigkeit steht im Einklang mit einigen grundlegenden Fragen der Physik. Energie kann gemäß dem Erhaltungssatz weder erzeugt noch vernichtet, sondern nur umgewandelt werden. Diese Eigenschaft von Materie und Energie spiegelt die hinduistische Vorstellung eines Kosmos wider, der sich durch zyklische Prozesse ständig regeneriert.

Die Verbindung zwischen hinduistischer Philosophie und moderner Physik spiegelt letztlich einen tiefgreifenden Dialog zwischen Ost und West wider. Auf der einen Seite gibt es die alten Rishis Indiens, die mit erstaunlichen Erkenntnissen ein pulsierendes Universum vorstellten. Auf der anderen Seite gibt es zeitgenössische Wissenschaftler, die mithilfe mathematischer Modelle und empirischer Beobachtungen zu ähnlichen Schlussfolgerungen gelangen.

Obwohl Albert Einstein nicht direkt vom Hinduismus beeinflusst war, suchte er nach einer einheitlichen Vision der Realität, die über die lineare Zeit hinausging. Seine Relativitätstheorie, die Raum und Zeit in einer einzigen fließenden Dimension verbindet, erinnert an die hinduistische Idee der Maya, des Schleiers, der die sichtbare und unsichtbare Wirklichkeit zugleich vereint und trennt.

Der Kreislauf der Zeit und das pulsierende Universum sind daher nicht bloß Konzepte. Sie sind eine Einladung zum Nachdenken darüber, was uns mit der Ewigkeit des Kosmos verbindet. Sie machen jeden Moment zu einem Teil einer unendlichen Geschichte, deren Rhythmus vom Atem des Universums selbst geprägt ist.

Die Ewige Wiederkehr.

Der Hinduismus bietet eine radikal andere Vision von Zeit und Raum als die westliche Tradition. In vielen westlichen Kulturen wird die Zeit linear vorgestellt: ein Anfang, ein Fortschreiten und ein definitives Ende. Der Hinduismus hingegen begreift die Zeit als zyklisch, als eine ewige Wiederkehr, die durch kosmische Epochen, Auflösungen und Wiedergeburten gekennzeichnet ist.

Diese Vorstellung kommt in heiligen Texten wie den Puranas und Upanishaden zum Ausdruck, in denen das Universum als unendlichen Zyklen unterworfen beschrieben wird. Es gibt zwei Schlüsselkonzepte: Kalpa und Yuga. Kalpa stellt einen „Tag“ im Leben von Brahma, dem Schöpfer, dar und dauert 4,32 Milliarden Jahre. Am Ende jedes Kalpa findet Pralaya statt, die kosmische Auflösung. Das Yuga hingegen unterteilt die Zeit in kürzere Epochen, in einem Zyklus, der an den Wechsel der Jahreszeiten erinnert. Jeder Yuga-Zyklus endet mit einem Moment der Degeneration vor einer neuen Wiedergeburt.

Laut Hinduismus haben Zeit und Raum weder Anfang noch Ende. Dieses Konzept weist überraschende Übereinstimmungen mit einigen modernen kosmologischen Theorien auf. Einige Physiker vertreten die Vorstellung eines zyklischen Universums, das in einem ewigen Prozess wächst und schrumpft. Die Urknalltheorie beispielsweise geht davon aus, dass unser Universum aus einer kosmischen Kompression hervorging und anschließend in eine neue Expansion überging. Diese Modelle ähneln den hinduistischen Beschreibungen kosmischer Zyklen von Schöpfung und Zerstörung.

In der hinduistischen Mythologie sind diese Konzepte nicht bloß abstrakt, sondern werden als lebendige Ereignisse erzählt. Einer berühmten Legende zufolge tanzt Shiva den Tandava, seinen kosmischen Tanz. Dieser Tanz stellt die Zerstörung des Universums am Ende eines Zyklus dar, gefolgt von seiner Erschaffung. Die Symbolik des Tandava erinnert direkt an die von der modernen Physik angenommenen kosmischen Schwingungen.

Die zyklische Natur der Zeit ist tief in der hinduistischen Kultur verwurzelt, nicht nur in Texten, sondern auch in den Orten und künstlerischen Schöpfungen Indiens. Eines der faszinierendsten Beispiele ist der Sonnentempel in Konarak in Odisha. Dieser im 13. Jahrhundert erbaute Tempel stellt einen von sieben Pferden gezogenen Streitwagen dar und symbolisiert die Bewegung der Sonne und den Zeitzyklus. Die geschnitzten Räder des Streitwagens dienen zugleich als detaillierter Kalender, der den Lauf der Zeitalter widerspiegelt.

Die Präsenz der Sonne als Symbol der Zyklizität und Regeneration durchdringt jedes Detail des Tempels. In diesem Zusammenhang ist der Konarak nicht nur ein Kunstwerk, sondern eine materielle Illustration der hinduistischen Vorstellung von Zeit als einer fortwährenden Bewegung.

Im Epos Mahabharata erzählt der Weise Markandeya von einer Vision des Pralaya. Während der großen Sintflut beschreibt Markandeya, wie das gesamte Universum verschwindet und nur Vishnu in Gestalt eines Kindes auf einem Lotusblatt auf dem kosmischen Ozean schwimmt. Diese Geschichte ist eine kraftvolle Metapher für Auflösung und unvermeidliche Wiedergeburt.

Yajnavalkya, einer der berühmtesten Philosophen der Upanishaden, erklärte, dass „die Zeit wie ein kosmischer Atem ist". Das Siegel der Zyklizität wird hier wiederholt: Der Atem beginnt, dehnt sich aus, erreicht einen Höhepunkt und kehrt zurück.

Die hinduistische Auffassung von der ewigen Wiederkehr ist kein rein kosmologisches Konzept. Es beeinflusst die Interpretation des Lebens selbst. Die Idee des Samsara – des Kreislaufs von Geburt, Tod und Wiedergeburt – ist eine mikrokosmische Widerspiegelung dieses universellen Musters. Die endgültige Befreiung, Moksha, stellt den einzigen Ausweg aus dem endlosen Kreislauf dar, ein Thema, das in der östlichen Philosophie und Spiritualität tiefen Widerhall findet.

Die Ähnlichkeiten zwischen dem hinduistischen Denken und den aktuellen kosmologischen Theorien werfen faszinierende Fragen auf. Ist es möglich, dass die Menschheit durch alte Traditionen und die moderne Wissenschaft zum gleichen Verständnis des Universums gelangt? Die in den Veden beschriebene zyklische Natur der Zeit ist möglicherweise mehr als ein Mythos: Sie spiegelt möglicherweise tiefgreifende Erkenntnisse wider, die wissenschaftliche Entdeckungen um Jahrtausende vorwegnehmen.

Kosmische Intelligenz. Hinduismus zwischen Ordnung und Entropie.

Der Hinduismus bietet eine außerordentlich komplexe Sicht des Universums. Im Zentrum dieser Perspektive steht das Konzept von Ṛta, der kosmischen Ordnung. In den Veden stellt Ṛta ein universelles Prinzip dar, das die Bewegung der Sterne, den Kreislauf der Jahreszeiten und den großen Tanz des Lebens regelt. Diese Ansicht schließt jedoch die Existenz von Chaos nicht aus. Im Hinduismus sind Chaos und Ordnung keine Gegensätze, sondern ergänzen sich, wodurch eine Dynamik entsteht, die an moderne Prinzipien der Physik, etwa die Entropie, erinnert.

In den Veden, die vor etwa 3.500 Jahren verfasst wurden, wird Ṛta als die Kraft beschrieben, die die Harmonie des Kosmos aufrechterhält. Dieses unsichtbare Gesetz bestimmt die Naturgesetze und moralischen Regeln. Im Rigveda, einem der ältesten Texte, lesen wir:

„Dank Ṛta erscheint die Sonne am Himmel und Flüsse fließen zum Meer."

Dieses Prinzip ist unveränderlich, aber dynamisch, da es den Fluss der Existenz ermöglicht.

Ṛta ist ein Prinzip, das nicht allein handelt. Vedische Gottheiten wie Varuna, der Hüter der kosmischen Ordnung, und Vishnu, der Bewahrer des Gleichgewichts, spielen eine entscheidende Rolle bei der Aufrechterhaltung des universellen Systems. Insbesondere Vishnu spielt in der hinduistischen Mythologie eine zentrale Rolle. Durch seine vielen Inkarnationen oder Avatare – wie etwa Krishna und Rama – greift Vishnu in Krisenzeiten ein, um die Harmonie wiederherzustellen.

Ordnung und Chaos: Komplementäre Prinzipien

Die Hindu-Philosophie interpretiert Chaos nicht als reine Zerstörung, sondern als notwendiges Element für Transformation. Der Mythos von Shiva, bekannt als der „Transformator", stellt diese Idee mit erzählerischer Kraft dar. Shiva, oft in einem kosmischen Tanz, dem Tandava, dargestellt, zerstört das Alte, um Platz für das Neue zu schaffen. Dieser Prozess stellt die Komplementarität zwischen Ordnung und Unordnung dar, eine Dynamik, die die moderne Wissenschaft „Entropie" nennt.

In der Physik misst die Entropie den Grad der Unordnung in einem System. Gemäß dem zweiten Hauptsatz der Thermodynamik neigt die Entropie dazu, zuzunehmen, wodurch Systeme in weniger geordnete Zustände gedrängt werden. Leben und komplexe Systeme entwickeln sich jedoch durch Prozesse, die unter Einsatz von Energie Ordnung aus dem Chaos schaffen. Diese wissenschaftliche Idee spiegelt das hinduistische Denken wider: Chaos und Ordnung sind keine unvereinbaren Gegensätze, sondern Bestandteile eines kosmischen Gleichgewichts.

Ein weiteres symbolisches Beispiel der hinduistischen kosmischen Ordnung ist der Berg Meru, der in den Purana-Texten beschrieben wird. Dieser mythische Berg repräsentiert die „Axis Mundi", das Zentrum des Universums. In den Puranas stützt der Berg Meru den Himmel und verbindet die Erde mit dem Göttlichen. Seine zentrale Position symbolisiert die Harmonie zwischen den verschiedenen

Sphären der Existenz: der materiellen, der spirituellen und der kosmischen.

Interessant ist die Parallele zur modernen Astrophysik. Der Begriff „kosmisches Zentrum" erinnert möglicherweise an die Vorstellung eines zentralen Punktes, von dem aus sich das Universum ausdehnt, wie es beim Urknall der Fall war. Wenn der Berg Meru bewegungslos ist, stellt er absolute Stabilität inmitten der Dynamik des Universums dar, eine Idee, die das wissenschaftliche Konzept der Grundgesetze widerspiegelt.

Der Dialog zwischen Hinduismus und Wissenschaft ist kein Zufall. Beide versuchen, die Gesetze des Universums zu erklären, entweder durch Spiritualität oder empirische Beobachtung. Aus dieser Perspektive kann Ṛta als Vorläufer der Konzepte des Naturrechts angesehen werden. In ähnlicher Weise verkörpert Vishnu mit seiner Schutzfunktion eine Annäherung an moderne Visionen eines „fein abgestimmten Universums" (kunstvoll organisiert, um Leben zu ermöglichen).

Die Fähigkeit des Hinduismus, Ordnung und Chaos, Stabilität und Dynamik zu vereinen, findet daher faszinierende Resonanz im wissenschaftlichen Denken. Dabei handelt es sich nicht um erzwungene Überschneidungen, sondern um Reflexionsräume, die eine jahrtausendealte Philosophie in Dialog mit den Grenzen der Wissenschaft bringen.

In einem von Ṛta regierten Universum, in dem sogar Chaos eine Rolle spielt, sind die Menschen aktive Teilnehmer. Wie der Berg Meru müssen wir in einem ebenso geheimnisvollen wie intelligenten Kosmos unser Gleichgewicht suchen und Ordnung und Wandel ins Gleichgewicht bringen.

Das Universum als Verbindung von Wissenschaft und Spiritualität.

Die hinduistische Vorstellung vom Kosmos als einem zusammenhängenden Ganzen inspiriert weiterhin nicht nur das philosophische Denken, sondern auch die Grenzen der Wissenschaft. Die Ähnlichkeit zwischen den Lehren der indischen Rishis und den Entdeckungen der Quantenphysik ist mehr als eine einfache Parallele. Beide versuchen das Unerklärliche zu erklären: diesen dünnen, unsichtbaren Faden, der alle Dinge verbindet.

Im Chidambaram-Tempel in Südindien, der Shiva Nataraja, dem Herrn des kosmischen Tanzes, gewidmet ist, feiern Hindus diese universelle Verbundenheit. Shivas Tanz symbolisiert die Erschaffung und Zerstörung des Universums in einem ewigen Kreislauf, der an den unaufhörlichen Energiefluss erinnert, den die Quantenphysik noch immer zu entschlüsseln versucht.

So wie der Wissenschaftler durch das Mikroskop blickt, um die Geheimnisse des Universums zu verstehen, schließt der indische Mystiker seine Augen, um dieselben Tiefen in seinem Inneren zu erforschen. Beide scheinen sich letztlich in derselben Wahrheit zu treffen: dass alles eins ist und dass das Universum unteilbar zum ewigen Rhythmus der Existenz tanzt.

Das Universum gemäß der Quantenphysik.

Seit Jahrhunderten erforschen die Menschen das Geheimnis des Universums. Handelt es sich um ein geordnetes System, das von präzisen Gesetzen bestimmt wird? Oder ist es das Ergebnis subtiler, miteinander verbundener Energien, bei denen Zufall und Unvorhersehbarkeit eine grundlegende Rolle spielen? Mit dem Aufkommen der Quantenphysik im 20. Jahrhundert änderten sich die Antworten. Diese Disziplin hat die Grenzen des wissenschaftlichen Wissens neu gezogen und eine Welt enthüllt, in der sich Gewissheiten auflösen und das Mysterium herrscht. Überraschenderweise scheinen einige der modernen Entdeckungen alte hinduistische Ansichten widerzuspiegeln, die in heiligen Texten wie den Upanishaden ihren Niederschlag gefunden haben.

Quantenvakuum und Brahman: Ein gemeinsamer Ursprung?

Die Quantenphysik beschreibt die Realität auf subatomarer Ebene als ein riesiges Feld von Möglichkeiten. Das sogenannte „Quantenvakuum" ist nicht wirklich leer. Vielmehr handelt es sich um ein Meer potentieller Energien, in dem Teilchen und Antiteilchen in kontinuierlicher Bewegung auftauchen und verschwinden. Diese Vorstellung erinnert an die Idee von Brahman, dem höchsten Prinzip des Hinduismus. In vedischen Texten wird Brahman als die ultimative Realität beschrieben, eine unsichtbare, ewige, unteilbare Essenz, die alles durchdringt. Weder das Quantenvakuum noch Brahman sind direkt beobachtbar. Dennoch stellen beide die Quelle aller Manifestation dar.

In der berühmtesten Upanishad, der Chandogya Upanishad, heißt es:

> *„Das gesamte Universum wurzelt in Brahman, alles existiert durch Brahman und alles wird zu Brahman zurückkehren."*

Quantenphysiker, angeführt von Pionieren wie Werner Heisenberg, haben oft Ähnlichkeiten zu dieser Vision angesprochen. Heisenberg selbst erklärte nach einer Begegnung mit dem indischen

Dichter Rabindranath Tagore im Jahr 1929, er sei fasziniert von den Ähnlichkeiten zwischen östlichen Ideen und der modernen Physik.

Ein weiterer wichtiger Berührungspunkt betrifft die Zusammenschaltung. Die Quantenphysik führte das Konzept der Verschränkung ein. Bei der Verschränktheit zweier Teilchen wirkt sich eine Zustandsänderung des einen augenblicklich auf das andere aus, unabhängig von der Entfernung, die sie voneinander trennt. Albert Einstein nannte dieses Phänomen „spukhafte Fernwirkung", heute gilt es jedoch als einer der Grundpfeiler der Quantentheorie.

Im Hinduismus wird diese universelle Verbundenheit durch die Idee ausgedrückt, dass der gesamte Kosmos ein unauflösliches Netzwerk ist. Ein berühmter Vers aus der Brihadaranyaka Upanishad lautet: „Tat Tvam Asi" und erinnert uns daran, dass jedes Individuum (Atman) ein untrennbarer Teil des Ganzen (Brahman) ist. Swami Vivekananda, einer der größten Vertreter des modernen indischen Denkens, betonte, dass die Einheit des Universums eine zentrale Idee der vedischen Schriften sei. Im Jahr 1893 sprach Vivekananda während des Parlaments der Religionen in Chicago von der Verbundenheit aller Dinge und nahm damit Erkenntnisse vorweg, die die Wissenschaft Jahrzehnte später bestätigen sollte.

Die Quantenphysik hat außerdem gezeigt, dass sich Licht und Elektronen je nach Experiment entweder wie Teilchen oder wie Wellen verhalten. Diese Dualität schockierte die Wissenschaftler des 20. Jahrhunderts. Wie kann etwas zwei Dinge gleichzeitig sein? Ein solch paradoxes Phänomen ähnelt Maya, dem hinduistischen Konzept der „Illusion", das die wahre Natur der Realität verbirgt. Den Upanishaden zufolge ist das, was wir wahrnehmen, eine vom Geist erschaffene Illusion. Swami Vivekananda erklärte, dass die ultimative Wahrheit nicht das ist, was erscheint, sondern das, was unter dem Schleier der Erscheinung liegt.

In der Quantenwelt spielt die Beobachtung eine entscheidende Rolle. Die Experimente mit Schrödingers berühmter Katze und Heisenbergs Unschärferelation zeigen, dass der Beobachter die beobachtete Realität verändert. Diese Idee findet sich auch in der Hindu-Philosophie wieder, wo die Wahrnehmung selbst als Schlüssel zur Bestimmung dessen angesehen wird, was wir als „real" bezeichnen.

Der Hinduismus vertritt eine zyklische Sicht der Zeit, die in Zeitalter (Yuga) unterteilt ist, die sich in einem unendlichen Tanz von Schöpfung und Zerstörung wiederholen. In ähnlicher Weise bietet die

Quantenphysik Modelle des Universums, in denen die Zeit möglicherweise keine gerade Linie, sondern vielmehr eine formbare, rekursive Dimension ist. Neuere Theorien, wie etwa die des Multiversums, legen die Möglichkeit unendlicher kosmischer Zyklen nahe und erinnern an die in den Puranas und der Bhagavad Gita beschriebene Vision eines Universums ohne Anfang und Ende.

Die Konvergenz von Quantenphysik und Hindu-Philosophie bedeutet nicht, dass das eine das andere erklärt. Allerdings bieten beide ergänzende Ansichten zum Mysterium des Universums. Während Physiker Experimente und Mathematik nutzen, erforschten indische Weise die Realität durch Meditation und Selbstbeobachtung. Der Physiker Fritjof Capra stellte in seinem Bestseller „Das Tao der Physik" fest:

> *„Die moderne Physik führt uns zu einem Weltbild, das dem der Upanishaden näher ist als den Ideen Newtons."*

Die Herausforderung für die Menschheit besteht heute möglicherweise darin, diese beiden Perspektiven zu vereinen. Die Quantenwissenschaft entschlüsselt die Sprache des Universums anhand von Zahlen. Der Hinduismus lädt uns ein, ihn als Einheit zu leben. Vielleicht liegt im Dialog zwischen Ost und West der Schlüssel zum Verständnis der Geheimnisse, die uns noch immer verborgen bleiben.

Die Newtonsche Sicht

Die Vision des Kosmos erlebte im 20. Jahrhundert eine Revolution. Zuvor dominierte die Perspektive der klassischen Physik, vertreten durch Isaac Newton. Newton beschrieb im 17. Jahrhundert ein vorhersehbares, geordnetes Universum, das von mechanischen Gesetzen beherrscht wird. Dieser Vision zufolge funktionierte alles wie eine perfekte Maschine. Das berühmteste Beispiel war das „Uhrenuniversum". In dieser Metapher funktionierte das Universum wie ein Zahnrad: Jedes Teil bewegte sich entsprechend seiner genauen Rolle und ermöglichte so ein deterministisches Wissen über die Vergangenheit, Gegenwart und Zukunft.

Dieser Ordnungsgedanke fand in vielen westlichen Konzeptionen der Zeit Anklang und beeinflusste auch das philosophische und soziale Denken. Die Wissenschaftler glaubten, wenn man erst einmal alle Naturgesetze kenne, sei nichts unerreichbar. Sogar die Zukunft hätte mit ausreichenden Berechnungen vorhergesagt werden können.

Dieses mechanische Universum gab Sicherheit. Die Realität schien klar, logisch und verständlich.

Doch zu Beginn des 20. Jahrhunderts begann diese Gewissheit zu wanken. Albert Einstein zeigte mit seiner Relativitätstheorie (1905 und 1915), dass Raum und Zeit nicht absolut sind. Nicht nur das. 1927 erschütterte Werner Heisenberg mit der Unschärferelation endgültig die Idee der Vorhersagbarkeit. Heisenberg demonstrierte eine schockierende Tatsache: Wir können nicht gleichzeitig die Position und die Geschwindigkeit eines Elementarteilchens mit absoluter Genauigkeit kennen. Dieses scheinbar einfache Prinzip hat unsere Sicht auf das Universum für immer verändert.

Das subatomare Universum, das die Grundlage der Materie bildet, folgt nicht der Newtonschen Strenge. Es ist nicht mechanisch, sondern probabilistisch. Partikel verhalten sich nicht wie kleine Billardkugeln, sondern eher wie Objekte, die sich auf unvorhersehbare Weise bewegen und vibrieren. Allein die Beobachtung eines Teilchens beeinflusst dessen Verhalten. Dies führt eine neue Dimension ein: die Rolle des Beobachters im Universum.

In der Quantenphysik erinnert diese Unbestimmtheit an einige Ideen aus östlichen Philosophien, insbesondere dem Hinduismus. In vedischen Texten wird das Universum oft als ein unendliches, verwobenes Netz beschrieben, in dem alles miteinander verbunden ist und sich das endgültige Wissen einer endgültigen menschlichen Interpretation entzieht. Maya (die kosmische Illusion) und die Energiezyklen im Hinduismus spiegeln genau die Instabilität und kontinuierliche Transformation wider, die in der Quantenmechanik beobachtet werden.

Heisenberg selbst hatte direkten Kontakt zur östlichen Kultur. Während einer Indienreise Mitte des 20. Jahrhunderts sprach er mit dem indischen Dichter und Philosophen Rabindranath Tagore, der 1913 den Nobelpreis für Literatur erhielt. Im Mittelpunkt des Gesprächs stand die Verbindung zwischen Wissenschaft und östlicher Philosophie. Einer bekannten Anekdote zufolge sagte Heisenberg, er habe in indischen philosophischen Texten eine gewisse „Vertrautheit“ mit den Prinzipien der Quantenphysik gefunden: Beide wiesen auf die Unmöglichkeit einer absoluten Erkenntnis der Wirklichkeit hin.

Die ultimative Wahrheit ist für den Hinduismus Brahman, eine unerkennbare und transzendente Realität. Dies kommt der Vorstellung nahe, dass wir auf der Quantenebene das Universum niemals in seiner objektiven Gesamtheit beobachten können.

Der deutsche Wissenschaftler war nicht der einzige, der diese Konzepte miteinander verband. Erwin Schrödinger, einer der Väter der Quantenmechanik, interessierte sich auch stark für die vedische Philosophie und die Konzepte von Brahman und Atman (dem individuellen Selbst). Schrödinger schrieb, seiner Meinung nach habe der Hinduismus schon lange vor der westlichen Wissenschaft begriffen, dass die Trennung zwischen Objekt und Subjekt eine Illusion sei. Neuere Beispiele für diese Idee finden sich im berühmten Experiment mit „Schrödingers Katze", das zeigt, dass die Wirklichkeit bis zum Moment der Beobachtung „multipl" sein kann.

Quantenmechanik und Hinduismus scheinen unterschiedliche Sprachen zu sprechen, haben aber einen wesentlichen Punkt gemeinsam. Beide betrachten die Realität als etwas Veränderliches, Dynamisches und Flüchtiges. Die beruhigende Newtonsche Vision reicht nicht mehr aus, um die Komplexität des Universums zu beschreiben. Die moderne Wissenschaft hat gezeigt, dass das, was wir für fest und unveränderlich hielten, wie Atome, in Wirklichkeit ein lebendiger Raum voller Möglichkeiten ist.

Und der Hinduismus mit seiner Betonung der kosmischen Einheit und des intuitiven Wissens bietet eine tiefe Einsicht: Das Universum ist ein Netz sich ständig verändernder Verbindungen, und Wissen bedeutet, mit dem Mysterium zu leben. Vielleicht können wir gerade in diesem Mysterium eine neue Form der Ordnung für das 21. Jahrhundert finden.

Die Quantenvision.

Die Quantenphysik zeigt uns eine Welt, in der der Zufall die Grundlagen der Realität bestimmt. Auf der kleinsten Skala, der der Elementarteilchen, gibt es keine Gewissheiten: Es gibt nur Wahrscheinlichkeiten. Das berühmte Doppelspaltexperiment, das erstmals in den 1920er Jahren durchgeführt wurde, enthüllte ein beunruhigendes Phänomen.

Ein Teilchen, ein Elektron, kann sich sowohl wie ein Teilchen (ein definiertes physikalisches Element) als auch wie eine Welle (etwas Unbestimmtes und im Raum Verteiltes) verhalten. Und die Entscheidung für die eine oder andere Natur scheint vom Beobachter abzuhängen. Das Universum scheint also auf unsere Wahrnehmung und unsere Interaktion mit ihm zu reagieren.

Diese Perspektive, die auf den ersten Blick rein wissenschaftlich erscheinen mag, erinnert stark an die hinduistische Vision des Universums. Den vedischen Texten und Upanishaden zufolge ist das Universum Maya, eine Illusion oder Projektion, die sich ständig verändert. Im Hinduismus gibt es keine klare Grenze zwischen materieller und spiritueller Realität: Alles ist eine Verflechtung von Energien. Die Materie selbst gilt als dynamisch und verbunden mit dem, was wir Geist oder Bewusstsein nennen könnten.

Ein interessanter Vergleich lässt sich mit dem hinduistischen Konzept von „Brahman" ziehen, dem universellen kosmischen Prinzip. Gemäß dem Hinduismus ist Brahman die absolute, unendliche und unteilbare Realität. Alle Lebewesen und Phänomene im Universum entspringen dieser einzigartigen Realität und stehen in einer tiefen und untrennbaren Beziehung zu ihr. Dies erinnert an die Quantenverschränkung, ein Phänomen, bei dem zwei einmal verschränkte Teilchen in einem Zustand gegenseitiger Verbindung bleiben, unabhängig von der Entfernung, die sie trennt. Heute ist die Verschränkung experimentell nachgewiesen und bildet die Grundlage für die Entwicklung von Quantentechnologien, etwa von Quantencomputern.

Aber was sagt der Hinduismus über die Rolle des Individuums im Universum? In der Bhagavad Gita, einem der am häufigsten gelesenen heiligen Texte, erklärt Krishna:

> *„Ich bin der Ursprung von allem. Alles entwickelt sich bei mir."*

Der Mensch wird hierbei nicht als isolierter Beobachter, sondern als integraler Bestandteil des kosmischen Prozesses betrachtet. Das individuelle Bewusstsein oder Atman ist ein untrennbarer Teil von Brahman. In ähnlicher Weise scheint der Beobachter in der Quantenphysik das Verhalten der Teilchen zu beeinflussen. Die Grenze zwischen Beobachter und Beobachtetem löst sich auf.

Eine Anekdote, die die tiefe Verbindung zwischen diesen beiden Visionen verdeutlicht, führt uns zurück zum Treffen zwischen Niels Bohr, dem Vater der Quantentheorie, und einer Delegation indischer Philosophen im Jahr 1930. Während einer Diskussion über die nichtdeterministische Natur der Teilchen meinte einer der Gäste, dass die von Bohr beschriebene subatomare Realität eine überraschende Ähnlichkeit mit den kosmischen Beschreibungen der vedischen Philosophie aufweise. Bohr hielt fasziniert inne, um darüber nachzudenken, wie ähnliche Erkenntnisse aus unterschiedlichen

Quellen stammen konnten: der eine aus der Wissenschaft, der andere aus dem spirituellen Bereich, doch beide auf der Suche nach der ultimativen Wahrheit.

Die Metapher des „Traums“.

Sogar die in östlichen Philosophien wiederkehrende Metapher des „Traums“ scheint mit der Quantenwelt im Dialog zu stehen. In der Brihadaranyaka Upanishad heißt es:

„Wie eine Spinne ihren Faden aussendet, so dehnt sich das Sein ins Universum aus und zieht sich dann wieder zurück.“

. Die Realität ist fließend und erscheint grausam, obwohl sie stabil ist. Eine ähnliche Auffassung zeichnet sich auch in moderneren Quantenmodellen ab. Demnach ist das Quantenvakuum, aus dem alle Materie hervorgeht, selbst in ständiger Bewegung und Fluktuation.

Diese Parallelen bedeuten nicht, dass der Hinduismus die Quantenphysik „kannte“. Sie legen jedoch nahe, dass die Menschheit auf unterschiedlichen Wegen versucht hat, dieselben grundlegenden Wahrheiten zu verstehen. Im Kern steht bei beiden eine revolutionäre Idee: Alles ist miteinander verbunden. Das Schicksal des kleinsten Elektrons ist mit dem Ganzen verknüpft. Im hinduistischen Universum ist jedes Wesen, vom kleinsten Insekt bis zum mächtigsten Gott, durch einen unsichtbaren Faden mit dem Rest des Kosmos verbunden.

Wenn man genau hinsieht, erkennt man vielleicht, dass das Universum mehr ist als nur eine Ansammlung von Körnern oder Partikeln. Es ist ein Tanz, ein kontinuierlicher Fluss von Energien, Bewusstsein und Möglichkeiten.

Die heiligen Texte des Hinduismus beschreiben die Welt als einen Traum. Die Realität ist fließend, formbar und verändert sich ständig.

Wenn wir uns von der Spiritualität zur Wissenschaft bewegen, finden wir eine überraschend parallele Vision. Die Quantenphysik hat uns gelehrt, dass das Universum auf einer grundlegenden Ebene keine Ansammlung konkreter Objekte ist, sondern ein Netzwerk von Möglichkeiten, die entstehen und verschwinden.

Das „Quantenvakuum“, die Grundlage aller Materie, ist keineswegs leer. Es ist ein pulsierendes Meer aus Schwankungen, die den Teilchen ihre Form geben. Es handelt sich um eine Realität in ständiger Entwicklung, und zwar in einem solchen Ausmaß, dass einige Theorien nahelegen, dass sogar das Universum selbst aus diesen Schwankungen entstehen könnte, wie ein Traum, der aus dem Nichts entsteht.

Ähnlich wie das Konzept der Maya verwischt die Quantenphysik die Grenzen zwischen dem, was real erscheint und dem, was lediglich potenziell ist. Der Physiker David Bohm, bekannt für seinen philosophischen Ansatz zur Quantentheorie, sprach von der „impliziten Ordnung" des Universums: einer verborgenen, traumähnlichen Ebene im latenten Zustand, aus der alles entsteht und in die sich schließlich alles auflöst.

Ein weiteres zentrales Konzept sowohl im Hinduismus als auch in der Quantenphysik ist die Rolle des Beobachters. Im traditionellen Hindu-Modell ist der Beobachter der Atman, das tiefe Selbst, das die Welt beobachtet, wie man einen Traum beobachtet. Das Atman ist nicht vom Traum getrennt, sondern ist ein Teil von ihm und nimmt an ihm teil. Dennoch kann es sich der Illusion bewusst werden und erwachen, um wieder eins mit dem Brahman zu werden.

Auch in der Quantenphysik ist der Beobachter eine fundamentale Figur. Experimente zum Kollaps der Wellenfunktion haben gezeigt, dass der Zustand eines Teilchens (z. B. seine Position oder Geschwindigkeit) erst bestimmt wird, wenn es beobachtet wird. Mit anderen Worten, es ist, als ob das Universum in einem Traumzustand existiert, bis ein Beobachter eingreift und eine Realität „wählt".

Sowohl der Hinduismus als auch die Quantenphysik verfügen über eine weitere außergewöhnliche Erkenntnis: die Verbundenheit aller Dinge. Im Hindu-Universum gibt es keine starren Grenzen zwischen einem Wesen und einem anderen oder zwischen einer Sache und einer anderen. Jedes Wesen ist durch eine unsichtbare Verbindung mit dem Rest des Kosmos verflochten.

Eine faszinierende Parallele findet sich im Phänomen der Quantenverschränkung. Wenn zwei Teilchen auf Quantenebene „verschränkt" sind, bilden sie ein einziges System: Das Schicksal eines Teilchens ist unmittelbar mit dem des anderen verknüpft, unabhängig von der Entfernung zwischen ihnen.

Durch die Metapher des Traums können wir uns das Universum nicht als eine Ansammlung statischer Objekte vorstellen, sondern als einen Tanz in kontinuierlicher Entwicklung. In Indien wird diese Vision durch die Figur von Shiva Nataraja verkörpert, dem Herrn des Tanzes, der die zyklische Schöpfung und Zerstörung des Universums repräsentiert. Shiva tanzt auf dem Lingam, dem Symbol des schöpferischen Prinzips, und bewirkt mit seiner Bewegung die Geburt und Auflösung der Realität.

Selbst moderne Physiker beschreiben das Universum als einen Tanz. Einige Theorien gehen davon aus, dass Partikel lediglich Schwingungen winziger Saiten sind, die auf eine Weise schwingen und sich drehen, die Materie und Energie erzeugt. Die „Streichmusik" ähnelt stark der hinduistischen Philosophie, wonach die Welt das Ergebnis der Urschwingung des Klanges Om ist, aus dem alles entstand.

Es muss unbedingt klargestellt werden, dass die Parallelen zwischen Hinduismus und Quantenphysik nicht bedeuten, dass die Weisen des alten Indien die moderne Physik vorhergesagt hätten. Doch diese Verbindungen legen nahe, dass die Menschheit zu unterschiedlichen Zeiten und auf unterschiedliche Weise die gleiche grundlegende Frage erforscht hat: Was ist Realität? Was ist unsere Rolle dabei? Was liegt jenseits dessen, was wir sehen?

Samkhya: Purusha und Prakriti, Sein und Werden.

Das Universum besteht aus Rätseln. Die Quantenphysik erinnert uns jedes Mal daran, wenn wir versuchen, die tiefe Natur der Realität zu begreifen. Zu seinen faszinierendsten Geheimnissen gehört der Welle-Teilchen-Dualismus, eine inhärente Eigenschaft subatomarer Teilchen. Ihre Fähigkeit, sich manchmal wie Partikel, fest und definiert, und manchmal wie Wellen, flüssig und undefiniert, zu verhalten, widerspricht der normalen Logik. Bei näherer Betrachtung ist diese Ambivalenz nicht weit entfernt vom Denken der alten Hindu-Philosophie, insbesondere des Samkhya-Systems, das die Welt als kosmischen Tanz zwischen zwei komplementären Prinzipien beschreibt: Purusha (Geist) und Prakriti (Materie). Der Übergang zwischen den Zuständen ist nicht einfach, aber gerade in dieser Mehrdeutigkeit finden Wissenschaft und Spiritualität einen überraschenden Treffpunkt.

Um die Quantendualität zu verstehen, können wir mit Thomas Youngs berühmtem Doppelspaltexperiment aus dem Jahr 1801 beginnen. Dieser einfache physikalische Beweis demonstriert eine verblüffende Tatsache: Ein Lichtteilchen (ein Photon) oder Materieteilchen wie ein Elektron kann sich je nach Beobachtung wie eine Welle oder ein Teilchen verhalten. Wenn ein Elektronenstrahl durch zwei dünne Schlitze geschickt und nicht direkt beobachtet wird, entsteht ein für Wellen typisches Interferenzmuster mit überlappenden Wellenbergen und -tälern.

Versucht man stattdessen, die Bahn einzelner Elektronen zu verfolgen, so ähnelt das entstehende Muster einzelnen Teilchen, die durch einen bestimmten Spalt hindurchtreten. Mit anderen Worten: Der Akt der Beobachtung selbst verändert die Natur des Beobachteten.

Dieses Quantenparadoxon zwingt uns zum Nachdenken: Ist die Realität objektiv und bereits definiert oder wird sie durch die Interaktion zwischen Beobachter und beobachtetem Objekt geprägt? Die Quantenwissenschaft scheint eine differenzierte Antwort zu bieten, die an den Kern der Hindu-Philosophie erinnert.

Gemäß der hinduistischen Samkhya-Philosophie ist das Universum das Ergebnis der Wechselwirkung zwischen zwei kosmischen Prinzipien. Purusha repräsentiert das Sein, den unveränderlichen, passiven und unendlichen Zeugen. Es ist der Pol des Geistes, des reinen Bewusstseins, das nicht handelt, sondern beobachtet. Prakriti hingegen ist die materielle und dynamische Energie, die Welt der Formen, Bewegungen und Transformationen. Es ist das Werden, die unaufhörliche Aktivität, die alles ausmacht, was wir als phänomenale Realität wahrnehmen.

Diese Beziehung zwischen Purusha und Prakriti ähnelt dem impliziten Dialog zwischen der Welle und dem Teilchen. So wie sich das Quantenuniversum je nach Kontext in unterschiedlichen Zuständen manifestiert, entsteht auch im Samkhya die Realität aus der Wechselwirkung zwischen Geist und Materie. Materie existiert dank des Bewusstseins, das sie beobachtet, genauso wie das Bewusstsein sich im Vergleich zur sichtbaren Welt definiert. Es gibt keine Hierarchie: Beide Prinzipien sind für den Fortbestand des Universums notwendig.

Maya und die Illusion der Realität.

Die Parallelität wird noch weiter ausgeweitet, wenn wir das Konzept von Maya betrachten, das sowohl in der Samkhya-Philosophie als auch in vedantischen Texten vorkommt. Maya, ein Begriff, der allgemein mit „Illusion“ übersetzt wird, beschreibt die trügerische und vergängliche Natur der phänomenalen Welt. Laut Hinduismus ist das, was wir als stabil und endgültig wahrnehmen, oft offensichtlich. In Wirklichkeit ist alles dynamisch, fließend und miteinander verbunden. Maya verbirgt das wahre Wesen der Wirklichkeit vor den Augen der Menschen und lässt sie glauben, es gäbe eine strikte Unterscheidung zwischen Beobachter und Beobachtetem, während in Wirklichkeit alles eine Widerspiegelung des Ganzen ist.

Dasselbe gilt in der Quantenwelt: Bis wir ein System beobachten, befindet es sich in einem Zustand der Quantensuperposition, einem Zustand, in dem mehrere Möglichkeiten koexistieren. Erst durch die Beobachtung wird eine dieser Möglichkeiten konkret. Dieser kontinuierliche Übergang von der Potenzialität zur Wirklichkeit, von der Möglichkeit zur konkreten Erscheinung, spiegelt die Dynamik der Hindu-Maya wider.

Der Wissenschaftler Niels Bohr, der Vater der Quantentheorie, erkannte den Wert östlicher Denktraditionen. Der konzeptionelle Ansatz des Vedanta und von Philosophien wie Samkhya ist zwar nicht religiös, scheint aber die Art und Weise widerzuspiegeln, wie die moderne Physik das Universum beschreibt. Sogar Werner Heisenberg, berühmt für das Unschärfeprinzip, wies darauf hin, dass das Konzept der „komplementären Gegensätze“ in der indischen Kultur Erkenntnisse vorwegnahm, die die Quantenphysik erst Jahrhunderte später entdecken sollte.

Man könnte sagen, dass die Physik versucht, das Universum in seinen kleinsten Elementen zu verstehen, während die hinduistische Philosophie so weit geht, das Universum in seiner Gesamtheit und in seiner „kosmischen“ Bedeutung zu beschreiben. Beide Disziplinen gelangen jedoch, wenn auch auf unterschiedlichen Wegen, zum selben Punkt: Die Realität ist fließend, vernetzt und entwickelt sich ständig weiter. Der Welle-Teilchen-Dualismus könnte daher als moderne Metapher für das jahrtausendealte Gleichgewicht zwischen Purusha und Prakriti interpretiert werden.

Die Begegnung zwischen Quantenphysik und Hinduismus ist kein Zufall. Beide Visionen laden uns ein, unsere Gewissheiten zu hinterfragen und zu erkennen, dass die Realität komplexer ist, als sie scheint. Sowohl der Physiker als auch der alte indische Weise versuchen, die Wahrheit hinter dem Schleier der Erscheinung zu ergründen und erinnern uns daran, dass nicht alles, was existiert, mit einfachen Worten erklärt werden kann. Welle oder Teilchen? Sein oder werden? Geist oder Materie? Vielleicht lautet die Antwort, wie im Quantenuniversum und seinen hinduistischen Metaphern, beides.

Schleifenquantengravitation.

Die Zeit, wie wir sie kennen und täglich wahrnehmen, ist nicht so linear und einheitlich, wie es scheinen mag. Dies zeigt uns die moderne Physik, insbesondere durch einige Theorien wie etwa die der „Schleifenquantengravitation" des italienischen Physikers Carlo Rovelli.

Dieser Auffassung zufolge vergeht die Zeit bei einer Analyse auf mikroskopischer Ebene möglicherweise nicht mit konstanter Geschwindigkeit, sondern verläuft möglicherweise fragmentiert, stoppt oder wiederholt sich sogar zyklisch. Doch eine der „nichtlinearen Zeit" sehr ähnliche Idee ist gar nicht so neu. Der Hinduismus, eine der ältesten spirituellen Traditionen der Welt, hat das Universum seit jeher als von kontinuierlichen Zyklen beherrscht betrachtet, in denen Vergangenheit und Zukunft zu einer ewigen Gegenwart verschmelzen.

Um den Hinduismus und seine Beziehung zur Zeit zu verstehen, muss man vom Konzept des Kalpa ausgehen. Ein Kalpa ist ein kosmischer Zyklus, ein immenser Zeitraum, der die Erschaffung, Zerstörung und Erneuerung des Universums kennzeichnet. Gemäß den hinduistischen heiligen Texten wie den Puranas und den Veden folgt der Kosmos keinem linearen Verlauf, sondern einem zyklischen Muster ohne Anfang oder Ende. Wir sprechen von Zeitaltern (Yugas), die sich in einer ständigen Verflechtung von Geburt, Verfall und Wiedergeburt wiederholen. Die Idee ist poetisch und universell: Alles, vom Menschen bis zu den Sternen, unterliegt diesem unendlichen Rhythmus.

Dieses Konzept scheint eine überraschende Analogie zu einigen Erkenntnissen aus der Quantenphysik aufzuweisen. Rovellis Theorie geht beispielsweise davon aus, dass die Zeit keine kontinuierliche, sondern eine fragmentierte Dimension ist. In infinitesimalen Zeitskalen können sich fundamentale Strukturen auf unerwartete Weise verhalten, weit entfernt von unserer linearen Wahrnehmung. Es ist faszinierend zu sehen, wie eine aus mathematischen Formeln und wissenschaftlichen Beobachtungen abgeleitete Idee in antiken metaphysischen Spekulationen ein Echo findet.

Die hinduistische zyklische Sichtweise ist nicht nur Kosmologie, sondern beeinflusst auch das tägliche und spirituelle Leben. Reinkarnation (Samsara) beispielsweise ist die Vorstellung, dass jede Seele unendlich viele Leben durchläuft und sich dabei auf einem zyklischen Weg bewegt, der von den Gesetzen des Karma bestimmt wird. Diese Reise könnte suggestiv an Rovellis Beschreibung der Zeit erinnern: aufeinanderfolgende Fragmente, die miteinander verbunden erscheinen, aber nicht unbedingt einer linearen Logik unterliegen.

Eine interessante Parallele findet sich auch im Konzept der Raumzeit, die nach Rovelli und anderen physikalischen Theorien keine feste oder universelle Größe darstellt. Die Zeit kann sich je nach Gravitationsfeld und Bedingungen im Universum beschleunigen oder verlangsamen. Diese Idee erinnert an die berühmte hinduistische Allegorie des Gottes Shiva, Symbol der Zerstörung und Neuschöpfung: In seinem ewigen Tandava, dem kosmischen Tanz, erschafft Shiva einen Rhythmus, in dem Raum und Zeit gleichzeitig entstehen und zusammenbrechen.

Vielleicht fasst nichts diese Nähe zwischen moderner Physik und Hinduismus besser zusammen als Rovellis Satz:

„Zeit ist eine Form, die uns die Wirklichkeit mitteilt."

In der hinduistischen Philosophie wird die Zeit, oder genauer „Kala", oft als eine Illusion (Maya) beschrieben, ein geistiges Konstrukt, das der Mensch nutzt, um eine Realität zu verstehen, die den Geist übersteigt. In der Bhagavad Gita, einem der grundlegenden Texte der Hindu-Tradition, sagt Krishna:

„Ich bin die Zeit, der Zerstörer der Welten."

In dieser Vision ist die Zeit nicht einfach das Ticken von Zeigern, sondern eine schöpferische und zugleich zerstörerische Urkraft, die das gesamte Universum umgestalten kann.

Die Quantenphysik mit ihren kühnen und oft kontraintuitiven Behauptungen scheint einem ähnlichen Weg zu folgen wie den, den die indischen Weisen vor Tausenden von Jahren eingeschlagen haben. Der Welle-Teilchen-Dualismus, Heisenbergs Unschärferelation und die Vorstellung, dass die Zeit keine universelle Größe ist, erinnern uns daran, wie komplex und schwer fassbar die Realität ist.

Carlo Rovelli, Autor von Werken wie „Sieben kurze Lektionen über Physik" und „Die Ordnung der Zeit", ist ein Physiker, der es geschafft hat, starre akademische Grenzen zu überschreiten, um sich einem breiteren kulturellen Dialog zu öffnen. Rovelli selbst hat erklärt, dass er von der östlichen Philosophie fasziniert sei. In den Augen des italienischen Physikers ist die Zeit nur eines der Muster, anhand derer der Mensch die Welt interpretiert. Dies bringt ihn, vielleicht unbewusst, dem sogenannten „Hindu Darshana" näher, einer philosophischen Vision, die uns einlädt, über den äußeren Schein hinauszublicken.

Ein praktisches Beispiel, das Rovelli gerne anführt, ist das Verhalten von Schwarzen Löchern. In der Nähe eines Schwarzen Lochs verlangsamt sich die Zeit bis sie fast zum Stillstand kommt. Normalerweise wird diese Tatsache mit Einsteins allgemeiner Relativitätstheorie erklärt. Doch auf mikroskopischer Ebene, innerhalb der Grenzen der Quantenmechanik, könnte die Zeit tatsächlich „verloren gehen“ und mit dem Raum verschmelzen. Es ist ein Bild, das Raum für unendliche Überlegungen lässt, ebenso wie das alte hinduistische Konzept von „Lila“, dem kosmischen Spiel, das das Schicksal aller Dinge bestimmt.

Auf die Frage, was der Hinduismus zur modernen Wissenschaft zu sagen hat, können wir nicht mit Sicherheit antworten. Was sich jedoch abzeichnet, ist die Idee, dass die Antike mit ihren Mythen und Symbolen im Licht zeitgenössischer Entdeckungen eine neue Bedeutung erhalten kann. Philosophie und Physik sind keine Gegensätze, sondern zwei Sprachen, um eine Wirklichkeit zu erzählen, die uns entgeht.

Vielleicht ist es Weisheit, zu erkennen, dass die Zeit – wie alles um uns herum – viel komplexer ist, als es scheint. Und dass die Wissenschaft in gewissem Sinne mit jedem Schritt einer Wahrheit näher zu kommen scheint, die antike Überlegungen schon vor Tausenden von Jahren erahnen ließen.

Die kaputte Uhr: Quantenzeit und der Kreislauf des Samsara.

Wenn wir auf eine Uhr schauen, erinnert uns die Bewegung ihrer Zeiger daran, dass die Zeit linear vergeht. Vergangenheit, Gegenwart und Zukunft folgen einander in einer geradlinigen Linie. Die Quantenphysik lehrt uns jedoch, dass diese Gewissheit angesichts der subatomaren Welt zusammenbricht. In dieser Dimension ist die Zeit keine kontinuierliche Linie mehr, sondern nimmt seltsame und unvorhersehbare Verhaltensweisen an: Sie ist relativ, diskontinuierlich und sogar umkehrbar. Diese revolutionäre Vision erinnert überraschenderweise an ein altes und zutiefst philosophisches Konzept des Hinduismus: den Kreislauf des Samsara, die ewige und kreisförmige Zeit der Reinkarnation.

Lineare Zeit und Kreiszeit.

In der westlichen Kultur wurde die Zeit lange Zeit als ein Pfeil mit einem Startpunkt und einer klaren Richtung vorgestellt. Vom Urknall bis zur Expansion von Galaxien scheint die moderne Wissenschaft diese Vision zu bestätigen. Die Quantenphysik hat diese Vorstellung jedoch in Frage gestellt. Theorien wie die „Schleifenquantengravitation" gehen davon aus, dass die Zeit nicht gleichmäßig ist, dass sie nicht überall mit der gleichen Geschwindigkeit fließt und dass sie auf der kleinsten Ebene sogar auf schwer vorstellbare Weise „anhalten" oder sich „wiederholen" kann.

Hier bietet die Hindu-Philosophie eine bemerkenswerte Parallele. Im hinduistischen Denken ist die Zeit nicht linear, sondern zyklisch. Das Konzept von Samsara beschreibt das endlose Rad der Wiedergeburten, einen Prozess ohne Anfang oder Ende. Jede Seele (Atman) durchläuft einen Zyklus von Geburten, Toden und Wiedergeburten, bis sie Moksha, die Befreiung, erlangt. Dieser ewige Kreislauf steht im scharfen Kontrast zur westlichen Vorstellung von der Zeit als einer geraden Linie, die ohne Rückkehr vorwärts verläuft.

Samsara ist nicht nur eine Metapher. Es ist eine Möglichkeit, die Realität als kontinuierliche Bewegung zu verstehen, in der Vergangenheit, Gegenwart und Zukunft untrennbar miteinander verbunden sind. Dies wird durch die Bhagavad Gita bestätigt, einen der wichtigsten heiligen Texte des Hinduismus. In Kapitel 2, Vers 12 lesen wir:

„Es gab nie eine Zeit, in der wir nicht existierten, und es wird auch nie eine Zeit geben, in der wir nicht existieren werden."

Diese Überlegung eliminiert das Konzept der Zeit als etwas, das beginnt und endet. Alles existiert in einer ewigen Gegenwart.

Ähnlich erklärt Carlo Rovelli in seinem Buch „Die Ordnung der Zeit", dass die Zeit, wie wir sie wahrnehmen, nur eine von unserem Gehirn erzeugte Illusion ist. Auf der fundamentalen Ebene der Realität, also auf der Quantenebene, gibt es keine absolute chronologische Ordnung. Vergangenheit und Zukunft verschwimmen zu verschwommenen Konzepten. Dies erinnert an eine Aussage aus der Hindu-Philosophie: Zeit ist Maya, eine Illusion, die die Sinne täuscht.

Ein faszinierendes Beispiel ist das Konzept der „Superposition" in der Quantenphysik. Unter diesen Umständen kann sich ein Teilchen in zwei verschiedenen Zuständen gleichzeitig befinden, bis es beobachtet wird. Dieses experimentell nachgewiesene Phänomen deutet darauf hin, dass die Unterscheidung zwischen Vergangenheit und Zukunft insbesondere in der subatomaren Welt nicht immer klar ist. Diese Relativität der Zeit spiegelt sich im hinduistischen Pantheon wider, wo Gottheiten wie Shiva oder Vishnu mit der Kontrolle der Zeit und ihrer Zyklizität in Verbindung gebracht werden.

Eine weitere interessante Parallele betrifft Schwarze Löcher. Stephen Hawking hat bewiesen, dass die Zeit in der Nähe eines Schwarzen Lochs stehen bleibt. Dieses Phänomen erinnert an die Idee des Kalachakra (das Rad der Zeit) in der hinduistischen Kosmologie, die die Vorstellung einführt, dass es Punkte im Universum gibt, an denen sich die Zeit „aufrollt".

Der Hinduismus betrachtet das Konzept von Vergangenheit und Zukunft auf faszinierende Weise. Im Kreislauf des Samsara sind unsere Vorstellungen von „vorher" und „dann" lediglich vom Geist erschaffene Illusionen. Jedes Leben ist mit den vorherigen und den nachfolgenden Leben in einer Kausalkette verknüpft, doch diese Kette hat keinen definitiven Anfang. Es handelt sich um ein Konzept, das an das „Zwillingsparadoxon"-Experiment in Einsteins Relativitätstheorie erinnert, bei dem sich die Zeitwahrnehmung je nach Bewegung und Schwerkraft ändert. Wenn ein Astronaut mit annähernd Lichtgeschwindigkeit durch den Weltraum reist und zur Erde zurückkehrt, wird er feststellen, dass für ihn weniger Zeit vergangen ist als für seine auf dem Planeten verbliebenen Zeitgenossen. Auch hier erweist sich die Zeit als relativ.

Ebenso eliminiert der Zyklus des Samsara jede Vorstellung von absoluter Zeit. Was wie das „nächste Leben" aussieht, ist in Wirklichkeit Teil einer ewigen Wiederkehr. Diese Sichtweise stellt die kartesische Logik in Frage, scheint jedoch in der modernen Physik auf überraschenden Anklang zu stoßen, wo Konzepte, die zuvor als absurd galten, zunehmend akzeptiert werden.

Diese Parallelen zwischen Hinduismus und Quantenphysik sind nicht nur faszinierend; bieten die Möglichkeit, darüber nachzudenken, wie unterschiedliche, scheinbar weit entfernte Disziplinen zusammenwachsen können. Während westliche Wissenschaftler Gleichungen aufstellen, um das Universum zu erklären, nutzen indische Mystiker die Symbolik des Rades und des kosmischen Tanzes, um dieselbe Idee auszudrücken. Wie Niels Bohr sagt:

„Große Wahrheiten können sowohl in der Sprache der Poesie als auch in der Sprache der Mathematik ausgedrückt werden."

Die Vorstellung vom Universum als einem Kreislauf ohne Anfang und Ende mag unserem auf das Denken in Ursache und Wirkung konditionierten Verstand fremd erscheinen. Doch sowohl die Quantenphysik als auch die hinduistische Philosophie laden uns ein, eine komplexere Vision zu erkunden, in der die Zeit kein Tyrann ist, der uns zum Ende drängt, sondern Teil eines ewigen und geheimnisvollen Tanzes. Eine kaputte Uhr, bei der Anfang und Ende verwechselt werden.

Die Illusion des Beobachters. Quantenphysik und hinduistisches Bewusstsein.

Im Zentrum der tiefsten Fragen der Menschheit (wer wir sind, was die Natur der Realität ist und welche Rolle unser Gewissen spielt) berühren sich Wissenschaft und Philosophie, überschneiden sich und scheinen sich manchmal gegenseitig zu beantworten. Auf der einen Seite finden wir die Quantenphysik mit ihrer überraschenden, aber strengen Vision der subatomaren Welt. Auf der anderen Seite der Hinduismus, eine philosophische Tradition, die seit Jahrtausenden die Beziehung zwischen dem Individuum und dem Kosmos erforscht. Zwischen diesen beiden Perspektiven tritt ein Konvergenzpunkt deutlich zutage: die Zentralität des Beobachters. Was wir tun, was wir beobachten, scheint die Realität selbst zu verändern. Aber wie tief geht diese Verbindung?

Die Quantenphysik hat seit Beginn des 20. Jahrhunderts unser Verständnis des Universums revolutioniert. Eines der bedeutendsten Experimente ist der Welle-Teilchen-Dualismus. Grundlage dieses Phänomens ist das sogenannte „Doppelspaltexperiment“, ein Klassiker der modernen Physik. Kurz gesagt, wenn ein Elektron durch zwei Schlitze geleitet wird, verhält es sich wie eine Welle und erzeugt ein Interferenzmuster auf dem Bildschirm, das sich wie eine Wasserwelle überlappt. Versucht ein Beobachter jedoch festzustellen, durch welchen Spalt das Elektron fliegt, ändert sich das Verhalten: Das Elektron verhält sich wie ein Teilchen und hebt das Wellenmuster auf.

Der bloße Akt der Beobachtung verändert daher das Ergebnis. Als ob das Universum in seiner intimsten Form auf die Anwesenheit des Beobachters warten würde, um zu „entscheiden“, was es sein soll. In diesem Zusammenhang schlug der theoretische Physiker John Archibald Wheeler, einer der großen Pioniere auf diesem Gebiet, die

Idee des „partizipativen Universums“ vor. Laut Wheeler kann das Universum nicht als etwas vom Menschen Getrenntes beschrieben werden. Die Wirklichkeit manifestiert sich bzw. wird erst durch die Interaktion mit ihren Beobachtern konkret.

Wheeler erweiterte diese Idee mit seinem berühmten „Delay of Choice“-Experiment, das zeigt, dass die Wahl des Beobachters das Verhalten von Quantenobjekten rückwirkend beeinflussen kann, selbst nachdem diese sich bereits durch Zeit und Raum bewegt haben. Die Realität erscheint daher nicht als starre und feste Struktur, sondern als etwas Fließendes, das durch die Interaktion mit dem Bewusstsein geformt wird.

Diese revolutionären Visionen der modernen Physik finden überraschende Entsprechungen in der Hindu-Philosophie, insbesondere im Advaita Vedanta, einer der faszinierendsten und tiefgründigsten Schulen des indischen Denkens. Dieser im siebten Jahrhundert vom Philosophen Shankara entwickelten Lehre zufolge ist die Welt, die wir wahrnehmen, nichts weiter als eine Projektion der Maya, eine Illusion, die die einzige authentische Realität verbirgt: Brahman, das absolute, unendliche und unteilbare Prinzip. Gleichzeitig ist das Individuum (der Atman) tatsächlich identisch mit diesem Brahman. Es gibt keine Trennung zwischen dem Mikrokosmos des individuellen Bewusstseins und dem Makrokosmos der absoluten Realität.

Für Shankara bedeutet das Verständnis dieser Wahrheit, aus der großen Illusion zu erwachen und zu erkennen, dass das Universum und alles um uns herum nichts anderes als eine Manifestation unseres Bewusstseins ist. Es ist ein Gedanke, der Wheelers Vision nahe kommt: Das Universum existiert in Beziehung zu denen, die es beobachten.

Der Hinduismus mit seinen uralten Texten wie den Upanishaden bietet eine poetische Sprache zur Beschreibung dieser Beziehung. In der Chandogya Upanishad heißt es: „Tat tvam asi“ (Das bist du). Diese drei Worte fassen den gesamten Advaita Vedanta zusammen: Das individuelle Bewusstsein unterscheidet sich nicht vom universellen Prinzip, das das gesamte Universum durchdringt.

Bei der Verbindung dieser beiden Welten ist es interessant festzustellen, dass in der Quantenphysik der Beobachter kein einfacher Zuschauer, sondern ein aktiver Teilnehmer ist. Ebenso betrachtet Advaita Vedanta das Individuum nicht als eine vom Rest des Universums getrennte Einheit, sondern als Schöpfer seiner eigenen Wahrnehmung der Realität. Aufschlussreich ist in diesem Zusammenhang der berühmte Satz des Mathematikers und Logikers Alfred North Whitehead:

> *„Ein Universum, das vollständig ohne Bewusstsein erklärt werden kann, ist ein Universum, das per Definition nicht existiert."*

Wheelers Experiment zur verzögerten Entscheidung, bei dem die Entscheidung des Beobachters das Quantenverhalten scheinbar „rückwirkend" beeinflusst, hebt diese Erkenntnis auf eine beunruhigende Ebene. Worte wie jene aus der Bhagavad Gita, einem der Haupttexte des Hinduismus, scheinen fast dasselbe Konzept widerzuspiegeln:

> *„Das Universum ist in mir und ich bin im Universum."*

Der hinduistische Begriff der Maya, der die materielle Welt als Illusion beschreibt, findet Parallelen in der paradoxen Natur der Quantenwelt. So wie Maya die wahre Natur Brahmans verbirgt, scheinen Quantenphänomene eine tiefere Realität zu verbergen, die sich unserem direkten Verständnis entzieht.

Für Shankara ist Maya nichts Negatives: Es ist der Schleier, der uns die phänomenale Realität erfahren lässt und uns herausfordert, ihre Grenzen zu erkennen. Diese Perspektive steht im Einklang mit Wheelers Gedanken: Das Universum, das wir beobachten, ist das Ergebnis unserer aktiven Teilnahme, eine Illusion, die kontinuierlich durch unsere Beobachtungs- und Entscheidungshandlungen geformt wird.

Wenn es eine Lektion gibt, die Wissenschaft und Philosophie voneinander lernen können, dann ist es vielleicht ein Gefühl der Demut angesichts dessen, was wir nicht vollständig verstehen. Die Quantenphysik mit ihrer mathematischen Sprache untersucht, was hinduistische Weise seit Jahrtausenden erahnen: Die Realität ist nicht festgelegt, sondern ein Netz aus Bewusstsein und Teilhabe.

John Wheeler mit seinem „partizipatorischen Universum" und Shankara mit seiner Philosophie der Nichtdualität erinnern uns daran, dass der Beobachter (und sein Bewusstsein) im Zentrum von allem steht, was existiert. Wir sind nicht vom Universum getrennt; Wir sind das Universum, das durch unsere Augen zu sich selbst erwacht. Und vielleicht liegt in dieser dünnen Linie zwischen Wissen und Sein das letzte Geheimnis dessen, was wir Realität nennen.

Kapitel IV. Die Natur des Geistes.

Der Geist im Hinduismus.

Der Hinduismus mit seiner tausendjährigen Geschichte und seinem philosophischen Reichtum bietet eine außerordentlich komplexe und faszinierende Vision des Geistes. Aus indischer Sicht ist der Geist nicht einfach eine rationale Fähigkeit oder eine Reihe von Gedanken. Es ist der Dreh- und Angelpunkt eines inneren Kampfes, der den Menschen an den Kreislauf von Geburt, Tod und Wiedergeburt (Samsara) bindet, aber gleichzeitig den Weg zur endgültigen Befreiung (Moksha) öffnen kann.

Laut Hinduismus ist der Geist eng mit dem Konzept Maya verbunden. Maya ist keine Illusion im banalen Sinne des Wortes, sondern vielmehr ein Filter, der die wahre Natur der Welt verbirgt. Wenn das Gehirn mit den Sinnen in Kontakt kommt, erschafft es eine Darstellung der Wirklichkeit, die konkret erscheint, in Wirklichkeit jedoch trügerisch ist. In heiligen Texten wie den Upanishaden heißt es, dass der Geist es einem ermöglicht, die phänomenale Welt zu erfahren, den Menschen jedoch von der direkten Erfahrung Brahmans ablenkt. Eine emblematische Passage stammt aus der Kena Upanishad, wo es heißt:

> *„Das, was vom Verstand nicht gedacht werden kann, wodurch der Verstand aber selbst denkt: das ist Brahman.“*

Der Verstand erscheint hier nicht als unfehlbares Mittel, sondern als eine Grenze für das Verständnis des Absoluten, als ein Filter, der passiert werden muss.

Der Geist spielt auch eine grundlegende Rolle bei der Konditionierung des Menschen auf den Kreislauf des Samsara, den kontinuierlichen Fluss von Geburt, Tod und Wiedergeburt. Die Emotionen, Wünsche und Identifikationen des individuellen Egos mit der materiellen Welt ketten die Seele (Atman) an dieses Rad. Die Bhagavad Gita erklärt diesen Konflikt poetisch und dramatisch. Arjuna, der kriegerische Protagonist und Symbol des Individuums, das durch seine Sinne getäuscht wird, empfängt die Lehren von Krishna, der führenden Gottheit, die die göttliche Weisheit repräsentiert. Krishna sagt:

> *„Der undisziplinierte Geist ist Ihr schlimmster Feind, während der kontrollierte Geist Ihr bester Verbündeter ist.“*

Dieser Vers betont, wie wichtig es ist, den Geist zu trainieren, um die Anhaftung an die vergängliche Welt zu überwinden.

Eine der wichtigsten Praktiken des Hinduismus zur Bewältigung dieser Dynamik ist die Meditation (Dhyana). Laut Raja Yoga, das in den Yoga Sutras von Patanjali beschrieben wird, ist der Geist wie ein See. Bei rauer See ist der Grund nicht erkennbar. Das wahre Selbst kann nur durch die Beruhigung der Gedankenschwingungen, genannt Chitta Vritti, wahrgenommen werden.

Der meditative Prozess lehrt Sie, sich zu konzentrieren, die geistige Aktivität zu verlangsamen und schließlich darüber hinauszugehen. Indische Mystiker wie Ramana Maharshi betonten die Bedeutung der Selbsterforschung, um den Geist zu transzendieren und zur Wahrheit zu gelangen. Maharshi forderte seine Schüler auf, sich ständig zu fragen: „Wer bin ich?" Diese Frage, erklärt Ramana, bringt den Geist zum Stillstand und enthüllt das verborgene Atman jenseits des Egos und der Gedanken.

Ein weiterer zentraler Punkt der Hindu-Philosophie ist die Rolle des Geistes beim Erreichen von Moksha, dem endgültigen Zustand der Befreiung. Bei Moksha ist der Geist den vedischen Texten zufolge kein Hindernis mehr, sondern wird zu einem Instrument zur Enthüllung der höchsten Wirklichkeit. Traditionen wie Advaita Vedanta, das im 8. Jahrhundert von Shankara gegründet wurde, betonen, dass der Geist in der direkten Erfahrung von Brahman, dem Unendlichen, „aufgelöst" werden muss. Shankara verglich den Geist mit einer Sonnenfinsternis: Er kann das Licht der Sonne (Brahman) verdunkeln, aber niemals zerstören.

In Varanasi, der heiligen Stadt schlechthin, manifestiert sich das Konzept der Transzendenz des Geistes auch im Ritual. Hier werden bei Sonnenuntergang entlang des Gangesufers Hunderte von Lampen angezündet. Diese Show, die mit dem Singen des Mantras „Om" endet, erinnert uns daran, dass der Geist, selbst wenn er der Dunkelheit der Illusion unterworfen ist, das Licht der Wahrheit entzünden kann.

Interessanterweise weist die Beschreibung des Geistes als Filter, der den Anschein der Realität erweckt, verblüffende Ähnlichkeiten mit der Quantenphysik auf. Gemäß der Quantentheorie beeinflusst der Beobachter das Verhalten subatomarer Teilchen. Auch in der modernen Physik scheint die „Realität" stark vom Beobachtungsort abhängig zu sein. Obwohl diese Parallelität nicht als wissenschaftliche Identifikation gedacht ist, fasziniert sie Gelehrte und Denker so sehr, dass sie seit Jahrzehnten im Mittelpunkt von Debatten steht. Physiker wie Werner Heisenberg, der Indien besuchte und die vedische Philosophie studierte, stellten philosophische Ähnlichkeiten zwischen dem Konzept der universellen Verbundenheit und der Quantentheorie fest.

Im Hinduismus ist der Geist ein mächtiges Werkzeug, aber auch ein Hindernis. Wie das Glas einer Linse, das klar oder undurchsichtig sein kann, steuert der Verstand die Wahrnehmung der Realität. Über seine Grenzen hinauszugehen bedeutet, über Samsara hinauszugehen und das ewige und unendliche Brahman zu entdecken. In einer Zeit, in der die Quantenphysik die Gewissheiten der Wissenschaft in Frage stellt, bereichert der Dialog mit diesen alten philosophischen Intuitionen nicht nur das menschliche Verständnis, sondern lädt uns auch dazu ein, über die Wunder nachzudenken, die sich hinter dem Schleier des Denkens verbergen.

Die Illusion, die den Menschen im Samsara gefangen hält.

In der hinduistischen Philosophie ist der Geist ein Konstrukt, das eng mit dem Konzept der Maya verknüpft ist, der kosmischen Illusion, die den Menschen in einer verzerrten Wahrnehmung der Realität gefangen hält. Diese Illusion ist nicht nur passiv, sondern aktiv: Sie wirkt durch die flüchtigen Gedanken, Emotionen und Identifikationen, die die Menschen an die phänomenale Welt binden.

Alte Hindu-Weise wie Patanjali schrieben in den Yoga-Sutras, dass der Geist wie eine Wasseroberfläche sei. Jeder Gedanke, jeder Wunsch und jede Angst ist eine Welle, die die Stille stört. Patanjali nannte diese Störungen „Citta-Vritti“ oder mentale Veränderungen. Wenn der Geist aufgewühlt ist, verhindern diese Wellen, dass man seine wahre Natur klar erkennt: das Selbst oder Atman, das unter den Illusionen von Maya verborgen ist.

Der Hinduismus verbindet die zentrale Bedeutung des Geistes direkt mit der Fortdauer des Samsara, dem Kreislauf von Geburt, Tod und Wiedergeburt. Dieser Auffassung zufolge verstärkt die Identifikation des Individuums mit dem Geist das Gefühl der Trennung vom Absoluten (Brahman). Jeder aufkommende Gedanke nährt das Karma, die Ketten, die die Seele an eine ständige Rückkehr in die phänomenale Welt binden. Befreiung (Moksha) erreicht man daher nicht durch die Flucht vor der Welt, sondern durch das

Durchschreiten des Schleiers von Maya und die Auflösung der Identifikation mit dem konditionierten Geist.

Adi Shankara und Ramana Maharshi: Lektionen über den Geist.

Ein zentraler Lehrer dieser Ansicht war Adi Shankara (8. Jahrhundert n. Chr.), der Philosoph, der das Advaita Vedanta-System festigte. Shankara predigte die grundlegende Einheit von Atman (dem Selbst) und Brahman (dem Absoluten). Anhand von Geschichten und Metaphern erklärte er, dass der Geist wie eine Schlange sei, die man nicht wie ein Seil wahrnimmt: eine Illusion. Sobald das Seil erkannt wird, verschwindet die Schlange.

Ramana Maharshi (1879-1950), einer der größten modernen Weisen Indiens, erweiterte diese Vision mit der „Wer bin ich?"-Methode. Maharshi forderte seine Schüler auf, den Ursprung ihrer Gedanken zu hinterfragen. Er zeigte, dass sich Gedanken auflösen, wenn man das Selbst als den unveränderlichen Zeugen jenseits des Verstandes erkennt. Maharshi lebte auf dem Berg Arunachala, einem heiligen Ort in Tamil Nadu, den er als lebendiges Symbol des Selbst beschrieb.

Was hat das alles mit der Quantenphysik zu tun? Der Wissenschaftler Fritjof Capra hat in seinem berühmten Buch „Das Tao der Physik" hervorgehoben, dass einige Intuitionen des Hinduismus an Konzepte der Quantenwelt erinnern. Beispielsweise besagt Heisenbergs Unschärferelation, dass wir einige grundlegende Eigenschaften eines Teilchens (wie Position und Geschwindigkeit) nicht gleichzeitig genau kennen können. Diese Unsicherheit stellt in gewissem Sinne eine „Illusion" unserer Fähigkeit dar, die Realität direkt und endgültig zu verstehen.

Das Konzept der Nichtlokalität, das durch Alain Aspects berühmtes Experiment in den 1980er Jahren demonstriert wurde, steht auch im Einklang mit der hinduistischen Ansicht, dass alle Dinge miteinander verbunden und von einer einzigen zugrunde liegenden Realität abhängig sind. Auf der Quantenebene verhält sich das Universum wie ein einheitliches System, dessen Teile untrennbar sind. Ähnlich verhält es sich mit dem Hinduismus: Maya schafft die Illusion der Trennung, wo in Wahrheit alles eins ist.

Der Dialog zwischen Hinduismus und Quantenphysik ist kein Versuch, Religion und Wissenschaft übereinander zu schieben, sondern vielmehr ein Versuch, Konvergenzbereiche in den

Erkenntnissen über das Universum und den Geist zu erkunden. Der Quantenphysik zufolge entzieht sich die Realität des Universums unserem gesamten Verständnis. In ähnlicher Weise lehrt der Hinduismus, dass das, was wir sehen, nur eine teilweise Widerspiegelung der Wahrheit ist, ein Spiel der Maya. Nur tiefe Arbeit am Geist – wie sie die großen Meister vorgeführt haben – kann uns über die Illusion hinaus hin zur wahren Freiheit führen.

Der Geist und Samsara: Der große Trapper.

Im Hinduismus wird der Geist als mächtiges, aber ambivalentes Instrument angesehen. Einerseits ermöglicht der Verstand dem Menschen, die phänomenale Realität zu erkennen. Andererseits ist es der Geist selbst, der die Illusion der materiellen Welt erschafft, ein Zustand, der Maya genannt wird. Diese Illusion ist es, die den Einzelnen im Samsara gefangen hält, der ewigen Wiederholung der Wiedergeburten.

Laut vedantischen Texten konstruiert der menschliche Geist mit seinen Wünschen, Bindungen und Ängsten eine egoistische Identität (Ahankara). Dieses Ego, das glaubt, sich vom Rest der Realität zu unterscheiden, schürt das Gefühl der Trennung. Beispielsweise beschrieb Adi Shankara das Ego und den Geist als einen mit Staub bedeckten Spiegel: Die ultimative Realität (Brahman) ist immer vorhanden, aber der von Unwissenheit (Avidya) getrübte Geist verhindert ihre vollständige Wahrnehmung.

Eine der bekanntesten Metaphern zur Erklärung der illusorischen Rolle des Geistes stammt aus den Veden: das Bild des Seils, das mit einer Schlange verwechselt wird. Im Dunkeln kann ein Seil mit einer Schlange verwechselt werden, was Angst und Sorge auslösen kann. In Wirklichkeit existiert die Schlange nicht. Ähnlich verhält es sich im Hinduismus: Es ist der Geist, der eine dualistische und illusorische Wirklichkeit wahrnimmt, während das ultimative Wesen eins ist.

Ego, Geist und Ewigkeit: Die Reise von Ahankara zum Selbst (Atman).

Obwohl die Quantenphysik und die östlichen Philosophien scheinbar weit voneinander entfernt sind, weisen sie eine überraschende Analogie auf: Beide stellen den üblichen Realitätssinn in Frage. Während die Physiker mit dem Paradox der Superposition und der gegenseitigen Abhängigkeit der Beobachter ringen, untersucht die Hindu-Philosophie den Geist als Schleier, der die wahre Natur des Seins verhüllt. Ein faszinierender Schnittpunkt liegt in der Rolle des Egos.

Dem Hinduismus zufolge ist der Geist einer tief verwurzelten Illusion unterworfen, die durch Ahankara verkörpert wird. Dieser Begriff, der auf Sanskrit „Erbauer-Selbst" bedeutet, bezeichnet den Teil des Geistes, der mit dem Ego identifiziert wird. Für den modernen Wissenschaftler könnte dies mit dem reduktionistischen Konzept des „individuellen Bewusstseins" verglichen werden. Das Ahankara ist jedoch nicht die authentische Quelle der Identität. Für die alten Hindu-Weisen ist es ein geistiges Konstrukt, vergänglich und bedingt, das den Menschen von seinem Atman trennt: dem ewigen, unveränderlichen und universellen Selbst.

Die Quantenphysik mit ihrer rätselhaften und kontraintuitiven Sprache hat eine subtile Welt gezeigt, in der das Beobachtete ohne einen Beobachter nicht existieren kann. Erwin Schrödinger, einer der Väter der Quantentheorie, erklärte mit großer Bewunderung für die östliche Weisheit:

> *„Die hinduistische Weisheit hat Geist und Materie nie getrennt, wie wir es im westlichen Denken tun."*

Dieser Bezug ist nicht zufällig: In der Bhagavad Gita, dem Eckpfeiler der Hindu-Philosophie, lehrt Krishna Arjuna, dass der Geist sowohl der Feind als auch der Verbündete des Menschen ist, je nachdem, wie gut er geschult und erleuchtet wird.

Der Geist könnte in der modernen Physik daher als eine Brücke betrachtet werden. Einerseits verbindet es beobachtbare materielle Ereignisse; Andererseits stellt es den Beobachter selbst in Frage und bringt uns dem Mysterium des Bewusstseins näher. An dieser Stelle kommt es zu einem subtilen Dialog mit dem Hinduismus, in dem die gesamte Erfahrungswelt durch geistige Aktivitäten gefiltert wird, Erleuchtung jedoch dadurch erreicht wird, dass man über den Geist selbst hinausgeht.

Der Kern der hinduistischen Lehre zu diesem Thema liegt in der Überwindung des Egos oder Ahankara. Die Bhagavad Gita beschreibt das Ego als Hauptverantwortlichen für menschliches Leid. Je mehr sich der Einzelne an sein egoistisches Selbst klammert, desto weiter entfernt er sich vom ewigen Selbst und vom inneren Frieden. Adi Shankara beschreibt Ahankara in seinem berühmten Kommentar zum Advaita Vedanta als „den Schatten in der Dunkelheit", der keine eigene Realität hat und nur im Licht der direkten Erkenntnis des Selbst verschwindet.

Der indische Meister Ramana Maharshi, eine Schlüsselfigur des 20. Jahrhunderts, hatte einen tiefgründigen Ansatz zu dieser Reise zum Selbst. Er lehrte die Methode des „Atma-Vichara“ oder der „Selbsterforschung“. Ramana forderte seine Schüler auf, sich eine scheinbar einfache, aber tatsächlich revolutionäre Frage zu stellen: „Wer bin ich?”.

Diese meditative Erkundung löst allmählich die Identifikation mit dem Ego auf und führt zurück zum Selbst, das von Meistern oft als „endlose Stille“ beschrieben wird. Eine Anekdote über Ramana erzählt, dass er auf die Frage eines Schülers, wie man Erleuchtung erlangt, antwortete:

> *„Erkennen Sie, wer die Frage stellt. Das Selbst, das nach Wissen strebt, ist nichts weiter als der Schleier.“*

Eine weitere grundlegende Referenz ist der Meister Nisargadatta Maharaj, der in seinen Lehren auf dem Bewusstsein des Ausgangspunkts bestand: dem universellen Seinsgefühl oder „Ich bin“. Laut Nisargadatta erlangt man durch das Verweilen in diesem Bewusstseinszustand ohne Identifikation eine Ahnung von der unbegrenzten Natur des Selbst, wodurch die Illusion von Ahankara allmählich aufgelöst wird.

Der Hinduismus unterscheidet sich von vielen westlichen Traditionen in seiner Wahrnehmung von Zeit und Geist. In dieser Philosophie ist der Geist keine Eigenschaft des Gehirns, sondern vielmehr ein vorübergehendes Phänomen, das mit dem Kreislauf des Samsara, der kontinuierlichen Abfolge von Geburt und Tod, verbunden ist. Gleichzeitig ist der Atman ewig und unerschöpflich. Dieses Prinzip wird in den Schriften der Upanishaden gepriesen, in denen es heißt:

> *„Der Atman wird weder geboren noch stirbt er, noch kann er in Stücke zerbrochen werden.“*

Um die Bedeutung dieser inneren Reise besser zu verstehen, kann man sich an eine entscheidende Aussage des mystischen Dichters Kabir erinnern:

> *„Ich bin das Selbst in dir. Wo werden Sie sonst noch suchen?“*.

Die hinduistische Erfahrung lädt nicht nur zu philosophischen Spekulationen ein, sondern auch zu einem meditativen und praktischen Weg, bei dem der Geist nicht unterdrückt, sondern als Werkzeug auf dem Weg zum Unendlichen genutzt wird.

Die moderne Debatte über das Bewusstsein.

Die Parallelen zwischen modernen Bewusstseinstheorien und denen der Hindu-Philosophie scheinen zunehmend relevant zu sein. In der modernen neurowissenschaftlichen Forschung wird das Bewusstsein oft als ein emergentes Phänomen bezeichnet, ein Konzept, das dem im Hinduismus beschriebenen „Maya" oder der kosmischen Illusion ähnelt. Gleichzeitig haben Physiker und Philosophen wie David Bohm und Amit Goswami kosmische Modelle vorgeschlagen, die an die alte vedische Weisheit erinnern und das Quantenuniversum mit einer Art „einheitlichem Netzwerk" in Verbindung bringen.

Während uns die Quantenphysik lehrt, dass die Wirklichkeit vom Beobachter abhängt, fügt der Hinduismus hinzu, dass der Beobachter sich auflösen muss, um das Ewige zu betrachten. Der Geist mit seinen Grenzen und seinem Potenzial wird zum grundlegenden Gebiet dieser Untersuchung. Ahankara ist kein Feind, der vernichtet werden muss, sondern eine Tür, durch die man gehen muss. Darüber hinaus bleibt das Selbst bewegungslos und frei, ewiger Zeuge aller Transformationen.

Dieser Weg gehört nicht ausschließlich einem Glauben oder einer Wissenschaft an, sondern stellt eine universelle Möglichkeit dar, eine Herausforderung für jeden, der über das Sichtbare hinausgehen und den verborgenen Kern der Wirklichkeit entdecken möchte, wo Materie und Geist, Verstand und Universum zu einer einzigen Essenz verschmelzen.

er Geist als gestörter Spiegel.

Der Vergleich zwischen östlichen Philosophien und der Quantenphysik fällt auf fruchtbaren Boden, wenn es um den Geist und seine Natur geht. Der Hinduismus bietet seit Jahrhunderten ausgefeilte philosophische Modelle zur Funktionsweise des Geistes. Unter diesen nehmen die Yoga-Sutras von Patanjali einen herausragenden Platz ein. Der berühmte Vers „Citta-vritti-nirodha" („Das Aufhören der Schwankungen des Geistes") fasst eine ganze Philosophie des Geistes als einen Spiegel zusammen, der durch unaufhörliche Wellen gestört wird.

Laut Patanjali besteht das grundlegende Problem in den „Vritti", den geistigen Unruhen. Diese Schwankungen werden wie Wellen auf einem Teich durch Wünsche, Anhaftungen und Unwissenheit (Avidya) verursacht. Er sagt, um die ultimative Wahrheit zu erfahren, müsse der Spiegel des Geistes beruhigt werden. Nur dann kann sich darin die absolute Wirklichkeit frei von Verzerrungen widerspiegeln.

Diese über zweitausend Jahre alte Idee findet ein überraschendes Echo in der Sprache der Quantenphysik. Auf subatomarer Ebene folgt die Realität nicht den deterministischen Gesetzen der klassischen Physik. Das Quantenmodell beschreibt ein fluktuierendes Universum, in dem Materie sowohl aus Wellen als auch aus Teilchen besteht. In diesem Szenario ist die Rolle des Beobachters – was in der Philosophie als Geist bezeichnet wird – von entscheidender Bedeutung. Allein der Akt der Beobachtung verändert das Verhalten von Teilchen, wie berühmte Experimente wie das Doppelspaltexperiment zeigen.

Es ist nicht schwer, eine Parallele zu erkennen. Während es für die Quantenphysiker der beobachtende Geist ist, der die Wirklichkeit bedingt, ist es für die indische Tradition wiederum der Geist, der zur Ruhe gebracht werden muss, um die tiefe Wirklichkeit zu enthüllen: die Verbindung zwischen Atman, dem individuellen Selbst, und Brahman, dem kosmischen Absoluten.

Der Geist als Spiegel und die Praxis der Stille.

Der Weg zur Beruhigung des Spiegels des Geistes wird als Dhyana oder Meditation bezeichnet. Diese Praxis hat ihre Wurzeln in den Veden und entwickelt sich entlang der yogischen und vedantischen Traditionen.

Ramana Maharshi, einer der größten Weisen des 20. Jahrhunderts, wurde 1879 im südindischen Tiruchuli geboren. Ramana verbrachte einen Großteil seines Lebens am Fuße des heiligen Berges Arunachala, den er als Manifestation Shivas betrachtete.

Ramana bot spirituell Suchenden eine einfache, aber radikale Praxis an: die Selbsterforschung (Atma-Vichara). Er forderte sie auf, eine grundlegende Frage in den Mittelpunkt ihrer Meditation zu stellen: „Wer bin ich?“ Diese Frage lenkte die Aufmerksamkeit auf den Beobachter von allem anderen, auf jenes zugrunde liegende Bewusstsein, das das wahre Selbst oder Atman ist. Ramana lehrte, dass der Geist aufhört, sich zu bewegen, wenn er aufhört, sich mit dem Ego zu identifizieren (Ahankara). Erst dann erkennt der Einzelne, dass Atman und Brahman eins sind.

Der Berg Arunachala wurde zu einem kraftvollen Symbol der inneren Suche. Auch heute noch strömen jedes Jahr Tausende von Pilgern dorthin, um die Pradakshina, den rituellen Spaziergang um den Berg, zu unternehmen, in der Hoffnung, einen Eindruck des Friedens zu erhaschen, den Ramana verkörperte.

Resonanzen mit der Quantenphysik.

Obwohl die Quantenphysik einen wissenschaftlichen und keinen spirituellen Ansatz verfolgt, geht sie davon aus, dass die Realität nicht aus festen Objekten besteht, sondern eher aus einem Feld von Wahrscheinlichkeiten, in dem das Bewusstsein eine entscheidende Rolle spielt. Werner Heisenberg selbst, einer der Väter des Unschärfeprinzips, war fasziniert von den Analogien zwischen östlichem Denken und seinen wissenschaftlichen Entdeckungen. Heisenberg stellte fest, dass die Philosophien des alten Indiens eine fließende Realität suggerierten, in der der scheinbaren Vielfalt eine Einheit zugrunde liegt.

Aus indischer Sicht können wir uns den Geist als eine Art „persönliches Quantenfeld" vorstellen. Wenn das Feld durch Ego-Impulse aufgewühlt wird, fragmentiert sich die Weltanschauung. Doch durch Meditation kehrt dieses Feld in seinen ursprünglichen Zustand zurück, eine undeutliche Einheit.

Eine interessante Anekdote im Zusammenhang mit diesen Themen betrifft Nisargadatta Maharaj, einen Zeitgenossen von Ramana Maharshi. Eines Tages fragte ihn ein Schüler, wie man absoluten Frieden erreichen könne. Nisargadatta antwortete mit diesen überraschenden Worten:

> *„Versuchen Sie zu verstehen, dass alles, was Sie sehen und erleben, in Ihrem Kopf stattfindet und nicht der Realität entspricht. Wenn der Geist schweigt, offenbart sich die Wahrheit."*

Diese Weisheit ist aktueller denn je. In einer Zeit, in der die Wissenschaft selbst die Gewissheiten der Objektivität aufgibt, um die Paradoxien der Quantenrealität zu erforschen, bieten östliche Philosophien einen Kontext, um nicht nur über die Natur des Universums, sondern auch über unsere Wahrnehmung desselben nachzudenken. Vielleicht wollen uns die Quantenphysik und der Hinduismus sagen, dass das Universum ebenso wie der Geist widerspiegelt, wer wir sind. Um die Einheit zu erkennen, müssen wir letztlich zuerst uns selbst erkennen.

Nichtdualismus und die Befreiung des Geistes.

Die Philosophie des Advaita Vedanta, einer der Säulen des Hinduismus, basiert auf der revolutionären Idee des Nichtdualismus. Diese Vision ist in dem berühmten Sanskrit-Ausdruck „Du bist das" zusammengefasst. Dieser Lehre zufolge gibt es keine Trennung zwischen unserem inneren Selbst (Atman) und der universellen Realität (Brahman). Alles ist Eins, ungeteilt und miteinander verbunden.

Während die Quantenphysik die Wechselwirkung aller Teilchen im Universum untersucht, geht Advaita Vedanta noch einen Schritt weiter: Es ist nicht nur alles miteinander verbunden, sondern diese Verbindung wurde auch nie unterbrochen. Dieser Auffassung zufolge ist die Trennung zwischen Beobachter und Beobachtetem, Subjekt und Objekt lediglich illusorisch. Und hier kommt der Verstand ins Spiel.

Im Advaita Vedanta wird der Geist als ein zweigesichtiges Instrument betrachtet: Einerseits ist er das Haupthindernis für das Erfassen der universellen Einheit. Andererseits ist es das Mittel, mit dem man die Illusion überwinden kann. Dieses Hindernis wird durch Ahankara, das Ego, repräsentiert, das die Wahrnehmung fragmentiert und das Gefühl der Trennung zwischen einem selbst und der Welt erzeugt.

Das von Gedanken, Wünschen und Identifikationen angetriebene Ego ist es, das den Menschen an den Kreislauf des Samsara bindet, das ständige Umherwandern zwischen Leiden und Illusion. Durch spirituelle Übungen und Meditation kann der Geist jedoch dazu genutzt werden, sich von seinen eigenen Fesseln zu befreien. Der Schlüssel liegt darin, es als das zu erkennen, was es ist: ein Schatten, der aus seinen eigenen Inhalten besteht, und nicht das wahre Selbst.

Swami Vivekananda, eine der einflussreichsten Stimmen des modernen Hinduismus, verwendete ein einfaches und kraftvolles Bild, um dieses Konzept zu erklären. Er sagte:

> *„Wenn der Geist ruhig wird wie ein klarer See, dann spiegelt sich der Berg der Wahrheit deutlich auf seiner Oberfläche."*

Dieser Berg repräsentiert Brahman, das Absolute. Der ruhelose Geist hingegen ist wie ein vom Wind bewegter Spiegel, der das, was er reflektiert, verzerrt und so die Illusion erzeugt, wir seien vom Ganzen getrennt.

Um diese innere Ruhe zu erreichen, schlagen die Lehren Praktiken wie Meditation, Studium der Heiligen Schrift (Shastra) und Selbstbeobachtung vor. Eines der tiefgreifendsten Werkzeuge ist Atma-vichara oder Selbsterforschung, die vom Mystiker Ramana Maharshi propagiert wird.

Ramana Maharshi (1879-1950) hinterließ ein einzigartiges spirituelles Erbe. Ramana, ein stiller Meister, zeigte eine direkte Methode auf, um die Tyrannei des Geistes zu überwinden. Dieser Ansatz, Atma-Vichara genannt, basierte auf der Untersuchung des Selbst durch eine scheinbar einfache Frage: „Wer bin ich?“

Laut Ramana geht jeder Gedanke oder jede Emotion von der Idee eines persönlichen „Ich“ aus. Wenn man den Ursprung dieses „Ichs“ untersucht, stellt man fest, dass es nichts weiter als eine vom Geist erschaffene Illusion ist. Das wahre Selbst, das reine Atman, bleibt jenseits der Schwankungen der Psyche unverändert.

Während Advaita in seinen spirituellen Aspekten glänzt, finden moderne Forscher interessante Parallelen zur Quantenphysik. Der Geist erschafft gemäß den Advaita-Schriften einen Schleier, der die eine und unteilbare Realität verbirgt, genauso wie der Beobachter das Beobachtete gemäß Heisenbergs Unschärferelation modifiziert. Die Entdeckungen der modernen Physik, die Zweifel an der strengen Unterscheidung zwischen Materie und Energie aufkommen lassen, scheinen ein Widerhall der philosophischen Prinzipien zu sein, die indische Weise vor Jahrhunderten formulierten.

Der Physiker Erwin Schrödinger, der stark von östlichen Philosophien beeinflusst war, brachte es auf den Punkt: Das Bewusstsein ist nicht individuell, sondern universell. Das rationale westliche Denken hat versucht, das Bewusstsein als ein Produkt des Geistes zu verstehen; Advaita hingegen antwortet, dass der Geist selbst ein Produkt des Bewusstseins ist.

Von der Selbsterkenntnis zum Erleben der Unendlichkeit.

Seit Jahrtausenden hinterfragt der Hinduismus die wahre Natur des Geistes und des Selbst und befasst sich mit Fragen, die die westliche Wissenschaft, insbesondere die Quantenphysik, heute zu erforschen beginnt. Im Mittelpunkt dieser spirituellen Suche steht die Praxis des Atma-Vichara oder der Erforschung des Selbst, die verspricht, aus der geistigen Fragmentierung zur Erfahrung des Unendlichen zu führen. Diese Perspektive, die sich durch alte Texte und mystische Erfahrungen Indiens zieht, offenbart überraschende Verbindungen zum zeitgenössischen Denken über das Bewusstsein und die Natur der Realität.

Eines der berühmtesten Beispiele für Atma-Vichara ist das Leben von Ramana Maharshi, einem der größten spirituellen Meister des 20. Jahrhunderts. Ramana wurde 1879 in Tiruchuli, einem kleinen Dorf im Süden Indiens, geboren und erlebte im Alter von 16 Jahren ein plötzliches Erwachen. Als er dort lag und glaubte, im Sterben zu liegen, richtete er seine Aufmerksamkeit auf die grundlegende Frage: Wer bin ich? Er meditierte über die Tatsache, dass es weder der Körper noch der Geist war, sondern etwas Tieferes und Unveränderliches: das höchste Selbst, das in den vedischen Texten Atman genannt wird.

Mit dieser Erkenntnis gab Ramana sein gewöhnliches Leben auf und ließ sich auf dem Berg Arunachala nieder, einem heiligen Ort im Hinduismus. Dort erlebte er einen Zustand völliger geistiger Stille, der jedoch keine sterile Leere war, sondern eine unendliche Offenheit, eine direkte Verbindung mit dem, was viele als das Göttliche bezeichnen würden. Für den Meister wurde der Geist, sobald er von seinen egoistischen Projektionen befreit war, zu einem Kanal für reines Bewusstsein.

Der hinduistischen Tradition zufolge ist der menschliche Geist seinem Wesen nach ein neutrales Instrument. Durch die Identifikation mit dem Ego (Ahankara) entsteht jedoch eine illusorische Trennung zwischen dem Selbst und der Welt. Nisargadatta Maharaj, ein weiterer großer Meister des 20. Jahrhunderts, erklärte:

> *„Der Verstand erschafft den Gefangenen, indem er sich das Gefängnis vorstellt. Geben Sie die Identifikation auf und Sie werden feststellen, dass Sie schon immer frei waren."*

Diese Aussage wird in „atma-vichara" widergespiegelt, wo die Frage „Wer bin ich?" wird zu einem Schwert, das den unaufhörlichen Fluss mentaler Identifikationen unterbricht. Es geht nicht darum, den Geist zu leugnen, sondern ihn zu transzendieren und zu erkennen, dass er auf seiner tiefsten Ebene ein Spiegel des Selbst und nicht das Selbst selbst ist.

Interessanterweise finden einige dieser Erkenntnisse Parallelen in der modernen Quantenphysik, die herkömmliche Vorstellungen von der Realität und dem Geist in Frage stellt. Physiker wie Eugene

Wigner und Wolfgang Pauli haben Fragen zur Rolle des Beobachters bei der Schaffung der Quantenwelt aufgeworfen. Die Vorstellung, dass Gedanken oder Bewusstsein die materielle Realität beeinflussen, erinnert an das hinduistische Prinzip, dass der Geist, wenn er gereinigt ist, das allgegenwärtige Unendliche wahrnehmen kann.

Das in der Quantentheorie erforschte Konzept der Realität als einem vernetzten, nicht-lokalen Netzwerk scheint mit den nicht-dualistischen Traditionen des Hinduismus übereinzustimmen. Advaita Vedanta, die vielleicht bedeutendste Schule der Hindu-Philosophie, vertritt die Ansicht, dass es keine wirkliche Trennung zwischen Subjekt und Objekt, zwischen Geist und Universum gibt. Wie Meister Adi Shankaracharya sagte:

> *„Brahman ist alles, was ist. Begreifen Sie es, und Sie werden feststellen, dass das individuelle Selbst nicht als separate Einheit existiert."*

Auf der Erfahrungsebene hat die Praxis von Atma-Vichara eine transformative Kraft. Es führt zu innerer Ruhe, reduziert Ängste und innere Spaltungen und ermöglicht uns, unser höchstes spirituelles Potenzial zu erkunden. Indem wir darüber meditieren, wer wir wirklich sind, hören wir laut Ramana Maharshi auf, Sklaven geistiger Schwankungen zu sein. Auf diese Weise wird der Geist nicht eliminiert, sondern als Werkzeug zum Leben der Gesamtheit der Existenz wieder in das Selbst integriert.

Ein moderner Praktiker könnte diesen Prozess als „Zurücksetzen" des Geistes beschreiben, bei dem nutzlose Programme eliminiert werden, die uns von der lebendigen Gegenwart trennen. Es ist eine Reise, die Mut und Geduld erfordert, die aber das größte Geschenk verspricht: Freiheit.

In einer Zeit, in der Neurowissenschaftler und Philosophen über den Ursprung des Bewusstseins debattieren, leistet Atma-Vichara einen wesentlichen Beitrag. Statt das Bewusstsein in neuronalen Schaltkreisen oder im Gehirn zu suchen, betrachtet der Hinduismus es als die eigentliche Grundlage der Realität. Es handelt sich um eine Vision, die die reduktionistischen Grundlagen der westlichen Wissenschaft in Frage stellt, die jedoch auch bei Forschern zunehmend auf Aufmerksamkeit stößt.

Denker wie David Chalmers, der das Bewusstsein als „das schwierige Problem" bezeichnet hat, erkennen an, dass die Wissenschaft noch nicht über die Mittel verfügt, um zu erklären, wie aus neuronaler Aktivität subjektive Erfahrungen entstehen. Vielleicht liegt die Antwort, wie hinduistische Weise vermuten, im Bewusstsein selbst, das kein Produkt des Geistes ist, sondern dessen Ursprung.

Die Praxis von Atma-Vichara ist sowohl alt als auch revolutionär. Es stellt das in Frage, was wir über uns selbst zu wissen glauben, und öffnet die Tür zu einer Dimension der Existenz, die frei von geistigen und egoistischen Beschränkungen ist. Anhand von Persönlichkeiten wie Ramana Maharshi und Nisargadatta Maharaj wird uns klar, dass die Transzendenz des Geistes keine Flucht vor der Realität darstellt, sondern ein Mittel, um sein wahres Wesen wiederzuentdecken.

In einem Universum, das die moderne Wissenschaft als vernetzt und voller Möglichkeiten pulsierend beschreibt, gibt es vielleicht keinen wesentlichen Unterschied zwischen der Stille des verwirklichten Selbst und dem Quantenfeld. Beide laden uns ein, zu erkennen, dass sich hinter der Erscheinung des Mannigfaltigen eine einzige unendliche Realität verbirgt.

Inneres Experimentieren und Gedankenkontrolle.

Der Hinduismus bietet praktische Werkzeuge zum Verständnis und zur Transformation des Geistes. Meditation (Dhyana) beispielsweise gilt als einer der wichtigsten Wege, den Geist zur Ruhe zu bringen und so die durch Wünsche und ablenkende Gedanken verursachte Unruhe zu verringern. Die Texte der Bhagavad Gita, eines der am besten untersuchten Werke des Hinduismus, bieten in dieser Hinsicht eine wichtige Lehre. In Kapitel VI erklärt Krishna Arjuna die Kontrolle des Geistes in sehr klaren Worten:

„Der Verstand kann Ihr bester Freund oder Ihr schlimmster Feind sein. Beherrsche den Geist und du wirst frei sein von der Knechtschaft des Samsara."

Ein weiteres Beispiel ist das System von Patanjali, der in seinen Yoga Sutras den Geist als ein Instrument beschreibt, das, wenn es nicht gereinigt wird, Chaos schafft. Das Ziel des Yoga besteht laut Patanjali darin, den Geist in einen Zustand von Citta-Vritti-Nirodha zu versetzen: die Stille geistiger Schwankungen.

Der menschliche Geist ist eines der tiefsten Mysterien des Universums, ein Rätsel, das die moderne Wissenschaft und alte spirituelle Traditionen gleichermaßen fasziniert. Der Hinduismus, eine der ältesten Philosophien der Menschheit, bietet Werkzeuge zur Erforschung des Geistes, die den Überlegungen der Quantenphysik bemerkenswerte Ähnlichkeiten aufweisen. Obwohl die beiden

Ansätze aus unterschiedlichen Kontexten stammen, ist ihnen eine gemeinsame Idee gemein: Die Realität entsteht aus der Art und Weise, wie das Gehirn Erfahrungen wahrnimmt und organisiert.

Der Hinduismus betrachtet den Geist als mächtiges Werkzeug, aber auch als potenzielles Hindernis. Durch Meditation wird der Geist diszipliniert. Dies bedeutet nicht, die Gedanken zu unterdrücken, sondern sie zu beobachten, ohne sich mit ihnen zu identifizieren. Wenn der Prozess zur Reife gebracht ist, wird ein Zustand tiefer Ruhe erreicht, der in der Quantenphysik mit dem einheitlichen Feld verglichen werden könnte: eine unbewegliche Realität, aus der die energetischen Schwankungen hervorgehen, die die materielle Welt bilden.

Eine weitere Säule des Hinduismus stellen Patanjalis „Yoga Sutras" dar, eine Sammlung von Aphorismen aus dem 2. Jahrhundert v. Chr. In diesem Text legt Patanjali die Schritte dar, um den Geist in einen Zustand des Gleichgewichts zu bringen. Sein Ziel ist das Erreichen von „Citta-Vritti-Nirodha" oder der „Stille geistiger Schwankungen". Patanjali stellt fest, dass der unkontrollierte Geist wie ein zerbrochener Spiegel funktioniert: Er bricht Gedanken und Emotionen auf chaotische Weise und erzeugt so die Illusion einer fragmentierten Realität.

Aus praktischer Sicht schlägt Patanjali acht Stufen des Yoga (Ashtanga Yoga) vor, die Körperhaltungen (Asana), Atemkontrolle (Pranayama) und geistige Konzentration (Dharana) umfassen. Innere Stille wird schrittweise erreicht, indem man den Geist trainiert, sich selbst zu reinigen, so wie ein Fluss langsam klar wird, wenn die Unruhe seines Wassers aufhört.

Die Quantenphysik hat herausgefunden, dass die Realität auf subatomarer Ebene vom Beobachter beeinflusst wird. Experimente wie der „Welle-Teilchen-Dualitätseffekt" zeigen, dass sich ein Teilchen je nach Beobachtungsweise wie Materie oder wie eine Welle verhalten kann. Ebenso lehrt der Hinduismus, dass das Universum durch den menschlichen Geist geformt wird.

Eine zentrale Figur der jüngeren Geschichte, die die Beziehung zwischen Geist und Realität erforscht hat, ist Niels Bohr, einer der Väter der Quantenmechanik. Bohr war von der östlichen Spiritualität fasziniert und konsultierte oft heilige indische Texte. Das Yin-Yang-Symbol, das Bohr in seinem persönlichen Wappen führte, steht für Komplementarität, ein zentrales Konzept bei Quantenphänomenen. Dieselbe Komplementarität ist im Hinduismus offensichtlich, wo das

Spiel der Gegensätze (Prakriti und Purusha) das Gleichgewicht zwischen Materie und Geist darstellt.

Was den Hinduismus einzigartig macht, ist seine Einladung zum inneren Experimentieren. Erkenntnisse werden nicht als Dogma akzeptiert, sondern als durch Übung und Selbsterforschung erreichbare Ergebnisse betrachtet. Das Beispiel der Weisen des alten Indien ist aufschlussreich: Sie lebten in Einsiedeleien mitten in der Natur und widmeten ihr Leben der Beobachtung des Geistes. Orte wie die Ashrams entlang des Ganges sind noch heute Zentren der inneren Forschung, wo Praktizierende aus aller Welt die uralten Lehren erfahren.

Ein interessantes Beispiel betrifft Erwin Schrödinger, den Wissenschaftler und Schöpfer der Quantenwellengleichung. Schrödinger wurde stark von den Upanishaden inspiriert, indischen philosophischen Texten, die die Natur des Seins untersuchen. Er fand das Konzept des Brahman, der ultimativen, unteilbaren Realität, faszinierend und stellte fest, dass es in bemerkenswerter Weise mit der Idee eines Quantenfelds harmonierte, das alles Existierende vereint.

Hinduismus und Quantenphysik scheinen in einem entscheidenden Punkt übereinzustimmen: Der Geist ist nicht nur ein Element der Realität, sondern auch ihr Schöpfer. Während die moderne Physik technische Werkzeuge nutzt, um die subatomare Welt zu beobachten, lädt uns der Hinduismus dazu ein, diese gleichen Werkzeuge nach innen zu richten und das „Mikrouniversum“ des Bewusstseins zu erforschen.

Die beiden Disziplinen sind keine Feinde, sondern Verbündete. Letztendlich bieten sie eine Antwort auf die Frage, die sich die Menschheit schon immer gestellt hat: Wer sind wir und welche Rolle spielt der Geist bei der Erschaffung des Universums? Vielleicht bedeutet das Verstehen des Geistes, wie der Hinduismus sagt, das Verstehen des Ganzen.

Der Geist als Spiegel der Einheit.

Die Idee, dass der Geist ein Spiegel ist, der die Einheit widerspiegeln kann, die unserer Wahrnehmung der Realität zugrunde liegt, ist ein zentraler Bestandteil der Philosophie des Advaita Vedanta. Diese Strömung des Hinduismus, die ihre Wurzeln in jahrtausendealten Zeiten und in den heiligen Texten der Upanishaden hat, lädt uns ein, über den äußeren Schein hinauszublicken. Der menschliche Geist ist, obwohl scheinbar komplex und kreativ, lediglich eine Illusion, die die grundlegende Wahrheit verbirgt. Das wahre Selbst oder Atman ist identisch mit dem universellen Prinzip Brahman.

Advaita Vedanta steht in gewissem Sinne den modernen Theorien der Quantenphysik nahe, die gewöhnliche Wahrnehmungen der Welt in Frage stellen. Laut Quantenphysikern ist das, was wir „objektive Realität" nennen, ein fließender Ausdruck, der durch das Zusammenspiel von Energie, Beobachtung und Bewusstsein angetrieben wird. Wie im östlichen Denken weist auch die Quantenphysik darauf hin, dass sich hinter der Vielfalt der Welt eine Einheit verbirgt.

Nisargadatta Maharaj, einer der größten indischen spirituellen Lehrer des 20. Jahrhunderts, fasste die Natur des Geistes in einem einfachen, aber kraftvollen Bild zusammen:

> *„Der Verstand erschafft die Welt und gibt ihr Namen. Aber du stehst jenseits des Verstandes. Wir sind der klare Himmel und der Verstand ist nur eine vorüberziehende Wolke."*

Für Nisargadatta ist der Geist nichts anderes als ein Instrument, mit dem der Mensch die Wahrnehmung der Realität interpretiert und konstruiert. Allerdings sind die Fähigkeiten dieses Instruments begrenzt, da es das grenzenlose Bewusstsein verdunkelt, das die wahre Natur des Individuums darstellt.

Dieses Bild erinnert an das Quantenkonzept des „zugrunde liegenden Feldes". In der Sprache der Physik sprechen wir oft von einem einheitlichen Feld, einer unsichtbaren Realität, die jedes Teilchen und jedes Ereignis verbindet. Es handelt sich um eine Einheit, deren Wesen durch sichtbare Schwankungen oder beobachtbare Phänomene nicht verändert wird. Doch wie Wolken am Himmel lenkt die Oberfläche der Dinge den Betrachter von der tiefen Dimension der Wirklichkeit ab.

Einer der deutlichsten Unterschiede zwischen der westlichen und der hinduistischen Sicht des Geistes liegt in der Fokussierung der Arbeit daran. Im Westen wird der Geist oft als eine Einheit betrachtet, die entwickelt und mit immer neuem Wissen und neuen Fähigkeiten genährt werden muss. In der Psychologie, den Neurowissenschaften und der Pädagogik beschäftigt man sich seit Jahrhunderten mit der Entwicklung und Verbesserung des rationalen Denkens.

Advaita Vedanta fordert eine radikale Umkehr: nicht etwas zu verbessern, sondern darüber hinauszugehen. Im vedantischen Denken geht es nicht darum, Wissen anzuhäufen oder negative Gedanken zu bekämpfen. Im Gegenteil, spirituelle Beobachtung besteht darin, zu erkennen, dass der Geist in seiner ständigen Aktivität von der grundlegenden Realität ablenkt. Meditation oder Dhyana ist in diesem Prozess ein wichtiges Hilfsmittel. Nicht um die Meinung zu ändern, sondern um die Illusion zu verstehen.

Die Upanishaden, die philosophischen Texte, die das Herz des Hinduismus bilden, bekräftigen diese Ansicht. Insbesondere die Mandukya Upanishad bietet eine berühmte Metapher: Die phänomenale Welt ist wie ein Seil, das mit einer Schlange verwechselt wird. In der Dunkelheit erzeugt Unwissenheit (oder Avidya) eine Illusion. Nur mit dem Licht – dem Bewusstsein – kann man erkennen, dass da keine Schlange ist.

Ein weiteres bedeutendes Beispiel stammt von Adi Shankaracharya, dem großen Philosophen des Advaita Vedanta, der etwa im achten Jahrhundert lebte. Shankara argumentierte, dass die Welt wie ein Traum sei. Alles, was real erscheint, hört auf zu existieren, wenn man die illusorische Natur des Traums selbst erkennt. Dieses Konzept ist nicht weit von aktuellen Überlegungen der Quantenphysik zur Rolle des Beobachters entfernt.

Die Schnittstelle zwischen Advaita Vedanta und Quantenphysik hat viele zeitgenössische Denker fasziniert. Fritjof Capra, Autor von „Das Tao der Physik", war einer der ersten, der die Berührungspunkte zwischen östlichen mystischen Traditionen und den Intuitionen der modernen Wissenschaft aufzeigte. Capra erkannte, dass sowohl indische Weise als auch zeitgenössische Physiker zur gleichen Schlussfolgerung gelangen: Die Welt, die wir wahrnehmen, ist eine Reflexion und nicht die ultimative Realität.

Auch der für seine Theorie der impliziten Ordnung bekannte Wissenschaftler David Bohm äußerte ähnliche Ideen. Bohm beschrieb das Universum als unteilbares Ganzes, bei dem alles, was getrennt erscheint, nur eine vom Verstand auferlegte Fragmentierung ist. Für Bohm verbirgt sich hinter jeder Erscheinungsform der Wirklichkeit das „Ganze". Diese Beschreibung kommt der Vorstellung des Advaita Vedanta überraschend nahe, wo alles Brahman ist, eins und unteilbar.

Der Hinduismus bietet Praktiken an, um diese Einheit jenseits des Gedankenstroms zu entdecken. Meditation steht im Mittelpunkt, aber auch das Studium heiliger Texte und Gespräche mit einem spirituellen

Meister (Guru) können hilfreich sein. Der berühmte Sant Kabir, ein Dichter und Mystiker aus dem 15. Jahrhundert, beschrieb den Geist als einen Affen, der von Ast zu Ast springt: instabil, ungeordnet. Doch Kabir zeigte in seinen poetischen Werken, dass die Liebe zum Göttlichen und die Konzentration auf das Selbst zur Stille und zur Erkenntnis der Wahrheit führen.

Der Geist ist im Hinduismus ein Spiegel, der die Realität widerspiegeln kann. Dazu müssen die Verzerrungen beseitigt werden. Die Herausforderung besteht jedoch nicht darin, den Geist durch Anstrengung oder Verbesserung zu überwinden. Es ist die einfache Erkenntnis, dass sich hinter den Wolken ein klarer und unveränderlicher Himmel verbirgt. Diese Lehre, die sich über Jahrtausende östlicher Weisheit erstreckt, wird heute von der modernen Wissenschaft wiederentdeckt. Philosophie und Physik weisen auf eine große Wahrheit hin: Einheit war schon immer vorhanden. Es liegt an uns, einfach stehen zu bleiben und es zu beobachten.

Jenseits des Geistes: Eine zeitlose Perspektive.

Im weiten philosophischen Panorama des Hinduismus wird der Geist als Brücke, aber auch als Schleier betrachtet. Es ist eine Brücke, weil es uns ermöglicht, das Universum der Wahrnehmungen und Erfahrungen zu erkunden. Doch es ist ein Schleier, denn an seinen Rändern verbirgt sich eine tiefere Dimension, die jenseits der Illusionen gewöhnlichen Denkens liegt. Es handelt sich um eine Perspektive, die aus heutiger Sicht den Intuitionen der Quantenphysik außerordentlich nahe zu stehen scheint.

Die Quantenphysik, die mit Persönlichkeiten wie Niels Bohr und Werner Heisenberg unser Verständnis des Universums revolutionierte, lehrt uns, dass wir die Realität nicht beobachten können, ohne sie zu verändern. Der Beobachter ist kein neutrales Anhängsel; beeinflusst das Experiment selbst. Dieses Prinzip findet im Hinduismus eine Art spirituelles Echo. Es handelt sich hier nicht nur um ein wissenschaftliches Problem. Es ist existenziell: Wer ist der Beobachter? Wer blickt hinter die Kulissen?

Für die alten indischen Denker ist der Beobachter ein Rätsel und zugleich das Herz der Existenz. Alte Texte wie die Upanishaden beschreiben den Geist als Instrument, jedoch nicht als Essenz des Menschseins. Eine der berühmtesten Metaphern der Katha Upanishad vergleicht den Menschen mit einem Streitwagen: Die Sinne sind die Pferde, der Geist ersetzt die Zügel, der Intellekt ist der Fahrer, während der „Beobachter", der Ātman, der stille Passagier ist. Der entscheidende Punkt ist nach Ansicht hinduistischer Weiser, sich nicht mehr mit dem Fahrer oder dem Verstand zu identifizieren und den Passagier zu entdecken.

Diese Reise ist eine enorme Herausforderung, denn der Verstand ist nicht nur eine Brücke zum Wissen; er ist auch ein Betrüger. Der Hinduismus definiert diese Täuschung mit dem Begriff Māyā, was „Illusion" bedeutet. Māyā ist keine Verurteilung: Es ist der eigentliche Zustand der phänomenalen Welt, das „kosmische Spiel" (līlā). Der Mensch ist ein Gefangener dieser Illusion und neigt dazu, verwirrt zu werden und zu glauben, der Geist und seine Gedanken seien die endgültige Realität. Doch dies, sagen die Meister, ist eine Überschneidung, die uns von der tiefsten Wahrheit fernhält.

Ein perfektes Beispiel für dieses Bemühen, den Geist zu transzendieren, ist das Werk von Ramana Maharshi, einem südindischen Heiligen und Philosophen, der zwischen 1879 und 1950 lebte. Maharshi, der einen Großteil seines Lebens in der meditativen Stille des heiligen Berges Arunachala verbrachte, forderte seine Schüler auf, sich eine radikale Frage zu stellen: „Wer bin ich?" Dies ist keine rhetorische Frage, sondern eine direkte Übung zur Entlarvung des Geistes und seiner Illusionen. Laut Maharshi benötigt das authentische Selbst oder Atman keine Gedanken, um zu existieren: Es ist ewig, unveränderlich und nicht an Zeit oder Raum gebunden.

Die Quantenphysik, eine moderne Parallele zu dieser Intuition, führt uns zur Erforschung eines Universums, in dem Zeit und Raum von Wahrscheinlichkeiten und nichtdeterministischen Ereignissen dominiert zu sein scheinen. Ein Experiment wie das Doppelspaltexperiment zeigt, dass sich ein Teilchen je nach Wechselwirkung mit dem Beobachter sowohl wie eine Welle als auch wie ein Korpuskel verhalten kann. Dieses widersprüchliche Spiel mehrerer Realitäten und Möglichkeiten könnte eine faszinierende Resonanz mit der hinduistischen Idee einer Wahrheit finden, die über unsere kognitiven Werkzeuge hinausgeht.

Die Bhagavad Gita, einer der meistgelesenen heiligen Texte Indiens, untersucht diese Dynamik mit außerordentlicher Klarheit. In seinem Dialog mit Prinz Arjuna spricht Krishna vom Geist als einem Instrument, das es zu beherrschen und nicht zu verleugnen gilt.

Krishna bietet eine radikale Vision: Um das Leiden zu überwinden, muss man sich von der Anhaftung und Identifikation mit Gedanken befreien. Der disziplinierte Geist ist kein Feind, sondern wird zu einem Verbündeten auf dem Weg zur spirituellen Freiheit.

> *„Wer den Geist besiegt hat, bleibt angesichts von Hitze und Kälte, Freude und Schmerz, Sieg und Niederlage gelassen“ (Bhagavad Gītā, 6:7).*

Wenn wir den Hinduismus betrachten, erkennen wir, dass diese Vision nicht nur philosophisch, sondern auch praktisch ist. Traditionelle Techniken wie Yoga und Meditation verfolgen ein bestimmtes Ziel: den Lärm des Geistes zu beruhigen, um einen Blick auf das Tiefere zu erhaschen. Die Stille der Meditation erscheint dann als das innere Äquivalent einer „Quantensingularität“, eines Punktes, an dem sich die Kategorien von Zeit und Raum auflösen.

Der Hinduismus bietet uns eine zeitlose Realität, die nicht auf konzeptuelle Denkstrukturen beschränkt ist. Das beobachtbare Universum ist nur eine Projektion des Geistes, aber hinter dem Geist liegt das Ewige. Der Verstand ist ein grundlegendes Werkzeug unseres täglichen Lebens, aber er bestimmt nicht, wer wir sind. Seine Überwindung ist im Hinduismus das Erreichen von Moksha: die Befreiung von allen Fesseln.

Jenseits des Geistes gibt es weder Vergangenheit noch Zukunft. Es gibt die ewige Gegenwart, eine Realität, die nicht beschrieben, sondern nur erfahren werden kann. Und das könnte – in einem Ton, der uns in die Tiefen der Quantenphysik führt – die einzige Wahrheit sein.

Bewusstsein und Quantenphysik.

Die Quantenphysik, die von vielen als die geheimnisvollste Grenze der modernen Wissenschaft angesehen wird, hat etablierte Vorstellungen von der Realität in Frage gestellt. Seine Theorien definieren Konzepte wie Materie, Energie und sogar Bewusstsein neu. Parallel dazu beschäftigt sich der Hinduismus, eine der ältesten philosophischen Traditionen der Welt, seit Jahrtausenden mit ähnlichen Fragen, insbesondere nach der Natur des Geistes und der Rolle des Bewusstseins im Universum. Diese beiden scheinbar weit voneinander entfernten Welten finden überraschenderweise einige Berührungspunkte.

Die Natur des Geistes in den Upanishaden.

Im Hinduismus ist der Geist ein mächtiges Werkzeug, aber auch ein Hindernis für das Verständnis der ultimativen Realität, Brahman. Diese Realität ist gemäß den Upanishaden das universelle und unveränderliche Prinzip, das allem Existierenden zugrunde liegt. Aber der Geist verbirgt diese Wahrheit oft hinter seinen begrenzten Wahrnehmungen und seinen unaufhörlichen Aktivitäten, die die Hindus „Manas" nennen. Um die wahre Natur der Existenz zu entdecken, ermutigt uns der Hinduismus, den geistigen Lärm durch Techniken wie Meditation und Dhyana (Kontemplation) zum Schweigen zu bringen.

Eine berühmte Passage aus der Mundaka Upanishad verwendet eine bedeutsame Metapher:

> *„Der Geist ist wie ein Pfeil, der gezielt auf das Ziel, nämlich Brahman, abgeschossen werden muss."*

Diese Idee erinnert in gewissem Sinne an das Quantenkonzept des Beobachters, wonach die Wahrnehmungen eines Beobachters die beobachtete Realität beeinflussen können.

Eine interessante Parallele zwischen Hinduismus und Quantenphysik ergibt sich im Begriff Maya, dem „Schleier der Illusion". Der Überlieferung zufolge ist Maya das, was die menschliche Wahrnehmung verzerrt und das eigentlich Einheitliche getrennt erscheinen lässt. Die Quantenphysik verdeutlicht durch das Doppelspaltexperiment, wie sich ein Teilchen je nach Beobachtung als Teilchen oder als Welle verhalten kann. Hier scheint die Wirklichkeit unterschiedliche Formen anzunehmen, als würde sie durch die Perspektive des Betrachters „geformt"..

Im 20. Jahrhundert fanden Physiker wie Erwin Schrödinger faszinierende Analogien zwischen Maya und dem Verhalten subatomarer Teilchen. Schrödinger, der stark durch die Lektüre der Upanishaden beeinflusst war, schrieb, dass „die Trennung zwischen Subjekt und Objekt nur eine Illusion ist." Diese Sichtweise spiegelt den Kern der nichtdualistischen Hindu-Denkweise wider, die als Advaita Vedanta bekannt ist und davon ausgeht, dass die gesamte Realität miteinander verbunden ist.

Ein weiterer zentraler Aspekt ist die Bedeutung des Bewusstseins. Der Hinduismus mit seinem Konzept des Atman (der Seele oder des Selbst) betrachtet das Bewusstsein als Manifestation der Verbindung zwischen dem menschlichen Mikrokosmos und dem universellen Makrokosmos. In der Quantenphysik ist das Bewusstsein ein kontroverses, aber unvermeidliches Thema. Einige Wissenschaftler, wie beispielsweise Eugene Wigner in den 1960er Jahren, stellten die Hypothese auf, dass bewusste Beobachtung notwendig sei, um den Kollaps der Wellenfunktion „real" zu machen – das heißt, um den tatsächlichen Zustand eines Teilchens zu bestimmen.

Aus dieser Perspektive ähnelt die Rolle des menschlichen Bewusstseins der Rolle, die der Hinduismus dem erwachten Geist zuschreibt. Die indische Philosophie besagt, dass sich der Geist für das Verständnis der einheitlichen Realität öffnet, wenn er die illusorische Natur des Egos erkennt. Auch wenn die Quantenphysik keine metaphysische Erklärung bietet, lässt sie doch vermuten, dass das Bewusstsein in der fundamentalen Struktur des Universums eine bedeutende Rolle spielen könnte.

Beim Brückenbau zwischen diesen beiden Welten haben Persönlichkeiten wie Fritjof Capra eine Schlüsselrolle gespielt. In seinem Buch von 1975 betonte Capra die Ähnlichkeiten zwischen alten östlichen Traditionen und den jüngsten Entdeckungen der Quantenphysik. Capra besuchte Indien mehrmals und fand in den Lehren des Vedanta eine reiche Inspirationsquelle für das Verständnis des Mysteriums von Materie und Geist.

Auch symbolische Orte verknüpfen diese Betrachtungen. Das von J. Robert Oppenheimer gegründete Forschungszentrum in Los

Alamos, wo die Atombombe entwickelt wurde, wurde zu einem Symbol dafür, wie sich wissenschaftliche Erkenntnisse auch mit ethischen und philosophischen Dilemmata überschneiden können. Hinduismus und Quantenphysik nähern sich dem Geist und Bewusstsein mit unterschiedlichen, aber sich ergänzenden Ansätzen. Man bietet Werkzeuge an, um die Illusion zu überwinden und die universelle Einheit zu entdecken. Die andere Seite gelangt zu ähnlichen Schlussfolgerungen, allerdings aus mathematischer und physikalischer Sicht. Für diejenigen, die Antworten auf das Rätsel der Realität suchen, bleibt dieser Dialog zwischen antiken Philosophien und moderner Wissenschaft eine der faszinierendsten Untersuchungen unserer Zeit.

Erschafft das Bewusstsein den Kosmos? Von der Wellenfunktion zum Advaita Vedanta.

Die Natur der Beziehung zwischen Bewusstsein und Universum ist eine der faszinierendsten Fragen des menschlichen Denkens. Dieser Dialog entwickelt sich in scheinbar weit auseinanderliegenden Kontexten: der modernen Quantenphysik und den alten Intuitionen des Advaita Vedanta, einer nichtdualistischen Denkschule des Hinduismus. Beide Bereiche hinterfragen auf unterschiedliche Weise die Rolle des Beobachters bei der Schaffung der Realität.

In der Quantenphysik beschreibt die Wellenfunktion einen Wahrscheinlichkeitszustand, einen Bereich reiner Möglichkeiten. Durch Beobachtung manifestiert sich einer der möglichen Zustände und wird zur konkreten Realität. Dieses für die Kopenhagener Deutung zentrale Konzept nahm in der Interpretation von Eugene Wigner und später im „Participatory Universe“ des Physikers John Wheeler kühnere Formen an.

Wigner, ein Physiker und Wissenschaftsphilosoph, stellte die Hypothese auf, dass das menschliche Bewusstsein eine aktive Rolle beim Kollaps der Wellenfunktion spiele. Ihm zufolge würde das Universum ohne das Bewusstsein in einem unbestimmten Zustand verbleiben. Dieser Vorschlag führt eine radikale Idee ein: Das Universum könnte für seine Existenz in irgendeiner bestimmten Form auf das Eingreifen des Bewusstseins angewiesen sein. John Wheeler erweiterte diese Perspektive und schlug vor, dass das Universum nicht einfach nur beobachtet, sondern in einem kontinuierlichen Zyklus der Interaktion von Beobachtern mitgeschaffen wird. Seine Idee eines

„partizipatorischen Universums“ impliziert, dass der Akt des Messens oder Beobachtens die Wirklichkeit nicht passiv aufzeichnet, sondern konstituiert.

Obwohl diese Quantenintuitionen aus physikalisch-mathematischen Kontexten stammen, finden sie im Advaita Vedanta ein überraschendes Echo.

Advaita Vedanta, die nichtdualistische Schule, die im 8. Jahrhundert vom indischen Philosophen Adi Shankara gegründet wurde, lehrt, dass die phänomenale Realität Maya, eine Illusion, ist. Maya bedeutet nicht, dass die Welt nicht existiert, sondern dass das, was wir als unabhängige Realität wahrnehmen, letztlich bar jeder wahren Essenz ist. Die einzige absolute Wahrheit ist laut Advaita Brahman, die höchste, unteilbare und konturlose Realität. Das individuelle Ego (Atman) ist ebenfalls Brahman, doch durch Maya getäuscht, lebt es seine Existenz, als sei es von der Gesamtheit getrennt.

Diese Ansicht findet eine merkwürdige Parallele in der Quantenphysik. Wenn die Realität nicht an sich existiert, sondern sich nur durch das Eingreifen des Beobachters manifestiert, dann kann sie bis zu ihrer „Erschaffung“ durch Messung als Illusion betrachtet werden. Im Kontext von Advaita sind der Beobachter und das Beobachtete nicht wirklich getrennt. Beide haben dieselbe Essenz.

Dieses Treffen zwischen Quantenphysik und Advaita ist mehr als eine akademische Auseinandersetzung. Es kann als Versuch gesehen werden, den Geist, den Kosmos und ihre Beziehung als Einheit zu verstehen. Wheeler schlug vor, dass das Universum selbst eine große Rückkopplungsschleife sei, in der jeder Beobachter zur Konstruktion der Realität beiträgt. Adi Shankara wies Jahrhunderte zuvor auf ein ähnliches Prinzip hin, indem er sagte:

„Die Welt ist wie ein Traum, real für diejenigen, die im Traum sind, unwirklich für diejenigen, die aufgewacht sind.“

Eine berühmte Anekdote aus der indischen Kultur veranschaulicht diese Idee gut. Es wird gesagt, dass der alte Weise Janaka nach einem intensiven Traum, in dem er als armer Mann lebte, seinen spirituellen Meister fragte:

> *„Bin ich der König, der davon träumt, arm zu sein, oder bin ich ein armer Mann, der davon träumt, König zu sein?“*

Der Meister antwortete:

> *„Keines von beiden. Sie sind das Bewusstsein, das beides beobachtet.“*

Diese Geschichte spiegelt das Herz von Advaita wider: Der Beobachter ist die grundlegende Realität, nicht das Beobachtete.

Die Vorstellung, dass das Bewusstsein für die Wirklichkeit von zentraler Bedeutung ist, findet moderne Widerspiegelungen nicht nur in der Physik, sondern auch in der Wissenschafts- und Kunstphilosophie. Der Nobelpreisträger Roger Penrose zeigte auf, wie einige Aspekte des Bewusstseins mit der Quantenstruktur des Gehirns verknüpft werden könnten, obwohl seine Orch-OR-Theorie noch immer umstritten ist. Inzwischen haben Schriftsteller wie Fritjof Capra die Verbindung zwischen moderner Wissenschaft und östlicher Weisheit populär gemacht und so das Interesse an der spirituellen Dimension des wissenschaftlichen Denkens neu entfacht.

Im kulturellen Bereich hat dieser Dialog das Kino und die Literatur beeinflusst. Filme wie „Matrix“ (1999) bekräftigen die Idee, dass die wahrgenommene Welt eine Illusion (Maya) sei und dass durch das Erreichen einer tieferen Bewusstseinsebene eine „höhere Realität“ zugänglich sei.

Im Mittelpunkt der Debatte steht weiterhin die Vorstellung, dass das Bewusstsein den Kosmos erschafft. Die Quantenphysik geht davon aus, dass die emergente Realität nicht etwas „da draußen“ ist, sondern ein vom Beobachter abhängiges Konstrukt. Advaita Vedanta kommt zu dem Schluss, dass der Beobachter und das Universum eins sind. Beide scheinen anzudeuten, dass die Trennung zwischen Beobachter und Beobachtungsobjekt eine Illusion sei und dass das Bewusstsein der Ursprung aller Realität sei. Wie Wheeler schrieb:

„Das Universum ist ein Akt der Teilnahme.“

In ähnlicher Weise verkündete Adi Shankara:

„Alles ist eins. Das Selbst ist alles.“

Zwei scheinbar weit auseinander liegende Perspektiven, die jedoch in einer einzigen grundlegenden Frage zusammenlaufen: Was passiert, wenn das Wesen des Universums nicht vom Wesen derer zu trennen ist, die es betrachten?

Ist das Universum bewusst?

In Physiklaboren und Universitätshörsälen nimmt eine faszinierende Idee Gestalt an: Das Universum könnte über ein Bewusstsein verfügen. Einerseits wirft die Quantenmechanik tiefgreifende Fragen über die Zusammenhänge zwischen Materie und

Geist auf; Andererseits bieten hinduistische Texte wie die Veden und Upanishaden eine Vision der totalen Einheit namens Brahman, die als die ultimative und universelle Realität beschrieben wird. Kann es einen Dialog zwischen diesen beiden Perspektiven geben?

Im Jahr 1935 schlug Erwin Schrödinger eine paradoxe Idee vor, um die Merkwürdigkeiten der Quantenmechanik zu veranschaulichen. Stellen Sie sich eine Katze vor, die in einer Kiste eingesperrt ist und deren Schicksal vom Ausgang eines Quantenereignisses abhängt: Ein Teilchen kann zerfallen oder nicht, und das Leben oder der Tod der Katze hängt davon ab. Quantentechnisch gesehen ist die Katze, bis jemand die Kiste öffnet, gleichzeitig „lebendig und tot", das heißt, sie befindet sich in einer „Überlagerung von Zuständen".

Dieses Paradoxon verdeutlicht einen entscheidenden Punkt der Quantentheorie: Der Beobachter spielt eine grundlegende Rolle. Erst im Moment unserer Beobachtung „kollabiert" der Quantenzustand in eine der definierten Möglichkeiten. Doch wer oder was ist der Beobachter? Handelt es sich lediglich um ein mechanisches Experiment oder muss ein bewusster Verstand den Vorgang abschließen?

Diese Frage ist mit alten hinduistischen Überlegungen verknüpft. In der vedantischen Philosophie wird Brahman als der „höchste Zeuge" (Sakshi) angesehen. Es ist die bewusste Präsenz, die jede Manifestation des Kosmos beobachtet und unterstützt. So wie Beobachtungen in der Quantenphysik Möglichkeiten in Realitäten verwandeln, stellt Brahman jenes Bewusstsein dar, das die Existenz des Universums selbst ermöglicht.

Einige Wissenschaftler fragen sich, ob das Bewusstsein ein emergentes Phänomen des menschlichen Gehirns oder etwas Grundlegenderes ist. Der Physiker John Wheeler, einer der Väter der Quantentheorie, vertrat die Idee, dass für seine tatsächliche Existenz das Universum bewusste Beobachter benötigt. Er nannte diese Vision das „partizipatorische Universum". Mit anderen Worten: Das Universum selbst könnte aus der Wechselwirkung von Materie, Energie und Bewusstsein aufgebaut sein.

Eine ähnliche Idee findet sich in indischen heiligen Texten wie den Upanishaden, wo Brahman nicht vom Universum getrennt ist, sondern dessen eigentliche Struktur darstellt. Eine berühmte Passage aus der Chandogya Upanishad lautet: „Tat Tvam Asi" („Du bist das") und bringt damit die Einheit zwischen dem Individuum und dem Kosmos zum Ausdruck. Auch hier ist das Bewusstsein nicht auf den

Menschen beschränkt, sondern stellt die eigentliche Substanz des Universums dar.

Ein berühmtes Experiment, das sogenannte Doppelspaltexperiment, demonstriert die faszinierenden Verbindungen zwischen Quantenphysik und Bewusstsein. Wenn ein Teilchen, etwa ein Photon, eine Barriere mit zwei Schlitzen passiert, hängt sein Verhalten von der Beobachtung ab: Wird es beobachtet, verhält es sich wie ein Teilchen; wird es nicht beobachtet, weist es die Eigenschaften einer Welle auf.

Dieses Phänomen wirft eine grundlegende Frage auf: Verändert der Akt der Beobachtung die Realität? Einigen Interpretationen zufolge scheint es so. Der Forscher könnte das System in einen definierten Zustand versetzen. Wenn dies der Fall wäre, wäre Bewusstsein nicht nur eine Eigenschaft der Realität, sondern eine aktive Kraft, die sie transformiert.

All dies weist überraschende Parallelen in der Hindu-Philosophie auf. Brahman wird sowohl als unendlich und statisch als auch als dynamisch in seiner Manifestation in der Welt beschrieben. Auch Maya, der Schleier der Illusion, löst sich erst in der Wechselwirkung mit dem Selbstbewusstsein auf, ein Vorgang, der sehr an die Idee erinnert, dass der Beobachter die Quantenrealität greifbar macht.

Sowohl die Physik als auch antike Texte stimmen in einem entscheidenden Punkt überein: Die Trennung zwischen Geist und Welt ist eine Illusion. Diese Intuition war bereits in den vergangenen Jahrhunderten offensichtlich, als Schrödinger selbst, ein Gelehrter der indischen Philosophie, schrieb:

> *„Dieses Leben, das du lebst, ist nicht nur ein Teil des gesamten Universums, sondern in gewissem Sinne ist es das gesamte Universum.“*

In außergewöhnlichen kulturellen Momenten scheint die moderne Physik alte Intuitionen widerzuspiegeln. Auf der Genfer Konferenz im Jahr 1975 wurden diese Ideen beispielsweise erstmals offiziell diskutiert, und zwar dank Physikern wie Fritjof Capra, der nach einer Konvergenz zwischen Wissenschaft und Spiritualität suchte. Unterdessen lehrten in Indien uralte vedische Schulen noch immer, dass das Universum und das Bewusstsein Ausdruck desselben ewigen Prinzips, nämlich Brahman, seien.

Fragen zum Bewusstsein und zur ultimativen Natur der Realität bleiben offen, aber die Perspektiven, die die Quantenphysik bietet, scheinen uralte Erkenntnisse aus Hindu-Texten in den Vordergrund zu rücken. Wir sind alle Teil eines Universums, das vielleicht nicht nur lebendig, sondern auch bewusst ist.

Wenn uns Schrödingers Katze lehrt, dass die Wirklichkeit von der Beobachtung abhängt, und die Veden uns zeigen, dass alles Brahman ist, könnten wir tatsächlich aktive Teilnehmer an einem Kosmos sein, dessen Grundgerüst das Bewusstsein selbst ist. Es bleibt abzuwarten, inwieweit dieses Bewusstsein individuell oder universell ist. Wissenschaft und Spiritualität scheinen einmal mehr im großen Mysterium der Realität miteinander zu tanzen.

Was ist Realität? Die Quantenfrage.

Die Quantenphysik hat unsere Vorstellung von der Realität revolutioniert. Diese zu Beginn des 20. Jahrhunderts entstandene Disziplin hat die Gewissheiten der klassischen Physik zerstört und eine subatomare Welt enthüllt, die die Logik des Alltagslebens in Frage stellt. Phänomene wie die Überlagerung von Zuständen und die Quantenverschränkung zwingen uns, den eigentlichen Begriff der Realität zu überdenken. Aber was bedeutet „existieren“ wirklich? Und welche Rolle spielt der Beobachter bei der Definition dessen, was wir als real wahrnehmen?

Eine der zentralen Fragen der Quantenphysik dreht sich um das Verhalten von Teilchen auf mikroskopischer Ebene. Experimente zeigen, dass ein Teilchen vor seiner Beobachtung weder eine genau definierte Position noch einen genau definierten Zustand hat. Es befindet sich in einem Zustand der „Superposition“, in dem es scheinbar gleichzeitig an mehreren Orten oder in mehreren Zuständen ist. Aber wenn ein Beobachter ins Spiel kommt, verschwindet diese Mehrdeutigkeit. Das Teilchen scheint nur einen seiner möglichen Zustände zu wählen.

Dieses Phänomen wird als „Kollaps der Wellenfunktion“ bezeichnet. Aber wer oder was verursacht diesen Zusammenbruch? Für viele Physiker ist der Beobachter selbst der Schlüssel. Eugene Wigner, ein führender Experte der Quantenphysik und Nobelpreisträger des Jahres 1963, führte diese Idee zu einer radikalen Schlussfolgerung: Er glaubte, dass das menschliche Bewusstsein der entscheidende Faktor sein könnte. Es ist der Akt der Beobachtung – durch ein bewusstes Subjekt – der die Potentialität des Teilchens in konkrete Realität umwandelt.

Mit einer Mischung aus Kühnheit und Intuition hat Wigner den menschlichen Geist in den Mittelpunkt der Interaktion zwischen der subatomaren Welt und der wahrgenommenen Realität gestellt. Für viele ist dies eine faszinierende, aber auch beunruhigende Vision: Sie impliziert, dass das Universum ohne bewusste Beobachter nur als Meer unbestimmter Möglichkeiten existieren könnte.

Um diese Ambivalenz zwischen Realität und Beobachtung zu veranschaulichen, können wir an das berühmte Paradoxon von Schrödingers Katze erinnern, das 1935 vom österreichischen Physiker Erwin Schrödinger formuliert wurde. Stellen Sie sich eine Katze vor, die in einer Kiste mit einem Fläschchen Gift eingesperrt ist, das beim Zerfall eines radioaktiven Teilchens freigesetzt werden kann. Bis wir die Schachtel öffnen und sie beobachten, ist die Katze weder lebendig noch tot, sondern befindet sich in einem überlagerten Zustand. Nur die menschliche Beobachtung kann mit Sicherheit das Schicksal des Tieres bestimmen.

Dieses Gedankenexperiment vertieft nicht nur das Mysterium der Quantensuperposition, sondern öffnet auch tiefgreifende philosophische Türen: Gibt es eine Realität, die unabhängig von unserer Beobachtung ist? Oder sind wir es, die ihm mit unserem Gewissen Form geben?

Die durch diese Experimente aufgeworfenen Fragen finden in einigen Strömungen des Hinduismus ein überraschendes Echo, insbesondere im Advaita Vedanta, einer philosophischen Schule, die eine nichtduale Vision der Realität vertritt. Laut Advaita ist die ultimative Realität – Brahman genannt – nicht vom Bewusstsein getrennt. Tatsächlich sind Bewusstsein und Realität ein und dasselbe. Dieser Gedanke erinnert an das Quantenkonzept der Rolle des Beobachters: Wie in der Physik hängt auch in diesen spirituellen Lehren die Realität vom Standpunkt des Geistes ab.

Der Physiker John Wheeler, Wigners Nachfolger, schlug eine ebenso provokante Idee vor: das Prinzip des partizipatorischen Universums. Laut Wheeler ist das Universum kein unveränderliches Gebilde, das einfach existiert. Es handelt sich vielmehr um eine Entität „im Aufbau", die fortlaufend durch Beobachtungen und Interaktionen definiert wird. Die Schlüsselfrage für Wheeler lautet daher: Kann ein Universum ohne Beobachter existieren?

Hier treffen Physik und Philosophie aufeinander. In vielen hinduistischen Texten wird das Universum als ein „kosmisches Spiel" (Lila) beschrieben, das vom Urbewusstsein gespielt wird. Der

Beobachter ist kein einfacher Zuschauer, sondern ein wesentlicher Teilnehmer an der Schaffung der Realität. Wenn diese Idee zutrifft, könnte das Universum selbst als eine Manifestation des Bewusstseins betrachtet werden.

Die Auswirkungen der Quantenphysik sind nicht nur wissenschaftlicher Natur. Wir berühren auch die existentielle Ebene. Wenn das Bewusstsein tatsächlich eine grundlegende Rolle spielt, könnte es unsere Sicht auf das Leben verändern. Die Realität ist nicht länger etwas Festes und Unabhängiges, sondern ein sich veränderndes Feld, das durch die Wechselwirkung zwischen Geist und Materie definiert wird.

In den östlichen Kulturen, insbesondere im Hinduismus, spielt der Geist für das Verständnis der Natur des Universums seit jeher eine zentrale Rolle. Dank der Quantenphysik könnten diese Intuitionen heute in Dialog mit der modernen Wissenschaft treten. Es ist eine Einladung, über alte Fragen nachzudenken: Wer sind wir wirklich? Und wie sehr hängt das, was wir „Realität" nennen, von unserem Standpunkt ab?

Bewusstsein und Realität im Hinduismus.

Fragen nach der Natur der Realität und des Bewusstseins sind den großen spirituellen Traditionen nicht fremd. Im Hinduismus sind diese Fragen zentrale Themen, insbesondere im vedantischen Denken und vor allem im Advaita Vedanta. Diese Philosophie besagt, dass alles, was existiert, ein Ausdruck des universellen Bewusstseins ist, das Chit oder Purusha genannt wird. Nach dieser Schule ist das Bewusstsein kein Nebenprodukt des Gehirns. Vielmehr handelt es sich um das fundamentale, unveränderliche Prinzip, das das Universum durchdringt und sich in allem manifestiert, was wir als physische Realität wahrnehmen.

Die vedischen Texte und die Upanishaden betonen den Unterschied zwischen dem, was real ist, und dem, was illusorisch ist. Die materielle Realität, bekannt als Prakriti, wird oft als Maya beschrieben, eine kosmische Illusion oder ein vom Bewusstsein projiziertes Spiel. Mit anderen Worten: Das beobachtbare Universum hat keine unabhängige Existenz. Es ist völlig mit dem universellen Bewusstsein verflochten. Dieses Konzept wird im berühmten Vers der Upanishaden dargelegt:

„Brahman ist das Reale, die Welt ist unwirklich, das Individuum unterscheidet sich nicht von Brahman.“

Diese Ideen stoßen auf überraschende Übereinstimmung mit einigen grundlegenden Fragen der Quantenphysik. Insbesondere wirft der Beobachtereffekt die Frage nach der Beziehung zwischen Geist und Materie auf. In der modernen Physik kann der einfache Akt der Beobachtung das Verhalten der Realität auf subatomarer Ebene beeinflussen. Ein typisches Beispiel ist das berühmte Doppelspaltexperiment. Wissenschaftler haben herausgefunden, dass sich ein Photon oder ein Elektron wie eine Welle oder ein Teilchen verhält, je nachdem, ob es beobachtet wird oder nicht. Der Beobachter scheint daher eine aktive Rolle bei der Bestimmung der phänomenalen Realität zu spielen.

Der Physiker Eugene Wigner, Nobelpreisträger des Jahres 1963, war von diesem Paradoxon fasziniert. Wigner, der auch für sein Interesse an indianischen Traditionen bekannt ist, stellte die Rolle des Bewusstseins in Frage. Er vertrat die Ansicht, der menschliche Geist sei nicht bloß ein passiver Zuschauer des physikalischen Universums, sondern ein grundlegendes Element bei dessen Definition. Wigner erklärte:

„Ich kann die Gesetze der Physik nicht ohne Bezug auf das Bewusstsein formulieren.“

Wigner selbst gab zu, dass er sich von östlichen Philosophiesystemen inspirieren ließ, darunter auch von denen des alten Indiens. Er erkannte, dass der Hinduismus mit seiner Betonung der Einheit von Beobachter und beobachteter Realität fortschrittliche Ideen hatte, die denen ähnelten, die die moderne Physik zu erforschen begann.

Laut Advaita Vedanta gibt es nicht zwei getrennte Realitäten: eine des beobachtenden Subjekts (Bewusstsein) und eine andere des beobachteten Objekts (der physischen Welt). Es gibt nur eine unteilbare Realität, genannt Brahman. Die Trennung zwischen Subjekt und Objekt ist aus vedantischer Sicht ein Produkt der Unwissenheit (Avidya). Meditation und spirituelles Studium zielen darauf ab, diese Illusion aufzulösen und dem Einzelnen zu ermöglichen, zu erkennen, dass sein Bewusstsein mit Brahman identisch ist.

Auch in der Quantenphysik setzt sich die Vorstellung immer mehr durch, dass das Subjekt aus der Gleichung der Wirklichkeit nicht herausgelöst werden kann. Das Konzept der „Quantenverschränkung“

geht davon aus, dass Teilchen über Raum und Zeit hinaus miteinander verbunden bleiben können. Diese universelle Verbundenheit, die sich den Gesetzen des gesunden Menschenverstands widersetzt, scheint an die Aussagen der Upanishaden über die grundlegende Einheit der Existenz zu erinnern.

Der Physiker David Bohm, ein weiterer wichtiger Denker des 20. Jahrhunderts, schlug das Konzept der „impliziten Ordnung“ als Modell des Universums vor. Er vermutete, dass es eine verborgene, grundlegendere Realität gibt, aus der die phänomenale Welt hervorgeht. Diese Ansicht erinnert an die vedantische Unterscheidung zwischen Brahman (ultimative Realität) und Maya (scheinbare Realität).

Das Interesse an den philosophischen Erkenntnissen des alten Indien ist nicht auf theoretische Physiker beschränkt. Menschen wie der Schweizer Psychoanalytiker Carl Jung erforschten die Symbolik indischer Traditionen in Bezug auf den Geist. Fritjof Capra, Autor von „Das Tao der Physik“, widmete ganze Kapitel den Parallelen zwischen östlichen Traditionen und der modernen Physik. Seine Arbeit hat gezeigt, dass beiden Bereichen die ganzheitliche Wahrnehmung der Realität, des Bewusstseins und des Universums gemeinsam ist.

Diese Konvergenz zwischen antiker Philosophie und moderner Wissenschaft lädt zu tiefgründiger Reflexion ein. Nicht nur geht es um die Gesetze der Physik, sondern auch um den Sinn des Lebens selbst. Wie Wigner selbst bemerkte, ist das Verständnis des Bewusstseins nicht nur die Aufgabe der Wissenschaft. Es ist eine Herausforderung, die das Zusammenwirken von Philosophie, Religion und sogar Kunst erfordert.

Letztendlich erinnert uns der Hinduismus daran, dass die Realität, die wir beobachten, möglicherweise nur die Widerspiegelung von etwas Größerem ist. Ein Bild, projiziert aus dem unendlichen Spiegel des universellen Bewusstseins.

Der Ansatz von David Bohm: zwischen Physik und Mystizismus.

Eine weitere Schlüsselfigur in diesem Dialog ist der Physiker David Bohm, der für seine Arbeiten zur impliziten Ordnung und sein Interesse an den ganzheitlichen Dimensionen der Realität bekannt ist. Bohm argumentierte, dass das Universum nicht aus einer Reihe separater Objekte bestehe, sondern vielmehr aus einem riesigen, miteinander verbundenen Ganzen, einer Art „impliziter Ordnung“, aus der die wahrnehmbare Welt oder „explizite Ordnung“ hervorgehe.

Bohm war stark vom Hinduismus und östlichen Gedankengut im Allgemeinen beeinflusst. Seine Idee eines „unteilbaren Ganzen“ erinnert an die vedantische Sichtweise des Advaita, was wörtlich „Nicht-Dualität“ bedeutet. Für vedantische Meister sind die physische Welt und das Bewusstsein zwei Aspekte desselben Grundprinzips, das Brahman genannt wird. Bohm führte zu diesen Themen einen intensiven Dialog mit Persönlichkeiten wie Jiddu Krishnamurti, einem indischen Philosophen, der die Trennung zwischen Beobachter und Beobachtetem in Frage stellte. Diese Art des Dialogs bot dem Physiker neue Ideen zur Vertiefung seines physikalischen Modells.

David Bohm, einer der revolutionärsten theoretischen Physiker des 20. Jahrhunderts, vereinte Wissenschaft und Philosophie auf eine Weise, wie es nur wenige andere taten. Bohm wurde 1917 in Pennsylvania geboren und war in einer Ära außergewöhnlicher Entwicklungen in der Quantenphysik aktiv. Doch er blieb nicht bei Gleichungen stehen. Er ging noch weiter und erforschte die tiefere Bedeutung der Realität. Seine Kernidee war die eines zusammenhängenden Universums, einer unteilbaren Einheit, in der das, was wir sehen, nur ein kleiner Teil des Ganzen ist.

Nach Bohm ist die Wirklichkeit in zwei Ebenen unterteilt: die „implizite Ordnung“ und die „explizite Ordnung“. Die erste stellt eine verborgene, tief verbundene Dimension dar, in der sich alles ohne Trennungen zu einer Ganzheit vereint. Es ist sozusagen die unsichtbare Architektur des Universums, eine tiefere Ebene, auf der die Unterscheidungen zwischen Materie und Bewusstsein, zwischen Beobachter und Beobachtetem ihre Bedeutung verlieren. Die „explizite Ordnung“ hingegen ist die von den Sinnen wahrgenommene Welt: die manifeste, aus scheinbar getrennten Objekten bestehende Wirklichkeit, die aus der impliziten Ordnung hervorgeht, so wie eine Figur aus einem Hintergrund hervorgeht.

Ein aufschlussreiches Beispiel, das Bohm anführt, ist die Metapher des Hologramms. Ein Hologramm ist ein dreidimensionales Bild, aber jeder Teil davon enthält Informationen über das gesamte Bild. Ebenso enthält laut Bohm jedes Fragment des Universums die Essenz des Ganzen, ein Konzept, das bemerkenswerte Parallelen zum Hinduismus und insbesondere zur Philosophie des Advaita Vedanta aufweist.

Advaita Vedanta, eine der einflussreichsten Strömungen des Hinduismus, basiert auf der Idee einer nichtdualen Realität (Advaita bedeutet wörtlich „nicht zwei“). Dieser Auffassung zufolge ist die phänomenale Welt – also die Welt, die wir mit unseren Sinnen wahrnehmen – eine Illusion (Maya), während das fundamentale Prinzip, Brahman genannt, die einzige Wirklichkeit darstellt. Brahman repräsentiert sowohl Materie als auch Bewusstsein, vereint in einer einzigen unteilbaren Essenz.

Diese Philosophie lieferte Bohm ein tiefgründiges Vokabular für die Reflexion über die Natur der Wirklichkeit. Die Idee einer verborgenen Einheit im Universum, ähnlich dem „Alles ist Eins“-Konzept von Advaita, fand in seinen Dialogen mit Jiddu Krishnamurti fruchtbaren Boden. Der indische Philosoph, der für seinen ikonoklastischen Ansatz zur Meditation und Achtsamkeit bekannt ist, lehnte die Trennung zwischen Beobachter und Beobachtetem ab und beharrte darauf, dass der Mensch nur durch das Verständnis dieser Einheit mit der Wahrheit in Berührung kommen könne.

Bohm und Krishnamurti führten zwischen den 1960er und 1980er Jahren einen ausführlichen Dialog und erörterten diese Themen sowohl bei öffentlichen als auch bei privaten Treffen. Insbesondere Krishnamurti betonte die Rolle des konditionierten Geistes, ein Thema, das tiefe Resonanz in den Implikationen der Bohmschen Physik hinsichtlich der wahrgenommenen Realität aufweist. In ihren Gesprächen, die oft an Orten wie Brockwood Park in England aufgezeichnet wurden, zeigte Bohm nicht nur eine intellektuelle Neugier, sondern auch eine spirituelle Neigung, die unter Wissenschaftlern seiner Zeit selten war.

Bohms Ideen verdeutlichen, wie die moderne Wissenschaft an die östliche Mystik herangehen kann. Für ihn war die Quantenphysik nicht nur ein Werkzeug zur Beschreibung natürlicher Phänomene, sondern auch zur Erforschung der Grenzen des menschlichen Denkens. Er argumentierte, dass die in der westlichen Kultur so tief verwurzelte Trennung eine Illusion sei. Für Bohm wie auch für die vedantischen Meister ist jede Dualität, sei es Materie/Geist oder Zeit/Ewigkeit, eine Form des Missverständnisses der Realität.

Ein konkretes Beispiel für Bohms ganzheitlichen Ansatz ist das Phänomen der Quantenverschränkung. Dieses Phänomen, bei dem zwei Teilchen selbst über extreme Entfernungen hinweg verbunden bleiben, legt nahe, dass das gesamte Universum als ein integriertes System betrachtet werden kann. Bohm interpretierte dies nicht als mechanische Kuriosität, sondern als grundlegenden Hinweis auf eine verborgene Ordnung.

David Bohm lädt uns durch seine Wissenschaft und seinen Dialog mit östlichen Philosophien ein, die Idee der Realität zu überdenken. Am Ende seines Lebens sagte er:

> *"Die Wissenschaft existiert nicht getrennt von der Menschheit: Sie ist Ausdruck unserer Existenz."*

Dieser Satz fasst seine Botschaft zusammen: ein Aufruf, Physik, Geist und Spiritualität als Teile eines einzigen menschlichen Abenteuers zu betrachten. In dieser Hinsicht erscheint Bohm fast wie ein moderner Rishi, ein Weiser, der die Grenze zwischen dem Sichtbaren und dem Unsichtbaren überschreitet, zwischen dem, was wir wissen und dem, was wir erahnen. Wie Brahman im Advaita repräsentiert Bohms implizite Ordnung eine unteilbare Realität, das verborgene Herz des Universums.

Der Geist als Illusion oder Instrument?

Die Upanishaden, das Herzstück der indischen Philosophie, zeichnen eine faszinierende Vision der Realität. Diese zwischen 800 und 300 v. Chr. verfassten Texte beschreiben den Geist als eine doppelte Kraft. Einerseits ist der Geist eine Illusion, gefangen im Spiel der Maya, dem „Schleier", der die wahre Natur des Universums verdeckt. Andererseits ist es auch ein wertvolles Werkzeug: eine Brücke, die einen, wenn sie weise eingesetzt wird, über die Illusion hinaus zur Befreiung, Moksha, führen kann.

Auch die Quantenphysik wirft tiefgreifende Fragen auf. Auf diesem Gebiet ist die Realität nie absolut. Subatomare Teilchen existieren in einem Superpositionszustand: Sie befinden sich gleichzeitig an mehreren Orten oder in mehreren Zuständen, aber dieser Zustand verschwindet, wenn ein Beobachter sie misst. Dieses als Kollaps der Wellenfunktion bekannte Phänomen hat einige Physiker dazu veranlasst, die Rolle des menschlichen Geistes im Beobachtungsprozess in Frage zu stellen.

Das im Hinduismus zentrale Konzept Maya erinnert an die schwer fassbare Natur der Realität, die in der Quantenphysik beschrieben wird. Im berühmtesten philosophischen Werk der Upanishaden, der „Brihadaranyaka Upanishad", lesen wir, dass das sichtbare Universum wie eine Verschwörung ist, eine Konstruktion, die die ultimative Wahrheit, das Brahman, verbirgt. Auf subatomarer Ebene verhält sich die Welt ähnlich. Auf ihrer grundlegendsten Ebene ähnelt Materie eher Energie oder Wahrscheinlichkeit als etwas Festes und Definiertes.

In beiden Kontexten ist daher der Beobachter von entscheidender Bedeutung: Seine Anwesenheit ist nicht neutral, sondern beeinflusst die Realität. Dieser Berührungspunkt zwischen Physik und Hinduismus hat viele moderne Denker fasziniert.

Ein zeitgenössischer Wissenschaftler, der diese Perspektiven zusammengebracht hat, ist der Quantenphysiker Amit Goswami. Goswami wurde 1936 in Indien geboren und im Westen erzogen. Er entwickelte das Konzept des monistischen Idealismus. Diese Theorie besagt, dass das Bewusstsein und nicht die Materie die Grundlage des Universums ist. Goswami glaubt, dass Beobachtungen der Quantenphysik diese philosophische Position bestätigen: Der Beobachter als bewusstes Wesen spielt eine direkte Rolle bei der Schaffung der Realität, wie wir sie wahrnehmen.

In einem Interview sprach Goswami darüber, wie ihn die Lektüre der Upanishaden dazu inspirierte, die Verbindung zwischen diesem alten Wissen und neuen wissenschaftlichen Entdeckungen zu erforschen. Für ihn ist der Geist sowohl ein Instrument, das uns von der Illusion der Materie befreien kann, als auch eine Kraft, die uns zu verwirren droht, wenn sie nicht gut gelenkt wird. Er sagte:

> *„Das Bewusstsein, nicht die Materie, ist die ultimative Grundlage des Universums, und wir können es durch den Verstand wahrnehmen.“*

Das Thema Maya und der Geist als Instrument findet auch in der indischen Kultur in Form von Symbolen und Orten seinen Widerhall. Im Tempel von Kanchipuram in Südindien erzählt eine berühmte Legende von einem König, der nach langer Meditation entdeckte, dass das gesamte sichtbare Universum in seinem Geist enthalten war.

Der Überlieferung zufolge könnte es sich bei dem König um Rajasimha Pallava handeln, Herrscher der Pallava-Dynastie, der Tamil Nadu zwischen dem 7. und 8. Jahrhundert regierte. Rajasimha war nicht nur für seine militärischen Heldentaten bekannt, sondern auch für seine tiefe spirituelle Hingabe. Der Legende nach erlebte er einen Zustand übermenschlicher Wahrnehmung, als er sich zu einer langen Meditation in den Tempel zurückzog. In diesem Moment erkannte der König, dass die äußere Realität – bestehend aus Sternen, Bergen, Planeten und sogar dem Tempel selbst – nichts weiter als eine Widerspiegelung seines Geistes war.

Diese Intuition prägte nicht nur das Leben des Königs. Es wurde von den Weisen der Zeit als direkte Erfahrung dessen gefeiert, was in hinduistischen Texten die Natur des Brahman genannt wird: die ultimative Realität, die den gesamten Kosmos durchdringt.

Dieses Konzept ähnelt dem, was Physiker als „holographisches Universum" bezeichnen: der Idee, dass die gesamte Realität eine dreidimensionale Projektion eines grundlegenderen Zustands sein könnte, ähnlich einem Hologramm.

Das Selbst im Quantenmultiversum erkennen. Hinduismus und Eugene Wigner.

Die moderne Wissenschaft und die alten spirituellen Traditionen scheinen weit entfernte Wege zu sein, die durch Jahrhunderte der Geschichte und Methodologie getrennt sind. Es zeichnet sich jedoch derzeit ein bemerkenswerter Dialog zwischen der Philosophie des Advaita Vedanta, einem Eckpfeiler des Hinduismus, und der Quantenphysik ab. Im Mittelpunkt dieser Tagung stehen das Konzept der „Einheit des Selbst" (Atman = Brahman) und Eugene Wigners Interpretation der Rolle des Bewusstseins beim Kollaps der Wellenfunktion.

Advaita Vedanta, eine der renommiertesten Schulen des Hinduismus, bekräftigt die grundlegende Identität zwischen Atman (dem individuellen Selbst) und Brahman (dem universellen Absoluten). Laut vedantischen Meistern wie Adi Shankaracharya, der im 8. Jahrhundert lebte, ist die Idee der Trennung zwischen Objekten, Wesen und Geistern eine Illusion, sie ist Maya. Es existiert nur reines Bewusstsein, ewig und unendlich.

Diese in einem spirituellen Kontext entwickelte philosophische Konzeption konzentriert sich auf die persönliche Erfüllung und lädt den Einzelnen dazu ein, „das Selbst kennenzulernen", um die Illusionen der Welt zu überwinden. Meditation wird zur Brücke, um diese Einheit zu erkennen und die Barrieren des Egos zu beseitigen.

Jahrhunderte später, mitten im 20. Jahrhundert, schlug der Physiker und Nobelpreisträger Eugene Wigner eine revolutionäre Idee vor. Im Zusammenhang mit der Quantenmechanik schlug er vor, dass das menschliche Bewusstsein für den „Kollaps der Wellenfunktion" von entscheidender Bedeutung sei. Vereinfacht ausgedrückt handelt es sich dabei um den kritischen Punkt, an dem sich ein subatomares Teilchen nur dann als eindeutige Realität manifestiert, wenn es beobachtet wird. Beispielsweise als Elektron, das sich an einer bestimmten Position manifestiert.

In der berühmten Kopenhagener Deutung der Quantenphysik war die Rolle des Beobachters von grundlegender Bedeutung, aber Wigner entwickelte das Konzept weiter. Er meinte, dass das Vorhandensein eines einfachen Messgeräts nicht ausreiche. Es bedarf eines bewussten Beobachters, der in der Lage ist, Informationen wahrzunehmen und zu verarbeiten.

Wigners Intuition fand ein überraschendes Echo im vedantischen Konzept des universellen Bewusstseins. Advaita lehrt, dass das Bewusstsein die einzige grundlegende Realität ist; In ähnlicher Weise schrieb Wigner dem Bewusstsein die Macht zu, die Materie selbst zu beeinflussen. Obwohl sie in sehr unterschiedlichen Kontexten agieren, versuchen beide, dieselbe Frage zu beantworten: Was ist die Natur des Beobachters?

Um diesen Zusammenhang besser zu verstehen, kann man sich das Quantenmultiversum als die vedantische Maya vorstellen: eine Unendlichkeit potenzieller Möglichkeiten, die sich nur durch das Bewusstsein in einer wahrnehmbaren Realität manifestieren.

Eugene Wigner war nicht nur ein brillanter theoretischer Physiker, sondern auch ein Denker, der stark von der Philosophie beeinflusst war. Er wurde 1902 in Budapest geboren und entwickelte, inspiriert durch Europas wachsendes Interesse an östlichen Traditionen, ein starkes Interesse an der Metaphysik. In den 1920er und 1930er Jahren wurde der Dialog zwischen Physikern und Philosophen durch Debatten über das Wesen der Realität belebt. Niels Bohr, ein Pionier der Quantenphysik und Zeitgenosse Wigners, besuchte 1930 Indien, um mit Rabindranath Tagore über die Beziehung zwischen Wissenschaft und Spiritualität zu diskutieren.

Tagore, ein Dichter und Philosoph, war dem vedantischen Denken eng verbunden, und seine poetische Vision der Wirklichkeit schien in tiefer Übereinstimmung mit der aufkommenden Quantenphysik zu stehen. Dieser kulturelle Austausch beeinflusste nicht nur Wigner, sondern auch andere Giganten der Wissenschaft wie Erwin Schrödinger und Werner Heisenberg. Insbesondere Schrödinger erwähnte in einigen seiner Überlegungen den Begriff des Atman.

Das Selbst im Multiversum der Möglichkeiten erkennen.

Diese Konvergenz zwischen Advaita Vedanta und Quantenphysik bietet faszinierende und provokante Erkenntnisse. Das Selbst zu erkennen bedeutet gemäß der vedantischen Tradition, die Illusionen des Geistes zu überwinden und die eigene Natur als unendliches Bewusstsein zu erkennen, das mit der universellen Realität identisch ist. In der Sprache der Quantenphysik könnte man es so beschreiben, als würde man sich selbst im Kontext eines Multiversums von Möglichkeiten beobachten, in dem das Bewusstsein der kreative Akt ist, der der Realität Gestalt verleiht.

Wigner selbst war sich darüber im Klaren, dass die Physik ohne Berücksichtigung des Bewusstseins Gefahr läuft, unvollständig zu bleiben. Er sagte:

> *„Ohne Bezug auf das Bewusstsein ist es nicht möglich, die Gesetze der Quantenmechanik in völlig kohärenter Weise zu formulieren."*

Diese Aussage ist zwar umstritten, unterstreicht aber die Bedeutung des beobachtenden Subjekts als grundlegende Variable, nicht nur in Quantengleichungen, sondern auch bei den großen Fragen über die Natur der Existenz.

Bei der Reise zwischen Hinduismus und Quantenphysik geht es nicht darum, zwei Weltanschauungen zu verschmelzen, sondern die Punkte zu erkennen, an denen sie sich widerspiegeln. Advaita Vedanta bietet einen spirituellen Weg, um die Einheit des Selbst zu entdecken, während Wigners Erkenntnisse die Tür zu einem Verständnis des Bewusstseins als Motor der Quantenrealität öffnen.

In einer Welt, in der Wissenschaft und Glaube oft im Widerspruch zueinander zu stehen scheinen, erinnert uns dieser Dialog daran, dass beide wertvolle Werkzeuge sein können, um das Geheimnis des Seins zu erforschen. Er lädt uns ein, nicht nur das Universum kennenzulernen, sondern auch das Selbst, das es beobachtet.

David Bohms Ansatz zur Realität und seine Verbindungen zur indischen Philosophie.

David Bohm, einer der brillantesten theoretischen Physiker des 20. Jahrhunderts, wird nicht nur für seine Beiträge zur Quantenphysik in Erinnerung bleiben, sondern auch für seine revolutionären Gedanken zur Natur der Realität. Bohm, 1917 in Pennsylvania geboren, war ein Gegendenker, der über wissenschaftliche Formeln hinausging und nach einer Sprache suchte, die das Universum als eine zutiefst vernetzte Einheit beschreiben konnte. Seine Theorien, bekannt als die implizite und explizite Ordnung, beziehen sich nicht nur auf die Physik, sondern auch auf die alten philosophischen Traditionen Indiens, insbesondere auf die ganzheitlichen Prinzipien, die in den Upanishaden zum Ausdruck komme.

Der Kern von Bohms Wissenschaftsphilosophie ist die Vorstellung, dass die Wirklichkeit nicht fragmentiert ist, sondern ein einziger, kontinuierlicher Fluss. Bohm beschreibt das Universum auf zwei Hauptebenen: der expliziten Ordnung (der Oberflächenwelt, die wir wahrnehmen) und der impliziten Ordnung (einer verborgenen, zugrunde liegenden Realität, die das unterstützt, was an der Oberfläche erscheint). Die explizite Ordnung stellt das dar, was wir sehen, berühren und messen: die materielle Welt, definierbar mit wissenschaftlichen Gesetzen. Die implizite Ordnung hingegen ist der Bereich des Potenzials, eine tiefere und allgegenwärtigere Dimension, aus der alles hervorgeht.

Diese Unterscheidung erinnert auffallend an die in den Upanishaden beschriebene hinduistische Sicht des Universums. In indischen heiligen Texten wird die phänomenale Realität (Maya) als eine illusorische Darstellung betrachtet, die von einem verborgenen und einheitlichen Substrat, dem Brahman, getragen wird. Genau wie Bohms implizite Ordnung ist Brahman die ultimative, unteilbare Realität, in der alle Dinge in einer gemeinsamen Matrix vereint sind.

Der Geist als Beobachter.

Für Bohm ist die Rolle des Geistes und des Beobachters von zentraler Bedeutung für das Verständnis der Realität. Sogar in der Quantenphysik scheint der Akt der Beobachtung das Verhalten subatomarer Teilchen zu beeinflussen. Dieses mit dem Doppelspaltexperiment verknüpfte Rätsel ist eines der tiefsten Mysterien der Quantenwelt. Bohm geht davon aus, dass Geist und physische Welt nicht getrennt sind, sondern Teil desselben Energie- und Informationsflusses.

Diese Vorstellung vom Geist als integralem Bestandteil der Realität scheint in der indischen Philosophie Übereinstimmung zu finden. In den Traditionen des Advaita Vedanta wird das menschliche

Bewusstsein (Atman) als direkte Widerspiegelung von Brahman betrachtet. Die Trennung zwischen Beobachter und Beobachtetem ist daher eine Illusion. Diese Perspektive geht sowohl aus Bohms Physik als auch aus dem Hinduismus davon aus, dass das Universum ein zusammenhängendes Ganzes ist, in dem der Geist eine entscheidende Rolle bei der Manifestation des Existierenden spielt.

In den 1970er und 1980er Jahren führte Bohm eine Reihe von Dialogen mit dem indischen Philosophen und spirituellen Lehrer Jiddu Krishnamurti. Diese tiefgründigen und aufschlussreichen Treffen fanden größtenteils in Krishnamurtis Bildungszentrum in Brockwood Park, England, statt. Bohm und Krishnamurti befassten sich mit grundlegenden Fragen, etwa der Natur des Denkens, dem Ego und der Möglichkeit eines Geistes ohne Fragmentierung.

Krishnamurti, bekannt für seine undogmatischen Ideen, argumentierte, dass die Trennung zwischen Subjekt und Objekt das Ergebnis konditionierter geistiger Aktivität sei. Als Wissenschaftler fand Bohm eine Brücke zwischen den Intuitionen des Philosophen und dem Studium der Quantenrealität. In ihren Dialogen kommt die Idee zum Vorschein, dass die für den modernen Menschen so typische geistige Fragmentierung auf die Unfähigkeit zurückzuführen sei, die Realität in ihrer grundlegenden Einheit zu erkennen.

Eine bedeutsame kleine Episode ereignete sich 1980 während eines Treffens in Ojai, Kalifornien. Krishnamurti verwendete die Metapher des Flusses, um den Geist in einem Zustand der Stille zu beschreiben: Der Fluss fließt ohne Unterbrechung und spiegelt die gesamte Realität wider. Bohm sah in diesem Bild eine Parallele zu seiner Idee des „holistischen Flusses“, bei dem das Universum nicht aus einzelnen Fragmenten besteht, sondern aus einer kontinuierlichen Bewegung von Energie und Bedeutung. Bohm nannte dies „Holobewegung“.

Bohms Arbeit und sein Austausch mit Krishnamurti schlugen eine Brücke zwischen westlicher Wissenschaft und östlicher Weisheit. Bohm selbst besuchte Indien in den 1960er Jahren und war fasziniert von der Tiefe der lokalen spirituellen Traditionen. Eine seiner wichtigsten Erkenntnisse war, dass der Westen mit seinem analytischen und fragmentierten Ansatz enorm vom ganzheitlichen Denken des Ostens profitieren könnte.

Leider genoss Bohm nicht die volle akademische Anerkennung, die er verdiente. Seine Ideen waren für viele seiner Zeitgenossen zu innovativ. Dennoch inspiriert sein Denken weiterhin neue

Generationen von Forschern, die Wissenschaft, Philosophie und Spiritualität vereinen wollen.

Von Schrödinger bis Krishna: Hinduismus und die Erkenntnisse der Quantenphysik.

Erwin Schrödinger, ein österreichischer Physiker und Pionier der Quantenmechanik, ist für das berühmte „Katzenparadoxon" bekannt. Weniger bekannt ist jedoch seine tiefe Verbundenheit mit der indischen Philosophie. Die Ideen der Upanishaden und der Bhagavad Gita beeinflussten sein Denken zutiefst und veranlassten ihn, über das Bewusstsein, die Einheit der Realität und die Rolle des Beobachters im Universum nachzudenken.

Schrödinger wurde 1887 in Wien geboren. Schon als Kind zeigte er eine ausgeprägte Begabung für Mathematik und Physik. Während seiner prägenden Jahre gingen seine Interessen jedoch über die wissenschaftliche Disziplin hinaus. Als Liebhaber der Künste und der Philosophie fand er jeden Versuch, die Natur der Realität zu erklären, faszinierend. Der Wendepunkt kam in den 1920er Jahren, als Schrödinger auf der Suche nach Antworten, die die Wissenschaft nicht liefern konnte, auf Übersetzungen alter indischer Schriften stieß.

Einer seiner Lieblingstexte war der Vedanta, eine philosophische Sammlung, die auf den Upanishaden basiert. Schrödinger war beeindruckt von der Idee, dass die ultimative Realität eine einzige, unteilbare Einheit sei: Brahman. Diese Vision brachte ihn der Idee näher, dass scheinbare Trennungen (zwischen Subjekt und Objekt, Beobachter und Beobachtetem) illusorisch sind. In seinen Memoiren schrieb er:

> *„Bewusstsein ist keine individuelle Eigenschaft. Es ist ein universelles Phänomen, das nicht fragmentiert werden kann."*

Schrödinger zitierte gern die Bhagavad Gita, einen der grundlegenden heiligen Texte des Hinduismus. In der Gita erklärt Krishna Prinz Arjuna die Geheimnisse von Leben und Tod und offenbart ihm, dass jedes Wesen Teil einer einzigen ewigen Realität ist. Dieses Konzept stand im Einklang mit der Quantenvision, die Schrödinger entwickelte. Die Quantenphysik hat gezeigt, dass subatomare Teilchen erst dann in getrennten Zuständen existieren, wenn sie beobachtet werden. Dies legt die Vermutung nahe, dass die Realität intrinsisch miteinander verbunden ist. In einem Brief von 1925 schrieb Schrödinger:

„Ich bin fasziniert davon, wie sich die moderne Physik immer mehr dem Weltbild der alten indischen Weisen anzunähern scheint."

Seine Aussage kam nicht von ungefähr. Er sah eine Parallele zwischen der Unbestimmtheit der Quantenteilchen und der hinduistischen Vorstellung von Maya, dem Schleier der Illusion, der die wahre Natur der Realität verbirgt.

Bewusstsein als Grundlage der Realität.

Einer der revolutionärsten Aspekte von Schrödingers Denken war sein Interesse am Bewusstsein. Im Gegensatz zu vielen seiner Zeitgenossen, die das Bewusstsein als Nebenprodukt der Gehirnaktivität betrachteten, war Schrödinger der Ansicht, dass das Bewusstsein für das Verständnis des Universums von grundlegender Bedeutung sei. Diese Idee hatte tiefe Wurzeln im indischen Denken.

Im Vedanta wird das Bewusstsein oder Atman als die Essenz aller Lebewesen beschrieben. Schrödinger interpretierte diese Vision auf wissenschaftliche Weise und entwickelte ein einheitliches Konzept des Geistes und des Universums. Er schrieb oft, dass die Grenze zwischen dem wahrnehmenden Subjekt und der wahrgenommenen Realität willkürlich sei. Für ihn existiert die Außenwelt nur insoweit, als sie durch das Bewusstsein erfahren wird.

In späteren Vorlesungen und Aufsätzen nahm Schrödinger häufig Bezug auf seine Studien zum Hinduismus und argumentierte, die Wissenschaft könne die Rolle des Geistes bei der Formulierung von Naturgesetzen nicht ignorieren. Fast poetisch stellte er fest, das Universum sei ein „kosmisches Spiel", ein Energiefluss, in dem alle Unterschiede vorübergehend seien.

Während seiner Zeit in Arosa, einem Schweizer Dorf, widmete sich Schrödinger dem Schreiben vieler seiner eher philosophischen Werke. In einem kleinen Chalet inmitten der alpinen Natur las er englische Übersetzungen der Upanishaden und vertiefte sein Wissen der östlichen Philosophie. In dieser Umgebung der Ruhe und Selbstbesinnung wurden einige seiner revolutionärsten Ideen geboren.

Ein weiteres Schlüsselmoment in Schrödingers Leben war sein Kontakt mit anderen vom Hinduismus beeinflussten Intellektuellen. In der Schweiz traf er den indischen Dichter, Philosophen und Literaturnobelpreisträger Rabindranath Tagore, mit dem er die

Ähnlichkeiten zwischen östlichen Lebensanschauungen und neuen wissenschaftlichen Entdeckungen diskutierte. Tagore drängte ihn dazu, die Wissenschaft dem menschlichen Herzen immer näher zu bringen – ein Rat, der Schrödinger für den Rest seines Lebens am Herzen lag.

Schrödinger war nicht der einzige Wissenschaftler seiner Zeit, der sich vom Osten inspirieren ließ, aber er war wahrscheinlich derjenige, der die kühnsten Schlussfolgerungen zog. Für ihn war die Quantenphysik nicht bloß eine numerische Beschreibung der Natur, sondern eine Linse zur Erforschung der menschlichen Verfassung. Seine Überlegungen, etwa das berühmte Katzen-Gedankenexperiment, warfen tiefgreifende Fragen über die Bedeutung der Realität und die Rolle der Beobachtung auf.

Der Einfluss der Upanishaden ist in vielen seiner Schriften deutlich erkennbar. Von der Idee, dass Zeit und Raum bloße Konstrukte des Geistes seien, bis hin zum Glauben an eine ultimative und unteilbare Realität: Schrödinger war einer der ersten Wissenschaftler, der eine Brücke zwischen östlichen spirituellen Intuitionen und der starren Logik der westlichen Wissenschaft baute.

Erwin Schrödinger ist ein außergewöhnliches Beispiel dafür, wie Wissenschaft und Spiritualität in Dialog treten können. Seine Erkenntnisse, die auf den alten Philosophien Indiens basierten, halfen ihm, einige der wichtigsten Theorien der modernen Physik zu formulieren. In seinem berühmten Buch „Was ist Leben?“ schrieb Schrödinger:

> *„Das große Geheimnis ist nicht, dass das Universum aus Materie besteht, sondern dass es sich durch uns seiner selbst bewusst ist.“*

Sein Denken inspiriert noch heute Wissenschaftler und Philosophen und erinnert uns daran, dass wir, um den Kosmos wirklich zu verstehen, zuerst in unser Inneres blicken müssen.

Bewusstsein, Quantenphysik und Reinkarnation.

Der menschliche Geist, ein tiefes und ewiges Mysterium, steht weiterhin im Mittelpunkt der Überlegungen sowohl in der Wissenschaft als auch in den alten östlichen Traditionen. Einerseits offenbart die Quantenphysik ein unvorhersehbares Universum, in dem der Beobachter eine entscheidende Rolle spielt. Der Hinduismus hingegen erforscht durch das Konzept der Reinkarnation die

Kontinuität des Bewusstseins über das physische Leben hinaus. Können diese beiden scheinbar weit voneinander entfernten Visionen miteinander in Kontakt kommen? Einige Wissenschaftler, darunter der Quantenphysiker Amit Goswami, glauben dies.

In den letzten Jahrzehnten hat die Quantenphysik gezeigt, dass die Realität auf subatomarer Ebene nicht so objektiv ist, wie einst angenommen. Experimente mit Photonen und Elektronen, wie etwa das berühmte Doppelspaltexperiment, haben gezeigt, dass sich das Verhalten von Materie aufgrund der Beobachtung ändert. Mit anderen Worten: Die Anwesenheit des Beobachters bestimmt die Manifestation der Realität. Amit Goswami, ein führender Experte auf dem Gebiet der Quantenphysik und Autor von Büchern wie „The Self-Aware Universe", vertritt die Ansicht, das Bewusstsein sei kein Produkt des Gehirns, sondern eine grundlegende Realität, das „Gewebe", auf dem sich das Universum ausbreitet. Goswami sagt:

> *„Die Welt existiert nicht unabhängig von der Beobachtung. Das Bewusstsein ist die Grundlage allen Seins."*

Dieser Ansatz steht im Widerspruch zur klassischen materialistischen Sichtweise, weist jedoch überraschende Ähnlichkeiten mit dem indischen Denken auf. Im Hinduismus wird das Bewusstsein tatsächlich als der Materie vorgeordnet angesehen. Das individuelle Selbst oder Atman ist untrennbar mit Brahman verbunden, dem universellen, ewigen, allgegenwärtigen Bewusstsein.

In der hinduistischen Philosophie ist die Reinkarnation ein zentraler Bestandteil. Gemäß der Karma-Lehre hinterlässt jede Handlung eines Menschen einen mentalen Abdruck, der zukünftige Erfahrungen bestimmt. Nicht der Körper wird wiedergeboren, sondern eine subtile Kontinuität, die mit dem Bewusstsein verbunden ist und von einem Leben auf das nächste übertragen wird. Dieser Kreislauf von Geburt, Tod und Wiedergeburt wird als Samsara bezeichnet.

Hier kommt eine mögliche Parallele zur Quantenphysik ins Spiel. Moderne Experimente lassen darauf schließen, dass die Wirklichkeit nicht statisch ist, sondern ein kontinuierlicher, durch Beobachtung beeinflusster Prozess des Zusammenbruchs von Möglichkeiten. In ähnlicher Weise könnte man Karma als den fortwährenden Zusammenbruch des Potenzials betrachten, der durch die Handlungen und Gedanken des Einzelnen verursacht wird. Das Bewusstsein wäre daher der rote Faden, der nicht nur die Gegenwart, sondern auch die Zukunft gestalten könnte.

Eines der faszinierendsten Experimente, das die grundlegende Rolle des Bewusstseins veranschaulicht, ist Schrödingers „Katzenparadoxon“. In dem berühmten Gedankenexperiment ist die Katze gleichzeitig lebendig und tot, bis ein Beobachter das Ergebnis bestimmt. Dieser „potenzielle Dualismus“ ähnelt dem hinduistischen Konzept der Maya: Die sinnliche Realität ist nur eine Illusion, die durch das Eingreifen des Bewusstseins beeinflusst wird.

Parallel dazu erklären alte Texte wie die Bhagavad Gita, dass die Seele (Jiva) niemals stirbt; im Gegenteil, es wandert von einem Körper zum anderen, wie ein Mensch die Kleidung wechselt. Dieser vom Karma gesteuerte Prozess schafft eine zyklische Realität, in der Vergangenheit, Gegenwart und Zukunft miteinander verflochten sind. Im Quantenkontext ist die Zeit zudem nicht linear, sondern relativ, wodurch die zyklische Idee der Reinkarnation eher mit den Erkenntnissen der zeitgenössischen Wissenschaft übereinstimmt als die westliche deterministische Sichtweise.

Eine weitere Parallele zwischen Reinkarnation und der modernen Wissenschaft ergibt sich aus den Studien von Ian Stevenson, einem Psychiater, der Tausende Fälle von Kindern dokumentierte, die behaupteten, sich an frühere Leben zu erinnern. Durch detaillierte Zeugenaussagen und überprüfbare Beweise warf Stevenson Fragen zur Natur des Gedächtnisses und des Bewusstseins auf. Könnten diese Erinnerungen Quantenaufzeichnungen auf einer tieferen Ebene jenseits des physischen Gehirns sein? Goswami selbst stellt die Hypothese auf, dass das Bewusstsein ein einheitliches Feld schafft, in dem Informationen bewahrt werden können, ähnlich dem indischen Konzept der „Akasha-Chroniken”.

Spirituelle Traditionen und moderne Wissenschaft scheinen in einem entscheidenden Punkt übereinzustimmen: Die Realität wird untrennbar vom Bewusstsein beeinflusst. Ob es sich um den hinduistischen Kreislauf des Samsara oder den Kollaps der Quantenwellenfunktion handelt, beide Perspektiven erkennen eine zentrale Rolle des Geistes an, und zwar nicht als passiver Zuschauer, sondern als Mitschöpfer der Erfahrung. Wie Aurobindo, indischer Philosoph und Mystiker, sagte:

„Der Geist ist die Brücke zwischen Seele und Materie.“

Mit den Entdeckungen der modernen Wissenschaft entdecken wir vielleicht, dass diese Brücke nicht so schmal ist, wie wir dachten, sondern ein breiter Durchgang, der Vergangenheit und Gegenwart,

Ost und West, wissenschaftliche Themen und spirituelle Realitäten vereint.

Die Frage bleibt offen: Erschafft das Bewusstsein die Realität oder beobachtet es sie? Vielleicht gibt es, wie im Hinduismus und in der Quantenphysik, keine einheitliche Antwort, sondern einen ewigen Kreislauf, in dem jeder Beobachter zugleich ein Schöpfer ist.

Das Netz der Realität: Hindu-Philosophie, Vakuumphysik und kulturelle Dialoge.

Die Realität ist ein Gewebe, ein Stoff, der alles verbindet. Diese über Jahrhunderte von der Hindu-Philosophie entwickelte Vision findet heute überraschende Parallelen in der Quantenphysik. Einerseits stellt Akasha, das vedische Konzept des kosmischen Raums, die universelle Matrix dar, die alles vereint. Andererseits ist das Quantenvakuum der modernen Wissenschaft keineswegs leer, sondern eine vibrierende Struktur, die subatomare Teilchen erzeugt und verbindet und sich als „völlige Leere" entpuppt. Auf den ersten Blick scheinen zwischen ihnen zwei Welten zu liegen. Es besteht jedoch möglicherweise eine Brücke zwischen diesen jahrhundertealten Traditionen und der modernen Physik.

In der hinduistischen Philosophie ist Akasha neben Erde, Luft, Feuer und Wasser das fünfte Urelement. Es handelt sich nicht um leeren Raum, sondern um eine subtile, dynamische Realität, die alles Existierende durchdringt und verbindet. Alte Texte wie die Veden beschreiben Akasha als Grundlage der kosmischen Manifestation, als Treffpunkt zwischen der sichtbaren und der unsichtbaren Welt. Swami Vivekananda, der indische Mystiker, der im späten 19. Jahrhundert den Hinduismus in den Westen brachte, verglich Akasha mit einem ewigen Hintergrund, innerhalb dessen die phänomenale Welt geformt wird. Für Vivekananda würde das Universum ohne ein unsichtbares, vereinigendes Feld, ein zugrunde liegendes Netzwerk, nicht existieren.

Die Quantenphysik hat im 20. und 21. Jahrhundert unser Verständnis des Vakuums revolutioniert. Im Quantenmodell ist das, was wir „Vakuum" nennen, tatsächlich ein Feld voller Energieschwankungen. Diese Schwankungen erzeugen virtuelle Teilchen und Grundkräfte. Laut dem theoretischen Physiker David Bohm ist dieses Substrat mit einer „impliziten Ordnung" vergleichbar, einer verborgenen Ebene der Realität, die alles hervorbringt, was wir sehen. Es ist kein Zufall, dass Deepak Chopra oft das Konzept des Quantenvakuums verwendet hat, um die Verbundenheit des menschlichen Bewusstseins mit dem Kosmos zu erklären. Chopra, ein zeitgenössischer Physiker und Denker indischer Herkunft, interpretiert die Leere als einen Berührungspunkt zwischen moderner Physik und alten spirituellen Intuitionen, verbunden mit der Idee eines unteilbaren Universums.

Im 20. Jahrhundert schlugen Denker wie Vivekananda und Physiker wie Nikola Tesla offen einen übergreifenden Dialog zwischen Wissenschaft und Spiritualität vor. Vivekananda traf Tesla 1893 während der Weltausstellung in Chicago. Sie teilten beide das Interesse an subtiler Energie als Grundlage aller Dinge. Tesla suchte nach einer „unbegrenzten kosmischen Energie", während Vivekananda von universeller Energie als Ausdruck der Akasha sprach. Beide verstanden, wenn auch auf unterschiedliche Weise, dass die Wirklichkeit nicht auf getrennte Einheiten reduziert werden kann. Es ist eher ein vernetztes Netzwerk.

Heute bestätigt die moderne Wissenschaft einige uralte Intuitionen. Studien zur Quantenverschränkung zeigen beispielsweise, dass Lichtjahre voneinander entfernte Teilchen gleichzeitig miteinander verbunden sein können, als würden sie innerhalb einer einzigen Matrix agieren. Diese für Einstein „erschreckende" und kaum akzeptable Entdeckung steht im Einklang mit der indischen Vorstellung einer kosmischen Einheit. Das Experiment von Alain Aspect aus dem Jahr 1982, das das Phänomen der Verschränkung bestätigte, löste neue Diskussionen über die verborgene Komplexität des Vakuums aus.

Deepak Chopra betont weiterhin die Verbindung zwischen der hinduistischen nichtdualistischen Sichtweise und modernen Quantenprinzipien. Chopra vertritt in seinen Büchern und Vorlesungen die Ansicht, das Universum sei ein einheitliches Potenzialfeld. Es handelt sich um eine Interpretation, die an Advaita Vedanta erinnert, eine der einflussreichsten philosophischen Schulen des Hinduismus. Laut Advaita existiert nur eine unteilbare Realität: „Brahman", das höchste Bewusstsein. Alles, was getrennt erscheint, ist in Wahrheit eine Illusion.

Ein faszinierendes Beispiel für diese Idee ergibt sich aus der Meditationspraxis, die auch von westlichen Forschern untersucht wurde. Während tiefer Meditation scheint sich der Geist mit einem Zustand minimaler Aktivität zu synchronisieren, ähnlich den

Schwankungen des Quantenvakuums. Einige Neurowissenschaftler vermuten mittlerweile, dass sich bewusste Aufmerksamkeit wie der Kollaps einer Wellenfunktion verhält, ein Mechanismus, der der Quantenphysik zugrunde liegt. Mit anderen Worten wäre der Geist dem Netzwerk des Kosmos nicht fremd, sondern ein integraler Bestandteil davon.

Die Konvergenz zwischen Physik und Philosophie ist nicht nur akademischer Natur. Es bringt uns dazu, unsere Wahrnehmung der Welt und unserer selbst zu überdenken. Die Vorstellung, dass das gesamte Universum auf einer tiefen Ebene verbunden ist, ist nicht nur spirituell. Es wird zu einer wissenschaftlichen und kulturellen Realität. Orte wie das Chopra Center in Kalifornien und das Indian Institute of Science in Bangalore führen diesen multidisziplinären Dialog fort und erforschen, wie diese Ideen unser Verhältnis zur Natur, zur Technologie und zur psychischen Gesundheit beeinflussen können.

So wie die Indus-Kanäle jahrhundertelang Kulturen bewässerten, ebnet der Wissensfluss zwischen Ost und West den Weg für einen neuen globalen Dialog. Dank der Erkenntnisse von Köpfen wie Swami Vivekananda und den Entdeckungen der modernen Physik zum Quantenvakuum ergibt sich eine einfache, aber kraftvolle Botschaft: Alles ist miteinander verbunden.

Treffpunkte?

Hinduismus und Quantenphysik mögen wie weit entfernte Welten erscheinen, getrennt durch die unsichtbare Grenze zwischen Rationalität und Spiritualität. Bei näherer Betrachtung tauchen jedoch überraschende Übereinstimmungen auf. Beide stellen zwei der tiefsten Fragen der Menschheit in den Mittelpunkt ihres Diskurses: Was ist Realität? und was ist die Natur des Bewusstseins?

Der Hinduismus, insbesondere die Schule des Advaita Vedanta, vertritt die Ansicht, das Universum sei eine unteilbare Einheit. Alles ist Brahman, das Absolute, das ewige Substrat, aus dem alles hervorgeht. Die Wahrnehmung einer Trennung zwischen dem Individuum und dem Universum wird als eine Illusion betrachtet, die Maya genannt wird. Auf verblüffend ähnliche Weise suggerieren einige Konzepte der Quantenphysik ein tief verbundenes Universum, ein verborgenes Ganzes, das der sichtbaren Realität zugrunde liegt.

Einen wesentlichen Anknüpfungspunkt bietet dabei die Rolle des Beobachters. In der klassischen Physik existiert das Universum unabhängig von jedem, der es beobachtet. Doch die Quantenmechanik hat durch Experimente wie den berühmten Doppelspalt gezeigt, dass der Akt der Beobachtung das Verhalten von Teilchen verändert. Ein Elektron beispielsweise verhält sich je nach Anwesenheit des Beobachters wie ein Teilchen oder wie eine Welle.

Der ungarische Physiker Eugene Wigner untersuchte in den 1960er Jahren die Idee, dass das menschliche Bewusstsein ein integraler Bestandteil des Kollapses der Wellenfunktion sein könnte, jenes mysteriösen Prozesses, der eine Überlagerung von Quantenzuständen in eine definierte Realität umwandelt. Diese Vision scheint mit den Konzepten des Advaita Vedanta in Einklang zu stehen, wonach der Geist selbst an der Schaffung der Erfahrung der Realität beteiligt ist.

Wie der indische Weise Adi Shankaracharya im 8. Jahrhundert n. Chr. feststellte:

> *„Was wir als getrennt wahrnehmen, ist eine einfache Projektion unseres Geistes.“*

Fast tausend Jahre später scheint die Quantenphysik derselben Intuition näher zu kommen.

Ein weiterer Konvergenzpunkt betrifft die Idee eines intrinsisch verbundenen Universums. In den 1980er Jahren entwickelte der Physiker David Bohm die Theorie der impliziten Ordnung. Laut Bohm ist das sichtbare Universum nur eine Manifestation einer tieferen, verborgenen und unteilbaren Realität. Es ist, als würde man auf die Oberfläche eines Ozeans blicken, ohne die tiefen Strömungen zu bemerken, die ihn beleben.

der unveränderlichen und allgegenwärtigen Essenz, die alle Elemente der Existenz vereint. Sinnbildlich hierfür steht das Beispiel des „Sutratma“, des „Seelenfadens“. Texten wie den Upanishaden zufolge durchzieht dieser unsichtbare Faden jedes Wesen und verbindet es mit der göttlichen Quelle. Bohm bediente sich nicht der Sprache der Spiritualität, sondern sprach von der Verbundenheit des Universums, von einem Universum, das mehr ist als die Summe seiner Teile.

Bewusstsein als Schlüssel zum Kosmos.

Das Bewusstsein ist ein Thema, das sowohl die Quantenphysik als auch der Hinduismus gemeinsam haben. Für die Wissenschaft ist der menschliche Geist immer noch ein Mysterium. Physiker versuchen zu verstehen, ob das Bewusstsein einfach dem Gehirn entspringt oder eine grundlegendere Natur des Universums hat. Einige Wissenschaftler, etwa Roger Penrose und Stuart Hameroff, haben die Hypothese aufgestellt, dass das Bewusstsein mit Quantenprozessen in den Mikrotubuli der Gehirnzellen zusammenhängen könnte. Diese Theorie, bekannt als „Orchestrierte objektive Reduktion", geht davon aus, dass das Bewusstsein möglicherweise tief in der Struktur der Realität verankert ist.

Indische Weise beschreiben das Bewusstsein als den unveränderlichen Kern des Selbst. Es ist Atman, die universelle Seele, die nicht von Brahman getrennt ist. Durch Praktiken wie Meditation kann man diese absolute Einheit erfahren. Einige indische Mystiker wie etwa Ramana Maharshi sprachen von Bewusstseinszuständen, in denen jede Trennung zwischen Subjekt und Objekt verschwindet und eine reine Seinserfahrung zurückbleibt.

Der Wissenschaft fehlen noch die Mittel, um diese Erfahrungen nachzuweisen. Doch die Implikationen der Quantenphysik mit ihrer Betonung der Rolle des Bewusstseins lassen darauf schließen, dass die Grenze zwischen Geist und Materie weniger starr sein könnte als bislang angenommen.

Dieser Dialog zwischen Hinduismus und Quantenphysik bleibt offen und bietet zahlreiche Möglichkeiten. Keine der beiden Perspektiven bietet alle Antworten, doch gemeinsam schaffen sie einen einzigartigen Raum zur Reflexion.

Der Hinduismus lädt uns ein, über den Schein hinauszugehen und die Einheit zu erkennen, die sich hinter der Vielfalt verbirgt. Die Quantenphysik drängt uns, wenn auch in anderer Form, in die gleiche Richtung. Vielleicht, wie Heisenberg vorschlug, wenn wir die Tiefen der Natur erforschen:

„…wir finden keine Materie, sondern nur Wahrscheinlichkeitswellen."

Und am Ende, so sagten die alten indischen Weisen, entdeckt derjenige, der das Universum ohne Vorurteile betrachtet, dass der Beobachter, das Beobachtete und der Akt des Beobachtens selbst eins sind. Eine Lektion, die Ost und West heute mehr denn je in der gemeinsamen Suche nach dem ultimativen Sinn der Wirklichkeit vereint.

Kapitel V. Zeit und Vergänglichkeit.

Zeit in hinduistischen Texten.

Aus hinduistischer Sicht ist die Zeit keine Reise mit einem bestimmten Anfang und Ende. Es handelt sich nicht um eine geradlinige Linie, die auf ein einzelnes Ziel zusteuert, wie dies in der westlichen Tradition, die stark von der jüdisch-christlichen Philosophie beeinflusst ist, oft der Fall ist. Im Hinduismus ist die Zeit ein unendlicher Kreis, ein fortwährender Fluss, der sich in zyklischen Phasen wiederholt. Dieses Konzept, bekannt als „Kalachakra" (übersetzt als „das Rad der Zeit"), stellt die Essenz der Vergänglichkeit und des kontinuierlichen Wandels dar.

Die vedischen Schriften und die Puranas, die zu den ältesten Zeugnissen der indischen Kultur zählen, beschreiben die Zeit als in kosmische Zyklen, sogenannte Yugas, unterteilt. Jedes Yuga ist eine Phase in einem größeren kosmischen Zyklus, der Kalpa genannt wird. Ein Kalpa wiederum ist Teil eines Tages Brahmas, des Schöpfers gemäß der hinduistischen Mythologie. Um diese kosmischen Ausmaße zu verstehen, heißt es: Ein einzelner Brahma-Tag dauert 4,32 Milliarden Menschenjahre. Die ebenso lange Nacht Brahmas stellt die Zerstörung des Universums dar, bevor der Zyklus von neuem beginnt.

Diese Vision ist nicht nur philosophisch, sondern auch zutiefst symbolisch.

Laut Hinduismus durchläuft das Universum einen ständigen Wechsel von Schöpfung, Erhaltung und Zerstörung, repräsentiert durch die drei Hauptgottheiten der Trimurti: Brahma (der Schöpfer), Vishnu (der Erhalter) und Shiva (der Zerstörer). Auch die Zeit selbst wird als göttliche Erscheinung betrachtet und oft mit Kala, einer Form des Gottes Shiva, identifiziert. Kala ist nicht nur Zeit, sondern auch ihre zerstörerische Kraft: eine Kraft, die alles vergänglich macht.

Im Konzept des Kalachakra wiederholt sich alles, jedoch nicht auf statische Weise. Jeder Zyklus bringt Veränderungen mit sich, wie Jahreszeiten, die immer wiederkehren, aber nie identisch sind. Die Vergangenheit geht nicht verloren, sondern verflechtet sich mit der Gegenwart und der Zukunft in einer Bewegung, die der Linearität entflieht. In den wichtigsten vedischen Texten, etwa dem Rigveda, finden sich Hinweise auf diese Auffassung. An einer Stelle des Liedes heißt es beispielsweise:

> *„Das Rad der Zeit dreht sich, formt die Tage, durchquert die Nacht und bringt die Morgendämmerung zurück"*

Das Epos Mahabharata befasst sich mit der zyklischen Natur der Zeit, indem es vom Dharma-Yuga und Kali-Yuga erzählt, Zeitaltern, in denen Tugend und Rechtschaffenheit allmählich abnehmen, nur um dann erneut zu beginnen. Der hinduistischen Kosmologie zufolge leben wir derzeit im Kali Yuga, dem dunkelsten aller Zyklen, der von Konflikten, Unwissenheit und Verlust von Traditionen geprägt ist. Am Ende dieses Zyklus wird das Universum zerstört und neu erschaffen.

Vergänglichkeit als universelles Prinzip.

Die Idee der Vergänglichkeit ist im Hinduismus eng mit dem Konzept der Maya, der Illusion, verknüpft. Die von Lebewesen wahrgenommene Realität ist vergänglich, illusorisch und dem Wandel unterworfen. Der Durchgang durch die Zeitzyklen dient tatsächlich als Metapher für spirituelle Entwicklung, Tod und Wiedergeburt und den Weg zur Befreiung aus dem Kreislauf der Reinkarnation (Samsara).

Dieses Konzept findet sich auch in der Bhagavad Gita, wo Krishna, eine Manifestation von Vishnu, den Krieger Arjuna unterweist. Krishna sagt:

> *„So wie die Seele vom Körper eines Kindes in den eines Erwachsenen und dann in den eines Alten übergeht, so nimmt sie nach dem Tod einen neuen Körper an. Den Weisen stören diese Veränderungen nicht."*

Die Ähnlichkeit mit der zyklischen Zeit ist offensichtlich: Der Tod ist kein Ende, sondern nur eine Übergangsphase hin zur Erneuerung.

Unterschiede zur westlichen Zeit.

Das westliche Zeitverständnis, das von griechisch-römischen und jüdisch-christlichen Traditionen beeinflusst ist, basiert auf einer endlichen Zeitachse. Die Menschheitsgeschichte hat einen klaren Anfang, wie er in der Genesis erzählt wird, und einen Endpunkt, das Jüngste Gericht. Dieses lineare Modell bietet eine narrative Struktur der Erlösung und des Fortschritts. Im Gegenteil, die hinduistische

Sichtweise lässt keine endgültige Schlussfolgerung zu. Der Kreislauf des Universums wird sich in einer ewigen und unaufhörlichen Bewegung ohne endgültiges Ende fortsetzen.

Philosophisch gesehen liegt der Unterschied in der Wahrnehmung der Realität. Aus westlicher Sicht hat die Geschichte einen fortschreitenden Zweck und eine zukunftsorientierte Bedeutung. Im Hinduismus liegt der Schwerpunkt jedoch eher auf der Harmonie mit dem Zyklus selbst als auf der Kontrolle der Zeit. Die Beobachtung des Laufs der Zeit geht in der östlichen Kultur oft mit der Akzeptanz ihrer Vergänglichkeit einher.

Heute ist die Quantenphysik überraschend eng mit diesen alten Konzepten verknüpft. In der Kosmologie angenommene zyklische Modelle, etwa die Theorie des oszillierenden Universums, erinnern an die Idee des Kalachakra. Das Konzept der nichtlinearen Zeit, das aus Raumzeitstudien und Quantenparadoxien hervorgeht, bietet auch eine konzeptionelle Brücke zwischen der Hindu-Philosophie und der modernen Wissenschaft.

Diese Verbindung zwischen Philosophie und Wissenschaft zeigt, dass die Idee der zyklischen Zeit nicht nur ein religiöses Konstrukt ist, sondern eine Perspektive, die den Menschen einlädt, über seine Position im Universum nachzudenken. Im Hinduismus wie auch in der modernen Wissenschaft ist die Zeit vergänglich und zugleich ewig. Ein unaufhörlicher Fluss, der nicht nur verstanden, sondern auch akzeptiert werden muss.

Endlose Zeit: Das Konzept der Ewigkeit in vedischen Texten.

Das Konzept der ewigen Zeit, bekannt als „Ananta“, nimmt in der vedischen Philosophie einen grundlegenden Platz ein. In den Veden und Upanishaden wird Zeit nicht nur als lineare Messung beschrieben, sondern als zyklische und illusorische Realität, Teil des größeren Netzwerks der Maya, der Erscheinung, die die wahre Natur der Existenz verbirgt. Das Verständnis der Zeit wird als entscheidender Schritt auf dem spirituellen Weg angesehen, der über die Relativität hinaus zu Brahman, dem Absoluten, führt.

In der vedischen Vorstellung verläuft die Zeit nicht geradlinig, sondern manifestiert sich in kosmischen Zyklen. Diese Zyklen sind in Yugas (kosmische Epochen) unterteilt, die sich in ewiger Ordnung wiederholen. Dieser zyklische Prozess ist eng mit der Idee der Erschaffung, Erhaltung und Auflösung des Universums verknüpft, die oft durch die kosmischen Triaden Brahma (Schöpfer), Vishnu (Erhalter) und Shiva (Zerstörer) repräsentiert wird.

Das Konzept von Ananta weist darauf hin, dass das Universum, obwohl es sich ständig erneuert, an die Domäne der relativen Zeit gebunden bleibt. Beispielsweise kann man in den in den Puranas beschriebenen Zeitzyklen (Kalpa) die Idee des Entstehens und Vergehens unendlicher Universen beobachten, was die vergängliche Natur der phänomenalen Realität bestätigt.

Den vedischen Texten und insbesondere den Upanishaden zufolge ist die Zeit ein integraler Bestandteil von Maya, der illusorischen relativen Realität. In diesem Zusammenhang umfasst Maya Raum, Veränderung und Dualität, Elemente, die das Individuum mit der Wahrnehmung von Bewegung und Transformation verbinden. In der Mundaka Upanishad heißt es:

> *„Zwei Vögel, unzertrennliche Gefährten, sitzen auf demselben Baum; einer isst die süßen Früchte, während der andere teilnahmslos zusieht.“*

Hier könnte die Zeit als die Frucht des kosmischen Baums interpretiert werden, an der sich das individuelle Wesen erfreut, während das höhere Selbst (Brahman) jenseits der zeitlichen Erfahrung und der dualistischen Illusion bleibt.

Die vedische Philosophie erklärt nachdrücklich, dass die Zeit, obwohl ewig und zyklisch, zur relativen Dimension gehört. Durch spirituelle Übungen – wie Meditation, Yoga und Erkenntnis des Selbst (Atman) – transzendiert das Individuum die Beschränkungen der Zeit und erlangt Brahman, die absolute und ewige Realität. Auf dieser Ebene löst sich die Zyklizität in eine perfekte Einheit ohne Anfang oder Ende auf.

Die Mundaka Upanishad beschreibt diesen Zustand mit der Aussage, dass Brahman der Ort ist, an dem alle Ströme der Schöpfung zusammenfließen:

> *„Wer das Unfassbare, Ewige, Ursachelose, Farblose, Unsichtbare und Unbeschreibliche erkennt, erlangt höchsten Frieden.“*

Das Konzept der ewigen Zeit in vedischen Texten ist nicht auf eine kosmologische Vision beschränkt. Es ist auch ein Leitfaden für den spirituell Praktizierenden, der den Zusammenhang zwischen materieller Zeit und spiritueller Ewigkeit verstehen möchte. Um Zugang zu Brahman zu erhalten, muss man erkennen, dass die Zeit mit ihrer Zyklizität und Relativität ein Hindernis darstellt, das überwunden werden muss, um die wahre Natur der Realität zu verstehen.

Zusammenfassend lädt uns das vedische Denken dazu ein, die Ewigkeit nicht als bloße Verlängerung der Zeit zu betrachten, sondern als einen Zustand völliger Transzendenz, in dem alle Dualität, einschließlich der von Zeit und Ewigkeit, in der Erfahrung des Absoluten verschwindet.

Brahmas Uhr: Kosmische Schöpfung, Zerstörung und Wiedergeburt.

Stellen Sie sich eine Uhr vor, die nicht Stunden oder Minuten anzeigt, sondern kosmische Rhythmen, eingeteilt in Zeitskalen, die unser Vorstellungsvermögen übersteigen. So beschreibt der Hinduismus die Zyklen des Universums: durch das Bild von „Tag und Nacht Brahmas". Den vedischen und puranischen Texten zufolge lebt, stirbt und wird der gesamte Kosmos in einem ewigen Tanz in Intervallen von Milliarden von Jahren wiedergeboren. Es handelt sich zwar um eine mythische Geschichte, die jedoch auf merkwürdige Weise den zeitgenössischen wissenschaftlichen Hypothesen zur Ausdehnung und Kontraktion des Universums ähnelt.

Den hinduistischen Schriften zufolge ist die Gottheit Brahma – der Schöpfer – nicht ewig, sondern den Zyklen des Lebens unterworfen. Für diese göttliche Figur entspricht jeder „Tag" 4,32 Milliarden Jahren, dasselbe gilt für jede „Nacht". Am Tag Brahmas ist das Universum aktiv: Leben, Materie und Energie manifestieren sich. Doch mit Einbruch der Nacht löst sich alles in eine kosmische Ruhe auf, die „Pralaya" genannt wird".

Dieser immense Rhythmus wird in weitere Zeiteinheiten wie Kalpas und Yugas unterteilt, Begriffe, die eine präzise Artikulation des Kosmos widerspiegeln. Jedes Yuga beispielsweise erstreckt sich über Hunderttausende von Jahren und stellt einen allmählichen spirituellen und moralischen Niedergang der Welt dar, bis es zu einem vollständigen Neustart kommt.

Die Zahlen sind in ihrer Unermesslichkeit erschreckend. Ein ganzer Brahma-Tag (24 Stunden, aufgeteilt in Tag und Nacht) dauert volle 8,64 Milliarden Erdenjahre. Nach 100 „Brahma-Jahren" hört das gesamte Universum auf zu existieren und auch Brahma selbst löst sich auf, um Platz für einen neuen Zyklus zu machen. Diese Idee der unendlichen Schöpfung und Auflösung ist ein grundlegender Schlüssel in den vedischen Texten und ein Spiegel des Prinzips der

Vergänglichkeit, das die Grundlage aller hinduistischen Philosophie bildet.

Die in den Puranas und Veden beschriebenen kosmischen Zyklen wurden oft als reine Symbolik betrachtet. Doch mit der Weiterentwicklung der modernen Physik begannen einige Wissenschaftler, überraschende Parallelen zu erkennen. Die Urknalltheorie beispielsweise geht von der Ausdehnung des Universums von einem Ausgangspunkt aus aus. Doch viele Hypothesen über die Zeit nach dem Urknall spekulieren über einen zukünftigen „Big Crunch", bei dem das Universum zu seinem Ausgangspunkt zurückkehren und sich dann möglicherweise erneut ausdehnen könnte.

Der Hinduismus scheint diese Idee vorwegzunehmen. Das Universum hat keinen linearen Anfang und kein definitives Ende. Es ist ein kontinuierliches Rollen, ähnlich dem Zyklus eines gigantischen Atemzugs. In einigen Texten, etwa im Śrīmad Bhāgavatam, werden die Ausdehnung und Kontraktion des Universums als Teile der Ein- und Ausatmung von Mahavishnu beschrieben, einem göttlichen Prinzip, das sogar noch größer ist als Brahma.

Menschen wie Carl Sagan, ein berühmter Astrophysiker und Wissenschaftskommunikator, haben ihr Erstaunen über diese alten Theorien zum Ausdruck gebracht. In seinem Buch „Die Drachen von Eden" dachte Sagan darüber nach, dass die zeitliche Vision östlicher Traditionen der Unendlichkeit des Kosmos viel näher sei als die westlicher Traditionen.

„Ein Tag Brahmas ist fast so lang wie das geschätzte Alter der Erde. Wie konnten sie sich etwas so Gewaltiges ausdenken?"

Das fragte sich Sagan.

Der Hinduismus übermittelt durch den Mythos vom Tag und der Nacht Brahmas eine grundlegende Botschaft, die seine gesamte Philosophie begleitet: Veränderung ist unvermeidlich. Nichts bleibt im Laufe der Zeit unverändert, nicht einmal Sterne oder Galaxien. Diese Vergänglichkeit ist kein Grund zur Sorge, sondern zur Akzeptanz. Zerstörung ist immer der Auftakt zu einer neuen Schöpfung.

Eine eindrucksvolle Anekdote erzählt von Brahma selbst, der sich eines Tages fragte, wie unbedeutend seine Rolle im Kosmos war. Der Legende nach zeigte Vishnu ihm eine weite Fläche voller Brahmas aller Art: einige neugeboren, andere in voller Aktivität, viele bereits tot. Es gibt nicht einen einzigen Schöpfer im Universum, sondern unzählige. Jeder Zyklus betrifft nicht ein, sondern unendlich viele Universen, die entstehen und sich auflösen.

Was bedeutet das alles für uns Menschen, die ihr Leben in Jahrzehnten bemessen? Der Hinduismus lädt uns ein, das Leben als Fragment eines viel größeren Kreislaufs zu betrachten. Unsere alltäglichen Ängste, unsere Furcht vor dem Ende sind Teil eines universellen Plans, der über das Individuum hinausgeht.

Auch in der Gegenwartsliteratur findet dieser Gedanke Anklang. Arthur C. Clarke beschreibt in seiner Geschichte „Der Stern" einen Astronauten, der einen Nebel beobachtet, der der Überrest einer riesigen Sternexplosion ist. Hier, wie in den Zyklen Brahmas, entsteht durch Zerstörung neue Schönheit, eine neue Zukunft.

Brahmas Uhr misst nicht nur die Zeit. Es beeinflusst unsere Wahrnehmung des Universums als etwas Fließendes, niemals Festes. Diese Perspektive ist Lichtjahre von der linearen und finalistischen Sichtweise entfernt, die für die westliche Kultur typisch ist. Wir, die wir im großen Schema des Kosmos so klein sind, können lernen, die Zeit nicht als Gefängnis zu betrachten, sondern als einen Tanz, in dem jeder Moment notwendig, vergänglich und – wie alles im Universum – unwiederholbar ist.

Die vier Yugas: Die Zyklen der Menschheit.

Die großen kosmischen Zyklen sind nicht einheitlich. Innerhalb jedes Kalpa gibt es kürzere Phasen, die die Geschichte und das Schicksal der Menschheit kennzeichnen. Es handelt sich um die vier Yuga genannten Zeitalter, jedes mit klar definierten Merkmalen.

Hier ist eine Tabelle mit der Dauer der vier Yugas in Menschenjahren:

Satya Yuga: 1.728.000 Jahre.

Treta Yuga: 1.296.000 Jahre.

Dvapara Yuga: 864.000 Jahre.

Kali Yuga: 432.000 Jahre,

Zusammengerechnet umfasst ein Maha Yuga 4.320.000 Jahre.

In jedem Zeitalter erlebt die Welt einen allmählichen moralischen und spirituellen Niedergang, der sich in der Länge der Epochen widerspiegelt: Jede nachfolgende ist kürzer als die vorherige, wie eine Sanduhr, aus der nach und nach Sand fließt.

Die Ära wird „Satya Yuga“ genannt.

Das erste Yuga, Satya Yuga, gilt als das goldene Zeitalter und dauert 1.728.000 Jahre. Es ist die Zeit der absoluten Wahrheit (Satya bedeutet auf Sanskrit „Wahrheit“) und Rechtschaffenheit. Den Texten zufolge lebte die Menschheit zu diesem Zeitpunkt in vollkommener Harmonie mit den kosmischen Gesetzen, dem Dharma. Es bestand keine Notwendigkeit für organisierte Religionen oder Gesetze, da jeder spontan und im Einklang mit der Gerechtigkeit lebte.

Im Satya Yuga gelten die Menschen als langlebig, ehrlich und spirituell vollkommen erfüllt. Die Schriften beschreiben Satya Yuga als eine Zeit, in der die Götter sichtbar und den Menschen wohlgesinnt waren. Einer der Mythen, die mit dieser Ära in Verbindung stehen, ist die Erschaffung der Welt selbst, als Vishnu, der Erhalter, die universellen Gesetze festlegte und Brahma, der Schöpfer, dem Kosmos Form gab.

Einer der faszinierendsten Aspekte von Satya Yuga ist die perfekte Verbindung zwischen menschlicher und kosmischer Zeit. Jede Handlung spiegelte den Lauf des Universums direkt wider. Die Ursprungsgeschichte im Rigveda, dem ältesten Text des Hinduismus, feiert genau diese Einheit. Aber Satya Yuga dauert nicht ewig. Die Vergänglichkeit, ein Grundprinzip der Hindu-Philosophie, beginnt sich mit dem Beginn des zweiten Zeitalters zu manifestieren.

Die Ära wird „Treta Yuga“ genannt.

Das „Silberne Zeitalter“ markiert den Beginn des Niedergangs. Dieses 1.296.000 Jahre dauernde Zeitalter bringt die ersten Spaltungen und Konflikte mit sich. In dieser Zeit spielt das mythische Epos Ramayana mit dem Gottkönig Rama als Protagonisten.

Treta Yuga ist das Zeitalter, in dem der moralische Verfall beginnt. Hier wird Dharma, das im Satya Yuga die Welt auf vier Säulen stützte, auf drei Säulen gestützt. Die Tugend ist immer noch vorhanden, hat jedoch etwas von ihrer Kraft verloren.

Im Treta Yuga nimmt die Zeit eine neue Dimension an: Es entsteht eine Distanz zwischen dem Menschen und dem Göttlichen. Die Menschen müssen danach streben, die moralische Ordnung aufrechtzuerhalten und die ersten wirklichen Erscheinungsformen von Gier, Egoismus und Konflikten anzugehen. Die Legende von Rama und seiner Hingabe zum Dharma trotz persönlicher Opfer – wie etwa der erzwungenen Verbannung in den Wald – veranschaulicht den allmählichen Zerfall der universellen Harmonie.

Die Ära wird „Dvapara Yuga" genannt.

Die „Bronzezeit" markiert einen steileren Abstieg. Es dauert 864.000 Jahre. Die Menschen werden weniger tugendhaft und selbstsüchtiger. Der hinduistischen Mythologie zufolge fällt das berühmte Epos Mahabharata mit seinem großen Krieg von Kurukshetra in diese Zeit. Hier offenbart Krishna, die Inkarnation von Vishnu, die Bhagavad Gita, den philosophischen Text, der noch heute eine Säule der hinduistischen Spiritualität darstellt.

Dvapara Yuga repräsentiert die Dämmerung der Tugend. Mit Dvapara Yuga verliert die Menschheit noch mehr Gleichgewicht und Reinheit. Das Dharma steht heute nur noch auf zwei Säulen, ein Symbol der moralischen Fragilität unseres Zeitalters.

Eine der bedeutsamsten Passagen von Dvapara Yuga ist der Dialog zwischen Yudhishthira, dem älteren Bruder der Pandavas, und Yaksha, einem göttlichen Geschöpf, das ihn auf die Probe stellt. Als Yudhishthira die Fragen der Yakshas beantwortet, wird deutlich, dass die Menschheit bereits dabei ist, ihren Sinn für Moral zu verlieren. Eine der zentralen Fragen lautet:

„Was ist das Wunderbarste auf der Welt?"

Yudhishthira antwortet:

„Dass die Menschen jeden Tag sehen, wie um sie herum der Tod geschieht, und sich dennoch weiterhin verhalten, als wären sie nicht sterblich."

Diese Überlegung bringt die Fragilität der menschlichen Existenz zum Ausdruck. Im Dvapara Yuga wird die Zeit zu einer schmerzhaften und unausweichlichen Kraft, die den Menschen ständig an seine Vergänglichkeit und die flüchtige Natur seiner Bemühungen erinnert.

Die Ära wird „Kali Yuga" genannt.

Als „Eiserne Zeit" wird unsere Ära bezeichnet, die 432.000 Jahre dauerte und von Chaos, Korruption und Werteverlust geprägt war. Den Texten zufolge steht Dharma auf einem Bein, instabil und prekär. Dies ist die Zeit, in der die Illusion (Maya) dominiert und die Menschheit in Richtung Materialismus und Selbstsucht drängt. Nach

Ansicht einiger Gelehrter der indischen Tradition befinden wir uns etwa 5.000 Jahre im Kali Yuga (einer Periode, die um 3102 v. Chr. begann). In diesem Jahr verließ Krishna der Legende nach die Erde.

Kali Yuga ist offensichtlich die Ära, in der wir uns heute befinden. Dies ist das Zeitalter des völligen moralischen und spirituellen Verfalls, in dem das Dharma auf einer einzigen Säule steht. Der Name Kali hat nichts mit der schwarzen Göttin Kali zu tun, sondern leitet sich von einem Begriff ab, der Zwietracht und Konflikt bezeichnet.

Hinduistische Texte, insbesondere das Vishnu Purana, beschreiben Kali Yuga als ein Zeitalter großen Leidens. Das Leben der Menschen ist kurz und wird von Gier, Lügen und Selbstsucht beherrscht. Das Bhagavata Purana sagt voraus, dass gegen Ende dieses Zeitalters die moralischen Werte vollständig zusammenbrechen und die Welt von „aDharma" (dem Gegenteil von Dharma) bedeckt sein wird.

Viele Zeichen des Kali Yuga sind in der heutigen Welt erkennbar: Verlust der spirituellen Verbindung, politische Korruption, wirtschaftliche Gier und Verachtung der Umwelt. Es überrascht nicht, dass dieser Zeitbegriff in der hinduistischen Philosophie manchmal der jüdisch-christlichen Vorstellung von der Apokalypse gegenübergestellt wird. Während die christliche Tradition die Apokalypse als lineares und endgültiges Ende betrachtet, interpretiert der Hinduismus sie als Teil eines Zyklus. Kali Yuga ist nicht das Ende, sondern der Auftakt zu einer neuen Wiedergeburt, die mit der Ankunft von Kalki, dem zehnten Avatar von Vishnu, stattfinden wird.

Hinduistische Zyklizität und moderne Physik.

Das zyklische Zeitkonzept im Hinduismus hat auch moderne Wissenschaftler und Philosophen fasziniert, insbesondere im Zusammenhang mit der Quantenphysik. Gemäß einigen kosmologischen Interpretationen der modernen Physik könnte das Universum selbst einem kontinuierlichen Zyklus von Expansion und Kontraktion folgen, eine Idee, die mit der hinduistischen Kosmologie in Einklang steht. Albert Einsteins Modell des „oszillierenden Universums", das später von anderen Kosmologen aufgegriffen wurde, scheint an die Kalpa-Doktrin zu erinnern.

Das Thema der Vergänglichkeit, das sowohl im Hinduismus als auch in der Quantenphysik eine zentrale Rolle spielt, schafft auch eine kulturelle und konzeptionelle Brücke zwischen Ost und West. In der subatomaren Welt, die die moderne Physik beschreibt, entstehen und verschwinden Teilchen in einem kontinuierlichen Kreislauf von Entstehung und Zerstörung, ähnlich dem Prozess von Geburt, Tod und Wiedergeburt, der die kosmischen Zyklen des Hinduismus antreibt.

Die Idee der zyklischen Zeit ist nicht nur metaphysisch oder kosmologisch: Sie hat eine ethische und spirituelle Botschaft. Es lädt die Menschen ein, über ihre eigene Vergänglichkeit nachzudenken, über den ewigen Rhythmus der Existenz, von dem wir ein Teil sind. In der heutigen Welt, die vom unermüdlichen Streben nach linearem Fortschritt geprägt ist, bietet diese Vision eine alternative Perspektive: Alles ist miteinander verbunden, alles kommt zurück. Die Auflösung ist nie das Ende, sondern eine Chance zur Wiedergeburt.

Der Hinduismus mit seinem komplexen Zeitkonzept wendet sich mit uralter, aber überaus relevanter Weisheit an unser unsicheres Zeitalter. Unter dem Sternenhimmel, in einem Universum, das größer ist, als wir uns vorstellen können, ist jedes Ende ein neuer Anfang.

Kultureller Symbolismus: Orte und Texte.

In der Hindu-Philosophie ist Zeit nicht bloß ein abstraktes Phänomen oder eine lineare Messung. Es ist das Leben selbst, ein ewiger Fluss, der sich wiederholt und verändert. Diese Vorstellung von Zeit als zyklischer und unendlicher Realität durchdringt heilige Texte, Architektur und kulturelle Symbole und stellt eine der faszinierendsten Säulen des indischen Denkens dar.

Eines der symbolträchtigsten Beispiele dieser Vision ist der Sonnenwagen von Surya, der im 13. Jahrhundert im Tempel von Konarak in Odisha geschnitzt wurde. Dieses architektonische Meisterwerk zeigt den Sonnengott, wie er auf einem von sieben Pferden gezogenen Wagen das Himmelsgewölbe durchquert. Jedes Rad des Wagens fungiert als Sonnenuhr. Die 24 Räder markieren nicht nur den Rhythmus der Tage, sondern verkörpern auf tiefe Weise die zyklische Natur der kosmischen Zeit. Dieser Tempel ist nicht einfach nur ein Kunstwerk: Er ist eine Hommage an die vedische Kosmologie und das Konzept, dass die Zeit nicht linear vergeht.

In der vedischen Tradition wird die Zeit als Kala, der Herr der Zeit, personifiziert. Kala ist kein wohlwollendes oder böswilliges Wesen. Es ist neutral, rücksichtslos und unvermeidlich. In den Veden, den ältesten Texten der Hindu-Tradition, nimmt Kala die Form der universellen Kraft an, die den Lauf der Ereignisse bestimmt. Es ist nicht statisch und „vergeht“ nicht wie in der westlichen Perspektive; vielmehr regeneriert es. Es ist kreisförmig, zyklisch und fortwährend.

Die vielleicht kraftvollste Manifestation von Kala findet sich in der Bhagavad Gita, einem der zentralen Texte hinduistischer Spiritualität und einer unerschöpflichen Quelle philosophischer Betrachtungen. Im berühmten Dialog zwischen Krishna und Arjuna offenbart Krishna seine kosmische Form und erklärt:

„Ich bin die Zeit, der Zerstörer der Welten“

Mit diesen Worten beschreibt Krishna nicht nur die zerstörerische Kraft der Zeit; vertieft das Konzept seiner Vergänglichkeit. Alles, was existiert, ist unweigerlich dazu bestimmt, sich zu verändern und aufzulösen.

Diese Lehre geht über eine einfache Erinnerung an die Sterblichkeit hinaus. Es lädt uns ein, über die Illusionen der materiellen Welt hinauszugehen und zu erkennen, dass die Zeit, wie wir sie kennen, eine Emanation der illusorischen Realität (Maya) ist. Im großen kosmischen Kreislauf ist die Zerstörung nur ein Auftakt zur Wiedergeburt.

Im hinduistischen Zeitkonzept nimmt der Zyklus durch die Yugas eine monumentale Dimension an, die vier großen Zeitalter, die das Maha Yuga bilden, einen kosmischen Zyklus von 4,32 Millionen Jahren. Jedes Yuga stellt eine Phase fortschreitenden Verfalls dar, von der goldenen Pracht des Satya Yuga bis hin zur Ausschweifung und dem Chaos des Kali Yuga, der gegenwärtigen Ära. Wenn Kali Yuga zu Ende geht, beginnt der Zyklus von neuem. Diese Perspektive lehnt die Idee eines definitiven Anfangs und Endes ab. Das Universum ist ewig und lebt in einem nie endenden Rhythmus.

Die zyklische Natur der Zeit spiegelt sich auch in täglichen Ritualen und hinduistischen Festen wider. Bei den Feierlichkeiten handelt es sich nicht nur um Gedenkfeiern, sondern um eine wirkliche Teilnahme an der Wiederholung des kosmischen Rhythmus. Das Fest Makara Sankranti etwa erinnert an den Übergang der Sonne auf ihrer zyklischen Reise durch den Tierkreis, während tägliche Rituale wie Sandhyavandanam die ewigen Zyklen von Tag und Nacht feiern.

Der Hinduismus beschränkt die Zeit nicht auf eine symbolische oder spekulative Dimension. Das zyklische und tiefgründige Zeitverständnis spiegelt sich in zahlreichen Texten, Bildern und Anekdoten wider. Einer der berühmtesten Mythen ist der von Samudra Manthana, dem Aufwühlen des kosmischen Ozeans. In diesem mythologischen Epos wird die Zeit als Schlange, Vasuki, dargestellt, die sich in eine Buttermaschine verwandelt und um den heiligen Berg windet. Die Gottheiten und Dämonen ziehen die Schlange hin und her und betonen so den ständigen Wechsel zwischen Schöpfung und Zerstörung. Dieser Mythos, der in Fresken und Flachreliefs an Stätten wie Angkor Wat verewigt ist, betont, dass die Zeit sowohl eine produktive als auch eine transformative Kraft ist.

In indischen Tempeln zeigt oft die Struktur selbst die Zeit an. Die Anordnung der Heiligtümer folgt der Bewegung der Sonne, wobei die Türen auf Sonnenaufgang oder Sonnenuntergang ausgerichtet sind. Die bei den täglichen Ritualen gespielten Trommeln und Glocken erinnern an Kalas unaufhörlichen Rhythmus, während die Statuen der Götter mit mehreren Armen oder Gesichtern ihre Fähigkeit symbolisieren, gleichzeitig über Vergangenheit, Gegenwart und Zukunft zu herrschen.

Und schließlich: Wie können wir diese Vision der Zeit heute interpretieren? Für die hinduistische Kultur ist Zeit sowohl eine praktische Realität als auch eine spirituelle Herausforderung. Wenn der kosmische Zyklus unvermeidlich ist, dann besteht die wahre Aufgabe der Menschheit darin, ihn zu überwinden. Dies ist die philosophische Botschaft, die sich aus der Meditation über die Zeit in vedischen Texten und kulturellen Symbolen ergibt: Das Verständnis der Vergänglichkeit bedeutet, den Kreislauf selbst zu überwinden und sich der Ewigkeit des Seins zu nähern.

In der hinduistischen Tradition ist Zeit nicht nur ein Maß für die Vergangenheit und die Zukunft. Es ist ein Spiegel, der uns einlädt, über unsere eigene Natur und ultimative Realität nachzudenken, so wie es vedische Texte und alte Tempel auch nach Jahrtausenden noch tun.

Eine berühmte Episode aus dem Mahabharata verstärkt die Idee der Vergänglichkeit: der Dialog zwischen Yudhishthira und dem mysteriösen Yaksha. Als Yaksha fragt, was die erstaunlichste Wahrheit der Existenz sei, antwortet Yudhishthira:

> *„Jeden Tag sehen die Menschen den Tod um sich herum und doch leben sie, als wären sie unsterblich.“*

Dies unterstreicht die illusorische Natur der linearen Zeit und erinnert uns daran, wie wichtig es ist, die Vergänglichkeit als Teil des ewigen Kreislaufs zu akzeptieren.

Moderne Reflexionen

Das zyklische Konzept der Zeit, das die heiligen Texte des Hinduismus durchdringt, fordert und fasziniert den menschlichen Geist seit Jahrtausenden. Die alten Rishis (Weise) der Veden beschrieben eine Zeit voller Ewigkeit und Wiederholung, gekennzeichnet durch kosmische Zeitalter (die Kalpas), die nicht nur das Universum regieren, sondern auch die Seele und ihren unaufhörlichen Tanz zwischen Geburt, Tod und Wiedergeburt. Dieser Ansatz, der unsere Zeitwahrnehmung von den im Westen vorherrschenden linearen Prinzipien entkoppelt, passt überraschend gut zu einigen modernen Überlegungen zur Quantenphysik und den spirituellen Erfahrungen der heutigen globalen Kultur.

In Indien ist die zyklische Vision nicht nur theologisch, sondern auch zutiefst kulturell. Ein Paradebeispiel ist das Kumbh Mela, das alle zwölf Jahre an heiligen Orten wie Haridwar, Prayagraj, Nashik und Ujjain stattfindet. Die Wahl dieser Daten ist kein Zufall: Sie basiert auf komplexen astronomischen Berechnungen, die die in den vedischen Texten überlieferte kosmische Zyklizität neu interpretieren. Während der Kumbh Mela tauchen Millionen Gläubige in das heilige Wasser ein und feiern eine Zeit der Erneuerung und Verbindung mit dem Ewigen. Dieses besondere Ritual zeigt, wie der Hinduismus die kosmische Zeit mit dem alltäglichen Leben verknüpft und dabei die Trennung zwischen heilig und profan überwindet.

Die hinduistische Vision blieb nicht auf den Subkontinent beschränkt. Westliche Denker wie Carl Jung haben die Ähnlichkeiten zwischen der zyklischen Auffassung der Gegenwart in vedischen Texten und den Archetypen des kollektiven Unbewussten untersucht. Insbesondere Jung fand in alten indischen Symbolen wie dem Mandala ein Modell zyklischer Ordnung, das sich in der menschlichen Psyche widerspiegelt. Das Mandala ist nicht nur ein spirituelles Design, sondern auch eine visuelle Darstellung, wie Zeit als rekursiv und unendlich verstanden werden kann.

Hermann Hesse und die Ewigkeit der Zeit.

Auch die europäische Literatur hat es verstanden, das Wesen dieser zyklischen Vision einzufangen. Hermann Hesse erzählt in seinem berühmten Roman „Siddhartha“ (1922) die Geschichte der spirituellen Reise eines Mannes auf der Suche nach Wahrheit und

Erleuchtung. In einer Schlüsselszene des Buches betrachtet Siddhartha einen Fluss und erkennt, dass die Zeit nicht linear, sondern simultan verläuft: Vergangenheit, Gegenwart und Zukunft koexistieren in einem ewigen „Jetzt". Diese Erkenntnis weist deutliche Bezüge zur Hindu-Philosophie der damaligen Zeit auf, mit ihrer Betonung der Vergänglichkeit und der Verbundenheit aller Dinge. Es ist kein Zufall, dass der Fluss, ein grundlegendes Symbol der indischen Spiritualität (wie der Ganges), den kontinuierlichen und unendlichen Fluss des Lebens darstellt.

Inspiriert von orientalischen Texten interpretiert Hesse die zyklische Natur der Zeit nicht nur als kosmische Tatsache, sondern als psychologische Realität. Einige Wissenschaftler sehen in Werken wie Siddhartha einen Versuch, östliche Weisheit mit westlichem Denken zu verbinden und so eine Brücke zwischen zwei scheinbar weit entfernten Welten zu schlagen.

Moderne Wissenschaft und nichtlineare Zeit.

Überraschenderweise finden die Erkenntnisse alter Hindu-Texte ein Echo in der modernen Wissenschaft, insbesondere in der Quantenphysik. Die von den Rishis beschriebenen Zeitkonzepte können als Metapher für einige der Entdeckungen zeitgenössischer Physiker gesehen werden. Beispielsweise destabilisierte Einsteins Relativitätstheorie die Idee einer absoluten, linearen Zeit und suggerierte stattdessen, dass die Zeit selbst relational und von den Beobachtungsbedingungen abhängig sei. Auch in der subatomaren Welt verhalten sich Teilchen nicht auf vorhersehbare Weise, sondern existieren in überlagerten Zuständen, ähnlich der ewigen Vergänglichkeit, die in alten indischen Texten beschrieben wird.

Der Vergleich zwischen der zyklischen Zeit des Hinduismus und dem Konzept der „ewigen Gegenwart" der Quantenphysik hat namhafte Forscher wie den Physiker Fritjof Capra dazu veranlasst, sich eingehender mit den philosophischen Analogien zwischen der Quantenmechanik und östlichen spirituellen Traditionen zu befassen.

Von Konarak bis Stonehenge: Heilige Zeit in alten Kulturen.

Als Konzept spielt die Zeit in großen philosophischen und religiösen Traditionen eine zentrale Rolle. Im Hinduismus ist die Zeit zyklisch und ewig, ein kosmischer Rhythmus, der Leben, Tod und

Wiedergeburt bestimmt. Diese Sichtweise steht im Gegensatz zum linearen Zeitverständnis westlicher Traditionen, die Vergangenheit, Gegenwart und Zukunft als eine irreversible Abfolge betrachten. Bei der Erkundung des Sonnentempels von Konarak, der Maya-Zyklen und der Megalithen von Stonehenge zeigt sich eine überraschende Konvergenz zwischen zeitlich und räumlich weit auseinander liegenden Kulturen.

In vedischen Texten und Puranas wird die Zeit (Kala) als unendlicher Kreis beschrieben. Die Weisen der Antike stellten sich den Kosmos in Yugas, große zyklische Epochen, unterteilt vor. Dieser Zyklus erneuert sich unaufhörlich, ähnlich dem Wechsel von Tag und Nacht oder dem Rhythmus der Jahreszeiten.

Der Sonnentempel von Konarak, der im 13. Jahrhundert in Odisha erbaut wurde, verkörpert diese Vision. Der gesamte Komplex in Form eines Streitwagens symbolisiert die von sieben Pferden gezogene Sonnenscheibe. Seine detailliert geschnitzten Räder stellen perfekte Sonnenuhren dar, die den Lauf der Stunden markieren. Die Struktur feiert die Kraft der Sonne als Symbol der zyklischen Regeneration. Bei einem Besuch in Konarak zur Sonnenwende beleuchten die Sonnenstrahlen präzise architektonische Details und zeugen von einem ausgeprägten astronomischen Verständnis. Dieser Tempel ist ein steinernes Gedicht über die zyklische Zeit, das Architektur und Kosmologie miteinander verknüpft.

Auf der anderen Seite der Welt entwickelten die alten Maya ein ähnliches Konzept. Ihr berühmter Langer Kalender maß die Zeit in 5.125-Jahres-Zyklen, die in einer kosmischen Regeneration gipfelten. Für die Maya bedeutete das Ende eines Zyklus keine Katastrophe, sondern eine Chance zur Erneuerung. Chichen Itza mit der Pyramide des Kukulkan ist hierfür ein architektonisches Symbol. Während der Tagundnachtgleiche erschafft das Spiel aus Licht und Schatten das Bild einer Schlange, die die Stufen hinabsteigt und in einer kosmischen Choreographie Himmel, Erde und menschliche Zeit verbindet.

In Europa findet die heilige Zeit in den Megalithen von Stonehenge ihren Ausdruck. Dieser vor etwa 4.500 Jahren erbaute Steinkreis ist auf die Sommer- und Wintersonnenwende ausgerichtet. In der Jungsteinzeit diente Stonehenge als astronomisches Observatorium und Kultstätte. Zur Sommersonnenwende geht die Sonne über dem Heel-Stone auf und markiert den Wechsel der Jahreszeiten. Die alten

Europäer betrachteten die Zeit als natürliche Zyklen, ein Ansatz, der gemeinsame Elemente mit dem Hinduismus und den Maya aufweist.

Diese Kulturen weisen darauf hin, dass die Menschen der Antike die Zeit nicht nur als Maßeinheit, sondern auch als spirituelle Erfahrung verstanden. Das Sommer-Stonehenge erinnert an die Symbolik des Sonnenwagens von Konarak und der Schlange von Kukulkan. Jeder Ort stellt eine tiefe Verbindung zwischen dem Menschen, dem Kosmos und der Heiligkeit der Zeit her.

Der Kontrast zum modernen Westen.

Mit dem Aufkommen des rationalen griechischen Denkens, das von Philosophen wie Aristoteles und Platon geprägt wurde, entstand ein anderes Bild der Zeit als einer fortschreitenden Linie. Diese Vision wurde durch die europäische Aufklärung noch verstärkt, die den Menschen in den Mittelpunkt eines Prozesses kontinuierlichen Fortschritts in Richtung Zukunft stellte. Die moderne Wissenschaft, die von Newtons Zeitgleichungen dominiert wird, hat sich von der heiligen Erfahrung der Zeit gelöst. Im Gegensatz dazu formten der Hinduismus und andere antike Kulturen die Zeit als ewige Wiederkehr und vermieden eine künstliche Unterteilung in Vergangenheit, Gegenwart und Zukunft.

Heute kommt die Quantenphysik einem zyklischen Zeitbild überraschend nahe. In der subatomaren Welt löst sich das traditionelle Konzept von „vorher“ und „nachher“ auf. Der Physiker David Bohm beschrieb die Zeit als eine Welle, einen Zyklus miteinander verbundener Momente. Diese Perspektive erinnert an die hinduistische Kala-Doktrin und legt nahe, dass die „alten Visionen“ moderner sind als wir denken.

Durch die geschnitzten Räder von Konarak, die prophetischen Zyklen der Maya oder die Anordnung von Stonehenge hat der Mensch die Zeit als heilig gefeiert. Aus diesen Traditionen lernen wir eine wertvolle Lektion: Zeit ist nicht nur ein Messgerät, sondern eine Mystik, die uns mit dem Kosmos verbindet. Heute könnte uns eine Wiederentdeckung dabei helfen, den Bruch zwischen Wissenschaft, Spiritualität und Natur zu kitten.

Was kann uns der Hinduismus über Modernität und Vergänglichkeit lehren?

Wir leben in einer Zeit, in der die Zeit ein Tyrann ist. Der Terminkalender ist voll, die Ziele sind unerbittlich und die Angst vor der Zukunft scheint ein ständiger Begleiter zu sein. Der Hinduismus bietet jedoch eine völlig andere Perspektive auf die Zeit. Weit entfernt von der westlichen Linearität lädt uns die Hindu-Philosophie dazu ein, über die zyklische Natur der Existenz und Vergänglichkeit nachzudenken.

In diesem Modell ist die Zeit kein Pfeil, der unaufhaltsam in eine unbekannte Zukunft steuert. Im Gegenteil, es verläuft zyklisch, wie der Wechsel der Jahreszeiten oder die Bewegung der Sterne. Diese Vision hat tiefe Wurzeln in alten Texten wie den Veden und findet außergewöhnlichen Ausdruck in der Bhagavad Gita. Hier führt Krishna, die Inkarnation der höchsten Gottheit, den Kriegerprinzen Arjuna zum Verständnis des Dharma und verbindet bewusstes Handeln mit dem Bewusstsein der Zeit.

Hinduistischen Texten zufolge verläuft die Zeit in großen kosmischen Zyklen, den sogenannten Kalpas. Ein Kalpa entspricht 4,32 Milliarden Erdenjahren und stellt einen Tag im Leben von Brahma dar, dem Schöpfer des Universums. Am Ende jedes Kalpa löst sich das Universum auf und wird neu geboren. Dieses als Pralaya bekannte Konzept betont die Vergänglichkeit der Dinge und die kontinuierliche Transformation der Realität. Es gibt kein absolutes Ende, sondern nur ein beständiges Werden.

Die Moderne betrachtet die Zeit als eine Ressource, die verwaltet werden muss, während der Hinduismus uns lehrt, sie als Teil eines natürlichen Flusses zu betrachten. Wenn alles vergänglich ist, müssen selbst die Schwierigkeiten des Lebens als vorübergehende Momente betrachtet werden. Krishna erklärt dies Arjuna mitten in der Schlacht von Kurukshetra:

> *„Das Unmanifestierte hat einen Anfang und ein Ende; das Manifeste ist nur eine vorübergehende Zeitspanne."*

Die Botschaft ist klar. Nichts ist ewig, weder Leid noch Freude, und gerade diese Vergänglichkeit verleiht der Existenz einen Sinn.

Das Konzept der Vergänglichkeit (Anitya) nimmt im Hinduismus einen zentralen Platz ein. Dies zu erkennen bedeutet nicht, dem Nihilismus zu verfallen, sondern zu lernen, die Gegenwart wertzuschätzen. Das moderne Leben mit seinem Produktivitäts- und

Fortschrittskult ignoriert dieses Prinzip oft. Wir jagen einem besseren Morgen hinterher und häufen in der Gegenwart Stress an. Die hinduistische Perspektive hingegen lädt uns ein, langsamer zu werden und das Gleichgewicht zu finden. Es geht nicht darum, Ambitionen aufzugeben, sondern sie zu managen, ohne zu ihren Sklaven zu werden.

Aus praktischer Sicht kann uns die Vergänglichkeit helfen, unsere Prioritäten neu zu bewerten. Große indische Meister wie Swami Vivekananda haben immer wieder betont, wie wichtig es ist, bewusst in der Gegenwart zu handeln. Die Handlung oder das Karma muss selbstlos sein und darf nicht von zukünftigen Ergebnissen besessen sein. Dieses als Nishkama Karma bekannte Konzept bietet einen Ausweg aus chronischer Angst. Wie Vivekananda sagte:

> *„Konzentrieren Sie sich auf eine Idee, leben Sie sie, träumen Sie davon, handeln Sie, um sie zu verwirklichen. Aber hängen Sie nicht an den Ergebnissen.“*

Die Bhagavad Gita ist einer der universellsten Texte zum Umgang mit Zeit und Vergänglichkeit. In Kapitel II ermahnt Krishna Arjuna, sein Krieger-Dharma ohne Angst vor den Folgen auszuführen.

> *„Sie müssen sich keine Sorgen um Erfolg oder Misserfolg machen. Tun Sie es einfach.“*

Dieser Ratschlag ist auch heute noch gültig. Krishna fördert nicht die Unbeweglichkeit, sondern vielmehr das Verständnis, dass die Folgen unserer Handlungen außerhalb unserer Kontrolle liegen. Diese Akzeptanz reduziert Ängste und ermöglicht es Ihnen, gelassener zu leben.

Eine weitere wichtige Passage betrifft die zyklische Natur der Zeit. Krishna beschreibt den Wechsel zwischen Schöpfung und Auflösung als einen ewigen Tanz, das göttliche Lila. Ein Konzept, das die moderne Vorstellung von der Zeit als Feind zerlegt und sie in einen Verbündeten verwandelt. Wenn alles ständig erneuert wird, gibt es keinen Grund, Veränderungen zu fürchten.

Die Philosophien des Hinduismus finden im heutigen Kontext große Resonanz. Das Bewusstsein, dass jedes Ereignis – ob positiv oder negativ – vorübergehend ist, kann ein Gegenmittel gegen die Angst sein, die viele Menschen lähmt. Dieser Ruf nach Ausgewogenheit findet auch Parallelen in Disziplinen wie der Achtsamkeit, die ihren Ursprung im östlichen Denken hat. Meditations- und Yogaübungen, die auf vedischen Prinzipien beruhen, helfen dabei, sich im Hier und Jetzt zu verankern und Ängste abzubauen.

Darüber hinaus lässt uns die Vorstellung von der zyklischen Natur der Zeit über globale Probleme wie den Klimawandel nachdenken. Während die Welt Zyklen der Zerstörung und Wiedergeburt erlebt, wird die Bedeutung unseres Handelns noch deutlicher. Jede Geste, auch die kleinste, fügt sich in diesen Fluss ein und macht den Einzelnen zu einem Hüter dieser großen Harmonie.

Der Hinduismus mit seiner Vorstellung von Zeit und Vergänglichkeit bietet uns wertvolle Werkzeuge für den Umgang mit der Moderne. In einer Zeit, in der der persönliche Wert an Produktivität und Geschwindigkeit gemessen wird, kann es befreiend sein, innezuhalten und über die zyklische Natur der Existenz nachzudenken. Wie Krishna vorschlägt, können wir durch distanziertes Handeln und ein Leben in der Gegenwart im Einklang mit dem natürlichen Rhythmus des Universums kommen. Vielleicht ist die Erkenntnis, dass nichts für die Ewigkeit bestimmt ist, kein Grund zur Qual, sondern eine Befreiung. Und hier kann uns der Hinduismus noch viel lehren.

Vom Kali Yuga zur Singularität: Zyklische Zeit trifft auf technologische Zukunft.

Im Kern der Hindu-Philosophie ist die Zeit nicht linear. Es handelt sich nicht um eine ins Unendliche projizierte gerade Linie, wie es die vorherrschende westliche Vorstellung suggeriert, sondern um einen Kreis, eine ewige Wiederkehr. In vedischen Texten und Epen wie dem Mahabharata fließt die Zeit durch riesige kosmische Zyklen, die Yugas genannt werden. Diese Zyklen definieren die Zeitalter der Welt in einem kontinuierlichen Wechsel von Schöpfung, Verfall und Erneuerung. Unter diesen Zeitaltern stellt das Kali Yuga, in dem wir angeblich leben, den Höhepunkt der Dekadenz dar. Es ist das dunkle Zeitalter, geprägt von Konflikten, spiritueller Verwirrung und dem Verlust des Gleichgewichts zwischen Mensch und Natur.

Doch was kann uns das vor Tausenden von Jahren konzipierte Kali Yuga über die heutigen Herausforderungen sagen? Ist es möglich, dass diese alte Vision der zyklischen Zeit uns dabei helfen kann, den historischen Moment zu interpretieren, in dem wir leben und der von einer beispiellosen technologischen Beschleunigung geprägt ist? Und vor allem: Welche Verbindung könnte zwischen der indischen Idee einer zyklischen Wiederkehr und der modernen Perspektive der technologischen Singularität bestehen, dem Moment, in dem künstliche Intelligenz die menschliche Intelligenz übertreffen soll?

Für hinduistische Texte bleibt das Kali Yuga eine einzigartige Ära, die durch den fortschreitenden Verlust von Tugend und kosmischer Harmonie gekennzeichnet ist. Seine Dauer beträgt gemäß dem System des Shrimad Bhagavatam 432.000 Jahre und gipfelt in einer Auflösung, die die Rückkehr in das goldene Zeitalter, das Satya Yuga, vorbereitet, in dem die Reinheit erneut wiederhergestellt wird. Während des Kali Yuga wird die Zeit nicht als Fortschritt, sondern als Degeneration wahrgenommen. Heilige Schriften wie das Vishnu Purana beschreiben den Niedergang menschlicher Institutionen, zunehmende Korruption und die Zersplitterung der Spiritualität.

Dennoch gibt es beunruhigende Übereinstimmungen mit der heutigen Realität. Wir leben in einem Zeitalter, in dem die Beschleunigung jeden Aspekt der Existenz zu dominieren scheint: Technologie, Produktion, Kommunikation. Rhythmen verdichten sich, Distanzen scheinen sich in der Unmittelbarkeit des Internets und Digitalen aufzulösen. Doch wie im Kali Yuga sind wir mit einem wachsenden Gefühl der Entfremdung konfrontiert, einem Gefühl des Verlusts grundlegender Werte, das Kulturen und Epochen überdauert.

Ein eindrucksvolles Bild des Kali Yuga spricht von „Shravana ohne Dharma“ oder Zuhören ohne Weisheit: eine Zivilisation, die mit Informationen überschwemmt wird, aber nicht in der Lage ist, diese in Wissen umzuwandeln. Ist dies nicht vielleicht ein Spiegelbild dessen, was wir heute in unserer hypervernetzten Gesellschaft erleben, die in einen ständigen Lärm versunken ist und sich immer weiter vom Wesentlichen entfernt?

Die technologische Singularität, ein Konzept, das durch den Visionär Ray Kurzweil berühmt wurde, stellt einen Punkt dar, von dem es keine Rückkehr mehr gibt. Wenn künstliche Intelligenz die kognitiven Fähigkeiten des Menschen übertrifft, wird die Evolution eine unvorhersehbare Wendung nehmen. Es ist unklar, ob dieser Moment zum Zerfall der Gesellschaft, zu einer Transformation menschlicher Existenzformen oder zu einer neuen, paradiesischen Ära des Fortschritts führen wird.

Doch was passiert, wenn wir diese Möglichkeit durch das Prisma des hinduistischen Denkens betrachten? Die Idee einer zyklischen Zeit legt nahe, dass jeder Höhepunkt des Verfalls – sozial oder technologisch – lediglich ein Auftakt zur Erneuerung ist. Wenn Kali

Yuga die maximale Entfernung von der Spiritualität darstellt, dann kann jede menschliche Anstrengung, auch die technologische, als Teil eines Evolutionsprozesses gesehen werden, der der Rückkehr, der Erfüllung eines kosmischen Tanzes nicht entgeht.

Diejenigen, die an die Rückkehr der goldenen Zeitalter glauben, könnten die Singularität nicht nur als Bedrohung, sondern als Übergang interpretieren. Kann die Technologie mit ihrem schwindelerregenden Tempo ein Vehikel für eine Wiedergeburt sein? Oder wird es selbst - wie die zerstörerische Kraft Shivas, des großen Transformators der Hindu-Triade - der Katalysator für eine notwendige Zerstörung sein?

Ein zentrales Element der hinduistischen Sicht der Zeit ist die Vergänglichkeit. Nichts ist fest, nichts hält von Dauer. Sogar das Kali Yuga ist, wie lang es auch sein mag, nicht ewig. Der Gott Kalki, der letzte Avatar von Vishnu, wird dieser Dunkelheit ein Ende setzen und die kosmische Ordnung wiederherstellen. Die Technologie selbst ist aus dieser Perspektive betrachtet nicht endgültig. In der hinduistischen Welt ist das Digitale mit seiner Vergänglichkeit eine weitere Form von Maya, der Illusion. Es kann nicht als autonome Realität außerhalb des Zeitzyklus existieren.

Dieser Ansatz passt perfekt zu modernen Theorien der Quantenphysik. Die Vergänglichkeit als Grundprinzip des Universums wird durch wissenschaftliche Entdeckungen untermauert: Subatomare Teilchen erscheinen und verschwinden, als ob sie aus einem Quantenvakuum auftauchen würden, das an die in den Veden beschriebene Matrix der Realität zu erinnern scheint.

Die Physik selbst bietet durch ihre Hinterfragung der tiefen Natur der Zeit einen überraschenden Berührungspunkt mit dem antiken Denken. Wenn die Zeit relativ ist, wie Einstein gezeigt hat, und es keine objektive Unterscheidung zwischen Vergangenheit und Zukunft gibt, erhält das hinduistische Zyklusmodell eine unerwartete Tiefe. Es handelt sich dabei nicht um einen Anachronismus, sondern um eine ausgefeilte Metapher, die den Intuitionen der modernen Wissenschaft nahe kommt.

In einer Welt, die die Singularität als Versprechen oder – für viele – als Bedrohung betrachtet, laden uns hinduistische Texte ein, tiefer nachzudenken. Geschwindigkeit und Wandel stellen an sich kein Problem dar. Man ist sich des Zyklus nicht bewusst und verliert den Kontakt mit dem spirituellen Prinzip, das ihn antreibt.

Durch Kali Yuga und Vergänglichkeit können wir eine universelle Botschaft lesen: Selbst in Momenten größter Dunkelheit gibt es einen Ruf zur Erneuerung. Die Zivilisation kann ihren Sinn wiederentdecken, nicht indem sie den Wandel leugnet, sondern indem sie ihn mit Weisheit integriert. Hinduistische Texte möchten uns dazu anregen zu verstehen, dass die Zeit weder ein Feind noch ein Meister ist. Es ist schlicht die Bühne, auf der jede Existenzform, von Zivilisationen bis hin zu künstlichen Intelligenzen, ihre eigene vergängliche, aber ewige Choreographie tanzt.

Von Kali Yuga bis zur Singularität bleibt der rote Faden daher derselbe: die Erinnerung daran, dass alles – sogar die Technologie – Teil des großen Atems des Universums ist.

Zeit in der Quantenphysik.

Die Zeit ist ebenso vertraut wie geheimnisvoll. In seiner wahrgenommenen Linearität prägt es unser Leben. Die Quantenphysik hat ihn jedoch auf völlig neues Terrain geführt. Dort handelt es sich nicht mehr um einen kontinuierlich fließenden Fluss, sondern um ein Konzept, das sich in einen schwer fassbaren Tanz auflösen und zersplittern kann. Diese wissenschaftliche Offenbarung versetzt uns in eine faszinierende Lage: Wir sind Ideen nahe, in denen sich unglaublich alte Erkenntnisse der Hindu-Philosophie widerspiegeln.

In der Quantenwelt verhält sich die Zeit überraschend anders als in der klassischen Physik. In den Modellen der Relativitätstheorie Albert Einsteins werden Zeit und Raum zu einer einzigen Einheit verknüpft: der Raumzeit. Diese Struktur erschwert die traditionelle Wahrnehmung einer klar unterscheidbaren Vergangenheit, Gegenwart und Zukunft. Die Quantenphysik geht sogar noch weiter und geht davon aus, dass die Zeit nicht einmal eine fundamentale Konstante ist.

Beispielsweise lassen Experimente zur Verschränkung Zweifel an der Einzigartigkeit von Zeit und Raum aufkommen. Wenn zwei „verschränkte“ Teilchen interagieren, scheint es, als würden sie sich augenblicklich synchronisieren und dabei traditionelle Vorstellungen von Zeit ignorieren. Albert Einstein beschrieb diesen Zusammenhang provokativ als „Phantom-Fernwirkung“.

Noch faszinierender ist das Experiment der „verzögerten Entscheidung“, das ursprünglich 1978 vom amerikanischen Physiker John Wheeler vorgeschlagen wurde. Dieses Experiment zeigt, wie gegenwärtige Ereignisse theoretisch die Vergangenheit beeinflussen können, auch wenn dies unser übliches Verständnis von Kausalität durchbricht. Das Konzept der zeitlichen Linearität wird auf diese Weise vollständig untergraben.

Diese Umkehrung unserer Zeitwahrnehmung weist überraschende Ähnlichkeiten mit dem Hinduismus auf. In der hinduistischen Philosophie ist die Zeit nicht linear, sondern zyklisch: eine ständige Wiederholung von Schöpfung, Zerstörung und Wiedergeburt. Die

Konzeption der vier Yugas – der großen kosmischen Zyklen von Satya, Treta, Dvapara und Kali Yuga – spiegelt eine Vorstellung von Zeit wider, die keinen definitiven Anfang und kein absolutes Ende hat. Wir sprechen hier von Milliarden von Jahren kontinuierlichen und ununterbrochenen Flusses.

Den Upanishaden-Texten zufolge sind das, was wir als „Vergangenheit" und „Zukunft" betrachten, nichts weiter als relative Erscheinungen. In der „Bṛhadāraṇyaka Upaniṣhad" lesen wir:

> *„Das Ewige ist jenseits der Zeit und ist der stille Zeuge aller Dinge."*

Die Quantenphysik scheint mit ihrer Überwindung traditioneller Zeitkategorien genau hierauf zurückzukommen: Die Zeit ist nicht länger der absolute Souverän, sondern eine Konvention, die an eine bestimmte Sichtweise der Welt gebunden ist.

Die Analogien zwischen Quantenphysik und Hinduismus kommen nicht von ungefähr. Die moderne Physik und die östlichen Philosophien haben einen wesentlichen Punkt gemeinsam: Beide versuchen, grundlegende Fragen über das Universum und unsere Existenz zu beantworten. Zu den Unterstützern dieser kulturellen Brücke gehört Fritjof Capra, Autor des berühmten Buches „Das Tao der Physik". In diesem Werk unterstreicht Capra, wie tiefgreifende philosophische Resonanzen zwischen den Entdeckungen der Quantenphysik und den heiligen Texten des alten Indien bestehen.

Capra weist darauf hin, dass die zyklische Wahrnehmung der Zeit, die im Osten seit Jahrtausenden beschrieben wird, dem Zeitkonzept der subatomaren Physik bemerkenswert nahe kommt. Schon die Idee der „Maya", also der Vergänglichkeit und Illusion der materiellen Welt, erinnert an das unsichere und probabilistische Verhalten von Quantenteilchen. Nichts ist wirklich still, alles verändert sich ständig.

Eine interessante Parallele zwischen der Quantenphysik und dem Hinduismus zeigt sich im Fluss Ganges, der in Indien als „Göttliche Mutter" und Symbol des Lebens selbst verehrt wird. Sein Wasser ist nie dasselbe: Es bewegt sich, verdunstet und kehrt in Form von Regen zurück. Der Fluss scheint ein Gebilde zu sein, das durch die Zeit geht und doch stets vergänglich bleibt. In der Quantenphysik und der Hindu-Philosophie wird diese Metapher auf wunderschöne Weise verkörpert: Der Ganges ist nie derselbe, genau wie unser sich ständig veränderndes Universum.

Entdeckungen in der Quantenphysik und Überlegungen zur Vergänglichkeit im hinduistischen Denken vermitteln uns eine gemeinsame Botschaft: Die Realität ist nicht das, was sie zu sein scheint. Die Zeit ist weder starr noch etwas Absolutes. Wir leben in einem Fluss, in dem Gegenwart, Vergangenheit und Zukunft wie Wellen in einem Ozean ständig miteinander verflochten sind.

Diese Art des Verständnisses ist nicht nur akademisch oder theoretisch. Es lädt uns ein, das Leben mit einem Gefühl des Staunens angesichts eines Universums zu betrachten, dessen Mysterium niemals nachlässt. Von einem alten Tempel in Indien bis zum futuristischen Labor eines Physikers bleibt die Frage dieselbe: Was ist Zeit? Und vielleicht ist die Zeit, wie die alten Hindu-Weisen meinten, nur eine Illusion.

Zeit in der Quantenphysik: Ein Dialog mit dem Hinduismus.

Die Zeit ist ein Mysterium, das den menschlichen Geist schon immer fasziniert hat. Philosophen, Wissenschaftler und Mystiker haben versucht, es zu verstehen, offenzulegen oder zumindest zu erahnen, wie es funktioniert. Wenn wir den Dialog zwischen der Quantenphysik und der Hindu-Philosophie betrachten, erkennen wir, dass die beiden Ansätze, obwohl sie scheinbar weit voneinander entfernt sind, auf einer gemeinsamen Basis aufeinandertreffen. Beide bieten eine Vision der Zeit, die unsere gewöhnliche, lineare Wahrnehmung herausfordert und uns für tiefere und vielleicht wahrere Dimensionen öffnet.

In der traditionellen westlichen Sichtweise ist die Zeit ein Merkmal der Geschichte: eine gerade Linie, die in der Vergangenheit beginnt, durch die Gegenwart verläuft und sich im Unbekannten der Zukunft verliert. Der Hinduismus lädt uns jedoch ein, eine andere Perspektive zu betrachten: die Zeit als Zyklus. Den heiligen Texten des Hinduismus (den Veden, den Upanishaden und der Bhagavad Gita) zufolge bewegt sich das Universum in einem endlosen Tanz aus Schöpfung, Zerstörung und Wiedergeburt. Diese Bewegung wird durch das Konzept von Kalpa dargestellt, einer kosmischen Einheit von enormen zeitlichen Ausmaßen.

In der hinduistischen Tradition ist die Zeit weder festgelegt noch linear. Es fließt, dehnt sich aus, löst sich auf, kehrt dann aber zyklisch zurück. Angesichts dieser alten Vorstellung fragt man sich: Könnte die moderne Physik etwas zu dieser Vision sagen?

Die flexible Zeit der Quantenphysik.

Mit dem Aufkommen der Quantenphysik im 20. Jahrhundert gab die Wissenschaft viele ihrer Gewissheiten auf. Die Zeit galt einst als absolut und unveränderlich, ist jedoch zu einem fließenderen und schwer fassbareren Konzept geworden. Bereits Albert Einstein hatte mit der Relativitätstheorie den Grundstein für die Vorstellung von der Zeit als etwas Relativem gelegt, das von Geschwindigkeit und Schwerkraft beeinflusst wird. Doch es ist Persönlichkeiten wie Werner Heisenberg, Niels Bohr und John Wheeler zu verdanken, dass die Quantenzeit eine noch rätselhaftere Dimension angenommen hat.

Einer der faszinierendsten Aspekte der Quantenphysik betrifft Verschränkungsphänomene. Zwei miteinander verbundene Teilchen können sich gegenseitig augenblicklich beeinflussen, unabhängig von der Entfernung, die sie trennt. Dies impliziert, dass Ereignisse nicht immer einer linearen zeitlichen Abfolge folgen. In gewissem Sinne ist der Pfeil der Zeit gebrochen. Auf subtilere, aber relevantere Weise ermöglicht die Quantenmechanik auch das Konzept „verzögerter Messungen", bei denen das Ergebnis einer gegenwärtigen Messung die Vergangenheit des beobachteten Teilchens zu beeinflussen scheint, wie Experimente wie die von Wheeler entwickelten zeigen.

Diese Erkenntnisse scheinen die Vorstellung zu untermauern, dass die Zeit weder eindeutig noch objektiv ist. Aber was bedeutet dies für unser tieferes Verständnis?

Wie viele östliche Traditionen fordert auch der Hinduismus seine Anhänger dazu auf, die Illusion der linearen Zeit zu überwinden. Den Upanishaden zufolge ist Zeit nichts anderes als eine Projektion des menschlichen Geistes. Die ultimative Realität, Brahman, existiert jenseits der Zeit. Dieses Prinzip findet Ausdruck in der Erfahrung von Moksha, der Befreiung, einem Zustand, in dem Vergangenheit und Zukunft verschwinden und nur Platz für die ewige Gegenwart bleibt.

Sogar in der Quantenphysik gibt es einen merkwürdigen Bezug zu dieser zeitlosen Realität. Viele Wissenschaftler, angefangen bei den Überlegungen Erwin Schrödingers, waren von den Konvergenzen zwischen der Quantenmechanik und östlichen Philosophien beeindruckt. Schrödinger, fasziniert von der hinduistischen Vision, schrieb:

> *„Dieses getrennte Leben, das jeder von uns führt, ist eine Illusion. Das Leben jedes Lebewesens, in der Vergangenheit, Gegenwart und Zukunft, findet in der ewigen Gegenwart statt."*

Ein anderer Wissenschaftler, David Bohm, bekannt für seinen philosophischen Ansatz in der Physik, schlug die Idee des Universums als einer „impliziten Ordnung“ vor, in der Vergangenheit, Gegenwart und Zukunft gleichzeitig als eine einzige Realität existieren. Diese Perspektive erinnert an die hinduistische Vorstellung einer nicht linearen, sondern allumfassenden Zeit, in der alle Dinge in einer höheren, unsichtbaren Dimension geschehen.

Die ewige Wiederkehr: Von der Physik zum Geist.

Wenn die Quantenphysik einen revolutionären Wandel in unserem Verständnis von Zeit bewirkt hat, bietet der Hinduismus einen spirituellen Schlüssel zum Verständnis dieses Phänomens. Einerseits versucht die Wissenschaft, die Zeit mit Gesetzen und Formeln zu erklären; Andererseits lädt uns die hinduistische Philosophie dazu ein, es anders zu erleben, seine Vergänglichkeit zu akzeptieren und seine zyklische Natur nicht zu fürchten.

Bei alledem bleibt eine Frage unbeantwortet. Niels Bohr, Nobelpreisträger und eine der einflussreichsten Stimmen der zeitgenössischen Physik, sagte einmal:

> *„Ich verlange von Ihnen nicht, die Quantenmechanik zu verstehen, sondern zu lernen, damit zu leben.“*

Ebenso verlangt der Hinduismus von uns nicht, die Zeit zu beherrschen, sondern mit ihr zu harmonieren und sie als Teil eines größeren kosmischen Plans zu empfinden.

Und vielleicht können wir genau hier, in dem kurzen Moment, in dem sich Wissenschaft und Spiritualität verflechten, eine Antwort auf unsere tiefsten Fragen zur Zeit finden. Keine endgültige Lösung, aber eine Einladung, mit offenen Augen und neugierigem Geist dieses ewige kosmische Spiel zu beobachten, an dem wir, ob gewollt oder ungewollt, teilhaben.

Zeit in der Quantenphysik: eine nicht mehr lineare Dimension.

Die klassische Physik – genauer gesagt die von Newton – beschrieb die Zeit als einen linearen Pfeil, einen unausweichlichen Fluss, der von der Vergangenheit in die Zukunft fließt. Dieses Zeitkonzept, das die westliche Sichtweise auf die Zeit prägt, liegt einem Großteil unserer Lebensweise zugrunde: Wir planen für die Zukunft, studieren die Vergangenheit und messen die Gegenwart in Sekunden, Minuten und Stunden.

Die Quantenphysik hat jedoch begonnen, diese Linearität in Frage zu stellen. Das Konzept der Quantenverschränkung zeigt beispielsweise, dass zwei einmal verbundene Teilchen über potenziell unendliche Entfernungen hinweg voneinander abhängig bleiben. Ihr Verhalten erscheint unmittelbar und gleichzeitig und verstößt gegen das klassische Konzept von „Ursache und Wirkung", das für die lineare Zeit typisch ist. Albert Einstein reagierte jedoch mit Skepsis und fühlte sich angesichts eines Universums, in dem Gleichzeitigkeit möglich schien, unwohl.

Jahre später bestätigten zunehmend fortgeschrittenere Experimente, wie etwa die des Physikers Alain Aspect in den 1980er Jahren, dass die Quantenverschränkung real ist. Heute wissen wir, dass die Zeit, zumindest in der Quantenwelt, nicht den Regeln eines geordneten Kalenders folgt. Auf der Ebene der Elementarteilchen wird der Fluss der Zeit unübersichtlich und kompliziert.

Aus der Perspektive der Quantenphysik erweist sich die Zeit als ein viel fließenderes Konzept als das der klassischen Physik. Während das Newtonsche Modell die Zeit als eine lineare Abfolge beschrieb, als einen „Pfeil", der von der Vergangenheit in die Zukunft verläuft, zerstört die Quantenwelt diese Illusion der Einfachheit.

Eugene Wigner und die Rolle des Bewusstseins.

Einer der faszinierendsten Aspekte der Quantenphysik ist ihre Beziehung zu Zeit und Bewusstsein. Auf diesem Gebiet hat der ungarische Physiker Eugene Wigner (1902-1995), Nobelpreisträger des Jahres 1963, mit seiner revolutionären Idee unauslöschliche Spuren hinterlassen. Das Bewusstsein des Beobachters ist laut Wigner entscheidend für die Definition der Ereignisse der Quantenrealität. Und folglich unser Zeiterleben zu strukturieren.

Eugene Wigner gehörte zu der Generation von Wissenschaftlern, die in den 1920er und 1930er Jahren einen Wandel in der Physik herbeiführten. Die Geburt der Quantentheorie stellte rasch die Konzepte in Frage, die das westliche wissenschaftliche Denken über Jahrhunderte dominiert hatten. Hierzu gehört das Konzept der Zeit als kontinuierliche und absolute Linie, eine Idee, die aus der klassischen Physik von Isaac Newton stammt.

In der Quantenphysik erweist sich die Zeit als schwer fassbar. Wenn wir das Verhalten subatomarer Teilchen untersuchen, stellen wir fest, dass es keine offensichtliche zeitliche Abfolge gibt, bis eine Messung durchgeführt wird. Vor diesem Moment ist die Natur der Teilchen eine Überlagerung von Möglichkeiten, ein Tanz gleichzeitig existierender Zustände. Hier kommt Wigners Beitrag ins Spiel: Ohne einen bewussten Beobachter, der „zusieht", könnte es sein, dass der Kollaps der Wellenfunktion (und mit ihm die zeitliche Abfolge der Geschehnisse) überhaupt nicht auftritt.

Wigner fragte sich: Was bedeutet es, zu beobachten? Und vor allem: Wer oder was beobachtet? Dieser Wissenschaftler stellte eine kühne Hypothese auf: Das bewusste Eingreifen des menschlichen Geistes ist nicht nur ein Hilfsmittel, sondern unerlässlich, um Quantenpotenziale in greifbare Ereignisse umzuwandeln. Kurz gesagt: Für Wigner existieren Zeit und Realität nur in Bezug auf den Beobachter.

Wigners Intuition überrascht aufgrund ihrer Übereinstimmung mit einigen alten indischen Philosophien, insbesondere mit Advaita Vedanta, einer nichtdualistischen Schule des Hinduismus. Laut Advaita ist die von unserem Intellekt wahrgenommene Realität (der Bereich der Formen, Ereignisse und Zeit) Maya oder eine Illusion. Diese Illusion ist keine Lüge, sondern vielmehr der Schleier, der uns daran hindert, die ultimative Wahrheit zu erkennen: Die Realität ist nicht dual und jenseits der Zeit.

Im vedantischen Denken steht das Bewusstsein, Brahman, im Mittelpunkt von allem. Sogar das Konzept der Zeit (Vergangenheit, Gegenwart und Zukunft) ist untrennbar mit diesem höchsten Bewusstsein verbunden. Für indische Weise werden Ereignisse nicht durch die Bewegung von Uhren markiert, sondern entstehen im Kopf des Beobachters. In auffallend ähnlicher Weise legte Wigner nahe, dass es sich bei der Zeitlinie nicht um eine objektive Realität, sondern um die Konstruktion bewusster Beobachtung handele.

Um diese Ideen besser zu verstehen: Welche Rolle spielt dann der Beobachter bei der Bestimmung der Zeit? Hier bietet Wigner ein suggestives Bild. Er verglich den Beobachter mit einem Spiegel: Die Quantenwelt sei wie eine Reflexion, die nur dann erscheint, wenn ein bewusster Spiegel ins Spiel kommt. Ohne Letzteres gibt es weder ein Vorher noch ein Nachher, sondern nur eine formlose Möglichkeit.

Im Vedanta ist der kosmische Spiegel das universelle Bewusstsein, das höchste Selbst. Obwohl Jahrhunderte und Disziplinen zwischen

Wigner und den vedantischen Weisen liegen, scheinen sie doch dieselbe grundlegende Frage zu beantworten: Ist die Zeit real oder ist sie ein Produkt der Wahrnehmung? Obwohl sie unterschiedliche Sprachen verwenden, gelangen beide zu einer ähnlichen Antwort: Zeit entsteht nur in Bezug auf den Geist und das Bewusstsein.

Zur Untermauerung seiner Ideen zitierte Wigner oft Erwin Schrödingers berühmtes „Katzenparadoxon". Diesem Gedankenexperiment zufolge befindet sich eine in einer versiegelten Kiste eingesperrte Katze in einem Zustand der „Unbestimmtheit", sie ist lebendig und tot zugleich, bis die Kiste geöffnet wird, um dies zu überprüfen. Die Quantenphysik besagt, dass der Akt der Beobachtung über das Ergebnis entscheidet. Doch wer ist der Beobachter? Für Wigner ist ein bewusster, mit einem Verstand ausgestatteter Beobachter das Subjekt, das die Grenze zwischen „Potenzial" und „Real" einführt.

Diese Konvergenz zwischen Physik und Philosophie ist kein Zufall und zieht weiterhin Gelehrte und Wissenschaftler an. Viele zeitgenössische Physiker, von Fritjof Capra bis David Bohm, haben die Verbindungen zwischen den Erkenntnissen der Quantenphysik und östlichen Weisheitstraditionen erforscht. Auch wenn Ideen wie die von Wigner in der wissenschaftlichen Gemeinschaft nicht auf allgemeine Akzeptanz gestoßen sind, haben seine Arbeiten Denkansätze eröffnet, die über die Grenzen des Labors hinausgehen.

Schlussfolgerungen wie die von Wigner sind zwar spekulativ, laden uns jedoch dazu ein, die Wissenschaft nicht nur als Technik, sondern als Disziplin zu betrachten, die sich auch mit den tiefsten Fragen der Menschheit befasst. Und vielleicht liegt der Schlüssel zum Verständnis des Mysteriums der Zeit, wie die alten indischen Weisen meinten, im Verständnis des Mysteriums des Bewusstseins, das sie beobachtet.

Anekdoten und kulturelle Zusammenhänge.

Es gibt einen Ort in Indien, Kashi, heute bekannt als Varanasi, der die mysteriöse Last der Zeit trägt. Der hinduistischen Tradition zufolge existiert diese antike Stadt „außerhalb der Zeit", schwebend zwischen Werden und Ewigkeit. Hierher kommen Pilger auf der Suche nach etwas Außergewöhnlichem: Sie wollen die Illusion der linearen Zeit aufgeben und in die zyklische Natur der Existenz eintauchen. Dieses zyklische Konzept, das in den östlichen

Philosophien tief verwurzelt ist, findet überraschenderweise auch in der modernen Quantenphysik seinen Niederschlag.

In vielen Experimenten der Quantenphysik scheint die Zeit auf eine Weise zu funktionieren, die sich dem normalen Verständnis entzieht. Die traditionelle lineare Sichtweise, dass die Vergangenheit in die Zukunft führt, wird durch die Wechselwirkung zwischen subatomaren Teilchen in Frage gestellt. Ein Paradebeispiel hierfür ist das „Delayed Choice Experiment" von John Wheeler aus den 1970er Jahren. Wheeler zeigte, dass ein Teilchen, etwa ein Photon, seinen Zustand nur dann „entscheiden" kann, wenn das Ergebnis beobachtet wird, selbst wenn dies geschieht, nachdem das Photon bereits gereist ist oder interagiert hat. Mit anderen Worten: Die Zukunft scheint die Vergangenheit zu beeinflussen. Diese paradoxe Idee bringt uns einer nichtlinearen Vision der Zeit näher, die subtil an die des Hinduismus erinnert.

Den indischen heiligen Texten zufolge ist die lineare Zeit – die „Kala" – nur ein oberflächliches Gefüge, eine Illusion, die als „Maya" bekannt ist. Die tiefe Zeit, die zyklische Zeit, ist dagegen ewig und wird durch den kosmischen Rhythmus der großen universellen Zyklen, die „Yugas" genannt werden, geprägt. Die Quantenphysik geht zwar nicht so weit, diese Ewigkeit zu unterstützen, aber sie destabilisiert die Gewissheiten der Zeit: Sie fordert uns auf, die Tatsache zu berücksichtigen, dass unsere lineare Wahrnehmung möglicherweise nur eine Annäherung an eine komplexere Realität ist.

Im Zentrum der Hindu-Philosophie wird die Stadt Varanasi zu einem lebendigen Symbol dieser Vision der Zeit. Die an den Ufern des heiligen Flusses Ganges erbaute Stadt gilt als unsterblich. Es heißt, dass Shiva selbst Kashi gegründet hat und dass jeder, der dort stirbt, aus dem Kreislauf der Wiedergeburt befreit wird und in das Reich der Ewigkeit gelangt. Hier markiert jeder Sonnenaufgang und Sonnenuntergang eine Zeit, die nicht vergeht, sondern auf sich selbst zurückgeht. In Rituale vertiefte Pilger wiederholen Mantras und führen Waschungen durch, um sich wieder mit dieser endlosen Dimension zu verbinden.

Die Quantenphysik mit ihren revolutionären Erkenntnissen scheint eine solche Wahrnehmung zu berühren. Experimente zu Zeit, Quantenchaos und Superpositionen – bei denen ein Teilchen gleichzeitig an mehreren Orten oder zu mehreren Zeiten sein kann – ignorieren starre Definitionen der linearen Zeit. Die Zeit selbst wird zu einer veränderlichen Variable und nicht zu einer festen Größe, die unser tägliches Leben bestimmt.

Der vielleicht faszinierendste Berührungspunkt zwischen östlicher Philosophie und Quantenphysik liegt in ihrer Fähigkeit, über den äußeren Schein hinauszugehen. So wie die Weisen des Hinduismus uns einladen, über Maya – die Illusion der Erscheinungswelt – hinauszublicken, versuchen auch die Physiker, die verborgenen Grundlagen der Wirklichkeit zu erforschen. Varanasi ist mit seiner Zyklizität und seinem Versprechen der Ewigkeit ein kraftvolles und metaphorisches Bild für beide Perspektiven.

Im 20. Jahrhundert trug Albert Einstein selbst dazu bei, das Konzept der Zeit neu zu überdenken. Seine Relativitätstheorie zeigte, dass die Zeit nicht gleichmäßig vergeht. Die Vorstellung, dass sich die Zeit je nach Geschwindigkeit oder Schwerkraft ausdehnen oder zusammenziehen kann, hat die Grenzen der Physik tatsächlich erweitert und sie den philosophischen Visionen der Antike näher gebracht. Obwohl Einstein nicht ausdrücklich vom Hinduismus beeinflusst war, zeigte er, dass Newtons absolute Zeit – die der westlichen Tradition so am Herzen liegt – eine Illusion war, genau wie das Konzept der Maya.

Wenn die Zeit tatsächlich eine Illusion ist, dann ist der Dialog zwischen Physik und Philosophie nicht bloß eine intellektuelle Kuriosität, sondern ein Weg tiefgehender Untersuchungen. In einem Quantenteilchen, das der Vergangenheit trotzt, steckt möglicherweise ein Echo des ewigen Kreislaufs des Kalachakra. An einem nebligen Morgen in Varanasi, wenn die Sonne den Ganges berührt, kann man sich wirklich fragen, ob die Zeit unser Begleiter ist oder nur die Widerspiegelung von etwas Größerem.

Diskontinuierliche Zeit.

Die Zeit, diese scheinbar vertraute Dimension, die unser Leben prägt, hat den Menschen schon immer fasziniert. Doch was passiert, wenn wir über den Schein hinausgehen? Wenn wir in die Tiefen der Quantenphysik und der Hindu-Philosophie eintauchen, stellen wir fest, dass die Zeit überhaupt nicht das ist, was sie zu sein scheint. Diese beiden oberflächlich betrachtet so unterschiedlichen Disziplinen gelangen jedoch zu einer überraschenden Schlussfolgerung: Die Zeit könnte eine Illusion sein, ein Konstrukt, das die Wahrnehmung täuscht.

Die Quantenphysik, die sich mit Materie und Energie auf infinitesimalen Skalen beschäftigt, hat eine beunruhigende Tatsache ans Licht gebracht: Die Zeit ist keine gerade Linie, sondern eine fragmentierte und fließende Realität. In Wheelers berühmtem Experiment mit der „verzögerten Entscheidung“ scheinen Photonen – Lichtteilchen – je nach menschlicher Beobachtung zu entscheiden, ob sie sich wie Wellen oder Teilchen verhalten. Beunruhigend ist dabei, dass die Beobachtung nicht vom gegenwärtigen Augenblick abhängt, sondern auch durch „in der Zukunft“ eintretende Ereignisse beeinflusst werden kann. Durch diese Beobachtung ist die Zeit nicht linear, sondern etwas Formbares, wie ein Band, das nach Belieben aufgerollt und abgerollt werden kann.

„Zeit ist nicht das, was Sie denken“:

so sagte Richard Feynman, einer der größten Physiker des zwanzigsten Jahrhunderts. Laut Feynman scheint das Verhalten subatomarer Teilchen darauf hinzudeuten, dass Zukunft und Vergangenheit keine getrennten Dinge sind, sondern vielmehr miteinander verflochten. Der Ablauf der Ereignisse, wie wir ihn wahrnehmen, ist keine absolute Gegebenheit, sondern die Manifestation tieferer, unsichtbarer, aber mächtiger Bedingungen.

Diese Ansicht findet eine merkwürdige Parallele in der Hindu-Philosophie, die die Zeit als eine Form von Maya oder Illusion betrachtet. Laut Advaita Vedanta, einer der tiefgründigsten Schulen des Hinduismus, haben Zeit und Raum keine eigene Existenz. Sie sind vergängliche Manifestationen von Brahman, dem Absoluten, der einzigen dauerhaften Realität. Die menschliche Wahrnehmung der Zeit, in der die Vergangenheit entgleitet und die Zukunft sich am Horizont ausbreitet, ist eine begrenzte Konstruktion, eine Erzählung, die Lebewesen dazu nutzt, sich im Unverständlichen zurechtzufinden.

Eine alte Allegorie in den Puranas beschreibt Brahma, den Schöpfer, als jemanden, der so gewaltige Zeitzyklen erlebt, dass ein einziger Tag seiner Existenz Milliarden von Erdenjahren entspricht. Diese immense Zeitlichkeit, Kalpa genannt, übersteigt bei weitem das menschliche Vorstellungsvermögen und erinnert uns daran, wie relativ und flüchtig die Zeit sein kann. Interessanterweise findet Brahmas Relativität der Zeit ein Echo in Einsteins Relativitätstheorie. Für Einstein wie auch für alte Hindu-Texte sind Zeit und Raum eng miteinander verknüpft und ihre Wahrnehmung variiert je nach Perspektive des Betrachters.

Während uns die Quantenphysik eine fragmentierte und nichtlineare Zeit präsentiert, lädt uns der Hinduismus dazu ein, die Zeit als einen ewigen Kreislauf zu betrachten. Die großen Yugas der indischen Tradition (kosmische Zeitalter, die sich in langen Perioden der Schöpfung, Erhaltung und Auflösung abwechseln) erinnern an das Quantenkonzept der „unkoordinierten Zeit". Es gibt keinen absoluten Anfang und kein absolutes Ende, sondern ein fortwährendes Werden, einen Tanz des Universums.

Wheelers Quantenexperiment und die Zyklen von Brahma beleuchten einen zentralen Punkt: Die Gegenwart ist ebenso wie die Vergangenheit und die Zukunft von einer Fluidität durchdrungen, die wir mit den gewöhnlichen Sinnen nicht erfassen können. Im Vedanta wird dieses Bewusstsein „Kaivalya" genannt, eine Erfahrung der Befreiung, in der die Tyrannei der linearen Zeit endet. Dasselbe Prinzip könnte sich aus künftigen Entwicklungen in der Quantenphysik ergeben, wenn wir endlich das tiefste Wesen dieser Dimension enthüllen.

Während die Quantenphysik auf wissenschaftlichen Beobachtungen und komplexen mathematischen Berechnungen basiert, beschreitet die Hindu-Philosophie einen Weg der Introspektion und des Mythos. Beide haben jedoch eine entscheidende Erkenntnis gemeinsam: Zeit ist keine feste Größe, sondern eine trügerische Illusion.

Wir können daher die Quantenphysik und die Hindu-Philosophie als zwei Erforscher desselben Mysteriums betrachten. Ist es nicht faszinierend, sich vorzustellen, dass die Erkenntnisse der alten indischen Schriften – die über Jahrtausende von meditierenden Weisen an den Ufern des Ganges überliefert wurden – in den Entdeckungen hochentwickelter Laboratorien ihren Widerhall finden, wo das Licht selbst mit unserer Wahrnehmung zu spielen scheint?

Angesichts dieser Überlegungen ist die Zeit nicht länger der Begleiter, der die Stunden mit regelmäßigen Ticken markiert. Es ist eine Welle, die sich biegt, ein Kreis, der sich schließt, eine Illusion, die den Menschen einlädt, zu einer tieferen Realität zu erwachen.

„Zeit: Ist es nicht an der Zeit, mit der Messung der Zeit aufzuhören und mit der Beobachtung zu beginnen?"

fragte sich Feynman. Und vielleicht wartet die Zeit selbst in ihrem ewigen Quantenspiel auf eine Antwort von uns.

Zeit, die nicht vergeht.

Stellen Sie sich zwei Teilchen vor. Ein Teilchen befindet sich in Mailand, das andere in Tokio. Nach den gewöhnlichen Gesetzen von Raum und Zeit wäre keine Kommunikation möglich. Dennoch bleiben ihre Eigenschaften auf mysteriöse Weise miteinander verbunden. Ändert man etwas am ersten Teilchen, ändert sich das zweite augenblicklich, sogar Tausende von Kilometern entfernt. Es handelt sich um Quantenverschränkung, ein Phänomen, das unsere allgemeine Vernunft in Frage stellt und unser Verständnis von Zeit in Frage stellt.

Die Quantenphysik blieb hier jedoch nicht stehen. Das Phänomen wurde ab den 1980er Jahren erstmals von Physikern wie John Clauser und Alain Aspect im Labor nachgewiesen und wird weiterhin untersucht. Aber was sagt uns die Verschränkung über die Zeit oder vielmehr über ihre mögliche Illusion? Und warum verbinden manche Menschen es mit den Konzepten des Hinduismus?

Gemäß dem Hinduismus ist Brahman die ultimative Realität, das absolute Prinzip, das alle Unterschiede von Raum und Zeit transzendiert. Die gesamte Existenz ist in einer einzigen fundamentalen Matrix vereint, von der das sichtbare Universum nur eine illusorische Manifestation, Maya genannt, ist.

Diese in den Texten der Upanishaden ausführlich dargelegte Vision fordert uns auf, die oberflächliche Wahrnehmung zu überwinden, die das „Vorher“ vom „Nachher“ oder das „Hier“ vom „Dort“ trennt. An diesem Punkt wird die Parallele zur Verschränkung faszinierend: Selbst in der Quantenphysik scheinen verschränkte Teilchen nicht nur die Entfernung, sondern auch die zeitliche Abfolge zu ignorieren. Es ist, als würden sie in einer tieferen, zugrunde liegenden Dimension operieren, in der diese Kategorien nicht existieren.

David Bohm, der sowohl von der Wissenschaft als auch von den großen spirituellen Traditionen fasziniert war, versuchte, eine alternative Erklärung für die Geheimnisse des Quantenuniversums vorzuschlagen. Bohm sprach von einer „impliziten Ordnung“, einer Art „verhüllter“ Realität, die alle Informationen des Kosmos in sich enthält. In der impliziten Ordnung existieren nicht alle Teilchen und alle Ereignisse als isolierte Einheiten, sondern sie sind alle Teil eines riesigen, miteinander verbundenen Ganzen. Bohm verglich diese implizite Ordnung mit einem Hologramm: einer dreidimensionalen

Darstellung, bei der jedes einzelne Fragment das vollständige Bild enthält.

Bohms Idee erinnert auffallend an das vedantische Konzept des Brahman. Wie Bohms Hologramm liegt Brahman jenseits der scheinbaren Trennung zwischen den Elementen der Realität. Alles ist eins, und diese Einheit manifestiert sich nicht in linearer Zeit, sondern in einer ewigen Gegenwart.

Aus dieser Perspektive verliert die Zeit ihren absoluten Charakter und wird zu einer Art funktionaler Illusion, die für unseren begrenzten Verstand notwendig ist, für das endgültige Verständnis der Wirklichkeit jedoch keine grundlegende Rolle spielt.

Mandala und kosmische Verbindung.

Das Konzept der zeitlosen Verbundenheit taucht auch in den Symbolen des Hinduismus immer wieder auf. Eines der faszinierendsten Beispiele ist das Mandala. Mandalas sind in der östlichen Philosophie von zentraler Bedeutung. Sie stellen das Universum als perfekte Einheit dar, die in harmonischen Kreisen angeordnet ist, die zu einem Mittelpunkt hin zusammenlaufen. Jede Linie und jede Figur im Mandala verweist auf das Ganze und lässt darauf schließen, dass jeder Punkt auf gewisse Weise das gesamte Design enthält.

Für einen Quantenphysiker könnte ein Mandala die Idee einer Verschränkung oder einer holografischen Realität beinahe grafisch darstellen. Kein Punkt ist isoliert. Alles ist auf unsichtbare, aber tiefgreifende Weise miteinander verbunden.

Im Hinduismus ist Brahman nicht nur ein kosmologisches Konzept. Es ist auch eine innere Erfahrung. Atman, definiert als das tiefe Selbst eines jeden Menschen, gilt als direkter Ausdruck von Brahman. Den Atman zu kennen bedeutet, die Illusion von Zeit und Raum zu überwinden und ein reines, zeitloses Bewusstsein wahrzunehmen.

Eine ähnliche intuitive Erfahrung faszinierte auch einige Physiker wie Erwin Schrödinger, einen der Väter der Quantenmechanik. Schrödinger, ein Bewunderer der Upanishaden, schrieb:

> *„Die Unterscheidung zwischen Vergangenheit, Gegenwart und Zukunft ist nur eine Illusion, wie hartnäckig sie auch sein mag."*

In diesen Worten können wir das Echo jenes zeitlosen Bewusstseins erkennen, das die Weisen des Vedanta seit Jahrtausenden als „Erleuchtung" beschreiben.

Was verbindet die Quantenverschränkung wirklich mit Brahman? Beides scheint darauf hinzudeuten, dass Trennung und Abfolge lediglich eine oberflächliche Ebene der Realität darstellen. Während die Quantenphysik die tiefe Einheit des Universums mit den Werkzeugen der Wissenschaft untersucht, erforscht der Hinduismus sie seit Jahrhunderten mit Hilfe philosophischer und spiritueller Intuition.

Beide stellen uns vor eine Frage, die unsere Sicht auf die Welt erschüttert: Was wäre, wenn die Zeit, die wir als fließenden Fluss wahrnehmen, in Wirklichkeit eine Illusion wäre? In diesem geheimnisvollen und vernetzten Universum stehen wir möglicherweise erst am Anfang einer Erkenntnis, die eines Tages die Wissenschaft mit dem alten Wissen in Einklang bringen könnte.

Zeit und Nicht-Zeit: Hindu-Philosophie und Schrödingers Katze.

Auf den ersten Blick scheinen die Quantenphysik und die östlichen Philosophien weit voneinander entfernte Welten zu sein, zwischen denen keine Kommunikation möglich ist. Doch ihre Annäherung ermöglicht die Erforschung faszinierender Konzepte über die Natur der Zeit. Die Untersuchung beginnt mit einem der berühmtesten Gedankenexperimente der modernen Physik: dem „Schrödingers Katze"-Paradoxon. Vergleicht man dies mit der in den Veden beschriebenen hinduistischen Kosmologie, führt uns dies zu einer überraschenden Reflexion über die Zeit als gleichzeitige Erfahrung und über die Überlagerung zeitlicher Zustände.

Im Jahr 1935 stellte der österreichische Physiker Erwin Schrödinger das theoretische Experiment mit der in einer Kiste eingesperrten Katze vor. Im Inneren ein komplexes Quantenmodell: ein instabiles Atom, ein an ein Giftfläschchen angeschlossener Geigerzähler und ein System, das der Katze ein ungewöhnliches Schicksal beschert. Bis die Schachtel geöffnet wird, befindet sich die Katze in einem Zustand der Quantensuperposition: gleichzeitig lebendig und tot. Es ist der Beobachter, der durch seine Beobachtung diese sich überschneidenden Zustände zu einer einzigen Realität zusammenführt.

In diesem verstörenden Szenario nimmt die Zeit eine neue Rolle ein. Vor der Beobachtung gibt es kein klares und definierbares „Vorher" oder „Nachher". Die zeitliche Dimension erscheint fließend, nicht linear und der traditionellen menschlichen Vorstellungskraft oft unzugänglich. Und hier kommt die hinduistische Philosophie ins Spiel, wo die Idee einer gleichzeitigen Zeit uralte Wurzeln hat.

Die hinduistische Philosophie begreift die Zeit nicht als lineare Abfolge, sondern als eine Verflechtung von Vergangenheit, Gegenwart und Zukunft, die im „Trikala" koexistieren. In den vedischen Texten heißt es, dass das Universum selbst von zyklischen, kosmischen Prozessen beherrscht wird, in denen die Zeit eine kreisförmige Form annimmt und gleichzeitig zugänglich ist.

Ein bedeutendes Beispiel ist der Avatar von Vishnu in seiner Manifestation als Narayanan. Narayanan wird als jemand beschrieben, der durch die Zeitalter geht, ohne vom Lauf der Zeit berührt zu werden. In dieser göttlichen Dimension ist die Vergangenheit nie verschwunden, die Gegenwart ist nie an ein genaues „Jetzt" gebunden und die Zukunft ist bereits in den Falten der Ewigkeit eingeschlossen.

Der Beobachter: der Brennpunkt zwischen Physik und Metaphysik.

Das Schrödinger-Katzen-Paradoxon wirft eine faszinierende Frage auf: Beeinflusst der Beobachter die Realität? Was in der Box passiert, hängt tatsächlich vom direkten Eingreifen des menschlichen Beobachters ab. Die Rolle des zentralen Beobachters ist nicht nur ein Thema der Quantenphysik, sondern auch ein Eckpfeiler der Hindu-Philosophie. In den vedischen Texten und Upanishaden wird das Selbst oder „Drashta" als höchster Zeuge definiert. Er ist derjenige, der sieht, aber nicht handelt. Es ist der stille und zeitlose Punkt, der die Welt beobachtet und sich von der Veränderlichkeit der Sinneserfahrung unterscheidet.

Die Upanishaden sprechen von diesem Beobachter in einer kraftvollen Metapher: Das Selbst ist die Sonne, die alles erleuchtet, was auf der Erde geschieht. Allerdings nimmt die Sonne nicht direkt am Geschehen teil. Ebenso betritt der Beobachter im Quantenkontext nicht die Box, sondern versetzt die Realität durch den bloßen Akt der Beobachtung in einen bestimmten Zustand. Diese Brücke zwischen hinduistischer Philosophie und moderner Physik schafft einen bemerkenswerten Dialog.

Ein kraftvolles Bild für die Gleichzeitigkeit der Zeit ist in der hinduistischen Philosophie der heilige Fluss Ganges. Die Inder glauben, dass ein Bad im Ganges heute der Teilnahme an einem ewig gegenwärtigen Akt gleicht. Brahma, Vishnu und Shiva, die jeweils Schöpfung, Erhaltung und Zerstörung repräsentieren, existieren in jedem Zeitalter des Kosmos, und so spiegelt sich ihr Einfluss in der Strömung des Flusses wider. In ähnlicher Weise deutet in der Quantenphysik die Überlagerung von Quantenzuständen auf eine entsprechende Dynamik hin: Die Gegenwart enthält bereits das gesamte Potenzial dessen, was kommen wird.

Die Frage der Zeit verbindet also scheinbar weit entfernte Welten. Die Wissenschaft mit ihrer präzisen Mathematik und Schrödingers Gedankenexperimenten öffnet Türen, über die östliche Philosophien auf der metaphysischen Ebene schon lange nachgedacht haben. Beide weisen auf eine Realität hin, die die Grenzen der gewöhnlichen Wahrnehmung herausfordert.

Der Physiker und Philosoph Fritjof Capra schrieb in „Das Tao der Physik“:

> *„die mystischen Vorstellungen des Ostens und der modernen Physik erscheinen nicht mehr als getrennte Universen.“*

Daher ist es nicht verwunderlich, dass ein im Herzen Europas des 20. Jahrhunderts konzipiertes Quantenexperiment den alten Lehren des Hinduismus eine neue Stimme geben kann.

Bei den grundlegenden Fragen der Wirklichkeit befinden wir uns in der Schwebe zwischen Wissenschaft und Spiritualität. Sowohl Schrödinger als auch Narayanan erzählen uns von einer Welt, in der sich die Zeit letztlich als bloße Illusion erweist. Eine Illusion, die der Beobachter mit einem Akt reiner Wahrnehmung durchdringen kann.

Kapitel VI. Eine Brücke zwischen Physik und Spiritualität.

Meditative Praktiken im Hinduismus.

Die Kunst der Meditation in den Tempeln der Hindu-Tradition.

Barfuß auf einem polierten Granitboden unter einem mit komplizierten Skulpturen verzierten Bogen zu laufen, ist nicht nur ein architektonisches Erlebnis. Es ist ein spiritueller Akt. In den heiligen Tempeln Indiens manifestiert sich der Hinduismus in einem stillen Dialog zwischen Mensch, Raum und dem Göttlichen. Diese Orte sind nicht nur Zentren der Anbetung. Sie sind wahre Kathedralen der Stille, erbaut um Dhyana, die tiefe Meditationspraxis, zu ermöglichen.

Unter diesen Tempeln leuchtet der in Chidambaram in Tamil Nadu wie ein Leuchtfeuer von kosmischer Bedeutung. Chidambaram ist Nataraja, dem tanzenden Gott, gewidmet und feiert nicht nur einen Aspekt der Gottheit. Es stellt den ewigen Tanz der Realität dar: eine Bewegung, die alten Hindu-Texten zufolge durch alle Dinge hallt. In dieser Umgebung versammeln sich Gläubige zur Meditation und versuchen, innere Stille zu erreichen.

Der Chidambaram-Tempel ist ein Beispiel dafür, wie heilige Orte so gestaltet sind, dass sie zur Transzendenz führen. Im Zentrum des Komplexes befindet sich das Allerheiligste, die innerste Kammer, in der sich das Bild von Nataraja befindet. Allerdings gibt es eine Besonderheit: Ein Teil des Allerheiligsten ist leer. Dieser Raum, bekannt als Chidambaram Rahasya, ist ein Symbol des höchsten Selbst, des Absoluten, das nicht beschrieben oder gesehen werden kann.

Die gesamte Gestaltung des Tempels scheint zu einer meditativen Erfahrung einzuladen. Die hohen Säulen, die die Innenhöfe unterbrechen, erinnern an den Fluss der Gedanken, während die tanzenden Statuen an die Resonanz ewiger Bewegung erinnern. Der architektonische Aspekt ist nie nur dekorativ. Es ist ein Werkzeug, das den Einzelnen in einen Zustand der Konzentration führt. Man glaubt, dass sogar der Klang der Gesänge und Glocken der Gläubigen, verstärkt durch die Geometrie der Wände, bestimmte Aspekte des Geistes stimuliert.

Zur Meditation in Hindutempeln gehört nicht nur körperliche Stille. Dabei handelt es sich oft um Klang, der zu einem Portal zum Transzendenten wird. Die Praxis des Nada Yoga, die in der Chandogya Upanishad beschrieben wird, ist eine grundlegende Tradition. Bei dieser Meditationsform wird Klang genutzt, um sich auf den Kosmos einzustimmen.

Nada Yoga ist in zwei Hauptklangpfade unterteilt: den äußeren Klang (Ahata Nada) und den inneren Klang (Anahata Nada). Im ersten Fall konzentrieren sich die Gläubigen auf den Klang von Mantras, etwa dem berühmten „Om", das als die Urschwingung des Universums gilt. In Tempeln wird dieser Klang in Gruppen rezitiert, wodurch eine kollektive Resonanz entsteht, die auch die Körper mit einbezieht.

Der zweite, subtilere Weg erfordert absolute Stille. Auf einem kalten Steinboden sitzend, im Schatten der Bögen, versuchen die Meditierenden, auf den inneren Klang zu lauschen, das subtile Echo ihrer eigenen Existenz. Dieser Klang wohnt der Überlieferung zufolge im Herzen eines jeden Menschen und ist ein Tor zur Verbindung mit Brahman, dem Absoluten.

Schallwellen und Quantenphysik: Ein moderner Dialog.

Aber warum ist der Klang so wichtig? Die moderne Physik bietet uns eine merkwürdige Analogie. Die Quantenmechanik beschreibt Materie nicht als fest und unveränderlich, sondern als eine Ansammlung von Schwingungswellen. So wie im Nada Yoga alles als pulsierende Energie wahrgenommen wird, lehrt uns die Physik, dass subatomare Teilchen durch eine zugehörige Welle gekennzeichnet sind, einen kontinuierlichen „Tanz" in der Raumzeit.

Man könnte sagen, dass die Hindu-Tradition durch Klangrituale intuitiv wahrgenommen hat, was die Wissenschaft erst in der Neuzeit entdeckt hat. Im Chidambaram-Tempel erfüllen bei feierlichen Feiern Mantras und Glockenklang die Räume. Diese durch die Struktur des Tempels verstärkten Klänge scheinen mit derselben Urschwingung mitzuschwingen, die die Quantenphysik mit dem Universum verbindet.

Suman, ein älterer Gläubiger, der Chidambaram seit Jahrzehnten regelmäßig besucht, beschreibt seine meditative Erfahrung mit Tränen in den Augen:

„Wenn ich während der Zeremonie meine Augen schließe und die rhythmische Trommel höre, ist es, als würde alles in mir zu tanzen beginnen. Es ist eine Energie, die nicht mit Worten erklärt werden kann. Der Tempel ist nicht nur ein Ort, sondern ein Erlebnis."

Viele ähnliche Beschreibungen finden sich in den Tagebüchern westlicher Reisender des 19. Jahrhunderts, beispielsweise des Briten Francis Buchanan, der die Tempel von Tamil Nadu besuchte. Buchanan beschrieb die Stille der Nächte in den Tempeln, die ab und zu durch den Gesang der Brahmanen unterbrochen wurde. Auch er bemerkte die tiefgreifende psychologische Wirkung dieser wiederholten, rhythmischen Klänge, die den Geist an einen anderen Ort zu bringen schienen.

Der wahre Zweck der Meditation in heiligen Hindu-Räumen besteht nicht nur darin, Ruhe zu finden. Es geht um die Wiederentdeckung jener grundlegenden Einheit, die alles durchdringt. In der Chandogya Upanishad heißt es:

„Dieses gesamte Universum ist Brahman. Dringen Sie in aller Stille in Ihr Herz ein und entdecken Sie, dass Sie eins mit ihm sind."

Gläubige, die sich in heiligen Tempeln versammeln, von Kashi Vishwanath in Benares bis zum abgelegenen Arunachaleswarar in Tamil Nadu, wissen, dass das zugrunde liegende Thema der meditativen Erfahrung die innere Reise ist. Ob in der Stille oder im Schwingen von Mantras versuchen sie, diese universelle Wahrheit zu verstehen, die der Tempel selbst verkörpert: Das Äußere spiegelt das Innere wider.

In den heiligen Tempeln des Hinduismus, wo jeder Stein vor Leben zu strahlen scheint, offenbart sich eine tiefe Weisheit. Heilige Stille vermischt sich mit Klang, das Sichtbare mit dem Unsichtbaren, das Physische mit dem Geistigen. Der Tempel wird dann zu viel mehr als nur einem Ort. Es ist eine Brücke zwischen dem Geist und dem Kosmos, wo Meditation und Nada Yoga uns daran erinnern, dass letztendlich alles Schwingung ist. Alles ist Tanz, so wie es uns der ewige Nataraja, der kosmische Tänzer, aus dem Herzen des Chidambaram-Tempels lehrt.

Bringen Sie den Geist in völlige Stille.

Der Hinduismus mit seinen vielen philosophischen und spirituellen Zweigen hat Meditation immer als ein grundlegendes Mittel zur Erforschung des Wesens der Realität betrachtet. Unter diesen Praktiken nimmt Dhyana einen zentralen Platz ein. Es handelt sich dabei nicht um eine einfache Entspannungstechnik, sondern um einen tiefgreifenden Prozess, um die Grenzen des Geistes zu überwinden und die spirituelle Natur der Existenz zu erkennen.

Das Wort Dhyana kommt von der Sanskrit-Wurzel „dhī", was „denken" oder „nachdenken" bedeutet. Die Bedeutung geht jedoch über jede intellektuelle Reflexion hinaus. Dhyana ist die Kunst, „anzuhalten" und den Geist in völlige Stille zu versetzen. Der indische Philosoph Patanjali aus dem 5. Jahrhundert stellt in seinen Yoga Sutras fest:

> *„Meditation ist der ununterbrochene Fluss des Bewusstseins hin zu einem einzelnen Objekt" (Yoga Sutra 3:2).*

Dieser „ununterbrochene Fluss" fördert das Selbstbewusstsein und schafft eine Brücke zwischen dem persönlichen Selbst und dem Atman, dem universellen Selbst.

Der Geist, die Stille und das Universum.

Das Konzept der „totalen Stille" ist komplexer, als es scheinen mag. In Dhyana ist Stille nicht einfach die Abwesenheit von Geräuschen oder das Vermeiden von Gedanken. Es handelt sich um die subtile Fähigkeit, die geistige Aktivität auszusetzen und über die Turbulenzen des Geistes und der Gefühle hinauszugehen, wie ein stiller See, in dem sich der Himmel spiegelt. Für indische Meister führt geistige Stille zu höheren Bewusstseinsebenen und bringt uns der Vision des Atman, des universellen Selbst, näher.

Ein aufschlussreiches Beispiel findet sich in den vedischen Texten. In der alten Mandukya Upanishad heißt es, dass Stille der reinste Klang sei, repräsentiert durch den vierten Bewusstseinszustand (turīya), ein Stadium jenseits von Schlaf, Wachen und Traum. Dieser Zustand purer Stille ist der Auftakt zur Vereinigung mit dem Göttlichen, einer Dimension, die an die ungreifbare und mysteriöse Natur der Quantenteilchen erinnert, die nur zu „existieren" scheinen, wenn man sie beobachtet, aber eine innere Verbindung mit dem gesamten Universum aufrechterhalten.

Hindutempel werden mit einem bestimmten Zweck errichtet: den Geist zur inneren Stille zu führen. Der Tradition zufolge hat jedes architektonische Element eine symbolische Funktion. Die zentrale Platzierung des Garbhagriha, des Allerheiligsten, in dem die Gottheit verehrt wird, repräsentiert den Atman. Im Herzen dieser Räume herrscht absolute Stille. Der Klang des Mantras sowie die Stille, die auf seine Wiederholung folgt, ermöglichen dem Praktizierenden, in einen tiefen meditativen Zustand zu gelangen.

Moderne Wissenschaft und Meditation: Eine unerwartete Konvergenz.

Interessant ist die Parallele zwischen der im Dhyana gesuchten Stille und den Prinzipien der Quantenphysik. Quantentheorien zeigen, wie Materie, wenn sie in ihrer subatomaren Form beobachtet wird, allen traditionellen Konzeptualisierungen trotzt. Die Partikel erscheinen und verschwinden und manifestieren eine Art „stille Potentialität", als ob alles aus dem Nichts entstanden wäre.

Diese Auffassung ist eng mit der hinduistischen Vision verbunden. Dhyana fordert den Praktizierenden auf, seine geistige Aktivität einzustellen und in die Stille einzutreten, die alles erschafft und erhält. Und genau wie Quantenteilchen ist die innere Leere des Meditierenden reich an Potenzial. Unter der Stille pulsiert dieselbe universelle Energie.

Ein modernes Beispiel ist die Arbeit des Physikers David Bohm, der das Konzept der impliziten Ordnung vorschlug. Bohm stellte die Hypothese auf, dass die sichtbare Realität aus einem tiefen, unsichtbaren und potenziell unendlichen Zustand entsteht. Diese „implizite Ordnung" kommt dem Brahman-Konzept im Hinduismus sehr nahe: der ultimativen, unbeschreiblichen Realität, die sich in der Dynamik des Universums manifestiert. Sogar der Philosoph Erwin Schrödinger, einer der Väter der Quantenphysik, gab an, vom Hinduismus beeinflusst zu sein und sprach von einer tiefen Einheit, die die gesamte Realität verbindet.

Um diesen Zustand geistiger Stille zu erreichen, bietet der Hinduismus spezielle Hilfsmittel. Eines der bedeutendsten ist Nada Yoga, das Yoga des Klanges. Durch das Singen von Mantras wie Om wird der Geist dazu gelenkt, sich auf einen einzigen Punkt zu konzentrieren und allmählich alle Gedanken loszulassen. Der anfängliche Ton wird zu einem Echo, das langsam verklingt und den Praktizierenden in tiefste Stille führt.

Ein weiteres Beispiel ist die Trataka-Technik, bei der man in eine Flamme oder eine andere Form sichtbarer Energie starrt. Ständige Aufmerksamkeit trägt dazu bei, innere Turbulenzen zu beruhigen und den Praktizierenden dem Geist ohne Bewegung näher zu bringen.

Absolute Stille ist in Dhyana nicht nur eine persönliche Erfahrung. Es ist der Schlüssel zum Verständnis der universellen Wahrheit, die sowohl in der Teilchenphysik als auch in der Metaphysik der vedischen Schriften verwurzelt ist. In einer Zeit, in der Wissenschaft und Spiritualität weit voneinander entfernt scheinen, erinnert uns Dhyana daran, dass diese beiden Disziplinen sich im gleichen Streben treffen können: eine Welt zu verstehen, die über die Sinne hinausgeht, einen Zustand absoluter Ruhe zu erreichen, in dem das Selbst sich auflöst und nur das Sein übrig bleibt.

Zweck und Bedeutung der Meditation.

Im Hinduismus ist Dhyana viel mehr als nur geistige Ruhe. Es ist eine innere Reise, ein Durchqueren des Schleiers der Illusion (Maya), um die wahre Natur des Bewusstseins zu entdecken. Es ist das Herzstück der Meditationspraktiken der indischen Tradition, ein Weg, der zu Moksha führt, der endgültigen Befreiung aus Samsara, dem Kreislauf von Geburt und Tod.

Das Wort Dhyana, oft als „Meditation“ übersetzt, erscheint in alten Texten wie den Upanishaden und wird in Patanjalis Yoga Sutra vollständig systematisiert. Es bedeutet Vertiefung oder Kontemplation ohne Ablenkung. Es handelt sich dabei nicht nur um einen geistigen Rückzug, sondern um ein allmähliches Schwinden der Identifikation mit Körper und Geist.

Gemäß der Advaita Vedanta-Schule, die auf den Lehren von Adi Shankaracharya (8. Jahrhundert n. Chr.) basiert, ist die materielle Welt eine Illusion. Maya, der Anschein der Realität, täuscht das Individuum und lässt es glauben, es sei vom Ganzen getrennt. Die Aufgabe von Dhyana besteht darin, diesen Wahrnehmungsfehler aufzulösen. Wenn die Illusion überwunden ist, bleibt Brahman, das Absolute, das unendliche Selbst, das die wahre Natur eines jeden Menschen ist.

Ein Meister, der Dhyana vollständig verkörperte, war Ramana Maharshi (1879–1950), eine Schlüsselfigur der modernen spirituellen

Landschaft Indiens. Ramana lehrte keine ausgefeilten Techniken. Der Höhepunkt seiner Lehre war die direkte Methode der Selbsterforschung. Er forderte seine Jünger auf, sich eine scheinbar einfache Frage zu stellen: „Wer bin ich?“ Bei dieser Frage handelt es sich nicht um eine mentale Übung, sondern um ein Eintauchen in die innere Leere, ein Werkzeug, um sich vom Verstand und der Konditionierung zu befreien.

Arunachala, ein heiliger Berg in Tamil Nadu, war für Ramana ein lebendes Symbol des Höchsten Selbst. In der Nähe von Arunachala liegt der Ramana Ashram, ein spirituelles Zentrum, das noch heute von Tausenden Suchenden aus aller Welt besucht wird. Hier sitzen Männer und Frauen in Stille und Kontemplation. Viele sagen, dass es genügte, ihm in die Augen zu blicken, um tiefen Frieden zu spüren. Er selbst meditierte bewegungslos in einem Zustand so intensiver Versunkenheit, dass er sogar seinen Körper vergaß.

Für viele hinduistische Denkschulen ist Dhyana das Mittel, um „wahrhaftig zu sehen“. Maya ist wie ein Traum, der uns das Unwirkliche mit dem Wirklichen verwechseln lässt. Wenn der Geist ruhig wird, verschwindet die Trennung zwischen Subjekt und Objekt. Dann entsteht die Intuition, dass das individuelle Selbst (Atman) eins mit dem universellen Selbst (Brahman) ist.

Interessant wird hier eine Verbindung zur Quantenphysik. Moderne Physiker wie Erwin Schrödinger wurden stark vom Advaita Vedanta beeinflusst. Schrödinger schrieb:

„Vielfalt ist nur Schein. In Wahrheit gibt es nur einen Geist.“

Dieses Prinzip erinnert stark an die Idee, dass Dhyana zu einer einheitlichen Vision der Realität führen kann, ähnlich dem Quantenkonzept der „Verschränkung“, bei dem alles miteinander verbunden ist.

Dhyana ist nichts Fernes oder nur Meistern vorbehalten. Die Praxis wurde in indischen Tempeln und Ashrams bewahrt. Es ist lebendig in den stillen Meditationssitzungen in den Ellora-Höhlen, in den Lehren der Mönche des Sringeri-Klosters oder in der gedämpften Atmung derer, die Pranayama praktizieren.

Eine berühmte Anekdote führt uns zu Swami Vivekananda (1863-1902), einem anderen spirituellen Giganten Indiens. Während eines intensiven Meditationszustands beschrieb er die Erfahrung seines Geistes als „einen Tropfen, der in den unendlichen Ozean fällt“. Dieses Bild bringt Dhyana zum Ausdruck: den Verlust der Individualität, um das Ewige anzunehmen.

Dhyana stellt einen uralten Weg dar, der die Tiefen des Geistes mit den Grenzen der Wissenschaft verbindet. Es ist kein Zufall, dass moderne Theoretiker eine Parallele zwischen der indischen Vorstellung von Atman und einigen Erkenntnissen der Quantenphysik zur Natur der Realität finden. Die Praxis der Meditation, die den Körper, den Geist und das Selbst berührt, lädt uns ein, alle scheinbaren Trennungen aufzulösen.

Dhyana zu folgen ist, als würde man lernen, in die Gegenwart zu gleiten. Wer meditiert, stellt sich jenseits von Zeit und Raum. Es handelt sich dabei nicht um einen theoretischen Vorgang, sondern um eine persönliche Erfahrung. Dadurch erkennt sich das Individuum nicht als einen getrennten Körper, sondern als reines Bewusstsein, unendlich und formlos.

Der Weg des Dhyana bleibt über die Jahrhunderte hinweg ein offener Weg für jeden, der den Mut hat, in sich hineinzuschauen und sich der größten Frage zu stellen: „Wer bin ich?" Und aus dieser in der Stille gefundenen Antwort erhellt sich die Wirklichkeit.

Die sieben Chakren: Tore zu Energie und Meditation.

In der hinduistischen Tradition werden die sieben Chakren als Energiezentren entlang der Wirbelsäule definiert und gelten als Schlüsselelemente für das spirituelle Erwachen. Diese Punkte sind nicht nur mystische Symbole, sondern stellen eine Brücke zwischen Körper, Geist und Bewusstsein dar. Durch Meditation und Yoga-Disziplin bieten die Chakren einen Weg zur Erleuchtung und ermöglichen es Ihnen, sich mit einer höheren Ebene universeller Energie zu verbinden.

Der Begriff „Chakra" kommt aus dem Sanskrit und bedeutet „Rad" oder „Kreis". Dieses Bild suggeriert eine kontinuierliche Energiebewegung. Die hinduistische Philosophie beschreibt sieben Hauptchakren: angefangen beim Muladhara (an der Basis der Wirbelsäule) bis hin zum Sahasrara (am oberen Ende des Kopfes). Jedes Chakra ist mit bestimmten Farben, Naturelementen und Persönlichkeitsmerkmalen verbunden. Beispielsweise steht Muladhara für Stabilität und Verbundenheit mit der Erde, während Sahasrara das Symbol spiritueller Transzendenz ist.

Alte Texte wie die Tantras und Upanishaden beschreiben Chakren nicht nur als spirituelle Elemente, sondern auch als Punkte, an denen die Lebensenergie, Prana genannt, zusammenläuft. Sie werden mit

„Nadi“ oder Energiekanälen in Verbindung gebracht, die Energie durch den Körper transportieren. Ihre Aktivierung wird als wesentlich für das Erreichen des psychophysischen Gleichgewichts und letztendlich der Erleuchtung angesehen.

Meditation und Erwecken der Kundalini-Energie.

Eine der häufigsten Praktiken im Zusammenhang mit den Chakren ist Kundalini-Yoga. Diese Disziplin kombiniert Atemtechniken, Körperhaltungen (Asanas), Mantra-Wiederholung und Meditation, um die schlummernde Energie, die sogenannte Kundalini, zu wecken. Diese Energie wird traditionell als zusammengerollte Schlange an der Basis der Wirbelsäule im Muladhara-Chakra dargestellt.

Während der Übung erwacht die Energie und steigt entlang der Sushumna Nadi auf, wobei sie durch jedes Chakra fließt. Während die Energie nach oben steigt, öffnet sie innere „Türen“, wodurch der Praktizierende höhere Bewusstseinszustände erlebt. Das ultimative Ziel besteht darin, das Sahasrara, das Kronenchakra, zu erreichen, wo die Vereinigung mit dem Absoluten erreicht wird.

Sri Aurobindo, eine bedeutende Persönlichkeit der modernen indischen Philosophie, beschrieb das Erwachen der Kundalini als einen entscheidenden Moment im Prozess der spirituellen Transformation. In seinen Schriften betonte er, wie wichtig es sei, alte Praktiken in ein umfassenderes Verständnis der menschlichen Natur zu integrieren. Die Betrachtung der Chakren bedeutet nach Aurobindo auch, die Entwicklung des Bewusstseins in seiner Gesamtheit zu erforschen.

Chakren und Quantenphysik.

Die traditionelle Erklärung der Chakren basiert auf einem energetischen und spirituellen Verständnis des menschlichen Körpers. In jüngster Zeit haben einige Wissenschaftler und Praktiker versucht, die Prinzipien der Chakren mit Entdeckungen in der Quantenphysik zu verknüpfen. Die Grundlage dieser Analogie liegt in der Schwingungsnatur des Universums.

Chakren können als Energieknoten oder elektromagnetische Felder betrachtet werden, die mit der umgebenden Umwelt interagieren. Die Quantenphysik, die subatomare Teilchen erforscht, beleuchtet den Zusammenhang zwischen Energie und Materie. Diese Parallele legt nahe, dass Chakren möglicherweise nicht nur spirituelle Realitäten, sondern auch physische Phänomene sind, die in einer universellen energetischen Intelligenz verankert sind.

Ein Zitat des Physikers Niels Bohr, bekannt für seine Arbeiten zur Quantentheorie, wirft eine interessante Frage auf:

> *„Das Gegenteil einer tiefen Wahrheit kann eine andere tiefe Wahrheit sein."*

Dieses Prinzip, das uns dazu einlädt, scheinbar gegensätzliche Realitäten als einander ergänzend zu betrachten, lässt sich auf die Beziehung zwischen Wissenschaft und Spiritualität anwenden.

Chakra-Meditation ist eine uralte Disziplin, die auch in der modernen Welt weiterhin relevant ist. Durch Techniken wie Kundalini-Yoga können Praktizierende nicht nur ein größeres Selbstbewusstsein erlangen, sondern auch die ganzheitliche Natur des Universums verstehen.

Heilige Orte wie Varanasi bieten spirituell Suchenden weiterhin Inspiration, während die Lehren von Meistern wie Sri Aurobindo die Integration von Tradition und Moderne anleiten. Gleichzeitig regen die Analogien zur Quantenphysik einen Dialog an, der sowohl auf spiritueller als auch auf wissenschaftlicher Ebene zu neuen Erkenntnissen führen könnte.

Schließlich erinnern uns Chakren daran, dass wir mehr sind als nur physische Körper. Wir sind in jeder Hinsicht Energie in Bewegung.

Über die Zeit meditieren: Die Illusion von Maya und die Quantenrealität.

In den Tiefen der indischen Philosophie ist die Zeit überhaupt nicht real. Die alten Upanishaden, die zu den mystischsten und poetischsten Texten des Hinduismus zählen, beschreiben es als Kaala, ein Konstrukt des Geistes. Diesen Schriften zufolge ist die Zeit eine Illusion, eine Schöpfung des Bewusstseins selbst. Dieses Konzept verschmilzt mit der Idee der Maya, dem Schleier der Täuschung, der die Welt als getrennt und fragmentiert darstellt. Interessanterweise scheint sich die moderne Physik – und insbesondere die Quantenphysik – still und leise in Richtung ähnlicher Visionen zu bewegen.

Meditationen über die Zeit, die in vielen hinduistischen Praktiken eine zentrale Rolle spielen, zielen darauf ab, diese Illusion zu zerstören. Im Bereich der Dhyana (tiefen Meditation) untersuchen Yogis die Zeit nicht als eine Abfolge von Augenblicken, sondern als eine veränderliche und subjektive Wahrnehmung. Dasselbe Paradigma fasziniert theoretische Physiker, die heute von reversibler Zeit oder sogar von der Möglichkeit sprechen, dass Zeit nur in Bezug auf den Beobachter existiert.

Das Zeitkonzept in den Upanishaden ist nicht linear. In der vedischen Tradition existiert alles in einer ewigen Gegenwart, die der Geist aufgrund seiner Beschränkungen in Vergangenheit, Gegenwart und Zukunft unterteilt. Dieses entscheidende Fragment erscheint unter anderem in der Brihadaranyaka Upanishad, wo es heißt:

"Wer die Zeit kennt, kennt Brahman."

Brahman ist in der hinduistischen Vorstellung das Absolute, das Ganze, das jede menschliche Definition übersteigt. Daher trennt die Zeit das Individuum von der universellen Wahrheit und verankert es in der materiellen Dimension.

Durch rechtzeitiges Meditieren können wir diese Einschränkungen überwinden. Traditionelle Yogis führen Übungen durch, die sie über ihre Wahrnehmung hinausführen.

Das Erlebnis der Auflösung der Zeit ist oft mit einem Zustand tiefer Meditation verbunden. Das Denken entzieht sich den Zwängen der Erinnerung oder der Erwartungen. Man erreicht eine Dimension, die die Hindus Turiya nennen, den „vierten Zustand", jenseits von Wachen, Träumen und Schlafen. Diese jahrtausendealte Praxis findet überraschenderweise auch in den Paradigmen der modernen Quantenphysik ihren Widerhall.

In der Quantenphysik ist der Zeitbegriff alles andere als starr. Die grundlegenden Gleichungen, die die subatomare Welt bestimmen, sind umkehrbar. Theoretisch bedeutet dies, dass Vergangenheit und Zukunft austauschbar sein könnten. Die Mainstream-Wissenschaft weiß noch immer nicht, wie diese Besonderheit zu erklären ist, da sie dem durch die Thermodynamik definierten Zeitpfeil (Entropie) widerspricht. Wenn die Zeit jedoch ein geistiges Konstrukt ist – wie es die vedischen Lehren nahelegen – löst sich dieser scheinbare Widerspruch auf.

Die Verbindung zwischen dem menschlichen Geist und dem Lauf der Zeit wurde von Physikern wie John Wheeler erforscht, der das Konzept des „partizipativen Universums" einführte. Dieser Auffassung zufolge wirkt der Beobachter an der Schaffung der physischen Realität mit. Diese Theorie ist zwar komplex, steht aber im Einklang mit der alten vedischen Erkenntnis: Das Bewusstsein ist die Grundlage der Realität. Nichts existiert getrennt vom beobachtenden Geist.

Der Physiker David Bohm, bekannt für seine Theorie der „impliziten Ordnung“, wies auch darauf hin, dass die Zeit eine Projektion sein könnte, in der sich das gesamte Universum manifestiert. Auf einer tieferen Ebene, so Bohm, formen sich Zeit und Raum kontinuierlich neu zu holografischen Bildern, zu einem einzigen „einheitlichen Feld“. In dieser Perspektive verliert die Zeit ihren absoluten Charakter, genau wie es der Hinduismus behauptet.

In vielen Ashrams in Indien werden meditative Praktiken zum Thema Zeit seit Jahrhunderten überliefert. Eine der bekanntesten Techniken besteht darin, sich auf den Atem zu konzentrieren und seinen Fluss zu beobachten, ohne ihn mit mentalen Prozessen zu identifizieren. Sobald der Geist zur Ruhe kommt, treten spontane Intuitionen auf, die die Unwirklichkeit der Zeit aufzeigen. Rishikesh, eine heilige Stadt am Fuße des Himalaya, ist ein Ort, an dem solche Praktiken von modernen Yogis und spirituellen Suchern aus aller Welt gepflegt werden.

Diese subjektiven Experimente haben auch Auswirkungen auf die Neurowissenschaften. Aktuelle Studien mit fortgeschrittenen Meditationspraktiken zeigen, dass die medizinische Praxis die Zeitwahrnehmung verändern und den gegenwärtigen Moment erweitern kann. Magnetresonanztomographien des Gehirns (MRT) zeigen, dass bestimmte Bereiche des Gehirns, die mit der Zeitmessung in Zusammenhang stehen, in tiefen Meditationszuständen „abgeschaltet“ werden. Dies lässt darauf schließen, dass der Bewusstseinszustand direkt auf der Erfahrungsebene der Zeit eingreifen kann.

Obwohl ihre Wurzeln in zeitlich und räumlich weit auseinander liegenden Traditionen liegen, eröffnen Hinduismus und Quantenphysik faszinierende Einblicke in unsere Beziehung zur Zeit. Beide scheinen darauf hinzudeuten, dass das, was wir als getrennt wahrnehmen, tatsächlich Teil einer einzigen, riesigen, vernetzten Realität ist.

Über die Zeit zu meditieren ist daher nicht nur eine spirituelle Erkundung, sondern auch eine Herausforderung für die moderne Wissenschaft. Die alten indischen Rishis und Quantenphysiker teilen eine kühne Vision: Der Schlüssel zum Verständnis der Realität liegt im Bewusstsein und in der Überwindung der Zwänge der Zeit. Es liegt an uns, den Beobachtern und Teilnehmern, die Brücke zwischen Physik und Spiritualität zu überqueren.

Der Atem des Universums. Pranayama und die kosmische Verbindung.

Das Wort Pranayama kommt aus dem Sanskrit: „Prana“ bedeutet Lebensenergie oder universeller Atem, während „Ayama“ Ausdehnung oder Kontrolle bedeutet. In alten Hindu-Texten wie den Upanishaden und Patanjalis Yoga-Sutras wird Prana als der Atem beschrieben, der die gesamte Existenz durchdringt. Es ist nicht bloß Luft, die in die Lunge gelangt, sondern eine subtile Energie, die durch jedes Lebewesen fließt und es mit allem verbindet.

Paramahansa Yogananda, der berühmte Autor der Autobiographie eines Yogi, betonte diese kosmische Verbindung. In seinen Lehren erklärte Yogananda, dass der Atem nicht nur eine physiologische Handlung, sondern ein Portal zum universellen Bewusstsein sei. Er verglich die Atemkontrolle mit einem „Schalter“, der unser Verständnis unserer tiefen Verbindung mit dem Absoluten oder Brahman einschaltet.

Der Hinduismus spricht seit Jahrtausenden von einer universellen Energie, die alles belebt. Die Idee scheint der modernen Feldtheorie in der Quantenphysik unglaublich ähnlich zu sein. Albert Einstein versuchte mit seiner einheitlichen Feldtheorie zu zeigen, dass alle Materie und Energie eine gemeinsame Wurzel haben. Obwohl der Begriff „Prana“ in Einsteins Werk nicht auftaucht, sind die Parallelen faszinierend. So wie sich Prana in jedem Wesen ausbreitet, so vibrieren und durchdringen in modernen Theorien Quantenwellen das Universum.

Die alten vedischen Weisen hatten diesen Zusammenhang bereits Jahrhunderte vor der Entstehung der modernen Wissenschaft intuitiv erkannt. Für sie war die kontrollierte Atmung ein Mittel, sich auf diese kosmischen Schwingungen einzustimmen. Durch Pranayama wird das Individuum zu einem aktiven Teilnehmer am großen Spiel des Universums, so wie ein Beobachter in der modernen Physik ein Quantensystem modifiziert.

Pranayama ist viel mehr als eine spirituelle Metapher. Auf praktischer Ebene diszipliniert die Regulierung der Atmung den Geist und beruhigt das Nervensystem. Während der Meditation stellen Techniken wie Anulom Vilom (Wechselatmung) oder Kapalabhati (reinigende Atmung) einen Rhythmus her, der Körper und Geist harmonisiert. Diese Synchronizität ermöglicht es dem Einzelnen, tiefgreifende Bewusstseinszustände zu erleben.

Ein modernes Beispiel stammt von der „Isha Foundation" von Sadhguru, einem zeitgenössischen indischen Meister. In seinen fortgeschrittenen Meditationsprogrammen wird Pranayama verwendet, um die individuelle Energie mit der universellen Energie in Einklang zu bringen. Sadhguru beschreibt den Atem als einen Boten:

> *„Durch das Atmen können wir mit der Existenz selbst in Dialog treten."*

Eine alte hinduistische Weisheit besagt, dass man durch die Kontrolle der Atmung die Dualität zwischen dem Selbst und der Gesamtheit überwinden kann. Die monistische Philosophie des Advaita, die im 8. Jahrhundert n. Chr. von Adi Shankaracharya vertreten wurde, besagt, dass das Individuum (Atman) nicht vom Absoluten (Brahman) zu unterscheiden ist. Pranayama wird somit zu einer Übung zum Auflösen der Barrieren zwischen dem individuellen Selbst und dem Universum.

Paramahansa Yogananda sprach darüber, wie diese Gemeinschaft durch tiefe Meditation erfahren werden könne. Er zitierte oft seinen Lehrer Swami Sri Yukteswar, der den Atem als „Bewegung der Tür" zu höheren Bewusstseinszuständen beschrieb. Bei der fortgeschrittenen Meditation verlangsamt sich die Atmung bis zum Stillstand und der Praktizierende gelangt in einen Zustand vollkommener Einheit mit dem Kosmos.

Viele Wissenschaftler betrachten Pranayama als einen Treffpunkt zwischen Tradition und Wissenschaft. Einerseits stellt die Atmung eine biologische Funktion dar, die untersucht und gemessen werden kann. Andererseits ist es ein tiefgründiges Symbol der spirituellen Verbindung zwischen dem Menschen und dem Universum. Diese Dualität spiegelt den Dialog zwischen Hinduismus und Quantenphysik perfekt wider: zwei scheinbar unterschiedliche Perspektiven, die in einem umfassenderen Verständnis der Existenz zusammenlaufen.

Im 21. Jahrhundert finden Meditation und Atmung auch außerhalb der Religion Anwendung. Von Pranayama inspirierte Techniken werden weltweit in Achtsamkeits-, Psychotherapie- und Anti-Stress-Praktiken integriert. Die Botschaft bleibt dieselbe: Wenn Sie Ihre

Atmung beruhigen, können Sie die tiefere Ordnung der Dinge wahrnehmen.

Der Atem, unsichtbar, aber allgegenwärtig, ist der „Faden zwischen dem Sichtbaren und dem Unsichtbaren“, wie Yogananda sagte. Durch Pranayama lädt uns der Hinduismus dazu ein, nicht nur einfache Beobachter des Universums zu sein, sondern aktive Teilnehmer. In einer Zeit, in der die Wissenschaft darauf drängt, die Quantengrundlagen der Existenz zu verstehen, scheint diese alte Weisheit aktueller denn je. Atmen ist nicht mehr nur eine lebensnotwendige Handlung. Es wird zum Schlüssel zur Verbindung mit dem ewigen Rhythmus des Kosmos.

Der Geist als Quantenfeld in der Yoga-Tradition.

Zwischen den symbolträchtigen Gipfeln des Himalaya und den Mysterien der Quantenmechanik ergibt sich eine Verbindung, die Wissenschaftler und Philosophen fasziniert: die Beobachtung. Der Hinduismus mit seiner jahrhundertealten spirituellen Tradition bietet eine einzigartige Perspektive auf die Rolle des Beobachters, ein Konzept, das in der modernen Physik sein Echo findet. In beiden Visionen ist die Beobachtung nicht passiv. Es ist die Handlung, die Realität erzeugt. Dieser Parallelismus, der esoterisch erscheinen mag, dringt in eines der tiefsten Gebiete der Yoga-Philosophie vor: den „Purusha“, den stillen Beobachter.

In der Yoga-Philosophie stellt „Purusha“ das ewige, unveränderliche und bewusste Prinzip dar. Laut Patanjalis Yoga Sutra ist die menschliche Erfahrung zwischen Purusha und Prakriti, der materiellen und sich verändernden Welt, aufgeteilt. Der Purusha ist der reine, distanzierte und ruhige Beobachter, der den Fluss der Gedanken, Emotionen und Empfindungen ohne zu urteilen beobachtet. Der Geist mit seinen Wellen ist wie ein See, in dem sich diese Erfahrungen spiegeln. Aber wer beobachtet diese Reflexionen? Es ist der Purusha.

Durch Dhyana, tiefe Meditation, lernt der Yogi, sich mit diesem stillen Beobachter zu identifizieren. Um dieses Bewusstsein zu erreichen, muss man über das Ego hinausgehen und erkennen, dass die wahrgenommene Realität nichts weiter als ein Konstrukt ist. Swami Vivekananda erläuterte diese Idee eindringlich in seiner berühmten Rede vor dem Weltparlament der Religionen 1893 in Chicago:

„Die Seele ist weder der Körper noch der Geist, sie ist der ewige Zeuge. Alles andere ändert sich, aber die Seele bleibt."

Dhyana zu praktizieren bedeutet, in Stille zu sitzen und Ihre Gedanken zu beobachten, während Sie die vorbeiziehenden Wolken am Himmel beobachten. Durch diese Loslösung erkennt der Yogi, dass Gedanken aus einem tieferen „Feld" entstehen, einem Feld reiner Energie, genau wie das, was wir in der subatomaren Welt sehen, aus einer komplexen Verflechtung von Partikeln und Wellen entsteht. In diesem Sinne könnte Purusha als der „Quantengeist" des Menschen verstanden werden, in dem jede mögliche Realität als Potential existiert, bis sie beobachtet wird.

Der Hinduismus bietet seit Jahrtausenden eine Lehre, die von der Quantenphysik erst seit kurzem anerkannt wird. Beim berühmten Doppelspaltexperiment beeinflusst die Entscheidung, ob ein Teilchen gemessen wird oder nicht, dessen Erscheinungsform. Die Rolle des Beobachters bestimmt, ob sich das Teilchen wie eine Welle oder wie ein Teilchen verhält. Eine unbeobachtete Realität bleibt eine Möglichkeit. Dieses Prinzip weist bemerkenswerte Ähnlichkeiten mit der yogischen Vorstellung auf: Was durch das Bewusstsein beobachtet wird, bestimmt die Struktur der Realität.

Swami Vivekananda skizzierte während seines Aufenthalts in den Vereinigten Staaten ein entscheidendes Konzept:

„Alle Materie ist nur eine sekundäre Manifestation des Bewusstseins."

Diese scheinbar mystische Aussage spricht von einem Universum, in dem Materie im herkömmlichen Sinne nicht existiert. Die moderne Physik mit ihrer Quantentheorie ist dieser Meinung. Werner Heisenberg, der Vater des Unschärfeprinzips, stellte beispielsweise Folgendes fest:

„Die Welt ist nur ein Netzwerk von Möglichkeiten, das erst durch Beobachtung konkret wird."

Diese Parallelen zwischen Wissenschaft und Spiritualität würden einen Yoga-Praktizierenden nicht überraschen. Schon die alte Weisheit der Veden ahnte, dass die Trennung zwischen Beobachter und Beobachtetem eine Illusion ist. Der menschliche Geist schafft alten Texten zufolge nicht nur seine eigene Realität; es ist die Realität selbst. Während des Dhyana versucht der Yogi nicht, die Welt zu verändern, sondern herauszufinden, wer sie wirklich beobachtet.

Zusammenhänge zwischen Wissenschaft und Meditation.

Die moderne Wissenschaft beginnt, die Geheimnisse zu ergründen, mit denen die hinduistischen Meditationspraktiken seit Jahrtausenden konfrontiert sind. Insbesondere die Quantenphysik bietet heute neue Perspektiven auf die Natur der Realität und schlägt Visionen vor, die in den spirituellen Intuitionen indischer Weiser ein überraschendes Echo finden.

Seit Jahrhunderten bieten Meditationstechniken wie Dhyana und Pranayama eine Möglichkeit, das Bewusstsein und die Verbundenheit zwischen dem Einzelnen und dem Universum zu erforschen. Alte vedische Texte, darunter die Upanishaden, besagen, dass das, was wir als getrennt wahrnehmen, in Wirklichkeit eine einzige, unteilbare Realität ist. Diese Realität wird Brahman genannt, das höchste, absolute und allgegenwärtige Prinzip, die Quelle von allem, was existiert.

Im 20. Jahrhundert begannen Pioniere der Quantenphysik, die traditionellen Grenzen zwischen Materie und Bewusstsein in Frage zu stellen. Eugene Wigner, Physiker und Nobelpreisträger, betonte, dass der Beobachter bei der Messung von Quantenphänomenen keine neutrale Figur sei. Laut Wigner spielt das menschliche Bewusstsein eine aktive Rolle bei der Bestimmung des Verhaltens der physischen Realität. Diese Erkenntnis steht der vedantischen Sichtweise überraschend nahe, wonach die von uns wahrgenommene Wirklichkeit teilweise durch unser Bewusstsein konstruiert wird.

David Bohm, ein weiterer großer Innovator der Quantenphysik, schlug das Konzept der „impliziten Ordnung“ vor. Für Bohm ist das Universum keine Ansammlung einzelner Elemente, sondern ein ungeteiltes Ganzes, in dem jeder Teil mit allen anderen verbunden ist. Diese Sichtweise spiegelt klar die vedantische Philosophie wider, in der das phänomenale Universum (das, das wir wahrnehmen) nur eine Erscheinung ist, wie der Schleier der Maya. Das wahre Gefüge der Realität ist für das Auge unsichtbar, aber durch Meditation zugänglich. Bohm selbst wurde durch den Dialog mit Jiddu Krishnamurti beeinflusst, einem bedeutenden indischen Philosophen, der oft von der Notwendigkeit sprach, konzeptuelles Denken zu überwinden, um Einheit zu erfahren.

Meditation als „Beobachter" der Realität.

Hinduistische Meditationspraktiken basieren auf der direkten Erfahrung des Bewusstseins. Durch Techniken wie Mantra-Wiederholung (Japa), Atemkontrolle (Pranayama) und Konzentration (Dharana) versuchen die Praktizierenden, die Illusion des individuellen Selbst zu überwinden. Meditation führt zum Erleben eines Zustandes tiefer Verbundenheit. Der Mystiker fühlt sich nicht mehr von der Welt getrennt, sondern als Teil eines zusammenhängenden Ganzen, so wie sich die Welle nicht vom Ozean unterscheidet.

Es bestehen Affinitäten zwischen dieser Erfahrung und dem Quantenkonzept der „Verschränkung". Physiker haben in Laboratorien nachgewiesen, dass zwei Teilchen, sobald sie verbunden sind, in einem Zustand sofortiger Korrelation verbleiben, selbst wenn sie weit voneinander entfernt sind. Diese grundlegende Verbundenheit, die Zeit und Raum übersteigt, scheint die vedische Erkenntnis widerzuspiegeln, dass unter dem Schleier der Illusion alles eins ist.

Ein emblematisches Beispiel für die Brücke zwischen Meditation und Wissenschaft finden sich in den Erfahrungen von Nikola Tesla. Obwohl Tesla kein Quantenphysiker war, interessierte er sich für östliche Philosophien und meditierte regelmäßig. Er gab an, dass ihm viele seiner Erfindungen „in Visionen erschienen" seien, in Zuständen tiefer Erkenntnis, die mit den in der indischen Tradition beschriebenen meditativen Zuständen verglichen werden könnten.

Die Person Erwin Schrödingers, des berühmten Physikers und Vaters der Quantenmechanik, ist ein weiteres bedeutendes Beispiel. Schrödinger wurde stark von den Upanishaden beeinflusst. Er schrieb, dass das in den vedischen Texten beschriebene Konzept des universellen Bewusstseins mit seinem sich entwickelnden Verständnis der Physik übereinstimmte. In einem seiner Briefe behauptete Schrödinger, die Unterscheidung zwischen Subjekt und Objekt sei eine illusorische Barriere.

Indien bietet viele heilige Orte, die wissenschaftliche und spirituelle Konzepte verbinden. Rishikesh am Fuße des Himalaya ist als Weltzentrum der Meditation bekannt. Hier werden jahrhundertealte Traditionen weiter gepflegt und gleichzeitig moderne Workshops abgehalten, in denen die Beziehung zwischen Geist und Quantenphysik erforscht wird. Jedes Jahr treffen sich

Wissenschaftler aus aller Welt, um über Wissenschaft und Spiritualität zu diskutieren und dabei die Sutras der Weisen mit den Gleichungen der Physiker zu kombinieren.

Im Hinduismus wurde Meditation schon immer als Mittel zum Erreichen der ultimativen Wahrheit angesehen. Die Quantenphysik mit ihren Paradoxien und revolutionären Entdeckungen öffnet die Tür zu einem tieferen Verständnis des uns umgebenden Universums und unserer selbst. Wenn Brahman die ultimative Essenz des Seins ist, entdeckt die moderne Wissenschaft vielleicht wie die indischen Weisen, dass die Erforschung der äußeren Realität auch die Erforschung des inneren Bereichs des Bewusstseins bedeutet. Eine Brücke zwischen Physik und Spiritualität, die immer solider und vielversprechender erscheint.

Meditation und Quantenneurowissenschaft.

Meditation, eine uralte spirituelle Praxis, die im Hinduismus eingehend erforscht wurde, stößt auch in der modernen Wissenschaft auf zunehmendes Interesse. Dieses Interesse kommt nicht von ungefähr: Neurowissenschaftler und Quantenphysiker entdecken überraschende Zusammenhänge zwischen den Auswirkungen der Meditation auf den Geist und den Mysterien der Wirklichkeit, die die Quantenphysik beschreibt. Aber was ist der Zusammenhang?

Meditation: Eine Pause von der Realität und eine innere Reise.

Die Quantenphysik hat unser Verständnis der Welt revolutioniert. Im berühmten Doppelspaltexperiment entdeckten Wissenschaftler, dass sich subatomare Teilchen sowohl wie Wellen als auch wie Teilchen verhalten, aber nur bei Beobachtung. Bevor eine Beobachtung stattfindet, befindet sich das Teilchen in einem Zustand der Superposition, einer Reihe von Möglichkeiten.

Dieses Verhalten scheint dem Geisteszustand während tiefer Meditation analog zu sein. Wenn der Praktizierende in Dhyāna eintritt, löst sich das gewöhnliche Denken auf. Der Geist hört auf, einer bestimmten Realität nachzujagen. Es verliert seine üblichen Grenzen und betritt einen Bereich fließender und unendlicher Möglichkeiten.

Diese Verbindung zwischen Geist und Realität wurde auch bei dem berühmten Treffen zwischen Albert Einstein und Rabindranath Tagore im Jahr 1930 untersucht. Tagore, ein indischer Dichter und Philosoph, argumentierte, dass die Realität nicht unabhängig von menschlicher Beobachtung sei. Einstein, ein Verfechter eines „objektiven" Universums, war zunächst skeptisch, war jedoch von Tagores Argumentation, die philosophische und spirituelle Erkenntnisse vereinte, beeindruckt. Ihre Gespräche verdeutlichten, was heute offensichtlich ist: Die Grenzen zwischen Wissenschaft und Spiritualität sind weniger klar definiert als bisher angenommen.

In den letzten Jahren haben Studien zur Meditation überraschende Zusammenhänge mit der Funktionsweise des Gehirns aufgedeckt.

Während tiefer Meditation verändert sich die Gehirnaktivität erheblich. Meditative Zustände sind mit einer erhöhten Gehirnwellenkohärenz verbunden, insbesondere im Gammawellenbereich. Diese Zustände spiegeln eine erhöhte „Konnektivität" zwischen Gehirnregionen wider und scheinen die von vielen Meditierenden beschriebene Wahrnehmung der Einheit mit allem zu unterstützen.

Aber wo kommt die Quantenphysik ins Spiel? Einige Neurowissenschaftler wie etwa Stuart Hameroff haben die Hypothese aufgestellt, dass Gehirnprozesse auf Quantenphänomenen beruhen könnten. Hameroff schlug zusammen mit dem Physiker Roger Penrose das Modell des „Quantengeistes" vor. Dieser Theorie zufolge könnten Mikrotubuli in Gehirnzellen Quantenvorgänge im Bewusstsein ermöglichen. Obwohl umstritten, bietet dieses Modell eine mögliche Brücke zwischen Meditation, Quantenphysik und Neurowissenschaft.

Der indische Mystiker Ramana Maharshi (1879-1950), bekannt für seine Praxis der stillen Meditation, beschrieb die meditative Erfahrung als das Aufgeben des „kleinen Selbst". Ramana lehrte, dass Stille nicht leer, sondern voller Bewusstsein ist. In einer seiner Betrachtungen sagte er:

> *„Was bleibt, wenn der Geist zur Ruhe kommt, ist die absolute Realität."*

Diese Idee scheint sich im Quantenkonzept des „Kollaps der Wellenfunktion" widerzuspiegeln, bei dem durch Beobachtung eine Reihe von Möglichkeiten zu einer einzigen Realität zusammenfallen.

Während die Quantenphysik zeigt, dass die Wirklichkeit formbar und durch Beobachtung geformt ist, geht der Hinduismus davon aus, dass der Geist durch Meditation eine tiefere Dimension „beobachten" kann. Obwohl beide Disziplinen unterschiedliche Wege verfolgen, werfen sie eine universelle Frage auf: Wer oder was beobachtet? Meditation und Physik scheinen dieselbe Wahrheit zu flüstern, jeweils in ihrer eigenen Sprache.

Vielleicht, wie Erwin Schrödinger, der Vater der Quantenmechanik, argumentierte,

> *„Der Geist ist kein Produkt der Natur; Der Geist ist die Matrix aller Dinge."*

In diesem Mysterium treffen östliche Philosophie und Quantenphysik aufeinander und erinnern uns daran, dass die Grenzen zwischen Wissenschaft und Spiritualität erforscht werden sollen.

Das Gehirn in der Meditation: Der Quantentanz von Wellen und Bewusstsein.

Seit Jahrhunderten erforscht der Hinduismus die Natur des Bewusstseins mit Hilfe der Meditation und Selbstbeobachtung. Heute ermöglicht uns die moderne Wissenschaft mit Unterstützung der Quantenphysik und der Neurowissenschaft zu untersuchen, wie meditative Zustände das Gehirn beeinflussen und möglicherweise unser Verständnis von Realität und Bewusstsein verändern können.

Meditation, die in der indischen vedischen Tradition seit Tausenden von Jahren praktiziert wird, hat eine tiefgreifende Wirkung auf das Gehirn. Neurowissenschaftliche Studien haben gezeigt, dass die Gehirnwellen während tiefer Meditation – wie etwa dem in Patanjalis Yoga Sutras beschriebenen Samadhi – einer einzigartigen Dynamik folgen. Experimente von Richard Davidson, Professor für Neurowissenschaften an der Universität von Wisconsin, an in transzendentaler Meditation ausgebildeten tibetischen Mönchen haben überraschende Ergebnisse erbracht.

Davidson stellte in seinem Labor einen signifikanten Anstieg der Gammawellen im Gehirn von Mönchen fest. Diese Wellen, die mit sehr hohen Frequenzen schwingen, werden mit Zuständen erweiterten Bewusstseins, tiefer Aufmerksamkeit und geistiger Plastizität in Verbindung gebracht. Die Anfang der 2000er Jahre durchgeführte Studie zeigte, dass diese Wellen verschiedene Gehirnregionen synchronisieren können. Die Mönche selbst berichteten von Gefühlen der Einheit mit dem Universum, Erfahrungen, die vage an die in der Quantenphysik beschriebenen Prinzipien der Nichtlokalität erinnern.

In der Quantenphysik bedeutet das Konzept der Nichtlokalität, dass sich zwei Teilchen, sobald sie „verschränkt" sind, gegenseitig beeinflussen können, unabhängig von der Entfernung, die sie trennt. Dies spiegelt das Gefühl universeller Verbundenheit wider, das aus meditativen Erfahrungen entsteht. Laut den befragten Mönchen gibt es bei tiefer Meditation „keine Trennung zwischen einem selbst und dem Universum". Eine Beschreibung, die merkwürdigerweise dem ähnelt, was Quantenmechaniker im Verhalten von Teilchen beobachten.

Meditation und Quantendekohärenz.

Meditation beeinflusst das Gehirn außerdem durch ein Phänomen namens „neuronale Kohärenz". Während tiefer Meditation richten sich die Gehirnwellen aus und es entsteht eine Art Harmonie oder „Ordnung". Dieses Konzept weist Parallelen im Bereich der Quantendekohärenz auf. Der Quantenphysik zufolge koexistieren Quantensysteme in überlagerten Zuständen, bis sie durch eine Wechselwirkung „dekohärenz" werden oder in einen einzigen beobachtbaren Zustand kollabieren.

Der Neurowissenschaftler Bruce Alan Wallace, ein Experte für buddhistische Meditation und indische spirituelle Bezüge, hat die Theorie aufgestellt, dass Meditation eine Art innere Kohärenz des Geistes fördern könne, ähnlich der Aufrechterhaltung eines effizienten Quantenzustandes. Wenn das meditative Gehirn in einen Zustand der Ordnung eintritt, kann es eine höhere Wahrnehmung der Realität ermöglichen und vielleicht sogar die Interferenzen zwischen der inneren und der äußeren Welt verringern, als würde sich der Geist mit dem „Quantenfeld" synchronisieren, das das Universum antreibt.

In hinduistischen Texten, insbesondere in den Yoga-Sutras, wird oft von außergewöhnlichen Bewusstseinszuständen gesprochen. Patanjali definiert Dhyana als eine ununterbrochene Konzentration auf die Natur des Selbst oder des Absoluten (Purusha). Dieser Zustand, der als Vereinigung zwischen Subjekt und Objekt beschrieben wird, weist starke Parallelen zur Wahrnehmung der Verbundenheit auf, die durch Quantenverschränkung entsteht.

Ein Beispiel für diese Erfahrungen findet sich im Leben indischer Mystiker. Ramana Maharshi, einer der einflussreichsten spirituellen Lehrer des 20. Jahrhunderts, sprach von meditativen Zuständen, in denen das individuelle Selbst verschwand und man „in das Ewige versunken" sei. Dies erinnert an das, was der Quantenphysiker David Bohm die „implizite Ordnung" nannte, eine verborgene Realität, in der alles miteinander verbunden ist.

Die neurowissenschaftlichen Entdeckungen von Davidson und anderen, gepaart mit auffallenden Analogien zu Quantenprinzipien, bauen eine Brücke zwischen Spiritualität und Wissenschaft. Im Jahr 2014 erklärte der Dalai Lama im Rahmen eines Dialogs mit Physikern und Neurowissenschaftlern:

„Der Geist hat eine unbegrenzte Entwicklungsfähigkeit, genau wie das Universum."

Dieser Geist der Neugier spiegelt das Herz der vedischen Tradition wider, die seit Jahrhunderten das innere Universum erforscht.

Meditation erweist sich somit nicht nur als spirituelle Praxis, sondern als Mittel zur Erforschung eines komplexen Gebiets an der Grenze zwischen Bewusstsein und Quantenmechanik. Vielleicht ist der menschliche Geist, wie hinduistische heilige Texte und die moderne Wissenschaft vermuten lassen, ein Mikrokosmos, der die Geheimnisse des Universums selbst widerspiegelt.

Der Hinduismus mit seiner alten Praxis der Meditation bietet eine bemerkenswerte Linse, durch die man die Geheimnisse des Bewusstseins untersuchen kann. Die moderne Wissenschaft beginnt durch Gehirnforschung und Quantenphysik zu erhellen, wie diese Praktiken die Gehirnströme und unsere Wahrnehmung der Realität beeinflussen können. Meditieren ist in diesem Sinne nicht mehr nur ein spiritueller Akt. Es ist ein Quantentanz zwischen Gehirnwellen, Bewusstsein und dem Universum.

Vom Samadhi zum Quantenbewusstsein.

Meditation ist nicht nur eine Methode zur Entspannung. Zahlreiche neurowissenschaftliche Studien beginnen zu belegen, dass anhaltende, konzentrierte Aufmerksamkeit während der Meditationsübungen erhebliche Veränderungen in der Struktur und Funktionsweise des Gehirns bewirken kann. Die Studien des italienischen Neurowissenschaftlers Giuseppe Vitiello beispielsweise legen eine faszinierende Hypothese nahe: Das Gehirn könnte durch konzentrierte Aufmerksamkeit die Quantenfelder beeinflussen, die unsere physische Realität durchdringen.

Samadhi (zusammenfügen, „vereinigen mit“) ist ein Sanskrit-Substantiv, das typisch für buddhistische und hinduistische Religionskulturen ist. Dieser Begriff definiert die kosmische Vereinigung des Meditierenden mit einer Gottheit oder mit dem Meditationsobjekt und seine daraus resultierende Befreiung (Moksha) von irdischen Bindungen.

Vitiello, der die Verbindungen zwischen Gehirnsystemen und Quantenphänomenen erforscht hat, argumentiert, dass das menschliche Gehirn als offenes Quantensystem gelesen werden kann. Während eines Zustands intensiver Konzentration – wie er beispielsweise im Samadhi-Zustand auftritt – könnte eine Art Kohärenz zwischen neuronalen Netzwerken und der subtilen Energie von Quantenfeldern entstehen, ähnlich wie es bei Phänomenen der Supraleitung geschieht.

Der britische Physiker Roger Penrose hat diese Fragen weiter untersucht und sich dabei auf die in den Gehirnzellen vorhandenen Mikrotubuli konzentriert. Diese mikroskopischen Filamente könnten laut Penrose und seinem Mitarbeiter Stuart Hameroff als Quantenschaltkreise fungieren und in der Lage sein, Informationen nicht nur auf klassischer Ebene, sondern auch auf Quantenebene zu verarbeiten. In einem Zustand tiefer Meditation könnten Mikrotubuli als Brücke zwischen Geist und Materie, zwischen individuellem Bewusstsein und kosmischer Realität fungieren.

Im Hinduismus ist Brahman die absolute Realität, die ultimative Essenz, aus der alles hervorgeht und zu der alles zurückkehrt. Es wird als ewig, unendlich und unmanifestiert beschrieben. Diese Vorstellung weist bemerkenswerte Ähnlichkeiten mit dem physikalischen Konzept des Quantenvakuums auf, das kein „Nichts" ist, sondern vielmehr ein pulsierendes Energiefeld, in dem ständig Teilchen und Antiteilchen entstehen und sich auflösen.

Der indische Philosoph Adi Shankaracharya definierte Brahman im 8. Jahrhundert wie folgt:

> *„die eine, alles durchdringende Wirklichkeit, jenseits der Illusion des Vielfachen."*

Die moderne Quantenphysik beschreibt das Quantenvakuum, wenn auch aus einer völlig anderen Perspektive, in einer nicht allzu fernen Sprache. Beide Denksysteme sprechen von einer grundlegenden Dimension, die sich hinter der phänomenalen Vielfalt verbirgt.

In einer zeitgenössischen Interpretationsart könnte Meditation – und insbesondere das Erreichen des Samadhi – als ein Werkzeug gesehen werden, um sich auf diese ultimative Realität „einzustimmen". Der menschliche Geist wäre daher nicht bloß ein passiver Beobachter, sondern ein Akteur, der auf einer zutiefst kreativen und quantenmechanischen Ebene mit dem Universum interagiert.

An konkreten Beispielen mangelt es nicht. Studien an erfahrenen Meditierenden, wie zum Beispiel tibetischen Mönchen, die seit den 2000er Jahren von Teams von Neurowissenschaftlern untersucht werden, haben gezeigt, dass Meditation Zustände einzigartiger neuronaler Kohärenz erzeugt, mit synchronisierten Gehirnwellen und Mustern, die sich dem herkömmlichen neurophysiologischen

Verständnis widersetzen. Einige Forscher vermuten, dass diese Kohärenz eine Interaktion mit Realitätsebenen widerspiegeln könnte, die in normalen Bewusstseinszuständen nicht zugänglich sind.

Erwähnenswert ist der große Physiker Erwin Schrödinger, der sich intensiv mit der indischen Philosophie beschäftigte. Schrödinger, berühmt für sein „Katzen"-Paradoxon, erklärte:

> *„Es gibt zweifellos einen universellen Geist. Pluralität ist nur eine Illusion."*

Dieser Gedanke, der mit der hinduistischen Vorstellung übereinstimmt, dass Atman eigentlich eine Manifestation Brahmans ist, deutet auf eine tiefe Übereinstimmung zwischen östlicher Philosophie und moderner Physik hin.

Von Samadhi bis zum Quantenbewusstsein erweist sich Meditation als außergewöhnliches Werkzeug zur Erforschung der ultimativen Natur der Realität. Die Wissenschaft, insbesondere die Quantenphysik, beginnt, eine moderne Sprache zum Verständnis von Phänomenen anzubieten, die seit Jahrtausenden in spirituellen Traditionen beschrieben werden. Vielleicht ist die wahre Brücke zwischen Physik und Spiritualität kein abstraktes Konzept, sondern die direkte Erfahrung des Bewusstseins selbst. Und diese Erfahrung, wie sie uns die uralte Weisheit des Hinduismus lehrt, könnte der Schlüssel zum Erwachen zur ultimativen Wahrheit über unseren Platz im Universum sein.

Was sagt die Neurowissenschaft?

In den letzten Jahrzehnten hat die Neurowissenschaft neue Erkenntnisse über die Beziehung zwischen Meditation und Bewusstsein geliefert. Mithilfe moderner Technologien wie der funktionellen Magnetresonanztomographie (fMRI) und dem Elektroenzephalogramm (EEG) haben Wissenschaftler begonnen zu erforschen, wie sich meditative Praktiken auf das Gehirn auswirken. Die Ergebnisse dieser Studien weisen nicht nur Parallelen zu Prinzipien der Quantenphysik auf, sondern festigen auch die jahrtausendealte Verbindung zwischen östlicher Spiritualität und moderner Wissenschaft.

Ein wichtiges Beispiel ist eine 2011 an der University of Wisconsin–Madison vom Neurowissenschaftler Richard Davidson durchgeführte Studie. Davidson, ein langjähriger Mitarbeiter des Dalai Lama, analysierte die Gehirne tibetisch-buddhistischer Mönche, die für ihre intensiven Meditationspraktiken bekannt sind. Mithilfe von Elektroenzephalogrammen stellten die Forscher einen deutlichen Anstieg der Gammawellen fest, einer Art von Gehirnaktivität, die mit fortgeschrittenen Prozessen wie Konzentration, höherer Wahrnehmung und Kreativität in Zusammenhang steht. Während tiefer Meditation übersteigt die Intensität dieser Wellen die Werte des sogenannten „normalen Geistes“ bei weitem. Laut Davidson kann die Praxis der Meditation dazu führen, dass Menschen Bewusstseinszustände erreichen, die über die normale Alltagserfahrung hinausgehen.

Diese Erkenntnisse sind revolutionär, nicht nur aufgrund ihrer Auswirkungen auf die Neurowissenschaft, sondern auch aufgrund ihrer Aussagen über das Konzept des Geistes. Die Verstärkung der Gammawellen würde eine bislang unterschätzte Plastizität des Gehirns sichtbar machen. Meditation ist diesen Studien zufolge nicht einfach eine Kunst des Geistes, sondern ein echtes Mittel zur Umformung des Gehirns.

Die Arbeit von Richard Davidson findet Resonanz in fortgeschrittenen Theorien der Quantenphysik. Der ungarische Physiker Eugene Wigner, Nobelpreisträger des Jahres 1963, stellte die Theorie auf, dass das Bewusstsein für den Kollaps der Quantenwellenfunktion von grundlegender Bedeutung sei. Vereinfacht ausgedrückt schlug Wigner vor, dass die physikalische Realität vom Beobachter abhängt. Ohne Bewusstsein würde die Realität in einem Zustand der Potentialität verbleiben. Diese Ansicht hängt mit der Rolle der Meditation zusammen. Wenn der Bewusstseinszustand die Beobachtung und damit die Realität beeinflusst, dann könnte ein in höheren Meditationszuständen geschulter Geist einen direkten Einfluss auf die Struktur der Realität selbst haben.

Ein bedeutendes Beispiel für diese Ideen findet sich in der spirituellen Tradition des Hinduismus, Advaita Vedānta. Hier wird gelehrt, dass die ultimative Realität (Brahman) durch bewusste Interaktion mit dem individuellen Selbst (Ātman) beobachtet wird. Die in dieser Philosophie beschriebene Erkenntnis, dass Beobachter und Beobachtetes eng miteinander verbunden sind, weist bemerkenswerte Ähnlichkeiten mit den Prinzipien der Quantenphysik auf, die sich mit der Wechselwirkung zwischen subatomaren Teilchen und dem Beobachter befasst.

Um auf die neurowissenschaftliche Arbeit zurückzukommen: Erwähnenswert sind die Studien, die an der Harvard Medical School durchgeführt wurden. Im Jahr 2012 fanden Forscher heraus, dass acht Wochen tägliche Meditationspraxis die Struktur des Gehirns physisch verändert. Sie beobachteten eine Zunahme der Dichte der grauen Substanz in Bereichen, die mit Gedächtnis, Lernen und Emotionssteuerung in Zusammenhang stehen. Dies führt zu einer tiefgreifenden Überlegung: Die Meditationspraxis beeinflusst nicht nur das subjektive Erleben, sondern auch das biologische Substrat des Gehirns.

Eine faszinierende Parallele hierzu findet sich in den alten vedischen Texten. Die Lehren beschreiben Meditation als ein Werkzeug zur „Reinigung" des Geistes und zum Wecken des latenten Potenzials des Bewusstseins. Im alten Indien glaubten die Praktizierenden, dass die Kontrolle von Gedanken und Atmung sowohl den Körper als auch den Geist verändern könne. Moderne neurowissenschaftliche Erkenntnisse scheinen diese uralten Intuitionen zu bestätigen.

Meditation stellt die ideale Brücke zwischen wissenschaftlicher Forschung und östlicher Spiritualität dar. Es enthüllt nicht nur die außergewöhnlichen Fähigkeiten des Gehirns, sondern lädt uns auch ein, die Rolle des Bewusstseins bei der Konstruktion der Realität zu erforschen. Der Physiker Niels Bohr argumentierte:

„Wenn es um Atome geht, kann Sprache nur als Poesie verwendet werden."

Dies gilt auch für den Dialog zwischen Wissenschaft und spiritueller Praxis: zwei Bereiche, die zusammenkommen, um das Unerklärliche zu erklären. Meditation ist vielleicht die poetische Sprache, die Geist, Universum und Realität verbindet.

Wenn das Atom auf die Seele trifft: Meditation, Neuroplastizität und Quantenpotenzial.

Östliche Philosophien, insbesondere der Hinduismus, haben sich schon immer mit der Verbindung zwischen Geist, Körper und dem, was dahinter liegt, befasst: dem Unendlichen. Meditation ist ein zentraler Bestandteil der hinduistischen spirituellen Praxis und stellt einen Weg dar, materielle Grenzen zu überwinden und einen höheren Bewusstseinszustand zu erreichen. Dank der modernen Wissenschaft können wir heute die Mechanismen, durch die dies geschieht, besser verstehen. Neurowissenschaftliche Studien und Quantentheorien werfen neues Licht auf alte Intuitionen und legen nahe, dass meditative Praktiken nicht nur das Gehirn verändern können, sondern auch unsere Wahrnehmung der Realität ändern.

Konzentration ist das Herz der Meditation (Dhyana). In der Bhagavad Gita, einem der grundlegenden Texte des Hinduismus, lehrt Krishna Arjuna, dass der Geist eines Menschen, der regelmäßig meditiert, „wie eine Flamme ist, die nicht flackert". Dieser Konzentrationszustand ist viel mehr als eine einfache geistige Übung. Der modernen Neurowissenschaft zufolge kann Meditation das Gehirn durch einen Prozess namens Neuroplastizität physisch verändern.

Eine der führenden Forscherinnen auf diesem Gebiet ist die Harvard-Psychologin Sara Lazar. In den 2000er Jahren führte Lazar mehrere Studien durch, in denen er dokumentierte, wie die Praxis der Meditation, insbesondere der Achtsamkeitsmeditation, die Dichte der grauen Substanz in den Bereichen des Gehirns erhöht, die für das Gedächtnis, Empathie und die Emotionsregulation verantwortlich sind. Eine seiner berühmtesten Studien, die 2011 veröffentlicht wurde, zeigte, dass acht Wochen tägliche Meditation zu erheblichen strukturellen Veränderungen führen können.

Dieses Phänomen beweist, dass das menschliche Gehirn nicht starr ist, sondern durch Übung geformt werden kann. Durch Meditation werden neuronale Verbindungen gestärkt, unsere Aufmerksamkeitsspanne verbessert und häufig die Art und Weise verändert, wie wir unsere emotionalen und körperlichen Grenzen wahrnehmen. Der Hinduismus hat immer diese Möglichkeit der „Selbsttranszendenz" betont: Dhyana ist nicht nur eine Praxis, sondern eine Transformation.

Die Intuition, dass Bewusstsein tiefer verwurzelt ist als eine einzelne individuelle Erfahrung, ebnet den Weg für die Quantenphysik. In den letzten Jahrzehnten haben einige Wissenschaftler die Hypothese aufgestellt, dass das menschliche Gehirn Schauplatz von Quantenphänomenen sein könnte. Unter ihnen schlugen der britische Physiker Roger Penrose, Nobelpreisträger 2020, und der Arzt Stuart Hameroff die Theorie der Quantenneurodynamik vor. Diese Theorie geht davon aus, dass das menschliche Bewusstsein von Quantenprozessen abhängen könnte, die in den Mikrotubuli der Gehirnzellen stattfinden.

Im Gegensatz zu den makroskopischen Phänomenen der klassischen Welt herrschen im Quantenbereich Unsicherheiten, Überlagerungen und nichtlokale Korrelationen vor. Diese Vision eröffnet den Weg zu einer faszinierenden Idee. Wenn es im Gehirn Quantenmechanismen gibt, könnten diese Dynamiken nicht nur die Kohärenz bewusster Erfahrungen, sondern auch die Möglichkeit des freien Willens erklären. Viele Wissenschaftler sind sich einig, dass das Bewusstsein ein zu komplexes Phänomen ist, um es allein durch die Neurochemie linear erklären zu können.

Nach Ansicht einiger moderner spiritueller Philosophen könnte dies mit dem hinduistischen Konzept des Atman zusammenhängen, der individuellen Seele, die Teil eines größeren Ganzen ist. So wie im Quantenbereich Teilchen nicht getrennt von ihrem energetischen Kontext verstanden werden können, kann auch die Seele nach vedischer Auffassung nicht vom Universum (Brahman) getrennt werden.

Die Fähigkeit, das Gehirn durch Meditation zu transformieren, ist eine moderne Demonstration dessen, was die alten Hindu-Philosophien mit dem Begriff „Erwachen“ meinten. Durch Übung ist es der Überlieferung zufolge möglich, Bewusstseinszustände zu erreichen, in denen sich die Grenzen von Raum und Zeit auflösen. Dies erinnert an einige Quantentheorien, die die Realität als fließende Zusammenhänge betrachten, wobei der Beobachter eine grundlegende Rolle bei der Bestimmung der Wahrnehmung spielt.

Die Brücke zwischen Physik und Spiritualität findet hier einen Anknüpfungspunkt. Die Quantenphysik lehrt uns, dass die Welt nicht aus einzelnen Objekten besteht, sondern aus Energien, die durch tiefe und unsichtbare Beziehungen verknüpft sind. Der Hinduismus lädt uns durch Dhyana dazu ein, die mentalen Barrieren zu beseitigen, die uns daran hindern, unsere Einheit mit dem Ganzen zu erkennen.

Meditation und Quantenphysik scheinen parallele Wege zu demselben Ziel zu gehen: der Wiederentdeckung der Unendlichkeit. Der erste Teil lehrt, wie man durch Bewusstsein und Disziplin innere Grenzen überwindet. Die zweite zeigt uns, dass das, was endlich und getrennt erscheint, in Wirklichkeit miteinander verbunden und grenzenlos ist.

Die Worte von Maharishi Mahesh Yogi, dem Vater der Transzendentalen Meditation, scheinen diesen Zusammenhang vorwegzunehmen:

„Meditation führt Sie in das Reich des Unendlichen: zu dem, was immer war, immer sein wird und jetzt hier ist.“

Eine Botschaft, die nach Ansicht vieler in den Mysterien der modernen Physik widerhallt, wo das Atom auf die Seele trifft.

Meditation und Zeit. „Die Zeit hört auf zu existieren.“

Viele Meditationspraktiker, sowohl moderne als auch alte, beschreiben ein tiefes und geheimnisvolles Gefühl: Die Zeit scheint sich aufzulösen. Sekunden, Minuten, Stunden verlieren jede Bedeutung. Diese Erfahrung ist nicht nur eine subjektive Vorstellung, sondern tief in den spirituellen Traditionen Indiens verwurzelt und findet interessante Parallelen in der heutigen Quantenphysik.

Im philosophischen System des Yoga, das in den alten Yoga Sutras von Patanjali beschrieben wird, stellt der Zustand des Samadhi den Höhepunkt der Meditationspraxis dar. In diesem Zustand verschwindet die Grenze zwischen dem Individuum und dem Rest des Universums. Es gibt kein „Vorher“ und „Nachher“ mehr. Der Geist erhält Zugang zu einer Dimension, die die lineare Zeit übersteigt. Im Samadhi werden Vergangenheit und Zukunft irrelevant, weil alles als ewig gegenwärtig wahrgenommen wird.

Diese Erfahrung der Meditation scheint ein interessantes Gegenstück in einem Schlüsselkonzept der Quantenphysik zu haben: Nichtlokalität. In der Quantenmechanik können zwei verschränkte Teilchen unabhängig von der Entfernung augenblicklich verbunden bleiben. Dieses als Quantenverschränkung bezeichnete Phänomen lässt darauf schließen, dass die für unser tägliches Leben so zentrale Trennung von Raum und Zeit möglicherweise keine grundlegende Eigenschaft der Realität ist.

Der Physiker David Bohm entwickelte diese Idee weiterentwickelt. Bohm schlug das Konzept der „impliziten Ordnung“ vor, einen Rahmen, in dem Zeit und Raum keine absoluten Größen sind, sondern aus einer tieferen, ungeteilten Realität hervorgehen. Aus dieser Sicht ist das, was wir als zeitliche Trennung wahrnehmen, bloß eine Illusion unseres Geistes. Auf der tiefsten Ebene der Realität – wie bei der Erfahrung des Samadhi – ist alles untrennbar miteinander verbunden.

Die Bewusstseinserweiterung im Samadhi wird in vedischen Texten lyrisch beschrieben. In der Kaivalya Upanishad, einem alten indischen philosophischen Text, lesen wir:

„Wenn der Geist in Frieden versinkt, verschwindet die Zeit.
Das höchste Selbst ist alles, was bleibt.“

Diese Beschreibung scheint mit der Vorstellung einer impliziten Ordnung übereinzustimmen, in der alle Teile des Universums miteinander verbunden sind.

Moderne Meditationspraktiker berichten von ähnlichen Erfahrungen und bestätigen, dass diese Erkenntnisse die Grenzen von Kultur und Zeit überschreiten. Der im 20. Jahrhundert wirksame indische Meister Ramana Maharshi erklärte, dass das Selbst, wenn es einmal verwirklicht ist, die Zeit nicht als fragmentiert wahrnimmt. Vergangenheit und Zukunft verdichteten sich für ihn zu einer „ewigen Gegenwart“. Diese Worte scheinen die Parallelen vorwegzunehmen, die sich heute aus der Wissenschaft ergeben.

Auch in der heutigen Praxis machen Menschen aus verschiedenen Kulturen ähnliche Erfahrungen. Chade-Meng Tan, ein Google-Ingenieur und Autor von Büchern über angewandte Meditation, beschreibt, wie ihm intensives Üben ermöglicht hat, „die Welt jenseits des Gedankens an die Zeit wahrzunehmen“. Diese persönlichen Geschichten zeigen, wie universell das Thema ist und wie es die mystische Vergangenheit Indiens mit der technologischen Gegenwart des Westens zu vereinen vermag.

Die moderne Neurowissenschaft beginnt zu untersuchen, wie Meditation die Zeitwahrnehmung verändern kann. Untersuchungen an Gehirnscans zeigen, dass während tiefer Meditationszustände die Aktivität im parietalen Kortex – dem Bereich des Gehirns, der für das räumliche und zeitliche Bewusstsein verantwortlich ist – reduziert ist. Dies könnte erklären, warum viele Meditierende berichten, sie fühlten sich nicht mehr an die Zeit gebunden.

Der Neurobiologe Francisco Varela, bekannt für seine Arbeit an der Schnittstelle zwischen Wissenschaft und Buddhismus, stellte die Hypothese auf, dass der meditierende Geist Zugang zu einer „zeitlosen“ Vision habe. Für Varela ist Meditation eine Form der inneren Erforschung der Zeit, die auf einer Erfahrungsebene mit den theoretischen Herausforderungen der Quantenphysik vergleichbar ist. So wie Quantengleichungen die Idee einer linearen Zeit in Frage stellen, stellt die Meditation dieses Konzept auf einer subjektiven Ebene in Frage.

Die Auflösung der Zeit ist kein der westlichen Philosophie fremdes Konzept. Der heilige Augustinus schrieb in seinem berühmten Text „Bekenntnisse“:

„Es gibt keine Vergangenheit, außer als Erinnerung, und keine Zukunft, außer als Erwartung. Nur die Gegenwart ist real."

Diese philosophische Erkenntnis weist bemerkenswerte Parallelen zu Beschreibungen des Samadhi auf: Zeit als geistiges Konstrukt und nicht als objektive Realität.

Allerdings finden sich in der hinduistischen Kultur die ausführlichsten und detailliertesten Beschreibungen der Zeit als Illusion bzw. Maya. In der Bhagavad Gita erklärt Krishna Arjuna, dass die Welt, wie sie der gewöhnliche Mensch wahrnimmt, eine Illusion ist, während die ultimative Realität zeitlos und unveränderlich ist. Dieses Thema wird auch in indischen kosmologischen Konzepten behandelt, wobei das Kalachakra oder „Rad der Zeit" die ewige zyklische Wiederkehr im Gegensatz zum Absoluten darstellt.

Die Brücke zwischen Physik und Spiritualität beruht auf gemeinsamen Intuitionen, die nach wie vor außerordentlich relevant sind. Östliche Weise beschrieben Bewusstseinszustände, die mit Phänomenen in Einklang zu stehen scheinen, die von der modernen Physik erforscht werden, wie etwa Nichtlokalität oder Implikation. Meditation lässt uns die Ewigkeit im gegenwärtigen Moment wahrnehmen und lädt uns dazu ein, unser Verhältnis zur Zeit zu überdenken. Bei dieser Begegnung zwischen alten Traditionen und neuen wissenschaftlichen Entdeckungen tritt eine universelle Wahrheit zutage: Die Zeit, wie wir sie wahrnehmen, könnte lediglich ein Tor zu einer tieferen Wirklichkeit sein.

Die Illusion der Zeit: Die Neurobiologie der Meditation und der Quantentheorie.

Alte vedische Texte des Hinduismus wie das Rigveda und die Bhagavad Gita laden uns ein, über ein revolutionäres Konzept nachzudenken: Zeit ist nicht real. Es ist eine Illusion, Teil einer betrügerischen Verschwörung namens Maya. Im westlichen Denken wurde die Zeit jahrhundertelang als eine gerade Linie betrachtet, als eine Abfolge gleichmäßig fließender Momente. Doch heute nähern sich Quantenphysik und Neurowissenschaft einer Vision an, die überraschend an die Lehren der alten Veden erinnert. Die Zeit, wie wir sie wahrnehmen, ist möglicherweise ein Konstrukt des Geistes.

Insbesondere die Meditation bietet ein Mittel zur Erforschung und sogar Überwindung der Zeitwahrnehmung. Der Neurowissenschaftler

Judson Brewer von der Harvard University untersucht seit Jahren die Gehirne erfahrener Meditationspraktiker wie buddhistischer Mönche und Yogis. Mithilfe der Magnetresonanztomographie beobachtete Brewer eine verringerte Aktivität im „Default Mode Network" (DMN), einem neuronalen Netzwerk, das mit Selbstreferenz und Selbstwahrnehmung verknüpft ist. Wenn sich dieses Netzwerk während der Meditation „abschaltet", scheinen die Grenzen zwischen Vergangenheit, Gegenwart und Zukunft aufzulösen.

Durch dieses „Herunterfahren" oder die Verlangsamung des DMN beschreiben Meditierende Gefühle der Zeitlosigkeit. Matthieu Ricard, ein bekannter buddhistischer Mönch und Wissenschaftler, hat beispielsweise oft darüber gesprochen, dass lange Meditationssitzungen dazu führen können, dass sich Stunden wie Minuten anfühlen. Dieses neurobiologische Phänomen ist kein einfacher subjektiver Effekt. Es ist eine offene Tür zu einer tieferen Art, die Realität zu erfahren.

Betrachten wir die Quantenphysik, finden wir überraschende Parallelen. Der theoretische Physiker Carlo Rovelli erklärte in seinem Buch „Die Ordnung der Zeit", dass die Zeit, so wie wir sie verstehen, nicht existiert. Schon Einsteins Allgemeine Relativitätstheorie zeigt, dass die Zeit ein relatives Geschehen ist, das von Gravitation und Geschwindigkeit beeinflusst wird. Rovelli geht noch weiter: Auf der Quantenskala löst sich die Zeit vollständig auf, sie existiert nur noch als Beziehung zwischen Ereignissen.

Diese physikalische Idee spiegelt die vedische Sicht der Zeit als Konstrukt des Geistes und nicht als objektive Größe wider. Die alten indischen Rishis sagten, dass die Zeit nichts anderes als ein Tanz der Maya sei und dass der wahre Sinn der Existenz darin liege, über diese Illusion hinauszugehen. Ebenso geht Rovelli davon aus, dass unsere Wahrnehmungen partiell sind und durch die Art und Weise begrenzt werden, wie unser Gehirn die Realität konstruiert.

Der menschliche Geist spielt bei der Schaffung der Zeit eine zentrale Rolle. Neurowissenschaftliche Untersuchungen weisen darauf hin, dass die zeitliche Wahrnehmung maßgeblich mit unserer Aufmerksamkeit zusammenhängt. Wenn wir meditieren, hören wir auf, die Realität in zeitliche Fragmente aufzuteilen, und gelangen zu einer ganzheitlicheren Erfahrung, in der Vergangenheit und Zukunft zu einer ewigen Gegenwart verschmelzen.

Indische Yogis sprechen von Samadhi, dem höchsten Zustand der Meditation, als einer Erfahrung, in der alle Barrieren zwischen dem

Selbst und seiner Umgebung, auch die zeitlichen, verschwinden. Dieser tiefe Bewusstseinszustand stimmt nach Ansicht einiger spiritueller Gelehrter mit den Erkenntnissen der Quantenphysik überein. Der berühmte Physiker David Bohm beispielsweise betrachtete das Bewusstsein als grundlegendes Element zum Verständnis der Quantenrealität.

Es ist faszinierend zu sehen, wie zeitlich und räumlich weit entfernte Kulturen zu ähnlichen Erkenntnissen gelangen. Indien, ein Land der Meditation und philosophischen Tiefe, bietet Lehren, die in der heutigen modernen Wissenschaft Anklang finden. Einerseits wird die Zeit im Mahabharata und in den Puranas nicht linear, sondern zyklisch beschrieben, womit Konzepte der modernen Physik auffallend vorweggenommen werden. Andererseits zeigt die moderne neurowissenschaftliche Forschung, wie uralte spirituelle Praktiken wie die Meditation die Biologie und Wahrnehmung des Menschen grundlegend verändern.

Orte wie das alte Kloster in Rishikesh an den Ufern des Ganges oder Kuśināgara, wo Buddha Parinirvana erreichte, erinnern uns daran, dass diese Weisheit in realen, spezifischen Kontexten geboren wurde. Heute erforschen neurowissenschaftliche Labore in den USA und Europa empirisch ein ähnliches Ziel: die Befreiung des Geistes von trügerischen Konstrukten.

Meditation und Quantenphysik scheinen ein gemeinsames Ziel zu verfolgen. Beide versuchen, die Zeit ihrer illusorischen Linearität zu entledigen. Die Wissenschaft mit ihren rigorosen experimentellen Methoden und die Spiritualität mit ihrer tiefen Selbstbeobachtung mögen weit entfernt erscheinen. Aber sie reden, sie treffen sich. Durch Meditation lässt sich direkt erfahren, was die moderne Physik besagt: Zeitlichkeit als Ergebnis des aktiven Geistes.

Auf diese Weise arbeiten alte spirituelle Meister und moderne theoretische Physiker unwissentlich gemeinsam an derselben Frage. Was ist Zeit? Ist es real oder ein Konstrukt? Die Antworten sind noch nicht endgültig, aber der eingeschlagene Weg ist klar. Meditieren bedeutet, wie bei einer Quantenreise das Unendliche zu erforschen: sich dem Mysterium der Zeit zu stellen und die ewige Gegenwart wiederzuentdecken.

Eine Welt, die sich mit dem Geist verändert: Experimente und Implikationen.

Ein besonders berühmtes Experiment verbindet die Quantenwelt mit dem Bewusstsein. Das seit dem 20. Jahrhundert mehrfach wiederholte „Doppelspaltexperiment“ hat gezeigt, dass sich Licht – abhängig von der Anwesenheit eines Beobachters – sowohl wie eine Welle als auch wie ein Teilchen verhalten kann. Dieses Experiment impliziert nach Ansicht vieler Theoretiker, dass das Bewusstsein – oder zumindest die Beobachtung – eine grundlegende Rolle bei der Definition von Realitätszuständen spielt.

Kann Meditation, die den Geisteszustand grundlegend verändert, also die Art und Weise beeinflussen, wie wir die Realität wahrnehmen (oder sogar gestalten)? Laut Amit Goswami, Quantenphysiker und Autor des berühmten Buches „The Self-Aware Universe“, lautet die Antwort ja. Goswami argumentiert, dass wir durch die durch Meditation erreichte Bewusstseinserweiterung tiefere Ebenen der Realität erreichen können.

Eines der merkwürdigsten Experimente zum Beweis dieser Hypothese wurde in den 1990er Jahren am Princeton Engineering Anomalies Research (PEAR) durchgeführt. Die Teilnehmer versuchten in Zuständen intensiver Konzentration oder Meditation, das zufällige Verhalten von Maschinen, sogenannten Zufallsereignisgeneratoren, zu beeinflussen. Die Ergebnisse deuteten auf erhebliche Abweichungen in den Daten hin, als ob das Gehirn allein durch Absicht „Chaos ordnen“ könne. Diese Art der Forschung bleibt umstritten, aber Befürworter sagen, dass sie zeigt, dass das Bewusstsein mit der physischen Realität interagieren kann.

Die von der Quantenphysik erforschte Verbindung zwischen Geist und Materie findet ein tiefes Echo in den heiligen Texten des Hinduismus, insbesondere in den Veden und Upanishaden. In diesen Schriften ist das Konzept des Brahman – der absoluten, unteilbaren Realität – eng mit dem Konzept des Atman, des individuellen Selbst, verbunden. Nach diesen alten Lehren ist das äußere Universum nichts anderes als eine Widerspiegelung des inneren Bewusstseins. Diese Sichtweise, so philosophisch sie auch sein mag, passt überraschend gut zur modernen Hypothese, dass die Wirklichkeit durch Beobachtung und nicht einfach durch Materie geformt wird.

Ein eindrucksvolles kulturelles Beispiel findet sich im Sanskrit-Gedicht Mandukya Upanishad, das das Universum als einen riesigen

Traumzustand beschreibt. Hier wird die greifbare Welt mit einem vom Geist erschaffenen Traum verglichen. In ähnlicher Weise hat der Physiker John Wheeler, einer der größten Erforscher der Quantenwelt, das Universum als ein „partizipatorisches Universum" beschrieben, in dem das Bewusstsein eine zentrale Rolle bei der Gestaltung unserer Wahrnehmung spielt.

Diese Konvergenzen zwischen Quantenphysik und Meditation beantworten noch immer nicht die zentrale Frage: Erschafft der Geist die Welt oder interpretiert er sie lediglich? Dieselben Konvergenzen deuten jedoch auf eine konzeptionelle Revolution hin, die unser Verständnis unserer Beziehung zur Realität grundlegend verändern könnte.

Diese neue Allianz zwischen Physik und Spiritualität wirft viele Fragen auf. Wenn das Bewusstsein die Realität beeinflusst, können Meditationspraktiken dann zu konkreten Instrumenten zur Behandlung psychischer Belastungen und sogar einiger Krankheiten werden? Wissenschaftler beginnen, Brücken zwischen der Quantenmechanik und der spirituellen Forschung zu bauen, aber es ist noch ein langer Weg.

Bisherige Studienmodelle, die Meditation und Quantenwissenschaft kombinieren, zeigen, dass die Welt letztlich flexibler und weniger determiniert ist als wir dachten. Vielleicht liegt die große Veränderung nicht nur im Verständnis der Sache, sondern auch in der Erkenntnis, dass die Realität durch Bewusstsein, wie Goswami selbst sagte, zu einer kreativen Möglichkeit wird.

In dieser Vision treffen das Alte und das Moderne aufeinander. Der Hinduismus und die Quantenphysik sprechen auf unterschiedliche, aber gleichermaßen eindringliche Weise vom immensen Potenzial des menschlichen Bewusstseins.

Meditation und die Wissenschaft der Zukunft.

Indien, Heimat uralter spiritueller Traditionen und Meditation, entwickelt sich zu einem Zentrum des Dialogs zwischen moderner Wissenschaft und östlicher Philosophie. Insbesondere die Meditation, eine uralte, tief im Hinduismus verwurzelte Praxis, erweist sich als Schlüsselelement in der wissenschaftlichen Forschung in den Neurowissenschaften und der Quantenphysik. Diese Brücke zwischen Spiritualität und moderner Rationalität eröffnet neue Wege zum

Verständnis des menschlichen Bewusstseins und der Grundgesetze des Kosmos.

Forschungsinstitute in Indien spielen in dieser Entwicklung eine zentrale Rolle. Das Indian Institute of Science in Bangalore, eines der renommiertesten Zentren des Landes, ist das Zentrum innovativer Studien, die westliche neurowissenschaftliche Modelle mit der Weisheit östlicher Meditation zu vereinen versuchen. Indische Wissenschaftler untersuchen, wie kontemplative Praktiken wie Meditation die Struktur und Funktion des menschlichen Gehirns beeinflussen können. In diesem Zusammenhang deuten Forschungsergebnisse darauf hin, dass Meditation einen messbaren Einfluss auf die Gehirnströme haben kann, indem sie die Neuroplastizität und die Aktivierung neuronaler Netzwerke fördert, die oft mit Zuständen tiefer Aufmerksamkeit und Introspektion in Verbindung gebracht werden.

Ein Protagonist dieser Debatte ist der indische Quantenphysiker Subhash Kak, bekannt für seine Studien zum vedischen Bewusstseinsmodell. Laut Kak bieten die Veden eine Vision der Realität, die Phänomene erklären könnte, die in der modernen Physik noch ungeklärt sind. Er argumentiert, dass die zeitgenössische Wissenschaft zwar subatomare Teilchen und Quantenfelder erforscht, das vedische Denken jedoch das Bewusstsein als ein grundlegendes Prinzip des Kosmos betrachtet, etwas, das nicht nur subjektiv, sondern auch der Realität selbst innewohnend ist.

Kak erklärt, dass viele Theorien der Quantenphysik, wie etwa der Kollaps der Wellenfunktion, Fragen über die Rolle des Bewusstseins bei der Bestimmung der Realität aufwerfen. Eine Frage, die in der alten indischen Philosophie Anklang findet. In den Veden legt das Konzept von „Chitshakti" (der Kraft des Bewusstseins) nahe, dass das Universum das Ergebnis einer bewussten Handlung ist. Diese Idee könnte eine neue Perspektive zum Verständnis nichtlokaler Dimensionen der Quantenwelt, wie etwa der Verschränkung zwischen Teilchen, bieten.

Ein interessantes Beispiel, das Meditation und Wissenschaft verbindet, stammt aus der Forschung an indischen Yogis und Mönchen. In den letzten Jahren wurden in neurowissenschaftlichen Studien Techniken wie die Magnetresonanztomographie eingesetzt, um den Geist von Personen zu beobachten, die seit Jahrzehnten meditieren. Eine berühmte Studie, die im nordindischen Dharamsala durchgeführt wurde, ergab, dass die Gamma-Gehirnwellen bei erfahrenen Meditierenden eine größere Kohärenz aufwiesen. Dies lässt darauf schließen, dass längeres Meditieren nicht nur auf spiritueller, sondern auch auf kognitiver und neurologischer Ebene Vorteile bringen kann.

Es geht jedoch nicht nur um wissenschaftliche Entdeckungen. Das kulturelle und spirituelle Element der Meditation bleibt zentral. In Indien ziehen Orte wie Varanasi und Rishikesh weiterhin Gelehrte, Mystiker und Wissenschaftler aus der ganzen Welt an. Diese heiligen Orte dienen als Treffpunkte zwischen der Moderne der Wissenschaft und der Antike der Spiritualität. In Varanasi etwa sind die Ghats am Ganges nicht nur Orte religiöser Hingabe, sondern auch Symbole einer ganzheitlichen Philosophie, die Körper, Geist und Kosmos als Einheit betrachtet.

Auch die moderne Medizin wird von der Meditation beeinflusst. Praktiken wie Pranayama, ein altes Yoga-Atemsystem, werden auf ihre Auswirkungen auf das autonome Nervensystem untersucht. Es wurde festgestellt, dass Techniken wie achtsames Atmen den Cortisolspiegel im Blut senken und dadurch Stress abbauen – eine der Hauptursachen für Erkrankungen in der heutigen Gesellschaft. Dies unterstreicht, wie alte Meditationstechniken das Potenzial haben, moderne Modelle der Körper- und Geistespflege zu ergänzen.

Schließlich hat der Dialog zwischen Meditation und Quantenneurowissenschaft auch eine tiefgründige philosophische Seite. Wenn uns die Quantenphysik gelehrt hat, dass die Realität ganz anders ist, als sie erscheint (mit Konzepten wie dem Multiversum oder der Quantensuperposition), lädt uns die Meditation dazu ein, diese „unsichtbare Realität" in uns selbst zu erforschen. In beiden Fällen handelt es sich um die Suche nach etwas, das die Sinne übersteigt, nach einer größeren Wahrheit, die Materie und Geist vereint.

Indien könnte in diesem Dialog künftig eine noch zentralere Rolle spielen. Mit seiner tausendjährigen Tradition spiritueller Praktiken und seinen hervorragenden Forschungszentren stellt das Land ein natürliches Labor für die Vereinigung von Physik, Neurowissenschaft und Meditation dar. Wie Subhash Kak selbst behauptete:

> *„Um das Universum zu verstehen, muss man zuerst den Geist verstehen, denn der Geist ist sowohl das Mittel als auch das Ergebnis."*

Die Wissenschaft der Zukunft wird vielleicht nicht nur aus Formeln und Theorien bestehen. Es wird auch eine Frage der Stille, der

Selbstbeobachtung und des Bewusstseins sein und dabei das Beste der alten Weisheit mit dem Licht des modernen Wissens verbinden.

Praxisbeispiele und eine Einladung zum Nachdenken.

In der modernen Zeit scheinen Wissenschaft und Spiritualität in einem immer stärkeren Dialog zu stehen. Zwei scheinbar weit entfernte Welten wie der klassische Hinduismus und die Quantenphysik finden durch ein uraltes Werkzeug überraschende Berührungspunkte: die Meditation. Diese Brücke der Verbindung offenbart eine neue Vision des Menschen und des Universums, die sowohl Wissenschaftler als auch spirituell Praktizierende inspirieren kann.

Der Hinduismus bietet seit Jahrtausenden einen einzigartigen Ansatz zum Verständnis der Realität. Dieser Tradition zufolge ist Meditation der Schlüssel zum Zugang zu den tiefsten Dimensionen der Existenz.

Ein außergewöhnliches Beispiel bietet uns Paramahansa Yogananda in seiner berühmten „Autobiographie eines Yogi“. In dem Buch erzählt Yogananda von Erlebnissen, die sich den Gesetzen von Raum und Zeit widersetzen. Durch Meditation beschreibt er Bewusstseinszustände, in denen das Universum als eine zusammenhängende Einheit erscheint.

Steve Jobs, der berühmte Gründer von Apple, wurde von diesem Buch tief inspiriert. Ein Exemplar der „Autobiographie eines Yogi“ war das einzige Buch, das Jobs überall bei sich trug und es sogar engen Freunden schenkte. Jobs beschrieb diese Lektüre als ein Fenster zur Natur der Wirklichkeit und betonte, dass Meditation nicht nur eine spirituelle Praxis, sondern auch eine Methode zur Entwicklung von Erkenntnissen sei, die das eigene Denken verändern könnten.

Meditation ermöglicht laut Yogananda nicht nur die Erforschung der Tiefen des Geistes, sondern auch die Verbindung mit dem alles durchdringenden „einheitlichen Feld“, einem Konzept, das Ähnlichkeiten mit der Sprache der Quantenphysik aufweist. Tatsächlich spricht die Physik von Zusammenhängen auf subatomarer Ebene, wo die Grenzen zwischen Raum, Zeit und Materie zu verschwinden scheinen. Meditative Bewusstseinszustände können diese Realitäten widerspiegeln und auf eine tiefe Harmonie zwischen Wissenschaft und persönlicher Erfahrung schließen lassen.

In den letzten Jahren hat die Neurowissenschaft begonnen, die außergewöhnlichen Fähigkeiten des Gehirns während der Meditation zu untersuchen. Studien der University of California in Los Angeles (UCLA) haben gezeigt, dass Meditation die Gehirnwellen verändern und einen Zustand der Kohärenz zwischen verschiedenen Bereichen des Gehirns stimulieren kann. In diesem Zustand, der als Gehirnsynchronie bezeichnet wird, scheint das Gehirn als integriertes Ganzes zu agieren.

Neurowissenschaftlich ausgedrückt aktiviert Meditation den präfrontalen Cortex und den Thalamus und verbessert so die Konzentration und die Kontrolle von Emotionen. Aber es gibt einen noch interessanteren Aspekt: Einige Forschungsergebnisse deuten darauf hin, dass die meditative Erfahrung die Quantenrealität beeinflussen könnte. Laut dem Physiker John Hagelin, einem Meditierenden und Anhänger der „einheitlichen Feldtheorie", ist das Bewusstsein nicht bloß ein Nebenprodukt des Gehirns. Es könnte vielmehr ein fundamentales Element sein – ein Grundbaustein des gesamten Universums.

Fortgeschrittene Meditationspraktiker berichten von Erfahrungen, die den Gesetzen der Materie zu widersprechen scheinen. Im Rahmen einer in Indien durchgeführten Studie wurde die Körpertemperatur von Mönchen analysiert, die in tiefe Meditationen vom Typ „Tummo" versunken waren. Während der Übungen gelang es den Mönchen, ihre Hauttemperatur willentlich zu erhöhen und so die normale Reaktion des Körpers auf Kälte zu ignorieren. Dieses Beispiel bestätigt nicht nur die Macht des Geistes über die Materie, sondern lädt uns auch dazu ein, über die unsichtbaren Verbindungen zwischen Gedanken und physischer Realität nachzudenken.

Praktische Beispiele für Transformation durch Meditation.

Ein wichtiger Fall betrifft das von Maharishi Mahesh Yogi entwickelte Programm der Transzendentalen Meditation (TM). Diese im Westen weit verbreitete Methode hat nicht nur spürbare Auswirkungen auf das Wohlbefinden des Einzelnen, sondern auch im sozialen Kontext gezeigt. In Fairfield, Iowa (USA), wurde eine Meditationsgruppe mit dem Ziel gegründet, die kollektive Kraft des Geistes zu demonstrieren. Den erhobenen Daten zufolge sanken Kriminalitätsraten, Gewalttätigkeiten und sogar Verkehrsunfälle, wenn eine signifikante Anzahl von Menschen gleichzeitig TM praktizierte. Dieses Phänomen wird als „Maharishi-Effekt" bezeichnet und weiterhin untersucht, um mögliche Verbindungen zwischen kollektivem Bewusstsein und physischer Realität aufzuzeigen.

Eine weitere beeindruckende Studie stammt aus der bhutanischen Achtsamkeitsbewegung. In Bhutan, wo das „nationale Glück" als Indikator für Fortschritt gilt, ist Meditation häufig in das Bildungssystem integriert. Schüler, die täglich Achtsamkeit praktizieren, zeigen nicht nur bessere akademische Leistungen, sondern auch eine größere emotionale und spirituelle Belastbarkeit. Bhutan ist somit ein aktuelles Beispiel dafür, wie alte Praktiken in eine moderne Gesellschaft integriert werden können, um Harmonie zu schaffen.

Die Wissenschaft und die Quantenphysik zeigen uns, dass die Realität viel komplexer und schwer fassbarer ist, als wir sie mit unseren Sinnen wahrnehmen. Der Hinduismus lädt uns durch seine Meditationspraktiken dazu ein, in uns selbst zu blicken, um die Illusionen der materiellen Welt (Maya) zu überwinden. Zusammengenommen werfen diese Perspektiven eine grundlegende Frage auf: Was ist unser Platz in einem derart vernetzten Universum?

Meditation ist nicht länger allein Asketen oder Mystikern vorbehalten. Es ist eine Gelegenheit für jeden, der die Beziehung zwischen Körper, Geist und Kosmos erforschen möchte. Paramahansa Yogananda ermutigt uns, darüber nachzudenken, wie schmal die Grenze zwischen dem, was real erscheint, und dem, was Wesen ist, ist. Die Quantenphysik lehrt uns, dass wir alle Teil eines Netzes unsichtbarer Verbindungen sind.

Die Einladung lautet daher, zu experimentieren. Versuchen Sie, die Augen zu schließen, zu meditieren und die Stille zu genießen. Vielleicht entdecken Sie in dieser Stille nicht nur sich selbst, sondern auch die unglaubliche Weite des Universums.

Meditieren Sie, um zu beobachten. Die Parallele zwischen dem Quantenbeobachter und dem hinduistischen Bewusstsein.

In der Quantenphysik und der Hindu-Philosophie ergibt sich eine faszinierende Analogie: die Rolle des Beobachters. In der Physik ist Beobachtung ein Akt, der die subatomare Realität verändert. Für die Yoga-Tradition ist jedoch die Beobachtung des Selbst der Weg zum Erwachen zur ultimativen Realität. In beiden Fällen hat das

Geschehen Konsequenzen: Die Beobachtung formt und verändert die Realität.

Im berühmten Doppelspaltexperiment, das Anfang des 20. Jahrhunderts konzipiert wurde und noch heute ein Symbol für die Quantenkomplexität ist, entdeckten Wissenschaftler, dass sich subatomare Teilchen wie Elektronen unterschiedlich verhalten, je nachdem, ob sie beobachtet werden oder nicht. Wenn niemand zusieht, bewegen sie sich wie Wellen und zerstreuen sich in einem Interferenzmuster. Beobachtet man sie jedoch, verhalten sie sich wie Teilchen und wählen eine bestimmte Position. Diese Entdeckung wirft eine Frage auf, die über die wissenschaftliche Ebene hinausgeht: Welche Rolle spielt der Beobachter bei der Entstehung der Wirklichkeit?

Indem sie das Quantenmikroskop in ein nach innen gerichtetes Instrument verwandeln, schlagen der Hinduismus und insbesondere die Yoga-Tradition eine überraschend ähnliche Idee vor: Der Mensch wird zu dem, was er von sich selbst beobachtet. Meditative Praktiken, wie sie in alten vedischen Texten und Upanishaden beschrieben werden, zielen darauf ab, das volle Bewusstsein des Selbst (Atman) zu erwecken. Im Hinduismus wird der Geist mit einem Ozean verglichen: unruhig an der Oberfläche, aber ruhig und tief in seinem Inneren. Durch Meditation können Sie die Wellen des oberflächlichen Geistes durchqueren, um frei von Turbulenzen jene verborgene Tiefe zu erreichen.

Die Beobachtung des Geistes während der Meditation ist keine passive Handlung. Es handelt sich um einen dynamischen Prozess, bei dem der Meditierende sein Bewusstsein von Gedanken, Emotionen und äußeren Wahrnehmungen weg verlagert, um eine tiefere Ebene der Realität zu erkennen: die Essenz des Bewusstseins selbst. So wie der Quantenphysiker Teilchen beobachtet, beobachtet der Yogi das innere Selbst.

Die Beziehung zwischen Quantenphysik und Hinduismus entstand im 19. und 20. Jahrhundert dank des Dialogs zwischen westlichen Wissenschaftlern und östlichen Philosophen mit Nachdruck. Einer der berühmtesten Namen ist Erwin Schrödinger, der Schöpfer der Wellengleichung und eifriger Student der vedischen Texte. Schrödinger, fasziniert von den Konzepten der Einheit und Beständigkeit des Hinduismus, schrieb:

„Es kann keinen wahren Beobachter geben, der sich vom Ganzen unterscheidet. Er wird in jedem Fall ein integraler Bestandteil der beobachteten Realität sein."

Sogar Niels Bohr, einer der Väter der Quantenmechanik, integrierte orientalische Symbole wie das Taijitu (das chinesische Yin-Yang) in sein Wappen, als Hommage an die Komplementarität natürlicher Prozesse.

Der vedischen Tradition zufolge ist die Realität das Ergebnis der oszillierenden Manifestation von Maya: der Illusion, die die wahre universelle Natur hinter Abhängigkeiten von Wahrnehmung und Denken verbirgt. Vergleicht man diese Metapher mit der Quantenphysik, kann die Wahrscheinlichkeitswelle von Teilchen – bevor sie beobachtet wird – als eine Darstellung der fließenden Realität gelesen werden, ähnlich der Illusion der Maya. Durch die Beobachtung wird die Welle selbst „kollabiert", wodurch ein bestimmter physikalischer Zustand sichtbar wird. In ähnlicher Weise löst der Yogi durch Meditation und vollständige Kontrolle des Geistes Illusionen auf und erlangt die Einheit mit dem Göttlichen.

Andrew Newberg, Neurowissenschaftler und Pionier in der Erforschung der neuronalen Korrelate von Spiritualität, erforscht seit Jahrzehnten, wie sich kontemplative Praktiken auf das Gehirn auswirken. Seine Studien haben ergeben, dass intensive Meditation Veränderungen in wichtigen Gehirnbereichen verursacht, etwa im Parietallappen, der die Wahrnehmung von Raum und Zeit reguliert, und im Präfrontallappen, der für Aufmerksamkeit und Bewusstsein zuständig ist. Während tiefer Meditation scheinen sich die Grenzen zwischen dem Selbst und der Außenwelt aufzulösen, was zu einem Gefühl der Einheit führt.

Yogis beschreiben diese Erfahrung mit dem Begriff Samadhi, dem meditativen Zustand, in dem sich die Grenzen der individuellen Wahrnehmung auflösen und man in Harmonie mit dem Ganzen gelangen kann. Newberg selbst hat behauptet, dass Meditation die Wahrnehmung der Realität messbar verändern kann, ein Element, das sie zumindest konzeptionell der Rolle des Quantenbeobachters näher bringt.

Die zentrale Bedeutung des Beobachters, die sowohl in der Physik als auch im Hinduismus eine Rolle spielt, wirft eine grundsätzliche Frage auf: Gibt es Grenzen zwischen dem, was der Beobachter ist, und dem, was beobachtet wird? Auf diese Frage gibt es nicht unbedingt eine Antwort, aber sie eröffnet einen fruchtbaren Dialog zwischen unterschiedlichen Herangehensweisen an das Geheimnis der Wirklichkeit.

In den Tempeln Indiens, von Varanasi bis Rishikesh, hallen die Glocken wie Echos von Mantras wider und sind eine ständige Einladung, zur inneren Beobachtung zurückzukehren. In Laboren auf der ganzen Welt untersuchen Physiker immer ausgefeiltere Experimente, um die Rolle des Quantenkollapses zu verstehen. Doch vielleicht führen beide Wege zum selben Horizont: der Suche nach dem, was die menschliche Erfahrung mit dem Gefüge der Wirklichkeit verbindet.

In einer Zeit, in der Wissenschaft und Spiritualität oft als Gegensätze betrachtet werden, zeigt der Dialog zwischen Quantenphysik und Hinduismus, dass Grenzen nie so starr sind, wie sie scheinen. Der Physiker David Bohm, ein weiterer großer Erneuerer des Quantendenkens und Gelehrter der östlichen Mystik, sagte:

> *„Wissenschaft und Spiritualität sind keine getrennten Welten. Wie der Beobachter und das Universum bilden sie einen einzigen Tanz.“:*

Kapitel VII Brahman: die ultimative Realität.

Brahman, das universelle Prinzip, das alles durchdringt.

Aus dem Herzen der östlichen Philosophien stammt das Konzept von Brahman, dem universellen Prinzip, das alles Existierende durchdringt. In der hinduistischen Tradition wird Brahman als die unteilbare Essenz beschrieben, aus der alles kommt und zu der alles zurückkehrt. Eine faszinierende Idee, die heute unerwartete Parallelen in der Welt der Quantenphysik findet, insbesondere im mysteriösen Higgs-Feld.

Das Higgs-Feld, das 1964 vom britischen Physiker Peter Higgs theoretisch beschrieben und 2012 am CERN experimentell bestätigt wurde, ist eine unsichtbare Präsenz, die das gesamte Universum durchdringt. Dank dieses Felds erhalten die Teilchen Masse, so wie Wellen auf der Oberfläche eines Sees verraten, dass sich darunter Wasser befindet. In ähnlicher Weise ist Brahman gemäß vedischen Texten wie den Upanishaden die ultimative Realität, das unsichtbare „Gewebe", das dem Kosmos Bedeutung und Substanz verleiht.

Eine interessante, fast prophetische Anekdote findet sich in der hinduistischen Vorstellung von Maya, der Illusion, die die wahre Natur der Realität verbirgt. Ebenso erinnert uns die moderne Physik daran, dass das, was wir als fest oder greifbar wahrnehmen, in Wirklichkeit weitgehend leer ist: Atome mit ihren winzigen Kernen und umkreisenden Teilchen bestehen zu 99,9999 % aus leerem Raum und ihr Zusammenhalt hängt von fundamentalen Kräften wie dem Higgs-Feld oder Quantenbindungen ab.

In beiden Bereichen – dem spirituellen und dem wissenschaftlichen – ergibt sich eine erstaunliche Erkenntnis: Alles ist miteinander verbunden. Das Higgs-Feld und Brahman legen nahe, dass es keine wirkliche Trennung zwischen dem gibt, was wir sehen und dem, was ist. Dies erinnert an die Worte von Erwin Schrödinger, dem Vater der Quantenphysik: in seinem Buch „Was ist Leben?" Er schrieb, die Entdeckungen der modernen Wissenschaft hätten ihn den philosophischen Traditionen Indiens näher gebracht.

Orte wie Benares, über Jahrtausende die Wiege der Brahman-Forschung, oder Genf, Sitz der CERN, repräsentieren heute zwei Pole einer universellen Suche: einen spirituellen und einen physischen.

Und doch scheinen beide in einer einzigen Wahrheit zusammenzulaufen: Das Universum ist ein unteilbares „Ganzes", in dem uns Wissen und Erfahrung, Wissenschaft und Meditation zu einem tieferen Verständnis unseres Platzes in der Realität führen.

Brahman, das Higgs-Feld und die fundamentalen Strukturen der Physik.

Seit Jahrtausenden stellt der Mensch die ultimative Realität in Frage, jene tiefe Essenz, die den Kosmos erhält. Die vedischen Weisen des alten Indien identifizierten dieses universelle Prinzip mit dem Begriff Brahman: das Unendliche, das Ganze, die unteilbare Einheit, die alles durchdringt. In ihren Meditationen, die in den Upanishaden (philosophische Texte aus dem 7. bis 2. Jahrhundert v. Chr.) enthalten sind, beschrieben sie Brahman als die unsichtbare und unveränderliche Grundlage der Realität. Kein persönlicher Gott, sondern eine allgegenwärtige und grundlegende Kraft.

In einer überraschenden Konvergenz scheint die moderne Physik durch Konzepte wie das Higgs-Feld auf ähnliche Ideen zu stoßen. Das Higgs-Feld, das 2012 durch ein Experiment am CERN konkret entdeckt wurde, ist eine Art „unsichtbares Gewebe", das es Teilchen ermöglicht, Masse anzuhäufen. Die ähnliche Suche nach der „Grundlage" hat indische Wissenschaftler und Mystiker auf parallele Wege geführt, wenn auch mit unterschiedlichen Werkzeugen: Mathematik und Experimente auf der einen Seite, philosophische Intuition auf der anderen.

Um Brahman zu verstehen, verwenden die Upanishaden-Texte eindrucksvolle Metaphern.

> *„Wie Öl den Sesamsamen durchdringt oder die Essenz der Butter in der Milch verborgen ist, so ist Brahman überall, unsichtbar, aber allgegenwärtig."*

rezitiert die Chandogya Upanishad. Ebenso ist das Higgs-Feld überall, jedoch für die Sinne unsichtbar. Die Physik braucht gigantische Beschleuniger, um die „Spur" einer Kraft zu finden, die paradoxerweise immer vorhanden ist.

Die universelle Verbundenheit, die im Hinduismus durch Brahman beschrieben wird, spiegelt sich im Verhalten subatomarer Teilchen wider. Menschen wie Erwin Schrödinger, einer der Väter der Quantenmechanik, waren von der vedischen Philosophie fasziniert. Schrödinger studierte den Hinduismus und verwies wiederholt auf die

„auffallende Übereinstimmung“ zwischen seinen wissenschaftlichen Erkenntnissen und der alten Lehre, dass „jedes Wesen eins mit dem Universum ist“.

Im Large Hadron Collider bei Genf suchen Physiker nach Erkenntnissen, nach denen die Menschen in der Antike in Höhlen und Wäldern des indischen Subkontinents suchten. Trotz der technischen Distanz ist der Geist der Reise ähnlich. So war etwa Peter Higgs, bevor es zur wissenschaftlichen Bestätigung „seines“ Bosons kam, von demselben Wunder bewegt, das auch Yajnavalkya beschrieb, ein vedischer Weiser aus dem ersten Jahrtausend v. Chr., der behauptete, dass man Brahman nicht mit den Sinnen, sondern nur intuitiv erkennen könne.

Die Analogie zwischen dem Weg des Hinduismus und dem der Quantenphysik offenbart uns schließlich etwas Grundlegendes. Der menschliche Geist – sei es der des Mystikers oder der des Wissenschaftlers – hat sich seit jeher nach einer Sache gesehnt: das Mosaik der Realität zu verstehen und jedes seiner Teile freizulegen. Und vielleicht können wir durch die Kombination von Brahman mit dem Higgs-Boson erahnen, dass die Antworten nicht so weit auseinander liegen, wie sie scheinen.

In einer Passage aus den Upanishaden, den alten heiligen Texten des Hinduismus, erklärt der Weise Yajnavalkya:

> *„Alles, was existiert, ist in Brahman eingehüllt. Nichts existiert außerhalb davon.“*

Dieses Konzept, das Brahman als universelles Prinzip und ultimative Realität definiert, weist heute überraschende Parallelen zur modernen Quantenphysik auf, insbesondere zum Higgs-Feld.

Brahman wird als die Essenz beschrieben, die alles Existierende durchdringt, und wird oft nicht in konkreten Begriffen dargestellt, sondern als undefinierbare, allgegenwärtige und unsichtbare Kraft. Ähnlich verhält es sich mit dem Higgs-Feld, dessen Theorie der britische Physiker Peter Higgs in den 1960er-Jahren entwickelte: Es handelt sich um ein dünnes, unsichtbares Netzwerk, das sich durch das gesamte Universum zieht. Es verleiht Elementarteilchen Masse durch eine Wechselwirkung, die ihr Verhalten bedingt. In gewissem Sinne existiert und interagiert alles, was in unserem Universum Substanz hat, nur dank des Higgs-Feldes, so wie Brahman nach vedischer Auffassung für die Existenz und Kohärenz der gesamten Schöpfung verantwortlich ist.

Die Quantenphysik hat uns gezeigt, dass die Realität nicht aus festen, getrennten Objekten besteht, sondern aus Wellen, Feldern und tiefen Verbindungen. Diese Erkenntnis spiegelt das vedische Konzept wider, dass die ganze Vielfalt der Welt eine Illusion (Maya) ist: eine Projektion der einen zugrunde liegenden Realität, nämlich Brahman. Die Upanishaden beschreiben Brahman als „den Faden, der die Perlen einer Halskette zusammenhält". Dieses poetische Bild suggeriert ein verbindendes Prinzip, das alles, was wir sehen, verbindet. In ähnlicher Weise stellt das Higgs-Feld ein unsichtbares Gewebe dar, das Materie und Energie auf einer fundamentalen Ebene zusammenhält.

Yajnavalkya lädt uns in der Brihadaranyaka Upanishad ein, über ein vernetztes, von Brahman beherrschtes Universum nachzudenken und schlägt einen Weg der inneren Erkenntnis vor, um es wahrzunehmen. In ähnlicher Weise lädt uns die moderne Physik dazu ein, die Geheimnisse des Universums anhand seiner kleinsten Bestandteile zu erforschen. Die Entdeckung des Higgs-Bosons erfolgte im Jahr 2012. Dieses Teilchen, das auch als „Gottesteilchen" bezeichnet wird, stellt einen Durchbruch im Verständnis dar, vergleichbar mit der Offenbarung, dass nicht alles getrennt, sondern Teil eines Ganzen ist.

Der Physiker Fritjof Capra hat diese Verbindungen zwischen moderner Physik und alten östlichen Philosophien erforscht. Capra argumentiert, dass Quantentheorien und vedische Texte in einem Punkt zusammenlaufen: dem Universum als einem Netzwerk von Beziehungen und Interaktionen. Parallele Wege, so Capra, die zeigen, wie Wissenschaft und Spiritualität uns komplementäre Bilder der Realität bieten können.

Brahman und das Higgs-Feld sind keine identischen Konzepte; Ihre Natur, metaphysisch bzw. wissenschaftlich, platziert sie auf verschiedenen Ebenen. Beide laden uns jedoch dazu ein, über ein untrennbar verbundenes Universum nachzudenken, in dem das individuelle Selbst nie wirklich vom Ganzen getrennt ist. Vielleicht besteht unser Ziel, wie alte vedische Weise und moderne Wissenschaftler meinen, nicht so sehr darin, das Universum als eine äußere Entität zu verstehen, sondern vielmehr darin, unsere tiefe Einheit mit ihm zu spüren.

Maya, Brahman und die Quantenverbindung.

Der Hinduismus beschreibt das Konzept Maya als Schleier der Illusion. Dieser Begriff bezieht sich auf die Wahrnehmung einer scheinbar getrennten und fragmentierten Realität. Den vedischen Texten zufolge ist die Welt, die wir beobachten – mit ihrer Vielfalt an Formen, Farben und Phänomenen – lediglich eine illusorische Erscheinung. Hinter dieser vielfältigen Erscheinung liegt Brahman, die einzig ultimative und unteilbare Realität.

Überraschenderweise scheint die Quantenphysik etwas Ähnliches nahezulegen. Das Prinzip der Quantensuperposition besagt, dass Teilchen in mehreren Zuständen gleichzeitig existieren, bis sie beobachtet werden. Der Akt des Beobachtens beschränkt sich daher nicht auf die Aufzeichnung der Wirklichkeit, sondern definiert sie. Diese Eigenschaft erinnert an das Mysterium Maya, das die Illusion einer separaten und abgegrenzten Welt aufrechterhält, bis es durch das Wissen von Brahman „transzendiert“ wird.

Eine moderne Parallele zu Brahman ergibt sich im Konzept des Higgs-Feldes. Dieses fundamentale Quantenfeld, das 1964 theoretisch beschrieben und 2012 durch die Entdeckung des Higgs-Bosons am CERN bestätigt wurde, durchdringt das gesamte Universum. Genau wie Brahman ist es für unsere alltäglichen Sinne unsichtbar, aber grundlegend für die Struktur der Realität. Ohne das Higgs-Feld hätte die Materie selbst keine Masse.

Der indische Philosoph Adi Shankaracharya erklärte im 8. Jahrhundert, dass das Verstehen von Brahman bedeutet, „über die Illusion hinauszublicken“. Ebenso haben uns immer verfeinerte wissenschaftliche Beobachtungen Einblicke in Dimensionen der Wirklichkeit ermöglicht, die uns vorher unzugänglich waren. Jede neue Entdeckung wirft jedoch tiefere Fragen auf. Die Quantenphysik selbst veranlasst viele zu der Frage, ob das Universum tatsächlich vom Beobachter getrennt ist oder ob es im Gegenteil tief mit ihm verbunden ist, genau wie es die vedische Weisheit nahelegt.

Für den Physiker und den Meditierenden bleibt die Frage dieselbe: Ist die Welt, die wir wahrnehmen, real oder eine Illusion? Die Antwort zu finden könnte, wie der Hinduismus lehrt, bedeuten, Schein und Wahrheit, das Sichtbare mit dem Unsichtbaren in Einklang zu bringen. Oder akzeptieren Sie einfach, dass Realität und Illusion zwei Seiten derselben universellen Welle sind.

Brahman und die Wellennatur der Teilchen.

Der Hinduismus mit seiner faszinierenden und komplexen kosmologischen Vision definiert Brahman als die ultimative Realität, das universelle Prinzip, das alles durchdringt. Brahman ist weder eine Form noch ein konkretes Wesen. Vielmehr handelt es sich um die unveränderliche Essenz jenseits von Zeit und Raum, die Quelle des gesamten Universums. Es ist das, was hinter jeder Manifestation der sichtbaren Realität liegt und alles mit diesem unsichtbaren „Gewebe" verbindet, das das Ganze vereint. Es mag wie ein rein philosophisches oder spirituelles Konzept erscheinen, doch einige Parallelen zur modernen Quantenphysik bringen es der wissenschaftlichen Sprache überraschend nahe.

Wenn wir über die Wellennatur von Teilchen sprechen, entsteht eine faszinierende Brücke zwischen Wissenschaft und Spiritualität. Das Doppelspaltexperiment, das erstmals 1801 von Thomas Young durchgeführt und in den 1920er Jahren als Grundlage der Quantenmechanik neu interpretiert wurde, ist ein Eckpfeiler der modernen Physik. Im Experiment zeigen Elektronen – die fundamentalen Bausteine der Materie – ein duales Verhalten: Sie können sich – je nach menschlicher Beobachtung – entweder wie Teilchen oder wie Wellen verhalten. Diese duale Natur stellt Wissenschaftler und Philosophen vor tiefgreifende Fragen zur ultimativen Natur der Realität.

Brahman ist in der vedischen Philosophie dieser Idee bemerkenswert ähnlich. Im indischen Denken erscheint der Kosmos als ein Spiel der Maya, der Illusion der materiellen Realität, die jedoch von einer grundlegenden „Welle" getragen wird, nämlich Brahman. Wie die Quantenwelle ist Brahman unsichtbar und immateriell, aber für die Existenz von Formen unerlässlich. Was wir als „Realität" wahrnehmen, ist also nur eine vorübergehende Manifestation von etwas Tieferem und Grundlegenderem.

Diese Parallele führt uns auch dazu, über die Beziehung zwischen Atman und Brahman nachzudenken. Laut der Bhagavad Gita und den Upanishaden ist Atman – die individuelle Seele – nichts anderes als ein Fragment von Brahman. Auch hier zeigt sich eine Dualität, ähnlich wie beim Verhalten der Teilchen in der Quantenwelt. Wenn wir über das Konzept von Brahman meditieren, löst sich der Dualismus zwischen dem Individuum und dem Ganzen auf: So wie die Welle bei ihrer Beobachtung zu einem Teilchen wird, erkennt sich

Atman in Brahman, wenn man sich von der Illusion der Trennung entfernt.

Das Konzept des Brahman lädt uns dazu ein, darüber nachzudenken, dass die Grenzen zwischen Wissenschaft und Spiritualität möglicherweise weniger starr sind, als wir denken. Vielleicht ist das Universum, wie der große Physiker David Bohm vermutete, nicht in einzelne Teile zersplittert, sondern stellt eine gewaltige „implizite Ordnung" dar, ein unendliches Netz von Verbindungen. Böhm schrieb:

> *„Die Abwesenheit von Fragmentierung ist die grundlegendste Ordnung der Natur."*

Es ist nicht schwer, darin ein Echo vedischen Denkens zu erkennen.

Auch heute noch erforscht die Quantenphysik die Geheimnisse von Raum, Zeit und Teilchen. Doch die alte Weisheit des Hinduismus mit dem Konzept des Brahman erinnert uns daran, dass die Erklärung dafür, wer wir sind, möglicherweise nicht nur in wissenschaftlichen Labors zu finden ist. Die ultimative Realität könnte letztlich eine einzige, mysteriöse Welle sein, die alles verbindet.

Der Tanz Shivas im Quantenfeld. Brahman als Vereinigung von Materie und Energie.

Die Figur des tanzenden Shiva, der Nataraja, ist eines der mächtigsten Symbole des Hinduismus. Ihr Tanz stellt den ewigen Kreislauf von Schöpfung und Zerstörung dar, beides Bewegungen, die für das Gleichgewicht des Universums notwendig sind. Im philosophischen Kontext ist Shiva nicht nur ein Gott, sondern Ausdruck der unaufhörlichen Dynamik von Brahman, der ultimativen Realität, die alles durchdringt.

Brahman wird in den vedischen Texten als das universelle Prinzip verstanden, das die Existenz erhält. Es liegt jenseits jeder konkreten Definition, eine unsichtbare Kraft, die Materie und Energie vereint. Diese Vision fasziniert heute viele theoretische Physiker, da sie an die moderne Beschreibung von Fluktuationen im Quantenfeld erinnert. Das scheinbar leere Quantenvakuum ist tatsächlich voller Energie. In einem kontinuierlichen Tanz von Entstehung und Zerstörung entstehen und verschwinden Teilchen aus diesem grundlegenden Schwingungszustand.

Der Tanz Shivas bietet ein eindrucksvolles Bild zur Beschreibung des Verhaltens des Quantenfelds. Im Jahr 1931 schrieb der große

Physiker und Mathematiker Fritjof Capra, dass er beim Anblick der Darstellung der Nataraja den Tanz subatomarer Teilchen vorstellte. Capra betonte, dass in Momenten höchster Konzentration während seines Studiums der Quantenphysik die Verbindung mit der östlichen Symbolik natürlich und fast unvermeidlich wurde.

In ähnlicher Weise scheint das Higgs-Feld die Essenz des Brahman-Konzepts hervorzurufen. Das Higgs-Feld verleiht den Teilchen Masse und verbindet sie zu einem einzigen unsichtbaren Netzwerk, das das gesamte Universum regiert. Alles ist miteinander verbunden, alles teilt sich eine gemeinsame Matrix. Dies ist auch die Kernidee des vedischen Brahman-Konzepts: eine unteilbare Einheit, die sich in unendlichen Formen manifestiert.

In Südindien beherbergt der Chidambaram-Tempel eine der berühmtesten Darstellungen eines tanzenden Shiva. Hier findet die Symbolik der Nataraja einen greifbaren Ausdruck, indem Kunst, Religion und Kosmologie vereint werden. Die Position der Hände und Füße der Nataraja-Statue soll nicht nur philosophische Prinzipien, sondern auch Naturgesetze darstellen. Die erhobene rechte Hand symbolisiert Schutz, während der erhobene linke Fuß die Befreiung aus dem Kreislauf von Geburt und Tod darstellt.

Die Parallele zwischen Brahman und Entdeckungen im Quantenbereich lässt darauf schließen, dass alte östliche Weisheit und moderne Wissenschaft nicht getrennt sind, sondern sich gegenseitig widerspiegeln. Shiva, derjenige, der zerstört, um zu erschaffen, erinnert an das Quantenvakuum, das nie wirklich „leer" ist, sondern ein fruchtbares Feld unendlicher Möglichkeiten. Aus Shivas Tanz geht eine tiefgründige Botschaft hervor: Materie und Energie sind eins, eng verbunden in einem ewigen Kreislauf.

Brahman und das Higgs-Feld: Eine Begegnung zwischen Ost und West.

Im Universum des menschlichen Denkens bewegten sich die moderne Wissenschaft und die antiken Philosophien scheinbar immer auf getrennten Wegen. Manchmal scheinen sich diese Wege jedoch zu kreuzen und bieten faszinierende Parallelen, die zeigen, wie universell die Reflexion über die Realität ist. Ein solcher Konvergenzpunkt ist die Beziehung zwischen Brahman, dem in hinduistischen Texten beschriebenen Grundprinzip, und dem Higgs-Feld, einer Schlüsselentdeckung der modernen Physik.

Im Hinduismus ist Brahman die ultimative Realität: eine universelle Essenz, die alles Existierende durchdringt. Es handelt sich nicht um eine persönliche Gottheit, sondern um ein abstraktes Prinzip, das Zeit, Raum und Materie transzendiert. In den Veden und Upanishaden, alten Sanskrit-Texten, wird Brahman als „sat-chit-ananda" (Sein, Bewusstsein und Glückseligkeit) definiert: der Ursprung und Erhalt von allem. Eine Beschreibung, die trotz ihrer philosophischen Komplexität suggeriert, dass alles im Universum durch eine unsichtbare Substanz verbunden ist.

Auf der anderen Seite der Welt hat das CERN in Genf die Entdeckung des Higgs-Bosons bekannt gegeben. Dieses winzige, schwer fassbare Materiefragment ist Teil eines universellen Felds, des Higgs-Felds, einer unsichtbaren Energie, die das gesamte Universum durchdringt. Gemäß der Quantenphysik und dem Standardmodell verleiht dieses Feld den Teilchen ihre Masse und ermöglicht so die Entstehung des Kosmos, wie wir ihn kennen.

Die Parallele ist frappierend. So wie Brahman als das Gewebe angesehen wird, das alle Dinge zusammenhält, ist das Higgs-Feld die Infrastruktur, auf der das Universum steht. Beide legen die Existenz einer grundlegenden, allgegenwärtigen und vernetzten Realität nahe. Der Physiker Fritjof Capra war einer der Pioniere, die diese Analogie vorschlugen. Capra stellte fest, dass die Quantenphysik mit ihrer Akzeptanz von Unbestimmtheit und Verbundenheit den mystischen Erkenntnissen der östlichen Philosophien nahe kam.

Ein weiteres interessantes Beispiel stammt aus der Forschung von Erwin Schrödinger, einem der Väter der Quantenmechanik und, überraschenderweise, einem leidenschaftlichen Gelehrten der Upanishaden. Schrödinger schrieb in seinem Tagebuch, dass die im hinduistischen Denken beschriebene Idee eines „universellen Selbst" der einheitlichen Vision der zeitgenössischen Physik unglaublich ähnlich sei.

Indien selbst bietet kulturelle Einblicke, die diese Verbundenheit hervorrufen. Beispielsweise legt das Konzept „Maya" (Illusion) in den Veden nahe, dass das, was wir sehen, nur eine oberflächliche Manifestation der Realität ist, die unter tieferen Schichten verborgen ist. Parallel dazu erinnert uns die moderne Physik daran, dass feste Materie in Wirklichkeit aus Teilchen besteht, die sich sowohl wie Wellen als auch wie Korpuskeln verhalten, ohne jegliche absolute Materialität.

In Genf beherbergt das CERN Wissenschaftler verschiedener Nationalitäten und Kulturen. Dieser Ort der Forschung erinnert an die Idee universellen Wissens, so wie Brahman die der Menschheit zugrunde liegende Einheit darstellt. In Genf wurde im LHC-Tunnel das Higgs-Boson identifiziert und poetisch als „Gottesteilchen" bezeichnet (obwohl der Physiker Leon Lederman, der diesen Ausdruck prägte, ihn ironisch meinte).

Die idealisierte Begegnung zwischen Brahman und dem Higgs-Feld ist kein wissenschaftlicher Beweis, sondern eine Einladung zum Nachdenken. Kann die moderne Wissenschaft mit ihren Werkzeugen dem Verständnis nahe kommen, das östliche Weise vor Jahrtausenden durch Selbstbeobachtung erschlossen haben?

Brahman, die Quantenleere und die kosmische Schöpfung.

Seit Jahrtausenden haben indische Weise über Brahman meditiert, das universelle Prinzip des Hinduismus. Der Überlieferung zufolge ist Brahman die ultimative Realität. Es hat keine Form, existiert jenseits von Zeit und Raum und durchdringt das gesamte Universum. Heilige Texte wie die Upanishaden stellen es als die Quelle dar, aus der alles hervorgeht und zu der alles zurückkehrt – unsichtbar und allgegenwärtig zugleich. Im Bereich der modernen Physik haben einige Wissenschaftler eine faszinierende Parallele zwischen Brahman und dem Quantenvakuum festgestellt. Für indische Mystiker und Physiker stellen beide einen grundlegenden Hintergrund dar, vor dem sich die Realität manifestiert.

Im Kontext der modernen Physik ist das „Quantenvakuum" nicht einfach leerer Raum, sondern ein grundlegender Energiezustand, der das Universum durchdringt. Parallel dazu existierte das Konzept von Brahman als dem universellen Substrat, in dem alle phänomenalen Erscheinungen ihren Ursprung haben.

Das Quantenvakuum ist kein „Nichts". Es ist eine Art „kosmische Brühe", die vor potenzieller Energie vibriert, ein Urzustand, der das Geheimnis der Schöpfung birgt. Einige Physiker, etwa David Bohm, haben die Idee einer impliziten Realität vorgeschlagen, einer tiefen Ordnung, aus der Teilchen und die gesamte Komplexität des Universums hervorgehen. In ähnlicher Weise erzählt der Hinduismus den Mythos der kosmischen Schöpfung durch den Traum von Brahma. In diesem Mythos wird das Universum in zyklischen

Abständen geboren und stirbt, genau wie die Elementarteilchen, die im Quantenvakuum entstehen und sich auflösen.

Es ist interessant festzustellen, dass sich Orte und Zeiten zwar unterscheiden, die menschlichen Bestrebungen jedoch ähnlich sind. Die Weisen der alten indischen Ashrams, die vor Jahrtausenden an den Ufern des Ganges meditierten, versuchten, das Ewige mit der Sprache der Spiritualität zu erfassen. Heute erforschen Wissenschaftler in Genfer Labors oder zwischen Weltraumteleskopen mithilfe der Mathematik und Physik dasselbe ewige Ziel. Obwohl das Quantenvakuum und Brahman aus sehr unterschiedlichen kulturellen Umfeldern stammen, stellen beide ein kraftvolles Symbol dar: eine ungeteilte Realität, die über das chaotische und fragmentierte Erscheinungsbild des Alltags hinausgeht.

In dieser Konvergenz spiegelt sich etwas Neues wider. Der Mythos des Hinduismus ist nicht nur „spirituell“. Es kann den wissenschaftlichen Geist inspirieren, genauso wie die moderne Wissenschaft die Intuition jenes universellen Brahman sichtbar machen kann, das alles durchdringt. Das Universum bleibt letztendlich immer ein Spiegel. Es liegt an uns, zu entscheiden, wie wir es betrachten.

Im Kontext der modernen Physik ist das „Quantenvakuum“ nicht einfach leerer Raum, sondern ein grundlegender Energiezustand, der das Universum durchdringt. Parallel dazu existierte das Konzept von Brahman als dem universellen Substrat, in dem alle phänomenalen Erscheinungen ihren Ursprung haben.

Brahman und das Quantenpotential.

Seit Anbeginn der Zivilisation versucht der Mensch, das tiefe Gefüge der Wirklichkeit zu verstehen. In Indien wurde in den vedischen Texten das Konzept des Brahman entwickelt, des universellen, ewigen, unteilbaren Prinzips, das alles Existierende durchdringt. In der modernen Quantenphysik finden wir bemerkenswerte Parallelen in Phänomenen wie der Nichtlokalität und dem Verhalten von Teilchen, die auf eine Welt unsichtbarer Verbindungen und tiefgreifender Wechselwirkungen hinzuweisen scheinen.

Eine alte vedische Metapher verglich das Universum mit einem Spinnennetz: Jeder Faden ist für sich, doch jeder Punkt ist mit den anderen verbunden, ein Bild, das das Quantenkonzept der vernetzten Realität eindrucksvoll widerspiegelt.

Im Laufe der Jahrhunderte haben vedische Meister Brahman als den Ozean beschrieben, von dem alles eine Welle oder ein Echo ist. In der Chandogya Upanishad, einem der ältesten vedischen Texte, heißt es:

„Alles was ist, ist Brahman."

Eine der wichtigsten Lehren von Adi Shankara, einem indischen Philosophen des 8. Jahrhunderts, erklärt, dass alle scheinbare Vielfalt in der sinnvollen Welt nur eine Illusion (Maya) ist, während alles ein Ausdruck der einen unteilbaren Realität von Brahman ist.

In der Welt der modernen Physik bietet das Phänomen der Nichtlokalität ein unerwartetes Echo alter Gedanken. Experimente mit Quantenteilchen zeigen, dass zwei verschränkte Teilchen, selbst wenn sie durch enorme Entfernungen getrennt sind, augenblicklich kommunizieren. Diese „sofortige" Verbindung stellt unsere intuitiven Grenzen von Raum und Zeit in Frage. Nichtlokalität scheint die Existenz einer Realitätsebene zu bestätigen, in der alles über physische Entfernungen hinaus miteinander verbunden ist.

Eine eindrucksvolle Parallele lässt sich zum 2012 entdeckten Higgs-Feld ziehen, das das gesamte Universum durchdringt, den Teilchen Masse verleiht und so scheinbar Mikrokosmos und Makrokosmos vereint. Die Vorstellung, dass das Universum von einem universellen „Feld" durchdrungen ist, weist bemerkenswerte Ähnlichkeiten mit dem vedischen Konzept von Brahman als Grundlage aller sichtbaren und unsichtbaren Phänomene auf.

Eine klassische hinduistische Anekdote handelt von in Wasser aufgelöstem Salz, das von Weisen zur Beschreibung von Brahman verwendet wurde:

„Man sieht das Salz nicht, aber man schmeckt es überall."

Dies erinnert an die Natur der Quantenteilchen, die sich in einem Wellenzustand gleichzeitig überall und nirgendwo befinden.

Für die alten indischen Rishis konnte Brahman nicht „gesehen" oder „gemessen" werden, sondern konnte nur im eigenen Innern durch Meditation und Intuition wahrgenommen werden. In ähnlicher Weise manifestiert sich ein Großteil der Quantendynamik in der modernen Physik nur indirekt, was Raum für eine enorme theoretische Komplexität lässt. Die Idee, dass alles miteinander verbunden ist, ist, wie Niels Bohr, einer der Väter der

Quantenmechanik, sagte, sowohl für die Physik als auch für die östliche Philosophie von zentraler Bedeutung:

„Alles, was wir beobachten, ist eng mit dem verbunden, was wir sind.“

Obwohl Einstein einigen Implikationen der Quantenphysik skeptisch gegenüberstand, postulierte er selbst ein einheitliches Universum, in dem Raum und Zeit untrennbar miteinander verbunden sind. Diese Vision erinnert möglicherweise an das Konzept der Maya im Hinduismus: die Welt als Erscheinung, die eine darüber liegende, unveränderliche und zeitlose Realität verbirgt, nämlich Brahman.

In der Chandogya Upanishad, einem alten heiligen Text, steht:

„Wie alle Perlen durch einen unsichtbaren Faden verbunden sind, so ist in Brahman alles verbunden.“

Dieser Thread könnte im modernen Bewusstsein das Bild von Quantenfeldern hervorrufen, die Teilchen und Kräfte in einem einzigen, erhabenen kosmischen Tanz verbinden.

Im Kern werfen sowohl die Quantenphysik als auch die vedische Philosophie ein gemeinsames Dilemma auf: Gibt es etwas jenseits von Raum und Zeit? Wenn Brahman das ist, was jenseits der wahrgenommenen Realität existiert, könnte es eine vorwissenschaftliche Intuition dessen darstellen, was die moderne Physik mit Theorien über Multiversen oder Strings zu entwickeln versucht. Beide versuchen, auf unterschiedliche Weise, das Unsichtbare zu durchdringen und die grundlegende Einheit zu suchen.

Die vielleicht wichtigste Botschaft, die uns Brahman und Quantenfelder vermitteln, besteht darin, dass das Universum nicht nur aus Materie besteht, sondern aus einem ewigen Spiel von Verbindungen, in dem alles Teil von etwas Größerem ist. Für den mystischen Dichter Rabindranath Tagore, Nobelpreisträger für Literatur im Jahr 1913, ist diese Idee klar:

„Unendlichkeit ist nichts, was man irgendwo anders findet. Die Unendlichkeit ist hier, hinter dem Bildschirm der sichtbaren Realität.“

Es war vielleicht eine Anspielung auf Brahman, aber auch auf das unsichtbare Universum, das wir heute in wissenschaftlichen Labors erforschen.

Die auffallenden Ähnlichkeiten zwischen dem antiken Brahman-Konzept und den modernen Phänomenen der Quantenphysik beweisen sicherlich keinen eindeutigen Zusammenhang. Sie zwingen uns jedoch, über eine gemeinsame Intuition nachzudenken, die

Wissenschaft und Spiritualität verbindet: Die Welt, in der wir leben, ist komplexer, subtiler und vernetzter, als wir wahrnehmen können. Brahman und Quantenpotential scheinen beide darauf hinzudeuten, dass es unterhalb der scheinbaren Trennung eine einzige Realität gibt, die alles vereint. Vielleicht sind wir, wie die alte vedische Weisheit nahelegt, bereits Teil eines unteilbaren Ganzen, auch wenn wir es oft vergessen.

Brahman und das Geheimnis der Quantenverschränkung

Gemäß der vedischen Philosophie ist alles Existierende eine Manifestation von Brahman: Es gibt keine Trennung zwischen dem, was unterschiedlich erscheint, sondern nur unterschiedliche Modalitäten derselben einheitlichen Realität.

Interessanterweise scheint diese Erkenntnis ein überraschendes Echo in einem der rätselhaftesten Phänomene der Quantenphysik zu finden: der Verschränkung. Es handelt sich um eine mysteriöse Korrelation, die zwei räumlich getrennte Teilchen so stark miteinander verbindet, dass das, was mit einem von ihnen geschieht, scheinbar augenblicklich Einfluss auf das andere hat, unabhängig von der Entfernung. Es ist, als wären die beiden Teilchen Fäden desselben unsichtbaren Gewebes, miteinander verwoben durch das, was Physiker „Nichtlokalität" nennen.

Verschränkung scheint ein Phänomen zu sein, das nur in der modernen Physik vorkommt, doch die Parallelen zu Brahman legen nahe, dass ähnliche Erkenntnisse bereits Teil der philosophischen Überlegungen antiker Kulturen waren. Swami Vivekananda, einer der berühmtesten spirituellen Meister Indiens, sprach von Brahman wie folgt:

> *„der Faden, auf den die gesamte Illusion des Universums projiziert wird."*

Ein Bild, das an die Idee eines universellen Felds erinnern könnte, in dem alles miteinander verbunden ist, genau wie zwei Teilchen, die auf Quantenebene verbunden sind.

Ein weiteres interessantes Beispiel findet sich in den Schriften des Physikers David Bohm, einer zentralen Figur auf dem Gebiet der Quantenmechanik und der impliziten Ordnung. Bohm, fasziniert von der ganzheitlichen Natur des Universums, schlug vor, dass die gesamte sichtbare Realität die Manifestation eines größeren, unteilbaren Plans sei. Eine Vision, die mit Vedanta übereinstimmt, der philosophischen Schule des Hinduismus, die das Konzept des Brahman und seine Beziehung zur phänomenalen Welt erforscht.

Ob es sich nun um die Texte der Upanishaden oder die Laboratorien eines Physikers handelt, die Botschaft scheint klar. Quantenverschränkung und Brahman bieten eine Vision der Realität als untrennbare Verschränkung, in der alles miteinander verbunden und nichts wirklich isoliert ist. Obwohl diese Idee aus ganz unterschiedlichen Zusammenhängen stammt, führt sie zu einer eindringlichen Überlegung: Das Universum besteht möglicherweise nicht aus getrennten Objekten, sondern aus tiefen Beziehungen, aus unsichtbaren Fäden, die alles verbinden.

Vielleicht war es die Hypothese von Niels Bohr, einem der Väter der Quantenphysik:

> *„Die tiefe Wahrheit kann nur durch die Komplementarität der Gegensätze zum Ausdruck gebracht werden."*

Die östliche Philosophie und die westliche Wissenschaft könnten gemeinsam dieselbe Geschichte in verschiedenen Sprachen erzählen.

Vom Urknall zum vedischen Wissen. Brahman und der Ursprung des Universums.

> *„Die Realität ist eine, auch wenn weise Menschen ihr unterschiedliche Namen geben."*

Dieser Vers aus dem Rigveda, einem der ältesten Texte der vedischen Tradition, mag wie ein entferntes Echo erscheinen. Dennoch überdauert ihre Resonanz die Jahrhunderte und steht sogar im Dialog mit einigen der revolutionärsten Ideen der modernen Physik. Das Konzept von Brahman, dem universellen Prinzip und der Grundlage allen Seins, erinnert überraschenderweise an einige Intuitionen der zeitgenössischen Wissenschaft über den Ursprung und die Natur des Universums.

Vor mehr als dreizehn Milliarden Jahren war der Urknalltheorie zufolge das gesamte Universum in einem unendlich dichten Punkt eingeschlossen. Dann kam es zu einer gewaltigen Ausdehnung, die Zeit, Raum und Energie entstehen ließ und den Grundstein für das legte, was wir heute als Realität kennen. In der hinduistischen Tradition jedoch hat das Universum seinen Ursprung in Brahman, einer unteilbaren, ewigen und unergründlichen Realität, die alles durchdringt. Er ist kein Gott im persönlichen Sinne, sondern eine allgegenwärtige Kraft, die jede Möglichkeit der Existenz in sich birgt. Der Vergleich mit der Urenergie des Urknalls ist nicht zufällig.

In der Chandogya Upanishad (ca. 6. Jahrhundert v. Chr.) heißt es: „All dies ist Brahman." Dieses Konzept bekräftigt die grundlegende Vernetzung der Realität, eine Idee, die viele Wissenschaftler heute dem Higgs-Feld zuschreiben. Dieses unsichtbare Feld wurde 1964 vom Physiker Peter Higgs eingeführt und durchdringt das gesamte Universum. Dank ihr erhalten Elementarteilchen Masse und verwandeln sich in das, was wir sehen oder wahrnehmen. Auch hier ist es, wie bei Brahman, unmöglich, das Teilchen von seinem Kontext zu trennen.. Alles ist plastisch, fließend, aber miteinander verbunden.

Ein alter Hindu-Mythos besagt, dass das sichtbare Universum der Atem Brahmans sei. Wenn Brahman erlischt, werden in einem Feuer der Schöpfung Universen geboren. Beim Einatmen kommt alles in sich selbst zurück und löst sich auf. Dieser kosmische Zyklus aus Expansion und Kontraktion ist der wissenschaftlichen Hypothese vom oszillierenden Universum nicht ganz unähnlich. Dieser zufolge war der Urknall möglicherweise nicht die einzige schöpferische Episode, sondern eine unter unzähligen.

Orte wie Varanasi an den Ufern des Ganges sind seit Jahrtausenden die Wiege der Meditation zu diesen Themen. In dieser heiligen Stadt dachten die Weisen über die Natur der Seele (Atman) nach, die der Überlieferung zufolge eng mit Brahman verbunden ist. Auch hier finden wir ein Echo in der Quantenphysik: Die Korrelation zwischen weit entfernten subatomaren Teilchen (Verschränkung) lässt darauf schließen, dass das Universum weniger getrennt ist, als es scheint.

Der Urknall und Brahman, die durch Jahrtausende und Disziplinen getrennt sind, scheinen sich einer einzigen Wahrheit anzunähern: Das Universum entspringt einer gemeinsamen Quelle, die Energie, Substanz und Geist zugleich ist. Vielleicht liegt Wissenschaft und Spiritualität keine Rivalität zugrunde, sondern die Suche nach derselben Antwort auf die tiefsten Fragen der Existenz.

Gibt es ein universelles „Alles"?

Seit Jahrtausenden stellen die spirituellen Traditionen des Ostens die Frage nach der ultimativen Natur der Realität und suchen nach Antworten, die über das Sichtbare hinausgehen. Im Hinduismus steht der Brahman-Begriff im Mittelpunkt dieser Überlegungen. Brahman ist das universelle Prinzip, die Essenz, die alles Existierende durchdringt. Es ist eine unteilbare, unendliche und unsichtbare Realität jenseits von Zeit und Raum. Für indische Weise, beispielsweise die Rishis der Veden, war Brahman nicht nur eine abstrakte Idee, sondern die grundlegende Wahrheit, die alle Teile des Universums verbindet.

Überraschenderweise scheint eine ähnliche Idee Jahrtausende später im Bereich der modernen Physik aufzutauchen. Fortschritte in der Quantenmechanik zeigen uns, dass das, was wir als „fest" wahrnehmen, in Wirklichkeit ein komplexes und mysteriöses Gewirr aus Wellen und Teilchen ist. Das Higgs-Feld, dessen Theorien in den 1960er-Jahren entwickelt und das 2012 entdeckt wurden, brachte eine äußerst faszinierende Idee ans Licht: Eine Art unsichtbares energetisches „Gewebe" durchdringt das gesamte Universum, verleiht den Teilchen Masse und lässt so das entstehen, was wir Realität nennen. Dieses schwer fassbare Feld erinnert fast poetisch an das Konzept von Brahman.

Wenn wir mehr als dreitausend Jahre zurückgehen, wird Brahman in den Veden – den heiligen Texten des Hinduismus – als das beschrieben, aus dem alles entsteht und zu dem alles zurückkehrt. Für indische Mystiker ist jede Form, jeder Laut, jeder Gedanke eine Manifestation dieser einzigartigen Realität. Es gibt keine Trennung. Diese Philosophie wird durch den alten Sanskrit-Ausdruck „Tat Tvam Asi" (Du bist das) zusammengefasst, der jeden Menschen dazu auffordert, seine tiefe Verbindung mit dem kosmischen Ganzen zu erkennen.

Ebenso haben moderne Physiker bei der Beobachtung subatomarer Phänomene entdeckt, dass es auf der fundamentalen Ebene keine scharfen Grenzen zwischen einem Teilchen und einem anderen gibt. Elektronen sind keine statischen Objekte, sondern Wahrscheinlichkeitswellen, die nur innerhalb eines vernetzten Beziehungsgeflechts existieren. Hier scheint sich die Trennung zwischen Beobachter und Beobachtetem aufzulösen, was an die undifferenzierte Einheit Brahmans erinnert.

Professor Fritjof Capra hat in seinem berühmten Buch „Das Tao der Physik" diesen Dialog zwischen Wissenschaft und östlicher Spiritualität erforscht. Capra schreibt:

> *„Moderne Physiker knüpfen wieder an Weltanschauungen an, die die Weisen der Antike schon vor Tausenden von Jahren kannten: die Idee einer unteilbaren Realität, die zugleich dynamisch und vernetzt ist."*

Es ist kein Zufall, dass viele theoretische Physiker wie etwa Erwin Schrödinger, der österreichische Wissenschaftler und Vater der Quantenmechanik, stark vom östlichen Gedankengut beeinflusst wurden. Schrödinger selbst erklärte bei der Lektüre der Upanishaden, dass ihr Konzept der universellen Einheit eine verblüffende Ähnlichkeit mit dem aufweise, was die Physik zu beschreiben versuche.

Stellen wir uns ein symbolisches Bild vor: Auf der einen Seite der Ashram von Rishikesh am Ufer des Ganges, wo spirituelle Meister über Brahman meditierten. Zum anderen der Large Hadron Collider in Genf, wo Wissenschaftler das Higgs-Boson entdeckten. Auch wenn die verwendeten Werkzeuge völlig unterschiedlich sind (der kontemplative Geist eines Rishi und die Teilchenbeschleuniger eines Physikers), scheint das Ziel ähnlich zu sein: die tiefe Natur dessen zu verstehen, was alles Existierende verbindet.

Sowohl das Brahman-Konzept als auch das des Higgs-Felds werfen eine entscheidende Frage auf: Gibt es ein Eines, das aller Vielfalt zugrunde liegt und sie transzendiert? Im Hinduismus nimmt diese Frage metaphysische und spirituelle Töne an. In der Physik hingegen erforschen wir eine mathematische und experimentelle Sprache. Aber die Herausforderung bleibt die gleiche. Die Erkenntnisse der Mystiker und die Entdeckungen von Physikern wie Peter Higgs scheinen darauf hinzudeuten, dass eine Art „universelles Alles" tatsächlich existieren könnte. Vielleicht laufen die Reisen der Wissenschaft und der Spiritualität letztlich in einer einzigen Suche nach der Erforschung des Unsichtbaren zusammen.

Brahmans und Einsteins Suche nach dem einheitlichen Feld.

Albert Einstein verbrachte die letzten Jahre seines Lebens mit der Suche nach etwas Außergewöhnlichem: einer einzigen Gleichung, die in ihrer Einfachheit nahezu göttlich ist und alle Kräfte der Natur vereinen könnte. Dieser Traum, oft als „Theorie von allem" bezeichnet, stellt den Wunsch dar, ein universelles Prinzip zu finden, das dem gesamten Universum zugrunde liegt. Doch ironischerweise ist die Idee eines einigenden Prinzips nicht neu. Philosophien wie der Hinduismus meditieren seit Jahrtausenden darüber mithilfe des Konzepts des Brahman: der unteilbaren und allgegenwärtigen Essenz des Kosmos.

Einstein war ein überzeugter Rationalist, aber es heißt, er bewunderte das Geheimnisvolle. In einem Interview von 1929 erklärte er:

„Ich möchte wissen, wie Gott diese Welt erschaffen hat. Der Rest sind Details."

Sein „Gott“ war nicht unbedingt eine religiöse Gottheit, sondern eine höhere kosmische Ordnung. Überraschenderweise spiegelt Brahman diese Idee wider. In den alten vedischen Texten ist Brahman die ultimative Realität, das unsichtbare und unverständliche Substrat, das das Universum trägt. Nach dem Hinduismus ist alles, was existiert (Materie, Energie, Raum und Zeit), eine einzige Manifestation von Brahman.

Eine moderne Parallele ergibt sich zum physikalischen Konzept des Higgs-Feldes. Das Higgs-Feld ist eine Art „unsichtbares Gewebe“, das das gesamte Universum durchdringt und den Teilchen Masse verleiht. Ebenso ist Brahman kein separates Ding oder Wesen, sondern ein immanentes Prinzip, das jede Manifestation der Realität aufrechterhält. Wie das Higgs-Feld ist Brahman überall, jedoch für unsere normalen Sinne unsichtbar.

In heiligen Texten ist von Brahman nicht nur die Quelle der Zerstörung, sondern auch der Schöpfung und Transformation die Rede, ein ewiger Kreislauf, der an das Quantenverhalten von Teilchen erinnert, die sich ständig in Bewegung zwischen Existenzzuständen befinden.

Diese Vision eines vernetzten und vereinten Universums fasziniert den Westen seit Jahrhunderten. Im 19. Jahrhundert vertiefte sich der Schriftsteller und Dichter Henry David Thoreau in die Lektüre alter vedischer Texte und stellte sich einen Kosmos ohne Unterteilungen vor, in dem eine universelle Harmonie herrscht. Andere Denker des 20. Jahrhunderts wie etwa Erwin Schrödinger, der Vater der Quantenmechanik, fanden Ähnlichkeiten in östlichen Texten mit ihren eigenen Entdeckungen über die Wahrscheinlichkeitsnatur der Realität.

Einstein selbst schien, obwohl er sich nicht ausdrücklich auf östliche Lehren bezog, eine ähnliche Ansicht zu vertreten. Für ihn waren die Unterschiede zwischen Raum und Zeit, Materie und Energie oberflächlich. Wie Brahman löst sich die gesamte scheinbare Realität in eine einzige Essenz auf, eine ultimative Wahrheit, die es noch zu erkennen gilt. Auch wenn Einstein die „Theorie von allem“

nie entdeckte, bleibt seine Vision ein bemerkenswertes modernes Echo der Weisheit der Antike.

Vielleicht finden wir in der Spannung zwischen Wissenschaft und Spiritualität eher eine ewige Frage als eine Antwort. Ist es möglich, dass das Universum beide Sprachen spricht? Im Idealfall hätte Einstein dieselbe Frage gestellt. Und Brahman, das sich die vedischen Weisen vor Jahrtausenden vorgestellt haben, scheint es noch immer unseren modernsten Labors und Teilchenbeschleunigern zuzuflüstern.

Brahman und die verborgene Symmetrie des Universums.

Vedische Texte definieren Brahman:

> *„das, aus dem alles geboren wird, durch das alles lebt und zu dem alles zurückkehrt“,*

eine Beschreibung, die eine verbindende Idee hervorruft, die das gewöhnliche Verständnis der Welt in Frage stellen kann.

Aber was hat Brahman mit der modernen Physik zu tun? Die moderne Kosmologie bietet uns eine bemerkenswerte Parallele: das Higgs-Feld. Dieses Feld durchdringt das gesamte Universum und verleiht den Teilchen Masse. Ohne das Higgs-Feld hätte das Universum weder Form noch Substanz noch Kohärenz. Scheint es nicht fast so, als würden wir in wissenschaftlichen Begriffen über Brahman sprechen? Das Unsichtbare, das Fundamentale wird zum Prinzip, das allem seine Konsistenz verleiht.

Dann gibt es die Wellennatur der Teilchen, die durch die Quantenmechanik beschrieben wird. Niels Bohr, einer der Gründerväter der Quantenphysik, stellte fest:

> *„Alles, was wir real nennen, besteht aus Dingen, die wir nicht als real betrachten können.“*

Diese Aussage suggeriert eine Realitätsebene zwischen dem, was wir sehen und dem, was wir erahnen. Dieses Konzept steht dem vedischen Denken nahe, das Brahman als das betrachtet, was jenseits der phänomenalen Erscheinung liegt.

Eine weitere Verbindung lässt sich in den Worten von Erwin Schrödinger finden, dem Physiker und Autor der berühmten Quantengleichung. Schrödinger ließ sich oft von östlichen Texten inspirieren. Er war davon überzeugt, dass die Einheit des Universums untrennbar mit einem großen verborgenen Zusammenhang verbunden ist. Er schrieb:

„Die Gesamtzahl der Geister im Universum beträgt eins. In Wirklichkeit ist die Unterscheidung zwischen dem individuellen Geist und Brahman eine Illusion."

Schrödinger erkannte die Macht Brahmans als theoretisches Symbol eines vernetzten Universums.

Es ist kein Zufall, dass viele moderne Physiker Inspiration aus der östlichen Philosophie bezogen. Die Analogie zwischen Brahman und der symmetrischen Natur des Kosmos, in dem das Sichtbare und das Unsichtbare in perfekter Balance koexistieren, erinnert an den Begriff der Symmetrie, der im Standardmodell der Teilchenphysik verborgen ist. In beiden Fällen nimmt man eine grundlegende Einheit wahr, die über jede Fragmentierung hinausgeht.

Stellen wir uns dieses Universum als eine riesige Symphonie vor. Jeder Ton ist unverwechselbar, doch erst durch die Stimmigkeit der Töne entsteht Harmonie. In ähnlicher Weise repräsentiert Brahman das Ganze. Es ist nicht nur die Summe seiner Teile, sondern das Prinzip, das dem Ganzen Struktur und Ordnung verleiht. Einerseits die jahrtausendealte vedische Weisheit. Auf der anderen Seite die Gleichungen der Physik. Diese beiden scheinbar weit voneinander entfernten Welten scheinen dieselbe grundlegende Wahrheit zu suggerieren: Das Universum spricht in seiner Komplexität eine einzige Sprache. Oder, wie die indischen Mystiker sagen würden: Alles ist Brahman

Brahman und das Schicksal der Quantenphysik.

„Brahman ist alles, was wirklich existiert. Alles andere ist Illusion."

So lautet einer der berühmtesten Sätze aus den Upanishaden, den grundlegenden Texten der Hindu-Philosophie. Dieses Konzept hat Jahrtausende spiritueller Reflexion geleitet: Alles im Kosmos ist durch eine ultimative, unsichtbare, aber grundlegende Realität vereint, die die Sinneswahrnehmung übersteigt. Doch was passiert, wenn diese alte Idee auf die Sprache der modernen Quantenphysik trifft?

In den letzten Jahrzehnten haben Wissenschaftler und Philosophen überraschende Affinitäten zwischen Brahman, dem absoluten Prinzip der Hindu-Tradition, und einigen Entdeckungen der modernen Physik entdeckt. Eine faszinierende Analogie besteht zwischen Brahman und dem Higgs-Feld, dem mysteriösen unsichtbaren Netzwerk, das der

Teilchenphysik zufolge jeden Winkel des Universums durchdringt und Elementarteilchen Masse verleiht. Seine Existenz vermutete der britische Physiker Peter Higgs bereits 1964. Doch erst 2012 wurde das mit diesem Feld verbundene Boson schließlich am CERN in Genf beobachtet, was weltweit für großes Aufsehen sorgte.

Wie Brahman ist das Higgs-Feld allgegenwärtig, auch wenn es für unsere Augen nicht sichtbar ist. Erst durch die Wechselwirkung mit „sichtbaren" Teilchen wird das Feld erfahrbar, doch was es belebt, bleibt zutiefst rätselhaft. In ähnlicher Weise beschrieben die alten indischen Rishis Brahman als Ursprung und Erhalter allen Seins, eine einzige Kraft, die sich in allem manifestiert, ohne jemals ihre Einheit zu verlieren.

Eine weitere interessante Ähnlichkeit liegt in der Vernetzung der Realität auf Quantenebene. Die moderne Physik hat uns gezeigt, dass subatomare Teilchen eher Wellen als festen Objekten ähneln. Sie existieren in einem ständigen Zustand des Wandels und der Interaktion. In diesem Sinne erinnert die Idee einer Welt, in der alles tief miteinander verflochten ist, an die vedantische Vision einer kosmischen Einheit, die subtil, aber allgegenwärtig ist.

Vittorio Marchi, einer der berühmtesten italienischen Popularisierer der Quantenphysik, hat diese Zusammenhänge oft betont. Ihm zufolge:

> *„Die Quantenphysik entdeckt nichts Neues, sie schreibt lediglich in mathematischen Begriffen um, was die heiligen Texte der Menschheit seit Jahrhunderten erzählen."*

Der Dialog zwischen Wissenschaft und Spiritualität verläuft jedoch nicht ohne Debatten und oft auch Kontroversen. Orthodoxere Wissenschaftler wie Richard Feynman warnen vor der oberflächlichen Verwendung mystischer Metaphern in der Wissenschaft und konzentrieren sich lieber auf experimentelle Daten.

Die philosophische Konvergenz zwischen Brahman und Quantenphysik wirft jedoch einige tiefgreifende Fragen auf. Kommt die Wissenschaft dem Verständnis eines universellen Prinzips, das dem Brahman ähnelt, wirklich näher, oder handelt es sich hierbei um einen interpretativen Zufall, der auf die Beschränkungen unserer Sprache zurückzuführen ist? Und dennoch: Kann die alte Idee einer fundamentalen Einheit des Universums neue Richtungen für die wissenschaftliche Forschung aufzeigen?

Die Upanishaden enden oft mit einer Bestätigung der Hoffnung und des Bewusstseins: „Du bist Das." Diese Aussage ist eine

Einladung, anzuerkennen, dass jedes Individuum ein untrennbarer Teil der kosmischen Einheit ist. Vielleicht sucht auch die moderne Physik nach einer ähnlichen universellen Bedeutung, wie Einstein es andeutete, als er vom „kosmischen Mysterium“ sprach. Und wer weiß, vielleicht entdecken Wissenschaft und Spiritualität in der Zukunft, dass sie sich nicht nur ergänzen, sondern eng miteinander verbunden sind – genau wie die Wellen eines unsichtbaren Ozeans, die das Schicksal des Universums lenken.

Kapitel VIII. Der Atman: Das unsterbliche Selbst.-

Atman und Überlagerung.

In der alten vedantischen Philosophie des Hinduismus repräsentiert das Konzept des Atman das unsterbliche Selbst, den ewigen und unteilbaren Funken, der in jedem Menschen lebt. Diese Essenz gilt als direkte Manifestation von Brahman, dem universellen kosmischen Prinzip, einer formlosen Einheit, die alles durchdringt. Es handelt sich um eine der tiefgründigsten Ideen des Hinduismus und sie bietet überraschenderweise eine faszinierende Verbindung zur modernen Quantenphysik an: die Überlagerung von Zuständen.

Superposition beschreibt in der Quantenmechanik die außergewöhnliche Fähigkeit eines subatomaren Teilchens, gleichzeitig in mehreren Zuständen zu existieren. Das Bild von „Schrödingers Katze" ist berühmt: lebendig und tot zugleich, bis man es betrachtet. In ähnlicher Weise erscheint Atman im Vedanta als eine Realität, die die Beschränkungen von Zeit, Raum und stabilen Identitäten transzendiert.

Es manifestiert sich auf unendlich viele Arten durch die individuelle Wahrnehmung, bleibt jedoch jenseits der Erscheinungen immer unverändert und unteilbar.

Adi Shankara, einer der größten Philosophen des Hinduismus, der im 8. Jahrhundert lebte, lehrte, dass die phänomenale Welt, wie wir sie sehen, eine Illusion (Maya) ist. Er argumentierte, dass die Essenz des Atman einzigartig und universell sei, auch wenn sie in der Individualität jedes Menschen fragmentiert erscheine.

„Wenn ein Mensch das universelle Selbst erkennt, wird er unsterblich."

schrieb Shankara in seinen Kommentaren zu den vedischen heiligen Texten. Dieses unsichtbare, aber allgegenwärtige „universelle Selbst" kann als Schlüssel zu einer mehrdimensionalen Realität angesehen werden, eine Idee, die die Quantenphysik mithilfe des Konzepts „überlagerter Zustände" erforscht.

Stellen wir uns nun eine Parallele vor: So wie ein einzelnes Teilchen gleichzeitig an mehreren Positionen und in mehreren Zuständen existieren kann, so bewohnt Atman als Manifestation von Brahman gleichzeitig unendlich viele Existenzebenen. Im menschlichen Kontext könnte dies bedeuten, dass das Ego aufgrund seiner Verbindung zum universellen Selbst Zugriff auf vielfältige Möglichkeiten hat. Jede Wahl, jede Möglichkeit könnte in einer Art „Quantengitter“ des Bewusstseins existieren.

Ein eindrucksvolles Beispiel hierfür findet sich in der vedantischen Kosmologie des alten Indien: die konkurrierenden Welten oder „Lokas“, die in den heiligen Texten beschrieben werden. Diese Lokas, parallelen Existenzebenen, spiegeln die Möglichkeit der Koexistenz vieler Realitäten wider, Prinzipien, die die Physik heute im Zusammenhang mit den Multiversen als Hypothese aufstellt. Es ist interessant zu beobachten, wie sich bereits das archaische Indien die Komplexität der Wirklichkeit mit einer Perspektive vorstellte, die heute unglaublich modern erscheint.

Kehren wir noch einmal zu Schrödingers Katze zurück. Bis die Kiste geöffnet wird, ist die Katze tot und lebendig zugleich: Sie ist ein Wesen, das in einem Zustand grundsätzlicher Mehrdeutigkeit existiert. Erinnert uns das nicht an die menschliche Erfahrung des Selbst? Oftmals schwanken wir zwischen Identitäten, Rollen und Möglichkeiten, die gleichzeitig in unserem Bewusstsein koexistieren. Der Atman ist, wie die vedantischen Texte nahelegen, nicht an eine einzige Realität gebunden. Es spiegelt sich in jeder Maske wider, die wir tragen, ohne jemals durch eine davon vollständig definiert zu werden.

Auf einer berühmten Reise durch Indien erzählte Shankara eine Parabel, um das Konzept zu verdeutlichen. Er sah einen Mann, der vor einem Seil Angst hatte, weil er es für eine Schlange hielt. Diese falsche Wahrnehmung der Schlange, erklärte Shankara, ist Maya: Der Schein trügt, während das „Seil“ (die zugrunde liegende Realität) das Atman ist. Etwas Ähnliches passiert in der Physik. Teilchen sind nie genau das, was sie bei der Beobachtung zu sein scheinen: Sie verbergen sich hinter gleichwertigen Dualitäten wie Welle und Teilchen.

Diese Überschneidung zwischen Vedanta und Physik könnte zufällig sein oder auf einer universellen Intuition des menschlichen Geistes beruhen. Dennoch bleibt der Dialog zwischen den beiden Disziplinen eine der faszinierendsten Grenzen der zeitgenössischen Philosophie und Wissenschaft. Vielleicht können wir genau dort, wo Atman und Quantenteilchen aufeinandertreffen, eine neue Vision unserer Rolle im Universum erhaschen: endliche Wesen, die mit unendlichen Möglichkeiten tanzen.

Atman und das Quantenfeld.

Im Hinduismus stellt das Konzept des Atman, des unsterblichen Selbst, die tiefste Essenz des Individuums dar, eine Widerspiegelung des göttlichen Absoluten, Brahman. Atman ist nicht an Körper oder Geist gebunden, sondern ist jene ewige Entität, die Zeit und Raum transzendiert. In der Welt der Quantenphysik stößt diese Idee auf merkwürdige Resonanz. Die Quantensuperposition, ein Phänomen, bei dem Teilchen gleichzeitig in mehreren Zuständen existieren, scheint in einen Dialog mit der vielfältigen und illusorischen Natur des Selbst (Maya) zu treten, die in den vedischen Texten gelehrt wird.

Werner Heisenberg, einer der Väter der Quantenmechanik, besuchte Indien im Jahr 1929. Bei seinem Treffen mit Rabindranath Tagore, einem Dichter und Philosophen, der tief im vedischen Denken verwurzelt war, sagte Heisenberg:

> *„Ich habe in der östlichen Philosophie einen Weg gefunden, die Quantenunsicherheit jenseits starrer westlicher Kategorien zu verstehen."*

Dieser Dialog zwischen Wissenschaft und Spiritualität erkennt einen gemeinsamen Punkt an: Die ultimative Realität ist nicht festgelegt, sondern probabilistisch und vernetzt.

Die Physik beschreibt das Quantenfeld als ein unendliches Feld von Möglichkeiten. Subatomare Teilchen wie Elektronen nehmen keine definierte Position ein, sondern sind „Wahrscheinlichkeitswellen". Nur durch Beobachtung können diese Wellen in einen präzisen Zustand gebracht werden. In ähnlicher Weise lebt Atman in der vedischen Sicht im illusorischen Spiel der Vielfalt, bleibt jedoch immer Zeuge und Punkt der Einheit. Selbstbewusstsein entsteht, wie beim Kollaps von Quantenwellen, erst dann, wenn der Beobachter sich seines wahren Wesens bewusst wird.

Die Parallele zwischen Atman und dem Quantenfeld bereichert sowohl die Wissenschaft als auch die Spiritualität. Während für die Wissenschaft das Selbst ein Konvergenzpunkt in einem Wahrscheinlichkeitsuniversum sein könnte, ist für den Hinduismus Atman die absolute Realität, die darauf wartet, erkannt zu werden. Beide Bereiche laden uns mit unterschiedlichen Sprachen dazu ein, über eine Welt nachzudenken, in der alles miteinander verbunden ist.

Den heiligen Texten zufolge ist Atman kein eigenständiges Wesen, sondern eine direkte Manifestation von Brahman, dem universellen

Absoluten. Ganz gleich, wie viele Formen oder Identitäten es annimmt, sein Wesen bleibt unverändert, wie ein Spiegel, der reflektiert, ohne sich jemals zu verändern. Dieses vor Jahrtausenden entwickelte Konzept scheint eine Entsprechung in der modernen Quantenphysik und der Idee der Überlagerung von Zuständen zu finden, bei der ein Teilchen gleichzeitig in verschiedenen Zuständen existieren kann.

Das Mahabharata, das große Epos des alten Indien, bietet eine aufschlussreiche Erzählung. In einer ikonischen Episode blickt Arjuna, ein Kriegerprinz, in Vishvarupa, die universelle Form des Gottes Krishna. In diesem Moment sieht er alle Erscheinungsformen des Universums gleichzeitig koexistieren: seine vergangenen Leben, seine zukünftigen Schlachten und die unendlichen Möglichkeiten der Existenz. In seinem Kommentar zu dieser göttlichen Vision erinnert Krishna Arjuna daran, dass alles – einschließlich seiner Ängste und Wünsche – eine Widerspiegelung einer einzigen Wahrheit ist: des Atman, der hinter der Vielfalt der Erscheinungen liegt. Diese Reflexion mehrerer Identitäten ist eine symbolische Darstellung der Quantensuperposition.

In der Quantenmechanik erklärt die Superposition, wie ein Teilchen widersprüchliche Zustände einnehmen kann, zum Beispiel gleichzeitig eine Welle und ein Teilchen sein kann. In ähnlicher Weise ist Atman die einzige Essenz, die sich in mehreren Formen und Identitäten widerspiegeln kann, ohne jemals auf eine davon beschränkt zu sein. Swami Vivekananda, einer der größten indischen Philosophen des 19. Jahrhunderts, schrieb:

„Der Atman ist in nichts gegenwärtig, aber alles ist im Atman.“

Dieser Satz bringt die Idee zum Ausdruck, dass die Identität des Selbst wie ein Quantenteilchen nicht in einer festgelegten Form gefangen ist, sondern in einem offenen Feld von Möglichkeiten existiert.

Auch die Meditationspraxis spiegelt diese Idee wider. In den höchsten meditativen Zuständen, die in der Upanishaden beschrieben werden, löst sich die Grenze zwischen Selbst und Universum auf. Der Meditierende erfährt sein Bewusstsein als ein unendliches Feld, in dem alle persönlichen Identitäten gleichzeitig koexistieren: Eltern, Kind, Schüler, universelles Wesen – alle sind real und irreal zugleich. Die vedantischen Rishis verglichen diese Intuition mit einem stillen Gewässer, in dem jede Welle deutlich zu erkennen ist, das Wesen jedoch immer das des Wassers bleibt.

Auch der Hinduismus bietet ein poetisches Bild dieser fließenden Identitätsstruktur. Der Berg Meru, die kosmische Achse, die in heiligen Texten beschrieben wird, ist der Mittelpunkt, um den sich unendlich viele Welten drehen. Jede Welt spiegelt eine andere Perspektive wider, aber der Mittelpunkt bleibt derselbe. In ähnlicher Weise ist Atman der ewige und unveränderliche Kern, der den unendlichen Tanz des Werdens beobachtet.

Die Parallelen zwischen Vedanta und der Quantenphysik lassen sich nie völlig decken, doch sie geben Anlass zu einer tiefgreifenden Reflexion über die Art und Weise, wie wir Identität und Realität auffassen. Beide Disziplinen scheinen darauf hinzudeuten, dass wir viel mehr sind, als es auf den ersten Blick scheint. Atman könnte wie das Quantenteilchen den Spiegel des Bewusstseins bewohnen und unendliche Möglichkeiten widerspiegeln, die wir manchmal bewusst nicht erkennen. Vielleicht liegt die Antwort auf das Geheimnis unserer Identität in unserer Fähigkeit, diese Pluralität zu erkennen und zu harmonisieren, im Wissen, dass das ultimative Wesen, das uns definiert, sich nie verändert.

Atman und Unsicherheit: Werner Heisenberg und das unsichtbare Selbst.

1929 besuchte der deutsche Physiker Werner Heisenberg, der Vater des Unschärfeprinzips, Indien. Dort traf er den Dichter und Philosophen Rabindranath Tagore und lernte die Bhagavad Gita kennen, den heiligen Text des Hinduismus. Heisenberg, berühmt für seine Entdeckung der fundamentalen Grenze im Wissen über subatomare Teilchen, war überrascht, als er entdeckte, dass die Konzepte der Unbestimmtheit und Relativität in philosophischer Form bereits seit Jahrtausenden in der östlichen Kultur vorhanden waren.

Das Herz des indischen Denkens, wie es in der Bhagavad Gita zum Ausdruck kommt, dreht sich um die Idee des Atman, des unsterblichen Selbst. Atman ist die unsichtbare Essenz, die jedes Individuum besitzt, und ist eine Manifestation von Brahman, dem universellen Absoluten. Aber dieses „Selbst“ ist nicht definierbar. Wie das Elektron in der Quantenwelt, das nicht an einem einzigen Punkt und zu einer einzigen Zeit präzise beobachtet werden kann, entzieht sich der Atman einer Beschreibung. Es ist unendlich und ungreifbar; Sie können es spüren, aber nicht messen.

Heisenbergs Verbindung zur Bhagavad Gita hatte nach Ansicht einiger Biographen einen tiefgreifenden Einfluss auf seine Sicht der Wissenschaft. Er entdeckte eine Ähnlichkeit zwischen dem Verhalten von Partikeln und dem östlichen Denken.

„Die Quantenphysik ist nicht so weit von der spirituellen Realität entfernt, die in indischen Texten beschrieben wird“,

Heisenberg sagte, die Wissenschaft bewege sich in Richtung eines Bereichs, in dem Unsicherheit und Komplexität herrschen, genau wie in den heiligen Texten.

Ein Elektron in Superposition kann sich gleichzeitig in zwei Zuständen befinden und vom Sein zum Nichtsein übergehen, genau wie die philosophische Idee des Atman, die das Selbst sowohl universell als auch persönlich, greifbar und transzendent macht. Unsicherheit ist daher weder ein Mangel der Wissenschaft noch der Spiritualität, sondern ihre Stärke.

Als Heisenberg Indien verließ, war er von der Tiefe dieser Lehren beeindruckt. Er kehrte mit einem neuen Element an seinen Arbeitsplatz in Europa zurück: dem Bewusstsein, dass zum Verständnis der Gesetze des Mikrokosmos philosophische Sensibilität erforderlich ist.

In einem Universum, in dem Beobachter und Beobachtetes untrennbar miteinander verbunden sind, treffen scheinbar weit voneinander entfernte Physik und Spiritualität am Rande des Unmöglichen aufeinander.

Die Illusion des Selbst: Atman und das Quantenmultiversum.

Die Idee, dass die Realität eine Illusion ist, ist ein faszinierendes Thema, das alte östliche Philosophien und moderne Entdeckungen in der Quantenphysik verbindet. Im Hinduismus beschreibt das Konzept Maya die sichtbare Welt als eine trügerische Projektion, losgelöst von der ultimativen Wahrheit. Gleichzeitig postuliert die Quantenphysik mit ihrer Theorie des Multiversums die Koexistenz unendlich vieler Parallelwelten, jede mit ihren eigenen alternativen Versionen von Ereignissen, Menschen und Identitäten.

Atman ist den vedischen Texten zufolge die unsterbliche und einzigartige Essenz, die jenseits aller trügerischen Erscheinungen lebt. Wenn wir es mit dem Quantenmultiversum verbinden, können wir uns das Atman als den Faden vorstellen, der sich durch alle Versionen des Selbst zieht und diese verbindet, die in den verschiedenen hypothetischen Realitäten existieren. So wie sich jedes subatomare Teilchen in einem Superpositionszustand befinden kann – das heißt, in mehreren Zuständen gleichzeitig existieren kann –, so scheint auch die Idee eines einzigen, aber fragmentierten Selbst in unendlichen Erfahrungen sowohl bei religiösen als auch bei wissenschaftlichen Ansichten Anklang zu finden.

In der Bhagavad Gita, einem der berühmtesten heiligen Texte des Hinduismus, heißt es:

> *„Wie ein Mensch neue Kleider anzieht und die alten ablegt, so nimmt der Atman neue Körper an.“*

Dieses Zitat kann nicht nur als Metapher für Reinkarnation gesehen werden, sondern auch als Anspielung auf die multidimensionale Realität des Universums. Das Selbst könnte daher in mehreren gleichzeitigen Inkarnationen „parallele“ Erfahrungen machen, genau wie es die Multiversum-Theorie nahelegt.

Auch Adi Shankara, der große Philosoph des 8. Jahrhunderts, argumentierte, dass die Erkenntnis des Atman der grundlegende Schritt sei, um die von Maya geschaffene Illusion des getrennten Selbst zu durchbrechen. In gewissem Sinne steht sein Denken im Einklang mit der modernen wissenschaftlichen Intuition, dass verschiedene Beobachter unterschiedliche Realitäten beeinflussen und formen können. So wie die Rolle des Beobachters in der Quantenphysik von entscheidender Bedeutung ist, ist sie auch für diejenigen von entscheidender Bedeutung, die spirituelle Erleuchtung suchen: Die wahre Natur des Atman zu erkennen bedeutet, die Illusionen dieser fragmentierten Realität zu überwinden.

Ein suggestives Bild kann entstehen, wenn man sich das Multiversum als eine unendliche Reihe von Möglichkeiten vorstellt, von denen jede durch eine andere Welt repräsentiert wird. Doch im Zentrum von allem steht wie eine unbewegliche und unsichtbare Achse der Atman. Dieses unsterbliche Selbst ist die einzige Konstante, die sich durch die verschiedenen „Ichs“ zieht, die in den von der Wissenschaft beschriebenen Parallelwelten verstreut sind.

Der Westen begann sich diesen Fragen dank Menschen wie Werner Heisenberg zu nähern, einem der Väter der Quantenmechanik. Heisenberg selbst studierte eingehend das östliche Gedankengut und erkannte überraschende Ähnlichkeiten zwischen den Erkenntnissen der modernen Physik und denen der vedischen Texte. Auch in diesem Zusammenhang klingt das berühmte Zitat von Schopenhauer, dem vom Hinduismus faszinierten deutschen Philosophen, prophetisch:

„Die Welt ist meine Repräsentation der Welt."

In einer durch Beobachtung konstruierten Realität – sei es die des Geistes oder des inneren Bewusstseins – ist unsere wahre Identität möglicherweise nur die Manifestation jenes unsterblichen Fadens, der alles zusammenhält.

Schließlich ist die Verbindung zwischen Atman und dem Multiversum eine Einladung, über das Konzept der Identität nachzudenken. Wenn jede Entscheidung, jede Handlung und jede Möglichkeit in einem anderen Zweig der Quantenrealität existiert, dann ist die Person, die wir in diesem Leben sind, nur eine teilweise Widerspiegelung unseres ewigen Selbst. Das Erkennen dieser Perspektive bedeutet nicht nur, eine spekulative Vision des Kosmos anzunehmen, sondern auch ein tieferes Bewusstsein darüber zu entwickeln, was wir sind: keine passiven Zuschauer, sondern integrale und untrennbare Teile eines vernetzten Universums.

In einer Welt, in der Wissenschaft und Spiritualität immer stärker miteinander verflochten werden, erwacht das uralte Konzept des Atman im Lichte der jüngsten Entdeckungen im Bereich der Quantenphysik zu neuem Leben. Oder vielleicht ist es nur eine Erinnerung daran, dass die Menschheit schon immer in der Lage war, über den äußeren Schein hinauszublicken.

Atman und das Paradoxon von „Schrödingers Katze".

Atman repräsentiert das unsterbliche Selbst, einen Funken Brahman, die ultimative, allgegenwärtige Realität. Der Hinduismus geht davon aus, dass Atman nicht den Beschränkungen von Raum, Zeit oder illusorischen Phänomenen unterliegt. Dieses Selbst verändert sich nicht, es beobachtet alles, bleibt jedoch unveränderlich. Es ist ein stummer Zeuge des Werdens.

In der Welt der modernen Wissenschaft taucht in der Quantenmechanik eine überraschend ähnliche Idee auf. Das Phänomen der Superposition ermöglicht es subatomaren Teilchen, bis hin zu einer „Beobachtung", in mehreren Zuständen gleichzeitig zu existieren. Und hier ergibt sich eine interessante Parallele zwischen Atman und dem berühmten Paradoxon von Schrödingers Katze.

Im Jahr 1935 beschrieb der Physiker Erwin Schrödinger ein Gedankenexperiment, um die beunruhigende Natur von Quantensystemen zu erklären. Stellen Sie sich eine Katze vor, die in einer Kiste eingesperrt ist, deren Mechanismus mit dem Zerfall eines radioaktiven Teilchens verbunden ist. Wenn das Teilchen zerfällt, tötet ein Mechanismus die Katze. Nach den Regeln der Quantenphysik existiert das Teilchen gleichzeitig in zwei Zuständen: zerfallen und nicht zerfallen. Folglich ist die Katze gleichzeitig lebendig und tot, bis wir die Kiste öffnen.

Dieses Paradoxon spiegelt die Idee wider, dass die Realität bis zum Akt der Beobachtung unbestimmt ist. Atman könnte gemäß der Hindu-Philosophie als „Zeuge“ dieser Mehrdeutigkeit betrachtet werden. Der Beobachter verändert die Zustände nicht, sondern macht sie sichtbar.

Eine tiefe Verbindung besteht in der Vorstellung von Maya, der Illusion, in der die phänomenale Welt existiert. Maya umhüllt die Realität wie ein trügerisches Netz. Atman bleibt jedoch distanziert, rein und unverfälscht und beobachtet die Ereignisse, ohne sich einzumischen.

Ebenso hat die Rolle des Beobachters in der Quantenphysik eine grundlegende Funktion: zu definieren, was real ist. Was wir sehen, entsteht erst, wenn wir beobachten. Ohne den Beobachter scheint die Realität in der Schwebe zu bleiben, wie die unendlichen Möglichkeiten der Teilchen in der Superposition. In der Bhagavad Gita, dem heiligen Text des Hinduismus, heißt es:

> *„Für den Atman gibt es weder Geburt noch Tod. Atman existiert und hört nie auf zu existieren. Atman wird nicht geboren, es stirbt nicht, es ist ewig, ursprünglich, es hatte nie einen Anfang und wird nie ein Ende haben. Der Atman stirbt nicht, wenn der Körper stirbt.“*

Dies steht in engem Zusammenhang mit Schrödingers Vorstellung, dass das System in ewiger Möglichkeit schwebt, bis es durch Beobachtung definiert wird.

Sogar hinduistische Weise wie Adi Shankara, ein großer Befürworter des Advaita Vedanta, beschrieben Atman als den Spiegel, der die phänomenale Welt reflektiert, ohne jemals von ihr verändert zu werden. So wie der Spiegel angesichts von Bildern unverändert bleibt, beobachtet Atman mehrere Zustände, ohne sich zu verändern.

Quantenmeditation: Zugang zum Atman und zur Überlagerung von Zuständen.

In vielen spirituellen Traditionen Indiens gilt der Atman als der tiefste Kern des Menschen. Es ist die ewige, unsterbliche Essenz, die gemäß den vedischen Texten eine direkte Manifestation von Brahman, dem universellen kosmischen Prinzip, darstellt. In gewissem Sinne kann man sagen, dass Atman ein göttlicher Funke ist, der in jedem Menschen vorhanden ist. Doch was passiert, wenn wir dieses uralte Konzept in Dialog mit den Entdeckungen der Quantenphysik setzen?

Die moderne Physik hat uns gezeigt, dass subatomare Teilchen in Superpositionszuständen vorhanden sein können. Dies bedeutet, dass Teilchen gleichzeitig in mehreren Zuständen oder an mehreren Orten existieren, bis eine externe Beobachtung eingreift. Dieses Phänomen, das im Mittelpunkt von Schrödingers Experimenten und der komplexen Welt der Quantenphysik steht, fasziniert Wissenschaftler und Philosophen. Und überraschenderweise kann man eine Verbindung zwischen dem Konzept des Atman und Meditationspraktiken feststellen.

Achtsamkeitsmeditation, die in den Veden und späteren Texten wie den Upanishaden ausführlich beschrieben wird, ist viel mehr als eine Entspannungstechnik. Einige Wissenschaftler und Praktiker betrachten es als eine Methode, sich auf die tiefsten Ebenen des Bewusstseins einzustimmen, wodurch man seine Einheit mit dem Universum wahrnehmen kann. Anekdoten großer spiritueller Meister wie Adi Shankaracharya erzählen, wie Meditation zu der Erkenntnis führt, dass der Atman nicht auf Körper oder Geist beschränkt ist, sondern eine mehrdimensionale Einheit jenseits von Zeit und Raum darstellt.

Auf neurowissenschaftlicher Ebene haben neuere Studien untersucht, wie Meditation die Schaltkreise im Gehirn verändert und Zustände der „Verbindung" zwischen verschiedenen Bereichen des Gehirns schafft. Der Neurowissenschaftler Sir Roger Penrose hat zusammen mit dem Physiker Stuart Hameroff die Theorie des „Quantengeistes" aufgestellt. Dieser Theorie zufolge könnten Mikrotubuli in Gehirnzellen eine ähnliche Rolle spielen wie Quantenteilchen, wobei es im menschlichen Gehirn zu Superpositions- und Quantenkollapszuständen kommen könnte.

Diese Phänomene könnten nicht nur das Bewusstsein, sondern auch tiefste meditative Zustände erklären.

Stellen Sie sich Meditation als ein Werkzeug vor, um auf die „Überlagerung" des Selbst zuzugreifen. Ein Praktizierender kann in geistiger Ruhe die verschiedenen Aspekte seiner Identität gleichzeitig wahrnehmen: das individuelle, das relationale und das kosmische Selbst. Der Nobelpreisträger Erwin Schrödinger, der stark von der vedischen Philosophie beeinflusst war, schrieb:

> *„Die Unterscheidung zwischen dem Selbst und dem Universum ist letztendlich eine Illusion."*

Heilige Orte wie Varanasi am Ufer des Ganges sind seit Jahrtausenden Orte der Meditation und spirituellen Forschung. Doch selbst in wissenschaftlichen Labors gibt die Möglichkeit, dass zwischen dem Geist, dem Universum und subatomaren Teilchen tiefgreifende Verbindungen bestehen, weiterhin Anlass zu Fragen. Wir sind Teil einer einzigartigen Realität, in der uralte Weisheit und modernste Physik uns, jeweils auf ihre Weise, derselben Intuition näher bringen: Wir existieren als ein Gewirr von Zuständen, sichtbar und unsichtbar, greifbar und transzendent.

Vielleicht können wir durch Meditation einen Blick auf dieses Mysterium erhaschen und es sogar erfahren. Ein Mysterium, das bereits mit dem Wort Atman, der unsterblichen Seele, beschrieben wird.

Kalidasa und die schwebenden Teilchen: Poesie und Physik des Atman.

Das Werk von Kalidasa, der als einer der größten Dichter und Dramatiker des klassischen Indien (4.-5. Jahrhundert n. Chr.) gilt, beschwört mit außerordentlicher Sensibilität die Verbindung zwischen der individuellen Seele (Atman) und dem unendlichen Kosmos (Brahman). In seinen Versen sind das Universum und die Seele keine getrennten Einheiten, sondern zwei Seiten derselben fließenden, sich verändernden und dennoch eng miteinander verbundenen Realität. Dieser alte Gedanke scheint im Dialog mit einer der revolutionärsten Ideen der modernen Physik zu stehen: der Quantensuperposition.

In der Quantenphysik kann ein Teilchen in mehreren Zuständen gleichzeitig existieren, bis ein Beobachter es zum „Kollaps" bringt, das heißt, seine „Position" oder seinen „Zustand" bestimmt. Dieses dem normalen menschlichen Verständnis scheinbar fremdartige Prinzip erinnert auf poetische Weise an die vedische Idee des facettenreichen Selbst. Atman ist im Hinduismus das unsterbliche Selbst, das in der Lage ist, die individuelle Identität zu transzendieren und mit der universellen Realität zu verschmelzen. Es handelt sich um eine einzelne und zugleich vielfältige Entität.

Kalidasa beschreibt in seinen Gedichten das Selbst als einen „Tropfen", der sich im universellen Ozean auflösen kann und dabei seine Essenz behält.

(Erinnern Sie sich an David Bohms Bild des Tintentropfens in Glycerin?)

In dem epischen Meisterwerk „Meghadūta" (Die Botenwolke) ruft ein verbannter „Yaksha", Symbol der leidenden Seele, eine Wolke als Kanal an, um seiner weit entfernten Geliebten eine Botschaft zu überbringen. Die Wolke wird zur Brücke zwischen dem individuellen Selbst und den unendlichen Weiten des Kosmos. Diese Symbolik spiegelt die Prinzipien der Quantenwelt wider, in der das einzelne Teilchen eins mit dem kosmischen Wahrscheinlichkeitsnetz ist.

Eine interessante Parallele findet sich auch in der europäischen Poesie. John Keats spricht in seiner „Ode an eine Nachtigall" von einer Seele, die zwischen verschiedenen Welten schwebt, und greift damit ein ähnliches Thema auf wie der indische Dichter: die Spannung zwischen Individualität und kosmischer Einheit. Es ist jedoch Kalidasa, der mit seiner verfeinerten Sanskrit-Ästhetik eine Sprache definiert, die diese Dualität als harmonische Verbindung und nicht als Konflikt begrüßt.

Die moderne Wissenschaft, vertreten durch Pioniere wie Schrödinger und Heisenberg, hat in der östlichen Philosophie eine interessante vorgeburtliche Intuition der Quantenentdeckungen erkannt. Vor allem Schrödinger erwähnte die Idee des Atman ausdrücklich als Modell zur Vorstellung einer Wirklichkeit, in der sich die Grenzen zwischen Beobachter und Beobachtetem auflösen. Kalidasa nimmt in vielen der Natur und dem Transzendenten gewidmeten Versen ein Gefühl der „Unbestimmtheit" vorweg, das die Quantenmechanik mit ihren Gleichungen offenbart hat.

Kalidasa durch die Linse der Quantenphysik zu überdenken, ist nicht nur eine intellektuelle Übung. Es ist eine emotionale und ästhetische Reise, die uns daran erinnert, wie Poesie und Wissenschaft zusammenkommen können. Wie das schwebende Teilchen lehrt uns der Atman, dass Identität und Realität umfassendere Konzepte sind, als wir wahrzunehmen scheinen. In beiden Fällen ist das, was getrennt erscheint, letztlich unteilbar.

Atman und der Quantenbeobachter. Wer bist du, wenn du hinschaust?

Die Idee, dass Beobachtungen die Realität beeinflussen können, ist eines der faszinierendsten Konzepte der Quantenphysik. Teilchen, die sich in „Superpositionszuständen" befinden, kollabieren zu einer einzigen beobachtbaren Realität, wenn ein Beobachter eingreift. Diese scheinbare wissenschaftliche Magie findet eine bemerkenswerte Parallele im hinduistischen Denken, wo der Atman eine ähnliche Rolle als Beobachter der universellen Realität spielt.

Laut Hinduismus ist Atman die individuelle Essenz, der unveränderliche Kern, der die Welt durch den Schleier von Maya, der Illusion der materialistischen Realität, betrachtet. In den Upanishaden-Texten lesen wir, dass nur der Atman die Wahrnehmung der Welt ermöglicht. Er ist der ultimative Beobachter, ein stiller Zeuge, der Körper und Geist transzendiert. Die Weisen schreiben in den vedischen Texten:

„Das Selbst ist der Zeuge, ewig und formlos",

Dieses Konzept kann mit dem Doppelspalt-Quantenexperiment verglichen werden. Bei diesem Experiment passiert ein Teilchen – beispielsweise ein Photon – gleichzeitig zwei Schlitze, wodurch die Überlagerung von Zuständen sichtbar wird. Wenn ein Beobachter jedoch die Flugbahn eines Teilchens misst, wählt dieses Teilchen eine einzigartige Flugbahn: Allein der Akt der Beobachtung verändert das Ergebnis.

Die Auswirkungen sind außergewöhnlich. Wer also beobachtet, ist Teil der Wirklichkeit, die er beobachtet. Werner Heisenberg, einer der Väter der Quantenmechanik, betonte diesen Zusammenhang mit den Worten:

„Was wir beobachten, ist nicht die Natur an sich, sondern die Natur, die unserer Befragungsmethode ausgesetzt ist."

Der Hinduismus erweitert dieses Konzept noch weiter. In den Dialogen der Bhagavad Gita erklärt Krishna Arjuna, dass der Atman zeitlos und unveränderlich ist. Er betrachtet jedoch das Drama des irdischen Lebens, wenn auch mit göttlicher Distanz. Mit anderen Worten: Der Beobachter (Atman) beobachtet nicht nur, sondern ist auch Teil der Schöpfung dessen, was er betrachtet. Dies erinnert an die philosophische Interaktion zwischen dem menschlichen Beobachter und der Quantenrealität.

Wie helfen uns diese Ideen, besser zu verstehen, wer wir sind? Wenn ich die Welt betrachte, wer bin ich wirklich? Sind es Körper und Geist, die aufgewühlt sind, oder ist es das Atman, das Selbst, das die Verwirrung der sichtbaren Welt beruhigt? Sowohl die Quantenphysik als auch die Hindu-Philosophie weisen darauf hin, dass die wahre Antwort vielleicht im Akt der Beobachtung selbst liegt. Wir sind nicht nur Zuschauer, wir sind auch Teilnehmer. In diesem Spiegel zwischen Ost und West spiegeln sich Beobachter und Beobachtetes gegenseitig wider und enthüllen so eine verborgene Verbindung zwischen Wissenschaft und Geist.

Der Tanz des multidimensionalen Selbst. Shiva, Atman und Quantensuperposition.

Im Zentrum der Hindu-Philosophie manifestiert sich der Atman oder das unsterbliche Selbst als ewige Essenz in jedem Individuum. Der Atman ist zugleich ein Fragment des unendlichen Brahman, der ultimativen und unteilbaren Wirklichkeit. Aus einer anderen Perspektive haben Quantenphysiker ein faszinierendes Phänomen namens „Superposition" entdeckt. Gemäß der Quantenmechanik kann sich ein Teilchen gleichzeitig in mehreren Zuständen befinden, bis sich durch Beobachtung einer der möglichen Zustände „entscheidet". Überraschenderweise scheint dieser Zustand das Konzept von Atman als einer multidimensionalen Präsenz in ständiger Transformation widerzuspiegeln.

Shiva, eine der ikonischsten Figuren des Hindu-Pantheons, verkörpert diesen Tanz der Veränderung perfekt. Shiva ist als Zerstörer und Verwandler bekannt und repräsentiert die kontinuierliche Bewegung zwischen den Möglichkeiten des Seins. In der indischen Mythologie symbolisiert ihr berühmter „kosmischer Tanz" (der Tandava) die Erschaffung, Zerstörung und Erneuerung des Universums. Dieser Tanz, der seinen Ursprung in der Mythologie hat und in Shiva gewidmeten Tempeln wie dem in Chidambaram, Tamil Nadu, erklingt, wird zu einer kraftvollen Metapher für die Art und Weise, wie sich der Atman selbst zwischen seinen verschiedenen Zuständen bewegt.

Während seines Aufenthalts unterhielt sich Werner Heisenberg mit Rabindranath Tagore, dem bengalischen Dichter und Philosophen.

Die beiden diskutierten die Zusammenhänge zwischen moderner Physik und östlichen Philosophien. Heisenberg, beeindruckt von der für den Hinduismus typischen ganzheitlichen Sicht der Wirklichkeit, fand Resonanzen zwischen der Wahrscheinlichkeitsnatur von Quantenphänomenen und der Vorstellung eines fließenden und vernetzten Selbst. Die Überlagerung von Zuständen erinnert beispielsweise an die Idee, dass Atman weder starr noch monolithisch ist, sondern im Dialog mit Brahman zwischen verschiedenen Perspektiven und Formen vibrieren kann.

Wenn man an den Tanz Shivas denkt, kann man sich Atman vorstellen, versunken in einen „Quantentanz" unendlicher Möglichkeiten. Wie ein Teilchen kann das Selbst zwischen verschiedenen Zuständen oszillieren und darauf warten, eine bestimmte Form anzunehmen. Dieses Konzept wird durch die Bhagavad Gita bekräftigt, in der Krishna erklärt:

> *„Für den Unsterblichen gibt es weder Geburt noch Tod. Er hat keinen Anfang und kein Ende. Auch wenn der Körper vergeht, stirbt der Atman nie."*

Der Atman befindet sich somit nicht nur in einer Position der Einheit, sondern auch in einem ewigen Spiel der Vielfalt, genau wie die von der Quantenphysik beschriebenen Teilchen.

Was diese Parallele so faszinierend macht, ist die moderne Konvergenz zweier scheinbar gegensätzlicher Welten: der antiken Spiritualität und der zeitgenössischen Wissenschaft. Shiva tanzt in der Mythologie, aber er tanzt auch im Mikrokosmos der Quantenrealität. Beide weisen auf ein Universum in ständiger Bewegung hin, in dem die Identität – sowohl des Atman als auch der Teilchen – in einem unendlichen Netz von Möglichkeiten gebildet und aufgelöst wird.

Atman, Déjà Vu und Quantenschnittpunkte.

Ein Déjà-vu ist ein fast mystisches Erlebnis. Millionen von Menschen auf der ganzen Welt beschreiben das seltsame Gefühl, einen gegenwärtigen Moment „bereits erlebt zu haben". Doch woher kommt dieses unerklärliche Phänomen? In den Tiefen der indischen Philosophie bietet das Konzept des Atman, der unsterblichen Seele, möglicherweise eine überraschende Erklärung. Und, so unglaublich es auch klingen mag, sogar die Quantenphysik könnte helfen, dieses Geheimnis zu lüften.

Im Hinduismus ist Atman die ewige Essenz des Individuums, ein Fragment des göttlichen Brahman. Diese unsterbliche Seele existiert jenseits der Beschränkungen von Zeit und Raum. In der modernen Physik beobachtet man etwas Ähnliches beim Prinzip der Quantensuperposition. In diesem Zustand kann sich ein Teilchen gleichzeitig an mehreren Positionen befinden oder mehrere Zustände annehmen, bis es beobachtet wird. Die Idee ist elegant und verwirrend: ein „geteilter" Mikrokosmos, der in mehreren Realitäten existiert.

Was wäre, wenn das Déjà-vu so etwas wäre? Was wäre, wenn der Atman wie ein Quantenteilchen zwischen verschiedenen Dimensionen von Raum und Zeit schweben würde? Tatsächlich könnte der menschliche Geist überlappende Momente einer parallelen Realität wahrnehmen. Diese Momente werden, einst getrennt, für das Bewusstsein zu einer einzigen Spur sich treffender Erinnerungen.

In der Bhagavad Gita, einem der heiligen Texte des Hinduismus, heißt es:

> *„Der Körper verändert sich, aber der Atman bleibt unveränderlich. Es ist ohne Geburt und ohne Tod."*

Diese Beschreibung scheint mit der Idee der Superposition in Einklang zu stehen: Der Atman durchläuft die verschiedenen Existenzzustände und bewahrt sich dabei jenseits der physischen Welt.

Ein modernes Beispiel hierfür könnte Hugh Everett III sein, der amerikanische Physiker, der in den 1950er Jahren die Viele-Welten-Interpretation der Quantenmechanik entwickelte. Everett meinte, dass jede Entscheidung oder jedes Ereignis ein Paralleluniversum erzeugt. Heute vermuten Fachwissenschaftler wie Michio Kaku, dass sich das Bewusstsein auch an diese alternativen Universen „erinnern" und so Déjà-vu-ähnliche Erfahrungen erzeugen könne.

Ein Déjà-vu könnte daher auf eine „Störung" in der Wahrnehmung hinweisen. Zu diesem Zeitpunkt erlebt der Atman alle möglichen Leben, wenn auch nur einen Bruchteil davon. Wie ein Sandkorn, das durch die Falten der Zeit fällt, behält dieser unsterbliche Geist das Echo paralleler Universen in sich.

Die alten indischen Mystiker meditierten über die tiefe Natur der Seele und glaubten, dass jeder Mensch ein Fragment des Ewigen Göttlichen in sich trägt. In ähnlicher Weise denken Physiker heute über subatomare Teilchen nach und fragen sich, ob nicht auch das Universum selbst einer ähnlichen Logik folgt. Könnte es sein, dass die Quantenmechanik nicht im Widerspruch zum Mystizismus steht, sondern der konkreteste Beweis dafür ist?

Das Déjà-vu-Erlebnis erinnert uns an die mysteriöse Verbindung zwischen dem, was wir zu verstehen glauben, und dem, was außerhalb unserer Kontrolle liegt. Die Überschneidungen zwischen Atman und Quantentheorien öffnen die Tür zu einer neuen Sicht auf die Realität. Eine Art und Weise, in der das Göttliche und das Subatomare vielleicht im ewigen Jetzt koexistieren.

Ozean des Selbst: Atman als Welle in der Quantenphysik.

Die alten Weisen der Veden beschrieben Atman als eine Welle im riesigen Ozean der Existenz. Eine ähnliche faszinierende Parallele bietet uns auch die Quantenphysik: das wellenartige Verhalten subatomarer Teilchen. Während die Metaphysik nach der Bedeutung des Bewusstseins sucht, erforscht die Wissenschaft die Materie. beide begegnen sich in einem Bild, das den Mikrokosmos mit dem Unendlichen vereint.

Die Quantenphysik hat uns die Idee einer undefinierten Realität offenbart, in der Teilchen in Überlagerungszuständen existieren können. In dieser Überlagerung von Zuständen, in denen das Sein über eine einzelne Identität hinausgeht, können wir eine Affinität zu Atman erkennen. Sogar Atman ist nicht eingeschränkt. Es ist wellenförmig, fließend und mit dem Ozean der gesamten Existenz verbunden.

Ein vielsagendes Bild ergibt sich bei der Betrachtung der Schrödingergleichung, die die „Wahrscheinlichkeitswelle" von Teilchen beschreibt. Wir können nie genau wissen, wo sich ein Elektron zu einem bestimmten Zeitpunkt befindet, aber wir können uns dieses Teilchen als eine sich durch den Raum ausbreitende Welle vorstellen. In ähnlicher Weise lädt uns der Hinduismus dazu ein, Atman als einen Funken des Absoluten zu betrachten, der die Individualität transzendiert und sich über die Grenzen unserer alltäglichen Wahrnehmung hinaus erstreckt.

Ein aufschlussreiches Beispiel sind die Aphorismen der Upanishaden, jener heiligen Texte, die vor etwa 3.000 Jahren verfasst wurden. In der Isha Upanishad lesen wir:

> *„Wer alles in sich und sich selbst in allem sieht, empfindet keine Angst."*

Diese Passage steht im Einklang mit der Quantenvision: der Verbindung zwischen dem, was im Inneren existiert und dem, was im Äußeren existiert. Die moderne Physik hat uns durch Experimente zur Quantenverschränkung gezeigt, dass sich zwei durch siderische Distanzen getrennte Teilchen gegenseitig beeinflussen können. In ähnlicher Weise ist der Atman einzigartig und mit jedem Element des Universums verbunden.

Die heilige Stadt Varanasi, noch heute ein Treffpunkt zwischen Spiritualität und Wissen, kann als „lebendes Labor" dieser Philosophie angesehen werden. Es ist der Ort, an dem Generationen hinduistischer Gelehrter über das universelle Selbst nachgedacht haben, wobei sie vielleicht über die Strömung des Ganges selbst kontemplierten, der wie eine Welle Transformation und Kontinuität symbolisiert.

Lassen Sie uns einen Moment über die Welle-Teilchen-Dualität der Quantenphysik nachdenken und sie mit dieser Vision verbinden. Wir können uns Atman, das Selbst, als Welle vorstellen: unbestimmt, sich ausdehnend, dem rationalen Denken entziehend. Und wir können uns den physischen Körper als Teilchen vorstellen: ein definierter Punkt im Raum, sichtbar, aber dennoch eine Manifestation des unendlichen Quantenozeans. Beide Realitäten existieren nebeneinander, ohne sich zu widersprechen.

Während die Wissenschaft heute immer tiefer in die Materie hineinzublicken versucht, stehen wir vor grundsätzlichen Fragen zu Identität und Präsenz. Was ist die Natur des Selbst? Wo beginnt unser Bewusstsein und wo endet es? Diese Fragen, die sich Galileo und Einstein als wissenschaftliche Studiengebiete kaum vorstellen konnten, finden in der gleichzeitigen Erforschung des Atman und der subatomaren Welt einen außerordentlich modernen Widerhall.

Ohne das Meer würde es die Welle nicht geben. Atman würde ohne Brahman nicht existieren. Ohne die Welle würde das Teilchen nicht entstehen. In diesem faszinierenden Spiel der Metaphern berühren sich Philosophie und Wissenschaft und erinnern uns daran, was der deutsche Dichter Novalis vor Jahrhunderten zu behaupten wagte:

> *„Philosophie ist Nostalgie: der Wunsch, überall zu Hause zu sein."*

Und vielleicht können wir im Konzept des Atman als Welle und in der Quantenidee einer sich ständig ausdehnenden Realität einen Hafen finden, der uns der Heimat ein Stück näher bringt.

Atman und Quantenverschränkung.

Der unsichtbare Faden, der alle Elemente des Universums verbindet, ist eine der tiefgreifendsten Erkenntnisse sowohl der indischen Philosophie als auch der Quantenphysik. Im Hinduismus stellt der Begriff Atman die unsterbliche Essenz dar, die individuelle Seele, die eine direkte Manifestation des großen Ganzen ist: Brahman. Dieses ewige Selbst ist nicht isoliert. Es ist mit jedem anderen Lebensfragment in einem Netz verflochten, das Raum und Zeit übersteigt.

Die Quantenphysik bietet eine überraschend ähnliche Vision. Das Phänomen der Quantenverschränkung zeigt, dass zwei einmal verbundene Teilchen sich über jede Entfernung hinweg weiterhin gegenseitig beeinflussen, als wären sie zwei Seiten derselben Medaille. Albert Einstein nannte es, etwas skeptisch, eine „spukhafte Fernwirkung". Doch nachfolgende Experimente, wie die des Physikers Alain Aspect im Jahr 1982, haben die tatsächliche Existenz dieser Verbindung bestätigt. Nichts, nicht einmal die Unendlichkeit des Weltalls, kann es zerstören.

Im Hinduismus finden wir einen parallelen Gedanken in den Upanishaden, alten heiligen Texten, die die Essenz des Seins untersuchen. Die Chandogya Upanishad beispielsweise besagt:

„All dies ist Brahman. Wahrlich, Atman ist Brahman."

Mit anderen Worten: Jedes Fragment des Selbst (Atman) ist mit dem Ganzen (Brahman) verbunden, und zwar in einer Verflechtung, die keine zeitlichen oder räumlichen Grenzen kennt.

Eine interessante Analogie wird in der Legende von „Neti-Neti" erzählt, einer spirituellen Praxis, die dazu aufruft, durch Negierung zu definieren, was Atman ist. „Nicht dies, nicht das." Es ist eine Einladung, alle Illusionen der Trennung aufzugeben und zum gemeinsamen Nenner von allem Existierenden zu gelangen. Diese Ansicht entspricht dem Quantenkonzept, dass scheinbar getrennte Teilchen tatsächlich unterschiedliche Zustände eines einzigen globalen Systems sind.

Dann gibt es den zeitlichen Aspekt, der die Parallele zwischen Atman und Verstrickung besonders faszinierend macht. In der Quantenphysik scheinen die Verbindungen zwischen Teilchen die Zeit zu ignorieren und weisen damit eine Synchronizität auf, die über die gewöhnliche Erfahrung hinausgeht. In ähnlicher Weise transzendiert Atman im indischen Denken die lineare Zeit. Das unsterbliche Selbst, das in jedem Wesen vorhanden ist, unterliegt weder Geburt noch Tod. Es ist ewig, wie es in spirituellen Traditionen seit Jahrtausenden beschrieben wird.

Sie müssen nur Orte wie Varanasi an den Ufern des Ganges besuchen, um ein Gefühl für diese Perspektive zu bekommen. Der Kreislauf von Tod und Wiedergeburt erscheint hier noch als selbstverständlicher und untrennbarer Bestandteil des alltäglichen Lebens. Dasselbe Konzept erinnert an den Tanz subatomarer Teilchen, die ständig von einem Zustand in einen anderen übergehen und sich verändern, ohne dabei jemals ihre tiefste Essenz zu verlieren.

Letztlich erinnern uns sowohl Atman als auch die Verstrickung daran, dass es jenseits der Illusion der Distanz eine grundlegende Verbindung gibt, die alles verbindet. Über Zeit und Raum hinweg ist das unsterbliche Selbst niemals wirklich allein.

Das Selbst und das Nichts:

Der Hinduismus lädt uns ein, über die Idee des Atman nachzudenken, des unsterblichen Selbst, das die individuelle und ewige Essenz darstellt, eine Widerspiegelung des grenzenlosen Brahman. Dieses Konzept findet eine überraschende Resonanz in der Sprache der modernen Quantenphysik, insbesondere in der Idee des Quantenvakuums.

Das Quantenvakuum in der Physik ist nicht die Abwesenheit von allem. Vielmehr handelt es sich um ein pulsierendes Meer potentieller Energie, ein fundamentales Feld, aus dem jedes beliebige Teilchen oder jeder beliebige Materiezustand entstehen kann. Ein ähnliches Konzept liegt der hinduistischen Philosophie zugrunde: Der Atman wird nicht als separates Wesen wahrgenommen, sondern als ein „Kern“ von Potenzialen, der aus dem geheimnisvollen und unendlichen Brahman entsteht.

Niels Bohr, einer der Begründer der Quantenmechanik, sagte einmal:

> *„Wer nicht staunt über seine ersten Erfahrungen mit der Quantenphysik, hat sie noch nicht verstanden.“*

Dasselbe könnte man von denen sagen, die sich dem Konzept des Atman nähern. Die beiden Bereiche scheinen im Dialog zu stehen: Wenn das Quantenvakuum alle möglichen Teilchen und Zustände hervorbringt, entsteht das unsterbliche Selbst als reine Möglichkeit, eine Idee, die Zeit und Raum, wie wir sie kennen, transzendiert.

Ein nützlicher Vergleich ist der Zustand der „Superposition“ in der Quantenphysik, in dem sich ein Teilchen gleichzeitig in mehreren Zuständen befinden kann. Das Selbst, das Atman, scheint diese Eigenschaft zu teilen: Es ist zugleich individuell und universell, persönlich und kosmisch. Es ist, als ob jeder Atman ein Tropfen wäre, der gleichzeitig den gesamten Ozean von Brahman enthält und widerspiegelt.

Aus wissenschaftlicher Sicht stellt das Quantenvakuum eine Art fruchtbares „Nichts“ dar, das nach einigen Interpretationen Paralleluniversen oder alternative Realitäten hervorbringen kann. In ähnlicher Weise transzendiert der Atman in der Hindu-Philosophie die materielle Welt, stellt aber auch deren wesentliche Grundlage dar. Diese Vision geht auf den Physiker David Bohm zurück, der in seinen Studien von einer „impliziten Ordnung“ sprach, die unterhalb der sichtbaren Realität verborgen sei, nicht weit entfernt vom Konzept des Brahman.

Diese Konvergenz von Wissenschaft und Spiritualität kann uns helfen, unseren Platz im Universum zu überdenken. Die Idee des Atman und des Quantenvakuums zeigt uns, dass „Nichts“ nichts zu fürchten ist: Es ist ein Versprechen, eine unendliche Möglichkeit. Beide erinnern uns daran, dass aus dieser stillen und geheimnisvollen Leere unendlich viele Welten und unendlich viele Versionen unserer selbst entstehen können.

Maya und die Superposition: Die Realität, die Atman beobachtet.

Der Hinduismus führt uns in das Konzept des Atman ein, des unsterblichen Selbst, des tiefsten Kerns des Individuums. Es ist eine göttliche Reflexion, eine Manifestation von Brahman, dem allgegenwärtigen universellen Prinzip. Doch wenn der Atman ewig und unveränderlich ist, warum fällt es dem Menschen so schwer, seine wahre Natur zu erkennen? Hier kommt Maya ins Spiel, der Schleier der Illusionen, der die Realität verdunkelt, ähnlich der Verzerrung eines Spiegels, der unzählige Bilder reflektiert, ohne jemals das authentische zu zeigen.

In der Quantenphysik könnte das Phänomen der Superposition eine aufschlussreiche Metapher bieten. Durch Superposition können Teilchen gleichzeitig in mehreren Zuständen existieren, bis diese Vielfalt durch eine Beobachtung zu einer einzigen messbaren Realität „kollabiert“. Was wäre, wenn das, was wir als Maya kennen, eine Art kosmische Überlagerung wäre? Die Realität ist, wie der dänische Physiker Niels Bohr vermutete, möglicherweise keine statische Einheit, sondern ein Netz beobachtungsabhängiger Möglichkeiten. Bohrs Worte:

„Es ist nicht möglich, von der Realität getrennt vom Beobachter zu sprechen“,

sie scheinen die Texte der Upanishaden widerzuspiegeln. Dort heißt es, dass Menschen, die in Maya versunken sind, die Welt als fragmentiert betrachten und die Tatsache ignorieren, dass alles eins ist.

Erwin Schrödinger, eine Schlüsselfigur der Quantenphysik, wurde stark von der indischen Philosophie beeinflusst. In seinem Aufsatz „Was ist Leben?“ schreibt Schrödinger, dass die Idee eines unsterblichen Selbst nicht nur in der Mystik, sondern auch in der Wissenschaft Resonanz findet. Er sah im Universum ein einziges kollektives Bewusstsein, ein gemeinsames Thema in den Upanishaden.

Diese Vision ist nicht ohne Herausforderungen. Was ist dann real? Ist das, was wir beobachten, real oder was existiert jenseits der Illusionen? Die Frage ist sowohl in der Quantenphysik als auch in der indischen Philosophie von zentraler Bedeutung. Das Gedankenexperiment mit Schrödingers Katze ähnelt der ewigen Spannung zwischen Maya und Atman: eine Realität, die zwischen unendlichen Möglichkeiten schwebt, die nur durch einen Akt der Bewusstwerdung enthüllt werden kann.

In beiden Bereichen ist die Rolle des Beobachters von entscheidender Bedeutung. Der Atman beobachtet, muss jedoch erkennen, dass das, was er durch den Filter von Maya sieht, nicht die ultimative Wahrheit ist. Dieser Weg des spirituellen Erwachens bringt ihn der universellen Realität näher und lässt die Illusion der Trennung hinter sich.

Der Hinduismus mit seinen Konzepten von Atman und Maya und die Quantenphysik mit dem Mysterium der Superposition kommen in einem Punkt zusammen: Die Realität ist nie so, wie sie scheint, sondern immer das, was wir von ihr beobachten. Und der Beobachter ist letztendlich niemand anderes als das Selbst.

Atman und Quantenkohärenz

In den Mysterien der Quantenphysik taucht ein faszinierendes Konzept auf: Quantenkohärenz. Dieses Phänomen beschreibt die Fähigkeit eines Quantensystems, eine tiefe Verbindung zwischen seinen Zuständen aufrechtzuerhalten und so eine Art unsichtbare Harmonie jenseits des scheinbaren Chaos zu schaffen.

Den Upanishaden zufolge bleibt der Atman intakt und unveränderlich, selbst wenn er durch die Welten der Materie und der Illusion navigiert. Die Brihadaranyaka Upanishad verkündet ausdrücklich:

> *„Dieses Selbst ist frei vom Tod, frei von Angst; Es ist unsterblich, uneinnehmbar, unberührt von Schmerz und Leid.“*

Die Quantenkohärenz spiegelt diese Eigenschaften auf ihre Weise wider. Selbst wenn Teilchen in der Quantenwelt scheinbar jeder festen Definition entgehen, können sie dennoch eine subtile Kohäsion aufrechterhalten – wie ein unsichtbares, synergetisch wirkendes Orchester.

Die Metapher des Selbst als Resonanz findet auch in Experimenten zur Untersuchung der Wechselwirkung isolierter Teilchen Anklang. Der große Physiker Erwin Schrödinger setzte das Selbst mit der Gesamtheit des Kosmos gleich und meinte, die von uns wahrgenommenen Unterteilungen seien bloße Illusionen. Wenn ein Quantenteilchen in einem kohärenten Zustand gehalten wird (beispielsweise in einem supraleitenden Kristall bei extrem niedriger Temperatur), verliert es nicht den Kontakt zu allen anderen möglichen Zuständen. Dieses Quanten-„Erinnern“ kann mit der Fähigkeit des Atman verglichen werden, mit seiner wahren Natur verbunden zu bleiben, während er in einem menschlichen Körper lebt.

In Benares (heute Varanasi), einer heiligen Stadt am Ufer des Ganges, grübelten indische Philosophen seit Jahrtausenden über die Idee nach, dass alles Existierende Teil eines unsichtbaren Netzes spiritueller Verbindungen ist. Ironischerweise bietet uns die moderne Physik eine mathematische Analogie. Im Jahr 1972 wies der Physiker Alain Aspect nach, dass Quantenteilchen selbst bei großer Entfernung durch das Phänomen der Verschränkung auf mysteriöse Weise miteinander verbunden bleiben. Dies wirft eine tiefgreifende Frage auf: Wenn der Kosmos selbst quantenkohärent ist, können wir dann den Atman nicht als isolierte Einheit betrachten, sondern als

Schwingung einer universellen Realität, die Raum und Zeit transzendiert?

Der Atman ist eins. Das Quantensystem, das sich niemals vollständig teilen lässt, ist sein mathematisches Spiegelbild. Was im Hinduismus seit Jahrtausenden als ewig und unveränderlich gilt, wird in der Wissenschaft heute als fundamentales Prinzip der Verbundenheit erkannt. Die größte Herausforderung bleibt bestehen: zu verstehen, wie Wissenschaft und Spiritualität auf einer einzigen Wahrheit aufbauen können.

Krishna, Arjuna und Atman: Quantenlektionen in der Bhagavad Gita.

Die Bhagavad Gita, einer der Grundtexte des Hinduismus, ist ein epischer Dialog zwischen Krishna, dem göttlichen Führer, und Arjuna, einem Kriegerprinzen. Auf dem Schlachtfeld von Kurukshetra wird Arjuna von Zweifeln und moralischen Konflikten geplagt. Krishna, sein Wagenlenker und Meister, unterrichtet ihn über die tieferen Aspekte der Existenz. Im Mittelpunkt des Dialogs steht das Konzept des Atman, des unsterblichen Selbst, das Krishna als ewig, unteilbar und jenseits des Todes beschreibt.

In einer symbolischen Passage (Bhagavad Gita, II:12-25) erklärt Krishna:

> *„Es gab nie eine Zeit, in der ich, Sie oder diese Könige nicht existierten, noch wird es jemals eine Zeit geben, in der wir aufhören zu existieren."*

Dieser unsterbliche Satz stellt das Atman jenseits von Zeit und Raum, ähnlich einem Quantenteilchen in Superposition.

In der Quantenphysik besagt das Superpositionsprinzip, dass ein Teilchen, beispielsweise ein Elektron, in mehreren Zuständen gleichzeitig existieren kann. Erst bei der Beobachtung „kollabiert" das Teilchen in einen bestimmten, definierten Zustand. Dieses Konzept bietet eine eindrucksvolle Parallele zum Atman, den Krishna als einzigartig und universell zugleich beschreibt.

Der Atman kann in vielen Rollen inkarnieren: Krieger, Sohn, König oder Lehrer. Arjuna selbst erlebt diese Vielfalt. Er ist ein liebevoller Bruder, ein mutiger Kommandant und ein spiritueller Schüler. Krishna erklärt, dass diese Rollen wie Kleidung sind, die vorübergehend vom Atman getragen wird. Die wesentliche Identität bleibt unverändert, wie in einem Quantensystem, in dem Möglichkeiten koexistieren, bis sie interagieren.

Beispielsweise spiegelt die Dualität von Arjuna als Krieger und moralischer Mensch den Zustand der Überlagerung wider. Er zögert, gegen seine eigenen Verwandten zu kämpfen, ein Dilemma, das den Konflikt seiner Rollen darstellt. Krishna löst den Konflikt, indem er Arjuna bittet, diese oberflächlichen Identitäten zu überwinden und sein ewiges Atman zu erkennen.

Krishna führt ein Schlüsselkonzept ein: Das Universum ist „Lila", ein kosmisches Spiel, orchestriert von Brahman, dem universellen Prinzip, aus dem das Atman hervorgeht. Wie in der Quantenmechanik, wo Teilchen in einem Netz von Wahrscheinlichkeiten tanzen, fordert Krishna Arjuna auf, Krieg nicht als materiellen Konflikt, sondern als Teil einer höheren Ordnung zu sehen.

In der Bhagavad Gita (XVIII:20) wird erklärt, dass ein erleuchteter Geist „ein Selbst in allen Dingen" sieht. Dies steht im Einklang mit dem Konzept eines einheitlichen Quantenfelds, in dem alle Teilchen jenseits von Raum und Zeit miteinander verbunden sind.

Die Quantenwissenschaft des 20. Jahrhunderts, die mit den Theorien von Physikern wie Schrödinger und Heisenberg entwickelt wurde, scheint diese Botschaft aufzufangen. Erwin Schrödinger selbst wurde stark von den Upanishaden beeinflusst, die dieselben Ideen wie die Gita entwickeln.

Atman im unendlich Möglichen.

Gemäß den Veden ist der Atman einzigartig und unveränderlich, manifestiert sich aber gleichzeitig in einer Vielzahl individueller Erfahrungen. Dieser scheinbare Widerspruch erinnert an Quantenphänomene, die von Physikern wie Niels Bohr und Erwin Schrödinger untersucht wurden.

In Patanjalis Yoga Sutras führt der Weg zum Verständnis des unsterblichen Selbst über die Meditation. Durch Samadhi, einen Zustand reiner Konzentration, kann der Praktizierende die Fragmentierung des egoistischen Selbst überwinden und sich selbst als Atman erkennen, einen Funken des unendlichen Brahman. Mit dieser Praxis ist eine kosmische Metapher verbunden: So wie Beobachtung das Verhalten von Quantenteilchen verändert, so verändert tiefe Selbstbeobachtung unsere Erfahrung der Realität.

Eine interessante Anekdote verknüpft diese Vision mit einem bestimmten Moment der modernen Wissenschaft. Im Jahr 1927 äußerte Albert Einstein auf dem Solvay-Kongress in Brüssel seine Zweifel an der „unbestimmten" Natur der Quantenphysik mit dem berühmten Satz:

„Gott würfelt nicht."

Niels Bohr antwortete mit einigen philosophischen Ratschlägen:

„Hör auf, Gott zu sagen, was er tun soll."

Die Physik schien damals auf ein Modell des Universums hinzudeuten, in dem die Realität nicht festgelegt, sondern fließend, potentiell und komplex war. Ebenso kann der Atman gemäß dem Hinduismus nur wahrgenommen werden, wenn man über die veränderlichen und begrenzten Erscheinungsformen der materiellen Welt hinausgeht.

Stellen wir uns nun den Mikrokosmos des Atman und den Makrokosmos des Quantenuniversums vor, die zu einem einzigen Gewebe unendlicher Möglichkeiten verwoben sind. Der stark von der östlichen Philosophie beeinflusste Physiker David Bohm beschrieb die Realität als eine „implizite Ordnung", ein verborgenes Netzwerk, in dem alle Elemente miteinander verbunden sind. Diese Vision, obwohl wissenschaftlich, scheint an die Idee von Brahman als unsichtbare und unteilbare Grundlage aller Existenz zu erinnern.

Letztendlich zeigt uns die Reise durch den Hinduismus und die Quantenphysik, dass die alten Intuitionen der Weisen des Ostens weiterhin im Dialog mit den fortschrittlichsten wissenschaftlichen Theorien stehen. Im Atman liegt nicht nur das Geheimnis der persönlichen Unsterblichkeit, sondern auch der Schlüssel zum Verständnis eines Universums, in dem das Mögliche und das Unmögliche unendlich miteinander verflochten sind.

Die Rückkehr zum Quantenselbst. Atman im Zeitalter der modernen Physik.

Das Zusammentreffen von Quantenphysik und östlicher Philosophie öffnet neue Türen zum Verständnis von uns selbst und dem Universum. Ein altes hinduistisches Konzept, das Atman, weist heute überraschende Parallelen zu den Prinzipien der Quantenmechanik auf. Atman, in den vedischen Schriften als das unsterbliche Selbst und die individuelle Manifestation von Brahman betrachtet, lädt uns ein, über die Bedeutung von Identität und Realität nachzudenken.

Die Quantenphysik beschreibt die Superposition, bei der ein Teilchen mehrere Zustände gleichzeitig einnehmen kann. Diese Idee steht im Einklang mit dem Konzept des Atman, der die gewöhnliche Identität transzendiert und sich in verschiedenen Facetten manifestiert, dabei aber dennoch einzigartig bleibt. So wie ein Teilchen gleichzeitig in mehreren Möglichkeiten existiert, bis es beobachtet wird, so kann Atman als eine Essenz verstanden werden, die unendliche Möglichkeiten verkörpert.

Ein historisches Beispiel dieser intellektuellen Affinität datiert auf die 1970er Jahre zurück, als Fritjof Capra, der bekannte Autor des Buches „Das Tao der Physik", die Ähnlichkeiten zwischen der Quantenmechanik und östlichen mystischen Traditionen in Frage stellte. Capra stellte fest:

„Subatomare Teilchen sind keine Dinge, sondern Tendenzen."

Das hinduistische Denken, das die Vergänglichkeit materieller Dinge und die zentrale Bedeutung eines unveränderlichen Selbst betont, reagiert positiv auf diese Theorien.

Die ikonische Stätte Varanasi am Ufer des Ganges bietet eine bedeutende kulturelle Verbindung. Seit Jahrtausenden versammeln sich Weise am Fluss, um über den Atman und seine Verbindung zum Kosmos zu diskutieren. Heute scheinen diese Dialoge auch die moderne Wissenschaftssprache zu umfassen. So erinnert etwa das Doppelspaltexperiment, das das duale Verhalten von Teilchen zeigte, an die vedische Lehre, dass die Wirklichkeit vom Bewusstsein beeinflusst wird.

Auch wenn die Wissenschaft Fortschritte macht, bleibt Atman ein Bezugspunkt. Yogis meinten, dass man durch die Erkenntnis des Atman die Grenzen von Körper und Geist überwindet. Durch Konzepte wie Verschränkung oder Nichtlokalität lädt uns die Quantenphysik dazu ein, unsere Vorstellung von Trennung zu überdenken und uns mit einer vernetzten Realität abzufinden.

In diesen alten und modernen Entdeckungen können wir eine universelle Botschaft erkennen: Die Rückkehr zum Selbst, zum Atman, ist nicht nur eine mystische Reise, sondern auch eine intellektuelle Herausforderung im Zeitalter der modernen Physik.

Kapitel IX. Karma: das Gesetz von Ursache und Wirkung.

Karma, das Gesetz von Ursache und Wirkung.

Im hinduistischen Denken stellt Karma eine Art kosmisches Prinzip dar, das das moralische und materielle Universum reguliert. Jede Handlung, Absicht oder jeder Gedanke erzeugt eine Wirkung. Diese Auswirkung, ob positiv oder negativ, kann sich sofort zeigen oder sich im Laufe der Zeit auswirken und sich auf die Zukunft, sogar über das Leben des Einzelnen hinaus, auswirken. Dabei handelt es sich nicht um eine Strafe Gottes, sondern um ein universelles Netzwerk von Verbindungen, die wie unsichtbare Fäden alles mit dem, was geschehen ist und dem, was geschehen wird, verknüpfen. So beschreibt Swami Sivananda, ein Meister des 20. Jahrhunderts, Karma:

> *„Die von heute bereits die Taten der Vergangenheit prägen die Gegenwart, so wie die Taten Zukunft prägen."*

Mit anderen Worten: Das Universum tanzt im Rhythmus unserer Handlungen, allerdings mit der Präzision einer Choreographie, die so alt ist wie die Zeit selbst.

Quantenverschränkung und das Konzept des Karma: Unsichtbare Verflechtungen im Kosmos.

Das Universum bewegt sich nach geheimnisvollen Gesetzen, sowohl in den Tiefen des menschlichen Geistes als auch in den Tiefen der subatomaren Welt. Im hinduistischen Denken definiert das Konzept des Karma das Universum als ein Netz aus Handlungen und Konsequenzen. Jede Handlung erzeugt eine Auswirkung, die sich in der Gegenwart oder in der Zukunft manifestiert und einer scheinbar unsichtbaren, aber realen Ereigniskette folgt. In der Quantenphysik bietet sich durch das Phänomen der Verschränkung eine überraschende Erkenntnis an: Zwei Teilchen bleiben, sobald sie miteinander verbunden sind, auf eine solche Weise verbunden, dass eine Änderung des Zustands des einen Teilchens sich unmittelbar auf das andere auswirkt, unabhängig von der Entfernung, die sie trennt.

Die Quantenverschränkung erinnert uns daran, dass der Kosmos miteinander verbunden ist. Teilchen sind keine Inseln, genauso wie Menschen für das Karma keine Inseln sind. Der Hinduismus hat die

Welt immer als ein organisches Netzwerk dargestellt, in dem alles miteinander verbunden ist. Diese Vision spiegelt sich in der Quantentheorie wider, die uns von einem Universum ohne scharfe Grenzen erzählt. Im Jahr 1935 führten Albert Einstein, Boris Podolsky und Nathan Rosen das EPR-Paradoxon ein, um die Verschränkung zu diskutieren. Einstein nannte es „spukhafte Fernwirkung“. Doch spätere Ereignisse, wie jene, die der Physiker John Bell in den 1960er Jahren und Alain Aspect in den 1980er Jahren hervorriefen, bestätigten, dass diese Verbindungen real und grundlegend für die Struktur des Universums sind.

Das Konzept des Karma funktioniert auf einer ähnlichen Ebene. Jede Handlung, egal wie weit sie zeitlich oder gedanklich zurückliegt, hinterlässt eine Spur, die Ursache und Wirkung verbindet. Genau wie bei einer Verstrickung sind die Auswirkungen nicht unmittelbar sichtbar, aber zutiefst real. Dieser Logik folgend gibt es in der Hindu-Philosophie keine Ereignisse ohne Zusammenhang. Jedes aktuelle Ereignis ist die Frucht dessen, was gewesen ist.

Diese Verbindung zwischen Philosophie und Wissenschaft ist kein einfacher Zufall. Der österreichische Physiker Erwin Schrödinger, Vater der Gleichung, die seinen Namen trägt, fand Inspiration in indischen Schriften. Schrödinger studierte die Upanishaden, die heiligen Texte des Hinduismus, und war fasziniert vom nichtdualistischen Denken. In seiner Studie zur Quantenverschränkung und -superposition stellte sich Schrödinger die berühmte „Schrödingers Katze“ vor, um die Unberechenbarkeit der Quantenwelt zu demonstrieren. Doch stand hinter dieser Idee auch der vom Hinduismus inspirierte Glaube, dass die Trennung zwischen Objekt und Subjekt eine bloße Illusion sei.

In seinem Buch „Was ist Leben?“ schrieb Schrödinger 1944:

> *„Der Geist und sein Inhalt sind unzerstörbar. In ähnlicher Weise zeigt die moderne Physik, dass das gesamte Universum energetisch miteinander verbunden ist.“*

Diese Worte spiegeln die alte hinduistische Vorstellung wider, dass alles Sein, ob sichtbar oder unsichtbar, Teil einer einzigen unteilbaren Realität ist: Brahman.

Die Verbindung zwischen Karma und Quantenphysik findet einen weiteren Treffpunkt in Heisenbergs Unschärfe. Das Prinzip besagt, dass man sowohl die Position als auch die Geschwindigkeit eines Teilchens nicht genau kennen kann. Diese Unbestimmtheit versetzt die subatomare Welt in einen konstanten Zustand der Potentialität.

Ebenso wenig erlaubt uns das Konzept des Karma, die Folgen unserer Handlungen mit Sicherheit vorherzusagen.

Die Komplexität des Karma:
Karma ist keine einfache lineare Ursache-Wirkungs-Beziehung. Handlungen haben keine unmittelbaren oder leicht vorhersehbaren Folgen, da Karma von einem komplexen Netz von Faktoren beeinflusst wird, wie etwa vergangenen Handlungen, Absichten, dem Kontext und dem individuellen Schicksal. Dadurch ist es schwierig, präzise vorherzusagen, welche genauen Folgen eine bestimmte Handlung haben wird.

Absicht und Kontext sind ebenso wichtig wie die Handlung selbst:
Vielen Traditionen zufolge, die sich mit Karma befassen, ist es nicht nur die Handlung selbst, die Konsequenzen hervorbringt, sondern auch die Absicht, die sie leitet. Dieselbe Aktion kann je nach inneren Beweggründen oder Umständen unterschiedliche Ergebnisse zeitigen, was Vorhersagen erschwert.

Karma unterliegt der Zeit und der persönlichen Entwicklung:
Die Auswirkungen von Handlungen können sich sofort, nach langer Zeit oder sogar in einem zukünftigen Leben zeigen (wenn Reinkarnation in Betracht gezogen wird). Dieser variable Zeitrahmen und der potenzielle Einfluss des eigenen spirituellen Wachstumspfades verhindern eine klare und unmittelbare Vorhersage.

Wechselwirkungen mit dem Karma anderer:
Die Menschen leben in einer vernetzten Welt und ihre Handlungen sind ständig mit dem Karma anderer verknüpft. Dies bedeutet, dass auch externe Faktoren, wie etwa die Handlungen anderer, die Ergebnisse unserer Bedürfnisse beeinflussen können, was die Unvorhersehbarkeit weiter erhöht.

Die Realität ist nicht völlig deterministisch:
Karma basiert auf universellen Gesetzen von Ursache und Wirkung, ist jedoch nicht vollständig mechanistisch oder deterministisch. In vielen östlichen Philosophien wird das Universum auch von geheimnisvollen Kräften und spirituellen Dynamiken beherrscht, die nicht leicht zu erkennen oder zu berechnen sind.

Kurz gesagt ist Karma ein komplexes und tiefgreifendes Prinzip, das Verantwortung und Bewusstsein für die eigenen Handlungen fördert, es ist jedoch kein Instrument, um die Zukunft mit Sicherheit vorherzusagen. Das Ziel besteht nicht so sehr darin, die Ergebnisse von Handlungen zu kontrollieren, sondern vielmehr darin, bewusst und rechtschaffen zu handeln, um ein positives Gleichgewicht im eigenen Leben und in der Welt um uns herum zu fördern.

Wir sind keine isolierten Zuschauer, sondern Akteure.

Verschränkung und Karma laden uns ein, über ein Universum nachzudenken, das nicht geteilt ist. Wir sind keine isolierten Zuschauer, sondern Schauspieler in einem großen kosmischen Drama. Jede menschliche Handlung, jede Entscheidung hallt im Universum wie eine vibrierende Saite wider. Die Weisen des Hinduismus im Altertum haben diese Wahrheit schon Jahrhunderte vor der Erfindung der Quantenphysik intuitiv erkannt. Die heutigen wissenschaftlichen Entdeckungen bestätigen lediglich eine im östlichen Denken tief verwurzelte Vorstellung: die Idee, dass der Kosmos ein lebendiges Netzwerk ist, das durch tiefgreifende, miteinander verbundene Gesetze vereint ist.

Der unsichere Fluss des Karma.

Im Zentrum der hinduistischen Philosophie stellt Karma eines der Grundgesetze des Universums dar: Jede Handlung hat eine Wirkung, jede Entscheidung hinterlässt eine Spur, die die Zukunft prägt. Dieses Prinzip von Ursache und Wirkung ist seinem Wesen nach moralisch und spirituell und spiegelt die tiefe Verbindung zwischen dem Individuum und der kosmischen Ordnung wider. Aber was passiert, wenn wir Karma durch die Linse der Quantenphysik betrachten? Die Welt des unendlich Kleinen bietet uns faszinierende und unerwartete Perspektiven, in denen Konzepte wie Heisenbergs Unschärferelation Parallelen zur Komplexität und Unberechenbarkeit unseres Handelns aufzuweisen scheinen.

Die Unschärferelation, die Werner Heisenberg 1927 formulierte, ist ein Eckpfeiler der Quantenmechanik. Es besagt, dass wir sowohl die Position als auch die Geschwindigkeit eines subatomaren Teilchens nicht genau kennen können. Je genauer wir das eine bestimmen, desto mehr verlieren wir die Gewissheit über das andere.

Diese Einschränkung ist nicht auf einen Mangel an Technologie oder menschlichem Können zurückzuführen, sondern ist eine inhärente Eigenschaft der Natur.

In diesem Zusammenhang erinnert uns das Heisenberg-Prinzip daran, dass die Zukunft nie vollständig bestimmbar ist. Stellen Sie sich ein Experiment mit einem Elektron vor: In dem Moment, in dem wir es beobachten, verändert unsere Handlung (der einfache Akt der Messung) sein Verhalten. Dieses als „Beobachterinterferenz" bekannte Phänomen weist eine bemerkenswerte Analogie zum Karma auf. Unser Handeln beeinflusst ebenso wie die Messungen der Physiker nicht nur die Gegenwart, sondern erzeugt Kaskadeneffekte, die auf eine ungewisse und zum Teil unvorhersehbare Zukunft verweisen.

Ein berühmtes Beispiel in der Quantenphysik ist das Doppelspaltexperiment. Wenn ein Teilchen, etwa ein Photon oder ein Elektron, durch zwei Schlitze geht, zeigt es Verhaltensweisen, die dem gesunden Menschenverstand widersprechen: Bis wir es beobachten, existiert es in einem Zustand der Superposition, als eine Welle von Möglichkeiten. Doch in dem Moment, in dem wir uns entscheiden, es zu beobachten, „wählt" das Teilchen eine bestimmte Position oder Bahn.

Die Quantensuperposition ähnelt dem latenten Potenzial jeder menschlichen Handlung. Wir treffen täglich eine Entscheidung: einem Fremden zu helfen oder ihn zu ignorieren. Diese Entscheidung mag trivial erscheinen, doch ihre Konsequenzen können sich auf unerwartete Weise mit dem Gefüge der künftigen Realität verknüpfen, so wie die Interferenz subatomarer Wellen unvorhersehbare Muster auf einem Bildschirm erzeugt. Beim Karma ist es genauso: Jede noch so kleine Handlung hat Auswirkungen, die sich unserer Kontrolle entziehen.

Die Anekdote vom Schmetterling, der in Brasilien mit den Flügeln schlägt und in Texas einen Hurrikan verursacht, in der Chaostheorie als „Schmetterlingseffekt" bekannt, verkörpert dieselbe vernetzte Natur. Karma und Quantenmechanik sind sprachlich zwar weit voneinander entfernt, beschreiben aber Dynamiken, die wir nicht ignorieren können. Beide lehren uns, dass unsere Entscheidungen – wie jedes Teilchen im Universum – Teil eines größeren, komplexeren Systems sind.

Zwischen dem Verhalten der Atome und dem karmischen Kreislauf des Lebens lässt sich eine interessante Analogie ziehen.

Jedes Atom, der fundamentale Baustein der Materie, unterliegt den Gesetzen der Quantenphysik. Seine Eigenschaften – Position, Energie, Verhalten – sind probabilistisch und nicht vollständig bestimmbar. Die Prinzipien, die der Struktur der Materie zugrunde liegen, können uns daran erinnern, dass kleine Aktionen, genau wie die Bewegungen dieser Atome, Teil eines Netzwerks von Ursachen und Wirkungen sind, die das dynamische Universum erzeugen, in dem wir leben.

Hier treffen Physik und Philosophie zusammen: in einem Spiel aus Beziehungen, gegenwärtigen Entscheidungen und zukünftigen Konsequenzen, jedoch ohne die Sicherheit, jedes Ergebnis berechnen zu können. Wie Buddha bemerkte:

> *„Wie ein Bogenschütze einen Pfeil gerade richtet, so kontrolliert ein weiser Mann seine Gedanken.“*

Diese Kontrolle, dieses Bewusstsein, bildet die Brücke zwischen dem Gesetz des Karma und dem Quantenfeld: Sich des gegenwärtigen Augenblicks und der Handlungen, die wir ihm auferlegen, bewusst zu sein, bedeutet zu verstehen, dass jede Entscheidung ein Samen ist, der in den unsicheren Boden von morgen gepflanzt wird.

Im Karma des Hinduismus und in Heisenbergs Quantenunsicherheit finden wir etwas, das über einfache wissenschaftliche Erkenntnisse oder philosophische Überlegungen hinausgeht: eine Einladung, über das Geheimnis der Realität, die Rolle unserer Handlungen und die gegenseitige Abhängigkeit von allem, was existiert, nachzudenken. Die Vorstellung, dass die Zukunft nie vollständig vorhersehbar ist, sondern von den Entscheidungen der Gegenwart beeinflusst werden kann, eint uns alle, sowohl als Menschen als auch als Entdecker des Kosmos.

Der Tanz von Dharma und Elektronen. Karma und Quantenphysik.

In der Unermesslichkeit der östlichen philosophischen Tradition bietet uns der Hinduismus einen außerordentlich tiefgründigen Schlüssel zum Verständnis der Welt: das Konzept des Karma, des universellen Gesetzes von Ursache und Wirkung. Jede Handlung hinterlässt Spuren, eine Schwingung, die sich mit der Zeit ausbreitet und die Gegenwart und die Zukunft beeinflusst. Doch was passiert, wenn wir diese Interpretationslinse auf die Quantenphysik anwenden, das Feld, das die subtile Welt der Teilchen beherrscht? Ist es möglich, eine Parallele zwischen diesen beiden scheinbar so weit voneinander entfernten Dimensionen zu ziehen?

Die Antwort liegt in der Metapher des kosmischen Tanzes, einer Vision, die alte Weisheit und moderne Wissenschaft vereint. Wie in der Bhagavad Gita, wo Krishna Arjuna die Geheimnisse von Dharma und Karma offenbart, spiegelt die Welt der subatomaren Teilchen dieselbe dynamische und unberechenbare Energie wider, einen unendlichen Tanz, in dem sich Schöpfung und Zerstörung abwechseln.

Werner Heisenberg formulierte die berühmte Unschärferelation. Dieses Prinzip besagt, dass es nicht möglich ist, Position und Geschwindigkeit eines Teilchens gleichzeitig mit absoluter Genauigkeit zu messen. Mit anderen Worten: Im subatomaren Bereich herrscht Unsicherheit: Jede Beobachtung beeinflusst das Ergebnis.

Diese Unvorhersehbarkeit, die sich den strengen Gesetzen der klassischen Physik entzieht, erinnert an den Kern des Karma. Genauso wie unsere Handlungen Auswirkungen haben, die wir nicht immer vorhersagen können, verhalten sich auch Teilchen auf eine Art und Weise, die sich unserer Kontrolle zu entziehen scheint. Wenn sich ein Elektron bewegt, folgt es keiner festen Flugbahn wie eine Billardkugel, sondern durchläuft eine Vielzahl von Möglichkeiten, wodurch eine instabile und fließende Realität entsteht.

Ein ikonisches Experiment des 20. Jahrhunderts, bekannt als Doppelspaltexperiment, demonstrierte genau diese „karmische" Natur von Teilchen. In diesem Experiment verhält sich ein auf zwei Schlitze gerichtetes Elektron entweder wie ein Teilchen oder wie eine Welle, je nachdem, ob es beobachtet wird oder nicht. Es ist, als ob das Elektron „wüsste", dass es beobachtet wird, und entsprechend reagierte, indem es eine der vielen möglichen Reisen wählte. Dieses „reagierende" Verhalten erinnert an den grundlegenden Knoten des Karma: Jede Handlung, in diesem Fall Beobachtung, erzeugt eine Reaktion und beeinflusst die Zukunft.

Um den Wert dieser Entsprechung zwischen Karma und Quantenphysik vollständig zu verstehen, können wir uns einem der mächtigsten Bilder des Hinduismus zuwenden: dem Tanz Shivas, dem Nataraja. Shiva ist in seiner Form als kosmischer Tänzer der Wächter des unendlichen Kreislaufs von Schöpfung, Zerstörung und Erneuerung. Mit einem Fuß repräsentiert er die schöpferische Kraft, während er mit dem anderen die Unwissenheit zertrampelt und das

Alte zerstört, um Platz für das Neue zu schaffen. Seine bewegten Arme symbolisieren den unaufhörlichen Rhythmus des Lebens, der Trommelschlag stellt den kosmischen Urknall dar, während das Feuer in seiner Hand der für Veränderungen notwendigen Zerstörung entspricht.

Nataraja wird oft als ewiges Gleichgewicht materieller und spiritueller Energien interpretiert. Doch in seinem Rhythmus können wir auch den der Elektronen erahnen: eine kontinuierliche Bewegung der Ungewissheit, ein Pulsieren zwischen Schöpfung und Zerstörung, zwischen Wellen und Teilchen. Elektronen stehen, wie Shiva, niemals still. Ihre unaufhörliche Aktivität ist das Echo des kosmischen Tanzes: ein Ausdruck des Dharma des Universums.

In der Bhagavad Gita sagt Krishna:

„Sie haben ein Recht auf Handlungen, aber nicht auf die Früchte Ihrer Handlungen."

Dieser Satz trifft den Kern von Karma. Wir sind aufgerufen, Maßnahmen zu ergreifen, können deren Auswirkungen jedoch nicht vollständig kontrollieren. Das Elektron bewegt sich ebenfalls auf unendlichen Bahnen, doch welchen Weg es nimmt, hängt von etwas ab, das sich nicht berechnen lässt.

Diese Idee ist faszinierend, weil sie die Grenzen zwischen Spiritualität und Wissenschaft verwischt. Denken Sie an den Akt des Werfens eines Steins in einen See: Die erzeugten Wellen breiten sich aus, berühren das Ufer und beeinflussen jedes Wassermolekül. Karma funktioniert auf die gleiche Weise. Jede menschliche Geste, und sei sie noch so klein, erzeugt eine Resonanz. In der Quantenphysik ist jedes Teilchen einem ähnlichen „Echo" ausgesetzt und selbst eine minimale Änderung in einem System kann das gesamte Bild verändern.

Ein historisches Beispiel, das die Idee von Karma und Quantenphysik verkörpert, ist das Manhattan-Projekt. Bei der Entwicklung der Atombombe führte die Bewegung weniger subatomarer Teilchen zu einem der verheerendsten Ereignisse der Menschheitsgeschichte: Hiroshima und Nagasaki (1945). Politische, wissenschaftliche und militärische Aktionen sind mit der Quantenphysik verknüpft und zeigen, wie selbst kleine Aktionen enorme karmische Konsequenzen nach sich ziehen.

Wenn man Karma und Quantenphysik zusammen betrachtet, enthüllen sie eine tiefe Wahrheit. Das Universum ist ein Tanz. Ein Tanz der Verbindungen, der Möglichkeiten, der Ursachen und

Wirkungen, die sich auf eine für das menschliche Auge oft unsichtbare Weise miteinander verflechten. Sowohl aus der Bhagavad Gita als auch aus Heisenbergs Experimenten erfahren wir, dass die Realität weder statisch noch einfach ist. Es ist ein kontinuierlicher Fluss, ein komplexes Netzwerk, ein unendlicher Tanz, bei dem jede Handlung ihre Spuren hinterlässt und jedes Teilchen uns daran erinnert, dass nichts stillsteht.

Das Echo des Karma. Zwischen menschlichen Entscheidungen und subatomaren Reaktionen.

In der Welt der Physik und der Philosophie, zwei scheinbar weit voneinander entfernten Gebieten, gibt es anregende Konvergenzpunkte. Einerseits beschreibt das Konzept des Karma im Hinduismus das universelle Gesetz von Ursache und Wirkung, bei dem jede Handlung oft unvorhersehbare Konsequenzen hervorbringt, die im Laufe der Zeit Auswirkungen haben. Andererseits zeigt uns die Quantenphysik mit der Heisenbergschen Unschärferelation ein Universum, in dem nicht alles mit absoluter Präzision bekannt oder bestimmt werden kann. Zwischen diesen beiden Ansätzen liegt der brillante, aber gequälte J. Robert Oppenheimer, der „Vater der Atombombe", für viele der Treffpunkt zwischen vedischer Weisheit und der rätselhaften Welt der modernen Physik.

Oppenheimer, der Anfang des 20. Jahrhunderts in New York aufwuchs, war nicht nur ein außergewöhnlicher Wissenschaftler. Er war auch ein Mann, der tiefgründige Antworten auf die Natur der Existenz suchte. Während seines Studiums in Harvard entdeckte er als Jugendlicher die alte Weisheit der Veden und vertiefte sich in die Philosophie des Vedanta.

Die Bhagavad Gita, einer der heiligen Texte des Hinduismus, untersucht viele Konzepte, darunter auch das des Karma. Für Oppenheimer schienen Karma und Physik dieselbe Sprache zu sprechen: Handlungen, die Wirkungen erzeugen, Energien, die sich von einem Moment auf den anderen verändern, und unerwartete Konsequenzen, die selbst nach langen Phasen der Inaktivität auftreten.

Karma ist im Wesentlichen der Kreislauf menschlicher Handlungen und ihrer Folgen. Es beschränkt sich nicht nur auf die Gegenwart: Maßnahmen, die wir heute ergreifen, können sich auf Generationen auswirken und künftige Ereignisse auf tiefgreifende und unvorhersehbare Weise beeinflussen. Die vedischen Texte lehren, dass nichts diesem Netz von Verbindungen entgeht, was die Aufmerksamkeit auf jede Entscheidung lenkt, die im Laufe des Lebens getroffen wird.

Die Quantenphysik schlägt, obwohl sie in einen völlig anderen Kontext eingebettet ist, einen ähnlichen Diskurs vor. Werner Heisenberg formulierte 1927 seine Unschärferelation und zeigte damit, dass das Verhalten subatomarer Teilchen nicht mit absoluter Genauigkeit vorhergesagt werden kann. Wir können Position und Geschwindigkeit eines Teilchens nicht gleichzeitig bestimmen. Jede Beobachtung verändert zwangsläufig das beobachtete System. Dieses Prinzip schafft eine Welt, in der die Kausalität, wie wir sie aus der klassischen Physik kennen, zugunsten von Wahrscheinlichkeit und Unsicherheit aufgelöst wird.

Die Parallele ist klar: Karma und das Unschärfeprinzip erinnern uns daran, dass sich die Konsequenzen von Handlungen – ob menschlicher oder subatomarer Natur – auf komplexen und nicht immer zugänglichen Ebenen bewegen. Nichts lässt sich auf eine einfache Ursache-Wirkungs-Gleichung reduzieren.

Oppenheimers Leben bietet ein lebendiges Beispiel für diese Zusammenhänge. Seine Entscheidung, das Manhattan-Projekt zu leiten, veränderte den Lauf der Geschichte. Doch diese Entscheidung setzte ihn auch der moralischen Last der Konsequenzen aus. Wie ein unaufhaltsames Karma hallten die verheerenden Auswirkungen der Atombombe durch sein ganzes Leben und brachten ihn zu tiefgreifenden Überlegungen über die Rolle der Wissenschaft und die Ethik menschlicher Entscheidungen.

Viele erinnern sich daran, wie Oppenheimer in seiner Biografie über den Zusammenhang zwischen individuellen Handlungen und dem kollektiven Schicksal der Menschheit nachdachte. Vielleicht hatte er unter dem Einfluss vedischer Lehren das Gefühl, sich im Zentrum eines komplexen karmischen Netzes zu befinden, einem Echo von Ursachen und Wirkungen, das über seine eigene Existenz hinausging. Wie er einmal sagte:

„In der Welt werden Sie feststellen, dass jeder für alles verantwortlich ist, was er tut. Und für alles, was er nicht tut.“

Die Wüste von Los Alamos, in der die Bombe gebaut wurde, ist heute ein symbolischer Ort. Hier, zwischen Kakteen und Canyons, spielte sich ein menschliches und wissenschaftliches Drama ab, in dem die größte Ungewissheit herrschte. Obwohl mathematische

Modelle die Wirkung der Bombe vorhersagten, blieben ihre sozialen, politischen und ethischen Folgen unvorhersehbar. Dies erinnert an Karma: Wir können nicht immer kontrollieren, wann, wo und wie sich unsere Handlungen auf die Welt auswirken.

Die Heisenbergsche Unschärfe sagt uns, dass sich jedes Teilchen auf subatomarer Ebene wie ein Potenzial verhält. Wir kennen seine genaue Zukunft nicht, aber wir wissen, dass seine Interaktionen Realitäten bestimmen werden, auf die wir keinen Einfluss haben. In ähnlicher Weise fungiert Karma als kosmischer Samen. Jede heute gepflanzte Handlung wird morgen sprießen, aber wie und mit welcher Intensität bleibt ein Rätsel.

Oppenheimer lebte beim Nachdenken über diese Zusammenhänge ständig zwischen zwei Welten: wissenschaftlichem Determinismus und spiritueller Tiefe. In einem Interview erinnerte sich ein Kollege daran, dass Oppenheimer in Momenten der Stille oft Verse aus der Gita las, als suche er nach Antworten auf seine Ungewissheit. Die Teilchen folgten ihren eigenen Gesetzen, doch die vedische Legende des Karma erweiterte ihre Vision über die Grenzen der Physik hinaus.

In einem von Technologie dominierten Zeitalter können wir aus der Reflexion über die Konzepte von Karma und Quantenunbestimmtheit eine wichtige Lehre ziehen. Jede noch so kleine Handlung verändert die Welt. Ebenso ist jede persönliche Entscheidung, wie die von Oppenheimer, in ein Netz von Zusammenhängen eingebettet, das sich unserem vollständigen Verständnis entzieht.

Die Verbindung von Wissenschaft und Spiritualität. Karma und Wahrscheinlichkeit in den Naturgesetzen.

Karma stellt ein universelles Gesetz dar: Jede Handlung erzeugt eine Reaktion, die sich sofort oder zu einem späteren Zeitpunkt manifestieren kann. Es handelt sich um eine Philosophie, die unser Verhalten durch einen unsichtbaren Faden mit der kosmischen Ordnung verbindet und auf diese Weise erklärt, warum Ereignisse – ob große oder kleine – niemals zufällig sind. In all dem weist die Quantenphysik bemerkenswerte Parallelen auf, vor allem in Form der Heisenbergschen Unschärferelation. Dieses Prinzip beschreibt eine andere Form der Kausalität: Wir können das Verhalten subatomarer Teilchen nicht mit absoluter Sicherheit vorhersagen, sondern nur ihre Wahrscheinlichkeit berechnen.

Die Verbindung zwischen Karma und Wissenschaft ist nicht unmittelbar, wird jedoch faszinierend, wenn wir analysieren, wie beide Theorien Unsicherheit als grundlegenden Teil der Realität akzeptieren. Obwohl Karma und Unbestimmtheit zu unterschiedlichen Welten gehören, zwingen sie uns, über die Bedeutung der Kausalität und die Konsequenzen unserer Entscheidungen nachzudenken.

Das Konzept des Karma hat seine Wurzeln in den heiligen Texten des Hinduismus, etwa den Veden und den Upanishaden, die das Universum als ein Netz aus Ursache und Wirkung beschreiben. Dieses Moralsystem betont, dass jeder Gedanke, jedes Wort und jede Handlung die Macht hat, unser Schicksal zu formen. Im Hinduismus gibt es keine Zufälle: Selbst scheinbar unbedeutende Ereignisse haben ihren Ursprung in einer vergangenen Handlung.

Ein bekanntes Beispiel ist das Gleichnis vom König namens Bharata im Mahabharata. Nach einem tugendhaften Leben wird Bharata aufgrund seiner Anhänglichkeit an die Begierde als Hirsch wiedergeboren. Diese Episode zeigt, wie unsere Handlungen, wie klein sie auch sein mögen, langfristige Konsequenzen haben. Karma lehrt uns, dass alle Fragmente der Existenz miteinander verbunden sind, genau wie Quantenteilchen.

Die Ähnlichkeit zwischen Karma und dem Unschärfeprinzip ergibt sich aus der Art und Weise, wie beide die Unvorhersehbarkeit akzeptieren. In der Quantenphysik bestimmen die Aktionen von Teilchen nicht einen einzelnen bestimmten Effekt, sondern eine Reihe zukünftiger Möglichkeiten. Ähnlich verhält es sich mit dem Karma: Die Folgen unserer Handlungen lassen sich nicht genau vorhersagen, selbst wenn wir wissen, dass sie Auswirkungen haben werden.

Der Physiker und Philosoph Fritjof Capra weist darauf hin, dass östliche Traditionen wissenschaftliche Erkenntnisse oft vorwegnehmen. Capra schreibt, dass das Konzept des Karma das dynamische Beziehungsnetzwerk widerspiegelt, das von der Quantentheorie beschrieben wird. Ihm zufolge teilen sowohl der Hindu-Weise als auch der moderne Physiker eine miteinander verbundene Vision der Wirklichkeit. Nichts geschieht isoliert; Jede Aktion erzeugt eine Reaktion, auch wenn wir ihren genauen Verlauf nicht kennen können.

Ein beliebtes indisches Sprichwort besagt:

„Jede Blume, die blüht, ist das Ergebnis des Regens von tausend Jahren.“

Dieser Satz unterstreicht die Bedeutung jeder Handlung, auch der kleinen, im großen Ganzen der Realität. Das gleiche Konzept kann auf das Verhalten subatomarer Teilchen angewendet werden. In einem berühmten Vortrag in den 1960er Jahren schlug der Physiker John Bell ein Experiment vor, um zu zeigen, dass sich zwei Teilchen selbst über große Entfernungen hinweg durch Quantenverschränkung gegenseitig auf unvorhersehbare Weise beeinflussen können. Aus diesem Phänomen ergibt sich eine Idee, die sowohl dem Hinduismus als auch der Quantenphysik am Herzen liegt: Alles ist miteinander verbunden. Kein Ereignis geschieht unabhängig, weder im spirituellen Kosmos des Karma noch im Quantenmikrokosmos.

Sri Krishna und Heisenberg: Wie der Hinduismus die Quantenunsicherheit erklärt.

Das Karma-Konzept bietet eine universelle ethische Botschaft: Jede Handlung hat Konsequenzen. Ebenso betont Werner Heisenbergs Unschärferelation, ein Eckpfeiler der Quantenphysik, dass jede Beobachtung unvermeidlich das Ergebnis eines Systems beeinflusst. Obwohl Jahrtausende vergangen sind und unterschiedliche kulturelle Kontexte zwischen den beiden Konzepten liegen, weisen sie faszinierende Parallelen auf und offenbaren eine überraschende Konvergenz zwischen östlicher Philosophie und moderner Wissenschaft.

In der Bhagavad Gita erklärt Krishna, die göttliche Inkarnation im Hinduismus, Arjuna das Gesetz des Karma. Eine der bedeutsamsten Passagen lautet:

„Jede Handlung trägt den Keim ihrer Folgen in sich."

Krishna betont, dass man den Auswirkungen seiner Handlungen nicht entkommen kann. Jede menschliche Entscheidung hinterlässt Spuren und prägt die individuelle und kollektive Zukunft. Nicht nur materielle Handlungen, sondern auch Gedanken und Absichten beeinflussen das Schicksal.

Krishna betont die Wichtigkeit von Dharma (moralische Pflicht). Arjuna, der kriegerische Protagonist, muss handeln, ohne an den Früchten seiner Taten zu hängen. Krishna lehrt, dass die Aufregung durch Verlangen oder Angst vor dem Versagen Chaos schafft, wohingegen eine mit Distanz ausgeführte Handlung Harmonie ermöglicht, auch wenn die unmittelbaren Konsequenzen nicht immer vorhersehbar sind.

Die Komplexität des Karma ähnelt einem großen Netz aus Ursachen und Wirkungen, einem Netzwerk, in dem alle Handlungen, sichtbar und unsichtbar, unvermeidlich miteinander verbunden sind. Dieses Gefühl der Verbundenheit kann überraschenderweise mit Heisenbergs Unschärferelation verglichen werden.

Werner Heisenberg, der Vater der Quantenmechanik, formulierte 1927 das Unschärfeprinzip. Dieses Prinzip besagt, dass es auf subatomarer Ebene nicht möglich ist, die Position und Geschwindigkeit eines Teilchens gleichzeitig mit absoluter Genauigkeit zu kennen. Allein der Akt der Beobachtung verändert seinen Zustand.

Stellen Sie sich beispielsweise ein sich bewegendes Elektron vor. Die Messung seiner Position impliziert zwangsläufig eine Änderung seiner Geschwindigkeit. Diese inhärente Unsicherheit ist kein technischer Fehler. Es ist eine grundlegende Eigenschaft der Natur. Es impliziert, dass die Zukunft eines Teilchens – und möglicherweise des gesamten Universums – niemals absolut definiert werden kann.

Wissenschaftler haben herausgefunden, dass jede Beobachtung Spuren hinterlässt. Auf der Quantenebene hat bereits das bloße „Betrachten" eines Systems Auswirkungen. Es ist, als wäre jede getroffene Entscheidung niemals harmlos, sondern brächte eine Veränderung der Welt mit sich.

Auf den ersten Blick scheinen Karma und das Unschärfeprinzip zwei völlig unterschiedliche Bereiche anzugehören: der eine ist moralisch und spirituell, der andere physikalisch und wissenschaftlich. Doch in beiden dreht es sich um eine zentrale Erkenntnis: Jede Handlung hat Konsequenzen, sichtbar oder unsichtbar, unmittelbar oder verzögert.

Krishna sagt, dass die Welt ein Netz aus Ursachen und Wirkungen sei, in dem nichts zufällig entstehe. Jeder menschliche Gedanke erzeugt eine Reaktion. Ebenso zeigte Heisenberg, dass selbst ein mikroskopischer Vorgang, wie die Beobachtung eines Elektrons, Konsequenzen nach sich zieht, die niemand ignorieren kann. Sowohl in der physischen als auch in der spirituellen Welt beruht die Ungewissheit über die Zukunft nicht auf Unvorhersehbarkeit, sondern auf der Komplexität der Beziehungen, die die einzelnen Elemente des Systems miteinander verbinden.

Während Krishnas Vision zu moralischer Verantwortung auffordert, drängt uns Heisenbergs Unbestimmtheit zur intellektuellen Verantwortung. Beide sind sich bewusst, dass der freie

Wille kein Spiel ohne Regeln ist. Jede Entscheidung hat Auswirkungen auf andere.

Die zeitgenössische Kultur steht vor der Aufgabe, diese beiden scheinbar weit voneinander entfernten Welten miteinander zu versöhnen. Einerseits fordert uns die spirituelle Lehre des Karma dazu auf, vor dem Handeln nachzudenken. Andererseits lehrt uns die Wissenschaft, dass selbst kleinste Gesten, etwa die Beobachtung eines Teilchens, das Universum auf eine Art und Weise verändern können, die sich unserem Verständnis entzieht.

Sri Krishna und Werner Heisenberg, zwei Figuren, die zeitlich und räumlich weit voneinander entfernt sind, teilen eine Botschaft, die auch heute noch nachhallt: Taten gestalten die Zukunft. Krishna lehrt dies Arjuna am Ufer des Flusses Yamuna und fordert ihn zu einer tiefen Ethik auf. Heisenberg demonstriert dies in der Dunkelheit eines Labors und enthüllt so die Geheimnisse des Atoms. Beide weisen uns auf ihre Weise auf eine Wahrheit hin: Nichts geschieht, ohne im unendlichen Netz des Kosmos sichtbare oder unsichtbare Spuren zu hinterlassen.

Vorhersehbarkeit und Auswahl im Bereich der Unsicherheit.

Im hinduistischen Denken ist Karma nicht nur eine moralische Regel, sondern ein universelles Gesetz. Jede Handlung – körperlich, verbal oder geistig – hat eine Konsequenz, wie der Stein, der im Wasser Wellen erzeugt. Der Hinduismus geht davon aus, dass jede menschliche Handlung „Vasana“ (verborgene Wünsche) im Bewusstsein erzeugt. Dies wirkt sich auf die Zukunft aus, sowohl in diesem Leben als auch in den darauffolgenden Leben. Beim Karma gibt es kein göttliches Urteil, sondern ein System des Gleichgewichts: Du bekommst, was du säst.

Die karmische Philosophie fordert uns auf zu verstehen, dass wir nie alles kontrollieren können. Vielmehr können wir durch richtiges Handeln positive Auswirkungen auf Bereiche erzielen, die sich unserem vollen Blickfeld entziehen.

Wenn wir uns vom spirituellen Universum zur physischen Welt bewegen, bietet uns die Quantenphysik eine überraschend ähnliche Perspektive. Das Unschärfeprinzip besagt, dass wir die Position und Geschwindigkeit eines subatomaren Teilchens nicht gleichzeitig genau messen können. Allein die Beobachtung des Teilchens mit einem Instrument verändert seine Flugbahn.

Dieses Phänomen impliziert eine grundlegende Realität: Auf mikroskopischer Ebene ist die Zukunft von Natur aus unvorhersehbar. Dennoch bestimmt jede Beobachtung eines Wissenschaftlers direkt oder indirekt ein bestimmtes Ergebnis. Das Quantenuniversum ist nicht fest oder festgelegt, sondern ein „Feld von Möglichkeiten", genau wie das menschliche Leben im Konzept des Karma.

Viele Wissenschaftler haben festgestellt, wie groß die Ähnlichkeiten zwischen Karma und Unbestimmtheit sind. Beide lehren uns eine wertvolle Lektion: Jede Handlung – oder Beobachtung – aktiviert Kräfte, die die Zukunft gestalten. Aus karmischer Sicht sind Aufmerksamkeit und Bewusstsein bei den täglichen Entscheidungen ausschlaggebend für das eigene Schicksal. Parallel dazu werden in der Quantenphysik durch Beobachtung die unendlichen Möglichkeiten eines Teilchens in einen einzigen konkreten Zustand „kollabiert".

Stellen wir uns für einen Moment ein Pendel in der realen Welt vor. In einer normalen Situation können wir seine Bewegung mit Sicherheit vorhersagen, da wir Kraft und Reibung kennen. In der subatomaren Welt verschwindet diese Gewissheit jedoch: Die Beobachtung des Pendels würde eine neue Variable in das System einführen. Karma funktioniert ähnlich, aber auf einer existenziellen Ebene. Eine Handlung erzeugt einen Impuls im „Feld" der Realität, oft mit unerwarteten Auswirkungen.

Eine interessante Parallele zwischen Karma und dem Unschärfeprinzip ergibt sich auch bei unserem Umgang mit Technologien. Auf Algorithmen basierende digitale Plattformen zeigen, dass jede Online-Aktion unvorhersehbare Ergebnisse mit sich bringt. Durch das Anklicken von Inhalten beispielsweise werden die Daten verarbeitet und es wird beeinflusst, welche Vorschläge in Zukunft gemacht werden. Dieses Phänomen erinnert an den Schmetterlingseffekt von Edward Lorenz: Eine winzige Änderung der Anfangsbedingungen – wie der Flügelschlag eines Schmetterlings – kann auf der anderen Seite der Welt einen Sturm auslösen.

Aus quantenkarmischer Sicht lehren uns diese Verbindungen, bewusster zu sein. Jeder Klick hat, wie jede Entscheidung im Leben, tiefgreifende Auswirkungen, die wir nicht sofort erkennen können, die jedoch das künftige Gefüge unserer Gesellschaft prägen werden.

Schließlich laufen Karma und Unschärferelation in ihrem Wesen zusammen. Beide erinnern uns daran, dass wir in einer komplexen

Realität leben, in der unsere Entscheidungen und Beobachtungen ein tiefgreifendes Gewicht haben, das über das Unmittelbare hinausgeht.

Das Kausalitätsprinzip.

Im epischen Gedicht Mahabharata zieht sich die Idee des Karma wie ein unsichtbarer Faden durch das Leben seiner Protagonisten. Eine der berühmtesten Episoden betrifft König Dhritarashtra und seine Handlungen als Herrscher. Dhritarashtra ist von Geburt an blind und steht sowohl wörtlich als auch sinnbildlich für die Unfähigkeit, die Konsequenzen seiner Entscheidungen zu „sehen". Er unternimmt nichts, um seine Söhne, die Kauravas, aufzuhalten, wenn sie ihren Cousins, den Pandavas, Unrecht tun. Seine Untätigkeit – die selbst eine Form der Handlung ist, wie das Konzept des Karma nahelegt – führt zum verheerenden Kurukshetra-Krieg, einer Schlacht epischen Ausmaßes, die nicht nur sein Königreich verwüstet, sondern auch über Generationen hinweg Leid verursacht.

Halten wir nun einen Moment inne: Wie kann eine Entscheidung oder Nicht-Entscheidung derart weitreichende Auswirkungen sowohl zeitlich als auch räumlich hervorrufen? Die moderne Wissenschaft bietet mit der Quantenmechanik eine faszinierende Analogie.

Der deutsche Physiker Werner Heisenberg formulierte 1927 seine Unschärferelation. Dieses Prinzip besagt, dass wir nicht gleichzeitig die Position und die Geschwindigkeit eines subatomaren Teilchens genau kennen können. Daher funktioniert das Universum auf mikroskopischer Ebene im Zeichen des Wahrscheinlichen, nicht des Sicheren. Diese Unsicherheit bedeutet zwar kein absolutes Chaos, deutet aber auf eine inhärente Komplexität hin: Jede Interaktion auf Quantenebene kann andere Teilchen beeinflussen und Ergebnisse erzeugen, die nicht unmittelbar vorhersehbar sind.

Denken wir jetzt über Karma nach. So wie ein Teilchen in seiner Bewegung unvorhersehbare Effekte innerhalb des Quantenfeldes erzeugt, so kann auch eine menschliche Handlung laut Hinduismus Effekte auslösen, die sich in unvorstellbarer Weise entfalten. Heisenbergs Unschärferelation wird dann zu einem wissenschaftlichen Fenster zum traditionellen Konzept subtiler Kausalität: Nichts ist zufällig, aber nichts ist vollständig bestimmbar.

Das Mahabharata beschreibt die Auswirkungen von Handlungen als die Fäden eines großen, sich bewegenden Netzes. Jede Aktion vibriert entlang dieses Netzwerks und beeinflusst scheinbar weit entfernte Punkte. Ein paralleles Konzept in der Quantenphysik ist die Quantenverschränkung. Zwei Teilchen können auch dann miteinander verschränkt bleiben, wenn sie Lichtjahre voneinander entfernt sind: Eine Änderung des Zustands eines Teilchens wirkt sich augenblicklich auf das andere aus. Es ist ein Phänomen, das sich der Intuition entzieht und uns daran erinnert, wie tief die verborgenen Verbindungen in der Welt sind, in der wir leben.

Nehmen wir beispielsweise die Figur des Karna, die oft als Symbol des Menschen gilt, der mit seinem eigenen Schicksal ringt. Karna, der Sohn von Kunti, der Mutter der Pandavas, der jedoch bei der Geburt verlassen wurde, verbringt sein Leben mit dem Versuch, seine Existenz zu rechtfertigen. Er wird ein großer Krieger, bleibt jedoch ewig zwischen Loyalität und Gerechtigkeit hin- und hergerissen. Die Last früherer Entscheidungen – sowohl seiner als auch der seiner Mutter – ist spürbar. Karna ist sowohl Opfer als auch Schöpfer des komplexen karmischen Netzes, das das Mahabharata antreibt. Wie bei der Verstrickung wirken sich ihre Verbindungen mit anderen Charakteren auf die gesamte Erzählung aus und gipfeln in ihrem tragischen Untergang.

Eine weitere interessante Analogie betrifft die Zeit, sowohl im Karma als auch in der Quantenmechanik. Im Mahabharata zeigen sich die Folgen einer Handlung oft erst lange nach der Ausführung. Wenn beispielsweise Krishna, der weise Ratgeber der Pandavas, Arjuna vor der Notwendigkeit warnt, für die Wahrheit zu kämpfen, weist er darauf hin, dass jede richtige oder falsche Handlung wie eine Welle auf ihn zurückkommen wird. Dies spiegelt die Idee wider, dass Ereignisse in der Quantenwelt nicht strikt der Linearität der Zeit gehorchen. Ein Phänomen auf subatomarer Ebene kann gegenwärtige, vergangene oder zukünftige Ereignisse beeinflussen und so eine komplexe Form der Kausalität erzeugen.

Warum gibt es zwischen dem Karma-Konzept und der Quantenphysik einen so faszinierenden Dialog? Beide deuten auf eine universelle Verbundenheit hin. Sowohl in der physischen als auch in der spirituellen Welt ist jede Handlung Teil eines großen Netzes von Ereignissen. In der vedischen Poesie wird der Kosmos oft mit Indras Netz verglichen, einem unendlichen Netzwerk aus Knoten, in dem jeder Edelstein alle anderen widerspiegelt. Dieses alte Symbol ist eine eindringliche Erinnerung: Was wir tun, endet nicht mit uns. So wie die Bewegung eines Teilchens das Verhalten anderer Teilchen beeinflussen kann, hat jede Entscheidung, die wir treffen, Auswirkungen auf das gesamte Universum.

Das Mahabharata und die moderne Wissenschaft lehren uns daher, dass Unsicherheit keine Entschuldigung für Trägheit ist. Es ist ein Aufruf zum bewussten Handeln. Wie in den Dialogen zwischen Krishna und Arjuna erzählt wird, kommt es nicht nur auf die Handlung an, sondern auch auf die Qualität der Absicht, die sie leitet. Ebenso lehrt uns die Quantenphysik, dass trotz aller Ungewissheit jede Handlung dazu beiträgt, die Zukunft auf eine Weise zu gestalten, die wir nicht immer vorhersagen können.

Zusammenfassend lässt sich sagen, dass Karma und das Unschärfeprinzip uns dieselbe große Wahrheit zuflüstern: Wir sind dafür verantwortlich, was wir in das Netz des Universums einfügen. Unsere Handlungen sind Samen, die auf mysteriöse, aber miteinander verbundene Weise sprießen. Wenn man diese alten kulturellen Verbindungen durch die Linse der Wissenschaft betrachtet, wird ihre Aussagekraft dadurch nicht geschmälert, sondern verstärkt. Das Netz des Kosmos umgibt uns alle und erinnert uns daran, dass wir letztlich durch den dünnen, aber unzerstörbaren Faden unserer Taten vereint sind.

Die Freiheit des Karma in einem unbestimmten Universum.

Karma basiert im hinduistischen Kontext auf einer klaren Idee: Der Mensch genießt innere Freiheit. Sie können wählen, wie sie handeln. Diese Maßnahmen bleiben jedoch nicht ohne Konsequenzen. Der indische Philosoph und Mystiker Swami Vivekananda beispielsweise beschrieb Karma als „die Seile, die uns fesseln", betonte jedoch, dass wir diese Seile durch unsere Entscheidungen selbst weben. Diese Freiheit erinnert an das, was in der Quantenwelt geschieht, wo ein subatomares Teilchen einen Zustand aus mehreren Möglichkeiten „auswählen" kann.

Im Gegensatz zur klassischen Physik, die die Welt als eine streng deterministische Maschine betrachtet, offenbart die Quantenmechanik ein Universum, in dem Potenzial und nicht Gewissheit herrscht. Sogar die kleinsten Teilchen im Universum scheinen über eine Art Freiheit zu verfügen, da ihr Verhalten nicht mit absoluter Präzision vorhergesagt werden kann. Diese Ungewissheit dient als Brücke zum Karma-Konzept, das die individuelle Verantwortung bei der Bestimmung der eigenen Zukunft begründet.

Beide Systeme betonen, dass es eine Dimension gibt, in der die Ergebnisse nicht vorbestimmt sind, sondern sich aus einer Kombination von Entscheidungen und Möglichkeiten ergeben.

Die vedischen Texte bieten eine interessante Geschichte der Kausalität. Die Weisen des alten Indien erzählen von einem Mann namens Ajamil, der, getrieben von seinen Taten in der Vergangenheit, ein unmoralisches Leben führte. Doch auf seinem Sterbebett ruft Ajamil „Narayana", den Namen des Gottes Vishnu, an und erlangt Erlösung. Diese Geschichte veranschaulicht, wie eine einzige Entscheidung den Lauf des Schicksals ändern kann.

In gewisser Weise ist es mit dem „Schrödingers Katze"-Experiment vergleichbar, das der Physiker Erwin Schrödinger 1935 vorstellte. Das berühmte Gedankenexperiment zeigt, wie ein System auf der Quantenebene gleichzeitig in mehreren möglichen Zuständen existieren kann, bis die Beobachtung sich für einen der beiden Zustände „entscheidet".

In Ajamils Geschichte kann, genau wie in der Quantenphysik, ein einzelnes Ereignis – eine Entscheidung, eine Beobachtung – das Ergebnis grundlegend verändern. Darüber hinaus scheint die Idee eines „Beobachters" in der Quantenmechanik einen Teil der Rolle des Einzelnen im Gesetz des Karma widerzuspiegeln: sich seiner Handlungen und ihrer Auswirkungen bewusst zu werden.

Wenn wir genau darüber nachdenken, führt Karma ein moralisches Modell ein, das auf Freiheit und Verantwortung basiert. Heisenbergs Unbestimmtheit hingegen beschreibt ein physikalisches Universum, das nicht unveränderlich ist, sondern „offen" für unvorhersehbare Dynamiken. Beide konzentrieren sich auf die Idee, dass nicht alles in starren und vorgegebenen Mustern festgelegt ist. Das Universum, sowohl geistig als auch physisch, ist voller Möglichkeiten.

Das Mahabharata, das große indische Epos, enthält eine symbolträchtige Passage, die lautet:

> *„Das Schicksal steht nicht fest, sondern ist die Summe unserer Taten."*

Dieser Satz fängt die Dualität des Karma ein. Einerseits genießt der Einzelne Entscheidungsfreiheit, andererseits entsteht durch die getroffenen Entscheidungen ein Geflecht von Beziehungen, die Einfluss auf die Zukunft haben. Es ist dasselbe Gleichgewicht, das wir in der Quantenwelt beobachten.

Niels Bohr, ein Zeitgenosse Heisenbergs und einer der Begründer der Quantenmechanik, argumentiert:

„Vorhersehbarkeit ist nur eine Illusion von Gewissheit.“

Dieser Satz scheint in direktem Dialog mit östlichen Philosophien zu stehen, die seit Jahrtausenden lehren, dass Freiheit nicht darin liegt, die Ungewissheiten des Lebens zu beseitigen, sondern vielmehr darin, sie zu erkennen und zu akzeptieren und in der Gegenwart bewusste Entscheidungen zu treffen.

Die Verbindung von Karma und Quantenunbestimmtheit bietet eine faszinierende Perspektive. Auf der einen Seite finden wir eine antike Philosophie, die moralische Kausalität erforscht; auf der anderen Seite eine moderne Wissenschaft, die die Wahrscheinlichkeitsgrundlagen der Natur untersucht. Beide lehnen jedoch die Idee eines völlig deterministischen Universums ab.

Die beiden Disziplinen scheinen an einem kritischen Punkt zusammenzutreffen. Der Mensch ist, ebenso wie subatomare Teilchen, nicht dazu verdammt, einem starren Weg zu folgen. Die Möglichkeit zu wählen, zu handeln, bleibt eine Konstante der Realität, sei sie physischer oder ethischer Natur. Diese Verbindung zeigt, dass wissenschaftliche Entdeckungen und spirituelle Traditionen nicht im Widerspruch zueinander stehen, sondern im Dialog stehen können, um uns ein tieferes Verständnis für das Mysterium des Universums zu vermitteln.

Zusammenfassend erinnert uns Karma daran, dass jede unserer Handlungen zählt. In ähnlicher Weise betont das Unschärfeprinzip, dass auch in der physischen Welt jede Entscheidung und jede Interaktion die Zukunft formt. Beide Konzepte feiern die Freiheit und machen das Universum letztlich zu einer wundersamen Heimat der Möglichkeiten.

Wenn Physik und Philosophie aufeinandertreffen.

In der hinduistischen Tradition ist Karma das Gesetz von Ursache und Wirkung. Jede Handlung eines Menschen hinterlässt einen unsichtbaren Abdruck, eine Energie, die sein zukünftiges Schicksal beeinflusst. Diese Kraft ist weder unmittelbar noch linear, sondern manifestiert sich im Laufe der Zeit. Eine kleine Geste, ein im entscheidenden Moment gesprochenes Wort kann unvorhersehbare Konsequenzen nach sich ziehen, die sich auf das gesamte Leben einzelner Menschen und den Kosmos auswirken.

Patanjalis Yoga Sutra fasst es folgendermaßen zusammen:

„Jede Handlung bringt einen Samen hervor, und dieser Samen wird zur richtigen Zeit eine Frucht hervorbringen, ob bitter oder süß.“

Karma ist daher weder eine Strafe noch eine Belohnung, sondern eine unvermeidliche Konsequenz, die tief in der Struktur der Realität verwurzelt ist.

In der Quantenwelt verändert eine Beobachtung eines Teilchens dessen Zustand. Dies bedeutet, dass der Akt des Beobachtens an sich eine Handlung ist, die die Zukunft verändert. Es handelt sich um ein Paradoxon, das eine Idee widerspiegelt, die der des Karma überraschend nahe kommt: Jede Interaktion, wie klein sie auch sein mag, hat das Potenzial, die Zukunft auf eine Weise zu beeinflussen, die nur schwer vorherzusagen ist.

Stellen wir uns ein subatomares Teilchen vor, das einen Zustand aus mehreren Möglichkeiten „auswählt“. Sein Verhalten wird eher von einem Netzwerk aus Wahrscheinlichkeiten als von Gewissheiten bestimmt. In ähnlicher Weise kann Karma als dieses Netz von Möglichkeiten betrachtet werden. Menschliches Handeln garantiert kein bestimmtes Ergebnis, sondern schafft Situationen, die den Lauf der Dinge beeinflussen.

Ein eindrucksvolles Beispiel kommt aus der Welt der Quantenverschränkung. Selbst wenn zwei Teilchen enorme Entfernungen voneinander entfernt sind, bleiben sie durch einen gemeinsamen Zustand miteinander verbunden. Eine Veränderung eines Teilchens wirkt sich unmittelbar auf das andere aus, unabhängig von der Entfernung, die sie voneinander trennt. Dieses Phänomen erinnert an die Idee des kollektiven Karmas: Individuelle Handlungen erzeugen Wellen, die sich durch das Gewebe des Universums ziehen und die Menschen in einem Netz unsichtbarer gegenseitiger Abhängigkeit verbinden.

Eine interessante hinduistische Parabel erzählt von einem König, der während der Jagd in einem Shiva geweihten Wald versehentlich einen heiligen Hirsch tötete. Jahre später, auf seinem Sterbebett, erinnerte sich der König an diese Tat und erkannte, dass die Schwierigkeiten, denen er im Leben begegnet war, auf diese uralte Geste zurückzuführen waren. Diese Anekdote verdeutlicht, dass Karma einer komplexen Logik folgt, die auf den ersten Blick oft unverständlich, im Nachhinein jedoch klar erkennbar ist.

In ähnlicher Weise stellte der Physiker Niels Bohr, ein Zeitgenosse Heisenbergs, fest, dass auf der Quantenebene:

„Den Weg, den wir heute gehen, können wir erst morgen interpretieren.“

Im Idealfall hätte Bohr eine Ähnlichkeit zwischen diesen scheinbar weit entfernten Welten erkennen können.

In Indien finden sich Beweise für diese Schnittstelle zwischen Wissenschaft und Spiritualität an Orten wie Varanasi, einem Tempel der Weisheit und Meditation. Hier koexistieren alte Lehren über Atman (das Selbst) und Karma mit Studienkonferenzen zur Moderne. An der Benares Hindu University beispielsweise wurde bereits in den 1960er Jahren der Dialog zwischen Physik und Philosophie gefördert.

Die Brücke zwischen Karma und Quantenphysik erinnert uns daran, dass es Ordnungen gibt, die der Menschheit noch unbekannt sind. Die moderne Wissenschaft erforscht wie die antike Philosophie die Wirklichkeit, indem sie versucht, ihre unsichtbaren Fäden zu erfassen. Beide Bereiche legen nahe, dass sich hinter der scheinbaren Zufälligkeit tiefe Regeln verbergen, die auf unterschiedlichen Ebenen verwurzelt, aber gleichermaßen grundlegend sind.

Karma und Ungewissheit laden uns ein, über ein universelles Prinzip nachzudenken: Jede Handlung hat das Potenzial, die Welt sowohl auf kosmischer als auch auf persönlicher Ebene zu verändern. Wie Heisenberg und die Weisen des Hinduismus anzudeuten scheinen, können wir nicht alles kontrollieren, aber wir können die Absicht unseres Handelns sorgfältig wählen.

Karma und Schrödingers Katze. Sind die Auswahlmöglichkeiten real?

Stellen Sie sich vor, Sie stehen vor einer Entscheidung. Jede Ihrer heutigen Handlungen wird in der Zukunft sichtbare und unsichtbare Konsequenzen haben. Dies ist das zentrale Prinzip des Karma im Hinduismus: das Gesetz von Ursache und Wirkung, wonach jede Handlung, jeder Gedanke oder jede Entscheidung einen Eindruck auf die Gegenwart und die Zukunft hinterlässt. Aber was hat das alles mit Quantenphysik zu tun? Mehr als Sie sich vorstellen können.

Die Quantenphysik lehrt uns, dass im Mikrokosmos der subatomaren Teilchen nichts sicher ist, bis es beobachtet wird. Dies ist der Kern der Heisenbergschen Unschärferelation: Wir können die Position und die Geschwindigkeit eines Teilchens nicht gleichzeitig mit absoluter Genauigkeit kennen. Diese Unsicherheit betrifft nicht nur die mikroskopische Welt, sondern regt auch zu philosophischen Überlegungen über die Natur menschlicher Entscheidungen an.

Dem Hinduismus zufolge verpflichtet Karma nicht: Es gibt Form. Die Entscheidungen, die wir heute treffen, bestimmen, was wir morgen vorfinden werden, doch der Moment der Entscheidung bleibt, wie das Schicksal des Quantenteilchens, voller Möglichkeiten, bis er eintritt. Man könnte sagen, dass jede menschliche Handlung einem Teilchen gleicht, das zwischen mehreren Zuständen schwebt und bereit ist, eine Zukunft zu definieren, wenn sein „Beobachter" – das Individuum – die Wahl trifft.

Um diese Analogie besser zu verstehen, schauen wir uns das berühmte Gedankenexperiment von Schrödingers Katze an, das 1935 vom österreichischen Physiker Erwin Schrödinger entwickelt wurde. Darin wird eine Katze zusammen mit einem Mechanismus, der sie töten kann und durch den radioaktiven Zerfall eines Teilchens ausgelöst wird, in eine Kiste gesperrt. Bis jemand die Schachtel öffnet, ist die Katze tot und lebendig zugleich und befindet sich in einem Zustand der Quantensuperposition.

Dieses Experiment lädt uns ein, über die gleichzeitige Existenz gegensätzlicher Möglichkeiten nachzudenken, bis sie durch eine konkrete Handlung zu einer einzigen Realität zusammenfallen. Etwas Ähnliches passiert in Karma. Jede Aktion erzeugt eine Verzweigung der Möglichkeiten. Jeder Gedanke, jedes Wort, jedes Verhalten ist wie das Teilchen in der Schachtel: Es enthält ein Potenzial, das sich, sobald es freigesetzt wird, in ein greifbares Ergebnis verwandelt.

Diese Idee ist in der östlichen Philosophie nicht neu. Das alte indische Gedicht Bhagavad Gita betont das Konzept der Verantwortung bei Entscheidungen. In dem Text erklärt Krishna, der göttliche Führer, Arjuna, dass jede Handlung mit Bewusstsein ausgeführt werden muss, da niemand den Auswirkungen seiner Handlungen entgehen kann. Die moderne Interpretation dieser Lehre könnte mit der Notwendigkeit verbunden sein, eine Entscheidung zu „beobachten", um sie Wirklichkeit werden zu lassen und die Verantwortung für die Folgen zu übernehmen.

Wenn wir diese Vorstellung auf das Experiment mit Schrödingers Katze anwenden, erkennen wir, dass nicht nur der physische Beobachter (der Wissenschaftler) über das Schicksal der Katze entscheidet, sondern auch der Grad an Bewusstsein und Verantwortung, mit dem er eingreift. In ähnlicher Weise betont Karma, dass es die Qualität der Handlungsabsicht ist, die bestimmt, welche der unendlichen Möglichkeiten Wirklichkeit werden.

Die indische Volksweisheit bietet eine Geschichte, die diese Dynamik illustriert: Ein Bauer, der in einem Dorf lebt, findet eines Tages einen Sack voll Gold. Er könnte es wortlos für sich behalten oder zurückgeben. Sie zögert, da sie weiß, dass ihre Entscheidung Auswirkungen auf ihre Zukunft haben wird. Wie bei der Katze in der Kiste wird die Entscheidung erst getroffen, wenn sie etwas unternimmt. Er beschließt, das Gold zurückzugeben und erfährt später, dass der Besitzer ihn mit der Hälfte des Beutelinhalts belohnt. Dies ermöglichte ihm ein Leben ohne Gewissensbisse. Wäre dasselbe passiert, wenn er anders gehandelt hätte? Wir werden es nie erfahren.

Diese Episode spiegelt perfekt die Schnittstelle zwischen Karma und dem Quantensuperpositionsparadoxon wider. Man kann sich vorstellen, dass die Zukunft bis zu dem Moment, in dem wir eine Entscheidung treffen, in mehreren Zuständen schwebt und bereit ist, bei unserem Handeln zu einer einzigen Realität zusammenzufallen.

Diese Brücke zwischen Quantenphysik und indischer Philosophie ist nicht auf die Wissenschaft beschränkt. Im Jahr 1975 verknüpfte Fritjof Capra, ein führender Vertreter des Dialogs zwischen Wissenschaft und Spiritualität, die Prinzipien der modernen Physik mit östlichen mystischen Traditionen, darunter Karma und universelle Einheit. Mit einem offenen und interdisziplinären Ansatz zeigte er, dass die östliche Philosophie und die westliche Wissenschaft trotz jahrhundertelanger Trennung grundlegende Erkenntnisse über die untrennbare Verbundenheit allen Seins teilen.

Ein weiteres Beispiel sind die Überlegungen von Carl Gustav Jung, der sich für das Konzept der Synchronizität interessierte und für die Art und Weise, in der scheinbar zufällige Ereignisse eher durch Bedeutung als durch Kausalität verknüpft zu sein scheinen. Obwohl nicht direkt mit Karma verbunden, erinnert uns Jungs Idee daran, dass Realität und Entscheidungen sich nicht immer durch greifbare oder mechanische Ursachen manifestieren, sondern in einem größeren Bereich nachhallen können.

Der Dialog zwischen der Quantenphysik und der Vision des Karma zeigt uns eine faszinierende Vision der Realität: Entscheidungen sind nicht nur einfache Entschlüsse, sondern kreative Handlungen. Als Beobachter sind wir für das Zusammenfallen der Möglichkeiten zu einer einzigen Realität verantwortlich. Ob in Schrödingers Katzenklo oder im Alltag: Bewusste Entscheidungen treffen zu lernen bedeutet, die Macht zu verstehen, die Zukunft zu gestalten. Innerhalb dieses Dialogs zwischen Ost und West entsteht ein gemeinsames

Bewusstsein: Jede Entscheidung ist wichtig, gerade weil sie das Unendliche und die Zukunft in sich birgt.

Karma und die Quantennetze des Schicksals.

Im Mittelpunkt der alten Hindu-Philosophie steht das Konzept des Karma als unsichtbarer Weber, der menschliche Handlungen mit dem Schicksal verknüpft und jeden Moment der Gegenwart und der Zukunft beeinflusst. In einer Welt, die zunehmend von der Wissenschaft dominiert wird, findet dieses alte Gesetz unerwartete Antworten in der Quantenphysik.

Im hinduistischen Denken ist Karma mit einem in Echtzeit geschriebenen Buch vergleichbar, in das jede Handlung ein Wort, ein Absatz, ein Kapitel eingraviert. So wie man einen Roman nicht verstehen kann, wenn man eine einzige Seite liest, kann man Karma nicht verstehen, wenn man ein einzelnes Ereignis betrachtet. Es ist ein Gemeinschaftswerk, ein Geflecht aus Vergangenheit, Gegenwart und Zukunft.

Dieses symbolische Buch erinnert in gewisser Weise an das Verhalten eines Quantenteilchens. Denken Sie an das Doppelspaltexperiment, eines der berühmtesten in der Geschichte der Physik. Wenn eine Lichtwelle oder ein Lichtteilchen durch zwei Schlitze geht, verhält es sich gleichzeitig wie ein Teilchen und wie eine Welle und vereint so auf scheinbar widersprüchliche Weise zwei verschiedene Eigenschaften. Aber was wirklich überraschend ist, ist, dass sich das Verhalten zu ändern scheint, wenn das Experiment beobachtet wird. Der Akt des „Beobachtens“ verändert die Ergebnisse, genauso wie unsere Entscheidungen zukünftige Kapitel im „Buch des Karma“ verändern.

Laut Karma hat selbst die unbedeutendste Handlung Konsequenzen. Auch in der Quantenphysik erzeugen kleine – für das menschliche Auge oft unsichtbare – Ursachen enorme Wirkungen.

Wir begegnen auch der Idee verschränkter Systeme, der sogenannten „Quantenverschränkung“. Zwei einmal verbundene Teilchen bleiben auch über die Distanz miteinander verbunden und rufen so ein philosophisches Echo des Karma hervor. Auch wenn wir geografisch weit entfernt sind, können unsere Handlungen andere Leben auf mysteriöse, aber unbestreitbar mächtige Weise beeinflussen.

Hier können wir an die Symbolik des Ganges erinnern, des heiligen Flusses Indiens schlechthin, der die Pilger von Varanasi mit dem Rest des Landes verbindet. Die Strömung des Flusses ist ebenso wie die Verstrickung eine Metapher für Karma: Sie verbindet Seelen und Schicksale, ausgehend von einer einzigen Quelle.

Krishna sagt, dass niemand dem Kreislauf des Karma entkommt, nicht einmal derjenige, der sich einbildet, untätig zu sein, denn selbst die Entscheidung, nicht zu handeln, ist eine Handlung. Dies spiegelt sich im Quantenparadoxon wider: Selbst der scheinbar „neutrale Beobachter" verändert den Lauf der Geschichte. Heisenberg selbst verstand dies und beschrieb das Universum als einen ewigen Prozess des Schreibens und Beobachtens.

Die Upanishaden untersuchen Karma in poetischen Begriffen. Die Seele (Atman) soll wie ein „Licht in der Höhle des Herzens" sein und unsere Gedanken und Handlungen sind die Strahlen, die die Welt regieren. Die heutige Physik beschreibt das Universum als einen Tanz von Schwingungen, von Teilchen, die durch Unschärfe gebunden sind. Sowohl die Physik als auch die Philosophie führen uns zur gleichen Schlussfolgerung: Die Existenz ist ein komplexes Netz, ein Buch, in dem jedes Wort ein bestimmtes Gewicht hat.

Karma ist kein Gefängnis, sondern eine Einladung zur Bewusstheit. Ebenso stellt Heisenbergs Unschärfe keine unüberwindbare Barriere dar, sondern ein Fenster, das die Komplexität der Wirklichkeit offenbart. Indem wir das Mysterium annehmen, können wir Führung finden.

Wie die alten Rishis fragen sich auch moderne Physiker, wer der Autor des „Buches der Natur" ist. Schrödinger, beeinflusst von der vedischen Philosophie, schrieb einmal:

„Der Beobachter und das Beobachtete sind eins."

Sogar im Labor der Wissenschaft oder in der Stille einer Höhle im Himalaya gelangt man immer wieder zu derselben Intuition: Alles ist miteinander verbunden, und nichts existiert ohne gegenseitige Beeinflussung.

Wenn Karma das Buch des Lebens ist, dann ist Heisenbergs Ungewissheit letztlich dessen Feder: Wir wissen nicht, wie der nächste Satz lauten wird, aber wir sind sicher, dass das, was wir heute schreiben, die folgenden Seiten beeinflussen wird.

Vom Karma zu Wahrscheinlichkeitswellen.

Karma basiert auf dem „Gesetz von Ursache und Wirkung“ und erinnert uns daran, dass jede unserer Handlungen – ob körperlich, verbal oder geistig – einen Samen pflanzt, der in der Gegenwart oder Zukunft sprießen wird. Diese universelle Vision verbindet jedes Individuum mit dem großen kosmischen Netz menschlicher und natürlicher Beziehungen. Doch was passiert, wenn man dieses alte Gesetz mit den Ideen der Quantenphysik vergleicht? Bemerkenswerterweise scheint die moderne Physik mit Prinzipien wie der Heisenbergschen Unschärfe auf den Spuren von Wahrheiten zu tanzen, die indische Weise schon vor Tausenden von Jahren intuitiv erkannten.

Das Wort „Karma“ kommt aus dem Sanskrit und bedeutet wörtlich „Handlung“ oder „Tat“. Die Upanishaden, alte hinduistische Texte, beschreiben Karma als ein kosmisches System, das jede Handlung, ob positiv oder negativ, aufzeichnet und belohnt. Es handelt sich nicht um eine Strafe Gottes, sondern um ein unparteiisches Gleichgewichtsprinzip. Jede Handlung – beispielsweise die Entscheidung, jemandem zu helfen oder ihn zu ignorieren – erzeugt eine energetische Signatur, die zwangsläufig wiederkehrt. Wie beim Pflanzen eines Samens auf einem Feld hängt die Qualität der Ernte vom Samen und seiner Pflege ab.

Eine berühmte Parabel in den hinduistischen Schriften erzählt von einem jungen Prinzen, der in einem Wutanfall einen Vogel mit einem Pfeil erschoss. Jahre später wurde er selbst bei einem Überfall im Kampf auf ähnliche Weise verwundet. Die Geschichte illustriert ein Grundprinzip: Taten kehren wie ein Bumerang zurück, und zwar auf eine Art und Weise, die manchmal über ein einzelnes Leben hinausgeht. Diese karmische Dynamik umfasst alles, von der Bewegung der Sterne bis hin zum Leben gewöhnlicher Menschen.

Die Übereinstimmung mit der Quantenmechanik zeigt sich in der 1927 formulierten Heisenbergschen Unschärferelation. Werner Heisenberg veranschaulichte, dass es nicht möglich ist, gleichzeitig die Position und die Geschwindigkeit eines subatomaren Teilchens genau zu kennen. Es handelt sich um ein Prinzip, das die komplexe Wahrscheinlichkeitsnatur der Wirklichkeit offenbart. Wenn wir ein Teilchen beobachten, verändern wir sein Verhalten. Die Wirkung der Beobachtung verändert somit ihre Zukunft.

Es ist unglaublich, aber diese Idee findet beim Konzept des Karma Anklang. So wie Karma dafür sorgt, dass jede Handlung eine Konsequenz hat, sagt uns das Unschärfeprinzip, dass das Universum auf subatomarer Ebene nicht deterministisch ist. Teilchen folgen keinen festen Flugbahnen, sondern Wahrscheinlichkeiten, die sich je nach bestimmten Wechselwirkungen manifestieren. Indem wir die Realität beobachten oder mit ihr interagieren, verändern wir diese Wahrscheinlichkeiten. Es gibt keine Gewissheit, nur Möglichkeiten. Ein karmischer Samen funktioniert auf die gleiche Weise: Wenn er heute gepflanzt wird, sprießt er auf unvorhersehbare Weise und ernährt sich von den ihn umgebenden Umständen.

Stellen wir uns einen stillen See vor. Ein auf die Oberfläche geworfener Kieselstein erzeugt konzentrische Wellen, die sich ausbreiten. In der Physik wird dieses Phänomen oft als Metapher zur Beschreibung der Wellenfunktion verwendet: Jedes Teilchen hat eine Wahrscheinlichkeitsnatur, die sich durch Raum und Zeit erstreckt, wie Wellen auf dem Wasser. Ähnlich verhält es sich im Hinduismus: Jede Handlung ist ein Kieselstein, der in den See der Existenz geworfen wird, und seine Schwingungen verbreiten sich im gesamten Universum.

Aus dem Leben von Mahatma Gandhi erfahren wir eine interessante Anekdote. In seiner Jugend war Gandhi überraschend egoistisch und unsicher. Mit der Zeit begann er jedoch, das Prinzip des Karma zu verinnerlichen. Er begann, sein Leben auf das Gemeinwohl ausgerichtete Entscheidungen zu gestalten und den Samen der Güte und Ahimsa (Gewaltlosigkeit) zu säen. Diese Taten veränderten nicht nur sein Leben, sondern beeinflussten auch die Weltgeschichte, indem sie Millionen Menschen in den friedlichen Kampf um die Unabhängigkeit führten.

Genau wie in der Quantenphysik verschwindet die emittierte Energie (karmische Samen) nicht; es taucht in anderen Formen wieder auf. Denken wir auch an das Doppelspaltexperiment: Die Teilchen selbst zeigen ein duales Verhalten (Welle-Teilchen), aber die Beobachtung verändert ihr Ergebnis. Dies ist die Essenz von Karma: Das Zusammenspiel unserer Absichten und Handlungen schafft unterschiedliche Möglichkeiten für die Zukunft. Die Zukunft ist ungewiss, aber sie hängt von jeder Entscheidung ab, die wir treffen.

Über Jahrhunderte hinweg gingen Wissenschaft und Spiritualität getrennte Wege. Allerdings zeigen Ideen wie Karma und Quantenwahrscheinlichkeit, dass sich die beiden Welten auf mysteriöse Weise überschneiden. Der Mathematiker Erwin Schrödinger, einer der Väter der Quantenmechanik und ein profunder Experte für indische Philosophien, schrieb:

> *„Die Welt ist eine Konstrukt des Geistes und wir können nie sicher sein, was real ist."*

Schrödingers von östlichen Traditionen inspirierte Überlegungen erkennen die Verbundenheit aller Dinge an.

Schicksal und Kausalität.

In den alten philosophischen Traditionen Indiens ist Karma ein Jahrtausende umfassendes Prinzip, das tiefgreifende Fragen zu Existenz und Kausalität aufwirft. Dem Hinduismus zufolge hinterlässt jede Handlung einen Abdruck und erzeugt Auswirkungen, die sich in der Gegenwart oder in der Zukunft manifestieren. Dieses scheinbar spirituelle und der modernen Wissenschaft ferne Konzept stößt in der Quantenphysik auf merkwürdige Resonanz. Dabei führt die Analogie zur Heisenbergschen Unschärferelation zu einem faszinierenden Dialog zwischen zwei scheinbar gegensätzlichen Welten: Ost und West.

Karma besagt im Wesentlichen, dass jeder Gedanke, jedes Wort oder jede Tat unvermeidlich eine Wirkung erzeugt. Die durchgeführten Aktionen zeichnen ein unsichtbares Muster in das Leben der Menschen, so wie ein Weber Fäden webt, die erst mit der Zeit sichtbar werden. Dieses Gesetz setzt kein moralisches Urteil voraus, sondern beschreibt einen unerbittlichen Mechanismus: Unser Handeln hat Konsequenzen, sowohl auf individueller als auch auf universeller Ebene.

In der alten hinduistischen Weisheit wird Karma als das betrachtet, was das Schicksal jedes Einzelnen formt. Doch Schicksal bedeutet keine starre Vorbestimmung. Der Mensch gilt durch sein bewusstes Handeln als Hauptgestalter seiner eigenen Zukunft. Diese Philosophie öffnet die Tür zu einer überraschend modernen Betrachtungsweise: der persönlichen Verantwortung und dem Zusammenhang zwischen den Entscheidungen von heute und den Ergebnissen von morgen.

All dies findet eine deutliche Entsprechung in einer der berühmtesten Entdeckungen der Quantenphysik: dem Unschärfeprinzip.

Mit anderen Worten: In der Quantenwelt verändert die Beobachtung selbst das beobachtete Objekt. Beispielsweise hat allein die Messung der Position eines Elektrons unweigerlich Einfluss auf dessen Bewegung. Folglich stellt die subatomare Realität einen fließenden und wahrscheinlichkeitsbasierten Bereich dar, in dem Ursachen nicht immer zu bestimmten und festgelegten Wirkungen führen.

Diese Sichtweise stellt die Linearität der klassischen Kausalität infrage und geht davon aus, dass es tief miteinander verbundene Aspekte der Wirklichkeit gibt, ähnlich der Art und Weise, wie Karma den Einfluss unserer Handlungen auf die Zukunft beschreibt.

Die Quantenphysik erinnert uns wie das Karma daran, dass jede Handlung – auch die kleinste – dazu beiträgt, unsere Zukunft zu gestalten. In der Quantensprache ist die Zukunft eines subatomaren Systems das Ergebnis einer auf mehrere Möglichkeiten verteilten Wahrscheinlichkeit. Ebenso ist Karma gemäß hinduistischen Texten kein unmittelbarer und starrer Mechanismus, sondern ein Prozess, der sich im Laufe der Zeit entwickelt. So wie im Quantenbereich jedes Teilchen das globale System beeinflusst, wirkt sich im Bereich des Karma jede menschliche Handlung auf die universelle Ordnung aus.

Ein konkretes Beispiel für die Verflechtung von Unsicherheit und Karma findet sich im Quantenverhalten. Stellen Sie sich in einem berühmten Experiment ein subatomares Teilchen vor, das durch einen Doppelspalt fliegt: Das Endergebnis hängt davon ab, wie und ob das Teilchen beobachtet wird. Allein die Anwesenheit eines Beobachters verändert den Lauf der Ereignisse. Symbolisch ausgedrückt bedeutet dies, dass jede Handlung – und sei es nur, wenn man seine Aufmerksamkeit auf etwas richtet – das Schicksal des Universums verändert.

In ähnlicher Weise erklärte der Buddha, der das Konzept des Karma in einer dem Hinduismus ähnlichen Form darlegte:

„Der Mensch ist das Ergebnis seiner Gedanken.“

Daher kann sogar eine geistige Handlung die Realität verändern. Einige moderne Historiker sehen in diesem Gedanken eine „präquantentheoretische“ Vorstellung: die Idee, dass die Absicht selbst eine Form unsichtbarer Interaktion mit dem Universum ist.

Die Verbindungen zwischen Karma und Quantenphysik erinnern uns daran, dass wir in einem Universum leben, das wie ein riesiges unsichtbares Orchester funktioniert. Jede Note, auch die leise gespielte, trägt zur Symphonie bei.

Karma mit seiner moralischen und spirituellen Vision der Kausalität ist nicht weit von den Quantengesetzen entfernt, die uns lehren, wie Handlungen – Beobachten, Messen, Interagieren – den Lauf der Dinge verändern. Beide Perspektiven laden uns ein, über eine grundlegende Wahrheit nachzudenken: Auch wenn das Schicksal nicht vollständig vorbestimmt ist, sind wir in jedem Moment die Autoren eines Teils unserer Existenz. Je besser wir dieses Netz von Zusammenhängen verstehen, desto bewusster wird uns die Macht unserer Entscheidungen, ob groß oder klein.

An der Grenze zwischen Wissenschaft und Spiritualität legen Karma und Quantenphysik nahe, dass nichts wirklich getrennt ist. Handlungen, Gedanken und physikalische Phänomene sind miteinander verflochten und erinnern uns daran, dass das Mysterium des Lebens mindestens so groß ist wie das Universum, in dem wir leben.

Wer hinsieht, gestaltet die Zukunft.

In jeder Handlung steckt ein Samen, der das Schicksal formt. Diese alte Sichtweise des Hinduismus spiegelt sich in der Karma-Lehre wider, dem universellen Gesetz von Ursache und Wirkung. Dieser alten Philosophie zufolge erzeugt jede Handlung – geistig, verbal oder körperlich – eine sichtbare oder unsichtbare Reaktion, die die Gegenwart beeinflusst und die Zukunft gestaltet.

Karma ist nicht nur ein moralisches Prinzip, sondern ein Naturgesetz, das den Kosmos regiert, ein nicht beschreibbarer Mechanismus, bei dem die Vergangenheit auf die Gegenwart trifft, um das zukünftige Schicksal zu formen. Die außerordentliche Modernität dieses Konzepts wird noch deutlicher, wenn man es mit den Entdeckungen der Quantenphysik vergleicht.

Die faszinierendste Beziehung zwischen Karma und moderner Physik materialisiert sich in der Heisenbergschen Unschärferelation, die 1927 vom deutschen Physiker Werner Heisenberg formuliert wurde. Dieses Prinzip besagt, dass der Akt der Beobachtung zwangsläufig das Beobachtete verändert. In der subatomaren Welt befinden sich Teilchen in einem Möglichkeitszustand, der durch die Wellenfunktion beschrieben wird, bis ein Beobachter mit seiner Messung eingreift. Wenn dies geschieht, „kollabiert“ die Wellenfunktion und es entsteht eine bestimmte Position oder Energie. Mit anderen Worten: Die menschliche Beobachtung formt die Realität.

Diese Verbindung scheint Karma bemerkenswert ähnlich zu sein. In beiden Kontexten wird das menschliche Eingreifen – sei es eine physische Handlung oder ein Akt der Beobachtung – zu einem Ereignis, das das Schicksal formt und verändert. In der Bhagavad Gita, einem der heiligsten Texte des Hinduismus, heißt es, dass jede Handlung Spuren (Samskara) hinterlässt, die zukünftige Ereignisse hervorrufen. Parallel dazu lehrt uns die Quantenphysik, dass der Beobachter aktiv an der Entstehung der Realität selbst teilnimmt.

Niels Bohr, einer der Gründerväter der Quantenphysik, stellte mit Erstaunen fest, dass Beobachtung ein kreativer Akt sei. Für viele indische Traditionen ist sogar auf der makroskopischen Ebene jede Handlung – jeder Blick, jeder Gedanke – eine Saat, die Konsequenzen mit sich bringt. Dabei handelt es sich nicht um Zufall, sondern um eine verborgene Ordnung, ein kosmisches Gleichgewicht, das nur durch das bewusste Eingreifen des Einzelnen Gestalt annimmt.

Wenn wir in Heisenbergs oder Bohrs Labor zurückkehren, können wir uns den Beobachter mit der dualen Natur eines Elektrons vorstellen, das sowohl eine Welle als auch ein Teilchen ist. Eines der bekanntesten Experimente der modernen Physik, das Doppelspaltexperiment, demonstriert diese Dualität. Wenn niemand hinsieht, verhält sich das Elektron wie eine Welle und passiert beide Schlitze, wobei es zu Interferenzen kommt. Wenn jedoch ein Beobachter zur Messung eingreift, verhält sich das Elektron wie ein Teilchen und passiert einfach einen Schlitz: Der Akt der Beobachtung hat seine Natur verändert.

Aus karmischer Sicht legt dieses Experiment nahe, dass die Realität nicht als etwas Vorherbestimmtes existiert, sondern als potenzielles Feld von Möglichkeiten. Der Mensch ist durch Beobachtung und Handeln Mitschöpfer der ihn umgebenden Welt.

Eine alte indische Erzählung veranschaulicht den Zusammenhang zwischen einer bewussten Handlung und ihrer Wirkung. Es wird von einem Weisen erzählt, der einen Banyan-Samen pflanzte, einen Baum, der jahrhundertelang wachsen und tiefe Wurzeln schlagen kann. Durch seine scheinbar einfache Aktion entstand ein ganzer Wald, der Generationen von Lebewesen ernähren und schützen kann. So wird Karma beschrieben: Jede Handlung schafft einen Zustand zukünftiger Realität, ob gut oder schlecht.

Wir können dieses Bild mit dem Quantenexperiment vergleichen. Der Banyan-Samen ist das Potenzial der Wellenfunktion. Der Wald ist das Ergebnis von Beobachtungen, von menschlichen Eingriffen, die Möglichkeiten zu einer konkreten Realität zusammenfallen lassen.

Diese Verbindungen zwischen Karma und Heisenbergs Unschärferelation sind keine isolierten Zufälle. Obwohl ihre Entstehung Tausende von Jahren auseinander liegt, ist beiden Disziplinen das tiefe Bewusstsein für die Bedeutung des Menschen als aktives Subjekt im Kosmos gemeinsam. Die moderne Physik, die einst die Welt auf eine objektive Einheit reduzieren wollte, hat die Subjektivität des Beobachters wiederentdeckt, ein Konzept, das bereits in den indischen Lehren eine zentrale Rolle spielte.

Eine kulturelle Brücke besteht zwischen Kopenhagen – der Stadt, in der Niels Bohr seine Quantentheorie entwickelte – und dem Ganges, wo hinduistische Weise seit Jahrhunderten über die Zusammenhänge im Kosmos nachdenken. Das moderne wissenschaftliche Verständnis und die vedische Philosophie laden uns ein, die menschliche Präsenz als ein Phänomen zu betrachten, das über mechanistische Erklärungen hinausgeht. Wir sind keine passiven Zuschauer. Wir sind Mitschöpfer und Träger von Entscheidungen, deren Auswirkungen in einem Universum voller Möglichkeiten nachhallen.

Angesichts der globalen Herausforderungen, die wir heute bewältigen müssen – vom Klimawandel bis hin zur künstlichen Intelligenz –, lädt uns diese Schnittstelle zwischen Physik und Philosophie dazu ein, über die Bedeutung des Bewusstseins nachzudenken. Unser tägliches Handeln und die Beobachtungen, die wir machen, tragen dazu bei, die Welt der Zukunft aufzubauen. Karma erinnert uns, wie Heisenbergs Ungewissheit, an die Macht, die in unseren Händen liegt, und an das unendliche Potenzial, das in jeder Entscheidung steckt.

Das alte Indien mit seiner Karma-Philosophie und die moderne Physik mit der Quantenrevolution hinterlassen uns eine klare Botschaft: Alles, was wir tun – oder nicht tun – hinterlässt einen Abdruck im Gefüge der Zeit.

Schwingungen, Entscheidungen und Wellen von Möglichkeiten.

Werner Heisenberg schlug das Unschärfeprinzip vor, wonach es nicht möglich ist, Position und Geschwindigkeit eines subatomaren Teilchens gleichzeitig mit absoluter Genauigkeit zu kennen.

In gewissem Sinne folgt Karma ähnlichen Regeln. Menschliche Handlungen haben nicht nur unmittelbare Auswirkungen, sondern ihre Auswirkungen sind auch auf eine Weise spürbar, die nicht immer vorhersehbar ist. Diese karmische Schwingung kann mit der Quantenwellenfunktion verglichen werden, die alle Möglichkeiten eines Teilchens darstellt, bis es „beobachtet" wird. Wie der amerikanische Schriftsteller Ralph Waldo Emerson sagte:

> *„Der Mensch sät eine Tat und erntet eine Gewohnheit; er sät eine Gewohnheit und erntet ein Schicksal."*

Viele hinduistische Denkschulen, etwa Samkhya und Vedanta, glauben, dass jede Handlung einen Abdruck im Kosmos hinterlässt, eine Schwingung, die über die Zeit bestehen bleibt. Dieses Konzept findet seinen Niederschlag in den Lehren von Paramahansa Yogananda, dem Autor der „Autobiographie eines Yogi". Er schreibt:

> *„Jede Handlung, ob gut oder schlecht, erzeugt eine Schwingungsenergie, die zu ihrer Quelle zurückkehrt. Der menschliche Geist ist wie ein Stein, der in einen Teich geworfen wird: Er erzeugt Wellen, die unweigerlich auf uns zurückgeworfen werden."*

Ähnlich verhält es sich in der Quantenphysik: Ein Teilchen existiert nicht in einem einzigen festen Zustand, bis es beobachtet wird. Stattdessen befindet es sich in einem Superpositionszustand, einer Kombination aller seiner Möglichkeiten. Sobald eine Entscheidung getroffen wird – sei es in menschlichen Handlungen oder in subatomaren Wechselwirkungen – kollabiert die Wellenfunktion, was zu einem bestimmten Ergebnis führt.

Eine indische Anekdote veranschaulicht die Idee des Karma. Bharata, ein alter König, der in vedischen Texten beschrieben wird, rettete eines Tages ein sterbendes kleines Reh. Durch diese mitfühlende Geste entstand eine emotionale Bindung zwischen Bharata und dem Geschöpf. In seinen letzten Augenblicken dachte der König so intensiv an den Hirsch, dass er im nächsten Reinkarnationszyklus feststellte, dass er als Hirsch lebte. Diese Geschichte verdeutlicht, dass die Auswirkungen im Karma, wie auch in der Quantenwelt, nicht immer einer geraden oder vorhersehbaren Linie folgen.

Die klassische Physik hat uns an das Denken mit direkter Kausalität gewöhnt: Ein Ball trifft einen anderen und der zweite bewegt sich. Doch auf der subatomaren Ebene – und im Hinduismus auch auf karmischer Ebene – sind die Wechselwirkungen komplex, vernetzt und sogar surreal. Die Wirkung von Handlungen breitet sich wie eine Welle aus, beeinflusst den Kosmos und kehrt zur Quelle zurück.

Die moderne Wissenschaft beginnt, das Schwingungspotenzial aller Dinge im Universum zu erkennen. Nikola Tesla erklärte:

> *„Wenn Sie die Geheimnisse des Universums verstehen möchten, denken Sie in Begriffen wie Energie, Frequenz und Schwingung."*

Schon die alte indische Weisheit betrachtet die Welt als eine Reihe von Schwingungen. „Om", der heilige Klang des Universums, wird nicht nur als religiöses Symbol, sondern auch als Metapher für die Grundschwingungen der Realität wahrgenommen.

Man kann sich Karma als ein System vorstellen, das Quantenwellen ähnelt: Jede Entscheidung erzeugt eine Störung, eine Ausbreitung im kosmischen Ozean der Möglichkeiten. Jede Entscheidung hinterlässt eine Spur, die bestehen bleibt und mit den von anderen Lebewesen erzeugten Wellen interagiert.

Der Begriff Karma ist keine einfache moralische Rechtfertigung. Es ist ein Werkzeug, um die Verantwortung unserer Handlungen und ihrer Schwingungen zu verstehen. Der Hinduismus lehrt, dass jede Seele oder jeder Atman einem einzigartigen Weg folgt, der von den Konsequenzen ihrer Handlungen, aber auch von den Möglichkeiten des freien Willens geleitet wird.

Die moderne Physik erinnert uns mit ihren bei subatomaren Beobachtungen herrschenden Unsicherheiten daran, dass die Realität nicht starr ist. Stattdessen suggeriert es ein Universum fließender Möglichkeiten, das durch Interaktion und Auswahl Wirklichkeit wird. Jede menschliche Handlung könnte daher mit jenem einzelnen Ereignis verglichen werden, das die Quantenunbestimmtheit unterbricht und Wellen von Möglichkeiten in konkrete Effekte umwandelt.

Die Geheimnisse der Wissenschaft und der Spiritualität sind im „karmischen Teilchen" miteinander verflochten. Jede Aktion erzeugt Schwingungen und gestaltet zugleich Möglichkeiten. Wie in der Quantenmechanik folgt das Leben keinen starren Mustern, sondern Schwingungen und Entscheidungen. Karma ist nicht nur ein religiöses Prinzip: Es ist ein kosmisches Gesetz, das uns dazu einlädt, über individuelle Entscheidungen und ihre Auswirkungen heute und in der Zukunft nachzudenken.

So lautet ein altes Sprichwort aus den Upanishaden:

„Du bist, was dein tiefster Wunsch ist. Wie dein Wunsch, so ist auch dein Wille. Wie Dein Wille, so sind auch Deine Taten. Wie deine Taten, so ist auch dein Schicksal.“.

Kapitel X. Moksha. Befreiung aus Samsara.

Moksha: Befreiung aus dem Kreislauf von Geburt und Tod.

Im Kontext des Hinduismus stellt Moksha eines der tiefgründigsten und bedeutsamsten Konzepte der indischen spirituellen Tradition dar. Es wird üblicherweise als „Befreiung“ oder „Emanzipation“ übersetzt und bezieht sich auf das ultimative Ziel des menschlichen Lebens: die Befreiung vom Kreislauf des Samsara, dem fortwährenden Rad von Geburt, Tod und Wiedergeburt (Reinkarnation).

Moksha ist die Befreiung der individuellen Seele (ātman) von den materiellen Fesseln und Beschränkungen der physischen Welt. Dieser Zustand ermöglicht es dem Atman, sich mit der ultimativen Realität zu vereinen. Dieser Zustand kann je nach religiös-philosophischer Schule unterschiedlich ausfallen:

In einigen Schulen des Hinduismus, wie etwa dem Advaita Vedānta, ist Moksha die völlige Vereinigung mit Brahman (der ultimativen und absoluten Realität), wobei anerkannt wird, dass Atman und Brahman im Wesentlichen dasselbe sind.

In dualistischen Schulen wie Viśiṣṭādvaita oder Dvaita Vedānta bedeutet Moksha, von Brahman getrennt zu bleiben, jedoch ewig in einem Zustand göttlicher Glückseligkeit in der Gegenwart Gottes zu leben.

Moksha steht in jedem Kontext für das Aufhören des Leidens, das Erreichen ewigen Friedens und die Erkenntnis der wahren Natur des Seins.

Wie man Moksha erreicht.

Der Weg zur Moksha variiert je nach Tradition und Praxis, wird aber im Allgemeinen durch vier Hauptwege (Marga) beschrieben:

Jnana Marga (Pfad des Wissens). Durch die Kenntnis des Selbst und der Schriften gelangt man zu der Erkenntnis, dass Atman Brahman ist.

Bhakti Marga (Weg der Hingabe). Vollständige Hingabe und Liebe gegenüber einer persönlichen Gottheit wie Krishna, Shiva oder Vishnu hilft dabei, sich von karmischen Bindungen zu befreien.

Karma Marga (Weg der Tat). Selbstlose und tugendhafte Taten, ohne an den Früchten der eigenen Taten zu hängen, tragen zur Selbstreinigung bei und bringen einen Moksha näher.

Raja Marga (Weg der Meditation und Selbstdisziplin). Durch kontemplative Übungen und Yoga kontrolliert man den Geist und konzentriert sich auf die Selbstverwirklichung.

Moksha und die vier Ziele des Lebens.

In der hinduistischen Philosophie wird Moksha im Allgemeinen als das höchste der vier Lebensziele (Purushartha) angesehen. Diese sind:

Dharma: Die Erfüllung moralischer und sozialer Pflichten.

Artha: Das Erreichen materiellen Wohlstands.

Kama: Das Streben nach Vergnügen und persönlicher Erfüllung.

Moksha: Spirituelle Befreiung.

Moksha ist das ultimative Ziel, das alle anderen übersteigt und die Vollendung der spirituellen Reise des Menschen symbolisiert.

Moksha ist daher der Höhepunkt des spirituellen Pfades im Hinduismus: die endgültige Befreiung vom Leiden der materiellen Welt und die Vereinigung mit dem Göttlichen. Dies stellt ein Ziel der inneren Offenbarung und des tiefen Friedens dar, das viele indische spirituelle Traditionen und Praktiken zu verwirklichen versuchen.

Moksha und Quantendekohärenz.

In den heiligen Texten des Hinduismus stellt Moksha die höchste Befreiung dar, einen Zustand, in dem die Seele (oder Atman) dem endlosen Kreislauf von Geburt, Tod und Wiedergeburt, bekannt als „Samsara", entkommt. Dieses Konzept, das Jahrtausende philosophischen und spirituellen Denkens umfasst, kann eine merkwürdige und faszinierende Entsprechung in einem Prinzip der modernen Physik finden: der Quantendekohärenz. Beide scheinen, wenn auch aus völlig unterschiedlichen Perspektiven, dasselbe zentrale Thema anzusprechen: den Übergang in einen Zustand der Freiheit durch die Überwindung der Zwänge einer wahrgenommenen Realität.

Im Hinduismus wird Samsara oft als ein Rad dargestellt, das sich endlos dreht. Jedes Leben ist dieser Interpretation zufolge wie ein Zyklus innerhalb eines anderen Zyklus. Die Karma-Lehre bestimmt das Schicksal und verknüpft die Taten eines Lebens mit den

Erfahrungen des nächsten. Aber Moksha unterbricht diese Abfolge. Um dies zu erreichen, ist eine Erweiterung der inneren Wahrnehmung erforderlich. Zu den grundlegenden Praktiken zu diesem Zweck gehören tiefe Meditation, Yoga und die Kenntnis heiliger Texte wie der Upanishaden.

Die Upanishaden, die etwa im 6. Jahrhundert v. Chr. verfasst wurden, beschreiben Moksha als die Vereinigung des Atman mit Brahman, der ultimativen Realität. Eine symbolträchtige Passage aus der Chandogya Upanishad lautet:

„Tat Tvam Asi" („Das bist du")

eine Mahnung zu verstehen, dass die individuelle Identität eine Illusion ist und Teil derselben kosmischen Substanz. An diesem Punkt löst sich das Ego auf, ebenso wie die Illusionen des „Selbst", die es binden.

In der Quantenphysik beschreibt der Begriff Dekohärenz den Moment, in dem ein Quantensystem seine Kohärenz, also seinen Überlagerungszustand, verliert und in eine definierte und beobachtbare Realität eintritt. Wenn ein Quantenobjekt (wie etwa ein Elektron oder ein Photon) mit seiner Umgebung interagiert, kollabieren seine vielen möglichen Zustände zu einem einzigen, was zu einer beobachtbaren Zustandsänderung führt.

Aus philosophischer Sicht erinnert dieses Phänomen an die Idee des Samsara: den kontinuierlichen „Zusammenbruch" des individuellen Bewusstseins in begrenzte Realitäten, die durch Wechselwirkungen mit der Außenwelt und der Dynamik der Materie bestimmt werden. Aus dieser Sicht könnte Moksha als die Überwindung aller äußeren Störungen verstanden werden, ein befreiender Zustand, in dem sich das Bewusstsein von den Beschränkungen der Materie und der Fragmentierung der Realität löst.

Meditation: Ein Zustand des Übergangs.

Meditation, die zentrale Übung zum Erreichen von Moksha, bietet eine bemerkenswerte Analogie zur Dekohärenz. Praktizierende tiefer Meditation beschreiben oft einen Zustand, in dem sich die Grenzen zwischen dem Selbst und der äußeren Realität auflösen. Einer der berühmtesten Meister, Adi Shankara (8. Jahrhundert n. Chr.), Begründer der Advaita Vedanta-Lehre, erklärte, dass Meditation es einem ermöglicht, die Einheit Brahmans direkt wahrzunehmen und sich so von Sinnestäuschungen zu befreien. Es ist eine Reise über die Vielfalt der Formen hinaus, hin zu einem ungeteilten Bewusstsein.

Betrachtet man es als einen Quantenübergangsprozess, könnte man sagen, dass der Geist in einen Zustand der „Superposition" eintritt, in dem das Selbst eine größere Realität erfährt. Der Verzicht auf äußere Einflüsse ermöglicht einen Übergang zur Einheit, ein Echo des Prozesses, in dem die Dekohärenz überwunden wird und vor dem „Kollaps" Platz für die reine Quantenessenz schafft.

Eine der faszinierendsten Parallelen besteht darin, dass beide Konzepte – Moksha und Dekohärenz – eine Befreiung aus einem Kreislauf suggerieren. Für einen Physiker ist dieser Zyklus die kontinuierliche Interaktion von Teilchen und Beobachtern. Für einen Hindu-Philosophen ist es die ewige Wiederkehr des materiellen Lebens. In einem entscheidenden Punkt sind sich jedoch beide einig: Freiheit erlangt man, indem man Störungen ausschaltet und sich in einer tieferen Realität verankert.

Als die Weisen der alten indischen Zivilisationen über die Geheimnisse des Samsara und der Befreiung aus dem Kreislauf des Karmas schrieben, konnten sie nicht wissen, dass die Wissenschaft Jahrtausende später scheinbar ähnliche Konzepte entwickeln würde. Doch die Affinitäten zwischen Moksha und Quantendekohärenz erinnern uns daran, dass es unterschiedliche Wege – philosophische oder wissenschaftliche – gibt, das Geheimnis des Bewusstseins und seine Beziehung zum Kosmos zu erforschen.

Wir werden vielleicht nie erfahren, ob spirituelle Befreiung und Quantenübergang dieselbe Substanz haben, doch die Faszination, die die Verbindung zweier scheinbar weit entfernter Welten durch eine gemeinsame Sprache birgt, bleibt bestehen: die Suche nach der Wahrheit.

Der Weg zu Moksha. Innerer Aufstieg und Quantenübergänge.

Der Hinduismus mit seinem komplexen Geflecht aus Mythen, Philosophien und spirituellen Praktiken hat seit jeher versucht, die grundlegende Frage nach dem Wesen des Lebens und der Realität zu beantworten. Das Konzept von Moksha – der Befreiung von Samsara, dem endlosen Kreislauf von Geburt, Tod und Wiedergeburt – stellt den Höhepunkt dieser Suche dar. Der Hinduismus zeigt in seinen heiligen Texten, etwa der Bhagavad Gita, den Weg auf, die Ketten der Illusion (Maya) zu sprengen und das Absolute zu erreichen – ein

Thema, das seltsamerweise faszinierende Parallelen zu den jüngsten Entdeckungen der Quantenphysik aufweist.

Im hinduistischen Denken wird Samsara als ein ewiger Kreislauf von Existenzen beschrieben, der dem Gesetz des Karma unterliegt. Seelen – oder vielmehr Bewusstseine – inkarnieren immer wieder und tanzen durch verschiedene Lebensformen, wie Schauspieler, die auf der kosmischen Bühne temporäre Rollen übernehmen.

Doch hinter diesem Tanz steckt, wie uns der Hinduismus lehrt, das wahre Selbst (Atman) ewig und unveränderlich, ein Funke des Absoluten (Brahman). Moksha zu erlangen bedeutet, zu dieser Wahrheit zu erwachen und sich von der Vielfalt der Formen zur Einheit der Wirklichkeit zu bewegen.

Dieser Wandel kann als ein Übergang betrachtet werden, eine Veränderung, die nicht nur geistiger Natur ist, sondern auch konzeptionell den Phänomenen ähnelt, die heute in der Quantenphysik untersucht werden.

Die Quantenphysik erzählt uns von einer unergründlichen Welt, in der Teilchen in mehreren Zuständen existieren, bis ein „Beobachter" sie dazu zwingt, zu einer einzigen Realität zu kollabieren. Dieses als Dekohärenz bezeichnete Phänomen signalisiert einen Übergang: Was zuvor unsicher und nebulös war, wird konkret und bestimmt.

Im Kontext des Hinduismus können wir uns Moksha als einen ähnlichen Übergang vorstellen. Der Zustand der im Samsara gefangenen Seele – ein fortwährendes Spiel von Möglichkeiten und Illusionen – erinnert an diese undeutliche Quantenwelt, in der man an unendliche Existenzmöglichkeiten ohne festen Punkt gebunden ist. So wie ein Quantenteilchen durch die Wechselwirkung mit der Umwelt einen einzigen definierten Zustand erreicht, befreit sich die Seele durch Meditation und Erkenntnis von den Illusionen der materiellen Welt und erkennt ihre wahre Natur.

Ein emblematisches Beispiel dieser spirituellen Reise ist die Bhagavad Gita, ein Eckpfeilertext des Hinduismus. Im Dialog zwischen Krishna und Arjuna offenbart Krishna die Natur der Realität und der Befreiung:

> *„So wie Wasser die Lotusblume nicht berührt, so berührt auch die Sünde niemanden, der ohne Anhaftung handelt und alle seine Taten dem Göttlichen darbietet."*

Hier erinnert die „Lotusblume" an die Reinheit der befreiten Seele, die über den trüben Wassern des Samsara schwebt.

Als Arjuna ein inneres Bewusstsein entwickelt, erkennt er, dass der Weg zur Befreiung darin liegt, Gegensätze – Freude und Schmerz, Erfolg und Misserfolg – zu überwinden und sich in das Wissen des Atman zu vertiefen. Dieses Erwachen erinnert, in modernen Begriffen, an den Übergang zwischen unbestimmten Potenzialen (Samsara) und der endgültigen Erkenntnis des Absoluten (Moksha).

Quantenbewusstsein: Eine neue Grenze.

Heute ist die Vorstellung, dass das Bewusstsein eine grundlegende Rolle im Universum spielt, nicht länger bloße Domäne der Philosophie oder Religion. Wissenschaftler wie Roger Penrose und Stuart Hameroff gehen davon aus, dass der menschliche Geist, insbesondere das Bewusstsein, eine Quantenbasis haben könnte. Ihren Theorien zufolge könnten Quantenphänomene, die den Mikrotubuli der Gehirnzellen innewohnen, die tiefgreifendsten Aspekte menschlicher Erfahrung erklären, etwa Kreativität und Selbstbewusstsein.

Diese faszinierende Perspektive verschmilzt mit der hinduistischen Vorstellung, dass tiefe Meditation und Wissen zu einem Bewusstseinswandel führen. Mit anderen Worten: Genau wie beim Quantenkollaps stellt der Moment, in dem das Selbst die absolute Wahrheit erkennt, einen Wendepunkt dar, einen phänomenalen Sprung aus der Vielzahl der Illusionen zur Klarheit der ultimativen Realität.

Die Verbindung zwischen Moksha und Quantendekohärenz sollte nicht als erzwungene Überlagerung betrachtet werden. Tatsächlich sehen viele Wissenschaftler in dieser Parallele eine Brücke zwischen alten spirituellen Traditionen und modernen wissenschaftlichen Theorien. Tatsächlich erinnern uns beide Perspektiven an eine wesentliche Wahrheit: Die Realität ist viel komplexer und gleichzeitig einfacher, als sie scheint.

Im Varanasi-Tempel, dem heiligen Shiva, werden täglich Verse rezitiert, die Befreiung beschwören:

> *„Die Welt ist eine Illusion, doch wer das Göttliche in sich erkennt, ist schon frei.“*

Tausende Kilometer entfernt, in den Laboren der theoretischen Physik, beobachten Wissenschaftler Teilchen und Wellen und versuchen zu verstehen, ob die Realität aus fester Materie oder aus Wahrscheinlichkeitsrätseln besteht.

Und vielleicht finden wir in dieser Konvergenz von Wissenschaft und Spiritualität eine globale Perspektive. Der Weg zum Verständnis des Selbst – ob er nun in den Versen der Bhagavad Gita oder zwischen den Zeilen einer Gleichung nachgezeichnet wird – ist der Weg, der uns hinter den Schleier der Illusionen blicken lässt. Wie der Wissenschaftler, der die Natur des Atoms erforscht, und wie der Mystiker, der in sein Inneres blickt, suchen beide nach dem Gleichen: der Wahrheit über alles.

Übergangszustände im Bewusstsein.

Der Hinduismus beschreibt Moksha als die ultimative Befreiung. Es ist das Ende des ewigen Kreislaufs von Geburt und Tod, bekannt als Samsara, und stellt das Erreichen eines Bewusstseinszustandes jenseits von Zeit, Raum und Materie dar. Diese Konzepte, die ihre Wurzeln in den Veden und Upanishaden haben, scheinen mit einigen modernen Theorien der Quantenphysik übereinzustimmen. Unter diesen bietet das Phänomen der Quantendekohärenz eine faszinierende Perspektive, um den Sprung von der Philosophie zur Wissenschaft zu erforschen.

In der Quantenphysik beschreibt der Begriff der Quantendekohärenz den Prozess, bei dem ein Quantensystem seinen Überlagerungszustand verliert. In der Praxis bedeutet dies, dass ein Teilchen, das in einer Vielzahl möglicher Zustände existiert (die berühmte „Schrödingers Katze“, sowohl tot als auch lebendig), auf eine einzige beobachtbare Realität reduziert wird. Dieser scheinbar mysteriöse Übergang trennt die Welt der Möglichkeiten von der konkreten Welt, die wir jeden Tag erleben.

Moksha kann in diesem Licht als eine Form der „Bewusstseinsdekohärenz“ betrachtet werden. Wenn ein Individuum sein authentisches Selbst oder Atman erkennt und sich von der Illusion der phänomenalen Welt (Maya) befreit, gelangt es zur ultimativen Realität: Brahman, der universellen Einheit. Es ist ein endgültiger Übergang, eine „Zustandswahl“, die Zugang zu einer tieferen Ebene der Existenz gewährt. Sri Ramana Maharshi, der erleuchtete Weise des zwanzigsten Jahrhunderts, beschrieb Moksha wie folgt:

> *„... eine Verschmelzung des individuellen Bewusstseins mit dem Unendlichen.“*

Zeitgenössische Theorien zum Multiversum erweitern den Horizont zusätzlich. Diese Hypothesen legen nahe, dass parallele Realitäten existieren, die jeweils durch die unterschiedlichen möglichen Ergebnisse von Quantenentscheidungen gekennzeichnet sind.

Roger Penrose und Stuart Hameroff stellen mit ihrem Modell des „orchestrierten Bewusstseins“ (Orch-Or) die Hypothese auf, dass Mikrotubuli in Gehirnzellen als Quantensysteme fungieren könnten. Ihre Schwingungen könnten, sofern sie einer Dekohärenz unterliegen, Bewusstseinszustände erzeugen. Aus dieser Perspektive könnte Moksha nicht nur als Befreiung, sondern auch als Eintritt in ein mentales Multiversum gesehen werden.

Die Upanishaden, alte Weisheitstexte des Hinduismus, besagten, dass das innere Selbst ein ganzes Universum ist. Die Mandukya Upanishad untersucht vier Bewusstseinszustände: Wachen, Traum, Tiefschlaf und einen Zustand absoluter Gelassenheit namens „Turiya“, der alle anderen transzendiert und vereint. Turiya wird als Tor zu Brahman beschrieben. Eine Parallele könnte im Quantenübergang eines Systems von fragmentierten Superpositionen zu einer kohärenten Singularität gesehen werden.

Auch wenn die Bereiche Physik und Philosophie weit voneinander entfernt erscheinen mögen, eröffnet ihre Verbindung außergewöhnliche Räume für Kontemplation. Anandamayi Ma, eine bedeutende indische spirituelle Persönlichkeit des 20. Jahrhunderts, betonte, dass der normale Geist in Fragmentierung existiert. Nur durch Meditation und Wissen, sagte er, könne man „die ganze Wahrheit erkennen“. Dasselbe Potenzial für totale Kohärenz erkannten Penrose und Hameroff in den Mikrotubuli: nicht nur einen physikalischen Mechanismus, sondern ein Mittel zum Verständnis des Universums.

Die Neurowissenschaft versucht heute, so abstrakte Phänomene wie das Bewusstsein zu erklären, doch die großen Fragen bleiben offen. Warum existieren wir als Beobachter? Wie können wir die Wirklichkeit wahrnehmen? Zutiefst menschliche Fragen, die möglicherweise aus beiden Perspektiven Antworten finden: der vedischen und der wissenschaftlichen.

Meditation als Quantenschlüssel zur Befreiung.

Moksha ist nicht nur ein Ende, sondern eine Transzendenz der Dualität, eine Befreiung von den Beschränkungen der materiellen und geistigen Existenz. Um dies zu erreichen, erweist sich die Meditation als zentrales Instrument, als Brücke zwischen dem menschlichen Dasein und dem Reich des Ewigen. Doch was passiert eigentlich während der Meditation im Geist? Und wie passt dieser Prozess zu modernen Erkenntnissen der Quantenphysik?

Im hinduistischen Denken wird Samsara als „Käfig des Geistes" angesehen. Das Individuum, gefangen in der Illusion von Zeit und Raum, lebt in einer Realität, die von Gegensätzen geprägt ist: Lust und Schmerz, Erfolg und Misserfolg, Geburt und Tod. Dies ist der dualistische Geist, der trennt, anstatt zu vereinen. Ziel der Meditationspraxis ist es, diese Dualität aufzuheben und den Zugang zu einem vereinten Bewusstsein zu öffnen, zu Brahman, dem unteilbaren Absoluten.

Gemäß hinduistischen heiligen Texten wie den Upanishaden ermöglicht die Meditation, die Aufmerksamkeit vom Ego auf ein tieferes Bewusstsein zu lenken. Einer der Verse der Mundaka Upanishad lautet:

> *„Das Selbst wird vom Verstand nicht erkannt, doch wenn der Verstand ruhig wird, erstrahlt das Selbst in all seiner Pracht."*

Hier liegt das grundlegende Paradox: Der Verstand kann das Selbst nicht verstehen, weil er selbst Teil der Illusion ist.

Überraschenderweise bietet die Quantenphysik einige analoge Bilder dieses Prozesses. Nehmen wir zum Beispiel das Phänomen der Quantendekohärenz. In Quantensystemen existieren Teilchen in Überlagerungszuständen, in denen alle Möglichkeiten gleichzeitig bestehen. Wenn das System jedoch mit der Umgebung interagiert, „kollabiert" diese Überlagerung zu einem einzigen beobachtbaren Zustand. Dekohärenz ist der Moment, in dem eine definierte Realität als Ergebnis der Interaktion zwischen dem System und der Umgebung entsteht.

Physiker haben beobachtet, dass ein Quantensystem ohne diese Wechselwirkung in einem reinen, unfragmentierten Zustand verbleibt. Hier ergibt sich eine faszinierende Metapher. Meditation kann als ein Prozess betrachtet werden, der den Geist vom „Lärm" der Umgebung isoliert und die dualistischen Interaktionen auflöst, die das Individuum an Samsara binden. Indem der Geist von seinen

Schwankungen (die die indischen Weisen „Vrittis“ nennen) befreit wird, ermöglicht die Meditation, dass das Bewusstsein in einem Zustand der Einheit entsteht, genau wie ein isoliertes Quantensystem.

Die Rishis, die Weisen der Antike, waren wahre „Wissenschaftler des Geistes“. Sie berichteten, dass sie durch die Ausübung von Yoga Dhyana (tiefe Meditation) einen Bewusstseinszustand erreicht hätten, der die Grenzen der Materie übersteigt. Patanjali, Autor der Yoga Sutras (2. Jahrhundert v. Chr.), beschrieb Meditation als Methode, um „die Schwankungen des Geistes zu beenden“. Wenn der Praktizierende diese innere Stille erreicht hat, erfährt er Samadhi, die Versenkung, die Moksha vorausgeht.

Ein klassisches Beispiel ist das Leben von Ramana Maharshi (1879-1950), einem modernen indischen Mystiker. Durch Meditation und Selbsterforschung erlangte Ramana eine Erfahrung der Einheit, die er selbst als „totale Transzendenz des Geistes“ beschrieb. Er sagte:

> *„Was wir die Zerstörung des Geistes nennen, ist in Wirklichkeit die Erkenntnis, dass es nie einen separaten Geist gab.“*

Aus wissenschaftlicher Sicht beginnt die Neurowissenschaft das Potenzial der Meditation aufzudecken, die Funktion des Gehirns auf greifbare Weise zu verändern. Studien an tibetischen Mönchen in tiefen Meditationszuständen zeigten eine deutliche Verringerung der Beta-Rhythmen (die mit geistiger Fragmentierung in Verbindung stehen) und eine Zunahme der Gamma-Aktivität, die als Indikator für einen hochkohärenten Geist gilt.

Wir können Moksha nicht so sehr als einen zu erreichenden „Ort“ betrachten, sondern vielmehr als eine Zustandstransformation. Es handelt sich um die Befreiung von konditionierten Mustern, eine Art „Quantensprung“ im Bewusstsein, der es dem Einzelnen ermöglicht, aus der relativen Realität herauszutreten, um die absolute Realität wahrzunehmen. Der Katalysator für diesen Sprung ist die Meditation, wie sie in hinduistischen Schulen gelehrt wird.

Das Bild des Quantensprungs erinnert an das Verhalten eines Elektrons, das beim Übergang von einer Umlaufbahn in eine andere plötzlich springt, ohne Zwischendistanzen zurückzulegen. In ähnlicher Weise kann der Meditierende eine radikale Veränderung seiner Wahrnehmung der Realität erleben, eine Veränderung von der fragmentierten Sicht des dualistischen Geistes hin zur Klarheit eines universellen Bewusstseins.

In diesem Zusammenhang lohnt es sich, an das Konzept von Indras Netz zu erinnern, ein zentrales Bild in vedischen Texten. Indras Netz ist ein unendliches Geflecht aus Edelsteinen, von denen jeder alle anderen widerspiegelt. Dieses Symbol symbolisiert universelle Verbundenheit, ein Thema, das sowohl im Hinduismus als auch in der Quantenphysik Anklang findet. Durch Meditation kann der Praktizierende dieses Netzwerk „sehen" und die Einheit begreifen, die der scheinbaren Fragmentierung zugrunde liegt.

In ihrer tiefsten Bedeutung kann man sich Meditation als einen Akt der Entschlüsselung vorstellen, als einen Prozess der Einstimmung auf eine größere Realität. Es handelt sich dabei nicht nur um eine Entspannungsmethode oder eine Technik zur Stressreduzierung. Dem Hinduismus zufolge ist es ein Weg zur Unsterblichkeit, zur Befreiung aus Samsara.

Shiva und die Quantenverschränkung.

Das Universum wird in einem Atemzug geboren und stirbt. Im hinduistischen Denken ist Shiva das Prinzip, das zerstört und transformiert, der kosmische Tänzer, der die Materie von ihren Illusionen befreit. Doch wie lässt sich Shiva, Symbol der Auflösung der Illusion, mit einem der geheimnisvollsten Konzepte der modernen Physik, der Quantenverschränkung, in Verbindung bringen? Um diese überraschende Verbindung zu verstehen, muss man eine kulturelle und wissenschaftliche Brücke überqueren: jene, die Moksha, die Befreiung von Samsara, und die unsichtbare Welt der subatomaren Teilchen vereint.

dar: die Befreiung von Samsara, dem unaufhörlichen Kreislauf von Geburt, Tod und Wiedergeburt. Dieser Zustand wird durch Wissen, Meditation und Bewusstsein der wahren Natur der Existenz erreicht. Samsara, das durch Sinnestäuschungen und materielle Bindungen aufrechterhalten wird, ist vergleichbar mit einem komplexen Netzwerk von Zwängen, das die Seele in der linearen, materiellen Zeit gefangen hält.

Shiva verkörpert in seiner Form als Mahadeva, der große Zerstörer, diese Befreiung. Er zerbricht die Fesseln der Unwissenheit und zerstört Maya, die Illusion. Mit seinem Tanz, Tandava genannt, symbolisiert Shiva die Auflösung irdischer Bindungen und die Bewusstseinsausdehnung ins Unendliche. Diese spirituelle Entwicklung scheint ein Phänomen der Quantenphysik widerzuspiegeln: die Quantendekohärenz.

In der Quantenwelt können Teilchen gleichzeitig in unterschiedlichen Zuständen sein, bis eine Wechselwirkung mit der Umgebung diese Überlagerung „aufbricht“ und die sogenannte Dekohärenz verursacht. Sobald das Teilchen „beobachtet“ ist, kollabiert es in einen definierten Zustand. Dieser Prozess markiert einen Übergang vom Ungewissen zum Offensichtlichen. Dekohärenz weist jedoch auch auf den Verlust einer unsichtbaren Verbindung zum vorherigen Zustand hin.

Können wir Moksha in ähnlichen Begriffen lesen? Die Befreiung aus Samsara kann als Akt spiritueller Dekohärenz betrachtet werden, bei dem die Seele, nachdem sie in mehreren Existenzzuständen gelebt hat, den Kreislauf materieller Illusionen aufgibt, um in eine höhere Dimension zu gelangen. In beiden Fällen – spirituell wie wissenschaftlich – sind wir Zeuge des Aufbrechens einer Bindung an einen früheren Zustand. Die Figur Shivas, des Zerstörers und Erneuers, wird dann zu mehr als einer Gottheit: Sie verwandelt sich in eine kosmische Metapher, die kulturelle und wissenschaftliche Grenzen überschreitet.

Eines der faszinierendsten Phänomene der Quantenphysik ist die Verschränkung. Teilchen können so „gebunden“ werden, dass selbst über enorme Entfernungen hinweg eine Änderung des Zustands des einen Teilchens unmittelbar auch den Zustand des anderen Teilchens beeinflusst. Diese Bindung überwindet die Grenzen von Zeit und Raum. Die Verstrickung scheint die spirituelle Idee des Samsara hervorzurufen. In der Ansammlung vergangener Leben und karmischer Beziehungen scheint alles in einem subtilen und unlösbaren Netz miteinander verbunden zu sein.

Und hier kommt Shiva ins Bild. In vielen vedischen und puranischen Texten wird Shiva als Brecher karmischer Bindungen beschrieben, der jede Verbindung zerstört, die die Seele im Samsara gefangen hält. In der spirituellen Welt führt dieser „Bruch“ zur Freiheit; In der Quantenwelt bedeutet die Auflösung der Teilchenverschränkung, dass jedes Teilchen wieder ein freies und unabhängiges Wesen wird. Diese Verbindung zwischen Philosophie und Wissenschaft ist kein Zufall. Während die Seele durch das Aufbrechen karmischer Bindungen ihre Befreiung anstrebt, lösen die Teilchen ihre Bindungen auf und gelangen in neue Zustände.

Samsara und die Physik des Bewusstseins.

Wie können wir ein traditionell metaphysisches Konzept durch die Linse der modernen Physik interpretieren? Hier kommt die Entsprechung zwischen Moksha und der Quantendekohärenztheorie ins Spiel, eine überraschende Brücke zwischen antiken Philosophien und zeitgenössischer Wissenschaft.

Die alten Upanishaden beschreiben die irdische Existenz als einen Ozean ständigen Aufruhrs, einen unaufhaltsamen Fluss, der durch die Illusion (Maya) erzeugt wird. Der Atman (die Seele oder tiefe Essenz) bleibt gefangen und ignoriert seine Einheit mit Brahman, dem universellen Prinzip. Dieser Zustand wird mit einem verwirrten Zustand verglichen, in dem mehrere Möglichkeiten nebeneinander bestehen, ohne dass die absolute Wahrheit vollständig erkannt wird.

Eine interessante Parallele findet sich in der Quantenphysik. Wenn ein Quantensystem in einer Überlagerung von Zuständen existiert, wie etwa ein Elektron, das sich gleichzeitig an zwei Orten befinden kann, können wir uns eine Metapher für Samsara vorstellen. Dieser Zustand der Ungewissheit und der undefinierten Alternativen spiegelt die Illusion wider, in der die Menschen gefangen sind und nicht klar sehen können.

Befreiung (Moksha) tritt ein, wenn das Individuum den Schleier der Maya transzendiert und die Einheit zwischen Atman und Brahman erkennt. Es ist eine Zeit des Erwachens, die in heiligen Texten als „Aus der Dunkelheit ins Licht kommen" beschrieben wird.

In der Quantenphysik findet sich in der Dekohärenz eine faszinierende Parallele. Dieses Phänomen tritt auf, wenn ein Quantensystem von einem Überlagerungszustand in einen definierten Zustand übergeht. Dies ist der Moment, in dem die Unsicherheit aufhört und das System eine Klarheit annimmt, die durch die Interaktion mit der Umgebung bestimmt wird. Genau wie das Erreichen von Moksha beschreibt auch Dekohärenz einen Übergang hin zu Stabilität und Verständnis.

Moksha und der Beobachter in der Quantenphysik.

Im Hinduismus ist der Beobachter jemand, der durch Selbstbeobachtung und Meditation versucht, die Illusion der sinnlichen Welt zu überwinden, um Moksha zu erreichen: die Befreiung von Samsara, dem endlosen Kreislauf von Geburt und Tod.

In der Quantenphysik ist der Beobachter jener mysteriöse Akteur, der durch den Akt der Beobachtung den Kollaps der Wellenfunktion feststellt und so Potenzial in Realität umwandelt. Dieser Dialog zwischen zwei scheinbar unvereinbaren Welten öffnet überraschend ähnliche Reflexionsräume.

In der hinduistischen Tradition stellt das Konzept von Moksha den Höhepunkt der spirituellen Reise dar. Heiligen Texten wie den Upanishaden zufolge liegt die ultimative Essenz der Existenz nicht in der materiellen Welt, sondern in einem reinen und unteilbaren Bewusstseinszustand. In diesem Zustand befreit sich das Individuum von der Illusion der Maya (dem Schleier der Erscheinung) und erlangt tiefe Einheit mit Brahman, der höchsten Wirklichkeit. Diese Befreiung ist nicht bloß eine „Flucht" vor dem Schmerz der Welt, sondern vielmehr ein Erwachen zur wahren Natur des eigenen Selbst.

Eine emblematische Passage aus der Brihadaranyaka Upanishad lautet:

> *„Es gibt weder Tag noch Nacht, weder Sein noch Nichtsein, sondern nur das reine Selbst, bewegungslos und frei von Dualität."*

Dieser Zustand, den man sich als blendendes Licht vorstellt, das alle Schatten auflöst, fordert die Grenzen des rationalen Verstandes heraus.

Die Befreiung in Moksha ist daher ein Akt der Transzendenz. Es ist die Überwindung der dem Leben innewohnenden Dualität: Licht und Schatten, Subjekt und Objekt, Beobachter und Beobachtetes. Hier ergibt sich eine faszinierende Analogie zur Quantenphysik.

Die Quantenmechanik führte im 20. Jahrhundert ein Konzept ein, das die traditionelle Wissenschaft erschütterte: In der subatomaren Realität gibt es keine klare Trennung zwischen dem Beobachter und dem Beobachteten. Subatomare Teilchen wie Elektronen haben keine bestimmte Position, bis sie beobachtet werden. Sie befinden sich in einem Superpositionszustand, einer Mischung mehrerer Möglichkeiten, die mathematisch durch die Wellenfunktion dargestellt wird. Sobald jedoch ein Beobachter eingreift, „kollabiert" diese Funktion und es kommt nur noch eine Möglichkeit zum Tragen.

Eines der bekanntesten Experimente zu diesem Thema ist das berühmte Doppelspaltexperiment, das bereits 1801 von Thomas Young beschrieben wurde. In den darauffolgenden Jahren wurde mit der Entwicklung der Quantenphysik klar, dass sich ein Lichtteilchen (Photon) oder Materieteilchen (Elektron) nur dann wie eine Welle verhält, wenn es nicht beobachtet wird. Sobald ein Messsystem ins Spiel kommt, verhält es sich wie ein Teilchen. Allein der Akt des Beobachtens verändert die physikalische Realität.

Hier tritt die Parallele zu Moksha zutage. Im Hinduismus ist der Zustand reinen Bewusstseins, der mit der Befreiung erreicht wird, dem Moment ähnlich, in dem der Beobachter mit dem beobachteten Objekt verschmilzt und die Dualität überwindet. Ist dies nicht der Zusammenbruch aller Schatten der individuellen Existenz in ein Licht unendlichen Bewusstseins?

In diesem Zusammenhang erscheint der Übergang des Quantenzustandes von einer Überlagerung mehrerer Möglichkeiten zum Kollaps in eine einzige Realität als eine treffende Metapher für den Zustand von Moksha. Die Befreiung von der Illusion (Maya) ist in gewissem Sinne eine Quantendekohärenz. So wie ein sich selbst überlassenes Quantensystem seine Kohärenz mit der Welt der Phänomene verliert, gibt das Individuum durch Meditation nach und nach seine Bindung an die Welt der Illusionen auf und gelangt in die transzendentale Einheit Brahmans.

Somit sind Schatten und Licht – stets spirituelle Metaphern – keine gegensätzlichen Kräfte mehr, sondern Manifestationen derselben ultimativen Realität. Dies könnte mit Bohrs Prinzip der Komplementarität verglichen werden: So wie Teilchen und Welle zwei untrennbare Aspekte derselben Entität sind, so verschmelzen auch auf dem Weg zu Moksha der Schatten des Leidens und das Licht der Befreiung zu einem einzigen unteilbaren Zustand.

Moksha ist wie ein Quantenkollaps der Punkt, an dem sich vielfältige Möglichkeiten zu einer Einheit auflösen. Es ist ein Akt höchster Beobachtung, der die Dualität zwischen Licht und Schatten, zwischen Leben und Tod auflöst. In einer Zeit, in der die moderne Wissenschaft und die alte Spiritualität durch eine unüberbrückbare Kluft getrennt zu sein scheinen, legen diese Analogien nahe, dass ein Dialog nicht nur möglich, sondern vielleicht sogar notwendig ist, um einen Blick auf die ultimative Wahrheit der Existenz zu erhaschen. Und letztlich sind Licht und Schatten, wie uns der Hinduismus in Erinnerung ruft, nichts weiter als zwei Aspekte derselben Unendlichkeit.

Mentale Dekohärenz, Moksha im täglichen Leben.

Moksha ist nicht nur ein jenseitiges Ideal; Es stellt eine Dimension innerer Freiheit dar, die im Laufe des Lebens erfahren werden kann. Es ist eine Flucht vor dem Chaos des Egos, vor Ängsten und materiellen Bindungen. Doch wie kann etwas so Transzendentales im Alltag Platz finden? Und was kann uns die Quantenphysik über diesen Weg der persönlichen Selbstbeobachtung sagen?

In der Quantenphysik beschreibt das Konzept der Dekohärenz den Übergang eines Quantensystems von einem Überlagerungszustand, in dem alles möglich ist, in einen beobachtbaren und bestimmten Zustand. Dieses Phänomen markiert einen entscheidenden Moment, in dem das System in eine endgültige Realität „zusammenbricht". Philosophisch gesehen könnte man Dekohärenz als den Verlust potenzieller Unordnung interpretieren, um tatsächliche Klarheit zu erreichen.

In ähnlicher Weise beinhaltet Moksha eine Art geistiger Dekohärenz: den Wechsel von einem Geist, der von den zyklischen Spannungen von Verlangen und Wahn beeinflusst ist, zu einem klareren, bewussteren Bewusstsein. In praktischer Hinsicht geschieht dieser Prozess durch kleine Akte der Bewusstheit, die wir konkret in unseren hektischen Alltag einbauen können.

Das moderne Leben ist voller geistiger Störungen, die oft als „zyklische Gedanken" bezeichnet werden. Diese Gedanken kehren zwanghaft wieder und ziehen die Person in eine Schleife aus Urteilen, Bedauern und Erwartungen. Regelmäßige Meditation ist ein Mittel, diesen Kreislauf zu durchbrechen. In einem ruhigen Dorf an den Hängen des Himalaya beispielsweise lehren Mönche der Vedanta-Tradition den Einwohnern einfache Gesten: sich morgens auf die Atmung zu konzentrieren, langsam zu gehen und dabei die Erde unter den Füßen zu beobachten oder im Geiste ein Mantra zu wiederholen.

Diese kleinen, jeden Tag wiederholten Handlungen sind Experimente zur mentalen Dekohärenz. Sie trennen das Bewusstsein allmählich von der Identifikation mit mentalem Lärm und schaffen eine Loslösung von materialistischen Gedanken. Der indische Historiker und Denker Swami Vivekananda (1863-1902) bietet uns eine aufschlussreiche Perspektive:

> *„Gott ist in dir, wie die Sonne hinter den Wolken. Löse diese Wolken auf, und du wirst Frieden finden."*

Schon diese einfachen Bemühungen um Achtsamkeit können Fragmente von Maya auflösen, der Illusion, die unsere wahre Natur verdeckt.

Wenn wir dieses Konzept aus einer wissenschaftlichen Perspektive betrachten, könnten wir kleine Momente der Meditation, der heiligen Lektüre oder der Kontemplation mit Experimenten vergleichen, die die Ordnung in einem Quantensystem wiederherstellen. Der Geist, ruhelos und zersplittert, kommt wieder zusammen. Der Physiker David Bohm, bekannt für seine Überlegungen zu den Zusammenhängen zwischen Physik und östlicher Philosophie, beschrieb das Universum als eine implizite Ordnung, in der alles miteinander verbunden ist und mit der richtigen Aufmerksamkeit neue Bewusstseinszustände offenbart werden können. Meditieren bedeutet laut Bohm, den Geist an etwas teilhaben zu lassen, das umfassender und harmonischer ist.

Die indische Dichterin Mirabai (1498–1547), die ihr Leben der Hingabe an Krishna widmete, sang von einer göttlichen Liebe, die sie von den Fesseln der Welt befreit hatte. Durch unablässiges Gebet fand Mirabai zu einem so reinen Bewusstseinszustand, dass keine materiellen Umstände sie erschüttern konnten. Seine Lieder sind auch heute noch Feiern des in der Gegenwart erfahrenen Moksha: einer freien Seele, die sich nicht mit den Zyklen des Leidens identifiziert.

Wie Mirabai kann jeder von uns, ohne das tägliche Leben aufzugeben, innere Freiheit kultivieren, indem er mit kleinen Momenten beginnt. Ein Sonnenuntergang, den man ohne Vorurteile beobachtet, ein Moment wissenden Schweigens mit einem geliebten Menschen oder eine Minute der Dankbarkeit vor dem Schlafengehen. Das sind Samen. Sie führen auf ihre Weise zur Befreiung von mentaler Zyklizität.

In der Bhagavad Gita wird das Konzept von Moksha als ein Zustand des Gleichmuts beschrieben, in dem sich Freude und Schmerz, Erfolg und Misserfolg gegenseitig aufheben. Sri Aurobindo, ein einflussreicher Mystiker des 20. Jahrhunderts, meinte, Moksha sei kein Konzept, das ausschließlich Entsagenden vorbehalten sei, sondern ein Ziel für alle, die in dieser Welt leben. Wenn ein Geist beobachtet, ohne zu reagieren, nähert er sich der Freiheit.

Wie können wir also Moksha in unser modernes Leben bringen? Ein einfacher Schritt besteht darin, uns jeden Abend zu fragen:

„In welchem Moment habe ich heute Stille in mir gespürt?“

Diese ebenso einfache wie tiefgreifende Geste ist der Weg zur täglichen mentalen Dekohärenz. Jede kleine Erkenntnis bereitet den Boden für Moksha: kein endgültiges Ereignis, sondern ein fortlaufender Prozess der inneren Befreiung.

Der Zusammenbruch von Maya und die Rückkehr zu Brahman.

Maya repräsentiert das sich verändernde Erscheinungsbild der phänomenalen Welt, hinter der sich eine unveränderliche Realität verbirgt: Brahman, das Absolute. Diese Idee bildet die Grundlage des Konzepts von Moksha, der Befreiung von Samsara, dem Kreislauf von Geburt und Tod. Moksha ist der Moment, in dem sich Maya auflöst und das wahre Gesicht der Existenz enthüllt.

Die hinduistische Tradition beschreibt Maya als Schleier, ein Netzwerk von Wahrnehmungen, das den Geist täuscht. Beispielsweise wird in der Mandukya Upanishad der Traum als Metapher für die alltägliche Realität bezeichnet.

> *„Wie ein träumender Mensch glaubt, dass der Traum real ist, so ist der lebende Mensch in der Maya gefangen und erkennt die Wahrheit nicht."*

Doch was passiert, wenn der Schleier gelüftet wird? Die Antwort ist Brahman, das ewige Substrat, das jenseits der Illusion liegt.

Dieser alte Gedanke findet eine überraschende Resonanz in der Quantenphysik. In der Quantentheorie existieren Teilchen in Überlagerungen, bis sie beobachtet werden. Ein Photon beispielsweise verhält sich je nach Messung wie eine Welle oder ein Teilchen. Es ist eine Welt latenter Möglichkeiten, ein „Potenzialfeld", das an Maya erinnert. Bei der Beobachtung zerfällt diese Ungewissheit in eine eindeutige Realität. Dieser als Dekohärenz bezeichnete Prozess erinnert an das Konzept von Moksha.

Stellen wir uns vor: Moksha ist das Ende der Verwirrung. Es handelt sich um den endgültigen Kollaps in eine stabile Realität, ähnlich dem, was passiert, wenn ein unbestimmter Quantenzustand zu einer beobachtbaren Realität wird. Maya verbirgt, wie die überlagerten Zustände von Partikeln, die ultimative Wahrheit von Brahman.

Die Katha Upanishad bietet eine berühmte Geschichte über Illusion und Moksha. Nachiketa, ein junger Brahmane, trifft Yama, den Gott des Todes. Auf der Suche nach der Wahrheit lehnt Nachiketa alle materiellen Angebote – Reichtum, Langlebigkeit oder Macht – ab und möchte wissen, was jenseits der Illusion von Leben und Tod liegt. Yama lehrt ihn, dass das ultimative Ziel die Verwirklichung von Brahman ist. Diese Erzählung ist eine kraftvolle Metapher für die Reise nach Moksha: eine Reise, bei der man sich von der Sinneswelt löst und sich von Maya befreit, um die absolute Realität zu umarmen.

Auch im wissenschaftlichen Bereich war die Beziehung zwischen Bewusstsein und Realität Gegenstand wissenschaftlicher Untersuchungen. Ein 2019 an der Universität Wien durchgeführtes Experiment zeigte, dass die Wahl der Beobachtung das Verhalten von Teilchen direkt beeinflusst. Physiker haben aufgezeichnet, wie die Entscheidung über den Zeitpunkt der Messung das Endergebnis verändert. Dieses Phänomen lässt Fragen zur Rolle des Geistes und des Bewusstseins bei der Definition der Realität offen.

Die Parallele zur Hindu-Philosophie ist vielsagend. So wie Maya die Sinneserfahrung formt, so scheint das Bewusstsein des Beobachters das Quantenverhalten zu formen. Die moderne Wissenschaft mit ihren fortschrittlichen Technologien erforscht somit ein Gebiet, das die Weisen Indiens bereits intuitiv beschrieben hatten.

Moksha ist, philosophisch ausgedrückt, der Zusammenbruch von Maya. Es ist der Moment, in dem die überlagerten Wahrheiten des Scheins verschwinden und das ewige Brahman offenbart wird. Dieser „Zusammenbruch“ ist ein Prozess der inneren Transformation, der durch Jnana, Selbsterkenntnis und Meditation erfolgt.

Auch in der Quantenphysik bringt der „Kollaps“ Ordnung ins Chaos. Auf makroskopischer Ebene erfolgt dieser Zusammenbruch jedoch nicht unmittelbar. Maya bleibt wie Quantenzustände bestehen, bis das Bewusstsein seinen Höhepunkt erreicht.

Den Kreislauf durchbrechen, Moksha und die Vorstellung vom Zeitpfeil.

Die Idee der Befreiung aus dem Kreislauf von Geburt und Tod, Samsara, ist einer der Grundpfeiler östlicher Philosophien, insbesondere des Hinduismus. Dieser Zustand der Transzendenz, Moksha genannt, stellt nicht nur ein ultimatives spirituelles Ziel dar, sondern auch eine interessante philosophische Herausforderung für unser Zeitkonzept. Wie kann ein Geist, der in die Idee des linearen Fortschreitens von Ereignissen versunken ist, eine Idee begreifen, die über die zeitliche Abfolge hinausgeht? Eine mögliche Brücke für diesen Vergleich bietet die Quantenphysik. Sie lässt vermuten, dass die Zeit, so wie wir sie verstehen, nur eine der Möglichkeiten ist, wie wir die Wirklichkeit wahrnehmen.

Um zu verstehen, wie diese beiden Visionen – die spirituelle und die wissenschaftliche – in einen Dialog treten können, müssen wir uns in die Tiefen der Zeit wagen, einerseits durch das hinduistische Denken und andererseits durch die Entschlüsselung einiger der Geheimnisse des Quantenuniversums.

Den heiligen Texten des Hinduismus zufolge wird die Zeit im menschlichen Dasein als eine Bewegung erlebt, die durch die ewige Wiederholung des Kreislaufs des Samsara gekennzeichnet ist. Wir werden geboren, wir leben, wir sterben und wir werden wiedergeboren. Diese ununterbrochene Abfolge (Karma) wird durch unsere Handlungen und Absichten geregelt und führt zu Konsequenzen, die uns in nachfolgenden Existenzen begleiten.

Moksha stellt jedoch einen endgültigen Bruch dar. Es handelt sich nicht einfach um eine Pause oder eine vorübergehende Unterbrechung, sondern um einen Zustand der Freiheit, in dem das Konzept der linearen Zeit selbst überwunden ist. In zahlreichen hinduistischen Texten, etwa den Upanishaden, wird Moksha als Rückkehr zum ursprünglichen Wesen beschrieben, jenem reinen Bewusstsein, das nicht durch die Illusion einer Trennung zwischen Vergangenheit, Gegenwart und Zukunft eingeschränkt ist.

In der Welt der Physik spielt die Zeit eine ebenso mysteriöse Rolle. Anders als in der uns bekannten makroskopischen Realität verläuft die Zeit in den Grundgleichungen der Quantenmechanik nicht notwendigerweise nur in eine Richtung. Die fundamentalen Gesetze, die die Teilchen bestimmen, unterscheiden nicht zwischen Vergangenheit und Zukunft. Dies legt die Vermutung nahe, dass das, was wir als „Pfeil der Zeit" erleben, keine grundlegende Eigenschaft des Universums ist, sondern eine durch unsere Beobachtung erzeugte Illusion.

Ein zentrales Konzept ist die sogenannte Quantendekohärenz. Dekohärenz erklärt, wie Quantensysteme, die sich zunächst in einer Mischung möglicher Zustände befinden (die berühmte „Superposition" von Schrödingers Katze), durch die Interaktion mit ihrer Umgebung eine sichtbare und konkrete Realität erlangen.

Aus philosophischer Sicht ähnelt Dekohärenz dem Übergang von Samsara zu Moksha. Im Kreislauf des Samsara leben die Menschen eingebettet in das illusorische Netzwerk der Maya und sind davon überzeugt, dass die Zeit wie ein Pfeil vergeht. Moksha bedeutet jedoch, sich von dieser Illusion zu lösen, aus dem begrenzten (und beobachtbaren) Zustand herauszukommen und in einen Zustand der Einheit zurückzukehren.

Sowohl die klassische Physik als auch unsere Alltagserfahrung lassen uns die Zeit als etwas wahrnehmen, das vorwärtsgeht und nicht umkehrbar ist. Dieses Phänomen wurde erstmals im späten 19. Jahrhundert von Ludwig Boltzmann anhand des Konzepts der Entropie beschrieben. Das Wachstum der Entropie, die den Lauf der Zeit in makroskopischen Systemen bestimmt, scheint unserer Welt den Anschein eines unumkehrbaren Fortschritts in Richtung Zukunft zu verleihen.

Im Kontext der Quantenphysik verschwinden jedoch viele dieser Gewissheiten. Die Teilchen scheinen gegenüber der zeitlichen Richtung „gleichgültig“ zu sein. Situationen, die im großen Maßstab irreversibel erscheinen (wie etwa das Zerbrechen eines Glases), könnten zumindest theoretisch auf mikroskopischer Ebene als reversibel angesehen werden.

Wir können uns Moksha als eine ähnliche Verschiebung auf der Bewusstseinsskala vorstellen. Die Befreiung aus Samsara bietet einen Ausweg aus dem wahrgenommenen Zeitpfeil und löst die Fesseln, die den Menschen an die lineare Kausalität binden. Es handelt sich mit anderen Worten um eine „Heimkehr“, ein Erwachen zu einer Wirklichkeit, die nicht länger vom Werden abhängt.

Die Ähnlichkeiten zwischen der Transzendenz der linearen Zeit in Moksha und der Reversibilität in Quantenzuständen sind kein reiner Zufall. Beides erfordert einen radikalen Perspektivwechsel. Beide stellen Überzeugungen in Frage, die der normale Verstand für selbstverständlich hält.

Moksha und das „Quanten-Zeno“-Paradoxon.

Die Suche nach der absoluten Wahrheit war schon immer eine der großen Fragen, die Philosophie und Wissenschaft gemeinsam haben. Der Hinduismus mit seinem Konzept von Moksha und die Quantenphysik mit ihrem „Quanten-Zeno“-Paradoxon scheinen bei der Erforschung dieser grundlegenden Frage parallele Wege zu gehen. Beide konzentrieren sich darauf, was passiert, wenn der Kreislauf unterbrochen wird: der Kreislauf von Geburt und Tod im Fall von Samsara oder der von Messung und Beobachtung in Quantenwelten.

Ein entscheidender Schritt zum Erreichen von Moksha besteht darin, die Welt nicht mehr mit den Augen des Egos zu betrachten. Es ist, als würde man eine unsichtbare Kette zerbrechen, die das Individuum an eine Teilidentität bindet, die aus Wünschen, Ängsten und Bindungen besteht. Für den Hinduismus ist das wahre Selbst nicht das Ego, sondern Brahman, die universelle Essenz.

Der „Quanten-Zeno-Effekt“: Das Spiel von Zeit und Beobachtung.

Auf der anderen Seite der Welt und des Wissens ist die Quantenphysik mit Paradoxien konfrontiert, die dem gesunden Menschenverstand zu widersprechen scheinen. Einer davon ist der „Quanten-Zeno-Effekt“, der erstmals 1977 von Misra und Sudarshan theoretisch beschrieben wurde. Nach diesem Prinzip verhindert die ständige Beobachtung eines Quantensystems, dass es seinen Zustand ändert. Es handelt sich um einen Effekt, der nach Zeno benannt ist, dem griechischen Philosophen, der für seine Paradoxe über Bewegung und Zeit berühmt ist.

Ein klassisches Beispiel zur Erklärung des „Quanten-Zeno-Effekts“ ist der radioaktive Zerfall: Ein Atomkern, der kontinuierlich durch Messgeräte „beobachtet“ wird, scheint niemals zu zerfallen. Allein der Akt der Beobachtung friert das System ein und fixiert es in seinem ursprünglichen Zustand. Dieses Paradoxon scheint darauf hinzudeuten, dass die direkte Aufmerksamkeit, die man einem Phänomen widmet, dieses ironischerweise verändert: indem sie es stoppt.

Und hier entsteht ein faszinierender Dialog zwischen dem Osten und der Physik. Im Hinduismus erfordert der Prozess, der zu Moksha führt, das Durchbrechen von Samsara durch die Unterbrechung der egoistischen Lebensbetrachtung. Es ist der Akt des Beobachtens – und damit des Beurteilens, Begehrens und Anhaftens –, der die Seele in der phänomenalen Welt „einschließt“. Wenn Sie aufhören, durch die Augen des Egos zu sehen, erlauben Sie Ihrem Selbst, sich zu transzendieren. Sich von der immer gleichen „Beobachtung“ zu befreien, ermöglicht der Seele, in Richtung Befreiung zu fließen.

Beim „Quanten-Zeno-Effekt“ passiert etwas Ähnliches: Durch kontinuierliche Beobachtung wird das Quantensystem eingefroren. Vergleichen wir das Quantensystem mit dem menschlichen Bewusstsein, wird die egoistische Beobachtung zu einer Einschränkung, zu einem Einfrieren, das Veränderung,

Transformation oder – im Falle von Moksha – Befreiung verhindert. Das ultimative Ziel sowohl für den Hinduismus als auch für die Quantenphysik besteht darin, diesen Kreislauf zu durchbrechen.

Aber wie kann man die egoistische Beobachtung beenden? Alte indische Weise – Denker wie Adi Shankara – bezeichneten Meditation als Schlüssel. Meditation beruhigt die geistige Aktivität und lenkt die Aufmerksamkeit auf einen Zustand jenseits des Egos. Es handelt sich dabei um einen Vorgang, der dem Geist nichts hinzufügt, sondern das entfernt, was den Zugang zur ultimativen Realität versperrt.

Es gibt ein poetisches Bild, das auf die vedischen Texte zurückgeht: Der Atman (das Selbst) ist wie eine Lampe, die mit mehreren Stoffschichten bedeckt ist. Jede Schicht stellt eine Illusion des Egos dar. Durch spirituelles Wissen und Übung werden diese Schleier gelüftet und ermöglichen der leuchtenden Essenz ihr Erstrahlen.

Betrachten wir die Ergebnisse modernster Interpretationen der Quantenmechanik, sehen wir eine auffallende Ähnlichkeit mit der Idee von Moksha. Einerseits lehrt uns die Quantenphysik, dass das Universum in einem Netz von Möglichkeiten existiert und zwischen verschiedenen Zuständen schwankt, bis es durch Beobachtung in einer definierten Realität „eingeschlossen“ wird.

Andererseits besagt die hinduistische Philosophie, dass unser tiefes Selbst sich bereits in einem Zustand unbegrenzter Freiheit befindet, jedoch aufgrund ständiger und starrer Beobachtung im Samsara gefangen bleibt. Um zur Fluidität zurückzukehren und uns vom Kreislauf der Wiedergeburten zu befreien, müssen wir aufhören, unser Bewusstsein in einem sich wiederholenden, vom Ego beherrschten Muster „einzuschließen“.

Moksha in der Schleifenmechanik.

Es gibt einen Zyklus, der alles bestimmt. Geburt, Tod und Wiedergeburt spielen nicht nur im Mittelpunkt des spirituellen Denkens des Hinduismus eine zentrale Rolle, sondern stellen auch eine faszinierende Parallele zu den Zyklen dar, die die moderne Physik als Hypothese zur Erklärung der Wirklichkeit des Universums aufstellt. Das Konzept des Samsara – des unendlichen kosmischen Kreislaufs von Schöpfung, Zerstörung und Wiedergeburt – findet ein bemerkenswertes Echo in Theorien der Schleifenquantengravitation.

Diese noch in der Entwicklung befindliche wissenschaftliche Perspektive stellt sich das Universum so vor, dass sein „unendliches Lied“ dem ewigen Fluss des Samsara ähnelt. Doch wenn Wissen und Meditation gemäß der vedischen Tradition zu Moksha führen können, was könnte ein solcher „Reset“ aus der Sicht des Universums bedeuten?

Die Hindu-Philosophie stellt Samsara als unsichtbares Gefängnis dar. Jede Existenz, egal wie unterschiedlich, ist in diesem Muster von Ursache und Wirkung gefangen. Um befreit zu werden, muss der Einzelne gemäß den Lehren der Veden und Upanishaden tiefes Wissen erlangen, eine ultimative Erkenntnis, die ihn wieder mit Brahman, dem nichtdualen Absoluten, verbindet. Dies wird Moksha genannt, die Auflösung der individuellen Identität und das Ende des Zyklus.

In der Kosmologie legen Theorien zur Schleifenquantengravitation – einer faszinierenden Erweiterung der Quantenmechanik und der allgemeinen Relativitätstheorie – nahe, dass das Universum selbst in einer ähnlichen Schleife gefangen sein könnte. Diesem Modell zufolge würde das Universum nicht in einem einzigen Urknall explodieren und dann in einem Big Crunch sterben, wie es die alten zyklischen Theorien vermuteten. Vielmehr würde es sich verwandeln und hin und her springen. Mit jedem Rückprall kehrt der Kosmos in einen Ausgangszustand extremer Dichte zurück, eine Art „Quantenvakuum“, von dem aus alles von neuem beginnt. Jede „kosmische Geburt“ bringt neue Konfigurationen physikalischer Gesetze mit sich, neue Universen, die sich von den vorherigen unterscheiden. Hier ist das Konzept von Moksha mit einer Möglichkeit verknüpft: Gibt es einen Augenblick, eine Grenze, in der dieser Zyklus unterbrochen werden könnte? Ist es möglich, sich die Befreiung eines ganzen Universums vorzustellen?

Wenn wir Mokshas Logik auf das Universum anwenden, könnte die Antwort in einer zentralen Idee der Quantenphysik liegen: der Dekohärenz. In der subatomaren Welt existieren Teilchen in mehreren, sich überlappenden Zuständen, bis eine Beobachtung oder Interaktion mit der äußeren Umgebung diese Unsicherheit verringert und die Teilchen in einen definierten Zustand kollabieren. Dieser Vorgang ähnelt dem, der beim Auftauchen des Bewusstseins aus der Verwirrung während der Meditation auftritt: Nur durch Konzentration kann man Klarheit erlangen.

Im Universum entspricht jeder Zyklus oder Rückprall einer neuen Dekohärenz. Es gibt jedoch auch solche, die die Hypothese aufstellen, dass es, wie für die menschliche Moksha, auch für den Kosmos zu einem „Stopp" des Zyklus kommen könnte. Dies könnte an einem Punkt eintreten, an dem die Quantengravitation die zyklische Umstrukturierung nicht mehr aufrechterhalten kann. Der Wissenschaftler Carlo Rovelli, einer der führenden Theoretiker der Schleifenquantengravitation, sagt:

„Die Zeit könnte aufhören zu existieren."

Was wäre, wenn das Universum ein Niveau erreichen könnte, auf dem es sich nicht mehr transformieren müsste? Hier können wir uns Moksha als einen Sprung aus der Zeit selbst vorstellen, einen Zustand, in dem es nicht länger nötig ist, die Vergangenheit zu wiederholen.

Im Hinduismus ist die Metapher des Zyklus allgegenwärtig. Heilige Schriften wie die Bhagavad Gita beschreiben das Universum als ein riesiges Rad. Die technische und tiefgründige Bedeutung von Moksha wird jedoch erst in den Upanishaden deutlich. Beispielsweise lehrt die Isha Upanishad:

„Wer alle Wesen in seinem Selbst und sein Selbst in allen Wesen sieht, wird keine Angst mehr empfinden."

Angst ist also das, was einen im Samsara zurückhält. In ähnlicher Weise scheint auch in der Physik die Unsicherheit über die Natur von Zeit und Raum der Schlüssel zu sein, der das Universum in seiner zyklischen Bewegung gefangen hält.

Der indische Philosoph Adi Shankara, einer der größten Denker des Advaita Vedanta, verglich das Universum mit einer Flamme, die zwar ständig ihre Form verändert, im Kern jedoch immer gleich bleibt. In der modernen kosmologischen Argumentation wurde etwas Ähnliches von Kosmologen wie Martin Bojowald beschrieben, der den sogenannten „Big Bounce" untersucht. Seiner Arbeit zufolge entsteht das Universum nie wirklich aus dem Nichts: Es handelt sich vielmehr um eine kontinuierliche Transformation. Doch was passiert, wenn diese Transformation aufhört?

Antike Denker und moderne Wissenschaftler haben viele Gemeinsamkeiten. Beide versuchen das Warum und Wie der Existenz zu erklären. Beide versuchen, das Rätsel des Kreislaufs von Geburt und Tod zu lösen, und zwar mithilfe unterschiedlicher Hilfsmittel: im Hinduismus durch tiefe Meditation, in der Physik durch mathematische Formeln und Beobachtungen. Die Brücke zwischen östlicher Philosophie und Wissenschaft ist nicht immer gewährleistet, bietet jedoch neue Erkenntnisse.

Wenn Moksha das ist, was von der ewigen Wiederkehr befreit, dann könnte das Universum selbst einen Moment der Befreiung finden. Was könnte passieren? Eine ewige Rückkehr in die Leere, ins „Nichtsein“, wie es die Quantenphysik beschreibt? Oder ein Sprung in einen neuen, derzeit unvorstellbaren Wirklichkeitszustand, gleich einer kosmischen Erleuchtung?

Auf solche Fragen kann es möglicherweise nie eine Antwort geben. Doch durch das Hinterfragen können wir den Dialog zwischen Ost und West fortsetzen, zwischen den sanften Worten der Weisen der Antike und den präzisen Berechnungen der Wissenschaftler. Wie in jedem Zyklus ergeben sich aus der Vereinigung der Teile neue Möglichkeiten. Und vielleicht ist es schon dadurch, dass man diese Frage stellt, möglich, jener alles überragenden Befreiung ein Stück näher zu kommen.

Die Illusion des Geistes und der Kollaps der Wellenfunktion.

Der Hinduismus betrachtet geistige Illusionen als das Haupthindernis auf dem Weg zur Befreiung. Die Besessenheit vom fragmentierten und ego-identifizierten Denken wird mit einem immateriellen Gefängnis in Verbindung gebracht; Nur die Auflösung dieser geistigen Dynamik kann zur Wahrheit führen.

Auf der anderen Seite der Welt bietet die Quantenphysik ein faszinierendes Konzept: den Kollaps der Wellenfunktion. In der Quantenmechanik beschreibt die Wellenfunktion eine Wahrscheinlichkeitsmenge möglicher Zustände eines Teilchens. Beim Eintreten eines Beobachters „kollabiert“ diese Funktion und das Teilchen nimmt eine bestimmte Position oder einen bestimmten Zustand ein. Der Akt der Beobachtung erscheint daher als bestimmendes Element der Wirklichkeit.

Der Vergleich zwischen Moksha und Quantenkollaps liegt nahe, da sich beide Konzepte um die Idee der Auflösung drehen. Im Hinduismus löst Moksha geistige Illusionen auf und führt zur ultimativen Wahrheit. In der Quantenphysik scheint die Rolle des Beobachters die probabilistische Unsicherheit der Wellenfunktion aufzulösen und eine konkrete Aussage in der Realität zu schaffen.

David Bohm entwickelte eine Theorie, die als „implizite Ordnung“ bekannt ist und darauf schließen lässt, dass die sichtbare Realität lediglich eine Projektion einer tieferen, unsichtbaren und vernetzten Dimension sei. Bohm selbst erklärte, er sei fasziniert von der vedischen Philosophie und von „Om“, dem Urlaut, der laut Hinduismus das Prinzip des Universums enthält. Bohm betonte, wie Quantenprinzipien mit diesen spirituellen Konzepten in Einklang gebracht werden könnten, und schlug einen meisterhaften Tanz zwischen dem Offenbaren und dem Impliziten vor.

Der Geist funktioniert laut Hinduismus genau wie die Wellenfunktion: Er schafft durch Vorstellungskraft und Angst unendliche Möglichkeiten und Wahrscheinlichkeitsszenarien. Nur durch das Auflösen dieser Projektionen wird der Praktizierende frei und erhält Zugang zu einer stabilen und unteilbaren Realität, genannt Brahman. Der Physiker John Wheeler wiederum schlug das „partizipatorische anthropische Prinzip“ vor: Das Universum existiert, weil es bewusst beobachtet wird, ein Konzept, das der hinduistischen Idee zu entsprechen scheint, dass das Bewusstsein (in diesem Fall Atman) untrennbar mit der ultimativen Realität verbunden ist.

Hier ergibt sich eine merkwürdige Ähnlichkeit: So wie die Mystik uns einlädt, über die Illusionen des Geistes hinauszublicken, verlangt die Quantenphysik von uns zu verstehen, dass auch die Objektivität der Materie schwer zu fassen ist. Wir stehen an einem Scheideweg zwischen zwei verschiedenen Sprachen, die überraschenderweise dieselbe grundlegende Wahrheit ausdrücken: Die Welt ist ein Spiel der Illusionen, beeinflusst von dem, was nicht direkt gesehen oder gemessen werden kann.

Der Hinduismus bietet eine überraschend aktuelle Perspektive zur wissenschaftlichen Debatte. Richard Feynman sagte ironisch über die Quantenmechanik:

„Wenn du denkst, du verstehst es, dann verstehst du es nicht.“

Derselbe Satz ließe sich vielleicht auch auf die Mysterien des Geistes und die Suche nach Moksha anwenden.

Immer mehr Forscher kombinieren Meditations- und neurowissenschaftliche Studien, um die Beziehung zwischen tiefen Meditationszuständen und veränderten Bewusstseinsebenen zu erforschen. Tatsächlich ist es nicht überraschend, dass Klöster und Labore beginnen, offen in den Dialog zu treten. Insbesondere in Dharamsala, dem Sitz des Dalai Lama, diskutieren Wissenschaftler und buddhistische Mönche regelmäßig über Quantenphysik und Spiritualität und suchen nach Verbindungspunkten.

Moksha, verstanden als die Überwindung geistiger Illusionen, steht in tiefer Resonanz mit dem Kollaps der Wellenfunktion, bei dem die Realität durch bewusstes Eingreifen entsteht. Obwohl spirituelle Befreiung und wissenschaftliche Forschung unterschiedliche Wege beschreiten, befinden sie sich im selben Reflexionsbereich. Möglicherweise wird dieser noch andauernde Dialog nie zu einer endgültigen Lösung führen. Sicher ist jedoch, dass beide uns eine Perspektive eröffnen: dass die Grenze zwischen Realität und Illusion dünner sein könnte, als wir uns vorzustellen wagen.

Kapitel XI. Dharma: Pflicht und Ethik.

Ethik im Hinduismus.

Ethik ist ein zentraler Grundsatz im Hinduismus. Im Mittelpunkt dieser uralten Tradition liegt das Konzept des Dharma. Dieser Sanskrit-Begriff beinhaltet die Idee einer universellen Ordnung, die den Kosmos und das menschliche Leben regelt. Es führt jeden Einzelnen dazu, im Gleichgewicht mit sich selbst, mit anderen und mit dem Universum zu leben.

Dharma als universelle Struktur.

Ethik im Hinduismus besteht nicht nur aus einer Reihe von Regeln, die es zu befolgen gilt, sondern aus einer umfassenden Weltanschauung, die im Konzept des Dharma wurzelt. Dieser Sanskrit-Begriff ist umfangreich und komplex und lässt sich nur schwer in ein einziges Wort übersetzen. Im Kern steht die Idee einer universellen Ordnung, die den Zusammenhalt aller Aspekte der Existenz aufrechterhält: des Kosmos, des menschlichen Lebens, der Natur und der sozialen Beziehungen. Dharma ist nicht statisch. Im Gegenteil, es ist dynamisch und individuell, da es den persönlichen, sozialen und spirituellen Kontext jedes Menschen berücksichtigt.

Der Begriff Dharma drückt das Naturgesetz aus, das das Universum durchdringt. In der hinduistischen Philosophie wird es als das Prinzip beschrieben, das für Ordnung und Gleichgewicht verantwortlich ist. Es beschränkt sich jedoch nicht nur auf die Kosmologie: Dharma leitet auch das ethische Verhalten jedes Menschen. Im indischen Epos Mahabharata (in seinen Versionen aus dem 4. Jahrhundert v. Chr. bis 4. Jahrhundert n. Chr.) stellt der Weise Bhishma fest:

> *„Dharma erhält alles, was existiert: Es ist die Seele der Handlungen.“*

Dieses Konzept verbindet die Menschen nicht nur mit dem Göttlichen, sondern bietet auch einen Moralkodex, der jede individuelle Entscheidung leitet und die Verbundenheit aller Wesen auf der Welt aufrechterhält.

Im Hinduismus ist Ethik jedoch nicht auf das persönliche Verhalten beschränkt. Im Gegenteil, es ist mit dem Makrokosmos verflochten. Indem sie Dharma befolgen, nehmen die Menschen an universeller Harmonie teil. Dieses Konzept wird in einem der grundlegenden philosophischen Texte des Hinduismus, der Bhagavad Gita (aus dem 5. bis 2. Jahrhundert v. Chr.), erwähnt, wo Krishna, eine göttliche Figur, Arjuna erklärt, wie wichtig es ist, dem eigenen SvaDharma, also dem persönlichen Dharma, zu folgen. Krishna sagt:

"Es ist besser, beim Befolgen des eigenen Dharma zu scheitern, als beim Befolgen des Dharma eines anderen Erfolg zu haben."

Das persönliche Dharma ist von wesentlicher Bedeutung: Jeder Mensch muss im Einklang mit seiner Rolle und Verantwortung leben und so zum Gesamtgleichgewicht beitragen.

Ein zentrales und universelles Prinzip der hinduistischen Ethik ist Ahimsa, die Gewaltlosigkeit. Dieser Wert taucht in vielen heiligen Texten auf, erreicht aber eine besondere Resonanz in den Veden und Upanishaden. Ahimsa steht nicht nur für die Abwesenheit physischer Gewalt, sondern auch für die Ablehnung jeglicher Gedanken und Handlungen, die anderen Lebewesen schaden könnten. Der Hinduismus geht davon aus, dass das Zufügen von Schaden an anderen zu einer Nichtübereinstimmung mit dem universellen Dharma führt.

Ein moderner Vertreter von Ahimsa war Mahatma Gandhi. Gandhi wurde von Kindheit an in den Prinzipien des Hinduismus unterrichtet und machte Ahimsa zu einem Instrument der ethischen und politischen Revolution. Sein Kampf für die Unabhängigkeit Indiens von der britischen Herrschaft basierte auf der Idee, dass Gewaltlosigkeit keine Form der Passivität, sondern ein Akt tiefer Verbundenheit mit der Wahrheit oder Satya sei. Gandhi erklärte:

„Ahimsa ist die Eigenschaft der Seele: Ahimsa zu leben bedeutet, im Einklang mit dem Dharma zu leben."

Die hinduistische Ethik geht über das Individuum hinaus und konzentriert sich auf die Verbundenheit. Eine der bekanntesten Metaphern zur Beschreibung dieser Realität ist „Indras Netz", das in den Texten des Vedanta- und Mahayana-Buddhismus vorkommt.

Dieses kosmische Netz wird als unendliches Gewebe aus Juwelen beschrieben, von denen jedes alle anderen widerspiegelt. Jede Handlung eines Einzelnen wirkt sich auf das gesamte System aus und erzeugt einen Welleneffekt, der sich über das ganze Universum erstreckt. Dieses Bild stellt metaphorisch die Tatsache dar, dass das

Befolgen des eigenen Dharma keine isolierte Handlung ist, sondern zum Wohlergehen aller beiträgt.

Ein praktisches Beispiel für diese Vision ist das System des Purushartha, der vier Ziele des menschlichen Lebens, zu denen Dharma (richtiges Handeln), Artha (Reichtum und Lebensunterhalt), Kama (Verlangen und Vergnügen) und Moksha (spirituelle Befreiung) gehören. Ein Leben im Gleichgewicht zwischen diesen Zielen führt nicht nur zu einem harmonischen Leben, sondern gewährleistet auch den Respekt vor der universellen Verbundenheit.

Die hinduistische Ethik hat verschiedene Disziplinen beeinflusst, auch außerhalb religiöser Kontexte. Parallel zur Quantenphysik, in der jeder Teil des Universums mit einem größeren Ganzen verbunden ist, stellt sich das Konzept des Dharma im Hinduismus als eine zutiefst systemische Idee dar: Jede einzelne Handlung hat Auswirkungen auf das Ganze. Dabei entsteht eine universelle Botschaft, die nicht nur zu persönlicher Verantwortung auffordert, sondern auch zu einer kollektiven Vision.

Letztlich schlägt die hinduistische Ethik, die auf Dharma und Ahimsa basiert, ein Modell vor, das auf Zusammenarbeit, Harmonie und Respekt für das Leben in all seinen Formen ausgerichtet ist. Dieses System, das in einer jahrtausendealten Tradition verwurzelt ist, erinnert uns auch heute noch daran, dass unsere Entscheidungen nicht nur unser persönliches Schicksal betreffen, sondern auch das Gleichgewicht unserer gesamten Umgebung. Wie Mahatma Gandhi sagte:

> *„Sei du selbst die Veränderung, die du dir wünschst für diese Welt.“*

Im Hinduismus beginnt diese Transformation damit, dass man seinem Dharma folgt.

Dharma im täglichen Leben.

Die Idee des Dharma ist einer der ältesten und faszinierendsten Grundpfeiler der hinduistischen Ethik. Dharma ist ein komplexer Begriff, der schwer zu übersetzen ist. Dharma könnte als die Harmonie definiert werden, die den Kosmos, die menschlichen Beziehungen und das individuelle Verhalten regelt. Es handelt sich dabei weder um ein starres Gesetz noch um eine Reihe immaterieller Regeln, sondern um ein flexibles Prinzip, das sich an Umstände, Alter, Geschlecht und gesellschaftliche Rolle anpassen lässt. Die

Elastizität des Dharma macht es zu einem außerordentlich zeitgenössischen Konzept, das auch im heutigen Leben zu bewussten Handlungen inspirieren kann.

Im Hinduismus gibt es keine einheitliche Moral, die für alle gilt. Dharma ändert sich je nach Kontext und Individuum. Beispielsweise besteht das Dharma eines Lehrers darin, mit Geduld und Weisheit zu erziehen, während das Dharma eines Arztes darin besteht, sich mit Einfühlungsvermögen und Hingabe um seine Patienten zu kümmern. Doch über die spezifischen Rollen hinaus ist es die moralische Verantwortung für das Gemeinwohl und die Verbundenheit aller Lebewesen, die alle Formen des Dharma vereint.

Laut der Bhagavad Gita, einem der heiligsten Texte der Hindu-Tradition,

> *„Es ist besser, dem eigenen Dharma zu folgen, selbst wenn es unvollkommen ist, als dem Dharma anderer, selbst wenn es perfekt ist“*

Dieses Fragment unterstreicht eine grundlegende Wahrheit: Jeder Mensch muss im Einklang mit seiner eigenen Natur und Lebensstellung handeln, ohne den Weg anderer nachzuahmen. Das Erkennen Ihres Dharma ist ein Prozess, der Selbstbeobachtung und Bewusstsein erfordert.

Dharma manifestiert sich oft in den intimsten, alltäglichen Beziehungen, beispielsweise in Familienbeziehungen. Nehmen wir den Fall eines Vaters und seiner Kinder. Das Manu Smriti, ein alter hinduistischer Ethiktext, stellt das väterliche Dharma mit großer Eleganz dar:

> *„Der Vater, der seine Kinder gemäß dem Dharma erzieht, erfüllt seine göttliche Pflicht“.*

Dies bedeutet nicht nur, für materiellen Unterhalt zu sorgen, sondern die Kinder auch zu inspirieren, ein Leben mit Integrität und Urteilsvermögen zu führen.

Gleichzeitig beinhaltet das Dharma der Kinder gegenüber ihren Eltern Respekt, Fürsorge und Dankbarkeit, insbesondere im Alter. In der indischen Kultur wird noch immer der Wert der gegenseitigen Fürsorge innerhalb der Familie hochgehalten. Ein Paradebeispiel hierfür ist das Pitru-Paksha-Fest, eine Zeit des Jahres, die den Vorfahren gewidmet ist und bei der die Nachkommen zu Ehren ihrer Vorfahren Gebete und Speisen darbieten. Der Feiertag symbolisiert das Dharma der Dankbarkeit, die sowohl gegenüber den Lebenden als auch gegenüber denen zum Ausdruck gebracht wird, die nicht mehr unter uns sind.

Eine weitere Darstellung des Dharma findet sich im Ramayana, einem der großen Epen des Hinduismus. In der Geschichte verkörpert Prinz Rama die wahre Essenz des Dharma. Rama akzeptierte ohne zu zögern die vierzehnjährige Verbannung in den Wald, obwohl er wusste, dass er ein Anrecht auf den Thron von Ayodhya hatte. Seine Entscheidung rührt von seinem Wunsch her, das Versprechen zu ehren, das sein Vater seinem Stiefbruder Bharata gegeben hat. In dieser Geschichte betont Ramas Dharma die Bedeutung von Loyalität und Respekt gegenüber der Familie, selbst wenn dies bedeutet, persönliche Ambitionen zu opfern.

Obwohl Dharma in der indischen Kultur verwurzelt ist, enthält es eine Wahrheit, die geografische und religiöse Grenzen überschreitet. Es erinnert an die Idee einer globalen Verantwortung, die viele heute im Hinblick auf die Klimakrise verspüren. So wie das Dharma von den Individuen verlangt, im Einklang mit ihrer Umwelt zu handeln, so spiegelt die aktuelle Notwendigkeit, den Planeten zu bewahren, ein kollektives Dharma wider, das Bewusstsein und gemeinsames Handeln erfordert.

Mahatma Gandhi selbst verknüpfte die Gewaltlosigkeit (Ahimsa) als universelles Prinzip implizit mit Dharma:

„Unsere größte Verantwortung gilt allen Lebewesen.“

Gandhi glaubte, dass Dharma untrennbar mit der Pflicht gegenüber Wahrheit und Mitgefühl verbunden sei.

Im modernen Alltagsleben wird Dharma zu einem Werkzeug, um mit den Komplexitäten der Welt umzugehen. Am Arbeitsplatz bedeutet das Befolgen des eigenen Dharma beispielsweise, ethisch zu handeln, Kollegen und Mitarbeiter mit Respekt zu behandeln und Abkürzungen zu vermeiden, die die Integrität verletzen. In persönlichen Beziehungen kann Dharma bedeuten, authentische Kommunikation und gegenseitiges Verständnis zu priorisieren.

Als praktischen Ausgangspunkt schlägt die hinduistische Tradition das Konzept des Sankalpa oder der bewussten Absicht vor. Bevor man eine Handlung ausführt, sollte man innehalten und nachdenken: „Ist diese Entscheidung im Einklang mit meinem Dharma? Wird es zu meinem Wohlbefinden, dem anderer und der Welt um mich herum beitragen?“

Dharma ist in seiner Essenz keine entfernte spirituelle Abstraktion. Es ist ein lebendiges Prinzip, anpassbar und umsetzbar in jedem

Lebensbereich. Es lehrt uns, wie wichtig es ist, im einzigartigen Kontext jeder Existenz bewusst und verantwortungsbewusst zu handeln. Vom Vater, der seine Kinder erzieht, bis zum Menschen, der seinen Einfluss auf die Umwelt hinterfragt, führt uns Dharma zu einem Leben, in dem Verbundenheit und Ethik im Mittelpunkt stehen. Im Hinduismus wie auch in der alltäglichen Realität ist Dharma nicht nur eine Regel, sondern eine Einladung, im Gleichgewicht mit sich selbst und mit der Welt zu leben.

Vom Persönlichen zum Kollektiven.

Die Ethik im Hinduismus entfaltet sich als Reise vom Persönlichen zum Kollektiven, von der individuellen Innerlichkeit zur universellen Harmonie. Seine tiefen Wurzeln finden Ausdruck in der Vorstellung, dass die gesamte Menschheit und sogar der Kosmos ein miteinander verbundenes Ganzes bilden. Diese Perspektive wird in der berühmten Sanskrit-Maxime zusammengefasst: „Vasudhaiva Kutumbakam", was „Die Welt ist eine Familie" bedeutet. Dieses in heiligen Texten wie den Upanishaden und den Puranas überlieferte Prinzip spiegelt ein Ideal globaler Empathie wider, das uns dazu einlädt, jedes Lebewesen als Mitglied derselben Gemeinschaft zu betrachten. Die hinduistische Ethik beschränkt sich daher nicht auf die Pflichten gegenüber der Familie oder dem Dorf, sondern erstreckt sich auf die gesamte Schöpfung und fordert eine universelle Verantwortung ein.

Unter den philosophisch-religiösen Werken des Hinduismus ist die Bhagavad Gita, Teil des Mahabharata, ein grundlegender Text zum Verständnis der Ethik des Dharma. Im Dialog zwischen Krishna und Arjuna betont Krishna die Notwendigkeit, selbstlos zu handeln:

„Erfülle deine Pflicht, ohne eine Belohnung zu erwarten.
Handle zum Wohle der Allgemeinheit."

Dieses Prinzip, oft als „Karma-Yoga" bezeichnet, ermutigt den Einzelnen, seine Interessen mit denen der Gemeinschaft in Einklang zu bringen. Ethisches Engagement beschränkt sich nicht auf das persönliche Wohl, sondern zielt auf das kollektive Wohlergehen ab.

Ein Bauer beispielsweise, der ein Feld bestellt, sollte bei seiner Arbeit nicht nur an seine eigene Ernte denken, sondern auch an den Beitrag, den die Landwirtschaft zum Lebensunterhalt der Gemeinschaft leistet. Ebenso darf ein Krieger wie Arjuna nicht aus Eitelkeit oder Hass kämpfen, sondern um Gerechtigkeit zu schaffen. In diesem Sinne nährt die Botschaft der Gita eine Ethik, die auf

Selbsttranszendenz basiert, einem Sprung über das Ego hinaus hin zur Erfüllung einer universellen Pflicht.

Ein anschauliches Beispiel für die Umsetzung dieser Ethik in die Geschichte ist das Leben von Ashoka dem Großen, einem der berühmtesten Kaiser Indiens. Ashoka regierte im 3. Jahrhundert v. Chr. den indischen Subkontinent und erweiterte sein Reich durch gewaltsame Militärkampagnen. Die Zerstörung durch die Schlacht von Kalinga, die Zehntausende von Menschenleben forderte, veränderte seine Weltanschauung jedoch grundlegend. Der Schmerz und das Leid, das er bei den Überlebenden sah, brachten ihn dazu, Eroberungskriege aufzugeben und den ethischen Prinzipien des Dharma zu folgen.

Ashoka übernahm die Lehren von Ahimsa (Gewaltlosigkeit) und begann eine Reihe von Reformen, die auf das Gemeinwohl abzielten. Er ließ seine Erlasse in Säulen im ganzen Reich eingravieren. Diese Säulen, wie beispielsweise die berühmte Säule von Sarnath, förderten Werte wie religiöse Toleranz, Respekt vor allem Leben und soziale Gerechtigkeit. Ashoka schickte auch Abgesandte, um Frieden und Dharma über die Grenzen Indiens hinaus zu verbreiten, mit dem Ziel, eine Zivilisation aufzubauen, die auf universeller Ethik basiert. Seine Herrschaft bleibt ein historisches Symbol dafür, wie eine persönliche Ethik in ein Engagement für das Gemeinwohl umgewandelt werden kann.

Ethik als Verbindung zwischen Individuum und Universum.

Im Hinduismus ist die Verbindung zwischen dem Individuum und dem Universum von grundlegender Bedeutung. Die tägliche Ausübung des Dharma, verstanden als „richtiges Verhalten“, regelt jeden Aspekt des Lebens. Es handelt sich dabei nicht um einen starren Kodex, sondern um eine Reihe flexibler Grundsätze, die dabei helfen, persönliche Bedürfnisse und diejenigen der gesamten Gemeinschaft in Einklang zu bringen. Auf kosmischer Ebene glaubt man, dass jede Handlung (Karma) Konsequenzen hat, nicht nur für das Leben des Einzelnen, sondern für den gesamten Kreislauf der Existenz. Ethisches Handeln bedeutet daher, zur universellen Harmonie beizutragen.

Auch die Umwelt und die Lebewesen sind integraler Bestandteil dieser Ethik. In zahlreichen hinduistischen Texten, darunter auch den Veden, wird der Respekt vor der Natur als heilige Pflicht hervorgehoben. Natürliche Elemente wie der Ganges, Bäume und Tiere werden nicht nur wegen ihres spirituellen Werts verehrt, sondern auch wegen ihrer Rolle im Netz des Lebens. Dieser Respekt gegenüber der Umwelt ist mit dem Konzept der gegenseitigen Abhängigkeit verknüpft: Die Beschädigung eines Teils bedeutet eine Gefährdung des Ganzen.

Die Ethik des Hinduismus lädt uns ein, über die Grenzen unserer eigenen Individualität hinauszublicken. Von der familiären Verantwortung bewegen wir uns hin zu einer umfassenderen Vision, die die Gesellschaft, die Menschheit und das gesamte Universum einschließt.

Ethik in der spirituellen Praxis

Im Hinduismus ist Ethik nicht nur eine Reihe von Regeln zur Orientierung im täglichen Handeln. Dies ist eine umfassendere Vision, die den gesamten existenziellen Weg einschließlich des spirituellen Wachstums umfasst. Im Zentrum dieser Perspektive steht das Konzept des Dharma. Dieser Sanskrit-Begriff ist reich an Bedeutungen: Er kann mit „Pflicht", „universelle Ordnung" oder „moralisches Gesetz" übersetzt werden. Dharma ist nicht statisch, sondern variiert je nach Kontext, Individuum und historischem Moment und leitet jeden Menschen auf der Suche nach einem Gleichgewicht zwischen persönlicher Ethik und kosmischer Harmonie.

Eine universelle Grundlage zum Verständnis der Ethik des Hinduismus findet sich in Patanjalis Yoga Sutras. Diese antiken Texte (wahrscheinlich zwischen dem 2. Jahrhundert v. Chr. und dem 4. Jahrhundert n. Chr. verfasst) stellen einen praktischen Leitfaden für diejenigen dar, die die Vereinigung mit dem Absoluten suchen. Patanjali führt die Yamas und Niyamas ein, zwei Kategorien ethischer Grundsätze, die den ersten Schritt auf dem Weg des Yoga darstellen.

Die Yamas betreffen die Beziehungen zur Außenwelt. Das Grundprinzip dabei ist Ahimsa, die Gewaltlosigkeit. Dieses Konzept geht weit über die bloße Vermeidung körperlicher Schäden hinaus. Es geht auch um Worte, Gedanken und Absichten. Gewaltfrei zu sein bedeutet, mit Respekt für alle Lebensformen zu leben und jedes auf Hass und Aggression basierende Verhalten abzulehnen.

Die Niyamas hingegen sind Vorschriften, die die innere Disziplin leiten. Unter ihnen finden wir Satya, die Wahrheit. Im Hinduismus ist das Sagen der Wahrheit kein Selbstzweck. Wahrheit ist für die Aufrechterhaltung der Harmonie von entscheidender Bedeutung, da sie sowohl in uns selbst als auch in den Beziehungen zu anderen Klarheit und Vertrauen erzeugt.

Diese Prinzipien sind zwar tief im philosophischen und spirituellen Kontext Indiens verwurzelt, besitzen aber eine universelle Kraft. Sie sind zeitlose Werkzeuge für den Einzelnen, mit denen er sich den täglichen Herausforderungen des modernen Lebens stellen kann.

Einer der berühmtesten Vertreter, der die ethischen Prinzipien des Hinduismus verkörperte, war Mahatma Gandhi. Gandhi wurde am 2. Oktober 1869 im indischen Porbandar geboren und verwandelte Ahimsa in eine beispiellose Lebensphilosophie und politische Strategie. Für ihn war Gewaltlosigkeit nicht bloße Passivität, sondern eine disruptive Aktion, die die Grundpfeiler der britischen Kolonialunterdrückung erschüttern konnte. Gandhi erklärte oft:

> *„Ahimsa ist die Eigenschaft der Seele. Es kann nicht von denen praktiziert werden, denen es an Mut mangelt."*

Für ihn war Gewaltlosigkeit eine wirksame Kraft, die völlige Hingabe an die Wahrheit und enorme innere Stärke erforderte. So führte er beispielsweise im Jahr 1930 den berühmten Salzmarsch an, einen Akt zivilen Ungehorsams, der durch seinen gewaltlosen Charakter an Macht gewann. Tausende Menschen folgten Gandhi auf seiner Reise nach Dandi und zeigten damit, dass Ethik ein ganzes Volk zu einem hassfreien Widerstand inspirieren kann.

Der Hinduismus betont auch die Verbindung zwischen individueller und universeller Ethik. Dieser Vorstellung zufolge hat jede Handlung eines Einzelnen Auswirkungen auf den gesamten Kosmos. Dieses Prinzip wird im Karma-Konzept deutlich: Jede Entscheidung hinterlässt im Gefüge des Universums Spuren und hat Auswirkungen, die sich auf die Zukunft auswirken.

Dharma im täglichen Leben. Familienethik und soziale Verantwortung.

Dharma, einer der zentralen Begriffe der hinduistischen Ethik, steht für universelle Ordnung und das Pflichtgefühl des Einzelnen. Im Alltag wird es zu einem moralischen Leitfaden, der die familiären Beziehungen und die sozialen Verantwortlichkeiten regelt und sich dem Kontext und den Umständen anpasst.

In Familien fungiert Dharma als roter Faden, der Harmonie und gegenseitige Verantwortung fördert. Das Prinzip „matru-devo-bhava, pitru-devo-bhava“ fordert Kinder dazu auf, ihre Eltern als göttliche Manifestation zu betrachten und ihnen Respekt und kindliche Hingabe entgegenzubringen. Ein emblematisches Beispiel für dieses Prinzip wird im Ramayana erzählt: Ramas Gehorsam gegenüber dem Befehl seines Vaters Dasharatha. Trotz der Schwierigkeiten akzeptiert Rama das Exil, um den Willen seines Vaters zu respektieren und das Ideal eines ergebenen Sohnes zu verkörpern.

Auf Seiten der Eltern beinhaltet Dharma die Verpflichtung, ihre Kinder zu schützen, zu erziehen und darauf vorzubereiten, ein rechtschaffenes Leben im Einklang mit ethischen Grundsätzen zu führen. Dieser Aufgabenaustausch zwischen Eltern und Kindern stärkt den Familienzusammenhalt und legt den Grundstein für eine Gesellschaft, die auf Respekt und Verantwortung basiert.

Gemäß der hinduistischen Tradition ist das Leben eines Menschen in Phasen (Ashrama) unterteilt. Das Grihastha Ashrama, die Phase, die der Familie und dem gesellschaftlichen Leben gewidmet ist, betont die Bedeutung der Pflichten gegenüber der Gemeinschaft sowie gegenüber der eigenen Familie. Das Familienoberhaupt (Grihastha) hat die Aufgabe, andere wirtschaftlich und moralisch zu unterstützen und gemäß der Tradition des Dana (Wohltätigkeit) Reichtum und Ressourcen mit den Bedürftigen zu teilen. Diese Verantwortung ist keine Last, sondern eine Chance, zur Harmonie der universellen Ordnung beizutragen.

Dharma beschränkt sich nicht auf die Grenzen der Familie, sondern erstreckt sich auf kollektive Herausforderungen. Im Zuge seiner Modernisierung hat das Konzept neue Anwendungen gefunden, beispielsweise im Bereich der Umweltethik. Das Prinzip von Vasudhaiva Kutumbakam („Die Welt ist eine Familie“) fasst diese globale Vision zusammen. So wie in einer Familie alle Mitglieder geschützt sind, fördert Dharma einen nachhaltigen und mitfühlenden Umgang mit der Natur und den Lebewesen. Dies spiegelt sich in Umweltinitiativen und Versuchen wider, wirtschaftlichen Fortschritt mit dem Respekt gegenüber dem Planeten in Einklang zu bringen.

Ein Beispiel hierfür sind die aktuellen Bewegungen für Klimagerechtigkeit in Indien, die oft von alten Schriften und dem Respekt vor dem Planeten als heiligem Wesen inspiriert sind. Diese Verbindung zwischen traditioneller Ethik und modernen

Herausforderungen unterstreicht den bleibenden Wert des Dharma als moralischer Kompass.

Im Zeitalter der Klimakrise und zunehmender sozialer Spannungen bietet Dharma eine Perspektive, die individuelle Rechte mit kollektiven Pflichten in Einklang bringt. Seine Betonung der Verbundenheit aller Lebewesen sowie zwischen Mensch und Natur könnte als Inspiration für einen globalen Ethikkodex dienen. Das Prinzip, im Gleichgewicht mit sich selbst, mit anderen und mit dem Planeten zu leben, kann eine Antwort auf die Herausforderungen des 21. Jahrhunderts sein.

Dharma und Verbundenheit. Ethik zwischen Spiritualität und Wissenschaft.

Die Idee der Verbundenheit ist ein zentrales Thema im Hinduismus, einer alten Philosophie, die nicht nur die Beziehung zwischen den Menschen und dem Universum analysiert, sondern auch ethisches Verhalten durch das Konzept des Dharma leitet. In der heutigen Welt findet diese Perspektive neue und überraschende Entsprechungen mit Entdeckungen in der Quantenphysik und bietet eine Brücke zwischen Spiritualität und Wissenschaft.

Im Hinduismus stellt Dharma die moralische und kosmische Ordnung dar, die jeder Einzelne durch seine Handlungen aufrechterhalten soll. Es handelt sich um eine dynamische Kraft, die das Universum zusammenhält und den „richtigen Lebensweg" entsprechend dem individuellen, gesellschaftlichen und natürlichen Kontext vorgibt. Die Kernidee besteht darin, dass jede Handlung Auswirkungen auf alles andere hat, ein Gesetz der gegenseitigen Abhängigkeit, das das menschliche Verhalten in Richtung Harmonie mit der Welt lenkt.

So betont etwa die Bhagavad Gita, einer der grundlegenden Texte des Hinduismus, dass Lebewesen nicht isoliert existieren, sondern Teil eines größeren Ganzen sind. In Kapitel III lehrt Krishna Arjuna, dass der Mensch nicht aus persönlichem Ehrgeiz, sondern zum Wohle der Allgemeinheit gemäß seinem eigenen Dharma handeln und dabei die Kräfte der Natur respektieren und mit ihnen zusammenarbeiten muss.

Dieses Prinzip der Verbundenheit findet sich nicht nur in spirituellen Spekulationen, sondern auch in der alltäglichen Praxis. Ein praktisches Beispiel ist der alte Glaube an Ahimsa

(Gewaltlosigkeit), der sich nicht nur auf menschliche Beziehungen, sondern auf alle Lebensformen bezieht und die Bedeutung der Anerkennung des inneren Wertes jedes Lebewesens betont. Dieser Respekt vor der universellen Verbundenheit leitet viele ethische Entscheidungen in der indischen Kultur.

Viele Jahrhunderte später hat die moderne Physik wissenschaftliche Konzepte entdeckt, die auf faszinierende Weise den spirituellen Erkenntnissen des Hinduismus ähneln. Einer der Höhepunkte ist die Perspektive der Quantenphysik, in der die vernetzte Natur des Universums deutlich zum Vorschein kommt.

Fritjof Capra untersucht in seinem berühmten Essay „Das Tao der Physik" ausführlich diese Komplementarität zwischen östlichem Denken und den Konzepten der modernen Wissenschaft. Capra stellt fest, dass es im Bereich der Quantenphysik, genau wie die östlichen Philosophien lehren, keine isolierten Entitäten gibt. Physikalische Phänomene entstehen und entwickeln sich durch das Netzwerk ihrer Beziehungen. Beispielsweise erklärt der Wissenschaftler, dass subatomare Teilchen als isolierte Einheiten keine Bedeutung haben, sondern nur als Funktion ihrer Wechselwirkung mit anderen Teilchen, wodurch ein „kosmisches Netz" gegenseitiger Abhängigkeiten entsteht.

Die Parallele zum Dharma ist offensichtlich: So wie jedes Teilchen innerhalb eines größeren Ganzen wirkt, so beeinflusst laut Hinduismus jede menschliche Handlung das universelle Gleichgewicht. Es ist ein tiefgreifender Aufruf zur persönlichen Verantwortung, nicht nur gegenüber anderen Lebewesen, sondern auch gegenüber dem Planeten selbst.

Eines der eindrucksvollsten Beispiele für die Anwendung des Dharma im modernen Kontext ist die Chipko-Bewegung, die in den 1970er Jahren in Indien entstand. Bei dieser Initiative, die überwiegend von Frauen aus Himalaya-Dörfern geleitet wird, setzen die örtlichen Gemeinschaften ein uraltes Prinzip der Verbundenheit und des Respekts gegenüber der Natur in die Praxis um. Mit der symbolischen Geste, Bäume zu umarmen („chipko" bedeutet auf Hindi „umarmen, sich anklammern"), wollten sie die Wälder vor Spekulanten schützen und die Welt daran erinnern, dass Umweltzerstörung direkte Folgen für das menschliche Leben hat.

In der Chipko-Bewegung finden wir das schlagende Herz des Dharma: den Schutz dessen, was das Leben erhält, um das allgemeine Gleichgewicht aufrechtzuerhalten. Die Frauen, die die Bewegung anführten, wie etwa Gaura Devi, verkörperten diese ethische Vision und zeigten der Welt, wie sich eine alte Philosophie in konkrete, transformative Taten umsetzen lässt. Die Geste war nicht nur symbolisch; die Bewegung führte auch zu Gesetzesänderungen, die der wilden Abholzung in vielen Gebieten ein Ende setzten.

Die universelle Verbundenheit, wie sie sowohl durch spirituelle Erkenntnisse als auch durch die Quantenphysik offenbart wird, bietet innovative Antworten auf die Herausforderungen unserer Zeit. Die Krisen, mit denen wir heute konfrontiert sind – vom Klimawandel bis zum Verlust der Artenvielfalt – verdeutlichen das Scheitern einer von Fragmentierung geprägten Vision. Der Hinduismus mit seinem Beharren auf Dharma und der Anerkennung des Geflechts gegenseitiger Abhängigkeiten weist auf eine Ethik hin, die überraschend zeitgemäß sein kann.

Capra erinnert uns daran, dass der Dialog zwischen moderner Wissenschaft und östlicher Spiritualität nicht nur faszinierende Metaphern liefert, sondern auch zu einer Veränderung unserer Weltanschauung beitragen kann. Eine Vision, die die Dringlichkeit kollektiven Handelns anerkennt und sich bewusst ist, dass jede einzelne Geste Auswirkungen auf das Ganze hat.

In einer Zeit, in der Ethik und Nachhaltigkeit globale Prioritäten sind, bietet die Integration hinduistischer Prinzipien und der Quantenwissenschaft eine gemeinsame Grundlage für die Entwicklung eines neuen Paradigmas. Dharma mit seiner Betonung der Verantwortung für das Ganze lädt uns ein, unsere Beziehung zum Planeten und zueinander zu überdenken. Es ist eine Einladung, die Harmonie wiederzuentdecken, nicht nur durch Meditation und persönliche Spiritualität, sondern auch durch Gesetze, Richtlinien und konkrete Maßnahmen.

Der Hinduismus mit seinem tiefen Respekt für die Verbundenheit aller Menschen erweist sich als wertvoller Leitfaden zur Bewältigung der moralischen Herausforderungen unserer Zeit und erinnert uns daran, dass jedes Atom wie jede menschliche Geste in ein unendliches Netzwerk von Beziehungen eingebunden ist. Es ist eine Botschaft der Verantwortung und Hoffnung und ein Aufruf, anzuerkennen, dass im Gewebe des Universums jeder Faden wichtig ist.

Dharma und Quantenverschränkung.

In der Philosophie des Hinduismus stellt Dharma die individuelle Pflicht im Kontext persönlicher, sozialer und spiritueller Umstände dar. Es drückt die einzigartige Rolle jedes Wesens in der kosmischen Ordnung aus. Arjuna zum Beispiel ist ein Kshatriya, ein Krieger. Sein Dharma besteht darin, für Gerechtigkeit zu kämpfen, auch wenn persönliche Gefühle ihn zur Flucht treiben. Krishna lehrt ihn, dass sein Verhalten nicht auf unmittelbare Effekte beschränkt ist. Jede Handlung, jede Entscheidung wirkt wie eine Welle im großen Ozean der Existenz, berührt andere Leben und verändert ihren Lauf.

Diese Ansicht wird durch die jüngsten Entwicklungen in der Quantenphysik bestätigt. Das Prinzip der Verschränkung besagt, dass zwei einmal „verschränkte" Teilchen unabhängig von ihrer Entfernung verbunden bleiben. Eine Änderung in einem Partikel spiegelt sich sofort im anderen wider und erzeugt so eine perfekte Übereinstimmung. Das unsichtbare Netz, das zwei Teilchen verbindet, scheint eine mikroskopische Reflexion des Dharma zu sein: Die Entscheidungen eines Einzelnen vibrieren im Universum und beeinflussen eine kollektive Ordnung.

In den 1980er Jahren wies der Physiker Alain Aspect nach, dass sich Teilchen entgegen aller klassischen Logik augenblicklich gegenseitig beeinflussen können, wodurch die von der Relativitätstheorie vorhergesagte „Trennung" verletzt wird. Diese in den folgenden Jahren mehrfach verifizierte Verflechtung offenbart eine vernetzte Wirklichkeit. Das Universum ist keine Aneinanderreihung einzelner Ereignisse, sondern funktioniert wie ein großes „Gewebe", in dem alles miteinander verbunden ist.

Im Hinduismus existiert neben dem Konzept des Dharma auch das Konzept des Karma. Karma und Dharma sind Fäden, aus denen der Teppich des Lebens webt. Jede Handlung hinterlässt Spuren, die sich in Zeit und Raum widerspiegeln. In ähnlicher Weise erinnert uns die Verschränkung daran, dass wir nicht als getrennte Inseln existieren, sondern als Teile einer unauflöslichen Realität: Das Verhalten des einen beeinflusst das Schicksal des anderen, genau wie in menschlichen Beziehungen, in ökologischen Systemen oder auch zwischen subatomaren Teilchen.

Arjuna repräsentiert das ewige menschliche Dilemma. Handeln oder nicht handeln? Sein Dialog mit Krishna spricht zu uns über die Notwendigkeit, eine Rolle im großen Plan des Lebens zu akzeptieren. Die philosophische Bedeutung dieser Wahl spiegelt sich in der Physik im sogenannten einheitlichen Feld wider, dessen Theorien von Physikern wie Erwin Schrödinger und Werner Heisenberg entwickelt wurden, die beide von der indischen Philosophie inspiriert waren.

Schrödinger, ein Bewunderer der Upanishaden, betrachtete das Universum als eine einzige unteilbare Realität, in der das Individuum nicht vom Ganzen getrennt ist.

Dharma ist kein statisches Konzept. Es ändert sich je nach Zeit, Umständen und Kontext. Es ist subjektiv und universell zugleich. Die Quantenverschränkung bietet ein anderes, aber ergänzendes Bild: Jedes Ereignis ist zwar einzigartig, aber an einen größeren Maßstab gebunden. Es gibt keine Aktion ohne Reaktion und kein Teilchen ohne Bindung.

Wenn wir über unser Leben nachdenken, stellen uns die Herausforderungen des Lebens immer wieder ähnliche Fragen wie die, die sich Arjuna auf dem Feld von Kurukshetra stellte. Was ist unsere Pflicht? Wie können wir agieren, ohne anderen zu schaden und uns gleichzeitig als Menschen weiterentwickeln?

Wissenschaft und Philosophie scheinen uns in eine gemeinsame Richtung zu weisen: im Bewusstsein unserer Auswirkungen zu leben, im Wissen, dass sich jede Handlung in universeller Harmonie widerspiegelt..

Dharma fordert uns dazu auf, das Leben nicht als eine Summe zufälliger Ereignisse zu sehen, sondern als ein Netz miteinander verbundener Verantwortlichkeiten. Die Quantenverschränkung bietet uns eine moderne Analogie: Das Universum ist voneinander abhängig, genau wie es die Upanishaden lehren.

Während die Quantenphysik die Geheimnisse des Mikrokosmos enthüllt, erforschen die heiligen Texte des Hinduismus weiterhin die Unendlichkeit des spirituellen Makrokosmos. Beide erinnern uns daran, dass das Leben ein Abenteuer der Ausgewogenheit ist. Jede Entscheidung, ob groß oder klein, ist ein Faden, der das Individuum mit dem Ganzen verbindet.

Das Kurukshetra-Feld und Heisenbergs Physik:

Auf dem weiten Feld von Kurukshetra erlebt Arjuna, der Held der Bhagavad Gita, einen Moment tiefer Krise. Angesichts seiner Pflicht als Krieger zögert er. Er muss gegen Freunde und Verwandte kämpfen. In diesem Zusammenhang fordert ihn Krishna, die Inkarnation des Göttlichen, auf, seinem Dharma zu folgen: seiner ethischen und spirituellen Pflicht. Doch Arjuna steckt in der Ungewissheit fest. Diese zeitlose Szene vibriert vor Fragen, die in den fortschrittlichsten Überlegungen der modernen Physik widerhallen.

Die Parallele zur 1927 formulierten Unschärferelation Werner Heisenbergs verdeutlicht diesen Zusammenhang zwischen antikem philosophischem Denken und zeitgenössischer Wissenschaft. Heisenberg behauptete, dass es auf subatomarer Ebene nicht möglich sei, die Position und die Geschwindigkeit eines Teilchens gleichzeitig mit absoluter Genauigkeit zu kennen. Diese Unsicherheit erzeugt ein Universum aus Möglichkeiten und Wahrscheinlichkeiten, in dem jede Wahl – oder Beobachtung – das betrachtete System beeinflusst.

Arjuna befindet sich wie jeder Mensch in einem existenziellen Zustand, der von einer Vielzahl von Möglichkeiten geprägt ist. Sein Dilemma spiegelt die Unsicherheit der Quantenwelt wider. Auf dem Kurukshetra-Feld macht jede mögliche Entscheidung eine andere zunichte. Zu kämpfen oder den Kampf aufzugeben wird zu einer moralischen Entscheidung, die in gewisser Weise das Verhalten eines Teilchens widerspiegelt. Durch die Messung einer Position verliert der Physiker Informationen über die Geschwindigkeit. Indem er sich für eine Handlung entscheidet, verzichtet Arjuna auf alle anderen Wege.

Die Quantenphysik lehrt uns, dass alle Ereignisse miteinander verbunden sind, so wie jedes Atom im Gefüge des Kosmos andere Atome beeinflusst. In ähnlicher Weise wird das Kurukshetra-Feld in der epischen Erzählung zum Symbol eines komplexen Netzwerks familiärer, politischer und kosmischer Beziehungen. Arjunas Entscheidung beeinflusst nicht nur sein persönliches Schicksal, sondern das der gesamten Menschheit.

Krishna ist ein zentrales Beispiel für diese Verbundenheit. Als Führer zwingt er Arjuna keine Lösung auf. Stattdessen führt es ihn zu einem höheren Verständnis der Realität: einem Verständnis, in dem individuelle Entscheidungen, wie unsicher sie auch sein mögen, dem universellen Gefüge des Dharma, des kosmischen Gesetzes, unterliegen. Ebenso existiert in der Quantenphysik ein Teilchen niemals „allein". Jede Zustandsänderung wirkt sich auf das gesamte System aus.

Arjunas Krise und Heisenbergs Unschärferelation haben eine wichtige Wahrheit gemeinsam: Die Menschheit muss mit Ungewissheit leben. Arjuna kann die Folgen seiner Handlungen nicht mit Sicherheit wissen. Wo genau sich ein Elektron aufhält, kann der Physiker nicht vorhersagen. Allerdings begegnen sowohl Arjuna als auch die Wissenschaftler dieser Unsicherheit mit unterschiedlichen, aber sich ergänzenden Werkzeugen.

Krishna lehrt Arjuna, auf das universelle Gesetz des Dharma zu vertrauen, das jedes Lebewesen zu seinem individuellen Ziel führt. Die moderne Physik hingegen begegnet Unsicherheit mit statistischer Wahrscheinlichkeit und mathematischer Sprache. Beide lehren uns jedoch eine entscheidende Tatsache: Freiheit entsteht nicht aus Gewissheit, sondern aus der Fähigkeit, in der Schwebe der Möglichkeiten zu handeln.

Das Lager Kurukshetra wird zu einer Metapher für das Leben selbst, ein Ort, an dem jede Entscheidung weitreichende Konsequenzen hat. Ebenso erinnert uns das Unschärfeprinzip daran, dass die Welt mit jeder Beobachtung ein wenig weniger mysteriös wird, aber nie vollständig erkennbar ist.

In gewissem Sinne schien diese Vision auch bei Heisenberg selbst Anklang zu finden. In seinen Schriften stellte er fest, dass die östliche Philosophie, einschließlich der Konzepte von Dharma und Vergänglichkeit, eine überraschende Affinität zu den Entdeckungen der modernen Physik aufweist. Wie er sagte:

> *„Der Mensch ist immer zugleich Schauspieler und Beobachter des universellen Dramas."*

Die Schlacht von Kurukshetra und Heisenbergs Unschärferelation laden uns ein, die Bedeutung unserer Entscheidungen zu überdenken. Beide sagen uns, dass es in dieser unsicheren Welt keinen einfachen Weg gibt. Doch gerade in dieser Ungewissheit manifestiert sich das Wunder unserer Existenz. Sowohl in der Physik als auch in der Philosophie herrscht Einigkeit darüber, dass – sei es Arjuna vor seinem Bogen oder ein Wissenschaftler vor dem Mikroskop – der Akt der Entscheidung selbst die Gegenwart und die Zukunft verändert.

Dharma als ordnende Kraft. Der Tanz der Teilcheninteraktion.

Das Sanskrit-Wort „Dharma“ kommt von der Wurzel „dhri“, was „aufrecht erhalten“ bedeutet. Dieses universelle Prinzip unterstützt die Struktur des Universums und regelt die Harmonie zwischen Lebewesen und Natur. Überraschenderweise taucht auch in der Quantenphysik eine parallele Idee auf: die komplizierten Wechselwirkungen zwischen Teilchen. Diese Beziehungen sind zwar chaotisch, erzeugen jedoch eine Ordnung, die das gesamte Gefüge der Realität stützt.

Um Dharma zu verstehen, bietet der Hinduismus eine kraftvolle Symbolik: Shiva Nataraja, der Herr des Tanzes. Shiva steht auf einem

Flammenkreis und bewegt sich in einem ewigen Tanz, einem fortwährenden Kreislauf aus Schöpfung, Erhaltung und Zerstörung. Dieses tiefgründige Bild ist nicht nur eine religiöse Ikone, sondern eine Darstellung des Kosmos. Jede Geste Shivas reguliert das Bestehende und zerstört das Überholte, um Platz für Neues zu schaffen.

In vielen tamilischen Tempeln in Südindien, wie etwa dem berühmten Chidambaram-Tempel, verkörpert die Statue von Nataraja diese Vision. Dabei ist Tanz mehr als ein ästhetischer Akt: Er ist ein metaphysisches Prinzip. Seine Anhänger betrachten Shiva als den Rhythmus des Kosmos, den verbindenden Takt zwischen Chaos und Ordnung.

Die Quantenphysik ermöglicht uns einen Einblick in eine Realität, die den kosmischen Tanz Shivas widerspiegelt. Auf subatomarer Ebene bewegen sich Teilchen unaufhörlich und erscheinen und verschwinden im Quantenvakuum. Diese hektische Dynamik mag zufällig erscheinen. Wechselwirkungen zwischen Teilchen folgen jedoch präzisen Regeln, die durch die Gleichungen der Quantenfeldtheorie entdeckt wurden.

Beispielsweise hat das Verhalten von Photonen (Lichtteilchen) bei ihrer Bewegung durch einen Doppelspalt das Rätsel der „Dekohärenz" gelöst. Die Wechselwirkung des Beobachters mit den Teilchen scheint Ordnung herzustellen. So wie Dharma die Handlungen des Einzelnen regelt, sorgt Beobachtung für Gleichgewicht in der physischen Welt.

So wie Dharma jedem Wesen eine einzigartige und voneinander abhängige Rolle zuweist, existieren subatomare Teilchen nicht isoliert. Das Wechselwirkungsprinzip besagt, dass jedes Teilchen das Feld beeinflusst, in dem es sich befindet. Diese Quantenentsprechung spiegelt die Vorstellung des Dharma als ein Prinzip wider, das die Handlungen jedes Einzelnen im sozialen und kosmischen Universum harmonisiert.

Die Metapher des kosmischen Tanzes lässt sich auf Naturgesetze erweitern. Im scheinbaren Chaos von Teilchenkollisionen oder menschlichen ethischen Entscheidungen entsteht eine unsichtbare Ordnung. Diese „verborgene Ordnung" ist das Dharma, das sich manifestiert. Für den Hinduismus ist es ewig und zyklisch. Für Physiker ist es das grundlegende Gitter der Realität, mathematisch beschrieben.

Der Tanz Shivas und das subatomare Universum sind daher nicht nur Symbole oder Theorien, sondern unterschiedliche Sprachen, um dieselbe Wahrheit auszudrücken. Auf einer tiefen Ebene lehren uns der Hinduismus und die Quantenphysik, dass das Universum ein Netz von Beziehungen ist. Nichts existiert allein. Jede Aktion, jede Interaktion, jedes Teilchen beeinflusst das, was um es herum geschieht. Im Chaos liegt Dharma: die zugrunde liegende Struktur, die alles zusammenhält.

Das Dharma des Photons. Eine Ethikstunde vom Welle-Teilchen-Modell.

Der Welle-Teilchen-Dualismus, der erstmals 1924 vom französischen Physiker Louis de Broglie beschrieben wurde, zeigt, wie sich Licht und andere Teilchen je nach den Umständen unterschiedlich verhalten. Dieses scheinbar widersprüchliche Verhalten bietet faszinierende Einblicke in alte Konzepte wie das Hindu-Dharma.

Das Doppelspaltexperiment, das 1801 von Thomas Young durchgeführt und in den folgenden Jahrzehnten verfeinert wurde, bleibt ein Meilenstein der Quantenphysik. Stellen Sie sich einen Lichtstrahl vor, der durch zwei dünne Schlitze auf einer Oberfläche fällt. Wenn niemand den Durchgang „beobachtet", verhält sich das Licht wie eine Welle und erzeugt ein Interferenzmuster auf dem Bildschirm dahinter. Wenn wir jedoch ein Gerät einführen, um den Durchgang einzelner Lichtteilchen (Photonen) zu beobachten, verhalten sich diese wie Teilchen und verfolgen präzise Flugbahnen durch einen der Schlitze.

Diese Verhaltensänderung ist kein Zufall. Das Photon scheint sich dem Kontext anzupassen. Die „Wahl" des Photons hängt von der Situation ab: Wenn es beobachtet wird, verhält es sich wie ein Teilchen; wenn man es frei lässt, manifestiert es sich als Welle. Dies erinnert an das Dharma-Konzept im Hinduismus, wo sich die individuelle Pflicht je nach den Umständen ändert.

Das Faszinierendste an der Welle-Teilchen-Dualität ist ihre Anpassungsfähigkeit. Im Hinduismus impliziert Dharma ein Gleichgewicht zwischen dem Selbst und dem Anderen, zwischen dem Mikrokosmos und dem Makrokosmos. Das Photon erinnert uns mit seinem Verhalten daran, dass Veränderung nicht einfach eine

Reaktion ist, sondern eine wesentliche Anpassung an die umgebende Realität.

Aus menschlicher Sicht lehrt uns Dharma, eine situationsbezogene Ethik zu leben. Ein praktisches Beispiel ist Gandhi. Während des Kampfes um die indische Unabhängigkeit lehnte Gandhi gewalttätigen Extremismus nicht ab, weil dieser eindeutig falsch war, sondern weil die Gewaltlosigkeit das Dharma des indischen Volkes im historischen und kulturellen Kontext jener Zeit widerspiegelte. Wie das Photon handelte Gandhi im Einklang mit den ihn umgebenden Bedingungen.

Auch in der Wissenschaft haben sich die Physiker angepasst. Niels Bohr, der Vater der Quantentheorie, betrachtete die Widersprüche der Quantenphysik als Chance, die Natur der Realität neu zu überdenken. Dieser Anpassungsgeist scheint das philosophische Konzept des Dharma widerzuspiegeln.

Der Welle-Teilchen-Dualismus erinnert uns daran, dass das Universum keiner binären Logik, sondern einer „interdependenten“ Logik folgt. Ein ähnliches Beispiel bietet das buddhistische Konzept des Pratītyasamutpāda (Interdependenz), das davon ausgeht, dass alles in Relation zu allem anderen existiert. Einen ähnlichen Aspekt zeigt auch die Quantenphysik mit Phänomenen wie der Verschränkung: Alle Teilchen sind mit allen anderen verbunden.

Genau diesen Zusammenhängen geht Fritjof Capra nach. Er betont, dass moderne wissenschaftliche Entdeckungen oft Ähnlichkeiten mit den mystischen Erkenntnissen östlicher Religionen aufweisen. Die Welle-Teilchen-Dualität spiegelt laut Capra dieselbe Art von „holistisch-kontextuellem“ Verständnis wider, das den Weisen des Ostens so am Herzen liegt.

Das Verhalten des Photons ist zwar ein wissenschaftliches Phänomen, bietet uns aber eine moralische und spirituelle Lektion. Unser Dharma zu leben bedeutet nicht, starren Regeln zu folgen, sondern in dem Kontext, in dem wir uns befinden, Gleichgewicht und Harmonie zu finden. Wie uns das Photon lehrt, können auch wir in einem Moment Welle und im nächsten Teilchen sein.

Wie im Doppelspaltexperiment werden unsere Entscheidungen durch die Wechselwirkung zwischen unserem Wesen und der Welt um uns herum geprägt. In diesem dynamischen Austausch treffen alte östliche Philosophien und Quantenphysik aufeinander und offenbaren ein Universum, in dem Wissenschaft und Spiritualität auf der Suche nach dem Sinn verschmelzen.

Die Theorie der Quantenrelation.

In einem alten Gesang des Rigveda lesen wir:

> *„Dieses Universum ist wie ein großes Netz. Jeder Knoten ist mit den anderen verbunden.“*

Diese über 3.000 Jahre alte Metapher scheint ein grundlegendes Konzept vorwegzunehmen, das heute in der Quantenphysik untersucht wird: die universelle Verbundenheit.

Der Hinduismus mit seiner großen Anzahl heiliger und philosophischer Texte erforscht die gegenseitige Abhängigkeit der Wirklichkeit durch das Konzept des Dharma. Dharma steht für die Pflicht, Ethik und Harmonie, die jeder Einzelne mit dem Kosmos wahren muss. Die Handlung einer Person ist nie isoliert. Es beeinflusst die Welt um uns herum und trägt zur Komplexität des Universums bei. Eine ähnliche Idee taucht in der modernen Physik auf, wo Wechselwirkungen zwischen subatomaren Teilchen ein Beziehungsgeflecht aufbauen, das die Realität selbst formt.

Das Konzept des Dharma wurzelt im Prinzip der kosmischen Harmonie. In der Bhagavad Gita, einem anderen berühmten heiligen Text des Hinduismus, erinnert Krishna Arjuna daran, dass jeder Mensch eine einzigartige Pflicht hat und eine Rolle im riesigen Theater des Lebens zu spielen hat. Wer sein Dharma ignoriert, stört das universelle Gleichgewicht.

In der Welt der Quantenphysik finden wir eine faszinierende Parallele in der Theorie der Dekohärenz und Verschränkung. Der Quantenmechanik zufolge ist jedes Teilchen durch komplexe Beziehungen mit anderen Teilchen verbunden. Die Beobachtung oder Einwirkung auf ein Teilchen kann Auswirkungen auf andere Teile des Systems haben, selbst über enorme Entfernungen. Daher gibt es so etwas wie ein isoliertes oder neutrales Teilchen nicht. Auch im Hinduismus wird jeder Mensch als untrennbarer Teil eines universellen Netzes betrachtet, in dem Karma – das Prinzip von Ursache und Wirkung – ähnliche Wege geht wie die von Physikern analysierten.

Einer der Wissenschaftler, der den Zusammenhang zwischen östlicher Philosophie und moderner Wissenschaft am besten erforscht hat, ist Fritjof Capra. Er behauptet, dass die Erkenntnisse der vedischen Weisen die moderne Kosmologie auffallend widerspiegeln. Capra, ein Physiker und Popularisierer, weist auf die tiefe Ähnlichkeit zwischen der poetischen Sprache der alten vedischen Texte und den wissenschaftlichen Theorien der modernen Physik hin. Das in den antiken Versen beschriebene Netzwerk unterscheidet sich nicht sehr von der Idee eines durch Wechselwirkungen und Korrelationen verbundenen Quantenfelds.

So erinnert etwa der Prozess der Quantenverschränkung, bei dem zwei Teilchen auch über unglaubliche Entfernungen hinweg aneinander gebunden bleiben, an die vedische Vorstellung, dass alle Dinge, ob lebendig oder nicht, einen gemeinsamen göttlichen Funken teilen, der aus dem Urklang „Om“ entsteht.

Ein praktisches Beispiel dafür, wie tief das Konzept der Verbundenheit in der vedischen Kultur verwurzelt ist, findet sich in der Funktionsweise traditioneller indischer Tempel. Diese Orte waren nicht nur Kultstätten, sondern repräsentierten symbolisch den gesamten Kosmos. Jeder Teil des Tempels, vom Fundament bis zur Spitze, verkörperte einen Aspekt des Universums. Die „Garbha Griha“, die innere Kammer, ähnelte mit ihrer konzentrierten Energie dem unteilbaren Kern der Realität, ähnlich dem, was Physiker heute in der Teilchenphysik untersuchen.

Eine weitere interessante Idee hängt mit der Philosophie des großen Rishi Yajnavalkya zusammen, der etwa im 9. Jahrhundert v. Chr. lebte. Yajnavalkya war einer der ersten Denker, der die Einheit aller Dinge in Frage stellte. In der Brihadaranyaka Upanishad stellte er fest, dass sich das, was im Universum existiert, im Menschen widerspiegelt und umgekehrt. In modernen Begriffen ausgedrückt handelt es sich dabei um das ganzheitliche Konzept des „einheitlichen Feldes“ in der Physik, wonach alle Teilchen und Kräfte Manifestationen eines einzigen fundamentalen Ursprungs sind.

Das unteilbare Dharma und das Verhalten subatomarer Teilchen sind die Grundlage von allem und erinnern uns daran, dass der Sinn der Existenz sowohl aus spiritueller als auch aus physischer Sicht auf einem Prinzip der Beziehung beruht. Der Hinduismus feiert diese ganzheitliche Vision seit Jahrtausenden, verkörpert in der Symbolik des „Bindu“, des Mittelpunkts des Universums.

Für Physiker stellt das Quantenfeld die grundlegende Ebene der Realität dar, wo Teilchen in einem kontinuierlichen Flüstern von Wechselwirkungen „kommen und gehen“. Für vedische Mystiker führt Dharma jedes Element des Universums hin zu einem kosmischen Tanz der Ordnung und Harmonie.

Die Verbindung zwischen östlichen Philosophien und der Quantenphysik vermittelt uns eine Weltsicht, in der die Wissenschaft nichts weiter ist als eine Fortsetzung der Mystik mit anderen Werkzeugen.

Die moderne Physik führt diese uralte Diskussion fort, bietet neue Metaphern für die Wirklichkeit und bringt uns vielleicht derselben universellen Wahrheit näher, die die Rishis intuitiv erkannt hatten: Alles ist miteinander verbunden, und jeder Knotenpunkt im Netzwerk trägt zur Schaffung des großen kosmischen Plans bei.

Dharma und das Multiversum: Unendliche Entscheidungen und Möglichkeiten zwischen Ethik und Wissenschaft.

Jede Entscheidung ist wichtig. Es handelt sich dabei nicht nur um eine moralische Lektion, sondern um ein Prinzip, das antike Philosophie und moderne Physik miteinander verbindet. Im Hinduismus ist Dharma der Kern dieser Idee: die Pflicht und Ethik, die jeden Aspekt des Lebens bestimmen, von den alltäglichsten Handlungen bis hin zu den existentiellsten Entscheidungen. Aber was wäre, wenn jede einzelne Entscheidung eine neue Welt schaffen würde? Dies ist der Berührungspunkt zwischen Dharma und der Quantentheorie des Multiversums, die von Hugh Everett III, einem visionären Physiker der 1950er Jahre, vorgeschlagen wurde.

Das Konzept des Dharma ist eng mit der indischen Kultur verwoben. Es handelt sich um den individuellen und kollektiven ethischen Kodex, das Band, das die Welt in ihrer kosmischen Ordnung zusammenhält. Jeder Mensch hat ein spezifisches Dharma: einen einzigartigen Weg, der von der eigenen Natur und dem historischen und sozialen Kontext geprägt ist. Dieses Prinzip spiegelt sich im großen indischen Epos Mahabharata wider, das eine der symbolträchtigsten Geschichten über ethische Entscheidungen und ihre Konsequenzen darstellt.

Prinz Yudhishthira, Anführer der Pandavas, ist für seine unerschütterliche Treue zum Dharma berühmt. Diese Tugend konfrontiert ihn jedoch während des Kurukshetra-Krieges mit herzzerreißenden Dilemmas. Einer seiner berühmtesten Momente war seine Entscheidung, nicht zu lügen, um zu gewinnen, obwohl er wusste, dass dies großes Leid verursachen würde.

Zu einem entscheidenden Moment moralischen Dilemmas kommt es, als Yudhishthira aufgefordert wird, eine Halbwahrheit zu sagen, um zum Sieg der Pandavas beizutragen. Grundlage dieser Entscheidung ist die von Krishna entwickelte Strategie, Dronacharya, einen der mächtigsten Krieger des Kaurava-Heeres, zu besiegen. Krishna weiß, dass Dronacharya, der Lehrer der Pandavas und Kauravas, unbesiegbar ist, wenn er sich im Kampf voll konzentriert. Doch er weiß auch, dass seine Zuneigung zu seinem Sohn Ashwatthama ausgenutzt werden könnte. Die Strategie besteht darin, Dronacharya glauben zu machen, dass Ashwatthama tot sei, wodurch er seinen Kampfeswillen verliert und es den Pandavas ermöglicht wird, ihn zu überwältigen.

Yudhishthira, der dafür bekannt ist, niemals zu lügen, gerät in eine herzzerreißende Situation: Wenn er sich entscheidet, die Wahrheit zu sagen, wird das Ergebnis ein langwieriger Kampf und der Verlust vieler Leben sein. Wenn er sich bereit erklärt, die Halbwahrheit zu sagen, gefährdet er zwar seine moralische Integrität, könnte aber durch eine schnellere Beendigung des Krieges zahllose Menschen retten. Schließlich äußert Yudhishthira den zweideutigen Satz: „Ashwatthama ist tot“ und fügt mit gedämpfter Stimme hinzu: „Ashwatthama ist ein Elefant“. Diese Täuschung führt dazu, dass Dronacharya seine Waffen niederlegt, da er glaubt, sein geliebter Sohn sei gefallen, und sich töten lässt.

Was wäre passiert, wenn Yudhishthira eine andere Wahl getroffen hätte? Vielleicht hätte die Welt selbst einen anderen Lauf der Ereignisse genommen.

Hugh Everetts „Viele-Welten“-Theorie bietet eine überraschend ähnliche Perspektive. Nach dieser Interpretation der Quantenmechanik „gabelt“ sich das Universum immer dann, wenn ein Ereignis in verschiedene Richtungen verlaufen kann. Es gibt daher unendlich viele Paralleluniversen, jedes davon das Ergebnis alternativer Entscheidungen.

Stellen wir uns Yudhishthira in diesem Zusammenhang vor. Wenn das Multiversum existiert, dann gäbe es eine Welt, in der der Prinz freiwillig lügt und eine andere, in der er das nicht tut. In jedem Universum formen die Konsequenzen dieser Entscheidung die Realität auf einzigartige Weise. Auch im Mahabharata wird dieses Konzept durch den Begriff des Karma bekräftigt: Jede Handlung, ob gut oder schlecht, hinterlässt unauslöschliche Spuren im kosmischen Gleichgewicht. Durch die Quantenlinse analysiert, wird Karma zu einer Art „Quellcode“, der die Entwicklung der Welten in den verschiedenen Zweigen des Multiversums leitet.

Die Verbindung zwischen Dharma und dem Multiversum ist nicht nur poetisch, sondern auch praktisch. Die Quantenmechanik geht davon aus, dass das Verhalten subatomarer Teilchen von einer Art „potenzieller Möglichkeit“ beeinflusst wird. Beispielsweise zeigt das berühmte Doppelspaltexperiment, dass ein Teilchen in vielen verschiedenen Zuständen existieren kann, bis durch eine Beobachtung einer festgelegt wird. Aber was passiert mit unseren Entscheidungen, wenn wir dieses Phänomen auf eine makroskopische Ebene bringen?

Bewusstes, vom Dharma vorgegebenes Verhalten kann als Werkzeug zur Navigation durch die unendlichen Möglichkeiten gesehen werden, die das Multiversum bietet. Jede Entscheidung formt das Gefüge der Realität neu und ist mit der tiefen ethischen Verantwortung verbunden, die sich aus der menschlichen Freiheit ergibt.

Wenn Yudhishthira auf dem schmalen Grat zwischen Wahrheit und Lüge wandelt, verkörpert er auch die Spannung zwischen Freiheit und Verantwortung. Auch wenn das Multiversum nahelegt, dass jede Entscheidung eine neue Welt erschafft, mindert dies nicht den Wert der Ethik. Im Gegenteil, es verstärkt die Bedeutung des Dharma als höchstem Leitfaden. Der berühmte Satz, der dem Mahabharata zugeschrieben wird,

„Das Dharma schützt diejenigen, die es schützen“,

bekommt dadurch eine tiefere Bedeutung. Die Achtung der eigenen moralischen Ordnung ist nicht nur eine Tugend, sondern ein kreativer Akt, der das Universum selbst formt.

Die Parallelen zwischen Hinduismus und Quantenphysik erinnern uns an die Universalität der menschlichen Suche nach Sinn. Einerseits meditierten die alten indischen Rishis über die Verflechtung von Ethik und Realität. Andererseits erforschten moderne Physiker wie Everett und Niels Bohr die Quantenunsicherheit und ihre kosmischen Auswirkungen. Beide Lager sind sich in einer überraschenden Wahrheit einig: Entscheidungen sind wichtig und jede Handlung hinterlässt Spuren.

In der heutigen schnelllebigen Welt lädt uns Dharma ein, über unsere Entscheidungen nachzudenken. Jede kleine Handlung hat die Macht, das „Quantengewebe“ der Realität zu beeinflussen und Möglichkeiten zu eröffnen, die über unsere unmittelbare Wahrnehmung hinausgehen.

Das Nachdenken über Dharma im Kontext des Multiversums ist nicht nur eine geistige Übung, sondern eine tiefgreifende Herausforderung, bewusst zu leben. So wie Yudhishthira sich im epischen Krieg des Mahabharata für Dharma entschied, müssen auch wir uns jeden Tag entscheiden, wenn wir mit den Dilemmata der Moderne konfrontiert werden. Wir wissen nicht, wie viele Realitäten sich aus unseren Entscheidungen ergeben werden, aber wir können sicher sein, dass sich der rote Faden der Ethik durch sie alle ziehen wird.

Die Neutrino-Oszillation und das fließende Dharma.

Die Neutrinooszillation, ein im 20. Jahrhundert entdecktes Phänomen, scheint weit entfernt von den alten vedischen Texten zu sein, ist es aber vielleicht überhaupt nicht. Durch die Verbindung dieses subtilen Quantentanzes mit dem Gedanken des Dharma, der Pflicht und Ethik jedes Einzelnen, entsteht eine tiefgreifende Realität: Das Leben und sein Sinn sind dynamisch, genau wie das Universum.

Neutrinos sind nahezu masselose Teilchen, die lautlos durch das Universum reisen. Obwohl sie schwer zu fassen sind, sind sie für das Verständnis einiger der geheimsten Dynamiken der Existenz von entscheidender Bedeutung. Eine ihrer faszinierendsten Eigenschaften ist die Oszillation: Während ihrer Reise verändern Neutrinos ihre „Identität". Sie wechseln von einer Geschmacksrichtung (elektronisch, myonisch oder tauonisch) zu einer anderen, in einem Prozess, der der Vorstellung von Fixität oder Dauerhaftigkeit zu widersprechen scheint. Es ist, als würde man jemandem dabei zusehen, wie er je nach Situation ständig seine Rollen und Perspektiven wechselt.

Diese Transformation ist kein Zufall. Sie wird von ihrer Umgebung und den physikalischen Gesetzen beeinflusst, die den Kosmos beherrschen. Dieses Verhalten kann als Spiegelbild des Dharma-Konzepts im Hinduismus gesehen werden, das sich als Reaktion auf die Erfordernisse des Lebens, der Zeit und des Kontextes verändert.

Auf Sanskrit steht Dharma für Pflicht, Gerechtigkeit und kosmische Harmonie. Es handelt sich jedoch nicht um ein strenges Gesetz. Krishna, eine der zentralen Figuren des Hinduismus und Protagonist des Mahabharata, ist ein Beispiel dafür, dass Dharma nicht statisch ist. In der Bhagavad Gita beginnt Krishna als Friedensstifter, der versucht, einen Krieg zwischen den Pandavas und den Kauravas zu vermeiden. Doch als die Friedensbemühungen scheitern, gibt Krishna seine Rolle als Vermittler auf und wird zum Meisterstrategen und Kriegerführer.

Diese Transformation Krishnas ist weder Inkonsequenz noch Schwäche. Es ist die Anpassung an den Kontext. Wie die Neutrino-Schwingung zeigt sein Verhalten, dass Dharma, um wahr zu sein, auf die umgebende Realität reagieren muss. Wenn Krishna an seiner Vision des Friedens festgehalten hätte, selbst als dieser nicht mehr möglich war, hätte er seine Aufgabe nicht erfüllen können.

Neutrino-Oszillationen und flexibles Dharma weisen auf ein gemeinsames Prinzip hin: die tiefe Verbindung zwischen Ereignissen und ständigem Wandel. In der Quantenphysik ist kein einzelnes Teilchen isoliert. Jede noch so kleine Aktion wirkt sich auf das gesamte System aus. Dieses Prinzip steht im Einklang mit der hinduistischen Vorstellung von Brahman, der unteilbaren universellen Realität.

In den vedischen Schriften heißt es vor Tausenden von Jahren, dass alle Wesen in einem göttlichen Netzwerk namens Rta, der kosmischen Ordnung, miteinander verbunden sind. Jüngste Neutrinoexperimente an Forschungseinrichtungen wie dem Gran Sasso in Italien oder Super-Kamiokande in Japan scheinen dieser alten Idee neues Leben einzuhauchen. Wenn Neutrinos ihren Zustand ändern, geschieht dies im Einklang mit den Gesetzen des Universums. Wenn Menschen gemäß Dharma handeln, gelangen sie in Harmonie mit einer höheren Ordnung.

Krishna lehrte, dass Dharma nicht als starrer Regelsatz, sondern als Kunst betrachtet werden sollte. Die Pflicht eines Kriegers besteht in Friedenszeiten darin, zu schützen und zu verhandeln. Aber in Kriegszeiten kämpft es mit Gerechtigkeit. Dieses Prinzip gilt nicht nur für Könige, sondern für jeden Einzelnen. So wie Neutrinos zwischen verschiedenen Zuständen tanzen, kann und muss unser Dharma im Rhythmus des Lebens oszillieren.

Der Hinduismus erinnert uns daran, dass Veränderungen unvermeidlich sind. Wie das Neutrino können wir nicht für immer im gleichen Zustand bleiben. Unsere Rolle in der Familie, in der Gesellschaft und in der Welt ist einem ständigen Wandel unterworfen. Sich gegen Veränderungen zu wehren ist nicht nur sinnlos, es verstößt auch gegen die Gesetze des Universums.

Die Neutrino-Oszillation und das Konzept des Dharma erinnern uns daran, dass das Leben nicht aus statischen Gewissheiten besteht. Weder die Wissenschaft noch die Spiritualität finden in festgelegten Dingen endgültige Antworten. Alles entwickelt sich, alles ist miteinander verbunden. So wie die Quantenphysik uns gelehrt hat, das Universum als ein sich ständig bewegendes Netzwerk zu sehen, lädt uns der Hinduismus ein, Dharma als einen Fluss zu sehen, der fließt, sich verändert und anpasst.

In der Bhagavad Gita fordert Krishna Arjuna auf, Veränderungen nicht zu fürchten, sondern sie mit Weisheit anzunehmen. Diese uralte Lektion, die nun durch die moderne Wissenschaft erhellt wird, begleitet uns auch heute noch. Die Pflicht des Einzelnen besteht darin, wie Neutrinos mit der Zeit zu fließen, sich zu verändern und auf die Bedürfnisse der Existenz zu reagieren. Nichts ist statisch, und in dieser Bewegung liegt die Essenz des Lebens.

„Ausgerichtet" im Chaos.

Jede Geste, jeder Gedanke und jede Entscheidung trägt laut Hinduismus zu einer tieferen Verbindung mit dem eigenen Ziel und dem Gleichgewicht des Universums bei. In einem Zeitalter, das von der Quantenwissenschaft und -forschung dominiert wird, können wir überraschende Parallelen zwischen Dharma und den tiefen Mechanismen der subatomaren Welt finden.

Die Quantenphysik offenbart uns eine unsichtbare Landschaft komplexer Wechselwirkungen. Subatomare Teilchen agieren nicht isoliert. Jedes Ereignis auf der Quantenebene – ein absorbiertes Photon, ein emittiertes Elektron – hat Auswirkungen auf das Gefüge der Realität. Dieses als Quantenkohärenz bekannte Phänomen ermöglicht es den Teilchen, trotz scheinbaren Chaos eine intrinsische Ordnung aufrechtzuerhalten. Eine Störung, etwa eine Wechselwirkung mit der äußeren Umgebung, stört diese Ordnung und verursacht das, was Physiker „Dekohärenz" nennen.

Der Hinduismus legt mit Dharma etwas Ähnliches nahe. Jedes Individuum ist Teil eines größeren Systems, eines geordneten Makrokosmos.

Ein praktisches zeitgenössisches Beispiel für Quantenkohärenz findet sich in der Quantencomputertechnologie. Diese Geräte nutzen die Quantenkoexistenz, um Berechnungen mit Geschwindigkeiten durchzuführen, die klassische Computer niemals erreichen würden. Jedes Teilchen muss, beispielsweise ein Quantenbit (Qubit), innerhalb des Systems „ausgerichtet" bleiben, um eine funktionale Ordnung zu bewahren. Doch genau hier besteht die Gefahr: Schon kleinste Störungen genügen, um Verbindungen abzubrechen. Interessanterweise erfordert die Ausrichtung am Dharma in der

Hindu-Philosophie eine ähnliche Wachsamkeit. Jede Entscheidung, jede Abweichung kann zur „Dekohärenz“ des Lebens führen, das heißt zu einer Disharmonie mit den eigenen Zielen.

Nehmen wir die Geschichte des Mahabharata, eines alten indischen Epos. Einer der Helden, Yudhishthira, der rechtschaffene König, ist für seine Hingabe zum Dharma bekannt. In einer berühmten Episode wird Yudhishthira mit einer entscheidenden Frage konfrontiert: Soll er seine Prinzipien opfern, um seine Familie zu retten, oder dem Dharma treu bleiben? Er entschied sich für Dharma, selbst um den Preis enormen Leidens. Physiker würden sagen, dass die Kohärenz erhalten blieb und trotz des Chaos „ausgerichtet“ blieb.

Die Parallele zur modernen Wissenschaft lädt zum Nachdenken ein. Einerseits untersucht die Quantenphysik das Verhalten von Teilchen, die Sprache des unsichtbaren Universums. Andererseits lädt uns das Konzept des Dharma dazu ein, ethisch und bewusst zu leben. Beide legen nahe, dass Ordnung aus einer unsichtbaren, aber allgegenwärtigen Disziplin entsteht.

Heute könnte die dharmische Ordnung als Leitfaden zum Umgang mit dem Chaos des modernen Lebens interpretiert werden. Ethische Entscheidungen wie Quanteninteraktionen mögen einzeln betrachtet unbedeutend erscheinen, doch gemeinsam prägen sie die Welt. Ein Zitat des Nobelpreisträgers Niels Bohr, eines tiefgründigen Denkers der Quantenmysterien, passt perfekt zu dieser Idee:

„In der Physik hängt jedes Teil vom Ganzen ab.“

Der Hinduismus hätte dasselbe gesagt, allerdings in poetischerer Sprache:

„Tat Tvam Asi“ – „Das bist du.“

In diesem Chaos den Überblick zu behalten, ist eine Herausforderung. Doch Dharma zeigt uns ebenso wie die Quantenkohärenz den Weg: unsere einzigartige Bestimmung zu akzeptieren, bewusst zu handeln und Harmonie in scheinbarer Unordnung zu finden.

Die Komplementarität des Dharma.

Bohrs 1927 vorgeschlagenes Komplementaritätsprinzip führt die Idee ein, dass zwei scheinbar gegensätzliche Aspekte der Realität koexistieren und sich ergänzen können. Im Kontext der Quantenphysik kann beispielsweise ein Photon entweder als Welle oder als Teilchen existieren, je nachdem, wie es beobachtet wird.

Diese Dualität stellt keinen Widerspruch dar, sondern weist vielmehr darauf hin, dass die Wirklichkeit komplexer ist als sie auf den ersten Blick scheint.

In ähnlicher Weise bewegt sich Dharma zwischen zwei miteinander verbundenen Wahrheiten: der persönlichen Pflicht (SvaDharma genannt) und der universellen Pflicht (Sanatana Dharma). Die erste bezieht sich auf individuelle Verpflichtungen, die mit dem Kontext verbunden sind, in dem eine Person lebt, mit ihrer Familie, ihrem Beruf, ihrer „Position" in der Welt. Die zweite repräsentiert stattdessen die universellen Prinzipien, die die kosmische Ordnung bestimmen. Wie Welle und Teilchen schließen sich diese beiden Dimensionen nicht aus, sondern ergänzen sich.

Die Komplementarität des Dharma kann auch mit einem anderen Aspekt der Quantenphysik in Verbindung gebracht werden: der Vernetzung. In der Quantenmechanik sind Teilchen durch unsichtbare Gesetze miteinander verbunden, etwa durch die Quantenverschränkung. Wenn zwei Teilchen interagieren, bleiben ihre Schicksale unabhängig von der Entfernung miteinander verknüpft. Jede Aktion auf ein Teilchen hat eine Auswirkung auf das andere.

Dieses Prinzip spiegelt einen zentralen Aspekt des Dharma wider. Nach hinduistischer Auffassung hat jede einzelne Handlung zwangsläufig Auswirkungen auf das gesamte kosmische Gefüge. Eine berühmte Episode aus dem Rigveda, einem der ältesten Texte Indiens, veranschaulicht diese Idee. Die Geschichte erzählt von einem weisen Mann, der einen Baum fällt, um einen Unterschlupf zu bauen, und dabei auf eine Krähe stößt, die in genau diesem Baum lebt. Der Weise versteht, dass seine Geste, wie gerechtfertigt sie auch erscheinen mag, einem anderen Lebewesen das Leben kostet. Dies bringt ihn zu der Überlegung, wie jede noch so unbedeutende Handlung das empfindliche Gleichgewicht des Universums verändern kann.

Der Philosoph Niels Bohr betonte in einem Interview in den 1950er Jahren, dass das Konzept der Komplementarität nicht nur auf die Physik, sondern auch auf die Psychologie, Biologie und sogar die Philosophie anwendbar sei. Ohne sich jemals explizit auf das Dharma zu berufen, erkannte Bohr in den alten östlichen Traditionen eine tiefe Intuition für das Gleichgewicht zwischen Gegensätzen. Tatsächlich hat der Hinduismus schon immer Dichotomien in seine Weltanschauung integriert: Licht und Schatten, Leben und Tod, Schöpfung und Zerstörung.

Auch zu modernen Nachhaltigkeitsansätzen lässt sich eine Parallele ziehen. In einer Zeit, in der es dringend darum geht, einen Ausgleich zwischen wirtschaftlichem Fortschritt und Umweltschutz zu finden, bietet Dharma ein Modell zur Bewältigung dieser beiden Bedürfnisse. Jeder Einzelne muss als Teilchen eines physikalischen Systems darüber nachdenken, wie seine persönlichen Handlungen zur universellen Ordnung beitragen.

Das Konzept der Komplementarität des Dharma ist nicht nur ein geheimnisvolles östliches Wissen, sondern eine wichtige Lektion für die Gegenwart. Wir leben in einer zunehmend vernetzten Welt, in der jede Aktion globale Auswirkungen wie etwa den Klimawandel oder Wirtschaftskrisen haben kann. Dies erfordert von uns, persönliche und kollektive Verantwortlichkeiten gegeneinander abzuwägen und Entscheidungen zu treffen, die beide Wahrheiten widerspiegeln: unser individuelles Leben und unseren Platz im Universum.

Nichtlokalität und globales Dharma. Einflüsse jenseits von Raum und Zeit.

Als Albert Einstein das Phänomen der „Nichtlokalität“ sarkastisch als „spukhafte Fernwirkung“ definierte, hatte er wahrscheinlich keine Ahnung, wie entscheidend diese Definition für unser neues Verständnis des Kosmos sein würde. In der Quantenphysik stellt die Nichtlokalität eines der faszinierendsten Rätsel dar: Zwei Teilchen, die durch kosmische Entfernungen getrennt sind, können sich augenblicklich gegenseitig beeinflussen, als wären Raum und Zeit eine Illusion und keine Barriere.

Aus dieser Perspektive ergeben sich überraschende Parallelen zu östlichen Philosophien, insbesondere zum Hinduismus. Der Begriff Dharma, den wir mit „Pflicht“, „moralisches Gesetz“ oder „Ethik“ übersetzen könnten, erstreckt sich auf eine universelle Dimension, die über das einfache Alltagsleben hinausgeht. Genau wie bei der Quanten-Nichtlokalität erzeugt jede einzelne Handlung, wie isoliert sie auch erscheinen mag, Konsequenzen, die weit über die unmittelbaren Grenzen in Zeit und Raum hinaus nachhallen.

Nach dem Hinduismus ist Dharma nicht nur die moralische Anleitung des Einzelnen in seinem Existenzkontext, sondern ein Gesetz, das die gesamte kosmische Ordnung regelt. Dieses Prinzip manifestiert sich nicht nur in persönlichen Handlungen, sondern auch in intersubjektiven, sozialen und kosmischen Beziehungen. Die Idee, dass das Individuum integraler und verantwortlicher Bestandteil eines vernetzten Ereignisgeflechts ist, erinnert an das Konzept der Nichtlokalität: Nichts geschieht isoliert. Es gibt keine Handlungen, die dem Gesamtsystem der Existenz fremd wären.

In diesem Sinne fordert uns die hinduistische Philosophie dazu auf, „Pflicht" nicht als individuelle Einschränkung zu sehen, sondern als eine globale, gemeinsame Pflicht, die die langfristigen Auswirkungen jeder Geste berücksichtigt. Gandhi, eine der bedeutendsten Persönlichkeiten der globalen Ethik, verkörpert genau dieses Prinzip. Der Mahatma behauptete:

„Du musst die Veränderung sein, die du in der Welt sehen möchtest."

Dieser scheinbar einfache Satz enthält eine starke Parallele zur Nichtlokalität: Eine rechtschaffene Handlung, die im Dharma verwurzelt ist, kann unendlich nachhallen und Realitäten beeinflussen, die weit entfernt in Raum und Zeit liegen.

Experimente zur Nichtlokalität, wie etwa Bells berühmter Theorem aus den 1960er Jahren, haben gezeigt, dass die Quantenrealität über unsichtbare Verbindungen funktioniert. Zwei Teilchen, die einmal interagiert haben, bleiben „gebunden", unabhängig von der Entfernung, die sie trennt. Ebenso lehrt uns die indische Denkweise, dass jeder menschliche Gedanke, jedes Wort und jede Handlung unsichtbare Verbindungsfäden webt, die das kollektive Schicksal lenken.

Stellen Sie sich beispielsweise ein historisches Ereignis wie den Salzmarsch von 1930 vor. Geleitet von seinem Dharma unternahm Gandhi eine scheinbar kleine, aber symbolisch gewaltige Tat: einen Marsch, um gegen das britische Kolonialmonopol auf Salz zu protestieren. Aus einer einfachen lokalen Aktion, die in einem spezifischen Kontext verwurzelt war, wurde eine Botschaft, die über Indiens Grenzen hinausging und nationale Befreiungsbewegungen auf der ganzen Welt inspirierte. In diesem Moment wurde die „Lokalität" überwunden: Die Geste eines Mannes erzeugte einen ethisch-globalen Aufschwung.

Das von der Nichtlokalität inspirierte Konzept des globalen Dharma fordert uns auf, unsere Verantwortung zu überdenken. Wenn alle Ereignisse miteinander verbunden sind, wie es sowohl die indische Philosophie als auch die Quantenphysik nahelegen, dann ist unsere „Pflicht" nicht auf die persönliche Sphäre beschränkt. Es umfasst den Schutz der Menschheit, des Planeten und künftiger

Generationen. Dies erfordert eine ökologische und soziale Ethik, die nationale Grenzen, kulturelle Schranken und zeitliche Vorurteile überwindet. Genau wie Gandhi, der seine Pflicht nicht nur gegenüber Indien, sondern gegenüber der gesamten Menschheit sah.

Wir könnten diese Vision mit einem universellen Bild zusammenfassen: dem Flügelschlag eines Schmetterlings. Die durch das deterministische Chaos berühmt gewordene Idee erhält durch die Verflechtung von Dharma und Nichtlokalität neues Licht. Ein Flügelschlag kann tatsächlich einen Hurrikan am anderen Ende der Welt auslösen. Eine freundliche Tat kann ein weit entferntes Leben verändern. Ein Gewaltakt kann globale Konflikte auslösen.

Die Parallele zwischen Nichtlokalität und Dharma stellt eine Einladung zur Bewusstheit dar. Im heutigen Kontext globaler Interdependenz ist Global Dharma möglicherweise unsere einzige Chance, Herausforderungen wie Klimawandel, wirtschaftliche Ungleichheit und geopolitische Spannungen anzugehen. Östliche Philosophien und die moderne Physik sagen uns auf ihre Weise dasselbe: Wir sind alle miteinander verbunden. Und aus dieser Verbindung erwächst eine Verantwortung, die weder räumlich noch zeitliche Grenzen kennt.

Dharma und das Prinzip der Superposition.

Dharma steht für das Prinzip der Pflicht und der persönlichen Ethik. Doch welche Verbindung besteht zwischen dieser alten Vision und der modernen Quantenphysik? Überraschenderweise erfolgt die Verbindung durch das Prinzip der Superposition. So wie ein Teilchen mehrere Zustände gleichzeitig annehmen kann, betont Dharma die Notwendigkeit, die vielfältigen Optionen des Lebens zu erkennen und entsprechend zu handeln.

Im Hinduismus bedeutet Dharma viel mehr als „religiöse Pflicht". Es ist der moralische Kompass, der jedes Individuum in seinem täglichen Verhalten leitet. Es wird oft als die Säule des Universums dargestellt, als das Prinzip, das die Wechselwirkungen zwischen Menschen, Natur und Kosmos regelt. Diese philosophische Idee ist mit der Vorstellung verknüpft, dass jede Handlung, auch die kleinste, das universelle Gleichgewicht beeinflusst.

Dharma ist sowohl persönlich als auch kollektiv. Ein Beispiel hierfür ist Siddhartha Gautama, der Buddha. Als Siddhartha im 6. Jahrhundert v. Chr. im Königreich Kapilavastu geboren wurde, stand er vor einem tiefgreifenden Dilemma: Entweder sollte er als Prinz und Herrscher dem königlichen Dharma folgen oder den spirituellen Weg einschlagen, um Erleuchtung zu erlangen. Schließlich gab er den Luxus des Hofes auf und entschied sich für den Weg der Meditation und Entsagung. Damit zeigte er der Welt, wie persönliches Handeln zu universeller Harmonie führen kann.

Die Quantenphysik beschreibt die Wirklichkeit als ein Mosaik von Möglichkeiten. Eines seiner faszinierendsten Konzepte ist das der Superposition. Es besagt, dass ein Teilchen sich gleichzeitig in mehreren Zuständen befinden kann, bis eine Beobachtung durchgeführt wird, um seine Position zu bestimmen. Wir können uns ein Teilchen als ein Wesen vorstellen, das zwischen „Tun" und „Nicht-Tun", zwischen mehreren möglichen Flugbahnen schwebt.

Wendet man diese Linse auf die Dharma-Philosophie an, stellt sich die Entscheidung für eine Handlung als eine Überlagerung von Möglichkeiten dar. Jede Entscheidung schafft eine neue Linie der Realität. Wie in der Physik sind Entscheidungen nicht neutral. Sie beeinflussen das Gefüge des Lebens sowie das persönliche und kollektive Schicksal.

Die Parallele zwischen Dharma und Physik wird deutlich, wenn wir das moderne Leben betrachten. Jeden Tag werden wir mit ethischen Entscheidungen konfrontiert, deren Möglichkeiten sich scheinbar überschneiden. Nehmen wir zum Beispiel die Umweltaktivistin Vandana Shiva, die stark von hinduistischen Konzepten beeinflusst ist. Shiva hat einen Physikabschluss und beschloss, ihre wissenschaftliche Karriere aufzugeben, um sich dem Schutz des Planeten und den Rechten der landwirtschaftlichen Gemeinschaften in Indien zu widmen. Auch in seinem Fall hatte seine Wahl des persönlichen Dharma Auswirkungen auf die Welt um ihn herum und legte den Grundstein für ein umfassenderes Komplott kollektiver Auswirkungen.

Kehren wir für eine tiefere Lektion zu Siddhartha Gautama zurück. Der Legende nach meditierte er unter einem Bodhi-Baum in Bodhgaya, bevor er die Erleuchtung erlangte. Während dieser Meditation wurde er nicht nur mit den Versuchungen des Dämons Mara konfrontiert, sondern musste auch einen inneren Kampf führen. Widersprüchliche Gedanken hielten ihn davon ab, entweder weiterhin als Asket zu leben oder aufzugeben und in den königlichen Komfort zurückzukehren. Diese Phase kann als ihre „Quantenüberlagerung" betrachtet werden. Siddhartha wählte sein Dharma und hinterließ sowohl das materielle als auch das asketische Leben.

Diese Entscheidung hatte weltweite Konsequenzen. Siddhartha wurde zum Buddha und begründete eine Philosophie, deren Wirkung bis heute nachhallt. Sein Beispiel lehrt uns, dass die Möglichkeiten nicht nur in der Theorie unendlich sind. Sie werden durch sinnvolles Handeln Wirklichkeit.

Sowohl Dharma als auch die Quantenphysik betonen eine ganzheitliche Sicht des Universums. Wenn wir ethische Entscheidungen treffen, leben wir im Einklang mit dieser Verbundenheit. So wie die Beobachtung eines Teilchens dessen Zustand beeinflusst, formen unsere Handlungen die Realität und die Zukunft.

Wenn Ungleichgewicht Entwicklung hervorbringt.

In den alten östlichen Philosophien stellt das Konzept des Dharma die universelle Pflicht dar, die innere Ethik, die jeder Einzelne befolgen muss, um die Harmonie im Kosmos aufrechtzuerhalten. Kurz gesagt: Es ist die Berufung jedes Lebewesens im großen Plan der Existenz. Was passiert jedoch, wenn dieses Gleichgewicht gestört wird? Ist es wirklich immer „unmoralisch“, vom vorherbestimmten Weg abzuweichen? Hier entsteht eine faszinierende Idee: Ungleichgewicht könnte für die Evolution notwendig sein.

In der Quantenphysik findet sich eine Parallele im Verhalten von Teilchen außerhalb des Gleichgewichts. Wenn ein System einen stabilen Zustand verlässt, entstehen neue Dynamiken, die oft zu komplexeren und anpassungsfähigeren Zuständen führen. Dieses Konzept – das einer „Ordnung, die aus dem Chaos entsteht“ – findet tiefen Widerhall in mythologischen Erzählungen und vedischen Texten, die sich auf die dynamische Vision des Dharma beziehen.

Eine emblematische Figur, die das „gebrochene Dharma“ verkörpert, ist Parashurama, der sechste Avatar von Vishnu. Den Texten zufolge war Parashurama dazu bestimmt, ein Priester (Brahmane) zu werden, ein Mann des Friedens und des Wissens. Seine persönlichen Erfahrungen drängten ihn jedoch dazu, gegen seine traditionelle Rolle zu handeln. Als eine Dynastie von Kriegerkönigen (Kshatriya) ihre Macht missbrauchte und Ungerechtigkeit verbreitete, griff Parashurama zu den Waffen, um die Ordnung wiederherzustellen.

Diese Tat bricht mit seinem ursprünglichen Dharma und verwandelt ihn in einen Krieger, eine ambivalente Identität, die die Weisheit des Priesters mit der Stärke des Kämpfers vermischt. Parashurama soll mit seinem gerechten Zorn ganze Generationen von Unterdrückern ausgelöscht haben. Dennoch handelte er nicht aus persönlicher Rache. Er handelte im Interesse des kosmischen Gleichgewichts und praktizierte ein „dynamisches Dharma", bei dem er die Unbeweglichkeit aufgibt, um sich dem Augenblick anzupassen.

Dieser Mythos wirft tiefgreifende Fragen auf: Ist es immer noch Dharma, wenn es einen Akt der Zerstörung erfordert? Ist es möglich, die Pflichtverletzung nicht als Versagen zu betrachten, sondern als einen Weg zur Entwicklung in Richtung eines höheren Zustands?

Um diese Ideen im Licht der Moderne zu verstehen, können wir einen Blick auf die Welt der Quantenphysik werfen. In einem Quantensystem ist der Begriff des Ungleichgewichts nicht immer gleichbedeutend mit ungeordnetem Chaos. Beispielsweise stellen Phänomene wie Phasenübergänge – der Übergang von gefrorenem Wasser in einen flüssigen oder dampfförmigen Zustand – die Störung eines Gleichgewichtszustands dar, um etwas Neues zu schaffen.

Eine ähnliche Dynamik wird bei der Untersuchung von Teilchen beobachtet. Experimente mit dem Bose-Einstein-Kondensat, die zwischen den 1990er und frühen 2000er Jahren durchgeführt wurden, zeigen, dass Systeme, wenn sie aus dem Gleichgewicht geraten, neue Ordnungsformen schaffen, die vorher nicht erreichbar waren. Die Natur selbst scheint einem Paradigma zu folgen, das dem gebrochenen Dharma des Hinduismus ähnelt: Stabilität wird dem evolutionären Fortschritt geopfert.

Dieses Konzept des Ungleichgewichts als kreatives Werkzeug erscheint auch bei einer anderen zentralen Figur des Hinduismus: Shiva. Shiva, auch als „Zerstörer" bekannt, repräsentiert kein endgültiges Ende, sondern den ewigen Kreislauf der Transformation. Mit seinem Tandava, dem kosmischen Tanz, der die Existenz erschüttert, zerstört Shiva das Stillstehende, um Platz für Neues zu schaffen. Diese Parallele zwischen dem philosophischen Konzept und der Quantendynamik ist besonders faszinierend: Beide Disziplinen erkennen an, dass Veränderung für den Fortschritt notwendig ist.

Darüber hinaus sind Shiva und Parashurama durch eine bedeutsame Episode verbunden, die im Shiva Purana beschrieben wird. Parashurama, voller Stolz über seine zerstörerische Kraft, fordert Shiva heraus, wird jedoch von diesem besiegt. Es wird gesagt, dass Shiva ihn, nachdem er ihn gedemütigt hatte, wieder zur Fassung brachte und ihn daran erinnerte, dass Zerstörung ohne Weisheit nur Chaos bringt. Dieser Moment symbolisiert die Notwendigkeit, auch im Ungleichgewicht das Gleichgewicht zu finden, um dem Dharma treu zu bleiben.

Dharma ist in seiner tiefsten Konzeption kein starres Gesetz. Es handelt sich um ein Prinzip, das Urteilsvermögen erfordert. Ein Schritt ins Unbekannte – ins Ungleichgewicht – mag wie ein Fehler erscheinen, er kann aber auch zum Motor des Fortschritts werden. In der Bhagavad Gita erklärt Krishna Arjuna, dass das Brechen der eigenen Rolle manchmal der einzige Weg ist, ein höheres Ziel zu erreichen.

In der modernen Wissenschaft zeigen komplexe Systeme die gleiche Entwicklung. Chaos erscheint zwar als Störung der Ordnung, bietet aber oft die Möglichkeit, bislang ungeahnte Strukturen zu erzeugen. In Galaxien, Teilchen und im menschlichen Leben ist Unordnung beinahe eine Aufforderung zu neuen Möglichkeiten.

Ob es nun Parashuramas Zorn, Shivas Tanz oder eine aus dem Gleichgewicht geratene Quantendynamik ist, die Botschaft ist klar: Ungleichgewicht stellt nicht immer eine Bedrohung dar. Es kann eine kreative Kraft werden. Broken Dharma zerstört den Kosmos nicht, sondern transformiert ihn und führt ihn hin zu einer tieferen Evolution.

Ausgewogenheit sollte daher nicht als Dauerzustand angestrebt werden, sondern als Ausgangspunkt. Nur wenn wir das Ungleichgewicht akzeptieren, können wir das verborgene Potenzial dessen erkunden, was noch möglich ist.

Göttin Saraswati und der Quantenfluss,

In der indischen Kultur steht Saraswati für Weisheit, Kunst und den kontinuierlichen Fluss des Wissens. Saraswati, die Göttin des Wissens und der Künste, ist auch die Hüterin der Sprache und Kreativität. Sein Bild wird mit der Strömung eines Flusses assoziiert, einem Symbol für Bewegung, Wissen und ständige Anpassung. Diese Schlüsselfigur des Hinduismus bietet einen faszinierenden Einblick in Konzepte der Quantenphysik, etwa das ausgeglichene System und den dynamischen Fluss von Energien, die die Realität beeinflussen.

In der hinduistischen Tradition ist Saraswati nicht einfach eine Göttin, sondern ein Symbol des „angewandten Dharma“. Dharma beinhaltet auch das Konzept der universellen Ordnung. Saraswati verkörpert die spirituelle Pflicht, zu lernen, sich anzupassen und mit den Ereignissen des Lebens zu fließen, so wie sich ein Fluss an das Gelände anpasst, durch das er fließt.

Dieses Konzept ist eng mit ausgeglichenen Quantensystemen verwandt, bei denen das Gleichgewicht nicht statisch, sondern dynamisch ist. In der subatomaren Welt interagieren Teilchen in einem subtilen Gefüge des Energieaustauschs miteinander. Jedes Ereignis bewirkt eine Veränderung im System, die allgemeine Ordnung bleibt jedoch durch die kontinuierliche Anpassung seiner Komponenten präzise erhalten.

Zwischen Saraswati und dem Prinzip der „Superposition" in der Quantenphysik lässt sich eine interessante Parallele ziehen. Ein Teilchen oder besser ein Quantensystem existiert gleichzeitig in vielen Zuständen, bis eine Beobachtung seinen endgültigen Zustand feststellt. Dieser Prozess hängt von vorhergehenden Ereignissen ab und erzeugt einen „Fluss" von Ursachen und Wirkungen, der sich in der Realität widerspiegelt, die wir wahrnehmen.

Saraswati steht für einen kontinuierlichen Wissensfluss, eine ständige Anpassung an Situationen. Im Kontext des Dharma bedeutet dies, neue Informationen zu gewinnen und sie anzuwenden, um die Harmonie in einem größeren System aufrechtzuerhalten. Einer traditionellen Anekdote zufolge hat Saraswati in ihrer göttlichen Gestalt beschlossen, in Büchern und Musikinstrumenten zu wohnen. Die Botschaft ist klar: Wissen und Kunst müssen zur Verbesserung des Lebens eingesetzt werden, und zwar mit der gleichen Dynamik, die wir bei Quanteninteraktionen sehen.

Das Rigveda, einer der ältesten Texte des Hinduismus, würdigt Saraswati als „diejenige, die Ideen durch Sprache Leben einhaucht". Mit dieser Beschreibung verbindet sich das Konzept des kreativen Flusses, den die moderne Psychologie heute als „Flow-Zustand" bezeichnet. Dieser Zustand tritt ein, wenn eine Person so in eine Aktivität vertieft ist, dass sie ein perfektes Gleichgewicht zwischen Herausforderung und Kompetenz erreicht. Es handelt sich dabei nicht nur um eine subjektive Erfahrung: Eine Studie des Neurowissenschaftlers Mihaly Csikszentmihalyi aus dem Jahr 2021 zeigt, wie das menschliche Gehirn im Flow-Zustand eine neurochemische Harmonie erreicht, die einem ausgeglichenen Quantensystem ähnelt.

Aus einer anderen Perspektive erinnert uns Saraswati daran, dass Gleichgewicht niemals statisch ist, sondern eine fließende Begleitung von Veränderungen darstellt. Dies ist das Herz des Dharma: bewusst leben und sich anpassen, ohne die universelle Wahrheit aufzugeben.

Die Quantenphysik beschreibt die Realität als ein Netz von Ereignissen und Interaktionen. Nichts existiert isoliert und jedes Teilchen beeinflusst jedes andere, selbst über beeindruckende Entfernungen. Dieses als „Quantenverschränkung“ bekannte Phänomen ähnelt stark der hinduistischen Vorstellung einer universellen Verbundenheit. Saraswati verkörpert mit seiner Bedeutung „Wissensfluss“ diese relationale Vision.

Ein praktisches Beispiel dieser Philosophie ist die Geschichte von Rabindranath Tagore, dem großen indischen Dichter und Denker. 1926 traf Tagore Albert Einstein, um die Beziehung zwischen Wissenschaft und Spiritualität zu diskutieren. Tagore argumentierte, dass der Kosmos nicht vom menschlichen Bewusstsein getrennt werden könne, eine Ansicht, die sowohl Dharma als auch quantenmechanische Erkenntnisse zur universellen Interdependenz widerspiegelt.

Die Figur der Saraswati bietet eine reichhaltige und anregende Metapher für die Interpretation der Prinzipien der Quantenphysik. So wie sich ein ausgeglichenes Quantensystem ständig anpassen muss, sind auch die Menschen aufgerufen, dem Dharma des Wissens zu folgen: zu lernen, sich anzupassen und mit dem Wandel zu gehen. Saraswati lehrt uns, dass Weisheit nicht statisch ist, sondern ein kontinuierlicher Prozess des Erkennens, Anpassens und Anwendens ist.

In der modernen Welt, in der wissenschaftliches und spirituelles Wissen manchmal weit voneinander entfernt erscheinen, stellt Saraswati eine Brücke zwischen diesen beiden Welten dar. Seine Botschaft fordert uns auf, das Gleichgewicht nicht in der Unbeweglichkeit, sondern in der ständigen Bewegung zu suchen. Durch Dharma und den Fluss des Wissens können wir unseren Platz im riesigen Gefüge des Universums finden.

Dharma und der Kollaps der Wellenfunktion.

Seit Jahrhunderten scheinen Ost und West unterschiedliche Sprachen zu sprechen, insbesondere wenn es um Philosophie und Wissenschaft geht. Dennoch treffen diese beiden Denkrichtungen manchmal auf überraschende Harmonie. Ein solcher Berührungspunkt ist das indische Dharma-Konzept und der Kollaps der Wellenfunktion in der Quantenphysik. Zwei Welten, die zumindest oberflächlich betrachtet nicht unterschiedlicher erscheinen könnten, kommen sich einander näher, wenn es um Entscheidungen und die unendlichen Möglichkeiten geht, die jede Entscheidung mit sich bringt. Dharma ist die moralische, soziale und spirituelle Pflicht, die jeder Einzelne auf seinem Lebensweg hat. Im indischen Epos Mahabharata stellt Dharma einen wesentlichen Leitfaden, einen ethischen Kompass dar.

Die Quantenphysik mit ihren revolutionären Prinzipien sagt uns, dass die Welt nicht deterministisch ist. Vor einer Messung haben subatomare Teilchen weder eine definierte Position noch einen definierten Zustand. Sie befinden sich in dem, was Physiker eine „Superposition" nennen: eine Vielzahl koexistierender potenzieller Zustände. Erst wenn Sie das System beobachten oder mit ihm interagieren, kollabiert die Wellenfunktion und nur einer dieser Zustände wird real.

Es handelt sich um einen subtilen, aber grundlegenden Prozess: Auf der Quantenebene wird die Realität durch eine Entscheidung geformt. Die Idee des Kollapses der Wellenfunktion lässt sich überraschenderweise mit Dharma in Verbindung bringen. Jede Entscheidung, die wir im Leben treffen, ist wie eine Quantenbeobachtung. Solange wir uns nicht entscheiden, eröffnen sich uns unbegrenzte Möglichkeiten. Jede Option stellt eine Möglichkeit dar, einen Weg, der noch nicht eingeschlagen wurde. Doch sobald wir gemäß unserem Dharma handeln, definieren wir die Wirklichkeit, genau wie es im Maß eines Teilchens geschieht. Wir „kollabieren" das Unendliche zu einer einzigen Konkretheit.

Nehmen wir das Leben von Mahatma Gandhi als Beispiel. Gandhi hätte vieles sein können: ein reicher Anwalt, ein ruhiger Vater, ein gewöhnlicher Mann. Stattdessen entschied er sich für sein Dharma: Gewaltlosigkeit und den Kampf für die Freiheit Indiens. In diesem Moment verschwanden unzählige andere Möglichkeiten und Gandhi wurde zu dem, was er sein wollte: ein Symbol des Friedens und der Gerechtigkeit.

Auf der Quantenebene geschieht dies jedes Mal, wenn ein Teilchen durch die Interaktion mit der Welt „Form" annimmt. Die dharmische Wahl ist daher nicht nur moralisch oder praktisch; Es ist eine schöpferische Kraft.

In der Quantenwelt beteiligt sich der Forscher aktiv an der Entstehung der Realität, indem er sie einfach beobachtet. In ähnlicher Weise geht der Hinduismus davon aus, dass jedes Individuum ein untrennbarer Teil von Brahman, dem kosmischen Ganzen, ist.

Diese Verbindung ist direkt mit Dharma verknüpft. Jede individuelle Entscheidung beeinflusst nicht nur die Gegenwart des Einzelnen, sondern auch den gesamten Lebensverlauf. Es ist wie mit einem Kieselstein, der in einen Teich geworfen wird: Die entstehenden Wellen breiten sich endlos aus und formen das Schicksal.

Trotz der Unterschiede zwischen Philosophie und Wissenschaft zwingen uns beide Welten, über die tiefere Bedeutung unserer Entscheidungen nachzudenken. Richard Feynman, einer der berühmtesten Physiker des 20. Jahrhunderts, sagte:

„Der Akt des Beobachtens verändert das Beobachtete."

Dieses Prinzip der Quantenmechanik spiegelt die uralte Weisheit des Hinduismus in Bezug auf Karma und Dharma wider.

Im Leben eines jeden Menschen ist die Entscheidung gemäß dem eigenen Dharma nicht nur eine ethische Handlung. Es ist eine Möglichkeit, dem Chaos der Möglichkeiten eine Form zu geben. So wie der Kollaps der Wellenfunktion den Zustand eines Teilchens definiert, so definiert das Befolgen des eigenen Dharma unsere Existenz.

Entscheidungen, ob subatomarer oder menschlicher Natur, sind grundlegend. In der Physik wie in der Spiritualität geschieht nichts ohne bewusstes Eingreifen. Alte östliche Philosophien wie der Hinduismus und moderne Theorien wie die Quantenphysik bieten uns Werkzeuge zum Verständnis dieser universellen Wahrheit: Unendliches Potenzial kann nur durch Handeln Wirklichkeit werden.

Dharma ist daher kein abstraktes Konzept. So setzen wir das Mögliche in die Realität um. Das Erkennen des eigenen Dharma ist nicht nur ein ethischer Imperativ, sondern ein tiefgreifender kreativer Akt. Und dies ist möglicherweise die größte Lehre, die östliche Philosophien und Quantenphysik gemeinsam haben.

Der Zweck des Universums: Zyklen und Quantenphysik.

Dharma ist mehr als eine einfache moralische oder ethische Pflicht. Es spiegelt die Harmonie einer kosmischen Ordnung wider, ein Gleichgewicht, das den persönlichen Mikrokosmos jedes Einzelnen und den universellen Makrokosmos zusammenhält. Wir sind alle Fragmente eines größeren Plans, in dem jede Handlung Gewicht hat und jede Entscheidung Teil einer unendlichen Handlung ist.

Paradoxerweise scheint die Quantenphysik dieselbe Sprache zu sprechen. Wissenschaftler weisen darauf hin, dass in der subatomaren Welt ein einzelnes Ereignis niemals „allein" existiert. Das Prinzip der Verschränkung beispielsweise zeigt, dass Teilchen ungeachtet ihrer physikalischen Entfernung miteinander verbunden bleiben können: Eine Veränderung in einem Teilchen wirkt sich unmittelbar auf das andere aus. In ähnlicher Weise impliziert der Dharma-Begriff in vedischen Texten, dass das, was in einem Teil des Universums geschieht, überall Auswirkungen hat. Daher ist es nicht schwer, eine Parallele zwischen den Naturgesetzen der Physik und den alten mystischen Vorstellungen Indiens zu finden.

Gemäß den Puranas, den heiligen Texten der Hindu-Tradition, ist die Zeit nicht linear. Wenn es vorwärts reist, würde es zu seinem Ausgangspunkt zurückkehren. Dieses Konzept, bekannt als Kalachakra (das Rad der Zeit), beschreibt eine unendliche Abfolge kreativer und destruktiver Zyklen. In der hinduistischen Kosmologie wird das Universum geboren, wächst, löst sich auf und wird wiedergeboren. Jedes Ereignis, auch das kleinste, trägt zur Aufrechterhaltung der zyklischen Ordnung bei.

Moderne Theorien scheinen damit übereinzustimmen. Die theoretische Physik geht davon aus, dass das Universum möglicherweise einer komplexen Ordnung folgt, in der Raum und Zeit miteinander verknüpft sind. Die Stringtheorie etwa geht davon aus, dass das Universum aus infinitesimalen, fadenartigen Schwingungen besteht, die in Dimensionen pulsieren, die außerhalb unserer Wahrnehmung liegen. Jede Saite hat ihre „Aufgabe", ihren einzigartigen Rhythmus, der zur kollektiven Symphonie beiträgt.

Diese wissenschaftliche Erzählung erinnert an das Konzept des kosmischen Dharma: Jedes Element, jedes Teilchen verhält sich gemäß einer präzisen Funktion, die sich im Laufe der Zeit wiederholt. Das Universum findet somit ein Gleichgewicht in einer scheinbar chaotischen, aber außerordentlich koordinierten Ordnung.

Verschränkung und die Einheit der Dinge

Im Jahr 1944 definierte der bedeutende österreichische Physiker Erwin Schrödinger, bekannt für sein berühmtes „Katzenexperiment", die Verschränkung mit den Worten:

„Es ist nicht ein Etwas, sondern das Etwas."

Für Schrödinger stellten die mysteriösen Verbindungen zwischen den Teilchen eine grundlegende Wahrheit des Universums dar. Übertragen wir diesen Gedanken auf den Bereich der östlichen Philosophien, so finden wir direkte Übereinstimmungen mit der vedantischen Einheitslehre (Advaita): Alles Existierende ist miteinander verbunden, in einem unteilbaren Feld aus Energie und Bewusstsein.

Jede Aktion trägt zu einem größeren Mosaik bei, da jedes Teilchen das Quantengewebe des Universums beeinflusst.

Ein symbolisches Beispiel für diese Verbindung findet sich im Leben von Jagadish Chandra Bose. Der bengalische Wissenschaftler und Philosoph, der im frühen 20. Jahrhundert die Schwingungen von Pflanzen untersuchte, zeigte, dass selbst die einfachsten Organismen auf universelle Muster reagieren. Für Bose gab es keinen grundsätzlichen Unterschied zwischen dem Menschen-, Pflanzen- und Maschinenreich: Alles folgt einer gemeinsamen dharmischen Dynamik.

Im gegenwärtigen Kontext sind die Auswirkungen dieser Ideen tiefgreifend. Beim Studium des Universums geht es nicht nur darum, herauszufinden, wie die physikalische Welt funktioniert, sondern auch darum, unsere Rolle darin zu verstehen. Das Ziehen von Parallelen zwischen Dharma und moderner Physik kann uns nicht nur eine verbindende Vision bieten, sondern auch eine Anleitung zu einem bewussteren Leben.

Wie die synchron vibrierenden Teilchen in der Stringtheorie ist in der Dharma-Auffassung jede menschliche Handlung eine Welle, die sich im kosmischen Universum ausbreitet. Die Zeit ist, wie die alten Puranas nahelegen, kein Pfeil, sondern ein Kreis. Und wir, winzige Teilchen in diesem endlosen Kreislauf, haben die Aufgabe, mit dem großen Rhythmus des Universums zu harmonieren.

Quantenethik.

Die Entdeckungen der Quantenphysik revolutionieren nicht nur unser Verständnis der Wirklichkeit, sondern regen uns auch dazu an, über tiefgreifende ethische Fragen nachzudenken. Eine ethische Reflexion im Dialog mit der Wissenschaft hat nicht nur die Aufgabe, den Einsatz der Technologie neu zu orientieren, sondern auch die Rolle des Menschen im Universum neu zu definieren. Der Hinduismus mit seiner ganzheitlichen und vernetzten Sicht der Wirklichkeit bietet wertvolle Erkenntnisse, um diese Herausforderungen anzugehen und den technologischen Fortschritt in Richtung einer mitfühlenden und verantwortungsvollen Vision zu lenken.

Ethik und Vernetzung. Wenn Hinduismus auf Quantenphysik trifft.

Die Entdeckungen der Quantenphysik haben die Türen zu einem neuen Verständnis der Wirklichkeit geöffnet und ein Universum enthüllt, in dem alles eng miteinander verbunden ist. Dabei geht es nicht nur um Formeln und Teilchen, sondern auch um grundsätzliche Fragen unserer Existenz und unserer Werte. Die Art und Weise, wie wir in einer auf Vernetzung basierenden Welt leben und handeln, zwingt uns, über unsere Ethik nachzudenken. Und gerade in diesem Dialog zwischen Wissenschaft und Spiritualität kann uns der Hinduismus eine bedeutungsvolle Perspektive bieten.

Das Quantenuniversum, das im 20. Jahrhundert von Wissenschaftlern wie Niels Bohr und Werner Heisenberg entdeckt wurde, schien jede rationalistische Gewissheit des Westens in Frage zu stellen. Als die Physiker entdeckten, dass subatomare Teilchen keine unabhängigen Einheiten, sondern miteinander verbundene Systeme sind, die stark vom Beobachter beeinflusst werden, ergab sich eine bemerkenswerte Ähnlichkeit mit der antiken Weltanschauung des Hinduismus. Letzterer beschreibt den Kosmos seit Jahrtausenden als ein dynamisches Netzwerk von Beziehungen, das durch das Bild von Indras Netz gut symbolisiert wird. Mit dieser Metapher forderten uns hinduistische Weise vor Jahrhunderten auf, die Realität als eine unendliche Verflechtung zu betrachten, in der jeder Knoten alle anderen in perfekter Balance widerspiegelt.

Aber was bedeutet das alles für die Ethik? Die Quantenphysik konfrontiert uns, wie der Hinduismus, mit einer unbequemen, aber befreienden Wahrheit: Wir sind alle miteinander verbunden, nicht nur mit den Menschen, sondern mit dem gesamten Universum. Diese Realität zu ignorieren ist nicht nur irrational, sondern auch gefährlich. Auf der Grundlage dieser Erkenntnisse haben viele Wissenschaftler und Kulturschaffende begonnen, die Grundlagen einer „Quantenethik" zu erforschen, die den Herausforderungen unserer Zeit gewachsen ist.

Laut der Bhagavad Gita, einem der Gründungstexte der Hindu-Philosophie, hat jede individuelle Handlung Auswirkungen auf die kosmische Ordnung. Dieses Prinzip, das sich im Gesetz des Karma widerspiegelt, lehrt uns, dass jedes Verhalten, auch das unsichtbarste, zur Gestaltung der gemeinsamen Realität beiträgt. Ist das nicht die gleiche Botschaft, die uns das Unschärfeprinzip oder das Phänomen der Quantenverschränkung vermittelt? Die Wissenschaft zeigt uns durch die Quantenphysik, dass kein Teilchen – und daher auch kein Wesen – wirklich isoliert existiert oder handelt.

Ein wichtiges historisches Beispiel für diese Konvergenz zwischen Wissenschaft, Spiritualität und ethischer Verantwortung sind die Gedanken Erwin Schrödingers, eines der Väter der Quantenphysik. Der Wissenschaftler war stark vom Hinduismus beeinflusst. Schrödinger übernahm in seinen philosophischen Überlegungen die indische Sichtweise des Advaita Vedanta, wonach das gesamte Universum eine einzige unteilbare Essenz ist.

Dieser Gedanke hat eine immense ethische Bedeutung. Wenn alles Eins ist, wenn jeder Mensch, jedes Tier und jedes Teilchen Teil derselben Realität ist, wie können wir dann Verhaltensweisen rechtfertigen, die diese Zusammenhänge ignorieren? Die Umwelt zu zerstören, andere auszubeuten und nur zum persönlichen Vorteil zu handeln, erscheint nicht nur unmoralisch, sondern steht auch im Widerspruch zur wahren Natur der Realität.

Im 21. Jahrhundert ist die Idee einer auf Vernetzung basierenden Quantenethik dringender denn je. Die ökologischen, sozialen und technologischen Krisen, mit denen wir konfrontiert sind, sind das Ergebnis eines fragmentierten Denkmodells, das die globalen Folgen unseres lokalen Handelns nicht berücksichtigt. Die ethischen Lehren des Hinduismus können uns helfen, den wissenschaftlichen

Fortschritt in Richtung einer Idee des universellen Wohlergehens zu lenken.

David Bohm, Hinduismus und Quantenphysik: Eine einheitliche Vision der Realität.

David Bohm (1917–1992), einer der faszinierendsten Köpfe des 20. Jahrhunderts, ein amerikanischer Physiker und visionärer Denker, verbrachte sein Leben damit, ein Problem zu lösen, das die Menschheit seit Jahrhunderten quält: die Fragmentierung der Realität. Für Bohm war diese fragmentierte Wahrnehmung nicht nur das Produkt des menschlichen Geistes, sondern ein so tief verwurzeltes kulturelles Modell, dass es sogar die moderne Wissenschaft beeinflusste. Insbesondere die Quantenphysik und die östliche Philosophie wurden für ihn zu grundlegenden Werkzeugen, um sich einen neuen Ansatz zum Verständnis des Kosmos vorzustellen.

Bohm, ein Schüler von Robert Oppenheimer und Kollege von Albert Einstein, war kein einfacher Physiker. Er besaß die seltene Fähigkeit, über die Grenzen der akademischen Wissenschaft hinauszudenken und Gebiete zu erkunden, die auch Spiritualität und Philosophie umfassten. Als er in den 1950er Jahren eine neue Interpretation der Quantenphysik entwickelte, begann er, intensiv über Konzepte nachzudenken, die auf mysteriöse Weise die Traditionen des Ostens, insbesondere des Hinduismus, widerspiegelten.

Ausgangspunkt seiner Reise war die Standardquantentheorie, die damals den sogenannten „Welle-Teilchen-Dualismus" hervorhob: Licht und generell jedes subatomare Teilchen konnten sich je nach den Bedingungen des Experiments entweder wie eine kontinuierliche Welle oder wie ein diskretes Teilchen verhalten. Bohm war mit dieser fragmentarischen Sichtweise unbefriedigend. Er empfand sie als Spiegelbild einer westlichen Denkweise, die von Trennung besessen sei: Mensch und Natur, Materie und Geist, Individuum und Gesellschaft.

Um dieser Fragmentierung entgegenzuwirken, stellte Bohm 1952 seine berühmte „Theorie der verborgenen Variablen" mit der Idee der „impliziten Totalität" vor. Für Bohm gab es eine zugrunde liegende, unsichtbare Ordnung, die alles im Universum verband. Auf einer makroskopischen Ebene erscheinen die Dinge getrennt und unabhängig, auf einer tieferen Ebene jedoch sind sie durch eine unauflösliche, fließende, kontinuierliche Realität verbunden. Dieses Konzept erinnert stark an das des Hinduismus: die Idee, dass alles eine Manifestation einer einzigen Entität ist, nämlich Brahman, der absoluten Realität, die der phänomenalen Welt zugrunde liegt.

Der Hinduismus, eine der bedeutendsten philosophischen Traditionen des Ostens, beschäftigt sich seit Jahrtausenden mit dem Thema der Verbundenheit. Den vedischen Texten und Upanishaden zufolge ist alles, was wir wahrnehmen, Maya, eine Illusion, eine fragmentierte Darstellung von etwas Größerem, Ewigem und Unteilbarem: Brahman. In diesem Sinne ist Bohms Einsicht in das „implizite Ganze" der Lehre des Vedanta nicht nur ähnlich, sondern verläuft beinahe parallel dazu.

Bohm hielt sich selbst weder für einen Mystiker noch für einen religiösen Menschen. Allerdings war er tief beeindruckt von der östlichen Vorstellung eines dynamischen, ganzheitlichen Universums, in dem Geist und Materie keine getrennten Einheiten, sondern unterschiedliche Ausdrücke derselben Realität sind. In einem berühmten Dialog mit Krishnamurti, einem indischen Philosophen und gefeierten spirituellen Lehrer, sagte Bohm:

> *„Das westliche Denken hat die Welt in Fragmente zerbrochen, weil es vergessen hat, dass der Beobachter und das Beobachtete eins sind."*

Bohm glaubte, dass die Wissenschaft mit diesen Lehren eine gemeinsame Basis finden und so dazu beitragen könne, die existentielle Entfremdung der Menschheit zu überwinden.

Doch wie lässt sich die „implizite Ordnung" konkret erklären? Bohm verwendete ein einfaches Bild, das von der Physik und optischen Täuschungen inspiriert war. Er sprach von „zwei Strudeln, die getrennt erscheinen, aber zu einem einzigen Fluss gehören". Stellen Sie sich ein Hologramm vor: Jeder Teil enthält die Informationen des Ganzen. In ähnlicher Weise enthält laut Bohm jedes Fragment der beobachtbaren Realität die „Ganzheit" des Universums in sich, allerdings in einer verborgenen, impliziten Form.

Um ein Beispiel zu geben: Bohm erzählte von einem alten Experiment, das von naiven Pionierwissenschaftlern durchgeführt wurde. In der Nähe seines Hauses in London zeigte Bohm Besuchern eine durchsichtige Röhre, die mit zwei unvermischten Flüssigkeiten, etwa Öl und Glycerin, gefüllt war. Ein in die Mitte gegebener Tintentropfen würde beim Drehen des Röhrchens zersplittern. Durch Drehen in die entgegengesetzte Richtung setzte sich der Tropfen jedoch wie durch Zauberhand wieder zusammen. Mit diesem einfachen Experiment konnte gezeigt werden, dass eine scheinbar „verlorene“ Struktur in Wirklichkeit nicht verloren ist: Jedes ihrer Fragmente ist noch immer mit dem Ganzen verbunden und kann rekonstruiert werden, wenn der Vorgang umgekehrt werden kann.

Was Bohm zu einer so attraktiven Persönlichkeit macht, ist nicht nur die Eleganz seiner Theorien, sondern auch seine Fähigkeit, Brücken zwischen scheinbar gegensätzlichen Welten zu bauen. Bohm zeigte, dass die Quantenphysik mit ihren bizarren Implikationen in Dialog mit alten spirituellen Philosophien wie dem indischen Vedanta treten kann, ohne in dogmatische Mystik zu verfallen.

Seine Ideen stoßen auch heute noch auf Interesse. Forscher, Philosophen und sogar Künstler finden Inspiration in Bohms holografischem Universum. Seine Arbeit lädt uns dazu ein, die Realität als fließendes, vernetztes Ganzes zu betrachten, in dem alles untrennbar mit dem Rest verbunden ist.

Bohm erteilt uns eine wichtige Lektion: Der menschliche Fortschritt kann nicht durch Fragmentierung entstehen, sondern muss durch die Wiederentdeckung der Ganzheitlichkeit erreicht werden. Heute haben seine Worte in einer von sozialen, politischen und wirtschaftlichen Spaltungen zerrissenen Welt eine stärkere Resonanz als je zuvor. Vielleicht ist es an der Zeit, sich daran zu erinnern, dass wir alle Tropfen desselben Ozeans sind, wie es die alte Weisheit des Hinduismus besagt. Und dieses „Brahman“, das die vedischen Weisen mit Glauben und Intuition suchten, suchte Bohm mit Mathematik und Leidenschaft. So oder so bleibt die universelle Botschaft dieselbe: Alles ist Eins.

Dharma und Quantenphysik. Eine ethische Art, die Zukunft zu regieren.

Noch nie zuvor stand die Menschheit inmitten einer technologischen Revolution, die unser Verständnis der Wirklichkeit in Frage stellt, vor einer entscheidenden Frage: Wie können wir neue Entdeckungen steuern, ohne in moralischer Anarchie zu versinken? Die Quantenphysik mit ihren Paradoxien und ihrer Anwendbarkeit lässt uns enorme Chancen, aber auch erschreckende Risiken erahnen. Auf der Suche nach einem geeigneten ethischen Kompass blicken einige zeitgenössische Denker nach Osten, insbesondere auf das hinduistische Konzept des Dharma, der kosmischen und ethischen Ordnung, die die Welt regiert.

Dharma stellt in der hinduistischen Philosophie und Religion die Gesamtheit der natürlichen und moralischen Gesetze dar, die die Harmonie des Universums garantieren. Es handelt sich um ein universelles, unpersönliches Prinzip, das allen Dingen innewohnt. Um dieses Konzept zu verstehen, ist es hilfreich, an die Metapher des „kosmischen Rhythmus“ zu denken: ein Gleichgewicht, das die Natur, menschliche Handlungen und das Transzendente umfasst.

Interessanterweise lebt auch die Quantenphysik vom Gleichgewicht. Quantensysteme mit ihren unendlichen Möglichkeiten finden „Kohärenz“ nur durch die Interaktion scheinbar getrennter Einheiten. Quantenzustände existieren in Superposition, bis eine Beobachtung – eine Interaktion – sie mit einer definierten Realität „verbindet“. Dies unterstreicht ein Prinzip der Verbundenheit, das mit der Idee des Dharma in Einklang steht: Nichts ist isoliert, jede Handlung wirkt sich auf das gesamte System aus, sei es das Universum oder eine Gesellschaft.

In der Bhagavad Gita, einem der grundlegenden Texte des Hinduismus, erklärt Krishna Arjuna, dass es wichtig ist, sein Dharma – das heißt seine ethische und kosmische Pflicht – zu respektieren, selbst wenn dies mit schwierigen Entscheidungen verbunden ist. Diese an die aktuellen Dilemmata angepasste Lehre könnte eine wertvolle Anleitung zur Bewältigung der Herausforderungen der Quantenphysik und ihrer Anwendungen wie Quantencomputer, künstliche Intelligenz und die Manipulation subatomarer Teilchen bieten.

Die Geschichte hat uns bereits vor den Gefahren einer fortschrittlichen Wissenschaft ohne ethische Seele gewarnt. Während des Zweiten Weltkriegs entwickelte das Manhattan-Projekt die erste Atombombe. Wissenschaftler wie Robert Oppenheimer, einer der Protagonisten dieser Entdeckung, sahen sich mit der Tragweite ihrer Arbeit einer beispiellosen moralischen Qual gegenüber. Nach der Explosion der Hiroshima-Bombe zitierte Oppenheimer eine Passage aus der Bhagavad Gita: „Jetzt bin ich der Tod geworden, der Zerstörer der Welten.“ Dieser mit tiefer Qual ausgesprochene Satz spiegelt die Bedeutung von Erkenntnissen wider, die ohne einen klaren ethischen Kompass eingesetzt werden.

Der Fall Oppenheimer lehrt uns, dass der wissenschaftliche Fortschritt einem „höheren Prinzip“ bedarf, das ihn leitet. Dharma, verstanden als Respekt vor universeller Harmonie, könnte dieses Prinzip darstellen.

Heutzutage verfügt eine auf der Quantenphysik basierende Technologie über ein vergleichbares, wenn nicht sogar größeres Potenzial als die Kernenergie. Quantencomputer beispielsweise könnten Probleme lösen, die für klassische Computer unlösbar sind. Allerdings könnten sie auch aktuelle Sicherheitssysteme zerstören und aktuelle kryptografische Technologien obsolet machen. Was wird der Preis für den Zugang zu dieser Macht sein?

Die alten Meister des Hinduismus hätten diese Frage mit dem Konzept von Ahimsa, der Gewaltlosigkeit, beantwortet. Aus der Perspektive des Dharma muss jede technologische Entscheidung zwei grundlegende Prinzipien respektieren: keinen Schaden zu verursachen und zum kollektiven Wohlergehen beizutragen. Ebenso sollte die Architektur der künstlichen Intelligenz – eines der am stärksten von der Quantenphysik beeinflussten Felder – darauf ausgerichtet sein, der Menschheit zu dienen und sie nicht zu beherrschen oder zu zerstören.

Ein zentrales Element des Dharma ist die Anerkennung des Netzes des Lebens, eine Idee, die sich in der heutigen Wissenschaftsszene in der Quantenverschränkung widerspiegelt. Dieses Phänomen zeigt, dass zwei Teilchen selbst über enorme Entfernungen hinweg auf mysteriöse Weise miteinander verbunden bleiben: Aktionen auf ein Teilchen beeinflussen unmittelbar das andere. Ein ähnliches Prinzip gilt im Hinduismus für die Beziehung zwischen Mensch, Natur und Universum: Was wir der Welt antun, tun wir letztlich uns selbst an.

Ein praktisches Beispiel für dieses ethische Prinzip findet sich im Bereich der technologischen Nachhaltigkeit. Die heutige Abhängigkeit von seltenen Ressourcen, die beim Bau von Quantencomputern zum Einsatz kommen, wirft offensichtliche Fragen auf: Wie können wir ihre Nutzung mit dem Respekt gegenüber unserem Planeten in Einklang bringen? Die Antwort könnte im systemischen Ansatz des Dharma liegen: Keine Ressource kann ausgebeutet werden, wenn man die Zusammenhänge zwischen Umwelt, Gesellschaft und Zukunft außer Acht lässt.

Die Reise vom Dharma zur Quantenphysik ist nicht nur eine intellektuelle Übung, sondern eine dringende Herausforderung für die Gestaltung der Zukunft. Wenn fortschrittliche Technologien nicht von einem ethischen Kompass geleitet werden, können sie die menschliche Fähigkeit zur Zerstörung, aber auch zur Schöpfung verstärken. Die Lehren des Hinduismus, die Ausgeglichenheit und Respekt für die Zusammenhänge im Kosmos fördern, bieten wertvolle Anregungen für die moderne Wissenschaft.

Heute können wir wählen, ob wir einem ähnlichen Weg wie dem des Manhattan-Projekts folgen oder auf die alte Weisheit des Dharma hören möchten, die Wissen und Moral vereint. Gandhi, der vom Konzept des Dharma tief inspiriert war, schrieb:

> *„Wissenschaft ohne Menschlichkeit ist eine der sieben Ursachen menschlichen Dekadenz."*

Die Zukunft hängt letztlich von unserem Engagement ab, die Macht des Wissens im Einklang mit dem universellen Gleichgewicht zu halten.

Technologien und Macht: Die Notwendigkeit einer Quantenethik.

Ideen aus der Quantenphysik definieren die globale Technologielandschaft rasant neu. Fortschritte in der Quanteninformatik, der ultraschnellen Kryptografie und der Teilchenverschränkungskommunikation versprechen außergewöhnliche Innovationen. Hinter der Aufregung dieser Entdeckungen verbergen sich jedoch potenziell verheerende Risiken. Wie bei jeder leistungsstarken Technologie besteht auch bei der Quantentechnologie die Gefahr, dass sie für Zwecke eingesetzt wird, die die Ungleichheit vergrößern, Unterdrückungssysteme verstärken oder neue und unvorhersehbare Konfliktformen hervorrufen könnten. In diesem Zusammenhang war die Notwendigkeit einer ethischen Seele noch nie so dringend.

1945, am Ende des Zweiten Weltkriegs, beobachtete die Welt schockiert die Zerstörung von Hiroshima und Nagasaki. Der Einsatz von Atombomben – das Ergebnis der Entdeckungen der Kernphysik – stellt das dramatischste Beispiel dafür dar, wie wissenschaftliche Erkenntnisse ohne angemessene moralische Grenzen eingesetzt werden können. Durch die Explosionen und Langzeitfolgen, etwa durch die Strahlung, kamen über 200.000 Menschen ums Leben. Diese Episode lehrt uns, dass das Fehlen einer soliden Ethik bei der Anwendung der Wissenschaft zu unkalkulierbaren Tragödien führen kann.

Obwohl es sich bei Quantentechnologien nicht um Waffen im herkömmlichen Sinne handelt, können sie, wenn sie ungehindert bleiben, dieselbe Dynamik widerspiegeln. Beispielsweise könnten

Quantencomputer globale digitale Sicherheitssysteme innerhalb von Sekunden umstürzen. Die derzeitige Verschlüsselung, die Grundlage des Online-Datenschutzes und der Finanztransaktionen, würde ihre Wirksamkeit verlieren und die Tür zu einer neuen Ära globaler Verwundbarkeit öffnen. Gleichzeitig könnte eine auf verschränkten Teilchen basierende Kommunikation Regierungen oder Unternehmen eine noch nie dagewesene Kontrolle verleihen und so eine massive Überwachung oder eine heimtückische Zentralisierung der Macht ermöglichen.

Um zu verstehen, wie die Wissenschaft auf konstruktive statt auf destruktive Ziele ausgerichtet werden kann, können wir auf das Konzept von Ahimsa zurückgreifen, einem Grundprinzip des Hinduismus. Ahimsa, im Allgemeinen als „Gewaltlosigkeit" übersetzt, beschränkt sich nicht auf die Ablehnung körperlicher Gewalt. Es ist Ausdruck einer umfassenderen Ethik, die Respekt vor allem Leben, Gleichgewicht mit der Natur und Mitgefühl für alle fühlenden Wesen einschließt. Gandhi verwandelte dieses Prinzip im Laufe seines Lebens in eine praktische Philosophie. Er nutzte Ahimsa, um friedlich gegen die koloniale Unterdrückung zu kämpfen und soziale Gerechtigkeitsbewegungen auf der ganzen Welt zu inspirieren.

Angewandt auf den wissenschaftlichen Fortschritt, fordert uns Ahimsa dazu auf, zu fragen: Respektiert diese Technologie das Leben? Führt es zu mehr Harmonie als Konflikten? Dient es der Menschheit oder bevorzugt es die Wenigen auf Kosten der Vielen? Diese Art der ethischen Reflexion ist nicht nur theoretisch, sondern von grundlegender Bedeutung für den Umgang mit den Auswirkungen der Quantentechnologien.

Die Vorstellung eines auf Verflechtung basierenden Kommunikationssystems, das die Ethik des Ahimsa respektiert, würde beispielsweise bedeuten, in die Verbreitung von Informationen zum globalen Nutzen zu investieren, die Privatsphäre zu schützen, einen gleichberechtigten Zugang zu gewährleisten und jeden Machtmissbrauch zu verhindern. Auch im Bereich der medizinischen Forschung könnten Quantencomputer die Entdeckung neuartiger Behandlungsmethoden für bislang unheilbare Krankheiten revolutionieren. Dies wäre mit der Ethik des Ahimsa vereinbar, da es das menschliche Wohlbefinden deutlich verbessern würde.

Ahimsa ist nicht der einzige ethische Wert, der in der Wissenschaft anwendbar ist, aber seine vernetzte Weltanschauung passt perfekt zu den Prinzipien der Quantenphysik. In der Quantenphysik erinnert uns das Konzept der Verschränkung – jenes mysteriöse Phänomen, bei dem sich zwei weit entfernte Teilchen so stark miteinander verbinden, dass eine Einwirkung auf das eine Teilchen sich augenblicklich auch auf das andere auswirkt – daran, dass im Universum alles miteinander verbunden ist. Auf eine ethische Ebene übertragen bedeutet dieser Grundsatz, dass jede Handlung Konsequenzen hat, die weit über das Individuum oder das einzelne Ereignis hinausgehen.

Aus diesem Grund stehen Philosophen und Wissenschaftler heute vor einer entscheidenden Verantwortung. Die Wissenschaftsgemeinschaft muss einen Ansatz verfolgen, der die langfristigen Folgen ihrer technologischen Entdeckungen berücksichtigt. Darüber hinaus müssen sich Regierungen und akademische Institutionen dazu verpflichten, Strategien zu entwickeln, die Innovation mit den Prinzipien der Gerechtigkeit und Nachhaltigkeit in Einklang bringen.

Der Hinduismus erinnert uns mit der Weisheit seiner uralten Lehren daran, dass technischer Fortschritt ohne Ethik nicht zur Weiterentwicklung der Menschheit führt, sondern zu ihrer potenziellen Selbstzerstörung. Daher könnte das Konzept von Ahimsa einen aufgeklärten Leitfaden zur Navigation durch die noch unerforschten Gewässer der Quantenrevolution darstellen.

Im 21. Jahrhundert verfügt die Wissenschaft über die außergewöhnliche Macht, die Welt in einer bisher unvorstellbaren Geschwindigkeit zu verändern. Da die Quantentechnologien vor der Tür stehen, müssen wir aus den Lehren der Vergangenheit lernen. Das Prinzip von Ahimsa bietet uns eine Möglichkeit, technologische Innovation und moralische Verantwortung in Einklang zu bringen. So wie Gandhi argumentierte, dass der Zweck niemals die Mittel heiligen könne, müssen auch wir uns heute fragen, welchem Zweck unsere Entdeckungen dienen sollen. Es geht nicht nur um technologischen Fortschritt, sondern um die Zukunft der Zivilisation als Ganzes.

Die Rolle einer mitfühlenden Vision.

In einer zunehmend vernetzten Welt kommt der Reflexion über die Beziehung zwischen Wissenschaft und Ethik eine zentrale Bedeutung zu. David Bohm, ein Physiker und Philosoph des 20. Jahrhunderts, ist eine Schlüsselfigur dieser Diskussion. Bohm, dessen Arbeiten zur Quantenmechanik das moderne Bild der Wirklichkeit nachhaltig beeinflussten, war davon überzeugt, dass das Universum nicht aus getrennten Einheiten, sondern einer „impliziten Ordnung“ entspringt. Diese Anordnung suggeriert ein einheitliches Gefüge, in dem jedes Element mit den anderen verbunden ist.

Diese Vision entwickelte Bohm auch dank seiner Dialoge mit dem indischen Philosophen und Mystiker Jiddu Krishnamurti. Die beiden erforschten Themen wie Bewusstsein, die Natur der Wahrnehmung und die Bedeutung von Mitgefühl. Bohm glaubte, dass eine fragmentierte Gesellschaft, der es an einem Sinn für Harmonie mangele, das Opfer einer „Abkopplung“ von der tieferen Realität sei. Für Bohm war Mitgefühl nicht nur ein moralischer Wert, sondern auch eine notwendige Voraussetzung für das Verständnis der universellen Verbundenheit.

Auch im Hinduismus spielt die Idee des Mitgefühls eine zentrale Rolle. In der Bhagavad Gita, einem alten heiligen Text, finden wir das Konzept des Karma-Yoga: selbstloses Handeln zum Gemeinwohl. Krishna, die führende Gottheit von Prinz Arjuna, lehrt, dass jede Handlung ohne Anhaftung an persönliche Erfolge, sondern mit dem Gedanken an das allgemeine Wohlergehen unternommen werden sollte. Dieser zutiefst ethische Ansatz setzt die Idee in die Praxis um, dass wir alle Teile einer einzigen Realität sind.

Die Quantenmechanik geht davon aus, dass sich die Grenzen, die wir als fest wahrnehmen, auf subatomarer Ebene auflösen. Scheinbar getrennte Teilchen verhalten sich in einer Dynamik, die als Quantenverschränkung bekannt ist, wie eins. Bohm interpretierte dieses Phänomen als einen wissenschaftlichen Beweis für die Verbundenheit aller Dinge. Diese Perspektive steht in überraschender Übereinstimmung mit den Ansichten des Hinduismus, der seit Jahrtausenden die Einheit der Schöpfung betont, die im Konzept des Brahman zum Ausdruck kommt.

Mitgefühl wird dann zu einer ethischen Antwort auf diesen Zusammenhang. Wenn alle Elemente des Universums miteinander verbunden sind, beeinflusst jede unserer Handlungen alles. Diese Erkenntnis veranlasst uns, Mitgefühl nicht nur als individuelle Tugend, sondern als globale Verantwortung zu betrachten. Wie Bohm betonte, kann wahre gesellschaftliche Entwicklung nicht durch Wettbewerb, sondern nur durch Kooperation und gegenseitigen Respekt erfolgen.

Ein bedeutendes Beispiel für die Verknüpfung von Wissenschaft, Philosophie und Mitgefühl ist der bereits erwähnte Dialog zwischen

David Bohm und Jiddu Krishnamurti. Dieser Austausch, der in den 1970er und 1980er Jahren stattfand, zeigte eine seltene Begegnung zwischen modernem wissenschaftlichem Denken und östlichen Philosophien. In diesen Gesprächen erkannte Bohm, dass die Wissenschaft ohne eine ethische und mitfühlende Vision Gefahr läuft, destruktiv zu werden.

Eine interessante Parallele findet sich in indischen und tibetischen Klöstern, wo Mönche die Meditationspraxis mit dem Konzept des universellen Mitgefühls integriert haben. Der Dalai Lama selbst hat die Quantenphysik oft als Beweis für die buddhistische Lehre der universellen Verbundenheit zitiert. Obwohl sie aus unterschiedlichen Traditionen stammen, teilen Hinduismus und Buddhismus eine ähnliche ethische Vision: Das persönliche Wohlergehen kann nicht vom kollektiven Wohlergehen getrennt werden.

Sogar in der modernen Umweltbewegung können wir Spuren dieser Vision beobachten. Die indische Aktivistin Vandana Shiva etwa verbindet den Kampf für den Erhalt der Artenvielfalt mit einer tiefen, vom Hinduismus inspirierten Ethik. Shiva betonte, dass die Zerstörung natürlicher Ressourcen nicht nur ein ökologisches, sondern auch ein ethisches Problem sei. Ihrer Ansicht nach ist Mitgefühl für die Erde und alle Lebewesen unabdingbar, um unser Überleben zu sichern.

Wissenschaft und Ethik zusammenzubringen ist keine leichte Aufgabe, aber Denker wie Bohm und Texte wie die Bhagavad Gita bieten wertvolle Orientierung. Eine mitfühlende Vision, verstanden als Anerkennung der universellen Verbundenheit, könnte die Art und Weise revolutionieren, wie wir globale Probleme angehen, von der Klimakrise bis hin zur sozialen Ungleichheit. Gleichzeitig lädt uns diese Vision dazu ein, über unsere individuelle Rolle im größeren System der Existenz nachzudenken.

Technologischer Fortschritt und Mitgefühl. Eine neue Vision aus der Bhagavad Gita.

Der technologische Fortschritt ist zweifellos eines der Kennzeichen unserer Zeit. Revolutionäre Anwendungen, wie sie beispielsweise die Quantenphysik bietet, verändern unsere Wahrnehmung der Wirklichkeit. Diese außergewöhnlichen Möglichkeiten bringen jedoch beispiellose ethische Dilemmata mit sich. Die Geschichte lehrt uns, dass jede neue Entdeckung auch eine Verantwortung mit sich bringt: Die getroffenen Entscheidungen können zu positiven Ergebnissen für die Menschheit führen oder, wie im Fall der Nutzung der Atomenergie, zu ungeheuren Katastrophen. In diesem Kontext von Fortschritt und Verantwortung bietet die Bhagavad Gita einen universellen Schlüssel zum Verständnis.

In der Bhagavad Gita wird Arjuna auf dem Schlachtfeld von Kurukshetra mit einer moralischen Krise konfrontiert. Als Symbol einer Menschlichkeit im Gleichgewicht zwischen Handeln und Verantwortung fragt sich Arjuna, ob das Kämpfen richtig ist, in einem Kontext, in dem jede Entscheidung das Risiko birgt, Leid zu verursachen. Krishna, der göttliche Führer und die Stimme der Weisheit, lehrt ihn den Wert von Taten voller Mitgefühl und Distanz. Es handelt sich dabei nicht um eine Flucht vor der Verantwortung, sondern um eine Aufforderung, im Geiste des Dienstes zu handeln und sein Dharma bzw. seine moralische Pflicht zu erfüllen, ohne an den Früchten seiner Taten zu hängen.

Heute stehen wir vor ähnlichen Dilemmas. Quantentechnologien versprechen Innovationen, die einst Stoff für Science-Fiction waren: undurchdringliche Verschlüsselung, molekulare Simulation zur Heilung von Krankheiten, das Potenzial, die Energiebranche zu revolutionieren. Allerdings könnten genau diese Technologien auch zu zerstörerischen Zwecken eingesetzt werden. Macht ist, wie die Lehren der Bhagavad Gita lehren, niemals neutral. Es erfordert eine Ethik, die tief in altruistischem Handeln verwurzelt ist.

Krishna stellt in der Gita das Konzept des Karma Yoga vor: ein Weg, der uns dazu bringt, in der Welt mit einem Geist des Dienstes und des Mitgefühls zu handeln, ohne dem Egoismus oder der Gier nachzugeben. Diese Botschaft kommt gerade zur richtigen Zeit. Übertragen wir dieses Prinzip auf die Gegenwart, können wir erkennen, dass Quantentechnologien nicht zu Mitteln der Unterdrückung oder Zerstörung werden, sondern Werkzeuge sein können, die dem Gemeinwohl dienen.

Ein Beispiel ist der Einsatz von Quanten-Supercomputern zur Bewältigung globaler Probleme wie dem Klimawandel. Dank ihrer außergewöhnlichen Rechenleistung könnten diese Tools die Produktion erneuerbarer Energien optimieren, die Wüstenbildung verhindern oder bei der Verwaltung der Wasserressourcen helfen. Allerdings könnte dieselbe technologische Macht auch dazu genutzt werden, hochentwickelte Waffen zu entwickeln oder Ressourcen noch stärker in der Hand einiger weniger zu konzentrieren und so die soziale Ungleichheit zu verschärfen. Deshalb muss jeder Schritt des Fortschritts von ethischen Grundsätzen geleitet werden.

In den Entscheidungen der modernen Geschichte lässt sich eine interessante Parallele finden. Als im Rahmen des Manhattan-Projekts während des Zweiten Weltkriegs die Atombombe gebaut wurde, sahen sich Physiker wie Robert Oppenheimer mit Fragen konfrontiert, die das Gewissen quälen konnten.

Die Quantenphysik ist nicht nur ein praktisches Anwendungsgebiet; Es ist auch eine Revolution in der Art und Weise, wie wir die Welt wahrnehmen. Das Konzept der Verschränkung zeigt beispielsweise, wie zwei Teilchen auch über große Entfernungen hinweg miteinander verbunden bleiben können. Diese Idee weist eine bemerkenswerte Analogie zu östlichen Philosophien auf, insbesondere zum hinduistischen Denken, das die Verbundenheit aller Menschen als eine der grundlegenden Wahrheiten der Existenz ansieht. Krishna selbst weist darauf hin, dass jede noch so kleine Handlung unweigerlich Auswirkungen auf das gesamte System hat.

Wenn wir diese Ansicht akzeptieren, wird klar, dass bei jeder technologischen Entwicklung die globalen Auswirkungen berücksichtigt werden müssen. Jede Entscheidung, von der Verwendung eines Algorithmus bis zur Verteilung der Ressourcen, hat Auswirkungen, die das Schicksal des Planeten verändern können. Fortschritt kann deshalb kein Privileg sein, das einigen wenigen vorbehalten ist. Es muss ein Mittel zur Linderung menschlichen Leidens sein und gleichzeitig alle Lebewesen und die Umwelt respektieren – ein Grundsatz, der in den vedischen Texten widerhallt.

Ein praktisches Beispiel, das die Begegnung zwischen technologischem Fortschritt und Mitgefühl verdeutlicht, ist der Einsatz von Quantentechnologien in der Medizin. Quantencomputer revolutionieren bereits jetzt die medizinische Forschung, dank ihrer Fähigkeit, komplexe Moleküle zu simulieren und neue Wege zur Behandlung von Krankheiten zu eröffnen, die bislang als unheilbar galten. Wenn man diese Anwendungen als Überbringer von Mitgefühl betrachtet, stellt man das höchste Ziel des Fortschritts in den Mittelpunkt: die Rettung von Menschenleben.

Auch im Energiesektor sind die Versprechungen enorm. Fortschritte in der Quanteninformatik könnten revolutionäre Materialien für die Speicherung von Sonnenenergie oder die Herstellung effizienterer Batterien hervorbringen und so dazu beitragen, unsere Abhängigkeit von fossilen Brennstoffen zu verringern. Doch wie Krishna uns lehrt, müssen diese Entdeckungen von einer klaren ethischen Vision geleitet sein.

Die Bhagavad Gita erinnert uns daran, dass Fortschritt ohne Mitgefühl unfruchtbar ist. Krishna lehrt, dass Handlungen immer selbstlos erfolgen sollten, nicht im Hinblick auf den persönlichen Gewinn, sondern auf das Gemeinwohl. Angesichts der globalen Herausforderungen und der unendlichen Möglichkeiten, die die Quantenphysik bietet, sind diese Prinzipien aktueller denn je.

Es ist an der Zeit, eine Vision des Mitgefühls und der Verbundenheit zu entwickeln und die Ethik zum Herzstück unserer Entscheidungsfindung zu machen. Nur so kann der technische Fortschritt der Menschheit wirklich dienen und das verwirklichen, was die Gita das „universelle Dharma“ nennt: im Sinne des Gemeinwohls zu leben und zu handeln.

Fazit: Wissenschaft und Mitgefühl, eine mögliche Zukunft.

Hinduismus und Quantenphysik verlaufen scheinbar weit auseinander liegenden Pfaden, doch bei genauerem Hinsehen scheinen sie in einem zentralen Punkt zusammenzulaufen: dem Verständnis der gegenseitigen Zusammenhänge. In der Bhagavad Gita, einem der berühmtesten heiligen Texte des Hinduismus, finden wir Worte, die heute die Sprache der modernen Wissenschaft zu sprechen scheinen:

> *„Wer das Eine in scheinbarer Vielfalt und die Vielfalt im Einen sieht, ist wahrlich ein Weiser.“*

Ebenso hat uns die Quantenphysik gezeigt, dass die Wirklichkeit nicht in einzelne Bereiche fragmentiert ist, sondern ein tief verflochtenes System darstellt, in dem jedes Teilchen die anderen durch unsichtbare Verbindungen beeinflusst.

Die Vorstellung, dass alles eng miteinander verbunden ist, ist ein uraltes Konzept der indischen Philosophie. Das Wort „Brahman“ beschreibt die eine und unteilbare Essenz des Universums. Jedes Lebewesen, jede Handlung, jeder Laut ist ein Ausdruck dieser universellen Energie, die alles durchdringt. In modernere Begriffe übersetzt, findet dies ein überraschendes Echo im Quantennetzwerk: einer Reihe unsichtbarer Beziehungen, die Lichtjahre voneinander entfernte Teilchen miteinander verbinden. Einer der bekanntesten Beweise für diese gegenseitige Abhängigkeit ist die Quantenverschränkung, die 1982 erstmals von den Physikern Alain

Aspect und seinen Kollegen experimentell beobachtet und nun durch nachfolgende Entdeckungen bestätigt wurde.

Die Frage ist daher nicht mehr, ob wir miteinander verbunden sind, sondern wie wir uns innerhalb dieser Verbindung verhalten. Und hier ergibt sich die große ethische Herausforderung für Wissenschaft und Philosophie.

Nach dem Karma-Prinzip erzeugt jede Handlung, jeder Gedanke oder jedes Wort eine Welle, die sich im Universum ausbreitet und unvermeidlich zu ihrem Ausgangspunkt zurückkehrt. Wer mit diesem spirituellen Konzept auch nur oberflächlich vertraut ist, erkennt leicht eine Parallele zu den Quantengesetzen. Während in der Quantenwelt eine lokal begrenzte Einwirkung auf ein Teilchen ein anderes Teilchen sogar über die Distanz beeinflussen kann, erhält in der indischen Ethik jede noch so kleine Auswirkung eine kosmische Bedeutung.

Dieses Prinzip zwingt uns, über die Konsequenzen unserer Entscheidungen nachzudenken. Es gibt keine isolierten oder irrelevanten Aktionen. Die Umweltkrisen des 21. Jahrhunderts zeigen beispielsweise, welche globalen Konsequenzen unsere kollektive Verbindung zu einem lebendigen Planeten hat. Abholzung, Umweltverschmutzung und Klimawandel sind keine Probleme „anderer Orte". Das Leid eines abgeholzten Waldes spiegelt sich in einem Klima wider, das jeden betrifft. Bewegungen wie Chipko, die 1973 in Indien aus Protest gegen die wahllose Abholzung der Wälder entstanden, verkörpern dieses spirituelle und wissenschaftliche Bewusstsein. Im Himalaya-Gebirge umarmten Gruppen von Frauen buchstäblich Bäume, um sie vor verheerenden Abholzungen zu schützen. Es war eine symbolische Geste, die von Verbundenheit, Mitgefühl und gemeinsamer Verantwortung sprach.

Heute besteht die große Herausforderung jedoch nicht nur darin, diese Zusammenhänge zu verstehen, sondern sie auch auf ethischer Ebene anzuwenden, um den Weg für eine nachhaltige Zukunft zu ebnen.

Die Wissenschaft hat heute außergewöhnliche Grenzen erreicht. Technologien wie künstliche Intelligenz, Gentechnik oder auch die Manipulation von Quantenmaterie bieten uns unglaubliche Chancen, bergen aber auch enorme Gefahren. Die atomare Zerstörung von Hiroshima und Nagasaki – ein aus der Begeisterung für die Quantenphysik geborenes Projekt – hat uns daran erinnert, wie fragil die Grenze zwischen Fortschritt und Zerstörung ist.

Nur eine universelle Ethik, die auf Mitgefühl und dem Bewusstsein der gegenseitigen Abhängigkeit beruht, kann verhindern, dass so etwas noch einmal passiert. Im Hinduismus wird Ahimsa, die Philosophie der Gewaltlosigkeit, oft als Ausgangspunkt einer harmonischen Menschheit bezeichnet. Alle großen spirituellen Führer, von Gandhi bis hin zu Mutter Teresa, haben in ihrem Handeln dieses Mitgefühl verkörpert, das Kulturen und Religionen überwindet und auf den Ruf der Leidenden antwortet, wo immer diese auch sein mögen.

Auch in der Wissenschaft setzt sich diese Erkenntnis durch. Der Dalai Lama hat häufig mit Wissenschaftlern zusammengearbeitet, vom Biologen Francisco Varela bis zum Physiker David Bohm, um eine gemeinsame Basis zwischen wissenschaftlichem und spirituellem Wissen zu finden. Insbesondere Bohm glaubte, dass es keine Trennung zwischen Wissenschaft und Spiritualität gebe. In seinem Buch Wholeness and the Implicate Order schlug Bohm vor, die Realität sei ein unteilbares Ganzes, ein „großes Meer aus Energie“, und spiegelte damit typische Visionen des Vedanta wider.

Mit Blick auf die Zukunft tragen wir die Verantwortung, Entscheidungen zu treffen. Heute wissen wir, wie sehr eine Geste alles beeinflussen kann. Wenn wir den Planeten als lebenden Organismus betrachten, müssen unsere Handlungen auf das Wohl des gesamten Systems ausgerichtet sein.

Dies bedeutet nicht, Technologie oder Wissenschaft aufzugeben, sondern eine ethische Wissenschaft zu schaffen, die von Mitgefühl geleitet wird. Andererseits dürfen wir uns, wie der Hinduismus lehrt, niemals von anderen trennen. Das Quantenprinzip besagt auch, dass kein Teilchen und kein Mensch wirklich isoliert ist.

Kapitel XII. Integration von Spiritualität und Wissenschaft.

Auf dem Weg zu einem neuen Paradigma.

Im Herzen des heiligen Indiens, an den Ufern des Ganges, vermischt sich die hinduistische Spiritualität mit uralten Fragen über das Universum und die Realität. Seit Tausenden von Jahren denken hinduistische Lehrer und Philosophen über die Beziehung zwischen den Menschen und der Unendlichkeit nach und suchen nach Antworten jenseits der sichtbaren Materie. Heute trifft diese uralte spirituelle Spekulation auf merkwürdige Weise auf die Welt der Quantenphysik, einer Disziplin, die erst im 20. Jahrhundert entstand. Diese Begegnung treibt uns in Richtung eines neuen Paradigmas, einer revolutionären Perspektive, die unser Verständnis von uns selbst und der Realität neu definiert.

Die Quantenphysik mit ihren kontraintuitiven Gesetzen hat die traditionellen Modelle der westlichen Wissenschaft in Frage gestellt. Konzepte wie Welle-Teilchen-Dualität, Verschränkung und Kollaps der Wellenfunktion stellen klassische Vorstellungen von Raum, Zeit und Kausalität in Frage. Überraschenderweise erinnern diese Konzepte an einige der grundlegenden Erkenntnisse des Hinduismus.

Der Hinduismus beschreibt in seinen heiligen Texten wie den Veden und den Upanishaden den Kosmos nicht als feste Einheit, sondern als dynamischen Tanz. Beispielsweise wird Shiva in der hinduistischen Tradition oft als Nataraja dargestellt, der Herr des Tanzes, der das Universum in einem ewigen Kreislauf erschafft, erhält und zerstört. Die moderne Kosmologie wiederum spricht vom Universum als einem Energiefeld in ständiger Bewegung und Transformation. Diese Parallele ist nicht nur poetisch: Physiker wie Fritjof Capra haben die ganzheitliche Vision der östlichen Philosophien mit der Sprache der Quantenphysik zusammengeführt.

Eines der zentralen Themen der Quantenphysik ist die Rolle des Beobachters. Das Doppelspaltexperiment zeigte, dass sich das Verhalten eines Teilchens ändert, wenn es beobachtet wird, und verdeutlichte damit eine Verbindung zwischen Bewusstsein und Materie. Dieses Phänomen, das auch heute noch Gegenstand von Debatten ist, scheint das hinduistische Maya-Konzept widerzuspiegeln, also die Idee, dass die materielle Realität nichts weiter als eine durch die Wahrnehmung unserer Sinne bedingte Illusion ist.

Der Hinduismus betrachtet die phänomenale Realität nicht als objektiv, sondern als subjektive Realität, die vom Geist und den Sinnen projiziert wird. Die spirituelle Befreiung oder Moksha besteht genau darin, diese illusorische Wahrnehmung zu überwinden und die Einheit des Selbst (Atman) mit dem Absoluten (Brahman) zu erkennen. In ähnlicher Weise untersuchen einige Quantenphysiker die Möglichkeit, dass das Bewusstsein eine grundlegende Rolle bei der Gestaltung der Realität spielt, und legen nahe, dass Materie und Energie möglicherweise nicht unabhängig von der Beobachtung existieren.

Die Verschmelzung von Wissenschaft und Spiritualität ist in der Menschheitsgeschichte kein Fremdwort. Im Laufe der Zeit haben große Denker und Mystiker versucht, die Barrieren zwischen empirischem Wissen und transzendentaler Intuition zu überwinden. Im 20. Jahrhundert begann sich Erwin Schrödinger, einer der Väter der Quantenmechanik, für die östliche Philosophie zu interessieren. Schrödinger studierte die Upanishaden intensiv und argumentierte, dass die moderne Physik in gewissem Sinne mit dem hinduistischen Monismus konvergiere.

Sogar J. Robert Oppenheimer, der Vater der Atombombe, las die Veden und zitierte die Bhagavad Gita, als er den ersten Atomtest in der Wüste von New Mexico miterlebte. Die Gegenüberstellung von Wissenschaft und Spiritualität mag paradox erscheinen, doch diese Männer sahen in beiden Disziplinen eine Suche nach der Wahrheit, wenn auch mit unterschiedlichen Mitteln.

Das neu entstehende Paradigma schlägt eine Erweiterung der Perspektive vor. Der Hinduismus fordert uns auf, das Bewusstsein als integralen Bestandteil des Universums und nicht als zufälliges Nebenprodukt der Biologie zu betrachten. Die Quantenphysik wiederum erinnert uns daran, dass die Wirklichkeit vielschichtiger und vernetzter ist, als es den Anschein macht. Zusammen vermitteln uns diese beiden Visionen eine tiefgründige Botschaft: Bewusstsein und Materie sind nicht trennbar; Sie sind vielmehr zwei Seiten derselben Medaille.

Laut dem Physiker David Bohm, einem weiteren Pionier des Quantendenkens,

„Die Realität ist ein unteilbares Ganzes, in dem Geist und Materie nicht als getrennte Elemente betrachtet werden können.“

Diese Vorstellung findet ein Echo im Hinduismus der vedischen Texte, in denen das Individuum nicht vom Universum getrennt ist, sondern wie ein Tropfen den gesamten Ozean in sich trägt.

In den letzten Jahren haben Wissenschaftler und Philosophen begonnen, zusammenzuarbeiten, um die Grenzen zwischen moderner Physik und alten spirituellen Traditionen zu erforschen. Zentren wie das Institute of Noetic Sciences in Kalifornien fördern Studien, die Neurowissenschaften, Kosmologie und kontemplative Praktiken kombinieren. Gleichzeitig betonen die vedischen Wissenschaftsinstitute in Indien die Bedeutung der Integration alten Wissens mit modernen Entdeckungen.

Auf persönlicher Ebene kann die Verbindung von Quantenphysik und Hinduismus zu einer tiefen Auseinandersetzung mit sich selbst und der Realität inspirieren. Wie der amerikanische Philosoph Alan Watts sagte:

„Bei spiritueller Erneuerung geht es nicht darum, neue Ideen zu finden, sondern die Einheit hinter allem, was existiert, zu erkennen.“

Vielleicht führt der Weg zum Verständnis des Universums unweigerlich über das Verständnis unseres Geistes.

Auf dieser Reise zum neuen Paradigma sind wir aufgerufen, auf die Einheit hinzuarbeiten. Einerseits liefert uns die strenge Sprache der Physik Modelle und Daten. Andererseits lädt uns die uralte Weisheit des Hinduismus dazu ein, über den Sinn der Existenz nachzudenken. Gemeinsam können wir einen Blick auf eine Zukunft werfen, in der Wissenschaft und Spiritualität keine getrennten Welten mehr sind, sondern Punkte auf derselben Umlaufbahn: eine gemeinsame Erforschung des universellen Mysteriums.

Neue Wege in Forschung und Spiritualität.

Die Grenzen von Wissenschaft und Spiritualität berühren sich zunehmend auf unerwartete Weise. Insbesondere im Hinduismus, einer der ältesten Philosophien der Menschheit, tauchen überraschende Konzepte auf, die im Dialog mit der Quantenphysik und anderen wissenschaftlichen Disziplinen wie der Bioethik und Psychologie zu stehen scheinen. Dieser Dialog stellt möglicherweise eine der faszinierendsten erkenntnistheoretischen Verflechtungen unserer Zeit dar und bietet neue Möglichkeiten, die Welt und unsere Rolle darin zu verstehen.

Eine der zentralen Lehren des Hinduismus ist die Idee der Einheit allen Seins. In den Veden, den ältesten heiligen Texten dieser Tradition, heißt es, dass alles von Brahman durchdrungen ist, dem universellen Prinzip, das Leben gibt und alles verbindet. Dieses Konzept weist bemerkenswerte Parallelen zur Quantenphysik auf, wo die einheitliche Natur der Existenz durch Phänomene wie die Quantenverschränkung zum Ausdruck kommt.

Die Verschränkung wurde bereits in den 1930er Jahren dank der Studien von Albert Einstein, Boris Podolsky und Nathan Rosen (EPR-Paradoxon) intuitiv erkannt. Sie beschreibt eine Eigenschaft, durch die zwei Teilchen selbst bei enormen Entfernungen auf eine Art und Weise miteinander verbunden bleiben, die jede klassische Erklärung übersteigt. Die Entdeckung wurde 1982 und dann 2022 bestätigt, als drei Wissenschaftler – Alain Aspect, John F. Clauser und Anton Zeilinger – den Nobelpreis für den Nachweis erhielten, dass das Quantenverhalten über die durch den lokalen Realismus gesetzten Grenzen hinausgeht.

Ebenso legen vedische Texte nahe, dass allen Lebewesen und aller Materie eine einzige zugrunde liegende Realität zugrunde liegt. Wie der indische Philosoph Adi Shankara im 8. Jahrhundert feststellte, ist die materielle Welt (Maya) eine Illusion und was wirklich existiert, ist die unteilbare Einheit des Seins. Diese philosophische Auffassung scheint eine Quantenvision des Universums vorwegzunehmen, in der Vielfalt und Trennung letztlich Manifestationen einer tieferen Harmonie sind.

Der Begriff des Dharma, der im Hinduismus die moralische und kosmische Ordnung darstellt, bietet relevante Erkenntnisse für die moderne bioethische Reflexion. Heutzutage werfen komplexe Themen wie Gentechnik, künstliche Intelligenz und Klonen zunehmend dringlichere ethische Fragen auf. Wie können wir unsere wissenschaftlichen Entscheidungen steuern, ohne das Gleichgewicht von Natur und Gesellschaft zu gefährden?

Laut Hinduismus ist Dharma der Leitfaden zur Aufrechterhaltung des universellen Gleichgewichts und zum Schutz der Verbundenheit aller Lebewesen. Dies könnte durch ein Prinzip der kollektiven Verantwortung auf die moderne Bioethik übertragen werden. Nishit Kumar Soni, ein zeitgenössischer Physiker und Philosoph, argumentiert, dass die Integration spiritueller Werte in wissenschaftliche Entscheidungen dazu beitragen könnte, die ökologische und soziale Zerstörung zu vermeiden, die durch ohne moralische Einschränkungen entwickelte Technologien verursacht wird.

In jüngster Zeit hat sich der Dialog zwischen Psychologie und Quantenphysik dank von östlichen Philosophien inspirierter Konzepte intensiviert. Carl Gustav Jung, einer der Väter der modernen Psychologie, interessierte sich intensiv für den Hinduismus und das Konzept der Synchronizität, also das gleichzeitige Auftreten von Ereignissen, die zwar nicht kausal miteinander verbunden sind, aber eine symbolische oder archetypische Bedeutung aufweisen. Jung arbeitete mit dem Physiker Wolfgang Pauli zusammen, einem der Pioniere der Quantentheorie, und erforschte, wie Geist und Materie scheinbar durch kohärente, nicht zufällige Muster interagieren.

Diese Studien machen ein grundlegendes Konzept des Hinduismus heute akzeptabler: Der Geist verfügt über eine schöpferische Kraft. In vedischen Texten wird Bewusstsein (Chit) als das Prinzip angesehen, das der Realität Form gibt. Einige moderne Wissenschaftler wie etwa Amit Goswami, ein theoretischer Physiker und Autor von „The Self-Conscious Universe“, argumentieren, dass das Bewusstsein kein Nebenprodukt der Materie, sondern die Grundlage der Existenz sei, und nehmen damit eine Vision vorweg, in der Spiritualität und moderne Physik aufeinandertreffen.

Neben den philosophischen und konzeptionellen Parallelen zeichnen sich echte interdisziplinäre Forschungsfelder ab. Die Neurotheologie etwa erforscht, wie das Gehirn bei spirituellen Praktiken wie der Meditation reagiert, die tief in der hinduistischen

Tradition verwurzelt ist. Neurowissenschaftliche Studien haben gezeigt, dass regelmäßige Meditation die Struktur des Gehirns verändern, die Fähigkeit zur Stressbewältigung verbessern und das Gefühl der Verbundenheit mit anderen stärken kann.

Einige Forscher sehen in diesen Entdeckungen die Möglichkeit, wissenschaftliche Instrumente zur Erforschung höherer Bewusstseinszustände zu entwickeln. Richard Davidson, ein Neurowissenschaftler an der Universität von Wisconsin, hat Studien an tibetanischen Mönchen durchgeführt, in deren Gehirnen während tiefer Meditation ein beispielloses Maß an Gammawellen auftrat. Diese als „transzendentale Einheit" definierten Zustände scheinen zu bestätigen, was in den alten indischen Schriften als Samadhi beschrieben wird, ein Zustand höchsten Bewusstseins, in dem das einzelne Individuum im Allgemeinen aufgeht.

Die Begegnung zwischen indischer Philosophie und Quantenphysik ist nicht nur ein intellektuelles Unterfangen, sondern eine echte Erforschung neuer Möglichkeiten für die Menschheit. Alte Weisheiten können der Wissenschaft bewusst machen, dass ihr ultimatives Ziel nicht nur die Weiterentwicklung der Technologie ist, sondern das Verständnis der Natur der Existenz und die Verbesserung der Lebensqualität. David Bohm, ein theoretischer Physiker und Mitarbeiter Einsteins, sagte dazu:

> *„Das Universum ist keine separate Einheit, sondern ein unteilbares Ganzes, eine Gesamtheit, in der jeder Teil das Ganze enthält."*

In diesem Geiste wird die Wissenschaft der Zukunft vielleicht eine tiefere Dimension wiederentdecken, in der die Einheit von Geist und Materie zum Dreh- und Angelpunkt des menschlichen Wissens wird.

Bibliographie zum weiteren Studium.

Diese Liste bietet einen soliden Rahmen für die Erforschung der Komplexitäten zwischen östlichen Philosophien und Quantenphysik und ermöglicht eine logische und umfassende Untersuchung.

Fast alle der zitierten Bücher wurden in verschiedene Sprachen übersetzt und können nach Autorennamen gefunden werden.

Adams Fred	The Quantum Connection: Bridging Science and Spirituality. New York: Harmony Publishers, 2002.
Amaldi Ugo	La fisica di tutti i giorni. Dai quanti ai buchi neri # Rizzoli, 2019.
Aranya Swami Vivekananda	The Complete Works of Swami Vivekananda (in più volumi) Advaita Ashrama, 1989.
Aurobindo Sri	The Life Divine. Pondicherry: Sri Aurobindo Ashram, 1940.
Baggott Jim	Beyond Measure: Modern Physics, Philosophy, and the Meaning of Quantum Theory
Balagangadhara S. N.	The Heathen in His Blindness: Asia, the West, and the Dynamic of Religion. Leiden: Brill, 1994.
Baruah Bijoy H.	Hindu Dharma and Modern Science. New Delhi: Inter-India Publications, 1985.
Bergé Marc	La quête de l'unité: Méditation spirituelle et physique quantique # Editions Albin Michel, 2021.
Bohm David	Wholeness and the Implicate Order # Routledge, 1980.
Bohm David	Science, Order, and Creativity # Routledge, 1987.

Bohm David, Krishnamurti Jiddu	The Ending of Time: Where Philosophy and Physics Meet
Capra Fritjof	The Turning Point: Science, Society, and the Rising Culture # Bantam Books, 1982.
Capra Fritjof	La rete della vita. Una nuova interpretazione scientifica dei sistemi viventi
Capra Fritjof	The Tao of Physics: An Exploration of the Parallels Between Modern Physics and Eastern Mysticism. Berkeley: Shambhala, 1975.
Chakrabarti Arindam	Classical Indian Philosophy of Mind: The Nyāya Dualist Tradition. Abingdon: Routledge, 1998.
Chatterjee Satischandra	An Introduction to Indian Philosophy. Calcutta: University of Calcutta, 1950.
Chattopadhyaya Debiprasad	Lokayata: A Study in Ancient Indian Materialism # People's Publishing House, 1959.
Chopra Deepak	Quantum Healing: Exploring the Frontiers of Mind/Body Medicine # Bantam, 1989.
Cohen Andrew	Embracing Reality: The Direct Path to Liberation. Nevada City: Moksha Press, 2001.
Dalai Lama XIV (Tenzin Gyatso)	The Universe in a Single Atom: The Convergence of Science and Spirituality
Dasgupta Surendranath	A History of Indian Philosophy (in cinque volumi) # Cambridge University Press, 1922-1955.
Deussen Paul	The Philosophy of the Upanishads # Dover Publications, 1906.
Deutsch David	The Fabric of Reality: The Science of Parallel Universes - And Its Implications # Penguin, 1998.
Dyczkowski Mark	The Doctrine of Vibration: An Analysis of the Doctrines and Practices of Kashmir Shaivism
Einstein Albert, Infeld Leopold	The Evolution of Physics # Cambridge University Press, 1938.
Eliade Mircea	Yoga. Immortalità e libertà # BUR Biblioteca Univ. Rizzoli/Martinez Roca Ediciones, 1951/1999.
Esfeld Michael	Physics and Philosophy. Oxford: Oxford University Press, 2004.
Feuerstein Georg	Yoga Tradition: Its History, Literature, Philosophy and Practice # Hohm Press, 2001.
Feuerstein Georg	The Philosophy of Classical Yoga. Rochester: Inner Traditions, 1980.
Goswami Amit	Quantum Mechanics and Consciousness # Hampton Roads Publishing, 1995.

Goswami Amit	The Self-Aware Universe: How Consciousness Creates the Material World. New York: Putnam, 1993.
Guénon René	L'uomo e il suo divenire secondo il Vêdânta # Adelphi, 1925.
Gupta Bina	The Disinterested Witness: A Feminist Perspective on Indian Aesthetics and Ethics. Evanston: Northwestern University Press, 2000.
Heisenberg Werner	Physics and Philosophy: The Revolution in Modern Science. New York: HarperCollins, 1958.
Iyer K. Satchidananda Murty	Indian Philosophy of Advaita # Motilal Banarsidass, 1982.
Jacobs Alan	The Bhagavad Gita: A Poetic Transcreation # Watkins Publishing, 2005.
Jones Richard H.	Science and Mysticism: Exploring the New Paradigm # Bucknell University Press, 1986.
Joshi Kireet	Philosophy and Yoga of Sri Aurobindo and Other Essays. New Delhi: Indian Council of Philosophical Research, 2005.
Kak Subhash	The Architecture of Knowledge: Quantum Mechanics, Neuroscience, Computers, and Consciousness. New Delhi: Center for Indic Studies, 2004.
Kaku Michio	Physics of the Impossible: A Scientific Exploration into the World of Phasers, Force Fields, Teleportation, and Time Travel # Doubleday, 2008.
Kapra Ajit	Vedanta and Quantum Physics: A Synthesis of Science and Spirituality # Eastern Light Publications, 2012.
Karmarkar Vishwanath	Indian Thought and Quantum Physics: An Exploration # Lotus Press, 2011.
Karnath Ananda	Brahman, Atman, and Quantum Theory: Revisiting Indian Metaphysics # Jain Books, 2020.
Katz Jerry	One: Essential Writings on Nonduality # Sentient Publications, 2007.
Krishna Daya	Indian Philosophy: A Counter Perspective # Oxford University Press, 1991.
Krishnamurti Jiddu	You Are the World # Krishnamurti Foundation, 1972.
Kumar Vijay	Quantum Physics and Vedanta: Scientific Linkage of Quantum Physics and Ancient Hindu Philosophy. New Delhi: Harper, 2012.

Laszlo Ervin	Science and the Akashic Field: An Integral Theory of Everything. Rochester: Inner Traditions, 2004.
Lipner Julius J.	Brahman: A Comparative Theology # Routledge, 1999.
Mahadevan T. M. P.	Invitation to Indian Philosophy. Delhi: Chand & Co., 1974.
Majumdar Ramesh Chandra	The History and Culture of the Indian People (in undici volumi) # Bharatiya Vidya Bhavan, 1951-1977.
Malhotra Rajiv	The Audacity of Self-Identity: Hindus and the Global Order. New York: HarperCollins India, 2013.
Mallick Sanbandhu	The Quantum Vision of Indian Metaphysics # Wisdom Publications, 2015.
Matsoukas T.	Quantum World and the Mystic East # Omega Print, 2009.
Mehta Rohit	Philosophy of Patanjali # Indian Institute of World Culture, 1956.
Menon Sangeetha	Consciousness and Creativity in Indian Performing Arts. New Delhi: DK Printworld, 2008.
Mitchell John D.	Physics Meets Mysticism: Insight into the Advaitan Universe # HarperOne, 2008.
Mitra Kanji Lal	India's Philosophy: Integrating Science and Spirituality # Aryan Books International, 1995.
Mukhopadhyay Ramesh	Quantum Holism and Process Thought. Kolkata: Center of Process Philosophy, 2000.
Muller Gabriel	Hindu Cosmology and Quantum Physics: Bridging Ancient and Modern Knowledge
Murthy K. Krishna	Metaphysics in Indian Philosophy. Delhi: Bharatiya Vidya Bhavan, 1981.
Nagarjuna	Mūlamadhyamakakārikā: The Fundamental Wisdom of the Middle Way. Trans. Jay Garfield. New York: Oxford University Press, 1995.
Nagendra Swami Sivananda	Vedanta Simplified # Divine Life Society, 1960.
Nikhilananda Swami	The Upanishads: A New Translation # HarperOne, 1949.
Oppenheim G.	Brahman and Quantum: Philosophical Reflections on Unity in Diversity # Eastern Publications, 2004.
Oppenheimer J. Robert	Science and the Common Understanding. New York: Simon and Schuster, 1954.
Pande Govind Chandra	The Meaning and Process of Culture. Varanasi: Banaras Hindu University, 1961.

Panikkar Raimundo	The Intercultural Challenge of Hindu Philosophy # Orbis Books, 1993.
Penrose Roger	La strada che porta alla realtà. I segreti dell'universo, della vita e della mente # Rizzoli, 2004.
Prabhupada A. C. Bhaktivedanta Swami	Bhagavad-gita As It Is # Bhaktivedanta Book Trust, 1972.
Radhakrishnan S	Indian Philosophy. London: Allen & Unwin, 1927.
Raju P. T.	The Philosophical Traditions of India. Delhi: Motilal Banarsidass, 1971.
Rosen Steven	Krishna's Song: A New Look at the Bhagavad Gita. Santa Barbara: Praeger, 2007.
Sharma Arvind	Classical Hindu Thought: An Introduction. New Delhi: Oxford University Press, 2000.
Shastri Hari Prasad	Philosophy of Gorakhnath with Goraksha-Vacana-Sangraha. Delhi: Motilal Banarsidass, 1998.
Sri Nisargadatta Maharaj	I Am That. Bombay: Chetana Publications, 1973.
Swami Vivekananda	Complete Works of Swami Vivekananda. Kolkata: Advaita Ashrama, 1897.
Tagore Rabindranath	Sadhana: The Realisation of Life. New York: Macmillan, 1913.
Thakur Upendranath	The Aesthetic Face of Being: Indian Art Through the Ages. Delhi: Heritage, 1975.
Tolle Eckhart	The Power of Now: A Guide to Spiritual Enlightenment. Novato: New World Library, 1997.
Upadhyay Ramachandra Dattatraya Ranade	A Constructive Survey of Upanishadic Philosophy. Poona: Oriental Book Agency, 1926.
Vatsyayan Kapila	The Square and the Circle of the Indian Arts. New Delhi: Abhinav Publications, 1997.
Venkatraman Bharati	Quantum Yoga: The Theory of Relationships Between Modern Physics and Yoga. Chennai: Yogi Sciences International, 2014.

Bruno Del Medico, Blogger, Autor, Redakteur, spezialisiert auf die Verbreitung von Themen im Zusammenhang mit aktuellen gesellschaftlichen Ereignissen und den neuen Grenzen der Wissenschaft. Er ist Autor zahlreicher Veröffentlichungen, darunter einer Fachreihe zur Quantenphysik und Metaphysik.

Hinduismus Brahman, Atman Karma Moksha Dharma, Quantenphysik, Quantenverschränkung, Quantenbewusstsein, Spiritualitätsmeditation, Buddhismus Tao Zen.

#David Bohm, Wissenschaftsphilosophie, Metaphysik, intelligentes Universum, Überleben der Seele, unsterbliche Seele, Leben nach dem Tod, Nahtoderfahrung, Quantenmechanik, Elementarteilchen, Photonen, Quantenkollaps, Wellenteilchen, Quantensuperposition, Carl Jung. Synchronizität, kollektives Unbewusstes..

www.ingramcontent.com/pod-product-compliance
Lightning Source LLC
LaVergne TN
LVHW010636051026
849532LV00001B/73
9788832273892